国家科学技术学术著作出版基金资助出版

光纤白光干涉原理与应用

苑立波 杨 军 著

科学出版社
北 京

内 容 简 介

光纤白光干涉技术与方法是光纤技术多领域交叉应用中较为有代表性的一个分支。该项专门技术在宽谱光干涉特性研究、绝对形变光纤传感测量、光波导器件的结构及其对光波反射特性参量的检测、光纤陀螺环中光偏振态横向耦合测量与评估，尤其是在医学临床诊断的组织结构形态的光学层析技术等方面，都具有广泛的应用。本书将光纤技术与传统的干涉光学相结合，借助于光纤波导和光纤器件，构建各种光纤白光干涉光学系统，较为全面的论述了光纤白光干涉原理及其主要应用技术。

本书论述清晰，内容翔实，适合光学、光纤技术、光电检测等相关专业的本科生和研究生阅读，也可供从事光纤技术、光学测试等相关领域的研究人员和工程技术人员参考。

图书在版编目(CIP)数据

光纤白光干涉原理与应用/苑立波，杨军著. —北京：科学出版社，2016.1
ISBN 978-7-03-045756-1

Ⅰ.①光… Ⅱ.①苑…②杨… Ⅲ.①光导纤维-光干涉-研究
Ⅳ.①TQ342

中国版本图书馆 CIP 数据核字(2015)第 225191 号

责任编辑：刘宝莉 / 责任校对：桂伟利
责任印制：徐晓晨 / 封面设计：左 讯

科 学 出 版 社 出版
北京东黄城根北街 16 号
邮政编码：100717
http://www.sciencep.com

北京中石油彩色印刷有限责任公司 印刷
科学出版社发行 各地新华书店经销

*

2016 年 1 月第 一 版 开本：720×1000 1/16
2021 年 7 月第二次印刷 印张：35
字数：700 000

定价：**245.00** 元
(如有印装质量问题，我社负责调换)

前　　言

　　光纤光学技术的迅速发展吸引了越来越多的科技工作者投身到这个不断扩展的研究领域中,使得这个光学分支的发展充满活力。与此同时,由于光纤光学新器件、新效应的不断涌现,反过来对过去传统光学又注入了新的生机。本书就是将光纤技术与传统的干涉光学相结合的一种尝试。借助于光纤波导和光纤器件,构建各种光纤白光干涉光学系统,较为全面地论述了光纤白光干涉原理及其主要应用技术。

　　本书作者在光纤白光干涉技术领域长期从事相关技术的研究工作,这使作者产生了系统汇集成书与该领域同仁共同分享的想法。最初希望立足于总结近二十年来在这方面的工作经验和新发展起来的一些方法。但是作者很快就发现:一方面,有许多计划纳入本书的研究内容还没有完全成熟,作者在相关的课题上对所指导的研究生进行了调整和新的安排,希望通过近几年的努力,使本书的内容更加充实、完整,这导致书稿迟迟不能完成;另一方面,如果仅仅将作者所开展的工作写入书中,这势必会遗漏该领域许多非常重要的工作。因此,作者下决心将该领域更多的重要工作纳入本书的写作计划,以便能够比较深入系统的介绍该领域在各个方面取得的重要进展。与此同时也不断地推进相关的研究工作,使其能够在短期完成的尽快完成,而将现在不能解决的问题提出来,让读者和作者在今后的工作中共同去探索。在这样不断调整与完善的过程中,我们终于完成了本书的写作。

　　在本书稿完成之际,作者要特别感谢东京大学的保利和夫教授和何祖源教授(何教授目前已经到上海交通大学任职),在东京大学 COE 计划的支持下,作者有幸到该校进行短期访学,并在访学期间完成了本书第 2 章和第 3 章的写作。特别感谢香港理工大学的周利民教授,受他的访学邀请,作者才能数月间暂时避开杂务搅扰而专心于本书第 4 章和第 7 章的写作。还要感谢我们的学生对本书的贡献,他们参与了本书材料的整理并绘制了大量的插图。

　　感谢国家自然科学基金重大项目(61290314),科技部国家重大科学仪器设备开发专项(2013YQ040815)、科技部国际合作计划项目多年来对本项研究工作的支持。

　　本书的第 1~4 章以及第 7 章由苑立波撰写,第 5、6 章由杨军撰写,第 8 章是由宋红彬博士编译整理了 A. F. Fercher 等的综述性文章而形成的,特此致谢。在书稿的撰写过程中,我们还参考了大量的国内外文献资料,并将这些研究者们卓越的工作和对本专业领域的贡献体现在书中,这些贡献通过引用和参考文献的方式逐项标注,仅此一并致谢。

　　本书的出版离不开科学出版社编辑的鼓励、支持以及细心的编辑,同时还要感谢国家科学技术学术著作出版基金对本书的资助。

　　由于书中许多内容仍处于探索之中,难免存在不妥之处,希望读者指出不足,将意见和建议反馈给我们,以便在本书再版时进行补充和修改。联系方式:E-mail:lbyuan@vip.sina.com.

目　录

第1章 绪 论

1.1 引 言

光纤白光干涉技术与方法是光纤技术多领域交叉应用中较为有代表性的一个分支。该项专门技术在宽谱光干涉特性研究、绝对形变光纤传感测量、光波导器件的结构及其对光波反射特性参量的检测、光纤陀螺环中光偏振态横向耦合测量与评估,尤其是在医学临床诊断的组织结构形态的光学层析技术等方面,都具有广泛的应用。

本章首先简要对光纤白光干涉技术的发展给出一个概略性的描述。从需求牵引与技术本身发展规律的视角出发,分析该技术发展的动力基础。最后,给出对该项专门技术及其发展趋势的描绘和展望。

光纤白光干涉原理与技术的发展既取决于基础理论上的深刻认识,又受益于技术上重大进步的启迪,在社会发展需求的牵引下,历经了几十年的研究与积淀,在传感技术、计量与测量学、生物学、医学与临床应用等领域取得了较大的进步,获得了广泛的应用。

在该技术发展过程中,具有里程碑意义的事件包括:

(1) 1955 年,Wolf[1]和 Blanc-Lapierre[2]分别独立建立了部分相干光理论,引进了关联函数。对关联函数的深入认识与系统研究,奠定了白光干涉的理论基础。

(2) 1983 年,Culshaw 领导的小组[3]首次报道了基于白光干涉原理在光纤传感中的应用,开启了光纤白光干涉传感技术的研究方向。

(3) 1986 年,Takada 等[4]提出了采用超辐射半导体激光二极管(super luminescent light emitting diode,SLD)宽谱偏振光源来测量沿保偏光纤传输的光的横向耦合特性的方法,奠定了光学相干域偏振测量(optical coherence domain polarimetry,OCDP)的研究基础。

(4) 1987 年,Youngquist 等[5]展示了一种光学低相干反射技术(optical low-coherence reflectometry)的光学评估新技术,后来被简称为 OLCR。

(5) 1991 年,Fujimoto 等[6]首次展示了基于白光干涉的二维层析成像方法,有力地推进了光学相干层析成像(optical coherence tomography,OCT)技术的研究。

（6）2003 年，发展了频域光学相干层析成像（Fourier domain optical coherence tomography，FD-OCT）技术，该技术与之前的时域 OCT 技术相比，同时解决了测量灵敏度与扫描测量速度的问题[7~12]。

（7）2003 年，Wolf[13]在对部分偏振光相干特性的分析时，指出干涉的基本作用。基于这种考虑，他构造了一种相干与偏振的统一理论，这预言了随机光场的大量未知特性。

（8）2005 年，Réfrégier 等[14]提出了一种测量相干特性具有的一般不变性的新方法，称为内禀相干不变性理论，深化并拓展白光干涉理论的内涵，被用于解决信号处理过程中偏振衰退的问题，进一步导致了光纤白光干涉偏振传感解调新技术的发展。

1.2　白光干涉理论及其发展

白光干涉理论基础主要源于光的部分相干理论[1,2]，这在 Born 与 Wolf 所著的《光学原理》（1999 年的第七版）[15]中有较为详细的阐述。由于普遍的相关函数的引入，介于完全相干和完全不相干光的两个极端情况之间的空白地带得以进行充分的研究。这为"白光"——宽谱光源的干涉及其应用奠定了理论基础。之后发现，Wolf 所引入的关联函数服从两个波动方程：不仅光波扰动本身以波动的形式传播，而且其关联也以波动的方式进行传播。这导致了 Wolf 后来又进一步发展了部分相干光的光谱相干规律及其光谱相干的传播理论。

在光纤白光干涉理论的讨论中，与空间中光波传播的情况不同，光波在光纤中传输时其偏振态易受到影响，因此光的偏振问题就显得格外重要。尽管偏振光学中极少严格讨论部分相干光的偏振态问题，尤其是部分偏振光问题；但是传统的偏振光的概念及其对光的偏振分析方法仍然可以用于讨论部分相干光的部分偏振性质。2003 年 Wolf[13]在对部分偏振光的相干特性进行分析时，指出干涉的基本作用。因此他构造了一种相干与偏振的统一理论，这预言了随机光场的大量未知特性。事实上，部分偏振光及部分相干光的理论只有近来才受到人们的关注。Wolf 发展的理论对相干分析方法做出了新贡献，并开启了迷人的光学领域新问题的讨论，这个问题就是：在干涉实验中，必须使光偏振才能获得最大的相干度吗？

2005 年，Réfrégier 和 Roueff[14]为了回答上述问题，提出了一种测量相干特性具有的一般不变性的新方法，给出部分偏振光的内禀相干不变度的概念并建立了内禀相干不变性理论。该理论指出，两光波电场之间的内禀相干度与每一个光波电场的偏振度紧密相关，偏振度描写的是每个光波电场自身的统计相关的有序程度，而内禀相干度则是指两光波电场之间的统计相关的有序程度。因为两者所描述的对象是不同的,因此两者不仅能通过内禀相干度的新概念得以分开,而且两者具有不同的物理意义。内禀相关理论表明部分偏振光的相干分析可分解为具有不同不变特性的四个参数的分析。偏振度与每个电场分量自身间的随机性相关,而内禀相干度表征的是矢量电场之间的随机性。正是在内禀相干不变性理论的基础上,发展了光纤中部分偏振相干的偏振补偿测量方法,并将其进一步应用于远程白光干涉偏振扫描的传感解调系统中。

1.3 光纤白光干涉技术发展历程

光纤白光干涉技术的发展,可以从以下三个方面进行概括性的阐述:光纤白光干涉传感技术、光纤白光干涉测量技术和基于白光干涉的光学相干层析技术。

1.3.1 光纤白光干涉传感技术

白光干涉测量(有时称为低相干测量方法)在经典光学中已有详尽阐述[15]。它使用低相干、宽谱光源,如超辐射半导体激光二极管(SLD)或半导体发光二极管(light emitting diode,LED)作为光源。所以这种传感方法通常被称为"白光"干涉测量方法。同所有的干涉原理一样,光程的改变可以通过观测干涉条纹来进行分析。

尽管早在 1975 年就提出了相干原理[16],并于 1976 年在光纤通信领域中实现了可能的传输方案[17],但其在光纤传感技术中的应用却是由 Culshaw 的研究小组首次报道于 1983 年[3]。第一个完整的基于白光干涉技术的位移传感系统是在 1984 年报道的[18]。此成果显示出白光干涉测量技术可以应用于任何可以转换成绝对位移的物理量的测量,并且具有很高的测量精度。1985~1989 年,基于白光干涉原理的传感器被广泛应用于压力[19~21]、温度[22~25]和应变[26,27]测量的研究中。通过一系列研究和技术改进,如发展了光强度噪声衰减技术[28]、扫描范围扩展延迟技术[5]和测量范围扩展技术[29],使得该技术的研究内涵和应用范围得以迅速发展。

利用低相干技术的光纤传感器,其最基本的构成如图 1.1 所示。相对于传感干涉仪,串接的第二个解调干涉仪对于获得干涉条纹的信息来说是必需的。这个串接的结构将取决于处理干涉信号的方法,选用分光计还是第二解调干涉仪的结构,要取决于光谱分析还是相位分析。

自 1990 年以来,光纤白光测量技术已持续发展,并逐渐形成了一个研究方向,众多研究者指明了这项技术的优点。白光干涉测量技术为绝对测量提供了更多的解决方案,而这些都是采用高性能相干光源的传统光纤干涉仪所无法解决的。近二十余年,在信号处理、传感器设计、传感器研制、传感器多路复用等方面,

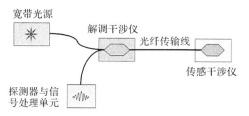

图 1.1　基于白光干涉式光纤传感系统的基本构成

白光干涉测量技术得到了较大发展。在信号处理方面,一些新方案的提出,提高了光纤白光干涉仪的性能;发展了高速机械扫描法技术,扫描速度从 21m/s 逐步提高到了 176m/s[30~32]。电子扫描技术相对于机械扫描方法的优点是更紧凑、精密与快捷,并且避免了使用任何移动装置[33~37]。光源合成方法是对光纤传感器信号处理的一大改进,显著提高了识别并确定干涉传递函数中心条纹位置的能力[38,39]。在此之后,其他研究人员的工作,又进一步发展了这项技术[40,41]。另一种改进对中心条纹识别精度的方法是使用多阶平方(multi-stage-squaring)信号处理方案[42]。

　　光纤白光干涉仪的另外一个优点就是可以很容易地实现多路复用。多个传感器在各自的相干长度内,只存在单一的光干涉信号,因而无需更复杂的时间或者频率复用技术对信号进行处理。20 世纪最后十年的研究工作,主要集中在发展多路复用传感器结构,以增加应用领域对传感器数量与容量的需求。这些典型的白光干涉多路复用方案使用了分立的参考干涉仪,并进行时间延时,以匹配遥测传感干涉仪。传感干涉仪是完全无源的,而且用于解调的复用干涉信号对光纤连接导线中的任何相位或长度改变不敏感。在分布式传感器[43]概念的基础上,为了构成准分布式光纤白光干涉测量系统,研究者进行了许多探索和尝试。Gusmeroli 等[44]发展了低相干多路复用准分布单线路偏振传感系统,用于结构监测;Lecot 等[45]所报道的实验系统中包含超过 100 个多路复用的温度传感器,用于核电站交流发电机定子发热量的监测;Jackson 等[46]所建立的通用系统是基于空间多路复用,最大可以连接 32 个传感器;Sorin 和 Baney[47]提出了一种新型的基于迈克耳孙(Michelson)干涉仪和自相关器的干涉多路复用传感阵列方案;Inaudi 等[48]建立了一种并行多路复用方案。此外,基于简单的光纤迈克耳孙干涉仪,分别使用光纤开关和 $1 \times N$ 星型耦合器的串行和并行多路复用技术分别报道于文献[49]和[50]。近来,文献[51]又提出了一种光纤环型谐振腔方案。使用环型谐振腔的目的是取代文献[49]中价格昂贵的光纤开关。它的优点是大大减小了多路复用传感阵列的复杂性和成本。

　　随着光纤白光干涉传感技术的不断发展,该技术日趋完善,同时也发展了越来越多的应用。Inaudi 等[52]发展了低相干大尺度光纤结构传感器,在瑞士工业建筑业中被广泛使用,获得了几微应变的分辨率,其测量范围超过几千微应变。通过采用与通道截取光谱法相似的信号处理方法,绝对外部应力传感系统展示了低于 $100\mu\varepsilon$ 的轴向应变分辨率[53]。文献[54]~[56]报道了基于白光干涉技术的光纤引伸计用于监测混凝土试样内部的温度和测量一维、二维应变。可以预期,这种基于白光干涉技术的绝对应变传感器将在智能结构和材料中起到越来越重要的作用[57]。

与国外开展的光纤白光干涉技术研究相比,国内的研究起步稍晚。早期研究集中在光纤白光干涉仪构建和白光干涉原理在器件测量的应用方面,如上海大学的张靖华等[58,59]分别开展了利用白光干涉原理实现保偏光纤测量与连接对轴,以及光源功率谱对白光干涉测量影响的研究;华中科技大学王奇等[60]于1993年报道了一种用多模光纤连接的双法布里-珀罗(Fabry-Perot,F-P)干涉仪传感系统,可用于温度和压力的测量;清华大学李雪松、廖延彪与中国计量科学院李天初等[61]于1996年合作报道了一种白光干涉型迈克耳孙光纤扫描干涉仪,可在 $150\mu m$ 的测量范围内,实现测量不确定度为 $1.5\mu m$ 的测量;浙江大学周柯江等[62,63]于1997年报道了利用白光干涉技术用于偏振模式分布的测量;上海交通大学张美敦等[64,65]报道了光纤干涉仪的臂长差和基于白光光纤干涉仪的折射率测量方法。

近年来,在传感与测量研究方面,国内的研究人员广泛地关注将白光干涉原理与光纤技术相结合的研究,发展了多种新型结构的光纤白光干涉仪、白光干涉信号解调方法、白光光纤传感器以及应用,实现各种物理量诸如位移[66]、温度与应变[67]、压力[68]、折射率等的测量传感器及其应用的研究。上述研究主要集中在高等院校中,如天津大学的张以谟等[69]开展了数字化白光干涉扫描仪及其信号处理[70]和包络提取[71]、保偏光纤分布式传感[72,73]、基于白光干涉原理的光学相干层析技术[74,75]等诸多方面的研究;重庆大学饶云江[76,77]和大连理工大学荆振国等[78,79]分别发展了基于非本征F-P腔的光纤白光传感器及其智能结构的应用;北京理工大学江毅等[80~82]发展的傅里叶变换(Fourier transform)波长扫描的白光光纤F-P传感器及其信号解调方法;电子科技大学周晓军等[83,84]发展的基于白光干涉原理和保偏光纤的分布式传感器。哈尔滨工程大学则专注于光纤白光干涉传感技术的研究,发展了光纤白光干涉的理论分析方法,构造了多种新型结构的白光光纤干涉仪[85],拓展了准分布线阵、矩阵和环形网络光纤传感器网络拓扑结构[86,87],并发展了一系列对于混凝土内部进行应力-应变测量的方法[88,89]。

1.3.2 光纤白光干涉测量技术

光学白光干涉测量技术是一种非接触无损光学测量技术,适合对光波透明或可穿透的材料或者器件进行评估与测量。该技术起源于光纤通信工业,为了检测光波导器件或光纤中的缺陷,发展了OLCR[5]。OLCR技术的发展得益于许多器件的发展,如宽带半导体光源、单模光纤以及光纤耦合器等。该技术用于测量光学波导装置尺寸和小型光学元件中的缺陷评估中,其典型的分辨率在数十微米[90~92]。OLCR 技术的快速、精确及无损伤测量等一系列技术优势,使其成为一个十分活跃的研究方向。

在解决高精度光纤陀螺技术过程中,人们需要发展一种能够评估光纤陀螺系统中各个元件的特性参量的技术,以便确定各个相关参量之间的关系,从而提高系统的综合性能。特别是保偏光纤环这一关键单元在绕制过程中以及绕制后保偏特性的变化对陀螺性能将产生较大的影响,因此进一步发展了 OCDP 技术[4],用于保偏光纤正交偏振模的横向耦合相关分析,目的是解决光纤陀螺环中绕环技术的评估与检验。OCDP 技术是光纤白光干涉技术中的透射式测量技术,该技术目前已经成为高精度光纤陀螺光学元器件检测与评估的重要方法之一。

1.3.3　基于白光干涉的 OCT 技术

在许多方面,由于使用安全且成本低廉,光学技术在医学中扮演了很重要的角色。在过去的二十多年中,迅速发展的低相干干涉仪(low-coherence interferometry,LCI)以及 OCT 技术为医学领域提供了先进的研究与诊断方法[6,93,94]。OCT 技术引领了宽谱光源的短距离瞬态相干技术,由可以深至组织内部 2mm 的后向散射信号,可获得组织深部的高分辨率微结构图像,这种方法完全是非侵入的。OCT 技术作为一种生物组织微结构图像的获取工具在医学临床诊断中具有潜在的应用价值,并逐渐获得了广泛的应用[95~104]。在过去的十年中,OCT 技术快速发展并取得显著的成就。与此同时,在过去的十年里,纳米技术也取得了快速的进步并在医学领域中开创了被称为"纳米医学"的新兴领域。尽管纳米医学尚处于其发展的初期,但在未来的十年里该研究方向极具发展潜力。而低相干测量技术将被证明是一种关键的成像工具,必将在纳米医学中获得广泛的应用。

1. OCT 技术的起源与演进

OCT 技术的发展可上溯至 20 世纪 80 年代[5,105~108],Fercher 等[109] 和 Fujimoto等[110]将该技术引入眼科学。在 20 世纪 80 年代末期,他们采用一维光程扫描技术测量了眼睛内部各部分组织尺寸。Huang 等在 1991 年进一步扩展了该技术[6],使其可以进行二维层析成像,这就是今天众所周知的 OCT。首次进行体内视网膜成像是在 1993 年由 Fercher 等[111] 和 Swanson 等[112] 分别独立获得的。此后,OCT 技术作为一个需求牵引应用研究领域,人们开展了大量的工作,并被广泛应用于医学成像的研究中。随后,发展了宽带激光光源、高灵敏度高速成像技术,并与标准医学导管和内窥镜相结合,发展了先进的 OCT 集成探头。这些技术又进一步推动了各种 OCT 功能的深化与发展,如多普勒 OCT 技术、偏振敏感

OCT(polarization-sensitive optical coherence tomography, PS-OCT)技术、光谱 OCT 技术以及二阶谐波 OCT 技术[113~124]。OCT 研究领域中所取得的主要突破之一是 2003 年发展的频域 OCT(FD-OCT)系统,理论和实验结果都表明与时域 OCT(time domain optical coherence tomography, TD-OCT)系统相比,在灵敏度上具有明显的优势[125~130]。在过去的几年中,FD-OCT 技术不断进步与成熟,随着高速图像采集技术的发展,该技术已经开始用于临床,并能快速采集组织样本数据从而避免病人移动对诊断图像的影响[131~135]。

2. 在医学中的应用

迄今为止,OCT 在医学临床中最富有成效的应用是在眼科学领域。现今已经建立了 OCT 视网膜与青光眼疾病的标准模型用于临床诊断[95,96,101,136~139]。目前,全世界已经有十几家公司可以提供商用化眼科 OCT 诊断设备。

心脏学是 OCT 技术应用的另一个在临床上较有影响力的应用领域。血管内 OCT 技术对于动脉内壁斑的形态表征以及诸如安放支架等介入治疗的可视化方面已经取得多方面的进展[140~148]。血管内 OCT 技术已经从实验阶段进入临床使用阶段。

肿瘤学是 OCT 技术得以发挥其重要作用的又一个应用领域。在该领域中 OCT 技术可以用来确定肿瘤边界、肿瘤图像导引手术。OCT 技术还可以用于早期癌症检测,因为在癌症的早期所导致的组织微小损伤很难被发现,而 OCT 的高分辨率可以及早观察到这些组织的微小变化[104,149~152]。

事实上,OCT 技术作为一种有效的成像技术可以广泛地用于生物、医学以及小动物研究领域中,如欲对该技术有更深入的详尽了解,相关的书籍与评述可以参见文献[135]、[153]~[159]。

3. 在纳米医学中的应用

纳米医学是最近由于纳米技术应用于医学而迅速发展起来的一个新兴领域,这一新兴领域应用了过去十年纳米技术所取得的大量研究成果与技术成就[160~168]。纳米医学是一个高度交叉的新兴学科,关联学科包括生物学、化学、物理、机械工程、材料科学以及临床医学。其所关注的研究与应用,从所探测到分子水平变化的早期疾病诊断,到新的亚细胞或者分子水平的治疗,这种治疗要用到药物靶的纳米输送平台。而未来的纳米医学还要开展亚细胞修复的研究[161,169~174]。

基于低相干干涉测量学的 OCT 技术对于纳米医学具有巨大的潜在应用价值。尽管对于组织的穿透深度的限制是一个较大的挑战;但是对于 OCT 技术而言,与超声或者磁共振成像(magnetic resonance imaging, MRI)技术相比,其所能提供的超高分辨率对于临床诊断应用仍具有广阔的发展前景。由于激光光源所取得的进步,超高分辨率 OCT 能够实现亚微米的分辨成像,类似于相干合成孔径显微镜(interferometric synthetic aperture microscopy, ISAM),该技术的出色表现在横向分辨率和纵向聚焦深度的扩展两个方面,这使得亚细胞成像成为可能[175~179]。这种超高分辨率 OCT 技术能够帮助人们进行组织发病机制的早期诊断,也能帮助复查处理后组织的变异情况。

OCT 技术的若干功能上的扩展为当下和未来纳米医学的研究提供了强大的工具。谱域相位显微镜(spectral-domain phase microscopy, SDPM)是谱域 OCT 的功能扩展,被用于研究细胞组织内部动力学过程,通过它可以监测活体细胞内部组织的纳米量级的运动以及细胞质的流动[180~183]。SDPM 具有亚纳米级深度分辨的高灵敏度,它能通过相位的变化探测到由细胞的动力学导致的折射率和厚度的变化。谱显微 OCT 能被用于 OCT 图像对比增强,这些图像对于分子内生的或是外生的造影剂都十分重要,如近红外染料、等离子共振金纳米粒子等[118,123,184~188]。PS-OCT 是 OCT 技术的另一种扩展,它通过探测组织内在的由肌肉中的胶原或结缔组织引起的光学双折射的差别,能够提高图像的对比度,并能获得更丰富的组织结构的信息[113,115]。通过探测肌肉组织的双折射光信号的变化,PS-OCT 能够获得肌肉的超结构变化的情况[189]。磁力作用的 OCT 能够探测到组织中磁离子氧化物的纳米粒子,因此能够获得吸附在磁纳米粒子上抗体或蛋白质的示踪目标的输运信息[120,121]。非线性干涉振动图像(nonlinear interferometric vibrational imaging, NIVI)是一种相干反斯托克斯-拉曼散射测量(coherent anti-Stokes Raman scattering, CARS)技术,它具有干涉的深度图像分解能力,正在发展成为基于低相干技术的分子内禀特征对比图像技术[190]。尽管这些技术在纳米医学中具有巨大的潜在应用价值,但是在它们广泛应用于纳米医学领域之前,仪器科学的突破与进步仍然是十分急需和迫切的。

1.4　发展动力

在光纤白光干涉技术的发展与应用过程中,与其他任何一项科学技术的发展相类似,是在各种各样的动力驱动下不断向前发展的。在技术发展的初期,其主要动力来自于人类与生俱来的好奇心驱使的探求原动力以及可能的未来应用需求的牵引;在技术发展的中期,其主要动力来源于技术本身的推动以及人们对技术完善性的追求与努力;在技术发展的逐渐成熟期,这一时期市场需求的拉动处于主导地位,日益明晰的产品需求不断加快了技术的完善程度。

事实上,促进光纤白光干涉技术发展的主要动力有两个:一个是需求牵引的拉动;另一个是技术发展的推动。一方面,所有这些应用的前景及其可能的社会需求牵引着具有洞察力的研究者不畏艰难,跋涉前行;另一方面,研究者对于该领域认识的不断深入,导致技术的深化和进步,这反过来,又进一步推动了白光干涉技术在应用中的深入发展。这两种动力所产生的合力共同驱动着光纤白光干涉技术的发展与进步。

1.4.1　需求牵引的拉动

就市场需求的牵引与拉动而言,在光通信应用领域,各种有源与无源光纤器件、集成光学器件的评估与质量检测的需求导致了 OLCR 技术的发展,为此惠普公司(HP)开发了光纤白光干涉测量系统;在光纤传感技术领域,高精度光纤陀螺发展的需求,人们希望能够对陀螺绕环的性能和质量进行评估,以便评价保偏光纤陀螺环中的横向偏振耦合对陀螺性能的影响,进而导致 OCDP 技术的发展;大型土木建筑结构智能监测、周界安全警戒、火灾预警等应用需求,引导人们在光纤白光干涉基本原理的基础上,开展了大量的应用研究,导致若干公司对光纤白光干涉产品的开发与推广,如瑞士的 Smartech 公司开发了典型的光纤白光应用系统[191],并在瑞士以及欧洲进行了大量的建筑工程健康监测的应用;弗吉尼亚理工大学王安波研究小组[26]开拓了恶劣工业环境下 F-P 腔型的复合传感技术研究,促进了光纤白光干涉技术在石油工业领域的应用。RockTech 公司开发了具有温度补偿的 F-P 腔型光纤白光干涉应变传感器,可用于各种土木工程的形变监测。在白光干涉原理应用的技术发展动力分析过程中,医学临床诊断的需求成为 OCT 技术发展的巨大牵引,它强有力的拉动了 OCT 技术多个方面的发展,无论是在研究人员的数量上还是在产品开发资金投入上都是最具规模的,使该项技术得以快速发展,并进入临床使用中;同时也使各种新型 OCT 技术的发展不断得到深化。

1.4.2　技术发展的推动

就技术发展的推动来说,主要来源于技术创新的突破性推动与技术完善的渐近积累性推动这两个方面。例如,自从 1983 年 Chlshaw 的研究小组[3]首次将白光干涉原理引入光纤传感技术领域,使得人们对于该技术的认识不断深入;Grattan 等[36~38,40]在光纤白光干涉特性方面开展了系统的研究。在实际工程应用方面,Smartech 的创始人 Inaudi 等[48]采用了具有温度补偿的传感器,推动了 SOFO 系统在工程上的应用;惠普公司不仅发展了 OLCR 仪器系统,而且其研发人员在光纤传感远程匹配多路复用技术方面也做出了贡献[47]。一个基于对光学偏振与光的内禀相干不变性认识的深化所导致的技术推动的例子是由光的偏振态与内禀相干性之间的密切关系引发的。近几年来,由于认识到光场具有内禀相干不变性,由此发展了光纤白光干涉的偏振匹配扫描技术,不仅能够改善准分布光纤传感的信号质量,实现偏振衰落恢复,而且可以进一步实现偏振态的动态传感,并发展了偏振扫描传感解调方法。此外,为了使光纤白光干涉传感技术能够形成传感网络,提高传感系统抗毁坏能力,人们还发展了双端问询环形网络传感技术[192~196],并进一步改进了远程匹配的共光路系统[197~203]。在 OCT 技术的发展中,技术的突破与累计渐近对整体技术进步的推动作用也十分明显,自从 1991 年发明了 OCT 技术以来,由于其潜在的医学应用背景,一直成为白光干涉技术领域发展最快的一个分支。在 OCT 技术发展过程中,随着巨大的市场需求的拉动,加速了其实用化进程,应用性研究不断完善了各个方面的技术缺陷。2003 年频域OCT(FD-OCT)在技术上取得了突破性进展,同时解决了时域 OCT(TD-OCT)系统在扫描速度和探测灵敏度两个方面的技术瓶颈,推动了 OCT 技术的快速发展并形成了各种成熟的临床应用医疗诊断设备。

1.5　小　　结

任何一个学术领域或学术研究发展方向,都是伴随人们的需求而发生并发展起来的。本章所描述的关于光纤白光干涉原理与技术就属于这样一个典型的研究领域。我们可以看到其发源于社会需求,借助于早期相关的光学概念和理论,伴随着技术的不断发展与完善,同时相关的理论也不断得到深化。在这个研究领域中,我们看到了理论与技术的交互发展和相互促进,正是这两者的共同作用与推动,实现了该领域不断发展和进步。

参 考 文 献

[1] Wolf E. A macroscopic theory of interference and diffraction of light from finite sources Ⅱ: Fields with a spectral range of arbitrary width. Proceedings of the Royal Society of London: A,1955,230(1181):246—265.

[2] Blanc-Lapierre A,Dumonted P. La notion de cohérence en optique. Revue de Physique Appliquee,1955,34:1—21.

[3] Al-Chalabi S A,Chlshaw B,David D E N. Partially coherent sources in interferometric sensors//International Conference on Optical Fiber sensors. London,United Kingdom,1983:132—135.

[4] Takada K,Noda J,Okamoto K. Measurement of spatial distribution of mode coupling in birefringent polarization-maintaining fiber with new detection scheme. Optics Letters,1986,11(10):680—682.

[5] Youngquist R C,Carr S,Davies D E N. Optical coherence-domain reflectometry:A new optical evaluation technique. Optics Letters,1987,12:158—160.

[6] Huang D,Swanson E A,Lin C P,et al. Optical coherence tomography. Science,1991,254:

1178—1181.

[7] Choma M A, Sarunic M V, Yang C H, et al. Sensitivity advantage of swept source and Fourier domain optical coherence tomography. Optics Express, 2003, 11:2183—2189.

[8] de Boer J F, Cense B, Park B H, et al. Improved signal-to-noise ratio in spectral-domain compared with time-domain optical coherence tomography. Optics Letters, 2003, 28:2067—2069.

[9] Leitgeb R, Hitzenberger C K, Fercher A F. Performance of Fourier domain vs. time domain optical coherence tomography. Optics Express, 2003, 11:889—894.

[10] Wojtkowski M, Bajraszewski T, Targowski P, et al. Real-time *in vivo* imaging by high-speed spectral optical coherence tomography. Optics Letters, 2003, 28:1745—1747.

[11] Yun S H, Tearney G J, Bouma B E, et al. High-speed spectral-domain optical coherence tomography at 1. 3μm wavelength. Optics Express, 2003, 11:3598—3604.

[12] Yun S H, Teamey G J, de Boer J F, et al. High-speed optical frequency-domain imaging. Optics Express, 2003, 11:2953—2936.

[13] Wolf E. Unified theory of coherence and polarization of random electromagnetic beams. Physics Letters A, 2003, 312:263—267.

[14] Réfrégier P, Roueff A. Invariant degrees of coherence of partially polarized light. Optics Express, 2005, 13(16):6051—6060.

[15] Born M, Wolf E. Principle of Optics. 7th ed. Cambridge: Cambridge University Press, 1999.

[16] Delisle C, Cielo P. Application de la modulation spectrale a la transmission de l'information. Canadian Journal of Physics, 1975, 53:1047—1053.

[17] Delisle C, Cielo P. Multiplexing in optical communications by interferometry with a large path-length difference in white light. Canadian Journal of Physics, 1976, 54:2322—2331.

[18] Bosselmann T, Ulrich R. High-accuracy position-sensing with fiber-coupled white-light interferometers//Proceedings of the 2nd International Conference on Optical Fiber Sensors. Berlin: VBE. 1984:361—364.

[19] Boheim G. Fiber-linked interferometric pressure sensor. Review of Scientific Instruments, 1987, 58:1655—1659.

[20] Velluet M T, Graindorge P, Arditty H J. Fiber optic pressure sensor using white-light interferometry. Proceedings of SPIE, 1987, 838:78—83.

[21] Trouchet D, Laloux B, Graindorge P. Prototype industrial multi-parameter FO sensor using white light interferometry//Proceedings of the 6th International Conference on Optical Fiber Sensors. Paris, France, 1989, 227—233.

[22] Boheim G. Fiber optic thermometer using semiconductor etalon sensor. Electronics Letters, 1986, 22:238—239.

[23] Harl J C, Saaski E W, Mitchell G L. Fiber optic temperature sensor using spectral modulation. Proceedings of SPIE, 1987, 838:257—261.

[24] Kersey A D, Dandridge A. Dual-wavelength approach to interferometric sensing. Proceedings of SPIE, 1987, 798:176—181.

[25] Farahi F, Newson T P, Jones J D C, et al. Coherence multiplexing of remote fiber Fabry-Perot sensing system. Optics Communications, 1988, 65: 319—321.

[26] Wang A, Xiao H, Wang J, et al. Self-calibrated interferometric-intensity-based optical fiber sensors. Journal of Lightwave Technology, 2001, 19: 1495—1501.

[27] Kotrotsios G Parriaux. White light interferometry for distributed sensing on dual mode fibers monitoring//Proceedings of the 6th International Conference on Optical Fiber Sensors. Paris, France, 1989: 568—574.

[28] Takada K, Yokohama I, Chida K, et al. New measurement system for fault location in optical waveguide devices based on an interferometric technique. Applied Optics, 1987, 26: 1603—1606.

[29] Danielson B L, Whittenberg C D. Guided-wave reflectometry with micrometer resolution. Applied Optics, 1987, 26: 2836—2842.

[30] Ballif J, Gianotti R, Walti R, et al. Rapid and scalable scans at 21m/s in optical low-coherence reflectometry. Optics Letters, 1997, 22: 757—759.

[31] Lindgren F, Gianotti R, Walti R, et al. −78dB shot-noise limited optical low-coherence reflectometry at 42m/s scan speed. IEEE Photonics Letters, 1997, 9: 1613—1615.

[32] Szydlo J, Bleuler H, Walti R, et al. High-speed measurements in optical low-coherence reflectometry. Measurement Science and Technology, 1998, 9: 1159—1162.

[33] Kock A, Ulrich R. Displacement sensor with electronically scanned white-light interferometer. Proceedings of SPIE, 1990, 1267: 128—133.

[34] Chen S, Meggitt B T, Rogers A J. Electronically scanned white-light interferometry with enhanced dynamic range. Electronics Letters, 1990, 26: 1663—1665.

[35] Chen S, Meggitt B T, Rogers A J. An electronically scanned white-light Young's interferometer. Optics Letters, 1991, 16: 761—763.

[36] Chen S, Palmer A W, Grattan K T V, et al. Study of electronically scanned optical fiber Fizeau interferometer. Electronics Letters, 1991, 27: 1032—1034.

[37] Chen S, Grattan K T V, Palmer A W, et al. Digital processing techniques for electronically scanned optical fiber white light interferometry. Applied Optics, 1992, 31: 6003—0010.

[38] Chen S, Grattan K T V, Meggitt B T, et al. Instantaneous fringe-order identification using dual broad source with wildly spaced wavelengths. Electronics Letters, 1993, 29: 334—335.

[39] Rao Y J, Ning Y N, Jackson D A. Synthesized source for white-light sensing systems. Optics Letters, 1993, 18: 462—464.

[40] Wang D N, Ning Y N, Grattan K T V, et al. Three-wavelength combination source for white-light interferometry. IEEE Photonic Technology Letters, 1993, 5: 1350—1352.

[41] Yuan L B. White light interferometric fiber-optic strain sensor with three-peak-wavelength broadband LED source. Applied Optics, 1997, 36: 6246—6250.

[42] Wang Q, Ning Y N, Palmer A W, et al. Central fringe identification in a white light interferometer using a multi-stage-squaring signal processing scheme. Optics Communications,

1995,117:241—244.

[43] Brooks J L,Wentworth R H,Youngquist R C,et al. Coherence multiplexing of fiber-optic interferometric sensors. Journal of Lightwave Technology,1985,LT-3:1062—1072.

[44] Gusmeroli V,Vavassori P,Martinelli M. A coherence-multiplexed quasi-distributed polarimetric sensor suitable for structural monitoring//Proceedings of the 6th International Conference on Optical Fiber Sensors. Paris,France,1989:513—518.

[45] Lecot C,Guerin J J,Lequime M. White light fiber optic sensor network for the thermal monitoring of the stator in a nuclear power plant alternator sensors//Proceedings of the 9th International Conference on Optical Fiber Sensors. Florence,Italy,1993:271—274.

[46] Rao Y J,Jackson D A. A prototype multiplexing system for use with a large number of fiber-optic-based extrinsic Fabry-Perot sensors exploiting low coherence interrogation. Proceedings of SPIE,1995,2507:90—98.

[47] Sorin W V,Baney D M. Multiplexed sensing using optical low-coherence reflectometry. IEEE Photonics Technology Letters,1995,7:917—919.

[48] Inaudi D,Vurpillot S,Loret S. In-line coherence multiplexing of displacement sensors,a fiber optic extensometer. Proceedings of SPIE,1996,2718:251—257.

[49] Yuan L B,Ansari F. White light interferometric fiber optic distribution strain sensing system. Sensors and Actuators:A. Physical,1997,63:177—181.

[50] Yuan L B,Zhou L M. $1 \times N$ star coupler as distributed fiber optic strain sensor using in white light interferometer. Applied Optics,1998,37:4168—4172.

[51] Yuan L B,Zhou L M,Jin W. Quasi-distributed strain sensing with white-light interferometry:A novel approach. Optics Letters,2000,25:1074—1076.

[52] Inaudi D,Elamari A,Pflug L,et al. Low-coherence deformation sensors for monitoring of civil-engineering structures. Sensors and Actuators A,1994,44:125—130.

[53] Bhatia V,Murphy K A,Claus R O,et al. Optical fiber based absolute extrinsic Fabry-Perot interferometric sensing system. Measurement Science and Technology,1996,7:58—61.

[54] Yuan L B,Zhou L M,Wu J S. Fiber-optic Temperature Sensor with duplex Michleson interferometric technique. Sensors and Actuators:A,Physical,2000,86:2—7.

[55] Yuan L B,Zhou L M,Jin W. Recent progress of white light interferometric fiber optic strain sensing techniques. Review of Scientific Instruments,2000,71:4648—4654.

[56] Yuan L B,Li Q B,Liang Y J,et al. Fiber optic 2-D strain sensor for concrete specimen. Sensors and Actuators A,2001,94:25—31.

[57] Udd E. Fiber Optic Smart Structures. New York:Wiley,1995

[58] 张靖华,王春华,黄肇明. 白光干涉在保偏光纤测量与对轴中的应用. 光学学报,1994,14(12):1308—1311.

[59] 张靖华,王春华. 光源功率谱对白光干涉测量的影响. 光学技术,1997,5:30—35.

[60] 王奇,张志鹏,李天应. 用光纤连接的双 F-P 干涉仪传感系统. 华中理工大学学报,1993,21(05):143—146.

[61] 李雪松,廖延彪,李天初,等. 白光干涉型 Michelson 光纤扫描干涉仪. 计量学报,1996, 17(4):241－245.

[62] 王涛,周柯江,叶炜,等. 光纤偏振态模式分布的干涉测量方法. 光学学报,1997,17(06): 737－740.

[63] 周柯江,王涛. 光纤白光干涉仪的研究. 激光与红外,1997,27(4):242－244.

[64] 李毛和,张美敦. 光纤干涉仪臂差的测量. 光子学报,1999,28(8):740－743.

[65] 李毛和,张美敦. 用光纤迈克耳孙干涉仪测量折射率. 光学学报,2000,20 (16):1294－ 1296.

[66] 李力,王春华,黄肇明. 全光纤低相干光纤位移传感技术. 光学学报,1997,17(2):1265－ 1269.

[67] 苑立波. 温度和应变对光纤折射率的影响. 光学学报,1997,17(12):1714－1717.

[68] 张旨遥,周晓军. 白光干涉分布式光纤压力传感器实验研究. 中国电子科学研究院学报, 2006,1(4):364－368.

[69] 张以谟,井文才,张红霞,等. 数字化白光扫描干涉仪的研究. 光学精密工程,2004,12(6): 560－565.

[70] 井文才,李强,任莉,等. 小波变换在白光干涉数据处理中的应用. 光电子·激光,2005, 16(2):195－198.

[71] 张红霞,张以谟,井文才,等. 偏振耦合测试仪中白光干涉包络的提取. 光电子·激光, 2007,18(4):450－453.

[72] Tang F,Wang X Z,Zhang Y M,et al. Distributed measurement of birefringence dispersion in polarization-maintaining fibers. Optics Letters,2006,31(23):3411－3413.

[73] Tang F,Wang X Z,Zhang Y M,et al. Characterization of birefringence dispersion in polari- zation-maintaining fibers by use of white -light interferometry. Applied Optics,2007, 46(19):4073－4080.

[74] Meng Z,Yao X S,Yao H,et al. Measurement of the refractive index of human teeth by opti- cal coherence tomography. Journal of Biomedical Optics,2009,14(3):034010-1－034010-4.

[75] 孟卓,姚晓天,兰寿锋,等. 全光纤口腔 OCT 系统偏振波动自动消除方法研究. 光电子·激 光,2009,20(1):133－136.

[76] 杨晓辰,饶云江,朱涛,等. 全内反射型光子晶体光纤横向负荷及扭曲特性研究. 光子学报, 2008,37(2):292－297.

[77] Rao Y J,Jackson D A. Recent progress in fibre optic low-coherence interferometry. Meas- urement Science and Technology,1996,7:981－999.

[78] 荆振国,于清旭,张桂菊,等. 一种新的白光光纤传感系统波长解调方法. 光学学报,2005, 25(10):1347－1351.

[79] 荆振国. 白光非本征法布里-珀罗干涉光纤传感器及其应用研究[博士学位论文]. 大连:大 连理工大学,2006.

[80] Jiang Y. Wavelength scanning white-light interferometry with a 3×3 coupler based interfer- ometer. Optics Letters,2008,33(16):1869－1871.

[81] Jiang Y. Fourier transform white-light interferometry for the measurement of fiber optic extrinsic Fabry-Perot interferometric sensors. IEEE Photonics Technology Letters, 2008, 30(2):75—77.

[82] Jiang Y, Tang C J. Fourier transform white-light interferometry based spatial frequency division multiplexing of extrinsic Fabry-Peort interferometric sensors. Review of Scientific Instruments, 2008, 79:106105.

[83] 周晓军, 龚俊杰, 刘永智, 等. 白光干涉偏振模耦合分布式光纤传感器分析. 光学学报, 2004, 24(5):605—608.

[84] 周晓军, 杜东, 龚俊杰. 偏振模耦合分布式光纤传感器空间分辨率研究. 物理学报, 2005, 54(5):2106—2110.

[85] Yuan L B, Zhou L M, Jin W, et al. Low-coherence fiber optic sensors ring-network based on a Mach-Zehnder interrogator. Optics Letters, 2002, 27(11):894—896.

[86] Yuan L B, Yang J. Schemes of 3×3 star coupler based fiber-optic multiplexing sensors array. Optics Letters, 2005, 30(9):961—963.

[87] Yuan L B, Yang J. Two-loop based low-coherence multiplexing fiber optic sensors network with Michelson optical path demodulator. Optics Letters, 2005, 30(6):601—603.

[88] Yuan L B, Zhou L M, Jin W. Recent progress of white light interferometric fiber optic strain sensing techniques. Review of Scientific Instruments, 2000, 71 (12):4648—4654.

[89] Yuan L B, Li Q, Liang Y J, et al. Fiber optic 2-D strain sensor for concrete specimen. Sensors and Actuators A, 2001, 94:25—31.

[90] Sorin W V, Baney D M. A simple intensity noise reduction technique for optical low-coherence reflectometry. IEEE Photonics Technology Letters, 1992, 4:1404—1406.

[91] Baney D M, Sorin W V. Extended-range optical low-coherence reflectometry using a recirculating delay technique. IEEE Photonics Technology Letters, 1993, 5:1109—1112.

[92] Baney D M, Sorin W V. Optical low coherence reflectometry with range extension>150m. Electronics Letters, 1995, 31:1775—1776.

[93] Teamey G J, Brezinski M E, Bouma B E, et al. *In vivo* endoscopic optical biopsy with optical coherence tomography. Science, 1997, 276:2037—2039.

[94] Fujimoto J G, Brezinski M E, Tearney G J, et al. Optical biopsy and imaging using optical coherence tomography. Nature Medicine, 1995, 1:970—972.

[95] Hee M R, Puliafito C A, Wong C, et al. Optical coherence tomography of macular holes. Ophthalmology, 1995, 102:748—756.

[96] Hee M R, Baumal C R, Puliafito C A, et al. Optical coherence tomography of age-related macular degeneration and choroidal neovascularization. Ophthalmology, 1996, 103:1260—1270.

[97] Brezinski M E, Tearney G J, Weissman N J, et al. Assessing atherosclerotic plaque morphology:Comparison of optical coherence tomography and high frequency intravascular ultrasound. Heart, 1997, 77:397—403.

[98] Tearney G J, Brezinski M E, Southern J F, et al. Optical biopsy in human gastrointestinal tissue using optical coherence tomography. American Journal of Gastroenterology, 1997, 92: 1800—1804.

[99] Tearney G J, Brezinski M E, Southern J F, et al. Optical biopsy in human urologic tissue using optical coherence tomography. The Journal of Urology, 1997, 157: 1915—1919.

[100] Feldchtein F I, Gelikonov G V, Gelikonov V M, et al. Endoscopic applications of optical coherence tomography. Optics Express, 1998, 3: 257—270.

[101] Hee M R, Puliafito C A, Duker J S, et al. Topography of diabetic macular edema with optical coherence tomography. Ophthalmology, 1998, 105: 360—370.

[102] Fujimoto J G, Boppart S A, Tearney G J, et al. High resolution *in vivo* intra-arterial imaging with optical coherence tomography. Heart, 1999, 82: 128—133.

[103] Li X D, Boppart S A, Dam J V, et al. Optical coherence tomography: Advanced technology for the endoscopic imaging of Barren's esophagus. Endoscopy, 2000, 32: 921—930.

[104] Boppart S A, Luo W, Marks D L, et al. Optical coherence tomography: Feasibility for basic research and image-guided surgery of breast cancer. Breast Cancer Research and Treatment, 2004, 84: 85—97.

[105] Kubota T, Nara M, Yoshino T. Interferometer for measuring displacement and distance. Optics Letters, 1987, 12: 310—312.

[106] Takada K, Yokohama I, Chida K, et al. New measurement system for fault location in optical waveguide devices based on an interferometric-technique. Applied Optics, 1987, 26: 1603—1606.

[107] Gilgen H H, Novak R P, Salathe R P, et al. Submillimeter optical reflectometry. Journal of Lightwave Technology, 1989, 7: 1225—1233.

[108] Takada K, Yukimatsu K, Kobayashi M, et al. Rayleigh backscattering measurement of single-mode fibers by low coherence optical time-domain reflectometer with 14μm spatial resolution. Applied Physics Letters, 1991, 59: 143—145.

[109] Fercher A F, Mengedoht K, Wemer W. Eye-length measurement by interferometry with partially coherent light. Optics Letters, 1988, 13: 186—188.

[110] Fujimoto J G, Desilvestri S, Ippen E P, et al. Femtosecond optical ranging in biological systems. Optics Letters, 1986, 11: 150—152.

[111] Fercher A F, Hitzenberger C K, Drexler W. *In vivo* optical coherence tomography. American Journal of Ophthalmology, 1993, 116: 113—115.

[112] Swanson E A, Izatt J A, Hee M R, et al. *In vivo* retinal imaging by optical coherence tomography. Optics Letters, 1993, 18: 1864—1866.

[113] Applegate B E, Yang C H, Rollins A M, et al. Polarization-resolved second-harmonic generation optical coherence tomography in collagen. Optics Letters, 2004, 29: 2252—2254.

[114] de Boer J F, Milner T E, van Gemert M J C, et al. Two-dimensional birefringence imaging in biological tissue by polarization-sensitive optical coherence tomography. Optics Letters,

1997,22:934—936.

[115] Hee M R, Huang D, Swanson E A, et al. Polarization-sensitive low-coherence reflectometer for birefringence characterization and ranging. Journal of the Optical Society of America B-Optical Physics, 1992, 9:903—908.

[116] Izatt J A, Kulkami M D, Yazdanfar S, et al. *In vivo* bidirectional color Doppler flow imaging of picoliter blood volumes using optical coherence tomography. Optics Letters, 1997, 22:1439—1441.

[117] Jiang Y, Tomov I, Wang Y M, et al. Second-harmonic optical coherence tomography. Optics Letters, 2004, 29:1090—1092.

[118] Leitgeb R, Wojtkowski M, Kowalczyk A, et al. Spectral measurement of absorption by spectroscopic frequency-domain optical coherence tomography. Optics Letters, 2000, 25: 820—822.

[119] Morgner U, Drexler W, Kartner R X, et al. Spectroscopic optical coherence tomography. Optics Letters, 2000, 25:111—113.

[120] Oldenburg A L, Gunther J R, Boppart S A. Imaging magnetically labeled cells with magnetomotive optical coherence tomography. Optics Letters, 2005, 30:747—749.

[121] Oldenburg A L, Toublan F J J, Suslick K S, et al. Magnetomotive contrast for *in vivo* optical coherence tomography. Optics Express, 2005, 13:6597—6614.

[122] Saxer C E, de Boer J F, Park B H, et al. High-speed fiber-based polarization-sensitive optical coherence tomography of *in vivo* human skin. Optics Letters, 2000, 25:1355—1357.

[123] Xu C Y, Ye J, Marks D L, et al. Near-infrared dyes as contrast-enhancing agents for spectroscopic optical coherence tomography. Optics Letters, 2004, 29:1647—1649.

[124] Zhao Y H, Chen Z P, Saxer C, et al. Phase-resolved optical coherence tomography and optical Doppler tomography for imaging blood flow in human skin with fast scanning speed and high velocity sensitivity. Optics Letters, 2000, 25:114—116.

[125] Choma M A, Sarunic M V, Yang C H, et al. Sensitivity advantage of swept source and Fourier domain optical coherence tomography. Optics Express, 2003, 11:2183—2189.

[126] de Boer J F, Cense B, Park B H, et al. Improved signal-to-noise ratio in spectral-domain compared with time-domain optical coherence tomography. Optics Letters, 2003, 28: 2067—2069.

[127] Leitgeb R, Hitzenberger C K, Fercher A F. Performance of Fourier domain vs. time domain optical coherence tomography. Optics Express, 2003, 11:889—894.

[128] Wojtkowski M, Bajraszewski T, Targowski P, et al. Real-time *in vivo* imaging by high-speed spectral optical coherence tomography. Optics Letters, 2003, 28:1745—1747.

[129] Yun S H, Tearney G J, Bouma B E, et al. High-speed spectral-domain optical coherence tomography at 1.3μm wavelength. Optics Express, 2003, 11:3598—3604.

[130] Yun S H, Teamey G J, de Boer J F, et al. High-speed optical frequency-domain imaging. Optics Express, 2003, 11:2953—2936.

[131] Adler D C,Chen Y,Huber R,et al. Three-dimensional endomicroscopy using optical coherence tomography. Nature Photonics,2007,1:709—716.

[132] Huber R,Adler D C,Fujimoto J G. Buffered Fourier domain mode locking:Unidirectional swept laser sources for optical coherence tomography imaging at 370 000 lines/s. Optics Letters,2006,31:2975—2977.

[133] Huber R,Wojtkowski M,Fujimoto J G. Fourier domain mode locking (FDML):A new laser operating regime and applications for optical coherence tomography. Optics Express, 2006,14:3225—3237.

[134] Yun S H,Tearney G J,Vakoc B J,et al. Comprehensive volumetric optical microscopy *in vivo*. Nature Medicine,2006,12:1429—1433.

[135] Zysk A M,Nguyen F T,Oldenburg A L,et al. Optical coherence tomography:A review of clinical development from bench to bedside. Journal of Biomedical Optics, 2007, 12:051403.

[136] Guedes V,Schuman J S,Hertzmark E,et al. Optical coherence tomography measurement of macular and nerve fiber layer thickness in normal and glaucomatous human eyes. Ophthalmology,2003,110:177—189.

[137] Hangai M,Jima Y,Gotoh N,et al. Three-dimensional imaging of macular holes with high-speed optical coherence tomography. Ophthalmology,2007,114:763—773.

[138] Ko T H,Fujimoto J G,Duker J S,et al. Comparison of ultrahigh and standard-resolution optical coherence tomography for imaging macular hole pathology and repair. Ophthalmology,2004,111:2033—2043.

[139] Srinivasan V J,Wojtkowski M,Witkin A J,et al. High-definition and 3-dimensional imaging of macular pathologies with high-speed ultrahigh-resolution optical coherence tomography. Ophthalmology,2006,113:2054—2065.

[140] Bouma B E,Tearney G J,Yabushita H,et al. Evaluation of intracoronary stenting by intravascular optical coherence tomography. Heart,2003,89:317—320.

[141] Erglis A,Jegere S,Trusinskis K,et al. Stent endothelization after paclitaxel eluting stent implantation in left main:A 3 years intravascular ultrasound and optical coherence tomography follow-up. American Journal of Cardiology,2009,104:13D.

[142] Grube E,Gerckens U,Buellesfeld L,et al. Intracoronary imaging with optical coherence tomography-a new high-resolution technology providing striking visualization in the coronary artery. Circulation,2002,106:2409—2410.

[143] Ishibashi K,Kitabata H,Akasaka T. Intracoronary optical coherence tomography assessment of spontaneous coronary artery dissection. Heart,2009,95:818.

[144] Jang I K,Bouma B E,Kang D H,et al. Visualization of coronary atherosclerotic plaques in patients using optical coherence tomography:Comparison with intravascular ultrasound. Journal of American College of Cardiology,2002,39:604—609.

[145] Manfrini O,Miele N J,Sharaf B H,et al. Qualitative results of intracoronary imaging dur-

ing balloon inflation with optical coherence tomography in humans. Journal of American College of Cardiology,2003,41:60A.

[146] Ozaki Y, Okumura M, Ishii J, et al. Vulnerable lesion characteristics assessed by optical coherence tomography (OCT), intracoronary ultrasound (IVUS), angioscopy and quantitative coronary angiography (QCA). Journal of American College of Cardiology,2006,47: 53B.

[147] Rosenthal N, Guagliumi G, Sirbu V, et al. Comparison of intravascular ultrasound and optical coherence tomography for the evaluation of stent segment malapposition. Journal of American College of Cardiology,2009,53:A22.

[148] Yamaguchi T, Terashima M, Akasaka T, et al. Safety and feasibility of an intravascular optical coherence tomography image wire system in the clinical setting. American Journal of Cardiology,2008,101:562—567.

[149] Armstrong W B, Ridgway J M, Vokes D E, et al. Optical coherence tomography of laryngeal cancer. Laryngoscope,2006,116:1107—1113.

[150] Escobar P F, Belinson J L, White A, et al. Diagnostic efficacy of optical coherence tomography in the management of preinvasive and invasive cancer of uterine cervix and vulva. International Journal of Gynecological Cancer,2004,14:470—474.

[151] Hariri LP, Tumlinson A R, Besselsen D G, et al. Endoscopic optical coherence tomography and laser-induced fluorescence spectroscopy in a murine colon cancer model. Lasers in Surgery and Medicine,2006,38:305—313.

[152] Pan Y T, Xie T Q, Du C W, et al. Enhancing early bladder cancer detection with fluorescence-guided endoscopic optical coherence tomography. Optics Letters,2003,28:2485—2487.

[153] Bouma B E, Tearney G J. Handbook of Optical Coherence Tomography. New York:Marcel Dekker,2002.

[154] Bouma B E, Tearney G J. Clinical imaging with optical coherence tomography. Academic Radiology,2002,9:942—953.

[155] Drexler W, Fujimoto J G. Optical Coherence Tomography-Technology and Applications. New York:Springer-Verlag,2008.

[156] Fercher A F, Drexler W, Hitzenberger C K, et al. Optical coherence tomography-principles and applications. Reports on Progress in Physics,2003,66:239—303.

[157] Fujimoto J G, Pitris C, Boppart S A, et al. Optical coherence tomography: An emerging technology for biomedical imaging and optical biopsy. Neoplasia,2000,2:9—25.

[158] Schmitt J M. Optical coherence tomography (OCT): A review. IEEE Journal of Selected Topics in Quantum Electronics,1999,5:1205—1215.

[159] Tomlins P H, Wang R K. Theory, developments and applications of optical coherence tomography. Journal of Physics D-Applied Physics,2005,38:2519—2535.

[160] Bogunia-Kubik K, Sugisaka M. From molecular biology to nanotechnology and nanomedi-

　　　cine. Biosystems,2002,65:123—138.

[161] Farokhzad O C,Langer R. Nanomedicine:Developing smarter therapeutic and diagnostic modalities. Advanced Drug Delivery Reviews,2006,58:1456—1459.

[162] Jain K K. Nanomedicine:Application of nanobiotechnology in medical practice. Medical Principles and Practice,2008,17:89—101.

[163] Lanza G M,Winter P M,Caruthers S D,et al. Nanomedicine opportunities for cardiovascular disease with perfluorocarbon nanoparticles. Nanomedicine,2006,1:321—329.

[164] Li K C P,Pandit S D,Guccione S,et al. Molecular imaging applications in nanomedicine. Biomedical Microdevices,2004,6:113—116.

[165] Liu Y F,Wang H F. Nanomedicine nanotechnology tackles tumours. Nature Nanotechnology,2007,2:20—21.

[166] Liu Y Y,Miyoshi H,Nakamura M. Nanomedicine for drug delivery and imaging:A promising avenue for cancer therapy and diagnosis using targeted functional nanoparticles. International Journal of Cancer,2007,120:2527—2537.

[167] Moghimi S M,Hunter A C,Murray J C. Nanomedicine:Current status and future prospects. Faseb Journal,2005,19:311—330.

[168] Wagner V,Dullaart A,Bock A K,et al. The emerging nanomedicine landscape. Nature Biotechnology,2006,24:1211—1217.

[169] Gould P. Multitasking nanoparticles target cancer-nanomedicine. Nano Today,2008,3:9.

[170] Hervella P,Lozano V,Garcia-Fuentes M. Nanomedicine:New challenges and opportunities in cancer therapy. Journal of Biomedical Nanotechnology,2008,4:276—292.

[171] Kim D K,Dobson J. Nanomedicine for targeted drug delivery. Journal of Materials Chemistry,2009,19:6294—6307.

[172] Shaffer C. Nanomedicine transforms drug delivery. Drug Discovery Today,2005,10:1581—1582.

[173] Sumer B,Gao J M. Theranostic nanomedicine for cancer. Nanomedicine,2008,3:137—140.

[174] Zemp R J. Nanomedicine detecting rare cancer cells. Nature Nanotechnology,2009,4:798—799.

[175] Drexler W. Ultrahigh-resolution optical coherence tomography. Journal of Biomedical Optics,2004,9:47—74.

[176] Drexler W,Morgner U,Kartner F X,et al. *In vivo* ultrahigh-resolution optical coherence tomography. Optics Letters,1999,24:1221—1223.

[177] Hartl I,Li X D,Chudoba C,et al. Ultrahigh-resolution optical coherence tomography using continuum generation in an air-silica microstructure optical fiber. Optics Letters,2001,26:608—610.

[178] Povazay B,Bizheva K,Unterhuber A,et al. Submicrometer axial resolution optical coherence tomoeraphy. Optics Letters,2002,27:1800—1802.

[179] Ralston T S, Marks D L, Carney P S, et al. Interferometric synthetic aperture microscopy. Nature Physics, 2007, 3: 129—134.

[180] Ralston T S, Marks D L, Carney P S, et al. Real-time interferometric synthetic aperture microscopy. Optics Express, 2008, 16: 2555—2569.

[181] Choma M A, Ellerbee A K, Yang C H, et al. Spectral-domain phase microscopy. Optics Letters, 2005, 30: 1162—1164.

[182] Ellerbee A K, Creazzo T L, Izatt J A. Investigating nanoscale cellular dynamics with cross-sectional spectral-domain phase microscopy. Optics Express, 2007, 15: 8115—8124.

[183] Joo C, Akkin T, Cense B, et al. Spectral-domain optical coherence phase microscopy for quantitative phase-contrast imaging. Optics Letters, 2005, 30: 2131—2133.

[184] McDowell E J, Ellerbee A K, Choma M A, et al. Spectral-domain phase microscopy for local measurements of cytoskeletal rheology in single cells. Journal of Biomedical Optics, 2007, 12: 044008.

[185] Adler D C, Ko T H, Herz P R, et al. Optical coherence tomography contrast enhancement using spectroscopic analysis with spectral autocorrelation. Optics Express, 2004, 12: 5487—5501.

[186] Cang H, Sun T, Li Z Y, et al. Gold nanocages as contrast agents for spectroscopic optical coherence tomography. Optics Letters, 2005, 30: 3048—3050.

[187] Oldenburg A L, Xu C Y, Boppart S A. Spectroscopic optical coherence tomography and microscopy. IEEE Journal of Selected Topics in Quantum Electronics, 2007, 13: 1629—1640.

[188] Xu C Y, Carney P S, Boppart S A. Wavelength-dependent scattering in spectroscopic optical coherence tomography. Optics Express, 2005, 13: 5450—5462.

[189] Pasquesi J J, Schlachter S C, Boppart M D, et al. In vivo detection of exercise-induced ultrastructural changes in genetically altered murine skeletal muscle using polarization-sensitive optical coherence tomography. Optics Express, 2006, 14: 1547—1556.

[190] Marks D L, Boppart S A. Nonlinear interferometric vibrational imaging. Physical Review Letters, 2004, 92: 123905.

[191] Inaudi D, Casanova N. SMARTEC: Bringing fiber optic sensors into concrete applications//The 15th International Optical Fiber Sensor Conference. Portland, USA, 2002: 6—10.

[192] Yuan L B, Zhou L M, Jin W, et al. Low-coherence fiber-optic sensor ring network based on a Mach-Zehnder interrogator. Optics Letters, 2002, 27(11): 894—896.

[193] Yuan L B, Zhou L M, Jin W, et al. Enhanced multiplexing capacity of low-coherence reflectometric Sensors with a loop topology. IEEE Photonics Technology Letters, 2002, 14(8): 1157—1159.

[194] Yuan L B, Zhou L M, Jin W. Enhancement of multiplexing capability of low-coherence interferometric fiber sensor array by use of a loop topology. IEEE Journal of Lightwave

Technology,2003,21 (5):1313—1319.

[195] Yuan L B,Yang J. Two-loop based low-coherence multiplexing fiber optic sensors network with Michelson optical path demodulator. Optics Letters,2005,30(5):601—603.

[196] Yuan L B,Zhou L M,Jin W. Design of a fiber-optic quasi-distributed strain sensors ring network based on a white-light interferometric multiplexing technique. Applied Optics, 2002,41(34):7205—7211.

[197] Yuan L B. Modified Michelson fiber-optic interferometer:A remote low-coherence distributed strain sensor array. Review of Scientific Instrumentation,2003,74(1):270—272.

[198] Yuan L B,Yang J,Zhou L M,et al. Low-coherence michelson interferometric fiber-optic multiplexed strain sensor array:A minimum configuration. Applied Optics,2004,43(16): 3211—3215.

[199] Yuan L B,Yang J. Schemes of fiber-optic multiplexing sensors array based on a 3×3 star coupler. Optics Letters,2005,30(9):961—963.

[200] Yuan L B,Yang J. Fiber-optic low-coherence quasi-distributed strain sensing system with multi-configurations. Measurement Science and Technology,2007,18:2931—2937.

[201] Yuan L B,Dong Y T. Multiplexed fiber optic twin-sensors array based on combination of a Mach-Zehnder and a Michelson interferometer. Journal of Intelligent Materials System and Structures,2009,20(7):809—813.

[202] Yuan L B,Yang J. A tunable Fabry-Perot resonator based fiber-optic white light interferometric sensor array. Optics Letters,2008,33(16):1780—1782.

[203] Yuan Y G,Wu B,Yang J,et al. Tunable optical path correlator for distributed strain or temperature sensing application. Optics Letters,2010,35(20):3357—3359.

第2章　宽谱光源的相干理论

2.1　引　　言

在白光干涉测量系统中,光源的波长、带宽、功率、稳定性是在选用光源时的四项需要考虑的主要因素。

光源的中心波长的选择取决于系统的应用对象,例如,所构造的系统用于对波导器件进行评估与检测时,所对应的波长应与该波导的工作波长对应。比如说,工作于中心波长为 1310nm 或 1550nm 的光纤陀螺系统元器件的测量与评价;对于 OCT 系统而言,探测深度受到物质对光波的吸收和散射性质的限制。物质的吸收和散射特性会导致光信号的衰减,物质对不同波长的光的吸收和散射程度是不同的,与所用光源的波长关系紧密。

带宽取决于光源功率谱的形状或分布,因为系统测量的分辨率依赖于光源的带宽,对于白光干涉系统具有特别重要的意义。这也是单色光的干涉和宽谱光干涉的重要区别所在。在白光干涉系统中,一方面,所用的宽谱光源的各个单色光自身之间会相互干涉,并对最终的干涉光强产生叠加贡献;另一方面,不同的单色光之间也彼此相互影响,从而导致由关联感生的光谱改变。两个方面作用的综合效果,使得相干长度变短,干涉条纹的区域非常有限,这样的特性恰好可由光源功率谱的傅里叶变换给出[1]:

$$G(\tau) = \int |E(t) + E(t+\tau)|^2 \mathrm{d}\omega$$

$$= \int P(\omega)\exp(\mathrm{i}\omega\tau)\mathrm{d}\omega + \langle E(t)^* E(t+\tau)\rangle \tag{2.1}$$

式中:τ 为两光波的延迟;$\langle E(t)^* E(t+\tau)\rangle$ 为光源的自相关函数,这个关系提供了一个对非单色光谱分布的简单理解。此外,由光源功率谱形状所导致的特殊干涉条纹分布,可以用来作为独特的标识来确定双光束的零光程差相位,从而实现高精度的测量。

光波在光纤中传输时,事实上,光纤波导将三维空间光的相干简化成一维,这就极大地简化了光波在空间三维传输分析过程的复杂性。此外,为分析方便起见,本章仅考虑光波振动方向相同的情况,也就是说只考虑光的偏振态不变的情况。而光波偏振变化的影响将在下一章中加以详细考虑。因此,本章所讨论的问题,仅限于振动方向相同的宽谱光源在一维空间中的相干特性。

2.2　宽谱光源的功率谱及其自相关函数特性

光源功率谱的特殊形状或分布对于白光干涉系统而言十分重要[1]。因为白光干涉测量系统的特点是具有较大的动态测量范围和较高的分辨率,所以实际上多数研究领域都要求光源不仅具有较大的光谱宽度,而且还应具有很好边带衰减形状。

例如,对于典型的 LED 光源,通常都具有近似于高斯光谱强度的分布。这种分布可以用下述函数来描述[2]:

$$G(\lambda) = \frac{G_0}{\sqrt{2\pi\sigma_k^2}} \exp\left[-\frac{(k-k_0)^2}{2\sigma_k^2}\right] \tag{2.2}$$

式中:$k=2\pi/\lambda$,λ 为对应的中心波长;G_0 为对应于波长在 λ_0 处的光谱强度;σ_k 为光谱分布参数。

定义光谱半宽 $\Delta\lambda$ 为光源的 3dB 峰值全宽度对应的波长带宽,如图 2.1 所示。该光源所对应的相干长度与光谱半宽和中心波长相关,可表示为

$$L_c = \xi\left(\frac{\lambda_0^2}{\Delta\lambda}\right) \tag{2.3}$$

式中:ξ 为一个系数,是依赖于光谱分布形状因子[3],如对于洛伦兹线型光谱 $\xi\approx 0.32$,而对于高斯分布形状的光谱 $\xi\approx 0.66$。通常,宽带光源在使用中,其外在的主要特征参数是中心波长 λ_0、光谱半宽 $\Delta\lambda$ 和相干长度 L_c。而相干长度不是独立的,可由前两个参数来确定。

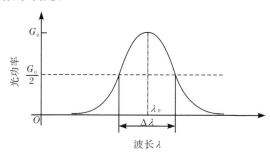

图 2.1　典型 LED 光源光谱分布

另一个重要光谱分布是双曲正割分布:

$$G(k) = \mathrm{sech}\left[\frac{2\pi\xi}{\Delta\lambda}\left(\frac{1}{k_0}-\frac{1}{k}\right)\right] \tag{2.4}$$

维纳-辛钦(Wiener-Khinchin)定理表明,自相关函数和功率谱密度函数是一

对傅里叶变换对,即

$$\Gamma(x) = \frac{1}{\sqrt{2\pi}} \int_{-\infty}^{\infty} G(k) \exp(ixk) \mathrm{d}k \tag{2.5}$$

$$G(k) = \frac{1}{\sqrt{2\pi}} \int_{-\infty}^{\infty} \Gamma(x) \exp(-ixk) \mathrm{d}x \tag{2.6}$$

自相关函数在统计学中的定义是将一个有序的随机变量系列与其自身相比较。每个不存在相位差的系列,都与其自身相似,即在此情况下,自相关函数值最大。自相关函数反映了同一信号序列在不同时刻的取值之间的相关程度。对于相干光学而言,光源的自相关函数就是光源被分成两路,经过完全没有任何扰动的光路后再相遇的光源自相干信号,等效于光源通过了一个两路具有完全相同的干涉臂的迈克耳孙或马赫-曾德尔(Mach-Zehnder)干涉仪,这个信号只反映了光源本身没有被外界调制的自相干特性,因此,对光源自相干函数的分析和研究,有助于理解光源本身在干涉系统的测量过程中对干涉信号的影响,以便进一步在信号分析过程中分辨出哪些影响是来自干涉仪的、哪些是来自待测物理量的、哪些是来自光源自身的。互相关函数和自相关函数在光的干涉系统分析中十分重要,我们将在本章后续的内容中给出更加详细的讨论。为讨论方便,图 2.2～图 2.5 中的波长与时间的坐标单位都采用了任意单位(arb),以便不失一般性,使其既适合于可见波段,也适合于红外波段。

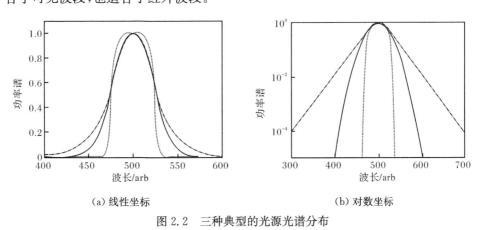

(a) 线性坐标　　　　　　　　　　(b) 对数坐标

图 2.2　三种典型的光源光谱分布

——高斯分布;———双曲正割分布;……超高斯分布

为了比较不同的光源光谱分布的特点,图 2.2 给出在线性坐标上和对数坐标上高斯分布(粗)和双曲正割分布(细)的光谱及其产生的自相关函数。作为对比,图 2.2 中还给出一个近似的矩形函数光谱分布的超高斯光谱分布(虚)。当采用这三种典型光谱分布的光源时,发现图 2.3 给出的自相关曲线中,高斯(粗)和双曲正割(细)光谱引起了自相关函数两翼的快速衰减,而超高斯光谱(虚)的陡峭垂直边缘引起了明显的远场翼的回响起伏。这将会对系统的测量结果带来较大的影响,将直接导致测量系统分辨率的下降(例如,光纤陀螺仪的精度下降)。因此,对于白光干涉测量系统而言,半宽 $\Delta\lambda$ 较宽且具有高斯型光谱分布的宽谱光源是最为理想的光源。

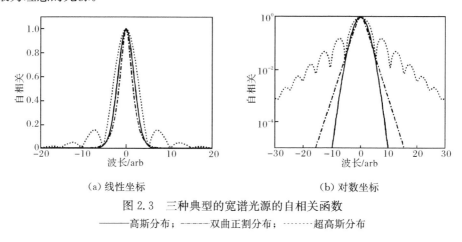

(a) 线性坐标　　　　　　　　　　　　(b) 对数坐标

图 2.3　三种典型的宽谱光源的自相关函数

———高斯分布;－－－－双曲正割分布;┄┄┄超高斯分布

事实上,采用复合补偿半导体技术已经生产出各种组合波长的超辐射发光二极管,可获得较宽的光谱。然而,我们发现,表面上偏离于高斯或双曲正割光谱分布的微小畸变能够明显地通过自相关函数使该畸变得到放大的旁瓣。图 2.4 给出一个例子,在该情况下,一个高斯谱通过与另一个具有较窄宽度高斯谱相混合,从而产生出修改过的光谱(实线),如图 2.4(a)所示。在光谱的对数图中,这个修整几乎不能被分辨,见图 2.4(b)。但是,在自相关函数的对数图中,则远场翼有较大的改变。

在高斯光谱上叠加噪声对白光干涉测量系统也具有明显的影响。图 2.5 中,给出了一个光滑的高斯光谱与一个具有最大起伏为 10% 的随机噪声相乘后的光谱。

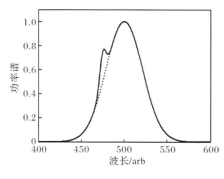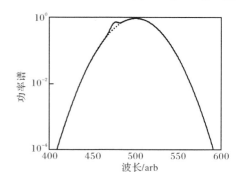

(a) 线性坐标下的功率谱　　　　　　　　　(b) 对数坐标下的功率谱

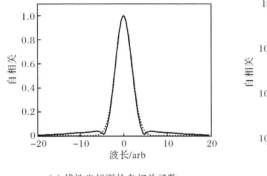

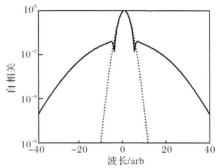

（c）线性坐标下的自相关函数　　　　　　　（d）对数坐标下的自相关函数

图 2.4　两个高斯形状功率谱组合而成的具有双峰的宽谱光源及其自相关函数

虽然在光谱图上噪声表现得很小，但是自相关函数的噪声基底被显著增加了。在这种情况下，噪声不是周期性的。在噪声是摆动的波纹的情况下，自相关函数产生了较显著的离散翼。

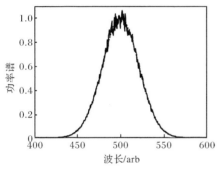

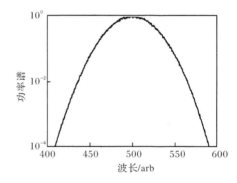

（a）线性坐标下的功率谱　　　　　　　　　（b）对数坐标下的功率谱

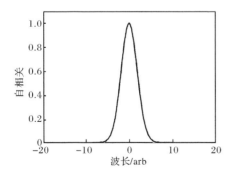

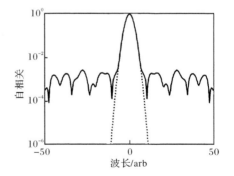

（c）线性坐标下的自相关函数　　　　　　　（d）对数坐标下的自相关函数

图 2.5　光滑的高斯谱上叠加了若干噪声的宽谱光源及其自相关函数

在白光干涉测量系统中,光源光谱可以通过滤波器来加以修剪。常见的滤波器有 V 形滤波器、高通滤波器和低通滤波器。通过修剪过的白光光源的光谱越接近高斯光谱,则系统的测量性能就会越好。

2.3　几种典型的宽谱光源

2.3.1　常用的宽谱光源

在光纤光学系统中,常用的光源主要有下列几种:半导体激光二极管(laser diode,LD)、光纤激光器(fiber laser)、半导体发光二极管(LED)、超辐射半导体激光二极管(SLD)、光纤放大自发辐射(amplified spontaneous emission,ASE)光源及由光子晶体光纤的非线性光学效应产生的超连续谱光源。

用于光纤白光干涉系统中的宽谱光源则以 LED、SLD 和 ASE 最为常见。鉴于由光子晶体光纤的非线性光学效应产生的超连续谱光源的成本较高,因此,目前只用于实验室的研究过程中。此外,可调谐激光器在一定的光谱范围内不断地重复扫描的过程也可以等效为一种宽谱光源用于白光干涉系统中。

2.3.2　LED 宽谱光源及其特征参数

LED 是发光二极管的简称,发光二极管的核心部分是由 p 型半导体和 n 型半导体组成的晶片,在 p 型半导体和 n 型半导体之间有一个过渡层,称为 pn 结。当给发光二极管加上正向电压后,从 p 区注入 n 区的空穴和由 n 区注入 p 区的电子,在 pn 结附近数微米内分别与 n 区的电子和 p 区的空穴复合,在某些半导体材料的 pn 结中,注入的少数载流子与多数载流子复合时会把多余的能量以光的形式释放出来,从而把电能直接转换为光能。这种利用注入式电致发光原理制作的二极管叫发光二极管,通称 LED。

LED 是一种固态结器件,其发光机理是电致发光。如图 2.6 所示,当给 LED 的结加正向电压时,外加电场将削弱内建电场,使空间电荷区变窄,载流子的扩散运动加强。由于电子迁移率总是大于空穴迁移率,因此电子由 n 区扩散到 p 区是载流子扩散的主体。由半导体的能带理论可知,当导带中的电子与价带中的空穴复合时,电子由高能级跃迁到低能级,电子将多余的能量以发射光子的形式释放出来,产生电致发光现象,这就是 LED 的发光机理。

电子和空穴复合时放出的能量的大小,对应于光子的能量,依赖于半导体材料的带隙 E_g,释放出光子能量越大,对应光的辐射波长越短,由式(2.7)给出

$$\lambda = \frac{hc}{E_g} \tag{2.7}$$

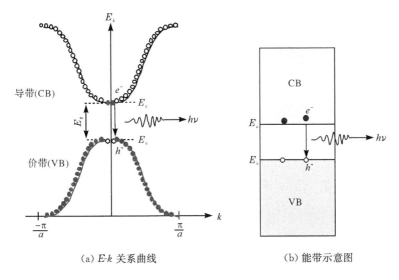

(a) E-k 关系曲线 　　　　　　　　(b) 能带示意图

图 2.6　半导体的导带与价带之间电子跃迁释放出光子的示意图

式中:c 为光速;h 为普朗克常量。

电子直接从导带跃迁到价带,同那里的空穴相复合,同时发射出光子。由于这种跃迁在两个能带之间进行,而导带中的电子和价带中的空穴都具有一个能量分布。图 2.7 给出导带中的电子和价带中的空穴所对应的能量分布。导带中的电子和价带中的空穴按能量大小的密度分布如图 2.7(b)所示[4]。导带中的电子密度作为能量的函数,其分布是非对称的,在 E_c 上 $1/(2k_BT)$ 处达到最大,其能量分布从 E_c 延伸至大于 $2k_BT$ 处。空穴在价带中的密度分布与电子分布情况大致相同,如图 2.7(b)所示。我们知道,电子与空穴的直接复合率正比于所在能量区域的电子与空穴的密度。光子辐射转换包括电子在导带 E_c 和空穴在价带 E_v 上的直接复合,对应于图 2.7 中的 $E_g = h\nu_1 = hc/\lambda_1$。但分布在能量带边 E_c 和 E_v 的载流子浓度较低,因此对应输出的相对强度较弱,光波长较长。而对应电子和空穴密度较大的峰值处,直接复合所转换的光子的概率最高,对应辐射光子的数量也最多,图 2.7 中的 $E_g + k_BT = h\nu_2 = hc/\lambda_2$。对应辐射相对较高能量的光子 $h\nu_3 = hc/\lambda_3$,由于在高能区所对应的电子与空穴的浓度都较少,因而其复合后辐射出的光子数量也较少。输出光子能量分布特性与对应光谱的波长分布特性是相反的,如图 2.7(c)和(d)所示。这是因为波长与频率的关系 $\lambda = c/\nu$ 是反比关系。

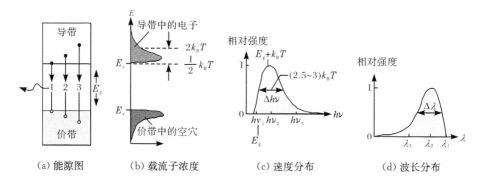

（a）能隙图　　　（b）载流子浓度　　　（c）速度分布　　　（d）波长分布

图 2.7　导带与价带上载流子浓度分布与辐射光谱分布之间的关系示意图

辐射光谱的峰值波长与线宽 $\Delta\lambda$ 直接对应于导带上电子浓度和价带上空穴浓度分布。峰值光谱的光子辐射能量大致对应于 $E_g + k_B T$，而典型的线宽 $\Delta\lambda = \Delta(h\nu)$ 为 $(2.5\sim3)k_B T$。LED 的最终输出光谱不仅依赖于半导体材料，还要取决于 pn 结的结构以及材料的掺杂情况。改变 pn 结的结构和掺杂浓度，都能对其发光光谱的中心波长和带宽进行调整。

事实上，波长与线宽具有一定的依赖关系。对应辐射波长为 λ 的光子能量 E_{ph} 由式（2.8）给出。

$$\lambda = \frac{c}{\nu} = \frac{hc}{E_{ph}} \qquad (2.8)$$

将 λ 对能量 E_{ph} 求导，有

$$\frac{d\lambda}{dE_{ph}} = -\frac{hc}{E_{ph}^2} \qquad (2.9)$$

对于小的变化，用差分代替微分，即 $\Delta\lambda/\Delta E_{ph} \approx |d\lambda/dE_{ph}|$，于是

$$\Delta\lambda \approx \frac{hc}{E_{ph}^2}\Delta E_{ph} \qquad (2.10)$$

将所给的辐射光谱能量带宽 $\Delta E_{ph} = \Delta(h\nu) \approx 3k_B T$ 代入式（2.10），并考虑到式（2.7），得到

$$\Delta\lambda \approx \lambda^2\,\frac{3k_B T}{hc} \qquad (2.11)$$

由式（2.11）可以看出，LED 光源的光谱线宽不仅与中心波长相关，而且与温度密切相关。

通过上面的讨论可以知道，半导体光源的中心波长和光谱的半宽度都是温度的函数，对 pn 结的温度具有依赖性。因而，在测量精度要求较高的情况下，要采取相应的稳定措施。此外，LED 光源在使用过程中，中心波长可以通过驱动电流的改变来调谐，而带宽可以通过改变光源的环境温度来实现微小的调整。

2.3.3　SLD 光源

在光纤白光干涉测量系统中,希望光源功率尽可能大,以便光信号强;而与此同时又希望其相干长度尽可能短,以便有更高的测量精度。激光器可以实现大输出功率,发光管可以实现光波低相干,为此将两者相结合的超辐射半导体激光二极管(SLD)应运而生,它兼具高功率和低相干长度两个属性,介于激光二极管(LD)和发光二极管(LED)之间。

1987 年 Gerard[5] 发明了超辐射发光二极管。这种光源是发展成高精度光纤陀螺仪、低相干断层扫描医疗成像系统和外腔可调谐激光器等应用的重要器件。超辐射发光二极管(SLED 或 SLD)是一种基于超亮度边缘发射半导体光源。它结合了激光二极管与低相干常规发光二极管的高功率和亮度。它的发光带宽范围为5~100nm。

超辐射发光二极管类似于一个激光二极管,基于电驱动的 pn 结,在正向施加偏置时,成为光学有源区并产生一个在很宽的波长范围内放大的自发辐射。峰值波长和 SLD 的发光强度依赖于有源材料组合物和注入电流。SLD 被设计成沿着波导中产生具有高的单程放大的自发辐射,但是不像激光二极管,反馈光不足以实现激光振荡。这是通过倾斜波导和防反射涂层的联合作用实现的。图 2.8 就是 Gerard[5] 将制备半导体激光二极管(LD)的结构加以变化,给出使波导沟道倾斜一个角度 θ 的设计,这个设计不同于传统的 LD 和 LED,它使自发辐射光在通过波导沟道时仅被放大,而到达两个端面的反射光低于形成激光振荡的阈值;从而开创了新型 SLD 宽谱光源,使得宽谱和大功率光源成为可能。

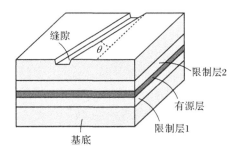

图 2.8　具有倾角 θ 的 SLD 芯片结构示意图

图 2.8 中倾角 θ 要大于临界角 θ_c,而 θ_c 由式(2.12)确定。

$$\theta_c = \arcsin\left[1 - \left(\frac{n_2}{n_1}\right)^2\right]^{\frac{1}{2}} \tag{2.12}$$

对于 AlGaAs 材料,式(2.12)中 n_1 为有源层的有效折射率,其典型值为3.555,而 n_2 是有源层余下部分的折射率,典型值为 3.35。因此临界角约为

1.565°,而角 θ 必须大于该临界角,考虑到衍射效应,可取 $\theta=5°$。

当施加正向电压时,注入电流穿过 SLD 产生一个有源区域。像大多数半导体器件一样,SLD 由一个正极(p 型掺杂)部分和一个负极(n 型掺杂)部分组成。电流将来自 p 部流入 n 部并穿过夹在 p 型和 n 型部分之间的有源区。在此过程中,通过的正(空穴)和负(电子)的电载流子自发和随机复合产生光,然后沿着 SLD 的光波导在传播过程中被放大。SLD 的半导体材料的 pn 结是这样设计的:电子和空穴具有多种可能的状态(能带),因此,电子和空穴的复合就产生具有宽范围频率的光。事实上,如果将发光材料中的自发辐射进行光放大,就可以获得超辐射。它是强激发状态下的一种定向辐射现象。一方面,电子-空穴对随机复合,产生相位、频率互不相同的光子,由于器件中没有谐振腔结构,不能形成共振条件,因而不会有受激辐射振荡作用;另一方面,器件中注入的电流密度很高,引起足够高的增益,使自发辐射的光子数目急剧增加,产生雪崩式倍增。发光强度会随着注入电流的增大而急剧增大,发光光谱的谱线宽度会变窄一些。这样,器件的发光机制由初始的自发发射为主,逐渐变为受激发射为主,但并未产生振荡,因而未形成激光发射。因此超辐射发光是一种很接近激射,但还不是激光的光源。其结构类似激光器,但是没有谐振腔,或尽量破坏掉激光器的谐振腔,如端面镀膜、斜的条形或弯曲的条形结构,等等;其发射逼近受激振荡,但始终还未共振;其相位不一致,因而是一低相干光源,或称为相干长度短的光源。

理想的 SLD 的输出功率可以用下述模型加以说明:

$$P_{out} = \frac{h}{c}\nu\Pi R_{sp} \frac{\exp[(g-\alpha)L]-1}{g-\alpha} \qquad (2.13)$$

式中:h 为普朗克常量;ν 为光的频率;Π 代表光场模斑的大小;R_{sp} 为自发辐射速率;g 为模式增益;α 为非谐振的光损耗;L 为有源通道的长度;c 为光速。

因此,输出功率线性地依赖于自发辐射率和光学增益。显然,为了获得较高的光输出功率,较高的模增益是必需的。

SLD 在实际应用的需求中,对带宽和输出功率都提出了越来越高的要求,为此,需要对 SLD 的性能加以改进。主要聚焦在两个方面:一个是如何提高 SLD 的输出光功率;另一个是怎样扩展 SLD 的光谱带宽。为此,许多研究者为提高输出功率和扩展 3dB 带宽做出了各种努力。在波导形状上探索了长腔渐变弯曲波导、倾斜锥体波导等结构[6],如图 2.9 所示。在扩展放大长度,提高自发辐射光输出功率的同时,还要避免芯片端面的反射,以便抑制反馈所形成的振荡放大。

在拓展 SLD 光谱半宽方面,在有源区发展了多量子阱组合与级联技术[7~9],Koyama 等[7]在倾斜的锥体波导技术基础上,采用 GaInAsP/InP 半导体材料在有源区进一步发展了啁啾量子阱技术,见图 2.10,在中心波长 1.55μm,获得了半宽为 60nm,输出功率超过 1W 的 SLD 宽谱光源。图 2.11 给出其输出光谱分布结果。

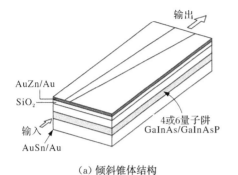 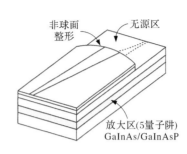

（a）倾斜锥体结构　　　　　　　（b）在倾斜锥体基础上,端面进行非球面整形处理

图 2.9　采用 GaInAsP/InP 半导体倾斜锥体有源放大区的 SLD 芯片结构示意图

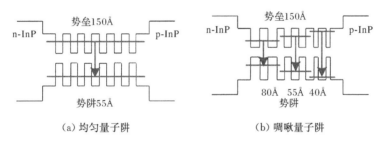

（a）均匀量子阱　　　　　　　　（b）啁啾量子阱

图 2.10　量子阱结构示意图

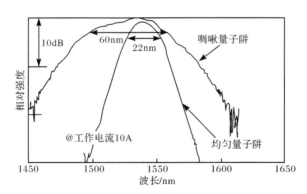

图 2.11　分别采用均匀的和啁啾结构的量子阱结构制备的
SLD 芯片的输出光谱

　　此外,为了获得不同中心波长的 SLD 光源,提出了诸如蚀刻 V 形沟道法[8]、多段级联结构[10]等多种改进方法。Zang 等[11]采用有源区多模干涉级联的方法,给出如图 2.12 所示的 SLD 芯片结构设计,在中心波长 1.55μm 附近,获得了半宽为 50nm、输出功率超过 110mW 的 SLD 宽谱光源。该光源的光谱纹波较小,仅为

0.03dB,图 2.13 给出其输出光谱分布结果。

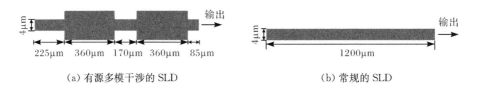

(a) 有源多模干涉的 SLD　　　　　　　　　(b) 常规的 SLD

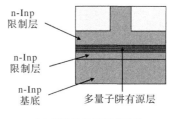

(c) 芯片的各层组成结构

图 2.12　SLD 芯片结构示意图

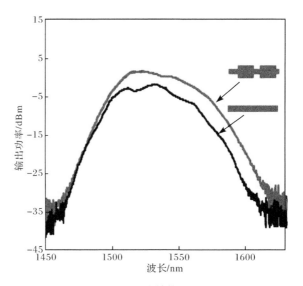

图 2.13　两种 SLD 芯片结构输出光谱的对比图

为了提高输出光的耦合效率,Oh 等[12]在芯片的波导输出端制作了渐变结构,将椭圆形输出光斑调整到圆形输出光斑,进一步提高了耦合效率。

SLD 主要特性包括:

1. 功率对电流的依赖特性

SLD 发出的总光功率依赖于所注入的偏置电流。其输出功率随着注入电流的增大而增大,与激光二极管不同,没有阈值电流后的突变。其渐变关系表明以自发辐射为主的功率与电流曲线关系(图 2.14 中的 SE 段)和由放大自发辐射(即超亮度)为主的过渡(图 2.14 中的 ASE 段)是一个逐渐转换的过程。需要指出的是,即便输出功率是基于自发辐射,但放大机制会影响所发射光的辐射偏振状态,这与 SLD 管芯结构和输出器件结构条件有关。

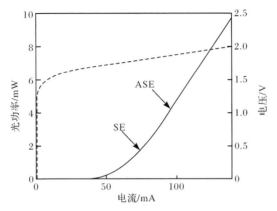

图 2.14　典型的 SLD 光源出光功率与注入电流
之间的关系对比曲线

2. 中心波长与光谱半宽

SLD 发射的光功率分布在很宽的光谱范围。光谱半宽(full width of half maximum,FWHM)和中心波长 λ_{center} 是描述 SLD 光源功率密度分布的两个有用的参数。光谱半宽定义为全宽的功率密度与在额定工作条件下的波长曲线的半高,峰值波长 λ_{peak} 是光谱中具有最高强度所对应的波长值,如图 2.15 所示。这两个波长通常是不同的,中心波长被定义为两个半高宽点的光谱曲线之间的中心点,它可以与峰值波长不同,因为它涉及光谱不对称。

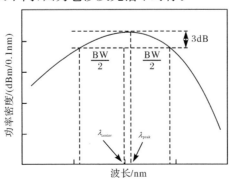

图 2.15　SLD 光源的中心波长与光谱半宽定义

3. 光谱纹波

光谱纹波是对 SLD 光源光谱功率密度中对波长的微小变化可以观察到的变化的量度。光谱纹波通常是由芯片端面或者耦合光纤端存在的剩余反射导致的,它可以用高分辨率光谱分析仪进行测量。光谱纹波在峰值波长附近比较明显,这是因为在中心波长附近的增益较高,如图 2.16 所示。光谱纹波对 SLD 光源的相干特性有较大的影响,通常在使用中希望光谱纹波越小越好。有些 SLD 产品的光谱纹波抑制得较好,即便是在较高的驱动电流下也较小。光的后向散射反馈到光源中会对输出光谱产生难以预期的影响,导致光源光谱劣化。这有时会与光谱纹波相混淆,在使用中应该加以区分并尽可能限制或避免光路中其他元件可能产生的杂散信号反馈回光源中。

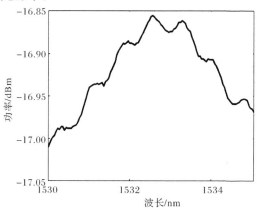

图 2.16　SLD 光源的光谱纹波

4. 偏振特性

如上所述,超辐射发光二极管是基于半导体波导的自发辐射放大。SLD 光源的结构和所用的芯片组合材料对辐射光波的增益影响较大,并导致不同偏振取向的光波电场的放大系数有所不同(偏振相关增益)。波长在 1300nm 和 1400nm 的 SLD 多是基于块体材料的芯片结构,这使得增益对偏振依赖性较低。与此相反,在 1550nm 和 1620nm 波长范围内,SLD 大多使用量子阱结构,具有较强的偏振相关增益有源区。由 SLD 芯片发出的光是由非偏振的自发辐射和放大辐射的组合,因此具有一定程度的偏振特性。描述 SLD 光源偏振特性的是偏振消光比,即通过旋转的线性偏振器之后测得的最大和最小强度之比。对于块体结构 SLD 芯片而言,偏振消光比为 8～9dB。而具有量子阱结构的 SLD 芯片的偏振消光比可高达 15～20dB。对于通过光纤耦合输出的 SLD 光源,尾纤的弯曲和卷曲通常会导致偏振态的改变。而采用保偏光纤作为输出尾纤的 SLD 光源的消光比较高（>15dB），不受光纤弯曲的影响。此外，SLD 光源的偏振消光比还依赖于偏置电压（即注入的电流值），在最大驱动电流情况下具有其最高值。

5. 相对强度噪声（RIN）

半导体有源器件的输出光功率总是受到自发辐射起伏的影响，导致强度噪声。如果用具有一定带宽的平方律光电探测器来探测光源所发射的光功率时，光强度噪声将被转换成电流起伏。所测得的光电流将包含正比于平均光强度的常数项 I_0，以及与时间相关的项 I_n，与光强度起伏相关。光电流的光谱分布中的噪声项可以通过电信号频谱分析仪在射频（RF）范围内进行测量，所得到的噪声谱，直接关系到光强度噪声，并依赖于 RF 频率 ω。通过这样的测量方法，可以给出对光源噪声评估的定量参数：相对强度噪声（RIN），即在给定带宽的情况下，噪声电流的功率谱密度 I_n 除以平均光电流 I_0 的平方值

$$\text{RIN}(\omega) = \frac{\langle I_n^2(\omega) \rangle}{\langle I_0^2 \rangle} \tag{2.14}$$

因此，RIN 代表测量后的噪声功率和平均功率之间的比，单位为 dB/Hz。RIN 的频率依赖性与增益饱和所导致的空间相关效应有关。

6. 相干长度

SLD 是典型的宽带光源，它具有较大的光谱宽度。这种特性主要反映了光源自身的自发辐射源的时间相干性较低的本质。但 SLD 却表现出较好的空间相干性，相干长度 L_c 是经常用来表征光源的空间相干性的量。它与干涉仪的两个臂之间的光程差有关，光程差小于 L_c 的光波仍能够产生干涉。对于具有高斯光谱分布的光源，L_c 的值与光谱宽度（BW）成反比，如式（2.3）所示。表 2.1 给出了 LED、SLD 和 LD 的结构原理性能和应用比较。

表 2.1　LED、SLD 和 LD 的结构原理性能和应用比较

器件	LED	SLD	LD
器件结构	pn 结	复合区＋吸收区＋端面增透膜	异质结＋谐振腔
输出功率	小，通常<1mW	0.3～0.5W	1～100W 或更大
光谱半宽 Δλ	50～150nm	30～90nm	<0.5nm
相干长度	短，微米量级	短，微米量级	长，毫米量级
光束发散角度	120°	30°～40°	约 15°～45°
工作原理	自发辐射	自发辐射＋光放大	受激辐射＋光放大
应用领域	显示、照明、短距离光通信等	光纤白光干涉测量系统，如 OCT、光纤陀螺以及其他光纤白光干涉传感器系统	光纤通信、光盘存储、激光测距、光纤传感器、光学仪器

为了方便比较,在图 2.17 中给出 LD、LED 和 SLD 的光学特性。从图 2.17 中可以看出,在半谱宽度和光功率发射方面具有许多差别。LED 的半谱宽度最宽,高达 50～150nm;LD 最窄,低于 0.5nm,特别是对于单纵模的 LD 来说,其半谱宽度小于 0.1nm;SLD 半谱宽度则介于 LD 和 LED 之间,通常为 30～90nm。

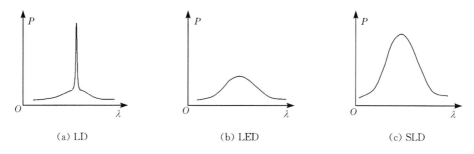

(a) LD　　　　　　　　　　(b) LED　　　　　　　　　　(c) SLD

图 2.17　LD、LED 和 SLD 光源输出的功率谱特性对比示意图

2.3.4　ASE 光源

ASE 光源是光纤放大自发辐射光源的简称,它也是一种广泛使用的连续谱线的宽带光源。ASE 光源与 SLD 相比,具有带宽更宽、稳定性更好、功率更高、使用寿命更长、易与光纤传感系统耦合等优点,被广泛应用于光纤陀螺、光学层析、医学诊断等众多光纤传感、光纤探测及密集波分复用系统中。

掺铒宽带光纤光源的研究始于 20 世纪 80 年代末 90 年代初。1989 年,Desurvire 等[13] 提出了掺铒光纤光源的物理模型,并运用激光器的速率方程对物理模型进行了描述,奠定了掺铒光纤光源研究的基础。在对掺铒光纤光源的研究中,斯坦福大学的 Wysocki 的研究小组[14～16] 从 20 世纪 90 年代初开始,对掺铒光纤宽带光源进行了系统的理论和实验研究,研究的具体内容包括:掺铒光纤宽带光源的结构,光功率在光纤内的演变,光纤长度、泵浦功率、泵浦波长、反馈效应和偏振效应对输出光功率、输出光平均波长、输出光谱宽、输出光平均波长稳定性的影响。到 1994 年,Wysocki 等[16] 所做的掺铒光纤宽带光源已经比较完善,并进入实用阶段。对于掺铒光纤超荧光平均波长与抽运功率的关系,Hall 等[17] 和 Wang 等[18] 也对此进行了详细的理论分析。结果表明,两者间的关系与光纤长度密切相关:如果掺铒光纤长度合适,平均波长将与抽运功率在很大范围内无关,且稳定性非常好。Patrick 等[19] 利用长周期光栅来提高掺铒超荧光光源平均波长的温度稳定性,达到 $10^{-8}℃^{-1}$。

1. 荧光产生的基本原理

在石英光纤中掺入一些三价稀土金属元素,如 Er(铒)、Pr(镨)、Nd(钕)等,形成一种在泵浦光的激励下可以放大光信号的特殊光纤,因此可以用于制作光纤放大器,其中掺铒光纤放大器(EDFA)目前应用最为广泛[20]。当掺杂光纤被泵浦时,掺杂光纤可以处于以下三种不同的状态。

(1) 当泵浦能量较低时,上能级粒子数 $n_2 < n_1$(下能级粒子数),粒子数正常分布,掺杂光纤中只存在自发辐射荧光。

(2) 随着泵浦能量的加强,n_2 渐增加,自发辐射的粒子数逐渐增加,它们之间的相互作用也逐渐加强。当 $n_2 > n_1$ 以后,粒子数呈反转分布,在极强的相互作用下,单个粒子独立的自发辐射逐渐变为多个粒子协调一致的受激辐射,这种由于掺杂光纤对自发辐射的放大所产生的辐射称为"放大的自发辐射"。如果泵浦能量足够强,在掺杂光纤中特定方向上的"放大的自发辐射"将大大加强,这种加强了的辐射称为"超荧光"。

(3) 若泵浦能量很强,掺杂光纤中辐射放大增益完全抵消了系统的损耗,此时,将形成自激振荡而产生激光。

这种利用放大的自发辐射原理制作的无谐振腔的掺杂光纤放大器称为超荧光光纤光源(ASE)。

2. 泵浦光源的选择

掺铒光纤中的 Er^{3+} 在未受任何光激励时,处于最低能级(基态)$^4I_{S/2}$ 上,当泵浦光射到掺铒光纤中时,基态铒离子吸收泵浦光能量,向高能级跃迁。泵浦光的波长不同,离子所跃迁到的高能级也不同[21~23]。由于斯塔克(Stark)效应,原子能级产生分裂,铒离子的能级展宽为带状。离子跃迁时,先跃迁到上能级,并迅速以非辐射跃迁的形式由泵浦态变至亚稳态。在亚稳态,粒子有较长的存活时间,由于源源不断地进行泵浦,粒子数不断增加,从而实现了粒子数反转。当具有 1500~1600nm 波长的光信号通过掺铒光纤时,亚稳态粒子以受激辐射的形式跃迁到基态,并产生和入射信号中的光子一模一样的光子,从而大大增加了信号光中的光子数量,即实现了信号光在掺铒光纤的传输过程中不断被放大的功能,掺铒光纤放大器也由此得名。

掺铒光纤的能级图及部分吸收谱和发射谱如图 2.18 所示[24]。从铒离子能级图中可以看到,对于不同的泵浦光,铒离子的放大特性呈现不同的特点:除了在 1480nm 附近存在较宽的吸收带之外,铒离子在 520nm、670nm、800nm 和 980nm 附近也存在吸收峰。然而,目前掺铒光纤放大器的泵浦源一般都采用 980nm 和 1480nm,而不使用其他短波泵浦源。这是由于 800nm 泵浦不仅吸收截面较小,而且存在较强的激发态吸收(excited state absorption,ESA)问题[25],严重地影响了放大器(激光器)的能量转换效率。

对于 520nm、670nm 的泵浦光,由于波长太短,光纤很难做到单模。相比之

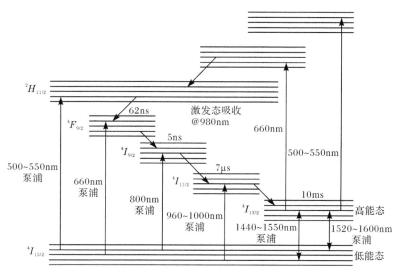

图 2.18　Er^{3+} 跃迁能级图[24]

下,980nm LD 和 1480nm LD 作为泵浦源具有明显的优势。研究表明:一方面,除了高功率功放级放大器情况以外,对于中小功率的预放级放大器和在线放大器而言,使用 980nm LD 和 1480nm LD 作为泵浦源时 ESA 对放大器的影响很小,放大器能够具有很高的能量转换效率;另一方面,这两个波长的 LD 已经商品化,因此这两种波长的激光二极管成为 EDFA 泵浦源的必然选择。980nm 泵浦一般作为三能级系统处理,由于 980nm 泵浦源功率小于 1W 时,$^4I_{11/2} \rightarrow {}^4I_{13/2}$ 的无辐射跃迁速率远大于泵浦速率,导致 $^4I_{11/2}$ 能级中的集居数几乎为零。因此,在中小功率(<1W)980nm 泵浦的情况下,可以忽略 $^4I_{11/2}$ 能级而只考虑 $^4I_{13/2}$ 能级和基态 $^4I_{15/2}$ 能级中集居数变化,从而可以将 980nm 泵浦的三能级模型简化为二能级模型。

当采用 1480nm 泵浦时,吸收跃迁发生在 $^4I_{15/2} \rightarrow {}^4I_{13/2}$ 主能级之间,由于斯塔克分裂,各主能级又分裂成许多子能级,跃迁粒子首先到达 $^4I_{13/2}$ 系列子能级中的较高能级,然后无辐射弛豫到较低能级,最后发生辐射跃迁到基态能级。此跃迁过程类似于三能级过程,只不过此时两个激光上能级同处于一个主能级中。与980nm 泵浦三能级中最高能级集居数近似为零不同的是,热平衡作用使 1480nm泵浦时高能级中集居数并不为零,对于 1480nm 泵浦光而言,不仅存在吸收过程,而且还存在受激辐射过程的可能,即泵浦光的受激辐射截面不为零。正是由于这个差别,使 980nm 泵浦放大器在噪声性能上优于 1480nm 泵浦的放大器。

3. ASE 的泵浦方式

掺铒光纤在足够高的光强泵浦下,能达到较大的光学增益。当它们沿光纤传

播时被放大,这一光信号称为放大的自发辐射(ASE)。而泵浦方式的不同,ASE
的输出性能也有很大的不同。通常 ASE 在前向(与泵浦光同向传播)和后向(与
泵浦光反向传播)两个方向上产生。前向 ASE 来自于自发辐射的光子,这种光子
在前向方向上,在光纤泵浦的入射端周围被俘获。而后向 ASE 则来自于光纤较
远的另一端。单程装置只利用一个方向的自发辐射,而双程装置则包括两个方向
的自发辐射,所以双程装置要比单程装置有更高的转换效率和较低的泵浦功率。
ASE 光源主要由四大部分组成:泵浦激光器(laser)、掺铒光纤(erbium-doped
fiber)、隔离器(ISO)和波分复用器(WDM)。其中 ISO 和 WDM 属于标准化器件,
虽然对 ASE 的特性有影响,但都是确定的,只有泵浦激光器(泵浦波长、泵浦功
率、输出稳定性等)和掺铒光纤(光纤中铒离子的掺杂浓度、用于泵浦的掺铒光纤
的长度等)可以通过优化从而得到最好的 ASE 输出特性。根据泵浦光和超荧光
传播方向的异同以及光纤两端的反射特性,通常将掺铒光纤超荧光光源分为如图
2.19 所示的几种基本结构。

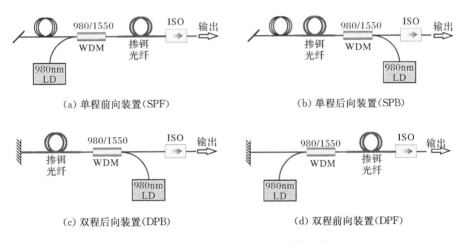

图 2.19　ASE 光源的泵浦基本结构示意图

　　ASE 光包括沿抽运光和逆抽运光两个方向的自发辐射,泵浦光由光纤耦合输
出的半导体激光器发出(这里以 980nm 半导体激光器为例),通过波分复用器
(WDM)耦合进入掺铒光纤(EDF),根据泵浦光和超荧光传播方向的异同以及光
纤两端是否存在反射。图 2.19 中平面光纤端面为反射性的,斜面光纤端面为非
反射性的(为防止产生光激射,在掺铒光纤的最远一端即非泵浦端应形成一定角
度并使其具有一定的弯曲损耗)。如果光纤两端面均是非反射性的,则称为单程
装置;如果光纤端面中有一端是非反射性的,而另一端是高反射的(对超荧光中心
波长附近的光而言),则称为双程装置。从泵浦端输出的是后向超荧光,而从泵浦
端的反向端输出的是前向超荧光。在光源的输出端加上隔离器(ISO)用于防止产

生谐振。

图 2.19(a)所示的单程前向的光源结构简单,易于实现,但输出功率较小。由于泵浦光在光纤的输出端比较弱,特别是当光纤长度较长时,能够到达输出端的泵浦光已经非常小,因而前向输出光非常弱。另一个缺点是泵浦光源和光纤接头会产生反馈,容易形成振荡,有产生激光的可能,这是宽带光源所不希望的,所以这种结构的光源一般很少采用。

图 2.19(b)所示的单程后向结构的输出光和泵浦光逆向传播,可以避免光反馈引起的附加噪声。与其他结构 ASE 相比,光反馈对稳定性的影响最小,完全可以忽略。理论和实验研究发现,对于单程后向超荧光光源,通过优化掺铒光纤长度,可以使输出超荧光的平均波长具有在很宽范围内不依赖于泵浦功率的高稳定性。

图 2.19(c)所示的双程后向的超荧光光源与单程后向的超荧光光源相比,在结构上增加了一块反射镜,使其具有明显高于单程后向超荧光光源的泵浦效率。另外,双程后向超荧光光源同样可以实现输出超荧光的平均波长不依赖于泵浦功率的高稳定性,优化反射镜参数可使光源在高稳定的前提下获得最大的输出带宽。此外,在双程后向超荧光光源的输出端加光隔离器是很有必要的,既可以防止光源产生激光,更可以消除反馈信号引起的不稳定。

图 2.19(d)所示的双程前向超荧光光源,反射镜在泵浦光输入端。它的特点是谱的热稳定性好,与其他结构 ASE 光源相比具有最低的泵浦阈值。在相同的掺铒光纤长度下双程后向装置都比双程前向装置具有更高的输出功率。

典型的掺铒光纤 ASE 光源输出如图 2.20 所示。放大自发辐射覆盖 1525~1565nm 约为 40nm 的波长范围,在 1530nm 附近超荧光功率最高,输出谱有一个自然尖峰。另外,ASE 光源也可以在 1525~1610nm 使用,其谱宽已达到约为 85nm 的波长范围。ASE 光源的输出功率高,通常易于超过 20mW。

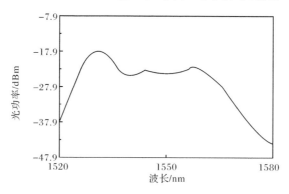

图 2.20　典型的 ASE 光源光谱特性

2.3.5　基于光子晶体光纤的非线性光学效应产生的超连续谱光源

光子晶体光纤(photonic crystal fiber,PCF)是一种由单一介质构成、在二维方向上呈现周期性紧密排列,而在第三维空间(光纤轴向)基本保持不变的波长量级空气孔构成的微结构包层的新型光纤。其又可以分为实芯光子晶体光纤和空芯光子晶体光纤,即前者是由石英玻璃棒和石英玻璃毛细管加热拉制成的,而后者则是由石英玻璃管和石英玻璃毛细管加热拉制成的。

光子晶体光纤的一个重要特点是具有丰富的非线性效应,通过减小 PCF 的模场面积,可以极大地增强光纤中的非线性效应,这表明可以根据实验需要来设计光纤截面,从而对 PCF 的非线性效应强度进行有效控制。超连续光谱(super continuum,SC)产生现象是指超短脉冲在介质中传输时由于介质的非线性效应导致脉冲光谱被极大地加宽[26]。PCF 由于其高度可调的纤芯结构和色散特性在非线性光学研究领域独具特点,通过改变光纤结构和输入脉冲参数可以有效地控制和调节光子晶体光纤中的非线性光学过程。光纤中的大部分非线性效应起源于非线性折射率,而折射率又依赖于光强,如果光功率很大的话,势必会增强光纤中的非线性效应,SC 的产生就是需要高的非线性效应,所以 PCF 是产生 SC 的有效手段。普通的光纤由于非线性比较弱,一般受低阶非线性的影响较大,而 PCF 却还同时要受高阶非线性效应的影响。采用 PCF 产生 SC 所需要的光脉冲强度比普通的光纤大大降低,因此,近年来,用 PCF 产生 SC 已成为研究的热点。

实验中采用高功率飞秒级输入脉冲,结果产生了 390～1600nm 的 SC,其频谱范围已经扩展到红外波段,完全覆盖了可见光区域。在 2001 年,Coen 等[27]采用脉宽 60ps、峰值功率 675W、中心波长为 647nm(略低于零色散波长 675nm)的输入脉冲,产生了 400～1000nm 的 SC。Yamamoto 等[28]利用偏振保持光子晶体光纤(PCF)在 1.55μm 波长处产生了 1540～1580nm 的 SC。2002 年,Harbold 等[29]用泵浦波长为 1260nm、能量为 750pJ 的飞秒输入脉冲,获得 1～1.7μm 的 SC。用接近光纤的零色散波长的 200ps 的脉冲作为种子光,通过孤立波的分裂获得了 SC[30]。当脉冲仅仅传输了几厘米时,初始的脉冲便经历了非线性压缩、孤立波分裂和快速的谱展宽过程。当传输至极限长度时,SC 的宽度便达到饱和[31]。应用一个 75cm 的微结构化的光纤和 800pJ、100fs、790nm 的脉冲,可以产生一个宽带的连续光谱,谱宽从 400nm 到 1600nm,如图 2.21 所示[32]。

影响光子晶体光纤中超连续谱产生的几种主要因素:自相位调制和交叉相位调制,受激拉曼散射和受激布里渊散射,四波混频和色散效应。用于产生超连续谱一般有三种光子晶体光纤:具有两个零色散点的光子晶体光纤、高非线性色散平坦光子晶体光纤和复合玻璃微结构光纤。与其他用于光纤通信的超短脉冲光源相比,SC 脉冲光源具有连续宽带谱、稳定可靠和简单廉价等优点。因此,超连

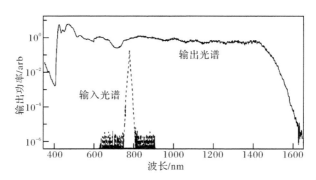

图 2.21　基于光子晶体光纤产生的超连续谱光源[32]（arb 为任意单位）

续谱光源在光谱检测、生物医学、高精密光学频率测量以及波分复用光通信系统等方面有着重要的应用。

2.4　宽谱光源的自相关特性

　　一般而言,光源的自相干是指实际的物理特性,而自相关是指描述自相干这一物理特性的数学表达与描写。自相关性是刻画宽谱光源性质的又一个特性表征。对于宽谱光源相干性质的研究与测量应用十分重要,它反映的是光源本身的自相干特性。宽谱光源的自相干特性在理论上可以通过对光谱函数进行自相关变换的方法来获得,实验上,可借助于理想的干涉仪得到实际的测量结果。本节中,我们拟借助于高斯函数的傅里叶变换不变的特性,试图以高斯函数作为基函数,尝试将各种宽谱光源的光谱分布用有限个高斯函数的叠加表示出来。这样做的好处有两个:一是高斯函数是 LED、SLD 等宽谱光源光谱分布最简洁最接近的表达形式;二是高斯函数是一个具有中心对称分布的函数,高斯函数经过傅里叶变换后,仍是高斯函数。而宽谱光的自相关等效于一个傅里叶变换。基于此,如果各种宽谱光源都能用有限个高斯函数来加以描写的话,那么其傅里叶变换运算将变得十分容易。通过傅里叶变换这个桥梁和纽带,就能将宽谱光源的空-时域光学复相关度与空-频域光学复相关度之间的转换运算简化。这一方面有助于我们能够更好地理解把握宽谱光源的自身特点;另一方面,也为我们在两个参量空间不断深化对白光干涉现象的理解、在不同的参量空间中进行高精度参量的转换与测量提供了有效的方法和途径。

2.4.1　高斯函数的傅里叶变换特性

　　傅里叶变换是一个密度函数的概念,是一个连续谱,包含从零到无限高频的所有频率分量。从现代数学的观点来看,傅里叶变换是一种特殊的积分变换。它能将满足一定条件的某个函数表示成正弦基函数的线性组合或者积分。

上述概念恰好可以对应于白光干涉现象的物理描述,宽谱光源(所谓白光)是一个连续谱光源,其光谱分布表征了各个频谱分量的能量密度。而光源中任意单色(单频)的光干涉特征可由干涉仪来测量(如迈克耳孙、马赫-曾德尔、F-P 等)。而干涉仪中最本质的变量是光波之间的光程差或相位差,光程差或相位差是干涉仪相干变换的变量,单色光的干涉由干涉仪的相干输出特征变换函数给出,宽谱光的干涉综合效果就是对各个分频的积分,恰好对应于数学里的傅里叶变换。

傅里叶变换为时域(光程域)信号和频域(光谱域)信号分析提供了十分重要的方法。它能够有效地将光波电场的空间时域相干与谱域(波长域)相干联系起来。关于这方面的讨论将在 2.4.2 节进行,本节只讨论高斯函数的傅里叶变换的性质。

对于一个光谱由式(2.2)给出的高斯函数,是一个理想的中心对称函数,对其频谱域(波长域)空间的光谱函数进行傅里叶变换运算,等效于将其还原到空-时域空间中,因为高斯函数在 $\pm\infty$ 处为零,因而,为计算方便,积分区间可以从有限的光谱波长区间拓展到 $\pm\infty$ 处。

依据傅里叶变换的定义式(2.5)和式(2.6),任意函数 $\Gamma(x)$ 都可以表示为傅里叶积分

$$\Gamma(x) = \frac{1}{\sqrt{2\pi}} \int_{-\infty}^{\infty} G(k)\exp(\mathrm{i}kx)\mathrm{d}k \tag{2.15}$$

$$G(k) = \frac{1}{\sqrt{2\pi}} \int_{-\infty}^{\infty} \Gamma(x)\exp(-\mathrm{i}kx)\mathrm{d}x \tag{2.16}$$

对于频谱域(波长域)给出的高斯光谱式(2.2),其所对应的空间域(光程域)的傅里叶变换为

$$\begin{aligned}
\Gamma(x) &= \frac{1}{\sqrt{2\pi}} \int_{-\infty}^{+\infty} G(k)\exp(\mathrm{i}kx)\mathrm{d}k \\
&= \frac{G_0}{2\pi\sigma_k} \int_{-\infty}^{+\infty} \exp\left[-\frac{(k-k_0)^2}{2\sigma_k^2}\right]\exp(\mathrm{i}kx)\mathrm{d}k \\
&= \frac{G_0}{2\pi\sigma_k} \int_{-\infty}^{+\infty} \exp\left[-\frac{(k-k_0)^2}{2\sigma_k^2}\right]\exp(\mathrm{i}kx)\mathrm{d}k \\
&= \frac{G_0}{\sqrt{2\pi}}\exp\left(-\frac{\sigma_k^2}{2}x^2\right)
\end{aligned} \tag{2.17}$$

可以看到,高斯函数的傅里叶变换仍然是高斯函数,因此将宽谱光源表示成

高斯函数和的形式可以方便计算。

2.4.2　光谱密度高斯基函数展开方法

2.4.1 节中用高斯函数来描写 LED 光源的光谱分布特性。我们看到采用高斯函数来描写光源的光谱时主要有三个特征参量:中心波长 λ_j、光谱强度系数 G_j 和光谱分布参数 σ_j。

$$G_j(k) = \frac{G_j}{\sqrt{2\pi\sigma_j^2}}\exp\left[-\frac{(k-k_j)^2}{2\sigma_j^2}\right] \tag{2.18}$$

如果将高斯函数作为基函数,则每一个基函数将对应三个参数。假如一个宽谱光源要用 N 个高斯基函数才能得到完整的描写,则需要确定的参数总共是 $3N$ 个,如式(2.19)所示。

$$S(k) = \sum_{j=1}^{N} \frac{G_j}{\sqrt{2\pi\sigma_j^2}}\exp\left[-\frac{(k-k_j)^2}{2\sigma_j^2}\right] \tag{2.19}$$

在实际的应用过程中,通常可以根据所描写的光谱的特征给出若干个参数,因而需要优化确定的实际参量总是小于 $3N$ 个。

根据常用宽谱光源的特点,为了减少需要优化确定的参量个数,原则上可以大致区分为具有对称单峰值的光谱和非对称单峰以及多峰的光谱这两类。下面将分别加以分析。

非对称单峰和多峰光谱密度的高斯基函数构造方法:对于具有非对称分布的单峰或多峰值光谱密度函数,如图 2.20 所示的光谱结构,一般可以采用多个具有不同中心波长 λ_j 和光谱半宽 $\Delta\lambda_j$ 以及强度系数 G_j 的高斯函数进行叠加而构造出来。

$$S(\lambda) \approx \sum_{j=1}^{N} G_j\exp\left[-\frac{(k-k_j)^2}{2\sigma_j^2}\right] \tag{2.20}$$

式中: $k_j = 2\pi/\lambda_j$ $(j = 1, 2, \cdots, N)$,可根据光谱特征曲线中的峰值来确定; $G_j(j=1,2,\cdots,N)$ 及 $\sigma_j(j=1,2,\cdots,N)$ 共 $2N$ 个待定系数需要通过拟合优化加以确定。

对于给定的宽谱光源的光谱分布,如果用式(2.20)所给出的高斯基函数来展开的话,则需要给出每个高斯函数的三个相关系数。为此,选式(2.20)作为目标函数,以实际光谱测量数据为对比参量,构造一个多参数拟合函数。我们希望能从这些数据中提取参数的最可几估计,因此需要采用一些合理的数据处理方法。为此,可采用最小二乘法定义如下优度函数:

$$\chi^2 = \sum (S(\lambda)_{测量} - S(\lambda)_{拟合})^2 \tag{2.21}$$

其中

$$S(\lambda)_{拟合} = \sum_{j=1}^{N} G_j \exp\left[-\frac{(k-k_j)^2}{2\sigma_j^2}\right]$$

(2.22)

含有 $3N$ 个待定参数。拟合的目的就是通过使式(2.22)这个 $3N$ 元函数取得极小值的办法,确定 $3N$ 个待定参数,从而获得光谱函数的解析表达。因此,这种方法就是寻求得到最小平方和的拟合,或者说最小二乘拟合。

参数优化算法有多种,以算法简单、运算快捷且能搜索到全局最优解为原则。当目标函数的导数易于计算时,可采用最速下降法、Newton 法、变尺度法等收敛速度较快的算法求解。对于本问题而言,其目标函数较为复杂,它的导数表达式就更复杂。在这种情况下,最简单的优化方法是网格寻优法,其特点是算法简单,但收敛速度较慢。

为了改进计算速度,通常可以采用如下两种技术来加以解决。

(1) 通过光谱峰值点确定高斯基函数的个数和各个峰值波长参数 $k_j = 2\pi/\lambda_j$ $(j=1,2,\cdots,N)$,这就使得待定参数从 $3N$ 下降到 $2N$。

(2) 采用步长逐步缩短的寻优算法来分步计算与优化,从而可以极大地减少运算量,缩短优化时间。

2.4.3　宽谱光源的自相关特性

对于白光干涉测量系统而言,高精度测量结果依赖于高品质光源,依赖于光源的光谱分布特性,依赖于相干光信号振幅和相位的稳定性,依赖于光源本身噪声水平。而宽谱光源的相关函数对于评价光源自身品质特性:光谱分布形状、光谱纹波响应、相对强度噪声水平的影响等,都具有十分重要的价值。

由于干涉系统最终需要测量的信号都要承载在相干光信号上,因此,本节将主要讨论光源光谱特性与光源自相关特性的对应关系。包括:①典型光源光谱分布形状的自相关函数的特征;②来自光源的噪声谱对自相关函数的影响;③光源光谱纹波对自相关函数的影响;④由光源驱动电流的调制所导致的光源光谱的改变而引起自相关函数的响应(主要因素之一是由光谱中心波长按频率周期 f 移动导致的 $1/f$ 噪声)。

由 Wiener-Khinchin 定理,如果振幅为 $E(t)$ 的光波电场的傅里叶变换为 $g(k)$,那么其自相关函数 $\Gamma(\tau) = \int_{-\infty}^{\infty} E(t)E^*(t-\tau)\mathrm{d}t$ 具有一个正实数的傅里叶变换,并等于其功率密度,即 $|g(k)|^2 = g^2(k) = G(k)$,于是有

$$G(k) = \frac{1}{\sqrt{2\pi}} \int_{-\infty}^{\infty} \Gamma(\tau)\exp(-\mathrm{i}k\tau)\mathrm{d}\tau$$

(2.23)

及其逆变换

$$\Gamma(\tau) = \frac{1}{\sqrt{2\pi}} \int_{-\infty}^{\infty} G(k) \exp(ik\tau) dk \qquad (2.24)$$

对于功率谱具有对称分布的宽谱光源,选其中心波长对应的频率 k_0 作为平均频率,于是就可以定义一个中心型的功率谱密度 $G_c(k)$ 为

$$G_c(k) = G(k_0 + k) \qquad (2.25)$$

于是有

$$\Gamma(\tau) = \frac{1}{\sqrt{2\pi}} \int_{-\infty}^{\infty} G_c(k) \exp[i(k_0 + k)\tau] dk = \exp(ik_0\tau) \frac{1}{\sqrt{2\pi}} \int_{-\infty}^{\infty} G_c(k) \exp(ik\tau) dk$$

$$= \exp(ik_0\tau) \Gamma_c(\tau) \qquad (2.26)$$

其中

$$\Gamma_c(\tau) = \frac{1}{\sqrt{2\pi}} \int_{-\infty}^{\infty} G_c(k) \exp(ik\tau) dk$$

式中: $\Gamma_c(\tau)$ 为具有中心对称光谱的自相关函数。

式(2.26)表明,凡是对于可以分解为多个具有中心对称光谱的实际光谱,其自相关函数均可表示成各个中心对称光谱自相关函数与相应相位延迟乘积之和的形式,即

$$G(k) = \sum_j \zeta_j G(k_j + k) \qquad (2.27)$$

$$\Gamma(\tau) = \sum_j \zeta_j \exp(ik_0\tau) \Gamma_{c_j}(\tau) \qquad (2.28)$$

考虑到时延差 τ 与光程差 x 之间的关系 $x = c\tau$,可知,空间光程域的自相关函数式(2.15)和时间域的自相关函数式(2.24)二者是等效的。

1. 几种典型的光源光谱的自相关特征函数

本节以常见的几种典型的宽带光源为例,一方面,借助于高斯基函数展开方法,给出其分解的光谱函数表达式,作为与典型实际光源特征光谱的分布对比;另一方面,借助于高斯光谱相关变换的关系(2.15),进一步给出各种典型宽带光源光谱的空间光程的自相关特性函数及其解析表达式。

1) 高斯型光谱

对于具有理想高斯光谱分布的 LED 或 SLD 光源,其光谱分布如图 2.22(a)所示。光谱分布函数为

$$G(\lambda) = \frac{G_0}{\sqrt{2\pi\sigma_k^2}} \exp\left[-\frac{(k-k_0)^2}{2\sigma_k^2}\right] \qquad (2.29)$$

式中: $k = 2\pi/\lambda$, λ 为对应的中心波长; G_0 是对应于波长在 λ_0 处的光谱强度; σ_k 为光谱分布参数。

其空域光程差自相关函数仍为高斯函数,如图 2.22(b)所示。

$$\Gamma(x) = \frac{G_0}{\sqrt{2\pi}}\exp\left(-\frac{\sigma_k^2}{2}x^2\right) \tag{2.30}$$

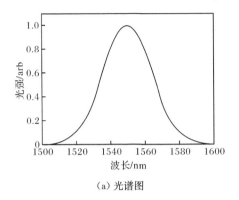

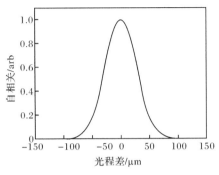

（a）光谱图　　　　　　　　　　　　　（b）空域光程差自相关函数

图 2.22　典型的对称高斯分布 SLD 光源的光谱图和空域光程差自相关函数

2) 双曲正割分布光谱

谱分布函数为

$$G(k) = G_0 \operatorname{sech}\left[\frac{2\pi\xi}{\Delta\lambda}\left(\frac{1}{k_0} - \frac{1}{k}\right)\right] \tag{2.31}$$

其关于空域光程差的自相关函数由式(2.17)可以算得

$$\Gamma(x) = \sqrt{2\pi}G_0\xi\operatorname{sech}\left(\frac{\pi}{2}\xi x\right) \tag{2.32}$$

其中

$$\xi = k_0 - \frac{2\pi}{\Delta\lambda + 2\pi/k_0}$$

图 2.23 给出典型的具有双曲正割分布的光谱分布图和对应的自相关函数特征曲线。

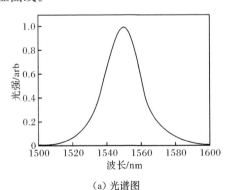

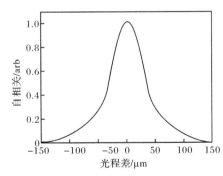

（a）光谱图　　　　　　　　　　　　　（b）空域光程差自相关函数

图 2.23　典型的双曲正割分布光源的光谱图和空域光程差自相关函数

3) 多高斯光谱叠加

实际常用的 LED 光源、宽谱 SLD 光源和 ASE 光源,由于在制造过程中各种因素的限制,其输出光谱都很难具有理想的高斯光谱分布,在某种程度上,可将这些光源的实际光谱分布分解成若干个高斯光谱的叠加,更能接近于实际光源的光谱分布情况。如果某一光源的光谱分布可以用多个高斯基函数的叠加表示出来,由式(2.28),则该光源在空间中的空域(光程差)自相关特性可由式(2.33)给出。

$$\Gamma(x) = \frac{1}{\sqrt{2\pi}} \int_{-\infty}^{+\infty} G(k)\exp(\mathrm{i}kx)\mathrm{d}k$$

$$= \sum_{l=1}^{N} \frac{G_j}{2\pi\sigma_j} \int_{-\infty}^{+\infty} \exp\left[-\frac{(k-k_j)^2}{2\sigma_j^2}\right]\exp(\mathrm{i}kx)\mathrm{d}k$$

$$= \sum_{l=1}^{N} \frac{G_j}{\sqrt{2\pi}}\exp(\mathrm{i}k_jx)\exp\left(-\frac{\sigma_j^2}{2}x^2\right) \tag{2.33}$$

由式(2.33)可以看出,对于任意光谱函数,无论光谱分布对称与否,如果可以分解并展开成高斯基函数多项表达式,则其空域光程自相关函数也是由多项高斯函数组成,且总是具有对称性的。

(1) 非对称的单峰光谱。

由图 2.24 给出的非对称的单峰光谱可分解成由两个高斯光谱的叠加,其归一化光谱分布函数为

$$G(k) = \sum_{j=1}^{2} G_j\exp\left[-\frac{(k-k_j)^2}{2\sigma_j^2}\right] \tag{2.34}$$

式(2.34)中的各项参数如表 2.2 所示。

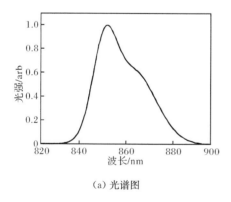

(a) 光谱图

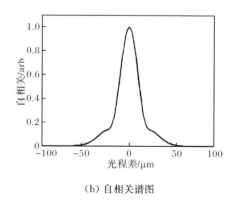

(b) 自相关谱图

图 2.24　典型的非对称单峰 SLD 光源的光谱图和自相关谱图(arb 为任意单位)

表 2.2 归一化光谱参数表

j	G_j	k_j/m^{-1}	σ_j
1	0.6068	7.2722×10^6	8.9281×10^4
2	0.7281	7.3920×10^6	4.9196×10^4

对应的归一化光谱自相关函数为

$$\Gamma(x) = \sum_{j=1}^{2} \frac{G_j}{\sqrt{2\pi}} \exp(\mathrm{i}k_j x) \exp\left(-\frac{\sigma_j^2}{2}x^2\right) \tag{2.35}$$

由此可以看到,由于光谱的非对称,将会导致自相关函数中心峰值呈现出两翼突起。

(2) 非对称的多峰光谱。

由图 2.25 给出的非对称的双峰光谱可分解成由两个高斯光谱的叠加,其归一化光谱分布函数为

$$G(k) = \sum_{j=1}^{2} G_j \exp\left[-\frac{(k-k_j)^2}{2\sigma_j^2}\right] \tag{2.36}$$

式(2.36)中的各项参数如表 2.3 所示。

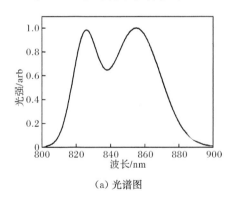

(a) 光谱图

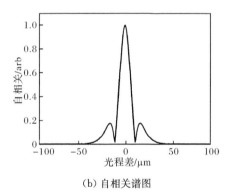

(b) 自相关谱图

图 2.25 典型的非对称双峰 SLD 光源光谱图和自相关谱图(arb 为任意单位)

表 2.3 归一化光谱参数表

j	G_j	k_j/m^{-1}	σ_j
1	0.8698	7.6160×10^6	6.5279×10^4
2	0.9998	7.3488×10^6	1.2157×10^5

对应的归一化光谱自相关函数为

$$\Gamma(x) = \sum_{j=1}^{2} \frac{G_j}{\sqrt{2\pi}} \exp(\mathrm{i}k_j x) \exp\left(-\frac{\sigma_j^2}{2}x^2\right) \tag{2.37}$$

由此可以看到,由于光谱的两个高斯峰的分离,导致了自相关函数中心峰值

两翼产生了较大的变化。

(3) 非对称的 ASE 光源。

由图 2.26 给出的是典型的 ASE 光源的光谱形状,该光谱可分解成由三个高斯光谱的叠加,其归一化光谱分布函数为

$$G(k) = \sum_{j=1}^{3} G_j \exp\left[-\frac{(k-k_j)^2}{2\sigma_j^2}\right] \qquad (2.38)$$

式(2.38)中的各项参数如表 2.4 所示。

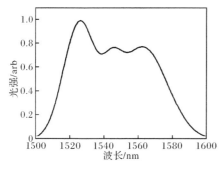

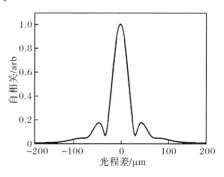

(a) 光谱图　　　　　　　　　　　　　　(b) 自相关谱图

图 2.26　典型的非对称 ASE 光源的光谱图和自相关谱图(arb 为任意单位)

表 2.4　归一化光谱参数表

j	G_j	k_j/m^{-1}	σ_j
1	0.9764	4.1174×10^6	2.4803×10^4
2	0.3124	4.0668×10^6	1.4890×10^4
3	0.7811	4.0200×10^6	3.6374×10^4

对应的归一化光谱自相关函数为

$$\Gamma(x) = \sum_{j=1}^{3} \frac{G_j}{\sqrt{2\pi}} \exp(\mathrm{i}k_j x) \exp\left(-\frac{\sigma_j^2}{2}x^2\right) \qquad (2.39)$$

由此可以看到,由于光谱的非对称,产生了三个光谱峰值,等效于光谱被非均匀调制,自相关函数中心峰值两翼处产生了更为复杂的变化。

2. 光源噪声谱对自相关函数的影响(RIN)

以典型的 SLD 光源光谱为例[见图 2.27(a)],将具有一定的相对强度噪声(relative intensity noise,RIN)背景的实际测得的 SLD 光源光谱分解成等效的高斯光谱来进行对比分析[如果需要建立理论模拟分析,则其可等效分解为在高斯光谱上叠加上随机(RIN)白噪声,构成一个分析模型来分析研究光源噪声谱对自相关函数的影响]。

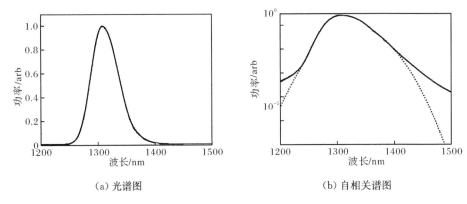

（a）光谱图　　　　　　　　　　　　　（b）自相关谱图

图 2.27　叠加有噪声本底的 SLD 光源的光谱图和自相关谱图（arb 为任意单位）

——为实际信号；┈┈为高斯拟合

其高斯光谱近似为

$$G(k) = \sum_{j=1}^{2} G_j \exp\left[-\frac{(k-k_j)^2}{2\sigma_j^2}\right] \tag{2.40}$$

式（2.40）中的各项参数如表 2.5 所示。

表 2.5　归一化光谱参数表

j	G_j	k_j/m^{-1}	σ_j
1	0.4913	4.8314×10^6	6.0163×10^4
2	0.6595	4.7545×10^6	8.4459×10^4

对应的归一化光谱自相关函数为

$$\Gamma(x) = \sum_{j=1}^{2} \frac{G_j}{\sqrt{2\pi}} \exp(ik_j x) \exp\left(-\frac{\sigma_j^2}{2}x^2\right) \tag{2.41}$$

由图 2.27 可以看出，尽管在实际光谱中 RIN 很小，其自相关函数在自然坐标中也很平滑，但是在对数坐标中则有较大差别，导致了自相关函数中心峰值两翼处产生了较大的随机噪声，如图 2.27(b) 所示。

3. 光源光谱纹波（ripple）对自相关函数的影响

下面以一个实际的 ASE 光源的光谱为例，来考察纹波对其自相关函数的影响，作为对比，采用 5 个高斯函数对应该实测光谱每个纹波的波峰，构建了如下模型来分析光谱纹波在自相关函数中的响应：

$$G(k) = \sum_{j=1}^{5} G_j \exp\left[-\frac{(k-k_j)^2}{2\sigma_j^2}\right] \tag{2.42}$$

式（2.42）中的各项参数如表 2.6 所示。

表 2.6　归一化光谱参数表

j	G_j	k_j/m^{-1}	σ_j/m^{-1}
1	0.5237	4.1166×10^6	0.4323×10^4
2	0.5187	4.1052×10^6	1.1010×10^4
3	0.7276	4.0254×10^6	1.0832×10^4
4	0.3259	4.0457×10^6	0.7499×10^4
5	0.9475	4.0718×10^6	2.2793

对应的归一化光谱自相关函数为

$$\Gamma(x) = \sum_{j=1}^{5} \frac{G_j}{\sqrt{2\pi}} \exp(\mathrm{i}k_j x) \exp\left(-\frac{\sigma_j^2}{2}x^2\right) \qquad (2.43)$$

图 2.28 给出 ASE 实测光谱(a)及其自相关函数(c),作为对比,其对数坐标下的光谱分布曲线和自相关函数曲线由图(b)和(d)给出。由此可以看出,光谱纹波对自相关函数的影响较大,自相关函数的两翼的起伏幅值较大,这将对干涉测量产生较大的影响。

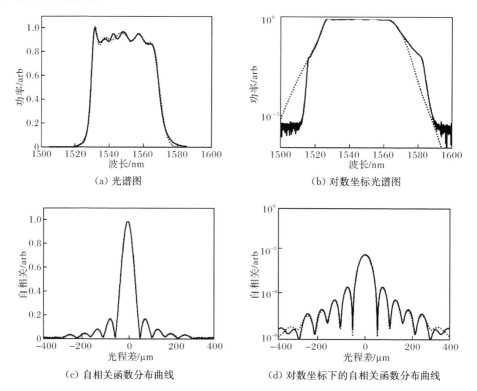

(a) 光谱图　　　　　　　　　　　　(b) 对数坐标光谱图

(c) 自相关函数分布曲线　　　　　(d) 对数坐标下的自相关函数分布曲线

图 2.28　叠加有光谱纹波和噪声本底的 ASE 光源的光谱图、对数坐标光谱图、
自相关函数分布曲线和对数坐标下的自相关函数分布曲线(arb 为任意单位)
——实际信号;……高斯拟合

4. 光源调制对自相关函数的影响

由光源驱动电流的调制所导致的光源光谱的改变主要体现在两个方面:一是光源驱动电流的变化会引起光谱中心波长的周期性变化(按照调制频率 f 做周期性移动,这是导致 $1/f$ 噪声的主要因素之一);二是由调制频率 f 引起电路系统的 $1/f$ 噪声。光源调制对自相关函数的影响与光谱纹波所产生的效应类似。因此,在系统的实际应用过程中,可以针对实际情况,使调制频率远离待测量的频率范围,这样就可以采用滤波的方法消除光源调制对测量的影响。

通过上述讨论可知,在白光干涉系统中,光源谱型、光谱分布结构、光谱噪声、光谱纹波等各种因素反映在光源的自相关函数中,都是导致主相关峰值两翼产生复杂变化的原因。其结果都是干扰了干涉测量系统的分辨率,导致系统测量精度的降低。

2.5 光纤中宽谱光的部分相干特性

与空间光学不同,纤维光学的优点在于注入单模光纤中的光波仅沿着光纤进行传播,这就把复杂的三维空间光学转化为较为简单的一维介质波导光学,如图 2.29 所示。与此同时,由于光波从简单的各向同性的空间进入各向异性的介质波导光纤中,而光纤波导对光波的偏振状态产生较大的限制与影响又导致了纤维光学的复杂性。从这点上看,光纤波导光路的一维柔性的获得是以牺牲偏振态的单一性为代价的(目前发展的空心光子晶体光纤对此有所改善)。本章中假设在光纤中光波处于相同的偏振状态,仅讨论宽谱光源的部分相干特性,而关于偏振态对于相干特性的影响将在下一章中给出详细的讨论。

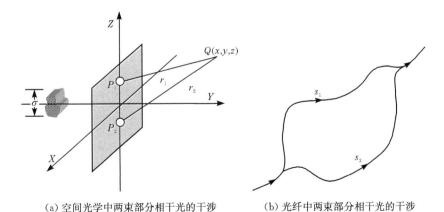

(a) 空间光学中两束部分相干光的干涉　　　(b) 光纤中两束部分相干光的干涉

图 2.29　光学相干在三维空间光学与一维纤维光学表达情况的对比

比较图 2.29(a)、(b)两种情况,两者的差异表现在:①点光源与有限空间尺度光源间的差别。空间光学通常要讨论物理上有限大小的光源。在纤维光学中,由于对于单模光纤而言,纤芯的直径仅为数微米,如标准单模通信光纤的芯径在 8～9μm,所传输的光束强度空间分布多为准高斯分布(对应于基模),因而纤维光学中的光源多可视为点光源。②小孔分光器与光纤耦合分光器之间的差别。空间光学中多采用遮挡屏中的两个小孔作为两相干点光源,而认为该小孔的光学传递对波长没有限制,换句话说,该小孔对于光谱函数的透过率为 1。在纤维光学中,一方面,光纤的折射率分布和芯径对传输波长都有限制;另一方面,通常用熔融拉锥型光纤耦合器作为分光器,在这种情况下,由于耦合系数与波长有关,在耦合过程中,两个分支的透过率系数对波长是敏感的,因此,就要考虑每个分支的光谱透过函数,这对于宽谱光源的相干状态的影响是不能忽视的。③偏振态之间的差别。对于空间光学而言,经过空间传输的两束光,通常认为其偏振态保持不变。在光纤中传输的光,其偏振态将直接受到所传导光纤状态的影响。

为了对光纤耦合型分光器有一个较全面的了解,图 2.30 给出熔融拉锥全光型光纤耦合分光器原理示意图。采用熔融拉锥法实现传输光功率耦合的分光耦合系数与波长有关,因此,在耦合分光过程中,耦合分光系数是波长相关的。利用这一特性,可以通过改变拉锥条件,制作出在一定带宽范围内对波长依赖性不敏感的波长无关型耦合分光器件,也可以制作出对波长敏感的波分复用器件。

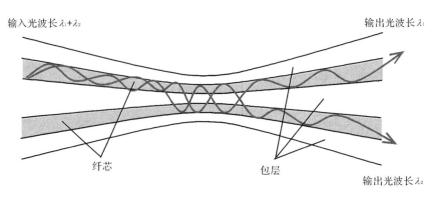

输入光波长 $\lambda_1+\lambda_2$ 输出光波长 λ_1

纤芯   包层   输出光波长 λ_2

图 2.30 熔融拉锥型光纤耦合器的分光与合光的光谱透过特性

为进一步深入讨论光纤中两束部分相干光的干涉情况,不失一般性,我们假设对于所讨论的光纤和宽谱光源而言,光纤的透过窗口足够宽,远大于光谱半宽,对于透射谱有影响的仅与耦合器的光谱透过率函数相关,如图 2.30 所示。而经过耦合分光器每个分支都用一个对应的光谱透过率函数 $\zeta(\lambda)$ 来描写分光器光谱透过率对光学相干特性的影响。

2.5.1　光纤中窄谱准单色光的空间强度干涉定律

简单起见,暂且忽略光纤中传输的光波电场的偏振态。令 $E(s,t)$ 表示从光源沿光纤传输的曲线坐标距离为 s、时刻为 t 的标量光波电场。对于光纤中传输的一个任意实际光波电场,$E(s,t)$ 是关于传输距离和时间的函数,可以认为是光场所有组态的系综的一个典型成员。有几个原因可以使 $E(s,t)$ 起伏(涨落):对于由热源产生的光场的涨落起伏主要是因为 $E(s,t)$ 由大量的彼此独立的辐射体的辐射场组成,因此它们叠加产生的光场是涨落的,可以用统计方法描述;即使从一个稳定源出发的光,如激光,也将出现某些随机涨落,因为自发辐射从来没有消失;此外,还有其他不规则起伏的因素,如光源的扰动等。

为了分析方便,将不严格区分实场变量 $E(s,t)$ 与解析信号 $E(s,t)$ 的区别。考虑一个用解析信号 $E(s,t)$ 来表示的统计静态系综的准单色光波。由于是准单色光,光的有效带宽(即功率谱有效宽度 $\Delta\omega$)与其平均频率 $\bar{\omega}$ 相比要小得多,可以认为这种光场可以表示成一个以 $\bar{\omega}$ 为中心频率的准单色光信号的系综。

由于光学扰动的高频性,$E(s,t)$ 不可能用普通的光学探测器测量得到关于时间的函数。光学周期一般为 10^{-15}s 量级,而典型的光电探测器的分辨时间约为 10^{-9}s 量级。尽管人们很难测量光场随时间的快速变化,但可以测量光场在经历了两条路径后的关联性。下面先来考虑这种测量。

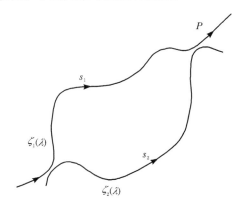

图 2.31　光纤中两束部分相干光经过两个耦合器后的干涉

假设来自光源的一束光被一个光纤耦合器分成两束,分别经过路径 s_1 和 s_2 后,又被第二个光纤耦合器进行合光,如图 2.31 所示。在输出端 P 处 t 时刻的瞬时光场可很好地近似为

$$E(s,t)=\zeta_1(\lambda)E(s_1,t-t_1)+\zeta_2(\lambda)E(s_2,t-t_2) \tag{2.44}$$

式中:$t_1=ns_1/c$,$t_2=ns_2/c$,分别为光通过路径 s_1 和 s_2 传播所需的时间;c 为真空中光速;n 为光纤芯子的折射率;$\zeta_1(\lambda)$ 和 $\zeta_2(\lambda)$ 分别为与耦合分光比以及光谱透过率

有关的实函数。

在输出端 P 处，t 时刻的瞬时强度可表示为

$$I(s_1,s_2,t)=E^*(s,t)E(s,t) \tag{2.45}$$

由式(2.44)和式(2.45)得

$$\begin{aligned}I(s_1,s_2,t) =& |\zeta_1(\lambda)|^2 I_1(s_1,t-t_1) + |\zeta_2(\lambda)|^2 I_2(s_2,t-t_2)\\&+2\mathrm{Re}\{\zeta_1(\lambda)^*\zeta_2(\lambda)E^*(s_1,t-t_1)E(s_2,t-t_2)\}\end{aligned} \tag{2.46}$$

式中：Re 表示取实部，如果对 $I(s_1,s_2,t)$ 在光场的不同组态的系综求平均，用 $\langle\cdots\rangle_A$ 表示，可得

$$\begin{aligned}\langle I(s_1,s_2,t)\rangle_A =& |\zeta_1(\lambda)|^2\langle I_1(s_1,t-t_1)\rangle_A + |\zeta_2(\lambda)|^2\langle I_2(s_2,t-t_2)\rangle_A\\&+2\mathrm{Re}\{\zeta_1(\lambda)^*\zeta_2(\lambda)\Gamma(s_1,s_2,t-t_1,t-t_2)\}\end{aligned} \tag{2.47}$$

$$\Gamma(s_1,s_2,t_1,t_2)=\langle E^*(s_1,t_1)E(s_2,t_2)\rangle_A \tag{2.48}$$

$$\Gamma(s_j,s_j,t_j,t_j)=\langle E^*(s_j,t_j)E(s_j,t_j)\rangle_A=\langle I(s_j,t-t_j)\rangle_A,\quad j=1,2 \tag{2.49}$$

由式(2.48)定义的函数 $\Gamma(s_1,s_2,t_1,t_2)$ 是随机过程 $E(s_1,t-t_1)$ 和 $E(s_2,t-t_2)$ 的交叉关联函数。它表示通过路径 s_1 和 s_2 的光波电场在时刻 t_1 和 t_2 时的光场扰动间的关联。量 $\langle I(s_j,t-t_j)\rangle_A$ 表示通过路径 s_1 和 s_2 的光波电场在时刻 t_1 和 t_2 时的光场的系综平均强度。

通常人们关心的场是静态的，这种情况下所有系综平均都独立于时间坐标。此外，场通常也是各态遍历的。在这些情况下，根据随机理论，系综平均就变成时间独立的，因此可以用相应的时间平均替代。

用 $\langle f(t)\rangle_t$ 表示一个静态随机过程，$f(t)$ 的时间平均，即

$$\langle f(t)\rangle_t = \lim_{T\to 0}\frac{1}{2T}\int_{-T}^{T}f(t)\mathrm{d}t \tag{2.50}$$

则系综的交叉关联函数 $\Gamma(s_1,s_2,t_1,t_2)$ 可以用相关的时间交叉关联函数代替，且这个函数仅依赖于两个时刻的差 $\tau=t_2-t_1$，因此，如果令

$$\begin{aligned}\Gamma(s_1,s_2,\tau) &= \langle E^*(s_1,t)E(s_2,t+\tau)\rangle_t\\&= \lim_{T\to 0}\frac{1}{2T}\int_{-T}^{T}E^*(s_1,t)E(s_2,t+\tau)\mathrm{d}t\end{aligned} \tag{2.51}$$

在假设光场是静态的和各态历经的情况下，表达式(2.47)在 P 点的平均强度变为

$$\begin{aligned}\langle I(s_1,s_2,t)\rangle =& |\zeta_1(\lambda)|^2\langle I_1(s_1,t)\rangle + |\zeta_2(\lambda)|^2\langle I_2(s_2,t)\rangle\\&+2\mathrm{Re}\{\zeta_1(\lambda)^*\zeta_2(\lambda)\Gamma(s_1,s_2,t_1-t_2)\}\end{aligned} \tag{2.52}$$

我们注意到，如果式(2.52)右边的最后一项不为零，则平均强度 $\langle I(s,t)\rangle$ 就不等于分别经由 s_1 和 s_2 后到达 P 点的两束光的（平均）强度之和。又因为 $\zeta_1(\lambda)\neq 0$，$\zeta_2(\lambda)\neq 0$，若 $\Gamma(s_1,s_2,t_1-t_2)\neq 0$，则两束光必将引起干涉。

上述交叉关联函数 $\Gamma(s_1,s_2,\tau)$ 也称为互相干函数。由式(2.45)的瞬时强度的定义和式(2.41)互相干函数 $\Gamma(s_1,s_2,\tau)$ 的定义，显然可以用 $\Gamma(s_j,s_j,0)$ 表示光纤

路径 s_j 的平均强度

$$\langle I(s,t)\rangle = \langle E^*(s_j,t_j)E(s_j,t_j)\rangle = \Gamma(s,s,0) \tag{2.53}$$

于是,归一化互相干函数定义为

$$\gamma(s_1,s_2,\tau) = \frac{\Gamma(s_1,s_2,\tau)}{\sqrt{\Gamma(s_1,s_1,0)}\sqrt{\Gamma(s_2,s_2,0)}}$$

$$= \frac{\Gamma(s_1,s_2,\tau)}{\sqrt{\langle I(s_1,t)\rangle}\sqrt{\langle I(s_2,t)\rangle}} \tag{2.54}$$

为简略起见,$\gamma(s_1,s_2,\tau)$ 称为复相干度,对于所有 s_1、s_2、τ 值,其满足

$$0 \leqslant |\gamma(s_1,s_2,\tau)| \leqslant 1 \tag{2.55}$$

式(2.52)右边前两项有简单的含义。当 s_2 路径断开(假设该路径是通过一个光纤开关相连),则只有 s_1 的光达到 P 点,这时,$\zeta_2(\lambda) \equiv 0$,显然从式(2.52)得

$$|\zeta_1(\lambda)|^2 \langle I(s_1,t)\rangle = \langle I^{(1)}(s,t)\rangle \tag{2.56}$$

表示只有经由路径 s_1 的光波到达 P 处的光的平均强度。

类似地有

$$|\zeta_2(\lambda)|^2 \langle I(s_2,t)\rangle = \langle I^{(2)}(s,t)\rangle \tag{2.57}$$

表示只有经由路径 s_2 的光波到达 P 处的光的平均强度。式(2.52)右边最后一项很容易用 $\langle I^{(1)}(s,t)\rangle$、$\langle I^{(2)}(s,t)\rangle$ 和 $\gamma(s_1,s_2,\tau)$ 表示出来,即

$$\zeta_1^*(\lambda)\zeta_2(\lambda)\Gamma(s_1,s_2,t_1-t_2) = \sqrt{\langle I^{(1)}(s,t)\rangle}\sqrt{\langle I^{(2)}(s,t)\rangle}\gamma\left(s_1,s_2,n\frac{s_1-s_2}{c}\right) \tag{2.58}$$

利用式(2.56)~式(2.58),则式(2.52)最终可以表示成

$$\langle I(s,t)\rangle = \langle I^{(1)}(s,t)\rangle + \langle I^{(2)}(s,t)\rangle$$

$$+ 2\sqrt{\langle I^{(1)}(s,t)\rangle}\sqrt{\langle I^{(2)}(s,t)\rangle}\mathrm{Re}\left\{\gamma\left(s_1,s_2,n\frac{s_1-s_2}{c}\right)\right\} \tag{2.59}$$

由式(2.59)可以看出,测量平均强度 $\langle I(s,t)\rangle$、$\langle I^{(1)}(s,t)\rangle$ 和 $\langle I^{(2)}(s,t)\rangle$ 使得有可能确定复相干度 $\gamma(s_1,s_2,\tau)$ 的实部。进一步,由于 $\zeta(\lambda)$ 为实函数,通过式(2.58),也可确定互相干函数 $\Gamma(r_1,r_2,\tau)$ 的实部。

直接测量平均强度虽然只能给出关联函数 Γ 和 γ 的实部,但它们的虚部,原则上可以通过它们的实部来确定。因为 $E(s_1,t)$ 和 $E(s_2,t)$ 是解析信号,互相干函数 $\Gamma(s_1,s_2,\tau)$ 也是解析信号,因此,实部 $\mathrm{Re}\,\Gamma$ 和虚部 $\mathrm{Im}\,\Gamma$ 满足希尔伯特(Hilbert)变换关系

$$\mathrm{Im}\{\Gamma(s_1,s_2,\tau)\} = \frac{1}{\pi}\Im\int_{-\infty}^{\infty}\frac{\mathrm{Re}\{\Gamma(s_1,s_2,\tau')\}}{\tau'-\tau}\mathrm{d}\tau' \tag{2.60}$$

$$\mathrm{Re}\{\Gamma(s_1,s_2,\tau)\} = \frac{1}{\pi}\Im\int_{-\infty}^{\infty}\frac{\mathrm{Im}\{\Gamma(s_1,s_2,\tau')\}}{\tau'-\tau}\mathrm{d}\tau' \tag{2.61}$$

式中:$\Im$ 表示在 $\tau'=\tau$ 的柯西积分主值。

此外,因为复相干度 γ 和互相干函数 Γ 只差一个与 τ 无关的倍率因子,因此 γ 也满足希尔伯特变换关系。

然而,复相干度 γ 的绝对值(而不是指其实部)是真正衡量两束光引起的干涉效应的对比程度。为此,进一步来检查式(2.59)所表示的在观察点 P 的平均强度 $\langle I(s,t)\rangle$。令

$$\gamma(s_1,s_2,\tau)=|\gamma(s_1,s_2,\tau)|\exp\{\mathrm{i}[\alpha(s_1,s_2,\tau)-\bar{\omega}\tau]\} \tag{2.62}$$

其中

$$\alpha(s_1,s_2,\tau)=\arg(\gamma(s_1,s_2,\tau))+\bar{\omega}\tau \tag{2.63}$$

把式(2.62)代入式(2.59),可以得到

$$\langle I(s,t)\rangle=\langle I^{(1)}(s,t)\rangle+\langle I^{(2)}(s,t)\rangle+2\sqrt{\langle I^{(1)}(s,t)\rangle}\sqrt{\langle I^{(2)}(s,t)\rangle}$$
$$\cdot\left|\gamma\left(s_1,s_2,n\frac{s_1-s_2}{c}\right)\right|\cos\left[\alpha\left(s_1,s_2,n\frac{s_1-s_2}{c}\right)-\delta\right] \tag{2.64}$$

其中

$$\delta=\frac{\bar{\omega}}{c}(s_1-s_2)=\bar{k}(s_1-s_2),\quad \bar{k}=\frac{\bar{\omega}}{c}=\frac{2\pi}{\bar{\lambda}}$$

式中:$\bar{\lambda}$ 表示光的平均波长。

由于 δ 项的存在,式(2.64)右边的 cos 项将随着光程差 (s_1-s_2) 的变化而导致 P 点信号强度变化很快。由于 δ 项与光的平均波长成反比,因此如果 $|\gamma|\neq0$,则在一定的区域范围内,平均强度 $\langle I(s,t)\rangle$ 随光程差的变化作周期性变化。

通常衡量干涉条纹的明显与否可用对比度来衡量。在一个干涉信号变化范围内,信号强度的变化对比度 V 定义为

$$V=\frac{\langle I\rangle_{\max}-\langle I\rangle_{\min}}{\langle I\rangle_{\max}+\langle I\rangle_{\min}} \tag{2.65}$$

式中:$\langle I\rangle_{\max}$ 和 $\langle I\rangle_{\min}$ 分别表示在 P 点当光程发生变化时光场平均强度的极大值和极小值。

从式(2.64)可得

$$\langle I\rangle_{\max}=\langle I^{(1)}(s,t)\rangle+\langle I^{(2)}(s,t)\rangle$$
$$+2\sqrt{\langle I^{(1)}(s,t)\rangle}\sqrt{\langle I^{(2)}(s,t)\rangle}\left|\gamma\left(s_1,s_2,n\frac{s_1-s_2}{c}\right)\right| \tag{2.66}$$

$$\langle I\rangle_{\min}=\langle I^{(1)}(s,t)\rangle+\langle I^{(2)}(s,t)\rangle$$
$$-2\sqrt{\langle I^{(1)}(s,t)\rangle}\sqrt{\langle I^{(2)}(s,t)\rangle}\left|\gamma\left(s_1,s_2,n\frac{s_1-s_2}{c}\right)\right| \tag{2.67}$$

将式(2.66)和式(2.67)代入式(2.65),则对比度可进一步表示为

$$V=\frac{2\eta(\tau)}{1+\eta(\tau)}|\gamma(s_1,s_2,\tau)| \tag{2.68}$$

其中

$$\tau = n \frac{s_1 - s_2}{v} \tag{2.69}$$

式中：n 为光纤芯子的平均折射率；$\eta(\tau)$ 由式（2.70）定义

$$\eta(\tau) = \sqrt{\frac{\langle I^{(1)}(s,t)\rangle}{\langle I^{(2)}(s,t)\rangle}} \tag{2.70}$$

当两束光在 P 点的平均强度相等时，即 $\eta = 1$，则式（2.68）退化为

$$V = |\gamma(s_1, s_2, \tau)| \tag{2.71}$$

$|\gamma|$ 就是条纹的对比度。

在上述讨论过程中，s 可视为一维曲线坐标，而由互相干函数 $\Gamma(s_1, s_2, \tau)$ 对一维曲线坐标的路径差 $(s_1 - s_2)$ 的依赖性可以看出，时间相干现象和空间相干现象两者是互不独立的，互相干函数 $\Gamma(s_1, s_2, \tau)$ 对一维空间变量 s_1 和 s_2 及时间变量 $\tau = n \dfrac{s_1 - s_2}{c}$ 的依赖是相关的。

2.5.2　光纤中宽谱光的谱干涉定律

为了进一步讨论纤维光学相干性理论中的交叉光谱密度。令解析信号 $E(s,t)$ 仍然表示沿光纤路径某时空点 (s,t) 的波动光场，并假设光场是静态的和各态历经的。把 $E(s,t)$ 用关于时间变量的傅里叶积分表示为

$$E(s,t) = \int_0^\infty \widetilde{E}(s,\omega) \exp(-\mathrm{i}\omega t)\mathrm{d}\omega \tag{2.72}$$

则交叉光谱密度函数 $S(s_1, s_2, \omega)$ 定义为

$$\langle \widetilde{E}^*(s_1, \omega)\widetilde{E}(s_2, \omega')\rangle = S(s_1, s_2, \omega)\delta(\omega - \omega') \tag{2.73}$$

式中，左边的（系综）平均是求光场的各组态平均，右边的 δ 为狄拉克函数。从式（2.73）中可以看出，交叉光谱密度函数是经由路径 s_1 和 s_2 的光场中任意频率成分的光谱振幅间关联的函数。

按照广义 Wiener-Khintchine 定理，互相干函数与交叉光谱密度函数满足傅里叶变换对：

$$\Gamma(s_1, s_2, \tau) = \frac{1}{2\pi}\int_0^\infty S(s_1, s_2, \omega)\exp(-\mathrm{i}\omega t)\mathrm{d}\omega \tag{2.74}$$

$$S(s_1, s_2, \omega) = \int_{-\infty}^\infty \Gamma(s_1, s_2, \tau)\exp(-\mathrm{i}\omega t)\mathrm{d}\tau \tag{2.75}$$

在特殊情况下，当路径 s_1 和 s_2 重合时，表示某点处的光谱密度。式（2.74）和式（2.75）简化为

$$\Gamma(s, \tau) = \frac{1}{2\pi}\int_0^\infty S(s, \omega)\exp(-\mathrm{i}\omega t)\mathrm{d}\omega \tag{2.76}$$

$$S(s, \omega) = \int_{-\infty}^\infty \Gamma(s, \tau)\exp(-\mathrm{i}\omega t)\mathrm{d}\tau \tag{2.77}$$

　　通过上述讨论可以看出,交叉光谱密度表征了在频率 ω 处的光场的平均能量密度,因而它是非负的,即

$$S(s,\omega)\geqslant 0 \tag{2.78}$$

另一方面,从式(2.72)和式(2.77)可以看出,它满足厄米性,即

$$S(s_1,s_2,\omega)=S^*(s_1,s_2,\omega) \tag{2.79}$$

此外,它还满足不等式

$$|S(s_1,s_2,\omega)|\leqslant\sqrt{S(s_1,s_1,\omega)}\sqrt{S(s_2,s_2,\omega)} \tag{2.80}$$

令

$$\begin{aligned}\mu(s_1,s_2,\omega)&=\frac{S(s_1,s_2,\omega)}{\sqrt{S(s_1,s_1,\omega)}\sqrt{S(s_2,s_2,\omega)}}\\&=\frac{S(s_1,s_2,\omega)}{\sqrt{S(s_1,\omega)}\sqrt{S(s_2,\omega)}}\end{aligned} \tag{2.81}$$

表示归一化交叉光谱密度函数。由不等式(2.80),则有

$$0\leqslant\mu(s_1,s_2,\omega)\leqslant 1 \tag{2.82}$$

称 $\mu(s_1,s_2,\omega)$ 为经由路径 s_1 和 s_2 的光场中处于频率为 ω 处的光谱相干度(spectral degree of coherence)[33,34],有时又称在频率 ω 处的空间复相干度。

　　为了进一步讨论宽谱光干涉对于光谱的影响,借助于图 2.32 给出的光纤双光路干涉系统来考察两光波干涉后光谱的变化情况。光纤光路如图 2.32 所示,假设两单模光纤中传输的光波来自同一光源,经过不同的路径后进入耦合器,之后到达 P 点,与式(2.44)类似,两光波的叠加为

$$E(s,t)=K_1E(s_1,t-t_1)+K_2E(s_2,t-t_2) \tag{2.83}$$

自相干函数可写为

$$\Gamma(s_1,s_2,\tau)=\langle E^*(s_1,t)E(s_2,t+\tau)\rangle \tag{2.84}$$

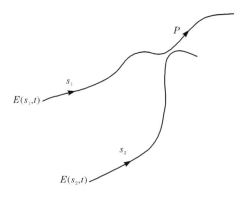

图 2.32　光纤中两束部分相干光经过耦合器后的干涉

把式(2.83)代入式(2.84),得

$$\Gamma(s_1,s_2,\tau) = |K_1|^2 \langle E^*(s_1,t-t_1)E(s_1,t+\tau-t_1)\rangle$$
$$+ |K_2|^2 \langle E^*(s_2,t-t_2)E(s_2,t+\tau-t_2)\rangle$$
$$+ K_1^* K_2 \langle E^*(s_1,t-t_1)E(s_2,t+\tau-t_2)\rangle$$
$$+ K_2^* K_1 \langle E^*(s_2,t-t_2)E(s_1,t+\tau-t_1)\rangle \qquad (2.85)$$

考虑到光波电场是时不变的准静态情况,于是有

$$\langle E^*(s_1,t-t_1)E(s_1,t+\tau-t_1)\rangle = \langle E^*(s_1,t)E(s_1,t+\tau)\rangle \qquad (2.86)$$

$$\langle E^*(s_2,t-t_2)E(s_2,t+\tau-t_2)\rangle = \langle E^*(s_2,t)E(s_2,t+\tau)\rangle \qquad (2.87)$$

于是式(2.86)可以简化为

$$\Gamma(s_1,s_2,\tau) = |K_1|^2 \Gamma(s_1,s_1,\tau) + |K_2|^2 \Gamma(s_2,s_2,\tau)$$
$$+ K_1^* K_2 \Gamma(s_1,s_2,\tau+t_1-t_2)$$
$$+ K_2^* K_1 \Gamma(s_2,s_1,\tau+t_2-t_1) \qquad (2.88)$$

在式(2.88)两边同乘以 $e^{i\omega\tau}$,再对 τ 从 $-\infty$ 到 ∞ 积分,忽略因子 K_1 和 K_2 对频率的依赖,借助于式(2.74),式(2.88)变为

$$S(P,\omega) = |K_1|^2 S(s_1,s_1,\omega) + |K_2|^2 S(s_2,s_2,\omega)$$
$$+ K_1^* K_2 S(s_1,s_2,\omega)\exp[i\omega(t_1-t_2)]$$
$$+ K_2^* K_1 S(s_2,s_1,\omega)\exp[-i\omega(t_2-t_1)] \qquad (2.89)$$

将式(2.89)等式右边的第一项记为

$$|K_1|^2 S(s_1,s_1,\omega) \equiv S^{(1)}(P,\omega) \qquad (2.90)$$

式(2.90)的物理意义表示当仅存在通过光纤路径 s_1 的光波到达观察点 $P(s)$ 将观测到的光在频率 ω 处的谱密度(可以设想光纤路径 s_2 被一开关断开)。类似地,式(2.90)右边第二项记为

$$|K_2|^2 S(s_2,s_2,\omega) \equiv S^{(2)}(P,\omega) \qquad (2.91)$$

表示当仅存在通过光纤路径 s_2 的光波到达观察点 $P(s)$ 将观测到的光在频率 ω 处的谱密度。

通过归一化交叉光谱密度函数的表达式(2.80),式(2.89)可以进一步写成

$$S(P,\omega) = S^{(1)}(P,\omega) + S^{(2)}(P,\omega)$$
$$+ 2\sqrt{S^{(1)}(P,\omega)}\sqrt{S^{(2)}(P,\omega)}|\mu(s_1,s_2,\omega)|\cos(\beta_{12}(\omega)-\delta)$$
$$\qquad (2.92)$$

其中

$$\beta_{12}(\omega) = \arg(\mu(s_1,s_2,\omega)) \qquad (2.93)$$

$$\delta = \omega(t_1-t_2) = \omega n\left(\frac{s_2-s_1}{c}\right) \qquad (2.94)$$

式(2.92)给出来自同一宽带光源的两光波经过不同的光纤路径干涉时由关联感

生所导致的光谱改变。

式(2.92)称为光谱干涉定律。需要指出的是,式(2.92)给出的光谱干涉定律在数学形式上与式(2.64)给出的准单色光的干涉定律相同,但两者的物理意义完全不同。式(2.64)描写的是两光场叠加后观测到的平均强度在空间的变化,而式(2.92)则描述了两宽谱光场叠加后由关联感生作用而导致光谱的分布发生了改变。前者是属于"强度"干涉定律,而后者是光谱干涉定律,两者具有互补关系。前者表明,窄带准单色光叠加时平均强度发生明显改变,光谱不发生明显的改变;后者则表示,两宽谱光束叠加时光谱可发生明显变化[35],而强度不发生明显的改变。此外,前者在两束光程差超过相干长度时即无干涉条纹形成,而后者不论光程差($s_2 - s_1$)如何总有光谱调变发生[36],叠加后形成的谱分布一般情况下也与源谱不同。

2.5.3　谱干涉定律微观机制的物理解释

1. 源于光源的量子微观机制

对于光谱干涉定律微观机制的物理解释分别由 Varada 和 Agarwal[37,38]、James[39]给出。Varada 和 Agarwal[37,38]考虑了光源内部某两点处的发光原子,彼此间距为 r_{12},发光幅度和波长对应于两处原子数密度和原子的谐振频率,采用简单的双能级原子系统,建立了源于光源辐射发光体内部原子光辐射之间相关所导致的外部光谱干涉定律的微观机制模型。假设系统中某两点的原子在某一固定的温度下处于热辐射平衡状态,并彼此通过辐射场进行耦合,这将导致三个物理效应:①每个原子的能级将发生偏移;②偏移后的能级的辐射寿命将发生改变;③还将导致两处原子极化动量的量子起伏的相关。相关导致的辐射谱与每个无关的独立原子的辐射谱不同。荧光辐射谱与对应的原子极化算子 $\langle \hat{S}_i^+(t+\tau)\hat{S}_j^-(t)\rangle$ 的相关函数有关,这里($i, j = 1, 2$)是区分两处原子的角标,$\hat{S}_i^+$ 和 $\hat{S}_j^-$ 分别代表自旋为 1/2 的双能级原子的希尔伯特空间算子。相关函数可由原子系统的运动方程解出,然后再计算出相关的场的辐射谱。描写原子运动系统的哈密顿量为

$$\hat{H} = \bar{h}\omega_0(\hat{S}_1^z + \hat{S}_2^z) + \sum_{k,s}\bar{h}\omega_{k,s}\hat{a}_{k,s}^{+*}\hat{a}_{k,s} + \sum_{\substack{k,s \\ i=1,2}}[g_{k,s}^i\hat{a}_{k,s}(\hat{S}_1^+ + \hat{S}_2^-) + \text{c.c.}]$$

$$(2.95)$$

式中:$\bar{h} = h/2\pi$,h 为普朗克常量;ω_0 是双能级原子系统的辐射频率;$\hat{S}_1^z$ 和 $\hat{S}_2^z$ 分别是描写自旋为 $-1/2$ 双原子能级系统的 z 分量;$\hat{a}_{k,s}^+$ 和 $\hat{a}_{k,s}$ 分别是与波数是 k、极化参量为 s 相关的电磁场模式的产生和湮灭算符;$\omega_{k,s}$ 为模式频率;c.c. 代表形式上与其加号前面完全相同的厄米共轭项。耦合系数 $g_{k,s}^i = -i\bar{h}(2\pi ck/\nu)^{1/2}\, d \cdot$

$e_{k,s}\exp(ikr_i)$,其中 ν 是电磁场的量化体积,双原子能级之间的极化矩阵元计为 d, $e_{k,s}$ 代表单位极化矢量场,r_i 代表第 $i(i=1,2)$ 个原子的位置矢量。

Varada 和 Agarwal[37,38] 推导出下列原子密度矩阵主方程:

$$\frac{\partial\hat{\rho}_A}{\partial t}+(1+\bar{n})\sum_{\substack{i,j=1\\i\neq j}}^{2}\gamma_{ij}(\hat{S}_i^+\hat{S}_j^-\hat{\rho}_A-2\hat{S}_j^-\hat{\rho}_A\hat{S}_i^++\hat{\rho}_A\hat{S}_i^+\hat{S}_j^-)$$

$$\cdot\bar{n}\sum_{i,j=1}^{2}\gamma_{ij}(\hat{S}_i^-\hat{S}_j^+\hat{\rho}_A-2\hat{S}_j^+\hat{\rho}_A\hat{S}_i^-+\hat{\rho}_A\hat{S}_i^-\hat{S}_j^+)$$

$$\cdot i\sum_{\substack{i,j=1\\i\neq j}}^{2}\Omega_{ij}(\hat{S}_i^+\hat{S}_j^-\hat{\rho}_A-\hat{\rho}_A\hat{S}_i^+\hat{S}_j^-)=0 \tag{2.96}$$

式中:$\bar{n}$ 表示在谐振频率上的每个模式的平均热光子数,$\bar{n}=\{\exp[\bar{h}\omega_0/(K_BT)]-1\}^{-1}$,$K_B$ 为玻尔兹曼常量,T 为热力学温度。参变量 γ_{ij} 和 Ω_{ij} 正比于两原子间的极化耦合的实部和虚部,分别由式(2.97)和式(2.98)给出

$$\gamma_{ij}=\begin{cases}\gamma, & i=j\\\dfrac{\gamma\sin(k_0r_{12})}{k_0r_{12}}, & i\neq j\end{cases} \tag{2.97}$$

$$\Omega_{ij}=\frac{-2\gamma\cos(k_0r_{12})}{k_0r_{12}} \tag{2.98}$$

式中:γ 是原子跃迁的寿命。

随后不久,在 1993 年 James[39] 给出了一个类似的微观分析模型。他选用了一个更复杂的原子模型,包括一个单一的低能级和三个 degenrate 上能级(即 s-p 跃迁)。与 Varada 和 Agarwal 的模型不同,James 的模型是一个各向异性的模型。James 研究了双原子系统,采用海森伯表象,由于算子的运动方程中用于描述原子态的函数通过采用马尔可夫近似和低温假设($T\ll3000K$)而得到简化。该模型等效于三维量子谐振原子对之间通过极化场分别耦合的情形。该模型虽然难以给出 Varada 和 Agarwal 的模型所预示系统的温度依赖特性,但 James 的计算结果却提供了用于分析原子相关函数以及辐射场的谱的表达式。原子局域在镜面附近所发生的原子与其镜像相互作用的相关干涉谱效应的实验研究是由 Drabe 等[40,41] 完成的,James[42] 也给出了类似的实验研究结果。

2. 源于传输介质的经典微观响应的物理机制

传输过程中,光谱干涉定律可以借助于光波在透明介质中传播的光与物质相互作用过程的经典物理模型给以解释。按照经典的观点,来自同一光源的两光波电场在光纤中传播相遇后进行干涉现象的本质,是光波电场和光纤波导物质的相互作用的结果,是组成光波导的石英物质的原子或分子体系对外加的光波电场的

响应。

假设来自宽带光源的光波电场可以由具有一定频率分布的多个单频光波电场之和表示的话,则注入光纤中传播到距离 z 处的光波电场可写成

$$E_s(t) = \sum_\omega S_0(\omega) E_0 \exp\left[\mathrm{i}\omega\left(t - \frac{nz}{c}\right)\right] \tag{2.99}$$

式中:$S_0(\omega)$ 为初始归一化光谱分布函数,代表频率为 ω 的入射光波在总的光场中所占的比例;n 为光纤芯子的平均折射率。

我们知道,光波电场之所以能沿着光纤波导(一类特殊的电介质)进行传播的物理本质是组成光纤波导电介质材料中的原子或分子能够将光波电场传递过去,而这种传递则是借助于注入的光波电场驱动光纤材料中的束缚在原子核周围的电子运动形成新的电场,新的电场又影响近邻的电子运动,依此类推,就将一端入射的光波电场传递到另一端。如果入射的光波电场能够被线性响应且完全传递时,就称其为"透明"。实时过程中,不同材料中的电子对各个频率分量的响应会有所不同,也会有一些微小的非线性改变,在干涉过程中会更加显著,因此,电子受迫振动的频率与驱动光波电场的频率由于关联感生作用的结果会有所改变,从而导致宏观谱的干涉规律。

2.5.4　互相干的传播

光场在传播过程中相干性状态会发生明显的改变,在更特殊的情况下,即使原来是无关联的源发出的光,经过长距离的传输,光场也可能会具有很高的关联性。从更一般的部分相干理论的观点来看,这种相干性状态的改变可以从互相干函数要服从两个严格的传输定律的事实来理解。无论光波电场是在自由空间中传输还是在光纤中传输,互相干函数的传输恰好可以用波动方程来描写,同样对于交叉光谱密度也有类似的关系。

首先来看一下互相干函数和交叉光谱密度在光纤中传播满足的微分方程。

令 $E^{(r)}(s,t)$ 代表光波沿光纤路径传播到 s,时刻为 t 时的真实物理光场。假如 $E^{(r)}(s,t)$ 为光波电场的某个直角坐标分量,因此它满足波动方程

$$\nabla^2 E^{(r)}(s,t) = \frac{n^2}{c^2}\frac{\partial^2 E^{(r)}(s,t)}{\partial t^2} \tag{2.100}$$

可以证明,光场的复数表示 $E(s,t)$ 也满足波动方程

$$\nabla^2 E(s,t) = \frac{n^2}{c^2}\frac{\partial^2 E(s,t)}{\partial t^2} \tag{2.101}$$

对式(2.101)求复共轭,把 s 换成 s_1,t 换成 t_1,则

$$\nabla_1^2 E^*(s_1,t_1) = \frac{n^2}{c^2}\frac{\partial^2 E^*(s_1,t_1)}{\partial t_1^2} \tag{2.102}$$

式中:∇_1^2 为关于 s_1 的拉普拉斯算符,再在式(2.102)两边乘以 $E(s_2,t_2)$,则

$$\nabla_1^2 \left[E^*(s_1, t_1) E(s_2, t_2) \right] = \frac{n^2}{c^2} \frac{\partial^2}{\partial t_1^2} \left[E^*(s_1, t_1) E(s_2, t_2) \right] \tag{2.103}$$

对式(2.103)求系综平均,交换系综平均和微分算符之间的次序,可得

$$\nabla_1^2 \Gamma(s_1, s_2, t_1, t_2) = \frac{n^2}{c^2} \frac{\partial^2}{\partial t_1^2} \Gamma(s_1, s_2, t_1, t_2) \tag{2.104}$$

类似有

$$\nabla_2^2 \Gamma(s_1, s_2, t_1, t_2) = \frac{n^2}{c^2} \frac{\partial^2}{\partial t_2^2} \Gamma(s_1, s_2, t_1, t_2) \tag{2.105}$$

其中

$$\Gamma(s_1, s_2, t_1, t_2) = \langle E^*(s_1, t_1) E(s_2, t_2) \rangle_A \tag{2.106}$$

这里拉普拉斯算符 ∇_2^2 作用在 s_2 上。这样就建立了光场的二阶关联函数 $\Gamma(s_1, s_2, t_1, t_2)$ 服从的两个波动方程[见式(2.104)和式(2.105)]。

现在假设用系综表示光场的统计特性,至少在广义上是静态的和各态遍历的,则依赖于两个时间变量的关联函数 $\Gamma(s_1, s_2, t_1, t_2)$ 仅与两时刻之差 $\tau = t_2 - t_1$ 有关。因此,是否关联函数定义成系综平均还是时间平均是不重要的。显然,根据 τ 的定义,式(2.104)和式(2.105)右边的算符 $\dfrac{\partial^2}{\partial t_1^2}$ 和 $\dfrac{\partial^2}{\partial t_2^2}$ 可以用 $\dfrac{\partial^2}{\partial \tau^2}$ 代替。因此,式(2.104)和式(2.105)即退化成在自由空间里的互相干函数必须服从下列两式:

$$\nabla_1^2 \Gamma(s_1, s_2, \tau) = \frac{n^2}{c^2} \frac{\partial^2}{\partial \tau^2} \Gamma(s_1, s_2, \tau) \tag{2.107}$$

$$\nabla_2^2 \Gamma(s_1, s_2, \tau) = \frac{n^2}{c^2} \frac{\partial^2}{\partial \tau^2} \Gamma(s_1, s_2, \tau) \tag{2.108}$$

上述两个方程描述了互相干函数的波动传输规律。我们知道,空间相干性与相干函数中 s_1、s_2 或两者之差有关,而时间相干性则与 τ 有关。从式(2.107)和式(2.108)中 Γ 与所有变量 s_1、s_2 和 τ 有关可知,一般情况下,光的空间相干性和时间相干性彼此是不独立的。

既然交叉光谱密度函数 $S(s_1, s_2, \omega)$ 是互相干函数 $\Gamma(s_1, s_2, \tau)$ 的傅里叶变换式

$$S(s_1, s_2, \omega) = \int_{-\infty}^{\infty} \Gamma(s_1, s_2, \tau) \exp(i\omega\tau) d\tau \tag{2.109}$$

对式(2.107)和式(2.108)两边作傅里叶变换,可得下列两个亥姆霍兹方程:

$$\nabla_1^2 S(s_1, s_2, \omega) + k^2 S(s_1, s_2, \omega) = 0 \tag{2.110}$$

$$\nabla_2^2 S(s_1, s_2, \omega) + k^2 S(s_1, s_2, \omega) = 0 \tag{2.111}$$

其中

$$k = \frac{n\omega}{c}$$

这表明,交叉光谱密度函数也同样具有波动传输特性。

2.5.5　干涉的互补空间

为了更普遍的从物理波动本质来理解与深入讨论时域干涉和谱域干涉之间的关系,Agarwal[36]在1995年引入了干涉的互补空间(complementary space)的概念。所谓干涉的互补空间是指互为傅里叶变换的两个函数其所属的空间可以看成干涉的互补空间,如光学干涉的时域和频域、量子力学的位置空间和动量空间等都是干涉的互补空间。干涉定律在互补空间中呈现出类似的形式,波动干涉现象不仅在光波电场的运动中存在,而且在物质波运动过程中也存在,当这种普遍的波动运动的干涉现象在某一空间消失时,可以在其干涉的互补空间中重新找回其干涉的本质特征。

本节主要讨论光波在光纤中传输时,干涉在时域和谱域这一对互补空间中的相互转换关系以及在干涉测量过程中如何更充分利用这一性质。

2.5.6　宽谱光的干涉在互补空间中的表现形式

对于宽谱光源,采用具有复振幅的光波电场 $E_1(t)$ 和 $E_2(t)$ 来描写两光波的干涉。在光电探测端,干涉场的复振幅为

$$E(t)=\alpha E_1(t)+\beta E_2(t+\tau) \tag{2.112}$$

式中:τ 表示两光束之间的光程延迟量;α 与 β 是两个复常数。通常,该干涉场是一个具有起伏的随机过程,探测器测量到的光强度可以写成

$$
\begin{aligned}
I(t)&=\langle E^*(t)E(t)\rangle \\
&=|\alpha|^2\langle E_1^*(t)E_1(t)\rangle+|\beta|^2\langle E_2^*(t+\tau)E_2(t+\tau)\rangle \\
&\quad+2|\alpha^*\beta|\langle E_1^*(t)E_2(t+\tau)\rangle
\end{aligned} \tag{2.113}
$$

即

$$I(t)=|\alpha|^2 I_1(t)+|\beta|^2 I_2(t)+2|\alpha^*\beta|\Gamma_{12}(\tau) \tag{2.114}$$

式中:$\langle\rangle$ 表示对所有光场幅值的系综平均;$\Gamma_{12}(\tau)$ 为两光波电场的互相关函数。

$$\Gamma_{12}(\tau)=\langle E_1^*(t)E_2(t+\tau)\rangle \tag{2.115}$$

导出强度干涉定律(2.114)的前提假设是,两光波电场是稳态场。

对于准单色光波电场,有

$$\Gamma_{12}(\tau)\approx\tilde{\Gamma}_{12}(\tau)\exp(-\mathrm{i}\omega_0\tau) \tag{2.116}$$

这里 $\tilde{\Gamma}_{12}(\tau)$ 在特征时间 τ_c 的量级上,是缓变函数。τ_c 表征了两光波电场的相关时间,在相关时间内,两光波电场具有显著的关联性,当 $\tau>\tau_c$ 时,有

$$\tilde{\Gamma}_{12}(\tau)\cong 0 \tag{2.117}$$

可以将准单色光的强度干涉定律写成

$$I(t)=|\alpha|^2 I_1(t)+|\beta|^2 I_2(t)+2|\alpha^*\beta||\tilde{\Gamma}_{12}(\tau)|\cos(\omega_0\tau+\theta) \tag{2.118}$$

式中:θ 为相位因子,产生于 $\tilde{\Gamma}_{12}(\tau)$ 以及 $\alpha^* \beta$。由式(2.118)可以看到,当 $\tau > \tau_c$ 时,由式(2.117)可知,式(2.118)中的相干项消失了,这表明当光程差大于相干时间时,从时间域的角度而言,两光场将不产生干涉。

我们的问题是:当 $\tau > \tau_c$ 时,是否还存在其他可测量形式的干涉?

为此,考虑两光束在光谱域中的情况。将两光波电场相互叠加的式(2.112)进行傅里叶变换,于是在频域中该光波电场可重新写成

$$\varepsilon(\omega, \tau) = \alpha \varepsilon_1(\omega) + \beta \varepsilon_2(\omega) \exp(-i\omega\tau) \tag{2.119}$$

可以进行测量的光谱 $S(\omega)$ 被定义为

$$\langle \varepsilon(\omega_1) \varepsilon^*(\omega_2) \rangle = S(\omega_1) \delta(\omega_1 - \omega_2) \tag{2.120}$$

于是,式(2.119)可被进一步表示为

$$S(\omega, \tau) = |\alpha|^2 S_1(\omega) + |\beta|^2 S_2(\omega) + [\alpha^* \beta S_{12}(\omega) \exp(-i\omega\tau) + \text{c. c.}] \tag{2.121}$$

式中 $S_{12}(\omega)$ 代表两光波电场的相关谱函数

$$\langle \varepsilon_1(\omega_1) \varepsilon_2^*(\omega_2) \rangle = S_{12}(\omega_1) \delta(\omega_1 - \omega_2) \tag{2.122}$$

由式(2.121)可以看到,即使 $S_{12}(\omega)$ 是白噪声,光谱也表现出余弦调制。因此,当 $\tau > \tau_c$ 时,在时域消失的干涉,却存在于谱域中。换句话说,对于光的干涉而言,谱域空间是时域空间的干涉互补空间。

实际上,两束来自同一光源的光在谱域空间中的干涉是没有限制的,对于任意光谱分布的光源其干涉都可由式(2.121)描写。因此对于宽谱光的干涉,如果测量各个光谱分量的总光功率叠加强度时,对式(2.121)进行积分,就得到宽谱光的时域强度干涉定律:

$$I(\tau) = \int S(\omega) d\omega$$

$$= |\alpha|^2 \int S_1(\omega) d\omega + |\beta|^2 \int S_2(\omega) d\omega + \int [\alpha^* \beta S_{12}(\omega) \exp(-i\omega\tau) + \text{c. c.}] d\omega$$

$$= |\alpha|^2 I_1 + |\beta|^2 I_2 + 2|\alpha^* \beta| I_{12} \tag{2.123}$$

其中

$$\tau = \frac{n(s_2 - s_1)}{c}$$

$$I_1 = \int S_1(\omega) d\omega \tag{2.124}$$

$$I_2 = \int S_2(\omega) d\omega \tag{2.125}$$

$$I_{12} = \frac{1}{2} \int \exp(-i\theta) [S_{12}(\omega) \exp(-i\omega\tau) + S_{12}^*(\omega) \exp(i\omega\tau)] d\omega$$

$$= \int S_{12}(\omega) \cos(\omega\tau - \theta) d\omega \tag{2.126}$$

式(2.126)中的复角 θ 是复系数 $\alpha^* \beta$ 引入的。这就回到了我们所熟悉的强度干涉的形式,由此可以看出,两者在干涉的互补空间中表现出了类似的形式。

参 考 文 献

[1] Brett E B,Guillermo J T. Hand Book of Optical Coherence Tomography. New York:Marcel Dekker Inc. ,1999:69.

[2] Yuan L B. White light interferometric fiber-optic strain sensor with three-peak-wavelength broadband LED source. Applied Optics,1997,36:6246—6250.

[3] Shidlovski V. Superluminescent diodes short overview of device operation principles and performance parameters. Technical report. Superlum Diodes Ltd. ,2004.

[4] Kasap S O. Optoelectronics and Photonics Principle and Practices. Beijing:Publishing House of Electronics Industry,2003:147—150.

[5] Gerard A A. Super-Luminesent Diode. United States Patent,No. 4821277. 1987.

[6] Yamatoya T,Mori S,Koyama F,et al. High power GaInAsP/InP strained quantum well superluminescent diode with tapered active region. Japan Journal of Applied Physics,1999, 38:5121—5122.

[7] Koyama F,Liou K Y,Dentai A G,et al. Multiple-quantum-well GaInAs/GaInAsP tapered broad-area amplifiers with monolithically integrated waveguide lens for high-power applications. IEEE Photonics Technology Letters,1993,5(8):916—919.

[8] Li L H,Rossetti M,Fiore A,et al. Wide emission spectrum from superluminescent diodes with chirped quantum dot multilayers. Electronics Letters,2005,41(1):41—43.

[9] Yoo Y C,Han I K,Lee J I. High power broadband superluminescent diodes with chirped multiple quantum dots. Electronics Letters,2007,43(19):1045—1046.

[10] Xin Y C,Martinez A,Saiz T,et al. 1. 3μm quantum-dot multisection superluminescent diodes with extremely broad bandwidth. IEEE Photonics Technology Letters,2007,19(7): 501—503.

[11] Zang Z G,Minato T,Navaretti P,et al. High-power (>110mW) superluminescent diodes by using active multimode interferometer. IEEE Photonics Technology Letters, 2010, 22(10):721—723.

[12] Oh S H,Oh K K,Yoon K H,et al. Superluminescent diode with circular beam shape. IEEE Photonics Technology Letters,2013,25(23):2289—2292.

[13] Desurvire E,Simpson J R. Amplification of spontaneous emission in Erbium-doped single-mode fibers. Journal of Lightwave Technology,1989,7(5):835—845.

[14] Wysocki P F,Digolnnet M J F,Kim B Y. Spectral characteristics of high-power 1. 55μm broad-band superluminescent fiber sources,IEEE Photonics Technology Letters,1990,2: 178—180.

[15] Wysocki P F,Digolnnet M J F,Kim B Y. Wavelength stability of a high-output broadband

Er-doped superfluorescent fiber source pumped near 980nm. Optics Letters,1991,16(12):961.

[16] Wysocki P F,Digolnnet M J F,Kim B Y,et al. Characteristics of Erbium-doped superfluorescent fiber sources for interferometric sensor applications. Journal of Lightwave Technology,1994,12(3):550—557.

[17] Hall D,Burns W K. Wavelength stability optimization in Er^{3+}-doped superfluorescent fiber source. Electronics Letters,1994,30(8):653—654.

[18] Wang L A,Chen C D. Stable and broadband Er^{3+}-doped superfluorescent fiber source using double pass background configuration. Electronic Letters,1996,32(19):1815—1817.

[19] Patriek H J,Kersey A D,Burns W K,et al. Erbium-doped supperfluoreseent fiber source with long Period fiber grating wavelength stabilization. Electronics Letters,1997,33(24):2061—2063.

[20] Mynbaev D K,Scheiner L L. Fiber-Optic Communications Technology. Upper Saddle River: Prentice Hall Inc. 2001.

[21] Wyscoki P F,Nguyen D,Chrostowski J. Effect of concentration on the efficiency of erbium-doped fiber amplifiers. Journal of Lightwave Technology,1997,15(1):112—120.

[22] Wyscoki P F,Wagener J L,Digonnet M J F,et al. Evidence and modeling of paired ions and other loss mechanisms in erbium-doped silica fibers//Proceedings of SPIE 1789, Fiber Laser Source and Amplifiers IV,1993,doi:10. 1117/12. 141147.

[23] Quimby R S,Miniscalco W J,Thompson B. Upconversion and 980nm excited-state absorption in erbium-doped galss//Proceedings of SPIE 1789,Fiber Laser Source and Amplifiers, IV,1993,doi:10. 1117/12. 141145.

[24] Wysocki P F,Digonnet M J F,Kim B Y,et al. Characteristics of erbium-doped superfluorescent fiber sources for interferometric sensor applications. Journal of Lightwave Thechnology, 1994,12(3):550—567.

[25] Nakazawa M,Kimura Y,Suzuki K. High gain erbium fiber amplifier pumped by 800nm band. Electronics Letters,1990,26(8):548—550.

[26] Russell P. Photonic crystal fibers. Science,2003,299:358—362.

[27] Coen S, Haelteman M. Continuous-wave ultrahigh-repetition-rate pulse-train generation through modulational instability in a passive fiber cavity. Optics Letters,2001,26(1):39—41.

[28] Yamamoto T,Kubota H,Kawanishi S,et al. Supercontinuum generation at 1. 55µm in a dispersion-flattened polarization-maintaining photonic crystal flber. Optics Express, 2003, 11 (13):1537—1540.

[29] Harbold J M,Ilday F Ö,Wise F W,et al. Long-wavelength continuum generation about the second dispersion zero of a tapered fiber. Optics Letters,2002,27(17):1558—1560.

[30] Chang G Q,Norris T B,Winful H G. Optimization of supercontinuum generation in photonic crystal fibers for pulse compression. Optics Letters,2003,28(7):546—548.

［31］Herrmann J,Griebner U,Zhavoronkov N,et al. Experimental evidence for supercontinuum generation by fission of higher-order solitons in photonic fibers. Physics Review Letters, 2002,88(17):173901-1－173901-4.

［32］Ranka J K,Windeler P S,Stentz A J. Visible continuum generation in air-silica microstructure optical fibers with anomalous dispersion at 800nm. Optics Letters,2000,25:25－28.

［33］Wolf E. New theory of partial coherence in the space-frequency domain. Part Ⅱ:Steady-state yields and higher-order correlations. Journal of Optics Society of America,1986,A3: 76－85.

［34］Mandel L,Wolf E. Optical Coherence and Quantum Optics. Cambridge:Cambridge University Press,1995.

［35］马科斯·玻恩,米尔·沃尔夫. 光学原理——光的传播、干涉和衍射的电磁理论(第七版)(下册). 杨葭荪译. 北京:电子工业出版社,2006:486－488.

［36］Agarwal G S. Interference in complementary spaces. Fundamental Physics,1995,25:219.

［37］Varada G V,Agarwal G S. Microscopic approach to correlation-induced frequency shifts. Physics Review A,1991,44:7626.

［38］Varada G V. Recent Developments in Quantum Optics. New York:Plenum,1993:383.

［39］James D F V. Frequency shifts in spontaneous emission from two interacting emission. Physics Review A,1993,47:1336.

［40］Drabe K E,Cnossen G,Wiersma D A,et al. Reflection-induced source correlation in spontaneous emission. Physics Review Letters,1990,65:1427.

［41］Drabe K E,Cnossen G,Wiersma D A,et al. Reply. Physics Review Letters,1991,66:676.

［42］James D F V. Comment on reflection-induced source correlation in spontaneous emission. Physics Review Letters,1991,66:675.

第 3 章　部分偏振光的内禀相干不变性

3.1　引　　言

　　光的偏振现象最早于 1669 年由丹麦人 Bartholinus 在方解石晶体中观察到。此后在 1808 年,法国人 Malus 首次报道了双折射产生的双像随晶体旋转而交替出现或消失的结果[1]。1815 年,Brewster 在研究玻璃的反射特性时发现反射光的偏振特性,提出了著名的起偏角及其定律。大约在 1818 年,Fresnel 和 Arago 通过大量实验得出均匀介质中的光场只有横向分量,而无纵向分量的结论[1]。1865 年,Maxwell 确立了光的电磁理论,明确指出光是一种横波,即光场具有矢量性或偏振特性[2]。

　　从微观上看,对光源发出的任意波列,如果在一段特别短的时间(接近光振荡周期～10^{-14}s)内观测,可以发现光场矢量具有固定的振动方向,即偏振。一般而言,光源由于原子随机发光,光场矢量振动方向杂乱无章,因此并不表现为宏观的偏振现象。直到 1960 年,高偏振度的激光出现时,激光与物质相互作用产生的偏振效应及其作用日益突显,有的严重影响系统性能,有的则被广泛应用,譬如高速光纤通信系统中的各种偏振问题,如偏振相关损耗、偏振模色散、消偏振、光放大器的偏振相关相移及偏振相关增益,晶体中的弹光效应、法拉第效应、克尔效应、科顿-穆顿效应等,以及生物医学中的应用如荧光偏振免疫分析法[3]、偏振散射光谱术[4]等,光的偏振现象才开始被看成一门独立的学科分支,即偏振光学。随着对偏振光学的广泛了解,极大丰富了人们对光偏振特性的认识,同时也促使人们深入研究偏振问题,不断完善偏振光学理论。

　　本章将主要讨论光波的偏振态在传输和相干过程中具有哪些特性,受到光纤中哪些参数的影响。具有相同偏振态的(相当于标量场)部分相干光的干涉特性,我们已经在第 2 章中进行了充分的讨论。然而,实际的光波偏振态不可能如此理想,通常是部分偏振的。为此,本章将集中讨论如下三个方面的问题:①具有部分偏振的部分相干宽谱光的相干特性;②单模光纤中偏振宽谱光和部分偏振宽谱光的传输相干特性;③光纤中传输的部分相干光波的偏振扰动及其控制方法。

　　事实上,光纤波导将三维空间光的相干简化成一维。这一方面极大地简化了光波在空间三维传输分析过程的复杂性;另一方面,也将光纤对光波偏振态的各种影响引入系统,从而增加了传输光波偏振态(不仅是偏振态)分析的复杂性。但系统分析的复杂或简单都是不重要的,重要的是实际的光纤白光干涉应用系统所能给人们提供的使用价值本身。

3.2　偏振光干涉的相干度

3.2.1　光的偏振态及其描写方法

为了描述光波普遍的偏振现象,对于光波电场 $\boldsymbol{E}$,Stokes[5] 在 1852 年引入四个强度相关的参量来表示偏振光或光的偏振态,这就是常用的斯托克斯(Stokes)参量

$$\begin{cases} S_0 = E_x E_x^* + E_y E_y^* \\ S_1 = E_x E_x^* - E_y E_y^* \\ S_2 = E_x E_y^* + E_y E_x^* \\ S_3 = \mathrm{i}(E_x E_y^* - E_y E_x^*) \end{cases} \tag{3.1}$$

考虑到实际所测量的光波场强一般都是一定时间内的平均值,因此式(3.1)严格地讲应该写为

$$\begin{cases} S_0 = \langle E_x E_x^* \rangle + \langle E_y E_y^* \rangle \\ S_1 = \langle E_x E_x^* \rangle - \langle E_y E_y^* \rangle \\ S_2 = \langle E_x E_y^* \rangle + \langle E_y E_x^* \rangle \\ S_3 = \mathrm{i}(\langle E_x E_y^* \rangle - \langle E_y E_x^* \rangle) \end{cases} \tag{3.2}$$

式中:符号 $\langle \cdot \rangle$ 代表对其中的量对时间取平均,即 $\langle F \rangle = \dfrac{1}{T}\displaystyle\int_0^T F \mathrm{d}t$ 。2003 年,Wolf[6] 应用交叉谱密度矩阵表述四个斯托克斯参量,使其能同时描述空间与频谱域的偏振问题,进一步推广了参量的含义。

在偏振态的斯托克斯参量描述基础上,1940 年 Mueller 指出,任何偏振问题、偏振过程、或偏振器件都可以用一个 4×4 矩阵来描述,输出偏振态的斯托克斯矢量 $\boldsymbol{S}_{\text{out}}$ 由输入 $\boldsymbol{S}_{\text{in}}$ 的四个分量线性表示:

$$\boldsymbol{S}_{\text{out}} = \boldsymbol{M} \boldsymbol{S}_{\text{in}} \tag{3.3}$$

式中: $\boldsymbol{M}$ 为 4×4 矩阵,称为 Mueller 矩阵。对于包含多个偏振器件或多种偏振效应的系统,其总的 Mueller 矩阵是各子器件或子过程的矩阵之积。

与 Mueller 矩阵几乎同时出现的是基于偏振态 Jones 矢量描述的 Jones 矩阵。该描述方法是由 Jones[7] 在 1941 年提出的,对于完全偏振光而言,可以用 Jones 矢量来描写,而所有的线性光学元件都可以用一个 2×2 矩阵来描写,被称为 Jones 矩阵,当偏振光经过线性光学元件变换后,其输出偏振态等效于输入偏振态与一个 Jones 矩阵相乘。由于 Jones 方法特别适合单模光纤光波传输的一些情况,我

们将在后面再加以讨论。

需要指出的是,Jones 计算方法仅对完全偏振光有效,当所分析的光波电场属于随机偏振或部分偏振时,则需要采用 Mueller 计算方法。早期这两种矩阵描述方法各自独立地发展着,到 20 世纪 80 年代,人们开始研究 Mueller 矩阵及 Jones 矩阵之间的等价关系[8~10]。结果发现,Mueller 矩阵可以包含 Jones 矩阵且有更广泛的适用范围,因而逐渐成为大多数光学研究者的主要工具之一。

3.2.2　偏振度的概念

偏振度(degree of polarization)是偏振光学中的一个重要概念。对一个部分偏振光,偏振度用于描述光矢量振动沿某一确定方向的部分偏振光占总光场的比例。当部分偏振光用斯托克斯矢量 $S = [S_0, S_1, S_2, S_3]^T$ 来描述时,偏振度定义为

$$P(r) = \frac{\sqrt{S_1^2 + S_2^2 + S_3^2}}{S_0} \tag{3.4}$$

实际上,偏振度是一个比较复杂的概念,Asma 等[11]在谱相干矩阵基础上提出了谱域或频域的偏振度概念及其计算方法。

常用的一种易于理解的偏振度定义由式(3.5)给出。

$$Q(r) = \frac{|I_x(r) - I_y(r)|}{I_x(r) + I_y(r)} \tag{3.5}$$

式中:I_x 和 I_y 是两个相互正交方向上的光强度。这个定义对 x 轴和 y 轴的选择具有一定的依赖性。事实上,光的偏振度应该与所选择的坐标无关。为此,在点 r 处的偏振度被重新定义为

$$P(r) = \frac{I_p(r)}{I(r)} \tag{3.6}$$

式中:$I_p(r)$ 为光波偏振部分的平均强度;$I(r)$ 为总光强的平均值。

由极化矩阵[12],有

$$P(r) = \sqrt{1 - \frac{4\det J(r)}{[\operatorname{tr} J(r)]^2}} \tag{3.7}$$

其中极化矩阵 $J(r)$ 定义为

$$J(r) = \begin{bmatrix} \langle E_x^*(r) E_x(r) \rangle & \langle E_x^*(r) E_y(r) \rangle \\ \langle E_y^*(r) E_x(r) \rangle & \langle E_y^*(r) E_y(r) \rangle \end{bmatrix} \tag{3.8}$$

式中:E_x 和 E_y 分别为光波矢量电场垂直于传输方向的两个相互正交复分量。该矩阵显然是厄米的且是非负的。式(3.7)中的 det 记作矩阵的行列式,即

$$\det J = J_{xx} J_{yy} - J_{xy} J_{yx} \tag{3.9}$$

而 tr 则是矩阵(3.8)的迹,即

$$\operatorname{tr} J = J_{xx} + J_{yy} \tag{3.10}$$

显然,极化矩阵(3.8)的迹就是光波电场的平均强度。一方面,因为无论是迹还是行列式都是关于 Z 轴绕 X 轴或 Y 轴旋转不变的,因此,光的偏振度 $P(r)$ 也是不变的;另一方面,因为表达式(3.5)的右方依赖于坐标轴的选取,所以 $Q(r)$ 通常与偏振度 $P(r)$ 不等,只有当选取特定的坐标轴时才与 $P(r)$ 相等。为了让上述两个偏振度的定义相同,必须满足式(3.11),即

$$1-\frac{4(J_{xx}J_{yy}-J_{xy}J_{yx})}{(J_{xx}+J_{yy})^2}=\frac{(J_{xx}-J_{yy})^2}{(J_{xx}+J_{yy})^2} \tag{3.11}$$

计算结果表明,仅当

$$J_{xy}J_{yx}=0 \tag{3.12}$$

时等式(3.11)才成立。而我们知道,极化矩阵是厄米的,所以当且仅当

$$J_{xy}=J_{yx}^*=0 \tag{3.13}$$

也就是说,当极化矩阵是对角矩阵时,才有 $Q(r)=P(r)$。

3.2.3 部分偏振光的部分相干性

在标准的单模光纤中通常存在两个正交偏振、相互独立的简并模。由于二者都有相同的传播常数或相同的传播速度,所以这些模式是简并的。通常,光纤中的光波场往往是这样两个本征偏振或本征模的线性叠加。由于本征模是正交独立的,所以它们的传播互不相干。

在实际的单模光纤中,可以观察到多种不对称性,如光纤芯不圆或承受不对称的侧压力等,从而两个正交偏振光波不再简并,它们以不同的速度传播。因此,这些模实际上就变成了不同的模,叫本征模。

除了非圆纤芯和不对称侧压力以外,沿光纤还可以存在其他多种内在的和外在的变化。典型的附加变形有弯曲、扭转及折射率分布的不对称等。另外,纤芯和包层热膨胀系数的不同也会导致内部受力不对称,所以温度变化也会影响光在光纤中的传播状态。所有这些扰动都会破坏圆形波导的几何形状,并影响本征模的传播速度。

除了传播速度改变,光纤变形也会产生模式耦合。发生模式耦合,就会有能量相互交换,其结果是两个模式相互影响,而不再相互独立。那么它们不再是本征模,因为只有相互独立的模才叫本征模。同时这也表明耦合模通常可以用两个独立的本征模来表达。这些新定义的本征模正交偏振不同于没有考虑光纤扰动时的本征模偏振。

考虑到所讨论的光源是宽谱光,两相干光的偏振态处于部分偏振状况,所以需要引入 Wolf[13,14]发展的空-频域光波电场的部分相干理论来描述光纤中的部分偏振光的部分相干特性(也就是所谓的部分偏振的白光或宽谱光的干涉)。

首先简要回顾在第 2 章中讨论标量光场的相干性所用到的主要概念。相关

函数由互相干函数 $\Gamma(s_1,s_2,\tau)$ 通过式(3.14)来定义。

$$\Gamma(s_1,s_2,\tau)=\langle E^*(s_1,t)E(s_2,t+\tau)\rangle \tag{3.14}$$

式中:$E(s,t)$ 代表在时间 t 时刻 s 点处具有起伏的复解析光波电场;星号表示复共轭;尖括号表示时间平均或系综平均。

由于在第 2 章中没有考虑光波电场偏振的情况,因此所讨论的内容仅限于标量(或偏振态完全相同)的情况。

尽管互相干函数在讨论所有光学干涉基本现象时都是有效的,但是在讨论有关与物质相互作用时则往往受到限制。例如,物质对于入射光波的响应不是时域的响应,而常常自然地用频域响应来描写。虽然我们可以通过互相干函数的傅里叶变换

$$S(s_1,s_2,\omega)=\frac{1}{2\pi}\int_{-\infty}^{\infty}\Gamma(s_1,s_2,\tau)\exp(i\omega\tau)\mathrm{d}\tau \tag{3.15}$$

来得到频域的响应,这种方式,一方面通常是假设单频描述,另一方面,频域的引入层面是二阶相关,而不是直接的场的层面上引入的。

为了解决这个问题,Wolf 假设光源的互谱密度可以直接表示为

$$S(s_1,s_2,\omega)=\sum_n\lambda_n(\omega)\phi_n^*(s_1,\omega)\phi_n(s_2,\omega) \tag{3.16}$$

式中:$\phi_n(s,\omega)$ 是彼此相互正交的本征函数;$\lambda_n(\omega)$ 为对应的本征值。分别对应 Fredholm 积分方程

$$\int_D S(s_1,s_2,\omega)\phi_n(s,\omega)\mathrm{d}s=\lambda_n(\omega)\phi_n(s,\omega) \tag{3.17}$$

的解。而本征函数的正交性由式(3.18)保证。

$$\int_D \phi_n(s,\omega)\phi_m(s,\omega)\mathrm{d}s=\delta_{nm} \tag{3.18}$$

式中:δ_{nm} 为克罗内克符号。

本征值对于所有的 n 是实的且非负

$$\lambda_n(\omega)\geqslant 0 \tag{3.19}$$

于是,由谱相关密度 $S(s_1,s_2,\omega)$ 决定的源的谱相干度可以由式(3.20)定义。

$$\mu(s_1,s_2,\omega)=\frac{S(s_1,s_2,\omega)}{\sqrt{S(s_1,s_1,\omega)}\sqrt{S(s_2,s_2,\omega)}} \tag{3.20}$$

谱相干度被限制在绝对值 0 和 1 之间,即 $0\leqslant|\mu|\leqslant 1$。当 $\mu=0$ 时,代表完全的空间的非相干;当 $\mu=1$ 时,则代表在频率 ω 处的完全空间相干。

因为在求和式(3.16)中的每一项都可以分解为

$$S^{(n)}(s_1,s_2,\omega)=\lambda_n(\omega)\phi_n^*(s_1,\omega)\phi_n(s_2,\omega) \tag{3.21}$$

而相对应的谱相关度为

$$\mu^{(n)}(s_1,s_2,\omega)=\frac{S^{(n)}(s_1,s_2,\omega)}{\sqrt{S^{(n)}(s_1,s_1,\omega)}\sqrt{S^{(n)}(s_2,s_2,\omega)}} \tag{3.22}$$

是幺正的。因此,表达式(3.16)可以被理解为相关谱密度是由源的互不相关部分和空间完全相干的部分的贡献之和组成。

采用这种新的表象,可以重新构建严格的单频振荡光场系综$\{U^*(s,\omega)\exp(-i\omega t)\}$,在空-频域中作为源的互谱密度函数满足如下关系:

$$S(s_1,s_2,\omega)=\langle U^*(s_1,\omega)U(s_2,\omega)\rangle \tag{3.23}$$

而源的光谱密度在新表象中可表示为

$$S(s,\omega)=\sum_n \lambda_n(\omega)|\phi_n(s,\omega)|^2=\langle|U(s,\omega)|^2\rangle \tag{3.24}$$

基于式(3.16),Wolf直接建立了相干光的空-频域表象新理论。与传统的空-时域表象理论不同,不需要通过空-时域中的互相干函数的傅里叶变换来获得频域的互相干谱,而是假设光源的空-频域光场中存在完备正交的本征模场,这些本征模场是源场的自然振荡模式,这些模式是完全相干的。互谱密度可以通过式(3.16)直接获得,为此Wolf[6,13,14]详细地阐述了空-频域表象理论的自洽性与完备性。

此外,为了讨论具有偏振特性的部分相干光的干涉问题,Wolf进一步引入了一个2×2互相关谱密度矩阵:

$$\underline{S}\equiv S_{ij}(s_1,s_2,\omega)=\langle E_i^*(s_1,\omega)E_j(s_2,\omega)\rangle,\quad i,j=x,y \tag{3.25}$$

如图3.1所示,图中Q处沿单模光纤Z轴方向传输的光波电场$\boldsymbol{E}(Q,\omega)$可以由与Z轴垂直的两个正交分量的系综$\{\boldsymbol{E}(Q,\omega)\}\equiv\{E_i(Q,\omega)\}$($i=x,y$)来描写。

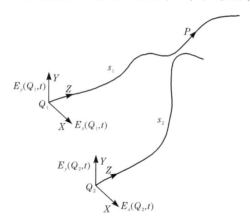

图3.1　光纤中两束部分相干光经过耦合器后的干涉

当两光波电场分别由Q_1和Q_2经过距离s_1和s_2传至P处进行干涉时,有

$$\boldsymbol{E}(P,\omega)=\alpha\boldsymbol{E}(Q_1,\omega)\exp(iks_1)+\beta\boldsymbol{E}(Q_2,\omega)\exp(iks_2) \tag{3.26}$$

式中:α、β分别为实常数;$k=2\pi/\lambda,\lambda=2\pi c/\omega$分别为对应频率为$\omega$的波数和波长;$s_1$和$s_2$分别为由$Q_1$和$Q_2$点到达$P$点的光波传输距离。

下面我们考虑 P 点的谱密度 $S(P,\omega)$：

$$S(P,\omega) = \langle \boldsymbol{E}^*(P,\omega)\boldsymbol{E}(P,\omega) \rangle = \mathrm{tr}\underline{S}(P,P,\omega) \tag{3.27}$$

式中：$\mathrm{tr}\underline{S}$ 为相干谱密度矩阵的迹。

将式(3.26)代入式(3.25)，并考虑式(3.27)，得到 P 点的谱密度公式

$$\begin{aligned}
S(P,\omega) =\ & |\alpha|^2 S(Q_1,\omega) + |\beta|^2 S(Q_2,\omega) \\
& + |\alpha^*\beta|\,\mathrm{tr}\underline{S}(Q_1,Q_2,\omega)\exp[ik(s_2-s_1)] \\
& + |\alpha\beta^*|\,\mathrm{tr}\underline{S}(Q_2,Q_1,\omega)\exp[-ik(s_2-s_1)]
\end{aligned} \tag{3.28}$$

我们可以将式(3.28)重新表述得更具有物理意义。在图 3.1 中的两条光纤支路中，我们可以在每条支路中串接一个开关，当支路 2 的开关断开时，相当于 $\beta=0$，于是有

$$S^{(1)}(P,\omega) = |\alpha|^2 S(Q_1,\omega) \tag{3.29}$$

同理有

$$S^{(2)}(P,\omega) = |\beta|^2 S(Q_2,\omega) \tag{3.30}$$

考虑到等式

$$[\mathrm{tr}\underline{S}(Q_2,Q_1,\omega)] = [\mathrm{tr}\underline{S}(Q_1,Q_2,\omega)]^* \tag{3.31}$$

于是 P 点的谱密度(3.28)可以进一步写为

$$\begin{aligned}
S(P,\omega) =\ & S^{(1)}(P,\omega) + S^{(2)}(P,\omega) \\
& + 2\sqrt{S^{(1)}(P,\omega)}\sqrt{S^{(2)}(P,\omega)}\,\mathrm{Re}\{\mu(Q_1,Q_2,\omega)\exp[ik(s_2-s_1)]\}
\end{aligned} \tag{3.32}$$

谱的相干度 μ 由式(3.33)给出：

$$\mu(Q_1,Q_2,\omega) = \frac{\mathrm{tr}\underline{S}(Q_1,Q_2,\omega)}{\sqrt{\mathrm{tr}\underline{S}(Q_1,Q_1,\omega)}\sqrt{\mathrm{tr}\underline{S}(Q_2,Q_2,\omega)}} \tag{3.33}$$

其中

$$\mathrm{tr}\underline{S}(Q_j,Q_j,\omega) = S(Q_j,\omega), \quad j=1,2$$

式中：$\mathrm{tr}\underline{S}(Q_j,Q_j,\omega)$ 为光在光纤中 Q_j 点的谱密度。

如果使 $S^{(2)}(P,\omega) \approx S^{(1)}(P,\omega)$，则式(3.32)可进一步写为

$$\begin{aligned}
S(P,\omega) =\ & 2S^{(1)}(P,\omega)[1+\mathrm{Re}\{\mu(Q_1,Q_2,\omega)\exp(i\delta)\}] \\
=\ & 2S^{(1)}(P,\omega)\{1+|\mu(Q_1,Q_2,\omega)|\cos[\arg(\mu(Q_1,Q_2,\omega))+\delta]\}
\end{aligned} \tag{3.34}$$

式中：$\arg(\mu(Q_1,Q_2,\omega))$ 是 $\mu(Q_1,Q_2,\omega)$ 的幅角；$\delta=(s_2-s_1)$。

接下来，考虑谱相干的光波传输以及在传输过程中谱的偏振度是怎样变化的。可以证明，相关谱密度矩阵 $\underline{S}$ 满足亥姆霍兹(Helmholtz)方程[2]

$$\begin{cases}
\nabla_1^2 \underline{S}(s_1,s_2,\omega) + k^2 \underline{S}(s_1,s_2,\omega) = 0 \\
\nabla_2^2 \underline{S}(s_1,s_2,\omega) + k^2 \underline{S}(s_1,s_2,\omega) = 0
\end{cases} \tag{3.35}$$

式中：∇_1^2和∇_2^2是拉普拉斯算子，分别作用于s_1和s_2。通过这两个方程可以确定谱相干度在传输过程中是怎样变化的。首先确定相关谱密度矩阵$\underline{S}$的迹的值，然后依据方程(3.33)确定谱相干度$\mu(s_1,s_2,\omega)$。

谱在P点处的偏振度则可由式(3.36)确定：

$$P=\sqrt{1-\frac{4\det\underline{S}(P,P,\omega)}{[\operatorname{tr}\underline{S}(P,P,\omega)]^2}} \tag{3.36}$$

要确定谱在传输过程偏振度的变化情况，类似于确定谱相干度的过程，首先求解方程(3.35)，然后再根据式(3.36)确定谱的偏振度。

借助于Wolf[6]的空-频域的部分相干理论，给出采用相关谱密度矩阵，导出谱相干定律，进一步讨论相关谱密度张量以及偏振度的传输。Tervo等[15]在本征模的相干模基础上，进一步发展并给出矢量本征模表述形式，这更有利于将其应用于光纤中的处于不同偏振态的光波电场的分析。

事实上，单模光纤是Wolf新理论的最好应用对象之一。由于单模光纤中对于给定波长范围的光仅允许两个正交偏振态或由这两个正交偏振态的线性组合存在并进行传输，因此，这就限定了光源的任意多种电磁场的辐射模式中，能够在光纤中被激发出来的响应模式是确定的，对于这个响应模式组而言，也是正交完备的。由此，通过光纤对光源场的模式筛选，光源场中能满足一定频率（波长）范围的一系列正交偏振模式就构成了光纤光源模式场的完备正交系，这些模式是完全相干的，且这些模式及其任意的线性组合都能在单模光纤中进行传输。这恰好与新表象理论的前提条件相互吻合。

3.3　部分偏振光的内禀相干不变性

3.3.1　内禀相干度的概念

尽管偏振光学和相干光学已经分别得到深入的发展和广泛的应用，但对于光波电场的偏振特性与相干特性这两者的内在联系却一直不甚明了。2003年，Wolf[6]在对部分偏振光相干特性的分析时，他指出干涉的基本作用，构造了一种相干与偏振的统一理论，指出在一般情况下有望预见随机光波电场的偏振特性与其相干特性间的密切关系。2005年，Réfrégier等[16]对于偏振光的相干特性进行了深入的分析，提出了内禀相干度的新概念。

事实上，我们所关心的问题是：

(1)在干涉实验中，我们必须使光偏振才能获得最大的相干度吗？

(2)光的偏振度与光的相干度之间的关系是怎样的？

(3)当两束部分偏振光进行远传后，其相干度受到扰动后将被劣化，我们能通过某种光学器件的变换重新恢复其原有的相干度吗？

　　Réfrégier 等[17]认为，基本的问题是使人们可以分析部分偏振光和部分相干光的特性。为此，可以建立一种测量相干特性具有的一般不变性的新方法：当考虑处于空间不同点处或不同时间下的两个光波电场，如果这些场由偏振装置获得的确定可逆变换调制，那么这些场的内禀相干特性不变。实际上，场的统计相关性并没有被调制，因为并没有引进不可逆变化（可返回初始光波电场）。因此，如果在分析干涉条纹之前优化偏振状态，那么这些分量的行为并不能改变两光波电场干涉的能力。所以，如图 3.2 所示，内禀相干度通过确定的局部线性变换之后是不变的，这种变换只能改变偏振特性而没有改变其相干特性。因此，内禀相干度在场 $E(r_1, t_1)$ 和 $E(r_2, t_2)$ 或在场 $A(r_1, t_1)$ 和 $A(r_2, t_2)$ 之间是相同的[17]。

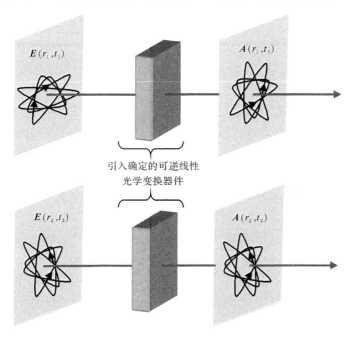

图 3.2　内禀相干度概念说明示意图

　　那么，内禀相干度指的又是什么？

　　两光波电场之间的内禀相干度与每一个光波电场的偏振度的关系可通过图 3.3 来进一步加以说明，偏振度描写的是每个光波电场自身的统计相关的有序程度，而内禀相干度则是指两光波电场之间的统计相关的有序程度。因为两者所描述的对象是不同的，因此两者不仅能通过内禀相干度的新概念得以分开，而且两者具有不同的物理意义。内禀相关理论表明部分偏振光的相干分析可分解为具有不同不变特性的四个参数的分析。偏振度与每个电场分量自身间的随机性相关而内禀相干度表征的是矢量电场之间的随机性。

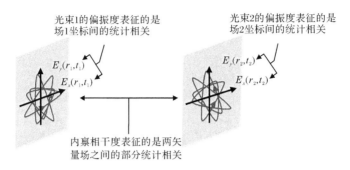

图 3.3　内禀相干度表征两光波电场之间的随机性

　　内禀相干度可以通过图 3.4 给出的实验装置进行测量并加以确定。通过标准互相干矩阵的测量可以得到内禀相干度。内禀相干理论表明,我们可以实现用于分析相干效应的测量,这些测量可以与光波电场整体的偏振态改变无关;所呈现出来的光波扰动与整体偏振改变量可以存在于不同的介质中,如液晶装置、生物样品等。两干涉臂场的不同分量之间的干涉条纹的分析使我们可测得不同延时的互相干矩阵,也可测量每个臂的偏振矩阵。这些测量使标准自相关矩阵及内禀相干度的确定成为可能。如图 3.4 所示,实验系统中来自光源的光束为宽谱光,经过光分束器 1 后,分为两路:一路穿过待分析样品,通过偏振旋转器可以调整其偏振态,然后经分束器 3 并入偏振分析器;另一路光穿过分束器 2,抵达反射镜 1,反射镜 1 的位置可以前后调整,以改变光波电场的光程的延迟距离。经反射器 1 反射回来的光束经过分束器 2 后,再经过反射镜 2 后穿过偏振旋转器,抵达分束器 3,最后并入偏振分析器后两光束一同被探测器所接收。

　　从光学测量的角度来看,偏振度及内禀相干度是两种不同无序物理现象的相似测量量。前者测量每个分支光束内的无序,而后者表征空间或时间不同处光场之间的无序。因此,对于每一相干光束实施的线性可逆变换不会改变两干涉光场的干涉特性。

　　为了更清晰地理解内禀相干性,可通过如图 3.5 所示的两独立的具有不同偏振态的完全偏振光的叠加,得到一个混合光场,来进一步阐明内禀相干度的物理内涵。一束完全偏振光波电场,在时间 t 和 $t+\tau$ 时,其标准的标量场的相干度为 $\mu_1(\tau)$,而另一束完全偏振光波电场,在时间 t 和 $t+\tau$ 时,其标准的标量场的相干度为 $\mu_2(\tau)$,两束完全偏振的光通过合光器后生成一束部分偏振光,如果这两个光波电场是统计无关的,则混合场的内禀相干度就等于 $\mu_1(\tau)$ 和 $\mu_2(\tau)$。这表明,内禀相干度一般有两个值,而其值较大者与两光波电场的标准相干度相等。从平方含义来讲,如干涉场之间有确定的线性关系,内禀相干度就仅有一个。这种情况下,

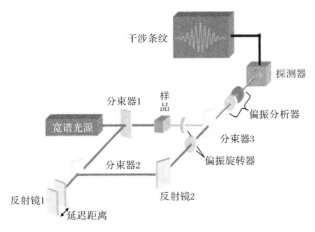

图 3.4　内禀相干度的实验确定方法

人们可观察到非偏振光具有均匀可见度的干涉条纹。上述所有方法均以该方法是仅关注场之间的相关性及场的干涉能力,还是更关注各理想的完全偏振光波电场分量之间的非随机性而区别开。

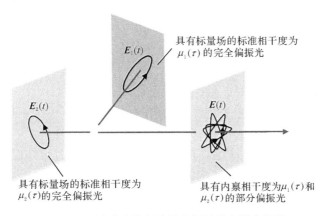

图 3.5　两个完全偏振光波电场的独立混合情况

内禀相干理论的主要结果是:当每一个光波电场乘以任何确定的非奇异Jones 矩阵(即用来描述可逆偏振变化装置行为的数学工具)时两相干光场的内禀相干度不变。该性质以这样一种前提假设为基础,应用于每个相干光波电场的确定的线性可逆变换没有引进其他物理干扰。

由于确定的非奇异 Jones 矩阵的行为仅可改变光波电场的偏振态,内禀相干性理论证明了当改变每一光束偏振特性时,存在一些变换保持不变的标量值。这些特性表明可通过内禀相干度的变化对光学样品进行其光学特性的研究与分析。

本节对部分偏振光给出了内禀相干度的新概念,与前述标准相干理论中的相干度既有联系,又有所不同。上述概念和实验有助于对其重要的特性进行更深入的理解。

3.3.2 部分偏振光的内禀相干不变性理论

本节将对 3.3.1 节所提出的部分偏振与部分相干光的内禀相干特性进行理论上的严密证明,首先要将部分偏振及部分相干进行分离,为此提出了两光场之间的内禀相干不变特性,该特性有利于表征与特殊实验条件无关的光的本质属性。进一步得出了新的内禀相干度,并对内禀相干度与测量量之间的关系进行了讨论。最后,通过一些简单的例子对这些结果进行了说明。为与前面的讨论有所区分,本节所采用的符号与前面的符号有所不同。

考虑到沿光纤进行传播的光波电场,通常可以看成是二维的。因此,对于任意在点 r 处,时间为 t 的光波电场 $\widetilde{E}(r,t)$ 可写为 $\widetilde{E}(r,t)=\widetilde{E}(r,t)\exp(-\mathrm{i}\omega t)$,式中横向二维场可表示成 $E(r,t)=[E_X(r,t),E_Y(r,t)]^{\mathrm{T}}$,其中 T 代表矩阵转置。

一般认为,r_1,r_2 两点在时间 t_1,t_2 时的任意两光波电场 $E(r_1,t_1)$ 和 $E(r_2,t_2)$ 可由互相干矩阵[6,15,18~20] $\boldsymbol{\Omega}(r_1,r_2,t_1,t_2)$ 给出,其定义为

$$\boldsymbol{\Omega}(r_1,r_2,t_1,t_2)=\langle E(r_2,t_2)E^+(r_1,t_1)\rangle \tag{3.37}$$

式中:"+"代表共轭转置;⟨·⟩代表系综平均值。标准相干矩阵对应于 $r_1=r_2$,$t_1=t_2$ 的情况。下面将一组两个电场的二阶统计(即其互相干矩阵及相干矩阵)表示成一种光学状态。

由 Wolf[6] 所定义的谱相干度为

$$\bar{\mu}(r_1,r_2,\omega)=\frac{\mathrm{tr}[W(r_1,r_2,\omega)]}{\sqrt{\mathrm{tr}[W(r_1,r_1,\omega)]\mathrm{tr}[W(r_2,r_2,\omega)]}} \tag{3.38}$$

式中:$\mathrm{tr}[W]$ 表示 W 的迹。

由此可以得到空间时域相干度的定义

$$\bar{\mu}(r_1,r_2,t_1,t_2)=\frac{\mathrm{tr}[\boldsymbol{\Omega}(r_1,r_2,t_1,t_2)]}{\sqrt{\mathrm{tr}[\boldsymbol{\Omega}(r_1,r_1,t_1,t_1)]\mathrm{tr}[\boldsymbol{\Omega}(r_2,r_2,t_2,t_2)]}} \tag{3.39}$$

上述定义对正交曲线坐标系变换中不具有不变性[21],因此重新定义一个空-频域内的相干度[19,20]

$$\widetilde{\mu}^2(r_1,r_2,\omega)=\frac{\mathrm{tr}[W(r_1,r_2,\omega)W^+(r_1,r_2,\omega)]}{\mathrm{tr}[W(r_1,r_1,\omega)]\mathrm{tr}[W(r_2,r_2,\omega)]} \tag{3.40}$$

同样,在空-时域内定义为[21]

$$\widetilde{\mu}^2(r_1,r_2,t_1,t_2)=\frac{\mathrm{tr}[\boldsymbol{\Omega}(r_1,r_2,t_1,t_2)\boldsymbol{\Omega}^+(r_1,r_2,t_1,t_2)]}{\mathrm{tr}[\boldsymbol{\Omega}(r_1,r_1,t_1,t_1)]\mathrm{tr}[\boldsymbol{\Omega}(r_2,r_2,t_2,t_2)]} \tag{3.41}$$

由于相干矩阵 $\boldsymbol{\Omega}(r_i,r_i,t_i,t_i)$ 在偏振理论中扮演了特殊的角色,因此在下面用 $\boldsymbol{\Gamma}(r_i,t_i)$ 来表示。

这里,我们准备确定适当的矩阵 $M(r_1, r_2, t_1, t_2)$,由该矩阵人们可确定与特定实验设置及偏振特性无关的光学态的不变相干度。特别地,将给出该矩阵 $M(r_1, r_2, t_1, t_2)$ 如何由矩阵 $\Omega(r_1, r_2, t_1, t_2)$ 得出,以及不变相关度是如何与该矩阵相关联的。最后,我们将讨论提出的这些相干特性是如何与实际实验相联系的。

1. 不变相干度

我们讨论能够分离部分相干与部分偏振的不变特性。通过分析可使我们获得不变相干度。

方程(3.39)定义的相干度简单地将文献[6]中电场 $E(r_1, t_1)$、$E(r_2, t_2)$ 之间的相干条纹可见度联系了起来。然而,这个相干度与特殊的实验装置相关,并没有给出光波电场的本质特性。更准确地说,如果在两光波电场 $E(r_1, t_1)$、$E(r_2, t_2)$ 的前面引入双折射器件,则随后的干涉条纹的可见度将被改变。从数学观点看,双折射器件的作用相当于幺正线性变换 U_1、U_2 作用于矢量场 $E(r_1, t_1)$、$E(r_2, t_2)$。变换后得到的新光波电场为 $A_U(r_1, t_1) = U_1 E(r_1, t_1)$,$A_U(r_2, t_2) = U_2 E(r_2, t_2)$。

为了引入与特定实验装置无关的相干度,我们需要定义一些参量,这些参量不会因光波电场 $E(r_1, t_1)$、$E(r_2, t_2)$ 被施加幺正变换后而变化。由于

$$\langle A_U(r_2, t_2) A_U^+(r_1, t_1) \rangle = U_2 \langle E(r_2, t_2) E^+(r_1, t_1) \rangle U_1^+$$

因此对于 $\Omega(r_1, r_2, t_1, t_2)$ 及 $U_2 \Omega(r_1, r_2, t_1, t_2) U_1^+$ (无论幺正变换 U_1, U_2 是多少)前面的限制条件意味着不变相干度必须是相同的。

所考虑的矩阵 $\Omega(r_1, r_2, t_1, t_2)$ 的主要限制是难以给出与每一光波电场偏振特性无关的相干度。实际上,我们来考虑一种简单的情况:相干矩阵相等且为对角阵

$$\Gamma(r_1, t_1) = \Gamma(r_2, t_2) = \begin{bmatrix} \alpha & 0 \\ 0 & \beta \end{bmatrix} \tag{3.42}$$

当 $r_1 = r_2$ 且 $t_1 = t_2$ 时,相干度必须相等且等于 1。这确实满足方程(3.39)的情况但却不是方程(3.41)的情况。换句话说,方程(3.39)与方程(3.41)定义的相干度具有互补的不同特性。实际上,定义一个与幺正变换及偏振态的改变无关的相干度是可能的。

更确切地说,我们需要明确对于偏振态独立这一概念。这一要求意味着偏振态的局部改变不能改变相干度。假设光波电场 $E(r_1, t_1)$、$E(r_2, t_2)$ 的相干矩阵为 $\Gamma_e(r_1, t_1)$ 及 $\Gamma_e(r_2, t_2)$,互相干矩阵为 $\Omega_e(r_1, r_2, t_1, t_2)$。局部偏振态的改变可用线性算子的作用来表示,因此光波电场非奇异 Jones 矩阵 B_1、B_2 的作用下变为 $A(r_1, t_1) = B_1 E(r_1, t_1)$,$A(r_2, t_2) = B_2 E(r_2, t_2)$。光波电场 $A(r_1, t_1)$ 和 $A(r_2, t_2)$ 的互相干矩阵用 $\Omega_a(r_1, r_2, t_1, t_2)$ 来表示。

这里,我们定义一个相干度,当光波电场偏振态通过非奇异 Jones 矩阵分量的

作用而改变时,该相干度保持不变。换句话说,$E(r_1,t_1)$,$E(r_2,t_2)$之间的不变相干度必须等于$A(r_1,t_1)$和$A(r_2,t_2)$之间的不变相干度。如果存在仅与(r_1,t_1)有关的非奇异矩阵B_1和仅与(r_2,t_2)有关的非奇异矩阵B_2,使得$A(r_1,t_1)=B_1E(r_1,t_1)$以及$A(r_2,t_2)=B_2E(r_2,t_2)$成立,定义等效类$\Im[E(r_1,t_1),E(r_2,t_2)]$,就使两光学态$[E(r_1,t_1),E(r_2,t_2)]$和$[A(r_1,t_1),A(r_2,t_2)]$属于相同的等效类。于是,互相干矩阵就通过$\Omega_a(r_1,r_2,t_1,t_2)=B_2\Omega_e(r_1,r_2,t_1,t_2)B_1^+$联系起来,而相干矩阵通过$\Gamma_a(r_i,t_i)=B_i\Gamma_e(r_i,t_i)B_i^+$联系起来。因此,不变性原理意味着所有属于相同等效类$\Im[E(r_1,t_1),E(r_2,t_2)]$的光波电场对的相干度必须相同。由于我们可以用二阶矩$\langle\Omega(r_1,r_2,t_1,t_2),\Gamma(r_1,t_1),\Gamma(r_2,t_2)\rangle$表征光学态,无论非奇异 Jones 矩阵$B_1$、$B_2$是怎样的,由$\langle B_2\Omega(r_1,r_2,t_1,t_2)B_1^+,B_1\Gamma(r_1,t_1)B_1^+,B_2\Gamma(r_2,t_2)B_2^+\rangle$表示的所有光学态均应有相同的相干度。

　　表征等效类$\Im[E(r_1,t_1),E(r_2,t_2)]$的不变相干度的定义具有多种不同的可能,因此谨慎的验证一个特定的选择是很重要的。我们首先考虑部分偏振光的情况(对于部分偏振光相干矩阵$\Gamma(r_i,t_i)$是非奇异的)。考虑一组完全分解的偏振光作为$\Im[E(r_1,t_1),E(r_2,t_2)]$的特例。取$B_i=\Gamma^{-1/2}(r_i,t_i)$可以得到这样的特例。在这种情况下,代表$\Im[E(r_1,t_1),E(r_2,t_2)]$的光学态满足$\langle M(r_1,r_2,t_1,t_2),I_d,I_d\rangle$,于是有

$$M(r_1,r_2,t_1,t_2)=\Gamma^{-1/2}(r_2,t_2)\Omega(r_1,r_2,t_1,t_2)\Gamma^{-1/2}(r_1,t_1) \qquad (3.43)$$

式中:I_d为二维单位矩阵。由于$M(r_1,r_2,t_1,t_2)$在下面是关键所在,因此将其称为光学态的归一化互相干矩阵,由互相干矩阵$\Omega(r_1,r_2,t_1,t_2)$及相干矩阵$\Gamma(r_i,t_i)$$(i=1,2)$所定义。

　　此外,无论酉阵U_1、U_2是怎样的,具有归一化互相干矩阵$M(r_1,r_2,t_1,t_2)$和$U_2M(r_1,r_2,t_1,t_2)U_1^+$的完全分解的偏振光属于同一等效类且必须具有相同的不变相干度。特别地,取$U_2=N_2$,$U_1=N_1$是可能的,于是可以使$N_2M(r_1,r_2,t_1,t_2)N_1^+$对角化。该取值对应归一化互相干矩阵的奇异值

$$M(r_1,r_2,t_1,t_2)=N_2^+D(r_1,r_2,t_1,t_2)N_1 \qquad (3.44)$$

此处$D(r_1,r_2,t_1,t_2)$为对角阵,其实的正的对角值被称为奇异值。因此可以取矩阵$D(r_1,r_2,t_1,t_2)$作为当量类$\Im[E(r_1,t_1),E(r_2,t_2)]$的代表,且由$D(r_1,r_2,t_1,t_2)$定义不变相干度。

　　矩阵$D(r_1,r_2,t_1,t_2)$对应于完全分解的偏振光的归一化互相干矩阵,由$M(r_1,r_2,t_1,t_2)$的奇异值所描述。$D(r_1,r_2,t_1,t_2)$的对角元$\mu_S(r_1,r_2,t_1,t_2)$、$\mu_I(r_1,r_2,t_1,t_2)$为$M(r_1,r_2,t_1,t_2)$的奇异值并构成了合适的通用不变相干度。为了使分析简化,下面将$M(r_1,r_2,t_1,t_2)$的奇异值简单地表示成μ_S、μ_I,不失一般性,设$\mu_S\geqslant\mu_I$。

　　我们注意到

$$M(r_1,r_2,t_1,t_2)M^+(r_1,r_2,t_1,t_2)=N_2^+D^2(r_1,r_2,t_1,t_2)N_2 \qquad (3.45)$$

式中：$D^2(r_1, r_2, t_1, t_2)$ 为对角矩阵的对角值 μ_S^2、μ_I^2。因此相干度可以很方便地由 $M(r_1, r_2, t_1, t_2)M^+(r_1, r_2, t_1, t_2)$ 的特征值求出。

由此可以看到，定义部分偏振光的不变相干度是可能的。这种情况对应于非奇异相干矩阵 $\Gamma(r_i, t_i)$。

2. 不变相干度的物理意义

任何部分偏振光均可分解到其特征向量基的方向上[18]。更确切地说，我们来考虑具有相干矩阵 $\Gamma_e(r_i, t_i)$ 的光波电场。存在酉矩阵 U_i 使 $A(r_i, t_i) = U_i E(r_i, t_i)$ 有对角相干矩阵 $\Lambda_a(r_i, t_i)$

$$\Lambda_a(r_i, t_i) = \begin{bmatrix} \langle |A_X(r_i, t_i)|^2 \rangle & 0 \\ 0 & \langle |A_Y(r_i, t_i)|^2 \rangle \end{bmatrix} \tag{3.46}$$

$$A(r_i, t_i) = [A_X(r_i, t_i), A_Y(r_i, t_i)]^{\mathrm{T}}$$

式中：$|A|$ 为 A 的模。当场在点 r_i 时间 t_i 处不完全偏振时，$\Lambda_a(r_i, t_i)$ 为非奇异的，有

$$\Lambda_a^{-1/2}(r_i, t_i) = \begin{bmatrix} \dfrac{1}{\sqrt{I_X(r_i, t_i)}} & 0 \\ 0 & \dfrac{1}{\sqrt{I_Y(r_i, t_i)}} \end{bmatrix} \tag{3.47}$$

且

$$I_X(r_i, t_i) = \langle |A_X(r_i, t_i)|^2 \rangle, \quad I_Y(r_i, t_i) = \langle |A_Y(r_i, t_i)|^2 \rangle$$

$E(r_1, t_1)$ 和 $E(r_2, t_2)$ 之间的互相干矩阵为

$$\Omega_e(r_1, r_2, t_1, t_2) = \langle E(r_2, t_2)E^+(r_1, t_1) \rangle$$

因此有

$$\Omega_e(r_1, r_2, t_1, t_2) = U_2 \Omega_a(r_1, r_2, t_1, t_2) U_1^+$$

式中：$\Omega_a(r_1, r_2, t_1, t_2)$ 为 $A(r_1, t_1)$ 与 $A(r_2, t_2)$ 之间的互相干矩阵（即 $\Omega_a(r_1, r_2, t_1, t_2) = \langle A(r_2, t_2)A^+(r_1, t_1) \rangle$）。显然，$\Gamma_e(r_i, t_i) = U_i \Lambda_a(r_i, t_i) U_i^+$，使用这些关系以及方程(3.43)可得

$$M_e(r_1, r_2, t_1, t_2) = U_2 M_a(r_1, r_2, t_1, t_2) U_1^+ \tag{3.48}$$

其中

$$M_a(r_1, r_2, t_1, t_2) = \Lambda_a^{-1/2}(r_2, t_2)\Omega_a(r_1, r_2, t_1, t_2)\Lambda_a^{-1/2}(r_1, t_1) \tag{3.49}$$

由于

$$\Omega_a(r_1, r_2, t_1, t_2) = \begin{bmatrix} \langle A_X(r_2, t_2)A_X^*(r_1, t_1) \rangle & \langle A_X(r_2, t_2)A_Y^*(r_1, t_1) \rangle \\ \langle A_Y(r_2, t_2)A_X^*(r_1, t_1) \rangle & \langle A_Y(r_2, t_2)A_Y^*(r_1, t_1) \rangle \end{bmatrix}$$

$$\tag{3.50}$$

因此 $M_a(r_1, r_2, t_1, t_2)$ 的物理含义就变得很清楚了。

$$M_a(r_1,r_2,t_1,t_2)=\begin{bmatrix}\eta_{XX}(r_1,r_2,t_1,t_2)&\eta_{XY}(r_1,r_2,t_1,t_2)\\\eta_{YX}(r_1,r_2,t_1,t_2)&\eta_{YY}(r_1,r_2,t_1,t_2)\end{bmatrix} \tag{3.51}$$

$$\eta_{PQ}(r_1,r_2,t_1,t_2)=\frac{\langle A_p(r_2,t_2)A_Q^*(r_1,t_1)\rangle}{\sqrt{I_P(r_2,t_2)I_Q(r_1,t_1)}} \tag{3.52}$$

此处,$P,Q=X,Y$。因此归一化的互相干矩阵 $M_a(r_1,r_2,t_1,t_2)$ 由标量场[12]$A_X(r,t)$和 $A_Y(r,t)$ 的标准相干度构成,由此可以导出 $M_a(r_1,r_2,t_1,t_2)$ 清晰的物理含义。由方程(3.48)可见,归一化的互相干矩阵的 $M_e(r_1,r_2,t_1,t_2)$ 对应基的变换。实际上,$M_e(r_1,r_2,t_1,t_2)$ 在对光进行分析时是作为基的,而 $M_a(r_1,r_2,t_1,t_2)$ 是以定义相干矩阵 $\Gamma_e(r_i,t_i)$ 的特征向量为基础表达的。

现在分析点 $(r_i,t_i)(i=1,2)$ 处完全偏振光的情况。不失一般性,假设 $A(r_i,t_i)=[A_X(r_i,t_i),0]^T$,于是有

$$\Omega_a(r_1,r_2,t_1,t_2)=\begin{bmatrix}\langle A_X(r_2,t_2)A_X^*(r_1,t_1)\rangle&0\\0&0\end{bmatrix} \tag{3.53}$$

以及 $\Lambda_a(r_i,t_i)=\Omega_a(r_i,r_i,t_i,t_i)$。可引入 $\Lambda_a^{1/2}(r_i,t_i)$ 的广义逆 $\Lambda_a^{-1/2}(r_i,t_i)$:

$$\Lambda_a^{-1/2}(r_i,t_i)=\begin{bmatrix}\dfrac{1}{\sqrt{I_X(r_i,t_i)}}&0\\0&0\end{bmatrix} \tag{3.54}$$

在该情况下,很容易导出

$$M_a(r_1,r_2,t_1,t_2)=\begin{bmatrix}\eta_{XX}(r_1,r_2,t_1,t_2)&0\\0&0\end{bmatrix} \tag{3.55}$$

因此,当光为完全偏振光时,有

$$D_a(r_1,r_2,t_1,t_2)=zM_a(r_1,r_2,t_1,t_2)$$

式中:$D_a(r_1,r_2,t_1,t_2)$ 由方程(3.44)定义;z 为复数的模。因此可得到

$$\mu_S(r_1,r_2,t_1,t_2)=|\eta_{XX}(r_1,r_2,t_1,t_2)|$$

表明所提出的不变相干度与完全偏振光所用的经典标准相干度是一致的。

这种分析可扩展为仅在点 r_1 时间 t_1(或仅在点 r_2 时间 t_2)处全偏振的场的情况。结果表明,考虑 $\Gamma(r_i,t_i)$ 的广义逆 $\Gamma_e^{-1/2}=U_i\Lambda_a^{-1/2}(r_i,t_i)U_i^+$,对奇异互相干矩阵 $\Gamma(r_i,t_i)$ 方程(3.43)可以给出标准互相干矩阵的定义。

3. 不变相干度与标量光场的标准相干度定义的关系

建立不变相干度与 Wolf 相干理论中所定义的标量光场的标准相干度之间的联系对于不变相干度的深入理解具有重要的意义。当两光波电场的偏振方向相同时可由标量表示,如图 3.6 所示。

当两光波电场 $E(r_1,t_1)$ 和 $E(r_2,t_2)$ 经由具有双折射特性的光学偏振态旋转元

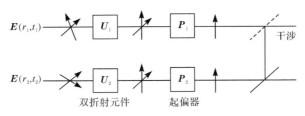

图 3.6　相干度测量的实验装置图

U_1、U_2. 由 Jones 酉阵表示的光调节器；P_1、P_2. 起偏器

件后,经过起偏器成为偏振方向完全相同的两束偏振光,等效于 Wolf 的标量光场。

经过双折射旋转光学元件后,两光波电场的偏振态改变由酉阵 U_1 和 U_2 表示,光场变为

$$A_U(r_1,t_1)=U_1 E(r_1,t_1)$$

及

$$A_U(r_2,t_2)=U_2 E(r_2,t_2)$$

再经过起偏器的作用,两光波电场 $A_U(r_1,t_1)$ 和 $A_U(r_2,t_2)$ 等效于在单位向量 e_1 上投影。因此标准相干度的模可写成

$$\eta=\frac{|\langle e_1^+ A_U(r_2,t_2)A_U^+(r_1,t_1)e_1\rangle|}{\sqrt{\langle e_1^+ A_U(r_1,t_1)A_U^+(r_1,t_1)e_1\rangle\langle e_1^+ A_U(r_2,t_2)A_U^+(r_2,t_2)e_1\rangle}} \tag{3.56}$$

该方程也可写成

$$\eta=\frac{|e_1^+ U_2 \boldsymbol{\Omega}(r_1,r_2,t_1,t_2)U_1^+ e_1|}{\sqrt{e_1^+ U_1 \boldsymbol{\Gamma}(r_1,t_1)U_1^+ e_1\, e_1^+ U_2 \boldsymbol{\Gamma}(r_2,t_2)U_2^+ e_1}} \tag{3.57}$$

标准相干度的模的最大化通过找到可使 η 最大化的酉阵 U_1、U_2 来实现。利用方程(3.43),如引入 $k_i=\boldsymbol{\Gamma}^{1/2}(r_i,t_i)U_i^+ e_1$,可得

$$\eta=\frac{|k_2^+ M(r_1,r_2,t_1,t_2)k_1|}{\|k_1\|\,\|k_2\|} \tag{3.58}$$

因此对所有不为 0 的复数 α、β,如果使 k_1 变为 αk_1,k_2 变为 βk_2,η 是不变的。找到单位向量 a_1、a_2 使得

$$\eta=|a_2^+ M(r_1,r_2,t_1,t_2)a_1| \tag{3.59}$$

成立,利用方程(3.44)可得到 η 的最大值。归一化互相干矩阵可分解为奇异值使

$$M(r_1,r_2,t_1,t_2)=N_2^+ D(r_1,r_2,t_1,t_2)N_1=\mu_S u_2 u_1^+ +\mu_I v_2 v_1^+ \tag{3.60}$$

成立,且 $\|u_i\|^2=\|v_i\|^2=1$,$u_i^+ v_i=0(i=1,2)$。因此可得

$$\eta=|\mu_S a_2^+ u_2 u_1^+ a_1+\mu_I a_2^+ v_2 v_1^+ a_1| \tag{3.61}$$

式(3.61)可写为

$$\eta=|(\mu_S-\mu_I)a_2^+ u_2 u_1^+ a_1+\mu_I a_2^+ (u_2 u_1^+ +v_2 v_1^+)a_1| \tag{3.62}$$

由于 $u_2u_1^+ + v_2v_1^+$ 可写为 $N_2^+N_1$。因此,有

$$\eta = |(\mu_S - \mu_I)a_2^+u_2u_1^+a_1 + \mu_I(N_2a_2)^+N_1a_1| \qquad (3.63)$$

可见 η 为两复数 $(\mu_S-\mu_I)a_2^+u_2u_1^+a_1$ 与 $\mu_I(N_2a_2)^+N_1a_1$ 之和的模。当这两个复数具有相同相位和最大模时,该模数具有最大值。由于 $|(N_2a_2)^+N_1a_1| \leqslant \|(N_2a_2)\| \|N_1a_1\|$ 且 $\|N_ia_i\|=1$,因此 $(N_2a_2)^+N_1a_1$ 的模不大于1。取 $a_1 = z_1u_1$,$a_2=z_2u_2$ 其中 z_1、z_2 为模为1的复数,很明显使 $|a_2^+u_2u_1^+a_1|$ 最大。可证明同样可使 $|(N_2a_2)^+N_1a_1|$ 最大化。实际上,如上所述 $|(N_2a_2)^+N_1a_1|$ 的最大可能值 $|(z_2^*z_1N_2u_2)^+N_1u_1| = |u_2^+(u_2u_1^+ + v_2v_1^+)u_1| = |u_2^+u_2u_1^+u_1| = 1$。此外,由于 $(z_2u_2)^+u_2u_1^+(z_1a_1)=z_2^*z_1$ 以及 $(N_2a_2)^+N_1a_1^+=z_2^*z_1$,因此这两个复数有相同的相位。这表明取 $a_1=z_1u_1$,$a_2=z_2u_2$ 可使 η 最大化。

可见 η 的最大值为 η_S,而且当 $a_2=z_2u_2$,$a_1=z_1u_1$(其中 z_1、z_2 为模等于1的复数)时 η 可取到最大值。

如果 a_2 与 v_2 成比例,a_1 与 v_1 成比例,可以得到 $\eta=\mu_I$。最后如果 a_2 与 u_2 成比例,a_1 与 v_1 成比例,或者 a_2 与 v_2 成比例,a_1 与 u_1 成比例,我们可以得到 $\eta=0$。

实际上,u_i 和 v_i 为归一化互相干矩阵 $E(r_i, t_i)$ 的两正交模。换句话说,如果考虑点 r_1、r_2 和时间 t_1、t_2 处电场 $E(r_1,t_1)$ 和 $E(r_2,t_2)$ 之间的相干特性,对应的可分解的偏振光 $A_D(r_1,t_1) = \Gamma^{-1/2}(r_1,t_1)E(r_1,t_1)$ 以及 $A_D(r_2,t_2) = \Gamma^{-1/2}(r_2,t_2)E(r_2,t_2)$ 可分解为两独立分量。出于这种目的,将 $A_D(r_i,t_i)$ 写为 $A_D(r_i,t_i) = a_u(r_i,t_i)u_i + a_v(r_i,t_i)v_i$

其中

$$a_u(r_i,t_i) = u_i^+A_D(r_i,t_i), \quad a_v(r_i,t_i) = v_i^+A_D(r_i,t_i), \quad i=1,2$$

因此可得

$$\langle A_D(r_2,t_2)A_D^+(r_1,t_1) \rangle = \langle (a_u(r_2,t_2)u_2 + a_v(r_2,t_2)v_2)(a_u(r_1,t_1)u_1$$
$$+ a_v(r_1,t_1)v_1)^+ \rangle$$

由方程(3.60)可得

$$\begin{cases} \langle a_u(r_2,t_2)a_u^*(r_1,t_1) \rangle = \mu_S, & \langle a_u(r_2,t_2)a_v^*(r_1,t_1) \rangle = 0 \\ \langle a_v(r_2,t_2)a_u^*(r_1,t_1) \rangle = 0, & \langle a_v(r_2,t_2)a_v^*(r_1,t_1) \rangle = \mu_I \end{cases} \qquad (3.64)$$

值得注意的是,u_i 和 v_i 为 r_i 和 t_i 的函数。尤其是如果 $r_1=r_2$,$t_1=t_2$,明显可以得到 $u_1=u_2$,$v_1=v_2$,且 u_1、u_2 可取任意值。

本节证明在以下情况下:

(1)在每一光波电场的前面置一具有可变 Jones 单位矩阵的光调制器,其后放置平行线偏振器。

(2)标量场对应于获得的两完全偏振光波的复振幅。

μ_S 为可获得的标准相干度模的最大值。

当以 $(\boldsymbol{u}_1, \boldsymbol{v}_1)$ 和 $(\boldsymbol{u}_2, \boldsymbol{v}_2)$ 为基的每一光波的偏振态与导致标准相干度等于 μ_S 的那些偏振态正交时,得到的标准相干度即为 μ_I。

因此在本节中给出了定义为归一化互相干矩阵 $\boldsymbol{M}(\boldsymbol{r}_1, \boldsymbol{r}_2, t_1, t_2)$ 奇异值的不变相干度是如何与标量光场中标准相干度相关联的。

4. 不变相干度及其典型的旋转变换应用

现在我们讨论一个典型的旋转变换的应用事例。首先假设 $t_1 = t_2$ 且过程在广义上是稳态的,因此可以不考虑时间相关性。同样可以进一步假设光场均为完全去偏振光,因此有 $\boldsymbol{A}_D(\boldsymbol{r}_i) = \boldsymbol{E}(\boldsymbol{r}_i)$,$\Gamma_i = \boldsymbol{I}_d$。假设 $\boldsymbol{E}(\boldsymbol{r}_2) = \boldsymbol{R}_{\delta r}\boldsymbol{E}(\boldsymbol{r}_1)$,其中 $\delta r = \boldsymbol{r}_2 - \boldsymbol{r}_1$,$\boldsymbol{R}_{\delta r}$ 为旋转矩阵。因此有

$$\boldsymbol{M}(\boldsymbol{r}_1, \boldsymbol{r}_2) = \boldsymbol{\Omega}(\boldsymbol{r}_1, \boldsymbol{r}_2) = \boldsymbol{R}_{\delta r}\langle \boldsymbol{E}(\boldsymbol{r}_1)\boldsymbol{E}^+(\boldsymbol{r}_1)\rangle = \boldsymbol{R}_{\delta r} \tag{3.65}$$

该例子对应于光波传输中偏振态经过旋转,没有去偏振,每个旋转分量也没有相干损耗的情况。$\boldsymbol{M}(\boldsymbol{r}_1, \boldsymbol{r}_2)$ 的奇异值分解为 $\boldsymbol{M}(\boldsymbol{r}_1, \boldsymbol{r}_2) = \boldsymbol{N}_2^+ \boldsymbol{D}\boldsymbol{N}_1$,其中 $\boldsymbol{N}_2 = \boldsymbol{R}_{\delta r}^+$,$\boldsymbol{N}_1 = \boldsymbol{I}_d$,$\boldsymbol{D} = \boldsymbol{I}_d$(这意味着 $\mu_S = \mu_I = 1$)。

假设

$$\boldsymbol{E}(\boldsymbol{r}_2) = \begin{bmatrix} E_X(\boldsymbol{r}_2) \\ E_Y(\boldsymbol{r}_2) \end{bmatrix} = \begin{bmatrix} \cos\theta_{\delta r} & -\sin\theta_{\delta r} \\ \sin\theta_{\delta r} & \cos\theta_{\delta r} \end{bmatrix} \begin{bmatrix} \alpha E_X(\boldsymbol{r}_1) + \delta_X(\boldsymbol{r}_1) \\ \beta E_Y(\boldsymbol{r}_1) + \delta_Y(\boldsymbol{r}_1) \end{bmatrix} \tag{3.66}$$

其中

$$\alpha > \beta > 0, \quad \langle |E_X(\boldsymbol{r}_1)|^2\rangle = \langle |E_Y(\boldsymbol{r}_1)|^2\rangle = 1, \quad \langle E_X(\boldsymbol{r}_1)E_Y^*(\boldsymbol{r}_1)\rangle = 0,$$
$$\langle |\delta_X(\boldsymbol{r}_1)|^2\rangle = 1 - \alpha^2, \quad \langle |\delta_Y(\boldsymbol{r}_1)|^2\rangle = 1 - \beta^2, \quad \langle \delta_X(\boldsymbol{r}_1)\delta_Y^*(\boldsymbol{r}_1)\rangle = 0$$
$$\delta(\boldsymbol{r}_1) = [\delta_X^*(\boldsymbol{r}_1), \delta_Y^*(\boldsymbol{r}_1)]^{\mathrm{T}}$$

该例子对应于光波的传播过程中偏振态发生旋转且两分量具有不同相干损耗的情况。引入

$$\hat{\boldsymbol{E}}(\boldsymbol{r}_1) = \begin{bmatrix} \alpha E_X(\boldsymbol{r}_1) + \delta_X(\boldsymbol{r}_1) \\ \beta E_Y(\boldsymbol{r}_1) + \delta_Y(\boldsymbol{r}_1) \end{bmatrix} \tag{3.67}$$

仍然有

$$\Gamma_2 = \langle \boldsymbol{E}(\boldsymbol{r}_2)\boldsymbol{E}^+(\boldsymbol{r}_2)\rangle = \boldsymbol{R}_{\delta r}\langle \hat{\boldsymbol{E}}(\boldsymbol{r}_1)\hat{\boldsymbol{E}}^+(\boldsymbol{r}_1)\rangle \boldsymbol{R}_{\delta r}^+ = \boldsymbol{I}_d \tag{3.68}$$

成立。因此

$$\boldsymbol{M}(\boldsymbol{r}_1, \boldsymbol{r}_2) = \boldsymbol{\Omega}(\boldsymbol{r}_1, \boldsymbol{r}_2) = \boldsymbol{R}_{\delta r}\langle \hat{\boldsymbol{E}}(\boldsymbol{r}_1)\hat{\boldsymbol{E}}^+(\boldsymbol{r}_1)\rangle = \boldsymbol{R}_{\delta r}\boldsymbol{D} \tag{3.69}$$

其中

$$\boldsymbol{D} = \begin{bmatrix} \alpha & 0 \\ 0 & \beta \end{bmatrix} \tag{3.70}$$

此时 $\boldsymbol{M}(\boldsymbol{r}_1, \boldsymbol{r}_2)$ 的奇异值分解为 $\boldsymbol{M}(\boldsymbol{r}_1, \boldsymbol{r}_2) = \boldsymbol{N}_2^+ \boldsymbol{D}\boldsymbol{N}_1$,其中 $\boldsymbol{N}_2 = \boldsymbol{R}_{\delta r}^+$,$\boldsymbol{N}_1 = \boldsymbol{I}_d$,$\boldsymbol{D}$ 由方程(3.69)给出,也就意味着 $\mu_S = \alpha$,$\mu_I = \beta$。

由于

$$\boldsymbol{M}(\boldsymbol{r}_1,\boldsymbol{r}_2)=\begin{bmatrix}\alpha\cos\theta_{\delta r} & -\beta\sin\theta_{\delta r}\\ \alpha\sin\theta_{\delta r} & \beta\cos\theta_{\delta r}\end{bmatrix} \tag{3.71}$$

成立,且有 $\boldsymbol{\Gamma}_i=\boldsymbol{I}_d$,因此由方程(3.39)可得

$$\bar{\mu}(\boldsymbol{r}_1,\boldsymbol{r}_2,t_1,t_2)=\frac{\alpha+\beta}{2}\cos\theta_{\delta r} \tag{3.72}$$

可见,该相干度取决于光波经历的确定的偏振旋转。另外,由方程(3.41)可得

$$\tilde{\mu}^2(\boldsymbol{r}_1,\boldsymbol{r}_2,t_1,t_2)=\frac{\alpha^2+\beta^2}{4} \tag{3.73}$$

该相干度不受偏振旋转影响,这是由于构造的相干度与任意场的单位变换均无关。然而,我们可以注意到尽管 $\boldsymbol{E}(\boldsymbol{r}_1)$、$\boldsymbol{E}(\boldsymbol{r}_2)$ 具有确定的关系(不是任意的),但如果 $\alpha=\beta=1$ 也就是 $\boldsymbol{E}(\boldsymbol{r}_2)=\boldsymbol{R}_\delta\boldsymbol{E}(\boldsymbol{r}_1)$,那么 $\tilde{\mu}^2(\boldsymbol{r}_1,\boldsymbol{r}_2,t_1,t_2)=1/2$。换句话说,如果引入 $\boldsymbol{E}'(\boldsymbol{r}_1)=\boldsymbol{R}_\delta\boldsymbol{E}(\boldsymbol{r}_1)$,两分量 $E'_X(\boldsymbol{r}_1)$ 和 $E_X(\boldsymbol{r}_2)$ 在一侧,而 $E'_Y(\boldsymbol{r}_1)$ 和 $E_Y(\boldsymbol{r}_2)$ 在另一侧,在这种情况下对于完全相干标量波 $\mu_S=\mu_I=1$,而 $\tilde{\mu}^2(\boldsymbol{r}_1,\boldsymbol{r}_2,t_1,t_2)=1/2$。

本节通过代数法对部分偏振光的空间-时间相干特性进行了分析。该方法可将部分偏振与部分相干相分离,并引入了具有重要意义的不变特性。由此表明,可以获得表征与特殊实验条件无关的光场本征特性的不变相干度。

3.3.3　光波电场部分偏振与相干之间的线性关系

3.3.2 节引入了内禀相干度的概念,实现了部分偏振与部分相干两者的分离[16,17,22,23]。已经证明当场的偏振态可由确定的偏振调制器任意调制时[15,24],这些内禀相干度中较大的一个即为 Wolf[6] 提出的相干度模的最大值。本节将建立光波电场的部分偏振与部分相干之间的线性关系。

对于在光纤中传输的光波电场,在点 $\boldsymbol{r}$ 及任意时间 t 处由 $\boldsymbol{E}(\boldsymbol{r},t)$ 来描写,考虑到该光波电场沿光纤传播,因而可假设其为二维函数。在点 $\boldsymbol{r}_1$ 和时间 t_1 处的光波电场 $\boldsymbol{E}(\boldsymbol{r}_1,t_1)$ 与点 $\boldsymbol{r}_2$ 时间 t_2 处的光波电场 $\boldsymbol{E}(\boldsymbol{r}_2,t_2)$ 的相干特性可由互相干矩阵表示

$$\boldsymbol{\Omega}(\boldsymbol{r}_1,\boldsymbol{r}_2,t_1,t_2)=\langle\boldsymbol{E}(\boldsymbol{r}_2,t_2)\boldsymbol{E}^+(\boldsymbol{r}_1,t_1)\rangle \tag{3.74}$$

当广义上光波电场稳定时有 $\boldsymbol{\Omega}(\boldsymbol{r}_1,\boldsymbol{r}_2,t_1,t_2)=\boldsymbol{\Omega}(\boldsymbol{r}_1,\boldsymbol{r}_2,t_2-t_1)$。因此偏振矩阵(也叫相干矩阵)为 $\boldsymbol{\Gamma}(\boldsymbol{r}_n,t_n)=\boldsymbol{\Omega}(\boldsymbol{r}_n,\boldsymbol{r}_n,t_n,t_n)=\boldsymbol{\Gamma}(\boldsymbol{r}_n)$。空-频域稳定光波电场的二阶特性一般由横向谱密度矩阵[12] $\boldsymbol{W}(\boldsymbol{r}_1,\boldsymbol{r}_2,\upsilon)=\int_{-\infty}^{\infty}\boldsymbol{\Omega}(\boldsymbol{r}_1,\boldsymbol{r}_2,\tau)\exp(-\mathrm{i}2\pi\upsilon\tau)\mathrm{d}\tau$ 来描述。当 $\boldsymbol{r}_1=\boldsymbol{r}_2$ 时,空间密度矩阵可表示为 $\boldsymbol{S}(\boldsymbol{r},\upsilon)$。干涉条纹的可见度与 Wolf

相干度有关，$\mu_W(\boldsymbol{r}_1,\boldsymbol{r}_2,v)=\mathrm{tr}[\boldsymbol{W}(\boldsymbol{r}_1,\boldsymbol{r}_2,v)]/\{\sqrt{\mathrm{tr}[\boldsymbol{S}(\boldsymbol{r}_1,v)]\mathrm{tr}[\boldsymbol{S}(\boldsymbol{r}_2,v)]}\}$，其中 tr 表示迹。在空-时域，可引入 Wolf 相干度

$$\mu_W(\boldsymbol{r}_1,\boldsymbol{r}_2,t_1,t_2)=\frac{\mathrm{tr}[\boldsymbol{\Omega}(\boldsymbol{r}_1,\boldsymbol{r}_2,t_1,t_2)]}{\sqrt{\mathrm{tr}[\boldsymbol{\Gamma}(\boldsymbol{r}_1,t_1)]\mathrm{tr}[\boldsymbol{\Gamma}(\boldsymbol{r}_2,t_2)]}} \tag{3.75}$$

对于稳定的准单色光，它也与干涉条纹可见度有关。

由 3.1 节所定义的内禀相干度可知，它们与电场的确定非奇异线性变换无关。也就是说，内禀相干度与 $\boldsymbol{E}'(\boldsymbol{r}_n,t_n)=\boldsymbol{A}_n\boldsymbol{E}(\boldsymbol{r}_n,t_n)(n=1,2)$ 这种变换无关。实际上，确定的矩阵可调制场强及其偏振特性，但不引入波动，因此不能改变内禀相干特性。该理论可以得到内禀相干度 $\mu_S(\boldsymbol{r}_1,\boldsymbol{r}_2,t_1,t_2)$ 及 $\mu_I(\boldsymbol{r}_1,\boldsymbol{r}_2,t_1,t_2)$，它们是归一化互相干矩阵 $\boldsymbol{M}(\boldsymbol{r}_1,\boldsymbol{r}_2,t_1,t_2)$ 的奇异值

$$\boldsymbol{M}(\boldsymbol{r}_1,\boldsymbol{r}_2,t_1,t_2)=\boldsymbol{\Gamma}^{-1/2}(\boldsymbol{r}_2,t_2)\boldsymbol{\Omega}(\boldsymbol{r}_1,\boldsymbol{r}_2,t_1,t_2)\boldsymbol{\Gamma}^{-1/2}(\boldsymbol{r}_1,t_1) \tag{3.76}$$

因此，内禀相干度满足下面的特性：

(1) 内禀相干度 $\mu_S(\boldsymbol{r}_1,\boldsymbol{r}_2,t_1,t_2)$ 及 $\mu_I(\boldsymbol{r}_1,\boldsymbol{r}_2,t_1,t_2)$ 满足

$$0\leqslant\mu_S(\boldsymbol{r}_1,\boldsymbol{r}_2,t_1,t_2)\leqslant1$$
$$0\leqslant\mu_I(\boldsymbol{r}_1,\boldsymbol{r}_2,t_1,t_2)\leqslant1 \tag{3.77}$$

不失一般性，习惯取 $\mu_S(\boldsymbol{r}_1,\boldsymbol{r}_2,t_1,t_2)\geqslant\mu_I(\boldsymbol{r}_1,\boldsymbol{r}_2,t_1,t_2)$。

(2) Wolf 相干度在空-时域模等于 1 的不完全偏振光有内禀相干度，因此 $\mu_S(\boldsymbol{r}_1,\boldsymbol{r}_2,t_1,t_2)=\mu_I(\boldsymbol{r}_1,\boldsymbol{r}_2,t_1,t_2)=1$。

由于其互易性并不成立，因此该特性表明 Wolf 相干度引入的相干条件比内禀相干度所受的相干条件限制性更强。奇异值的分解使我们知道存在单位矩阵 $\boldsymbol{U}_2$ 和 $\boldsymbol{U}_1$ 使 $\boldsymbol{U}_2\boldsymbol{M}\boldsymbol{U}_1^+$ 等于对角元为 μ_S 与 μ_I 的对角阵 $\boldsymbol{D}$。为了简化符号 $\boldsymbol{\Gamma}_i=\boldsymbol{\Gamma}(\boldsymbol{r}_i,t_i)$ 定义 $\boldsymbol{B}_i=\boldsymbol{U}_i\boldsymbol{\Gamma}_i^{1/2}$，可得 $\boldsymbol{\Omega}=\boldsymbol{B}_2^+\boldsymbol{D}\boldsymbol{B}_1$ 及 $\boldsymbol{\Gamma}_i=\boldsymbol{B}_i^+\boldsymbol{B}_i$。空间时域内 Wolf 相干度由方程(3.75)给出，可得

$$\mu_W=\frac{\mathrm{tr}[\boldsymbol{B}_2^+\boldsymbol{D}\boldsymbol{B}_1]}{\sqrt{\mathrm{tr}[\boldsymbol{B}_2^+\boldsymbol{B}_2]\mathrm{tr}[\boldsymbol{B}_1^+\boldsymbol{B}_1]}} \tag{3.78}$$

可推出分解式

$$\boldsymbol{B}_i=\begin{bmatrix}a_i & b_i \\ c_i & d_i\end{bmatrix} \tag{3.79}$$

因此直接计算可导出 $\mathrm{tr}[\boldsymbol{B}_2^+\boldsymbol{D}\boldsymbol{B}_1]=\mu_S a_2^* a_1+\mu_S b_2^* b_1+\mu_I c_2^* c_1+\mu_I d_2^* d_1$ 及 $\mathrm{tr}[\boldsymbol{B}_i^+\boldsymbol{B}_i]=a_i^* a_i+b_i^* b_i+c_i^* c_i+d_i^* d_i$。

定义归一化矢量 $\boldsymbol{V}_i^+=(a_i^*/\alpha_i,b_i^*/\alpha_i,c_i^*/\alpha_i,d_i^*/\alpha_i)$，其中 $\alpha_i=\sqrt{\mathrm{tr}[\boldsymbol{B}_i^+\boldsymbol{B}_i]}$。因此可得 $\mu_W=v_2^+\boldsymbol{D}_4 v_1$，其中 $\boldsymbol{D}_4$ 为对角矩阵，它的前两个对角元等于 μ_S，后两个对角元等于 μ_I。利用 Cauchy-Schwarz 不等式，可以得到 $|\mu_W|^2\leqslant\|\boldsymbol{v}_2\|^2\|\boldsymbol{D}_4 v_1\|^2$。由于 $\|\boldsymbol{v}_2\|^2=1$，有

$$|\mu_W|^2 \leqslant \mu_S^2 \left(\frac{|a_1|^2}{\alpha_1^2} + \frac{|b_1|^2}{\alpha_1^2} \right) + \mu_I^2 \left(\frac{|c_1|^2}{\alpha_1^2} + \frac{|d_1|^2}{\alpha_1^2} \right) \tag{3.80}$$

引入 $\rho = |c_1|^2/\alpha_1^2 + |d_1|^2/\alpha_1^2$，前面的不等式可写成

$$|\mu_W|^2 \leqslant \mu_S^2 (1-\rho) + \mu_{II}^2 \rho \tag{3.81}$$

此外，$\rho \neq 0$。实际上，$\rho = 0$ 意味着 $c_1 = d_1 = 0$，因此

$$\boldsymbol{B}_1 = \begin{bmatrix} a_1 & b_1 \\ 0 & 0 \end{bmatrix} \tag{3.82}$$

因此 $\boldsymbol{\Gamma}_1 = \boldsymbol{B}_1^+ \boldsymbol{B}_1$，$\rho = 0$ 意味着 $\boldsymbol{\Gamma}_1$ 是奇异的，这与光场是部分偏振的假设矛盾。利用方程(3.81)，可得到 $|\mu_W|^2 = 1$(仅当 $\mu_S^2 = \mu_I^2 = 1$)。

(3) 在空-时域 Wolf 相干度的模等于 1 的不完全偏振光存在一确定复数 $\rho(\boldsymbol{r}_1, \boldsymbol{r}_2, t_1, t_2)$ 使得 $\boldsymbol{E}(\boldsymbol{r}_1, t_1) = \rho(\boldsymbol{r}_1, \boldsymbol{r}_2, t_1, t_2) \boldsymbol{E}(\boldsymbol{r}_2, t_2)$，在均方意义上即满足 $\langle \boldsymbol{A}(\boldsymbol{r}_1, \boldsymbol{r}_2, t_1, t_2) \boldsymbol{A}^+(\boldsymbol{r}_1, \boldsymbol{r}_2, t_1, t_2) \rangle = \bar{\boldsymbol{0}}$，其中 $\bar{\boldsymbol{0}}$ 为零矩阵，$\boldsymbol{A}(\boldsymbol{r}_1, \boldsymbol{r}_2, t_1, t_2) = \boldsymbol{E}(\boldsymbol{r}_1, t_1) - \rho(\boldsymbol{r}_1, \boldsymbol{r}_2, t_1, t_2) \boldsymbol{E}(\boldsymbol{r}_2, t_2)$。

我们知道，Wolf 相干度的单位模使 $|\mu_W| = |v_2^+ v_1| = 1$，这意味着存在 θ 使 $v_1 = \exp(i\theta) v_2$ 或存在 $\rho \in C$ 使 $\boldsymbol{B}_1 = \rho^* \boldsymbol{B}_2$。这个结果同样可以写为 $\boldsymbol{U}_1 \boldsymbol{\Gamma}_1^{1/2} = \rho^* \boldsymbol{U}_2 \boldsymbol{\Gamma}_2^{1/2}$。此外，由于 $\boldsymbol{\Omega} = \boldsymbol{B}_2^+ \boldsymbol{D} \boldsymbol{B}_1$ 以及 $\boldsymbol{D}$ 为单位矩阵，可得到 $\boldsymbol{\Omega} = \boldsymbol{\Gamma}_2^{1/2} \boldsymbol{U}_2^+ \boldsymbol{U}_1 \boldsymbol{\Gamma}_1 = \rho^* \boldsymbol{\Gamma}_2 = 1/\rho \boldsymbol{\Gamma}_1$，有

$$\langle (\boldsymbol{E}_1 - \rho \boldsymbol{E}_2)(\boldsymbol{E}_1 - \rho \boldsymbol{E}_2)^+ \rangle = \boldsymbol{\Gamma}_1 + |\rho|^2 \boldsymbol{\Gamma}_2 - \rho \boldsymbol{\Omega} \rho^* \boldsymbol{\Omega}^+ \tag{3.83}$$

为简便，使 $\boldsymbol{E}_i = \boldsymbol{E}(\boldsymbol{r}_i, t_i)$。因此有

$$\langle (\boldsymbol{E}_1 - \rho \boldsymbol{E}_2)(\boldsymbol{E}_1 - \rho \boldsymbol{E}_2)^+ \rangle = \bar{\boldsymbol{0}} \tag{3.84}$$

(4) 如果任意矢量 $\boldsymbol{A}$ 使得 $\langle \boldsymbol{A}\boldsymbol{A}^+ \rangle = 0$，那么有 $\langle \boldsymbol{A}^+ \boldsymbol{A} \rangle = 0$。因此，在空-时域 Wolf 相干度的模等于 1 的不完全偏振光存在一复数 $\rho(\boldsymbol{r}_1, \boldsymbol{r}_2, t_1, t_2)$ 使得 $\langle | \boldsymbol{E}(\boldsymbol{r}_1, t_1) - \rho(\boldsymbol{r}_1, \boldsymbol{r}_2, t_1, t_2) \times \boldsymbol{E}(\boldsymbol{r}_2, t_2)|^2 \rangle = 0$。

如果 $\boldsymbol{E}(\boldsymbol{r}_1, t_1)$ 与 $\boldsymbol{E}(\boldsymbol{r}_2, t_2)$ 之间存在一线性关系使得 $\boldsymbol{E}(\boldsymbol{r}_1, t_1) = \boldsymbol{J}(\boldsymbol{r}_1, \boldsymbol{r}_2, t_1, t_2) \boldsymbol{E}(\boldsymbol{r}_2, t_2)$，仅当 $\boldsymbol{J}(\boldsymbol{r}_1, \boldsymbol{r}_2, t_1, t_2)$ 与单位矩阵成比例时 Wolf 相干度具有单位模。

这对于内禀相干度等于 1 的情况是不同的。事实上，如果存在一线性关系使得 $\boldsymbol{E}(\boldsymbol{r}_1, t_1) = \boldsymbol{J}(\boldsymbol{r}_1, \boldsymbol{r}_2, t_1, t_2) \boldsymbol{E}(\boldsymbol{r}_2, t_2)$，内禀相干度必须等于 1[15,24]。我们想知道如果光的内禀相干度等于 1 是否意味着光波电场之间存在线性关系？

为此，可将归一化互相干矩阵写作 $\boldsymbol{M} = \boldsymbol{U}_2^+ \boldsymbol{U}_1$。引入矩阵 $\boldsymbol{J} = \boldsymbol{\Gamma}_2^{1/2} \boldsymbol{U}_2^+ \boldsymbol{U}_1 \boldsymbol{\Gamma}_1^{-1/2}$，有

$$\langle [\boldsymbol{E}_2 - \boldsymbol{J} \boldsymbol{E}_1][\boldsymbol{E}_2 - \boldsymbol{J} \boldsymbol{E}_1]^+ \rangle = \langle \boldsymbol{E}_2 \boldsymbol{E}_2^+ \rangle + \langle \boldsymbol{J} \boldsymbol{E}_1 \boldsymbol{E}_1^+ \boldsymbol{J}^+ \rangle - \langle \boldsymbol{J} \boldsymbol{E}_1 \boldsymbol{E}_2^+ \rangle - \langle \boldsymbol{E}_2 \boldsymbol{E}_1^+ \boldsymbol{J}^+ \rangle \tag{3.85}$$

其中

$$\boldsymbol{J} = \boldsymbol{J}(\boldsymbol{r}_1, \boldsymbol{r}_2, t_1, t_2), \quad \boldsymbol{E}_i = \boldsymbol{E}(\boldsymbol{r}_i, t_i)$$

因此有$\langle E_2 E_2^+ \rangle = \Gamma_2$，$\langle J E_1 E_1^+ J^+ \rangle = J \Gamma_1 J^+$。于是可得

$$\langle J E_1 E_1^+ J^+ \rangle = \Gamma_2^{1/2} U_2 U_1 U_1^+ U_2^+ \Gamma_2^{1/2} = \Gamma_2$$

同样有$\langle J E_1 E_2^+ \rangle = \Gamma_2^{1/2} U_2^+ U_1 \Gamma_1^{1/2} \Gamma_1^{1/2} U_1^+ U_2 \Gamma_2^{1/2}$，可简写为$\langle J E_1 E_2^+ \rangle = \Gamma_2$。最后可得$\langle E_2 E_1^+ J^+ \rangle = \Gamma_2^{1/2} U_2^+ U_1 \Gamma_1^{1/2} \Gamma_1^{-1/2} U_1^+ U_2 \Gamma_2^{1/2}$，即$\langle E_2 E_1^+ J^+ \rangle = \Gamma_2$。因此

$$\langle [E_2 - J E_1][E_2 - J E_1]^+ \rangle = \overline{0} \tag{3.86}$$

(5) 在空-时域 Wolf 相干度的模等于 1 的不完全偏振光存在一确定矩阵$J(r_1, r_2, t_1, t_2)$使得

$$\langle [E(r_2, t_2) - J(r_1, r_2, t_1, t_2) E(r_1, t_1)][E(r_2, t_2) - J(r_1, r_2, t_1, t_2) E(r_1, t_1)]^+ \rangle = \overline{0} \tag{3.87}$$

(6) 在空-时域 Wolf 相干度的模等于 1 的不完全偏振光存在一确定矩阵$J(r_1, r_2, t_1, t_2)$使得$\langle |E(r_2, t_2) - J(r_1, r_2, t_1, t_2) \times E(r_1, t_1)|^2 \rangle = 0$。

为方便理解上述特性，我们用杨氏干涉实验的简单例子对上述结果进行说明[6]。为了使条纹的可见度等于 1，需使 Wolf 相干度的模等于 1。由特性(3)和(4)，可见针孔处两电场$E(r_1, t_1)$与$E(r_2, t_2)$必须成比例，那么由特性(2)可知内禀相干度等于 1。现在我们假设仅内禀相干度等于 1。在本例中由于光波电场不必成比例，因此 Wolf 相干度的模可取零到 1 中的任意值。然而，特性(5)和(6)表明存在一确定矩阵$J(r_1, r_2, t_1, t_2)$使得均方意义上$E(r_2, t_2) = J(r_1, r_2, t_1, t_2) E(r_1, t_1)$。因此可作用一个与$J(r_1, r_2, t_1, t_2)$成比例的确定的 Jones 矩阵$K(r_1, r_2, t_1, t_2)$于电场$E(r_1, t_1)$上，得到场$A_{r_2, t_2}(r_1, t_1) = K(r_1, r_2, t_1, t_2) E(r_1, t_1)$。该 Jones 矩阵的作用可由偏振调制器得到。因此两电场$E(r_2, t_2)$和$A_{r_2, t_2}(r_1, t_1)$在均方意义上有$E(r_2, t_2) = \rho(r_1, r_2, t_1, t_2) A_{r_2, t_2}(r_1, t_1)$，因此可使条纹可见度等于 1。我们可以考虑一个简单的例子：一孔(孔 1)处的场旋转$\pi/2$后可以得到另一个孔(孔 2)处的场。在本例中通过在孔 1 处旋转场$\pi/2$角度，可容易地再次使 Wolf 相干度等于 0，但条纹可见度等于 1。

本节讨论了内禀相干度与电场的确定非奇异线性变换无关。另外，如果内禀相干度等于 1，那么在均方意义上光波电场之间存在线性关系。这一线性关系意味着一个电场等于另一电场与非奇异 Jones 矩阵的乘积[25]。此外，也证明了为了使 Wolf 相干度有单位模，需更强的约束。事实上，在本例中在均方意义上电场必须成比例。

3.3.4　来自同一光源的部分偏振与部分相干光干涉条纹可见度的优化

实际上，较多的情况是一个宽谱光源被分成两束光，然后经过不同的路径后进行干涉。因此，处理来自同一光源的部分偏振与部分相干的两束光[26]，使它们的干涉效应最优化是具有实用价值的。一般的实际系统可以简化为如图 3.7 所

示的零差光学干涉系统,来自同一部分偏振的宽谱光源被分成两束光,由于信号光束通常含有待测量的物理量,所以我们有各种原因不想对信号光束进行改变,如信号功率太低也不适合增加调整元件或者由于系统特殊的状态使我们不可能在信号光束中对光波电场施加变换,所以我们仅能调整参考光束的偏振状态。

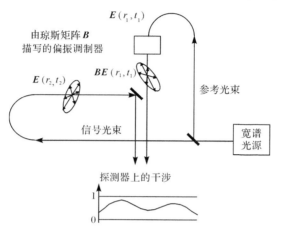

图 3.7　来自同一光源的部分偏振与部分相干光干涉
优化条纹可见度的实验装置示意图

来自同一光源被分为两束光的二维矢量光波电场分别处于点 r_1 和 r_2,在时间 t_1 和 t_2 时,它们之间的互相干矩阵可以写为

$$\boldsymbol{\Omega}(r_1,r_2,t_1,t_2)=\langle\boldsymbol{E}(r_1,t_1)\boldsymbol{E}^+(r_2,t_2)\rangle \tag{3.88}$$

式中:"+"代表共轭转置;⟨·⟩代表系综平均值。

为了使系统分析简化,我们假设光波电场处于广义定态。于是互相干矩阵可写为 $\boldsymbol{\Omega}(r_1,r_2,t_1,t_2)=\boldsymbol{\Omega}(r_1,r_2,t_2-t_1)$,而偏振矩阵可由 $\boldsymbol{\Gamma}(r_n,t_n)=\boldsymbol{\Omega}(r_n,r_n,0)=\boldsymbol{\Gamma}_n$ 来定义。在空-频域中,可以引入与干涉条纹可见度相关的相干度

$$\mu_{\mathrm{W}}(r_1,r_2,\tau)=\frac{\mathrm{tr}[\boldsymbol{\Omega}(r_1,r_2,\tau)]}{\sqrt{\mathrm{tr}[\boldsymbol{\Gamma}_1]\mathrm{tr}[\boldsymbol{\Gamma}_2]}} \tag{3.89}$$

基于图 3.7 所描述的实验系统,我们的目标是找到合适的 Jones 矩阵 $\boldsymbol{B}$,使两光波电场 $\boldsymbol{E}(r_2,t_2)$ 与 $\boldsymbol{BE}(r_1,t_1)$ 之间的条纹可见相干度 $|\mu_{\mathrm{W}}(r_1,r_2,\tau)|$ 最大。

将条纹的可见相干度写成 $\mu_{\mathrm{W}}(r_1,r_2,\tau)=\mathrm{tr}[\boldsymbol{\Omega B}]/\sqrt{\mathrm{tr}[\boldsymbol{B\Gamma}_1\boldsymbol{B}^+]}\sqrt{\mathrm{tr}[\boldsymbol{\Gamma}_2]}$,为了简化起见,可以无歧义地将 $\boldsymbol{\Omega}(r_1,r_2,t_1,t_2)$ 记作 $\boldsymbol{\Omega}$,并引入 $\boldsymbol{S}=\boldsymbol{\Gamma}_1^{1/2}\boldsymbol{B}^+$,于是 $\boldsymbol{B}^+=\boldsymbol{\Gamma}_1^{-1/2}\boldsymbol{S}$,有 $\mathrm{tr}[\boldsymbol{\Omega B}^+]=\mathrm{tr}[\boldsymbol{\Omega\Gamma}_1^{-1/2}\boldsymbol{S}]$;进而有 $\mathrm{tr}[\boldsymbol{B\Gamma}_1\boldsymbol{B}^+]=\mathrm{tr}[\boldsymbol{S}^+\boldsymbol{S}]$,这样就有 $\mu_{\mathrm{W}}(r_1,r_2,\tau)=\mathrm{tr}[\boldsymbol{S}^+\boldsymbol{G}]/\sqrt{\mathrm{tr}[\boldsymbol{S}^+\boldsymbol{S}]}\sqrt{\mathrm{tr}[\boldsymbol{\Gamma}_2]}$,这里 $\boldsymbol{G}=\boldsymbol{\Gamma}_1^{-1/2}\boldsymbol{\Omega}^+$。问题就化为如何寻找适当的 $\boldsymbol{B}$ 使 $|\mu_{\mathrm{W}}(r_1,r_2,\tau)|^2$ 最大。文献[26]的证明结果表明,能够找到适当的 $\boldsymbol{B}$,仅调整变换两干涉光束的一束的偏振态(对应于一个偏振旋转器或双折射器

件),就能使其达到可见相干度最大。

3.4　单模光纤中的偏振光传输

3.4.1　单模光纤中的偏振光描写方法[27,28]

单模光纤中通常存在两个正交偏振相互独立的模场。由于二者都有相同的传播常数或相同的传播速度,所以这些模式是简并的。通常,光纤中的光波场往往是这样两个本征偏振或本征模的线性叠加。

在实际的单模光纤中,可以观察到多种不对称性,如光纤芯不圆或承受不对称的侧压力等,从而两个正交偏振光波不再简并,它们以不同的速度传播。因此,这些模实际上就变成了不同的模,叫本征模。我们首先假设不存在模式耦合。也就是说,在单模光纤中,一个本征模比另一个本征模传播得慢。

偏振的正交方向叫基准轴,为了讨论偏振态的影响,我们假设本征模的基准轴以笛卡儿直角坐标系的 x 和 y 方向一致,如图 3.8 所示。在这个坐标系中,光波电场沿 x 方向偏振的光为 $\boldsymbol{E}_x$,沿 y 方向偏振的光为 $\boldsymbol{E}_y$,传播常数分别为 β_x 和 β_y。光纤轴线,即光的传播方向是 z 方向。我们再假设光纤扰动只是由轴向不对称引起的,即随位置 z 的变化而变化。

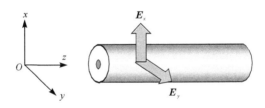

图 3.8　单模光纤偏振光传输的直角坐标系

描写单模光纤改变或保持偏振的一个重要参量由两个传播常数 β_x 和 β_y 之差来定义[27]:

$$\Delta\beta=\beta_x-\beta_y \tag{3.90}$$

用 $2\pi/\lambda$ 作规一化,得到双折射的标量表示为

$$B=\frac{\Delta\beta\lambda}{2\pi} \tag{3.91}$$

式中:λ 为光的波长。所以,我们称两个本征模传播速度不同的单模光纤为双折射光纤。

偏振光在光纤中的传播是关于双折射 $\Delta\beta$ 和位置 z 的函数。不失一般性,我们设光纤输入端,也就是 $z=0$ 处时线性偏振光为平面光波。这个光波电场可以

描述为

本征模 x：$\qquad\qquad E_x(t)=E_0\cos\theta\exp(\mathrm{i}\omega t)\boldsymbol{e}_x$ （3.92）

本征模 y：$\qquad\qquad E_y(t)=E_0\sin\theta\exp(\mathrm{i}\omega t)\boldsymbol{e}_y$ （3.93）

式中：$\omega=2\pi c/\lambda$，代表光的圆频率；E_0 代表场强，假设为常数。光纤输入场的线性偏振用单位偏振矢量 $\boldsymbol{e}$，即 $|\boldsymbol{e}|=1$ 定义。该矢量的方向由偏振角 θ 决定。$\boldsymbol{e}_x$ 和 $\boldsymbol{e}_y$ 分别代表 x 和 y 方向的单位矢量。

于是光波矢量可以进一步表示为

$$\boldsymbol{E}(t)=\begin{bmatrix}E_x(t)\\E_y(t)\end{bmatrix}=E_0\exp(\mathrm{i}\omega t)\begin{bmatrix}\cos\theta\\\sin\theta\end{bmatrix}=\hat{E}\exp(\mathrm{i}\omega t)\boldsymbol{e}$$

$$=E_0\cos\theta\exp(\mathrm{i}\omega t)\boldsymbol{e}_x+E_0\sin\theta\exp(\mathrm{i}\omega t)\boldsymbol{e}_y \qquad （3.94）$$

矢量 $\boldsymbol{E}(t)$ 的实部在 xy 平面内的运动轨迹（也就是偏振态）如图 3.9 所示。在光纤输入端（$z=0$），该向量描述的是一条直线，如图 3.9(a) 所示。

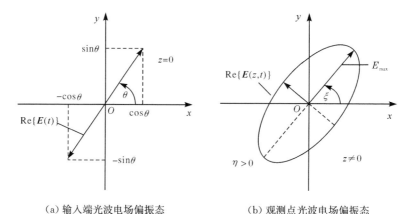

（a）输入端光波电场偏振态　　　　　　　（b）观测点光波电场偏振态

图 3.9　光纤输入端偏光波的电场矢量轨迹曲线（即偏振态）（$z=0$）
与光纤 $z\neq0$ 位置上椭偏光波的电场矢量轨迹曲线（偏振态）

当考查光纤任意位置 $z\neq0$ 处的轨迹曲线形状时，会发现它通常不是直线，而往往是椭圆，其电场为

$$\boldsymbol{E}(t)=\begin{bmatrix}E_x(z,t)\\E_y(z,t)\end{bmatrix}$$

$$=E_0\exp(\mathrm{i}\omega t)\begin{bmatrix}\cos\theta\exp(-\mathrm{i}\beta_x z)\\\sin\theta\exp(-\mathrm{i}\beta_y z)\end{bmatrix}$$

$$=\underset{\text{本征模：}x}{\underline{E_0\cos\theta\exp(\mathrm{i}\omega t)\exp(-\mathrm{i}\beta_x z)\boldsymbol{e}_x}}+\underset{\text{本征模：}y}{\underline{E_0\sin\theta\exp(\mathrm{i}\omega t)\exp(-\mathrm{i}\beta_y z)\boldsymbol{e}_y}}$$

$$（3.95）$$

与式(3.94)不同,单位偏振矢量 $e(z)$ 不仅是复数,还是位置函数。由式(3.95)定义的光波是椭圆偏振的。

图 3.9(b)是偏振光波的典型轨迹曲线,我们称之为偏振椭圆或偏振态。场矢量沿每个偏振椭圆周期性的旋转,周期为 $2\pi/\omega$。偏振椭圆的两个特征参量为:x 方向与椭圆半长轴之间的仰角 ξ 和椭圆度 η。由于 η 的定义是半轴之比 $E_{\min}/E_{\max}$ 的反正切,所以 η 也代表一个角度。为了计算仰角 ξ 和椭圆度 η,需要计算式(3.95)中电场的两个正交分量 $E_x(z,t)$ 和 $E_y(z,t)$ 之间的相位差。

$$\Delta\phi(z)=\Delta\beta z \tag{3.96}$$

该相位差随位置 z 而变化。利用简单的三角关系,仰角 ξ 和椭圆度 η 可以表达为[28]

$$\eta=\pm\arctan\left(\frac{E_{\min}}{E_{\max}}\right)$$
$$=\pm\arctan\left[\frac{\sin(2\theta)\sin(\Delta\phi(z))}{1+\sqrt{1-\sin^2(2\theta)\sin^2(\Delta\phi(z))}}\right] \tag{3.97}$$

和

$$\xi=\frac{1}{2}\arctan\left[\frac{\sin(2\theta)\cos(\Delta\phi(z))}{\cos(2\theta)}\right] \tag{3.98}$$

η 和 ξ 的范围分别是 $-\pi/4\leqslant\eta\leqslant+\pi/4$ 和 $-\pi/2\leqslant\xi\leqslant+\pi/2$。如果电场矢量沿偏振椭圆逆时针旋转,则椭圆度 η 为正;如果旋转是顺时针的,则 η 为负。若观察者正对着光波传播的方向,那么这就意味着观察者从输出方向向光纤芯看进去。考虑椭圆 η,定义一个描述偏振椭圆的重要参数,叫偏振度:

$$P=\frac{1-\tan^2\eta}{1+\tan^2\eta}=\sqrt{1-\sin^2(2\theta)\sin^2(\Delta\phi(z))} \tag{3.99}$$

偏振度的扩展范围为 $0\sim1$。$\eta=0$ 代表圆偏振;$0<\eta<1$ 代表椭圆偏振;而 $\eta=1$ 则代表线性偏振。当更细致地分析特征量 P、ξ 和 η 时,就可以看到位置变量 z 的周期性。其周期为

$$L_b=\frac{2\pi}{\Delta\beta} \tag{3.100}$$

L_b 描述的是测量长度,叫光纤拍长。明显地,每经过一个 L_b 距离后,往往可以观察到与光纤输入端($z=0$ 处)相同的偏振。

为了描述光沿单模光纤传播距离 L_b 的过程中偏振态的变化,我们在图 3.10 中给出由式(3.95)确定的电场矢量实部的轨迹曲线。假设从光纤输入端($z=0$)进入的是线偏振光,而且能量在两个正交线性本征模之间等分。于是,光纤输入端的线性偏振角 $\theta=\pi/4$,如图 3.10 所示。由图 3.10 可以明显地看出,光的偏振沿光纤表现出极大的变化性。如果光纤变形确定,且变形随时间和温度随机变化,则和实际系统一样,偏振的变化就是可以确定的。

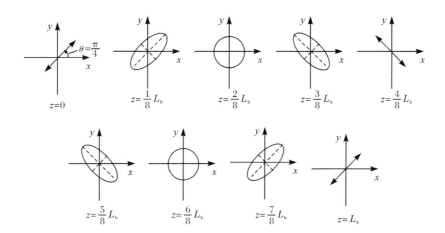

图 3.10　光纤输入端的线偏振态为 $\theta = \pi/4$ 时,光纤不同位置 z 上的偏振态

我们来考虑光纤输入端的两个偏振模中只有一个存在另一个不存在的情况。在这种情况下,传播中的偏振态是变化的。显然,其偏振态的变化比图 3.10 中的小。

当光纤输入端只有线性正交本征模中的一支被激发时,会得到一个很重要且特殊的情况。光纤输入端线性偏振的角度由 $\theta = k\pi/2$ 决定。在这种情况下,偏振椭圆所有的特征值,也就是 η、ξ 和 P 依赖于位置变量 z,所以,光纤输入端的线性偏振光往往定义了两个正交的特征方向(即基准轴),在原理上它们恰好保持光纤内的偏振态。然而,它首先要求在光纤输入端只有一个本征模被激发,其次要求在传输过程中没有其他不可知的扰动发生。

实际上,光纤不同位置上的扰动不同,但都会产生某种光纤变形。每种变形都会改变基准轴的方向。因此,即使在光纤输入端只有一个本征模被激发,偏振也只在一小段光纤内保持恒定。一旦出现外在的光纤变形,则通常由不同于光纤输入端的新基准轴决定进一步的偏振传播。所以,当系统用的是标准单模光纤时,偏振态的稳定传播往往是不可能的。出于这个原因,要想使光波电场的偏振态进行稳定的传输,必须用专门技术和方法,通过改进光纤的设计来实现偏振态的保持(即所谓的保偏光纤技术)。

采用斯托克斯参数的形式来描述光纤中所传输的光波电场的偏振态也是常用的表达方法,上述描写偏振的三个参数:仰角 ξ、椭圆度 η 和旋转方向可以用三个正交坐标系 S_1、S_2 和 S_3 给出。归一化的斯托克斯参数与仰角 ξ 和椭圆度 η 之间关系为

$$\begin{cases} S_1 = |\boldsymbol{e}_x(z,t)|^2 - |\boldsymbol{e}_y(z,t)|^2 = \cos(2\eta)\cos(2\xi) \\ S_2 = \boldsymbol{e}_x(z,t)\boldsymbol{e}_y^*(z,t) + \boldsymbol{e}_x^*(z,t)\boldsymbol{e}_y(z,t) = \cos(2\eta)\sin(2\xi) \\ S_3 = -\mathrm{i}(\boldsymbol{e}_x(z,t)\boldsymbol{e}_y^*(z,t) - \boldsymbol{e}_x^*(z,t)\boldsymbol{e}_y(z,t)) = \sin(2\eta) \end{cases} \quad (3.101)$$

偏振度 P 是附加特征量,因为 P 是 ξ 或 η 的函数,所以 P 不是一个真正的必需参数。于是每个偏振态的特征量都可以在一个 Poincaré 球的表面上表示出来[29]。因此每种可能的偏振态都对应该球面上一个确切的特征点 $P(S_1, S_2, S_3) = P(2\xi, 2\eta)$,如图 3.11(a)所示。

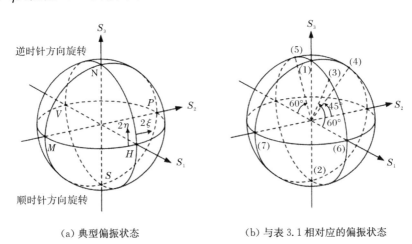

(a) 典型偏振状态　　　　　　　　(b) 与表 3.1 相对应的偏振状态

图 3.11　Poincaré 球上的典型偏振状态与表 3.1 相对应的偏振状态

对于线偏振态($\eta=0$)光波,特征点 P 通常位于 Poincaré 球的"赤道"上。点 H 和 V 分别代表水平和垂直方向的偏振,而点 P 和 M 则代表仰角 $\xi=\pm45°$ 的线偏振。如果光波是圆偏振的,那么点 P 就是位于球的"北极"(逆时针旋转)或"南极"(顺时针旋转)。相同的仰角 ξ 的椭偏光波位于子午线上,而具有相同椭圆度 η 的光波位置通常是相互平行的。如果偏振的两个状态 $\boldsymbol{e}_1(z,t)$ 和 $\boldsymbol{e}_2(z,t)$ 相互正交,即 $\boldsymbol{e}_1(z,t) \times \boldsymbol{e}_2^*(z,t)=0$,则光波沿着直径相反方向传播。

为了说明几种偏振类型及其关系,以及特征值,即仰角 ξ、椭圆度 η 和偏振度 P。采用单位偏振向量定义,将偏振椭圆的形状及其特征参量值由向量表示为

$$\boldsymbol{e}(z,t) = \begin{bmatrix} \boldsymbol{e}_x(z,t) \\ \boldsymbol{e}_y(z,t) \end{bmatrix} = \begin{bmatrix} |\boldsymbol{e}_x(z,t)|\exp(\mathrm{i}\Psi_x(z,t)) \\ |\boldsymbol{e}_y(z,t)|\exp(\mathrm{i}\Psi_y(z,t)) \end{bmatrix} \quad (3.102)$$

这说明它在这里是时间 t 和位置的函数。该向量是单位向量,所以其关系通常为

$$\boldsymbol{e}(z,t)\boldsymbol{e}^*(z,t) = |\boldsymbol{e}_x(z,t)|^2 + |\boldsymbol{e}_y(z,t)|^2 = 1 \quad (3.103)$$

将式(3.97)代入式(3.99),可以得到单位偏振向量的特征值 ξ、η、P 之间的关系:

$$\theta(z,t) = \arccos(|e_x(z,t)|) = \arcsin(|e_y(z,t)|) \tag{3.104}$$

和

$$\Delta\phi(z,t) = \phi_x(z,t) - \phi_y(z,t) \tag{3.105}$$

如果不考虑光纤变形的类型和数量大小,任何电场的偏振态都可以完全用单位偏振向量描述。

$$\boldsymbol{E}(z,t) = \begin{bmatrix} \boldsymbol{E}_x(z,t) \\ \boldsymbol{E}_y(z,t) \end{bmatrix} = E_0 \exp(\mathrm{i}\omega t)\boldsymbol{e}(z,t) \tag{3.106}$$

表 3.1　几种典型的偏振态及其与基本量 ξ、η、P 的关系

序号	偏振椭圆	单位参数向量	椭圆度 η	仰角 ξ	偏振度 P	Poincaré 坐标 (S_1, S_2, S_3)
1		$\begin{bmatrix} \dfrac{1}{\sqrt{2}}\exp(\mathrm{i}\phi_0) \\ \dfrac{1}{\sqrt{2}}\exp(\mathrm{i}\phi_0-90°) \end{bmatrix}$	45° 顺时针	未定义	0	$(0,0,1)$
2		$\begin{bmatrix} \dfrac{1}{\sqrt{2}}\exp(\mathrm{i}\phi_0) \\ \dfrac{1}{\sqrt{2}}\exp(\mathrm{i}\phi_0+90°) \end{bmatrix}$	-45° 顺时针	未定义	0	$(0,0,-1)$
3		$\begin{bmatrix} \dfrac{\sqrt{3}}{2}\exp(\mathrm{i}\phi_0) \\ \dfrac{1}{2}\exp(\mathrm{i}\phi_0-60°) \end{bmatrix}$	30°	0°	0.5	$\left(0.5, 0, \dfrac{\sqrt{3}}{2}\right)$
4		$\begin{bmatrix} \dfrac{1}{\sqrt{2}}\exp(\mathrm{i}\phi_0) \\ \dfrac{1}{\sqrt{2}}\exp(\mathrm{i}\phi_0-45°) \end{bmatrix}$	22.5°	45°	$1/\sqrt{2}$	$\left(0, \dfrac{1}{\sqrt{2}}, \dfrac{1}{\sqrt{2}}\right)$
5		$\begin{bmatrix} \dfrac{1}{2}\exp(\mathrm{i}\phi_0) \\ \dfrac{\sqrt{3}}{2}\exp(\mathrm{i}\phi_0-60°) \end{bmatrix}$	30°	90°	0.5	$\left(-0.5, 0, \dfrac{\sqrt{3}}{2}\right)$
6		$\begin{bmatrix} \exp(\mathrm{i}\phi_0) \\ 0 \end{bmatrix}$	0°	0°	1	$(1,0,0)$
7		$\begin{bmatrix} -\dfrac{1}{\sqrt{2}}\exp(\mathrm{i}\phi_0) \\ \dfrac{1}{\sqrt{2}}\exp(\mathrm{i}\phi_0) \end{bmatrix}$	0°	-45°	1	$(0,1,0)$

对于一线偏振光波从单模光纤的输入端入射,由于光纤的微小缺陷而导致传输常数不同时,单位偏振矢量可描写为

$$e(z,t)=\begin{bmatrix}e_x(z,t)\\e_y(z,t)\end{bmatrix}=\begin{bmatrix}\cos\theta\exp(-i\beta_x z)\\\sin\theta\exp(-i\beta_y z)\end{bmatrix}=e(z) \tag{3.107}$$

于是,可以得到如下的简单关系:

$$|e_x(z,t)|=\cos(\theta),\quad |e_y(z,t)|=\sin\theta,\quad \phi_x(z,t)=\beta_x z,\quad \phi_y(z,t)=\beta_y z$$

如上所述,Poincaré 球是一个强有力的工具,利用它可以清楚地描述偏振的变化。另外,Poincaré 球简化了光纤出射端光波电场矢量和输入端光波的偏振变化对性能影响的分析过程。结合适当的软件,Poincaré 球通常被用作一个对偏振测量设备很有用的工具,可以用于确定偏振波动的统计值,研究单模光纤在单光纤中的偏振行为。

3.4.2　外界扰动导致的正交偏振模式耦合

我们已经讨论了两个正交偏振传播速度变化所带来的影响。速度变化的主要原因在于光纤几何变形,如折射率分布不均匀、纤芯不圆导致的椭圆化等。如果两个正交偏振光二者各自独立传播,则不存在模式耦合。然而,在实际中往往不是这样,因为在标准光纤中通常会存在模式耦合。

本节的主要目标是描述模式耦合的成因和结果,这些耦合往往是由附加的光纤扰动引起的。由于有模式耦合,我们通常可以观察到能量在两个模式间的相互交换。其结果就是两个正交偏振的模不再相互独立。因此,耦合模不是前面讨论过的独立传播的本征模。

所要解决的问题是:是否能够再找到两个独立的本征模,不管发生何种类型的光纤扰动都不会有能量交换?假定存在这样的新本征模。那么,我们不得不关注另外两个更进一步的问题:哪个是新本征模的新正交方向?它们的传播速度是多少?显然,新的正交模及其传播速度主要依赖于光纤特性,特别是几何变形[30]。

为了简化计算,首先考虑某种特定的、以不同速度独立传播的两个本征模相对应的变形(如椭圆纤芯);其次,假设另一种(或更多的)几何光纤扰动不改变纤芯形状的附加变形。结果是两个正交模(模 x 和模 y)发生耦合,不再是独立本征模。

第一种光纤变形(例如,上面假设的椭圆形纤芯)和附加干扰与 z 方向,即光纤轴向无关。下面的结论只适用于对与位置无关的几何变形。这在短距离上通常是可能的,所以该结构只适用于小段光纤。

模 x 和模 y 线性组合得到的光纤内光波由下列公式给出:

$$\boldsymbol{E}(z,t) = \begin{bmatrix} E_x(z,t) \\ E_y(z,t) \end{bmatrix} = E_x(z,t)\boldsymbol{e}_x + E_y(z,t)\boldsymbol{e}_y$$

$$= E_x a(z)\exp(\mathrm{i}\omega t)\boldsymbol{e}_x + E_y b(z)\exp(\mathrm{i}\omega t)\boldsymbol{e}_y$$

$$(3.108)$$

$$\boldsymbol{H}(z,t) = \begin{bmatrix} H_x(z,t) \\ H_y(z,t) \end{bmatrix} = H_y a(z)\exp(\mathrm{i}\omega t)\boldsymbol{e}_y - H_x b(z)\exp(\mathrm{i}\omega t)\boldsymbol{e}_x$$

$$= H_y(z,t)\boldsymbol{e}_y - H_x(z,t)\boldsymbol{e}_x \qquad (3.109)$$

式(3.108)和式(3.109)分别描述了光纤内光波的电场和磁场。由于电场分量 $E_x(z,t)$ 和 $E_y(z,t)$ 的方向分别为 $\boldsymbol{e}_x$ 和 $\boldsymbol{e}_y$，所以称这些模为模 x 和模 y。

对于沿 z 向传播的光波电磁场，通常可以看成沿光纤轴向传播的模为平面波。模 x 和模 y 的电磁场矢量正交且位于 xy 平面内，如图3.12(b)所示。此外，它们都是时间 t 和位置 z 的函数，但与位置 x、y 无关。实际上，由于受到纤芯尺寸的限制，且芯外包裹着折射率低于纤芯折射率的包层，故光纤内的光波并不是平面波。但是，在模式耦合原理的讨论中，由平面波导假设引起的误差并不重要。

为了描述有模式耦合引起的能量互换，还必须确定式(3.108)和式(3.109)中的 $a(z)$ 和 $b(z)$。这两项是综合项，它们还描述了光纤内 z 位置处光波的周期性。需要注意的是，$a(z)$ 和 $b(z)$ 相互依赖且不能任意选择。在无损耗光纤内，光功率流 S 保持恒定，也就是与位置 z 无关。于是有

$$\boldsymbol{S} = \frac{1}{2}\mathrm{Re}\{\boldsymbol{E}(z,t)\times\boldsymbol{H}^*(z,t)\} = \boldsymbol{S}_x(z) + \boldsymbol{S}_y(z) = (S_x(z) + S_y(z))\boldsymbol{e}_z$$

$$= \left(|a(z)|^2\frac{1}{2}E_x H_y + |b(z)|^2\frac{1}{2}E_y H_x\right)\boldsymbol{e}_z$$

$$= (|a(z)|^2 + |b(z)|^2)S\boldsymbol{e}_z = S\boldsymbol{e}_z \neq \boldsymbol{S}(z) \qquad (3.110)$$

由式(3.110)可知，$a(z)$ 和 $b(z)$ 描述的能量交换是位置 z 的函数，且互为相关，即 $|a(z)|^2 + |b(z)|^2 = 1$。因此，根据上述讨论可知，光纤内没有能量损耗。此外，式(3.110)中第一行中的符号"$\times$"代表矢量积[31]。式(3.110)给出的光功率流 S 的单位是 $\mathrm{A} \cdot \mathrm{V/m}^2$。所以，从物理意义上讲，该参量描述的是流过垂直于传播方向（z 向）的单位面积的有效光功率。正如式(3.110)所示，该功率可以分为两个部分：一个是模 x 的功率流 $\boldsymbol{S}_x(z)$；另一个是模 y 的功率流 $\boldsymbol{S}_y(z)$。两个模的功率流的最大值 $S_{x,\max}$ 和 $S_{y,\max}$ 相等。既然 $S_{x,\max}$ 和 $S_{y,\max}$ 永远不会比光纤输入端（即 $z=0$）光波 $E(0,t)$ 的功率流 S 大，那么 $S_{x,\max}$ 和 $S_{y,\max}$ 相同，即 $S_{x,\max} = S_{y,\max} = S$。

下面，我们将 $a(z)$ 和 $b(z)$ 作为干扰光纤的几何变形的函数。然后，分析式(3.108)和式(3.109)的场表达式。最后，探讨式(3.108)给出的场 $\boldsymbol{E}(z,t)$ 是否能

够再次被分解为两个相互独立的模。依照上述步骤,有

$$\boldsymbol{E}(z,t) = E_u(z,t)\boldsymbol{e}_u + E_v(z,t)\boldsymbol{e}_v$$
$$= E_u\exp(-\mathrm{i}\beta_u z)\exp(\mathrm{i}\omega t)\boldsymbol{e}_u + E_v\exp(-\mathrm{i}\beta_v z)\exp(\mathrm{i}\omega t)\boldsymbol{e}_v \quad (3.111)$$

和

$$\boldsymbol{H}(z,t) = H_u(z,t)\boldsymbol{e}_u + H_v(z,t)\boldsymbol{e}_v$$
$$= H_u\exp(-\mathrm{i}\beta_u z)\exp(\mathrm{i}\omega t)\boldsymbol{e}_u + H_v\exp(-\mathrm{i}\beta_v z)\exp(\mathrm{i}\omega t)\boldsymbol{e}_v \quad (3.112)$$

代替式(3.108)和式(3.109)。新方法中的未知参数为定义新本征模基准轴的正交方向 $\boldsymbol{e}_u$ 和 $\boldsymbol{e}_v$,以及相应的传播常数 β_u 和 β_v。倘若 $a(z)$ 和 $b(z)$ 已经确定并替换过,那么上述这些量都可以通过对式(3.108)和式(3.111)给出的电场进行简单比较而得到。

电场 E_u 和 E_v 的幅值依赖于光纤输入场,它们完全由边界条件决定。由于电场和磁场紧密相关,所以磁场 H_u 和 H_v 的幅值可以直接由电场计算得到,其不同通常由光纤特性所决定的常数引起。

与耦合模 x 和 y 相类似,本征模 u 和 v 也是只沿 z 向传播的平面波。因此,其电场和磁场矢量也位于时间 t 和位置 z 确定的 xy 平面内。

图 3.12(a)解释了电场矢量 $\boldsymbol{E}(z,t)$ 如何既能被分解为式(3.108)描述的两个相关的场分量 $\boldsymbol{E}_x(z,t)\boldsymbol{e}_x$ 和 $\boldsymbol{E}_y(z,t)\boldsymbol{e}_y$,又能被分解为式(3.111)描述的两个独立的场分量 $\boldsymbol{E}_u(z,t)\boldsymbol{e}_u$ 和 $\boldsymbol{E}_v(z,t)\boldsymbol{e}_v$。如图 3.12(b)所示,模 x 和 y 及本征模 u 和 v 彼此相互垂直。图 3.12 中心的圆心 $\odot$ 表示单位矢量 $\boldsymbol{e}_z$ 和 $\boldsymbol{e}_w$ 的箭头方向与图 3.12 的平面相垂直。也就是,光波直接沿读者眼睛注视的方向传播。

图 3.12 中所有的单位矢量都是规一化且相互垂直的。所以它们有如下关系:

$$\boldsymbol{e}_x \cdot \boldsymbol{e}_y = \boldsymbol{e}_x \cdot \boldsymbol{e}_z = \boldsymbol{e}_y \cdot \boldsymbol{e}_z = \boldsymbol{e}_u \cdot \boldsymbol{e}_v = \boldsymbol{e}_u \cdot \boldsymbol{e}_w = \boldsymbol{e}_v \cdot \boldsymbol{e}_w = 0 \quad (3.113)$$

$$\boldsymbol{e}_x \times \boldsymbol{e}_y = \boldsymbol{e}_z = \boldsymbol{e}_u \times \boldsymbol{e}_v = \boldsymbol{e}_w \quad (3.114)$$

$$|\boldsymbol{e}_x| = |\boldsymbol{e}_y| = |\boldsymbol{e}_z| = |\boldsymbol{e}_u| = |\boldsymbol{e}_v| = |\boldsymbol{e}_w| = 1 \quad (3.115)$$

在以下各式中,符号"$\times$"和"$\cdot$"分别代表矢量积和标量积[31]。

为了计算未知项 $a(z)$ 和 $b(z)$,需要考虑麦克斯韦方程:

$$\nabla \times \boldsymbol{E}(z,t) = -\frac{\delta \boldsymbol{B}(z,t)}{\delta t} \quad (3.116)$$

$$\nabla \times \boldsymbol{H}(z,t) = -\frac{\delta \boldsymbol{D}(z,t)}{\delta t} \quad (3.117)$$

式中:$\boldsymbol{D}(z,t)$ 和 $\boldsymbol{B}(z,t)$ 分别代表电功率通量和磁功率通量。麦克斯韦方程和物性方程都适用于绝缘波导,即光纤。从而,式(3.117)只针对非磁性材料,也就是 $\mu_r = 1$,而式(3.116)则不包括电流分量[32]。

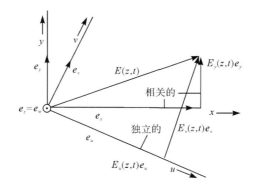

（a）按模式 x 和 y 及本征模 u 和 v 分解的电场矢量 $\boldsymbol{E}(z,t)$

模 x：$E_x(z,t)\boldsymbol{e}_x$，$H_y(z,t)\boldsymbol{e}_y$　　　　　本征模 u：$E_u(z,t)\boldsymbol{e}_u$，$H_v(z,t)\boldsymbol{e}_v$

模 y：$E_y(z,t)\boldsymbol{e}_y$，$-H_x(z,t)\boldsymbol{e}_x$　　　　本征模 v：$E_v(z,t)\boldsymbol{e}_v$，$-H_u(z,t)\boldsymbol{e}_u$

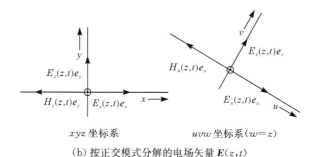

xyz 坐标系　　　　　　　　　　uvw 坐标系（$w＝z$）

（b）按正交模式分解的电场矢量 $\boldsymbol{E}(z,t)$

图 3.12　按模式 x 和 y 及本征模 u 和 v 分解的电场矢量 $\boldsymbol{E}(z,t)$

和按正交模式分解的电场矢量 $\boldsymbol{E}(z,t)$

在完全各向同性的材料中，相对介电常数 ε_r 既可能是实数（也就是说，材料本身没有损耗），也可能是复数（即材料本身有损耗）。这种材料中，电场 $\boldsymbol{E}(z,t)$ 和电功率通量 $\boldsymbol{D}(z,t)$ 的矢量指向相同且相互平行。但是，如上所述，光纤内存在许多固有的不对称性，所以光纤往往是非各向同性的。那么，相对介电常数 ε_r 就不再是简单的标量，而是一个张量[31,32]，以刻画光纤不同方向上场的变化。在数学上，一个张量需要用两个矢量分量来描述一条直线。特别地，对光纤而言，该张量描述了电场矢量 $\boldsymbol{E}(z,t)$ 和电位移矢量 $\boldsymbol{D}(z,t)$ 的线性相关性。由于光纤的非各向同性，这两个矢量通常不是相互平行的。

相对于选定的坐标系，光纤光波在物理上保持不变。为了进一步简化计算，需要将介电常数张量分解为两个部分：

$$[\varepsilon]_r＝[\varepsilon]_0＋[\varepsilon]_m \tag{3.118}$$

从而用

$$[\varepsilon]_0 = \begin{bmatrix} \varepsilon_{xx} & 0 & 0 \\ 0 & \varepsilon_{yy} & 0 \\ 0 & 0 & \varepsilon_{zz} \end{bmatrix} \tag{3.119}$$

描述没有模式耦合的光纤,用

$$[\varepsilon]_m = \begin{bmatrix} \varepsilon'_{xx} & \varepsilon_{xy} & \varepsilon_{xz} \\ \varepsilon_{yx} & \varepsilon'_{yy} & \varepsilon_{yz} \\ \varepsilon_{xz} & \varepsilon_{yz} & \varepsilon'_{zz} \end{bmatrix} \tag{3.120}$$

来考虑模式耦合时所有可能出现的扰动。正如本节开头所提到的,$[\varepsilon]_0$考虑了第一类光纤变形(如椭圆纤芯),$[\varepsilon]_m$则包含全部的外附加光纤几何扰动。为了区分表示第一类变形和附加扰动的三个对角线上的张量元素,等式(3.120)中将其用一撇号表示。要注意的是,介电常数张量通常是对称的,也就是 $\varepsilon_{xy} = \varepsilon_{yx}$、$\varepsilon_{xz} = \varepsilon_{zx}$ 及 $\varepsilon_{yz} = \varepsilon_{zy}$。

现在就可以用式(3.108)和式(3.109)代替麦克斯韦方程(3.116)和方程(3.117)中的场分量了。经过一些数学运算,可以得到如下微分方程的耦合系统:

$$\frac{\mathrm{d}}{\mathrm{d}z} \begin{bmatrix} a(z) \\ b(z) \end{bmatrix} = -\mathrm{i} \begin{bmatrix} N_{11} & N_{12} \\ N_{21} & N_{22} \end{bmatrix} \begin{bmatrix} a(z) \\ b(z) \end{bmatrix} \tag{3.121}$$

它以位置坐标 z 为变量,四个系数 N_{11}、N_{12}、N_{21} 和 N_{22} 可以是实量或复量(取决于光纤变形),这里:

$$N_{11} = \beta_x \sqrt{1 + \frac{\varepsilon'_{xx}}{\varepsilon_{xx}}} = \beta'_x \tag{3.122}$$

$$N_{12} = \frac{\sqrt{\beta_x \beta'_y} \varepsilon_{xy}}{2 \sqrt{(\varepsilon_{xx} + \varepsilon'_{xx})(\varepsilon_{yy} + \varepsilon'_{yy})}} \tag{3.123}$$

$$N_{21} = \frac{\sqrt{\beta_x \beta'_y} \varepsilon_{yx}}{2 \sqrt{(\varepsilon_{xx} + \varepsilon'_{xx})(\varepsilon_{yy} + \varepsilon'_{yy})}} = N_{12}^* \tag{3.124}$$

$$N_{22} = \beta_y \sqrt{1 + \frac{\varepsilon'_{yy}}{\varepsilon_{yy}}} = \beta'_y \tag{3.125}$$

上述方程已经考虑了实量运算 $e_x [\varepsilon]_0 e_y$ 和 $e_y [\varepsilon]_0 e_x$ 为零的情况。

下面来详细讨论系数 N_{11}、N_{12}、N_{21} 和 N_{22}。根据式(3.122)～式(3.125)可以清楚地看到,这些系数主要由张量$[\varepsilon]_0$和$[\varepsilon]_m$决定。所以,这些系数取决于光纤材料及几何扰动类型。此外,它们还受光波频率的影响。正如下面将讨论的,传播常数 β_x 和 β_y 只取决于光纤的特征参数。因此,将一些典型的、在实际中经常出现的光学变形所对应的系数 N_{11}、N_{12}、N_{21} 和 N_{22}用表格的形式列出来并予以评价很有用,如扭转、弯曲、横向和轴向压力[33,34]。系数 N_{12} 和 N_{21} 将决定模式耦合。如果介电常数张量$[\varepsilon]_r$为实张量,那么这两个系数都为实数且相等。但是,如果

$[\varepsilon]_r$ 为复张量,那么这两个系数都为复数,且 $N_{21}=N_{12}^{*}$。

当张量分量 ε_{xy} 和 ε_{yx} 及系数 N_{12} 和 N_{21} 都为零时,在模 x 和模 y 之间就不存在模式耦合。从而,它们始终为单模光纤的特征本征模。当然,对角线分量 ε'_{xx}、ε'_{yy} 和 ε'_{zz} 变化时,传播常数 β_x 和 β_y 及最终的传播速度也会发生变化。传播常数 β_x 和 β_y 只与主要的光纤变形有关,而 β'_x 和 β'_y 还考虑了附加扰动。根据式(3.122)和式(3.125)可知,β'_x 和 β'_y 分别与系数 N_{11} 和 N_{22} 相等。如上所述,如果 N_{12} 和 N_{21} 都为零,那么耦合可以表达为两个相互独立的等式。此时,第一个和第二个等式分别是 $a(z)$ 和 $b(z)$ 的函数。此外,式(3.121)中的系数及相应的光波传播都不受六个张量 ε_{zz}、ε'_{zz}、ε_{xz}、ε_{zx}、ε_{yz} 和 ε_{zy} 的影响。所以,模 x 和模 y 仍沿 z 方向传播,其电场矢量仍然没有 z 分量。传播常数 β_x、β_y、β'_x 和 β'_y 及场幅值比 E_x/H_y 和 E_y/H_x 有下列关系:

$$\beta'_x=\omega\sqrt{\mu_0\varepsilon_0\varepsilon_{xx}}\sqrt{1+\frac{\varepsilon'_{xx}}{\varepsilon_{xx}}} \tag{3.126}$$

$$\beta'_y=\omega\sqrt{\mu_0\varepsilon_0\varepsilon_{yy}}\sqrt{1+\frac{\varepsilon'_{yy}}{\varepsilon_{yy}}} \tag{3.127}$$

根据式(3.126)和式(3.127),可以清楚地看到传播常数 β_x 和 β_y 只涉及主要的光纤变形(由 $[\varepsilon]_0$ 刻画),而新的传播常数 β'_x 和 β'_y 还考虑了所有由张量 $[\varepsilon]_m$ 描述的附加扰动。如果 $[\varepsilon]_m=0$,则 $\beta'_x=\beta_x$,$\beta'_y=\beta_y$。

为了解式(3.121)给出的耦合,可以引入指数形式:

$$\begin{bmatrix} a(z) \\ b(z) \end{bmatrix}=C_i\exp(-\mathrm{i}\beta_i z)\begin{bmatrix} e_{ix} \\ e_{iy} \end{bmatrix}=C_i\exp(-\mathrm{i}\beta_i z)\boldsymbol{e}_i \tag{3.128}$$

式中:C_i 为任意常量。该常量由适当的边界条件决定。以上述表达式代替 $a(z)$ 和 $b(z)$,就可以得到两个同等重要的独立解。最后通过这两个解的线性叠加,有

$$\begin{bmatrix} a(z) \\ b(z) \end{bmatrix}=C_1\exp(-\mathrm{i}\beta_1 z)\begin{bmatrix} e_{1x} \\ e_{1y} \end{bmatrix}+C_2\exp(-\mathrm{i}\beta_2 z)\begin{bmatrix} e_{2x} \\ e_{2y} \end{bmatrix}$$

$$=C_1\exp(-\mathrm{i}\beta_1 z)\boldsymbol{e}_1+C_2\exp(-\mathrm{i}\beta_2 z)\boldsymbol{e}_2 \tag{3.129}$$

我们称常数 β_1 和 β_2 为耦合系统的本征量,称单位矢量 $\boldsymbol{e}_1$ 和 $\boldsymbol{e}_2$ 为耦合系统的本征矢量。由于这些量定义了式(3.111)给出的新本征模 $E_u(z,t)\boldsymbol{e}_u$ 和 $E_v(z,t)\boldsymbol{e}_v$ 的四个特征参量 β_u、β_v、$\boldsymbol{e}_u$ 和 $\boldsymbol{e}_v$,所以它们对于单模光纤中的偏振传播相当重要。利用式(3.128)给出的指数形式,可以将这些参量表示为

$$\beta_1=\beta_u=\frac{1}{2}\left[(N_{11}+N_{22})+\sqrt{(N_{11}-N_{22})^2+4\left|N_{12}\right|^2}\right] \tag{3.130}$$

$$\beta_2=\beta_v=\frac{1}{2}\left[(N_{11}+N_{22})-\sqrt{(N_{11}-N_{22})^2+4\left|N_{12}\right|^2}\right] \tag{3.131}$$

$$e_1 = e_u = \frac{1}{\sqrt{1 + \left| \dfrac{\beta_u - N_{11}}{N_{12}} \right|^2}} \begin{bmatrix} 1 \\ \dfrac{\beta_u - N_{11}}{N_{12}} \end{bmatrix} \tag{3.132}$$

$$e_2 = e_v = \frac{1}{\sqrt{1 + \left| \dfrac{\beta_v - N_{11}}{N_{12}} \right|^2}} \begin{bmatrix} 1 \\ \dfrac{\beta_v - N_{11}}{N_{12}} \end{bmatrix} \tag{3.133}$$

两个本征矢量 $e_1 = e_u$ 和 $e_2 = e_v$ 相互垂直,且归一化,即其长度等于 1。在数学上,这个关系可以表示为

$$e_i \cdot e_j = \delta_{ij} = \begin{cases} 1, & i = j \\ 0, & i \neq j \end{cases} \tag{3.134}$$

式中:$i \in \{1, 2\}$ 且 $j \in \{1, 2\}$;符号 δ_{ij} 是克罗内克符号。

考虑两个传播常数 β_u 和 β_v,以及式(3.121)给出的耦合系统的系数 N_{11}、N_{12}、N_{21} 和 N_{22},可以推得下面的关系:

$$\Delta\beta_{uv} = \beta_u - \beta_v = \sqrt{(N_{11} - N_{22})^2 + 4 \, |N_{12}|^2} = \sqrt{\Delta\beta'^2 + 4 \, |N_{12}|^2} \tag{3.135}$$

及拍长

$$L_b = \frac{2\pi}{\Delta\beta_{uv}} \tag{3.136}$$

这里由式(3.135)给出的差 $\Delta\beta = \Delta\beta_{xy} = \beta_x - \beta_y$。

光纤中不希望得到的模式耦合主要由系数 N_{12} 决定。当 N_{12} 接近零时,就不会产生模式耦合。由式(3.135)可以清楚地看到,当传播常数 $\Delta\beta'$ 较大时,模式耦合的影响较小。由于 $\Delta\beta'$ 主要依赖于 $\Delta\beta$[见式(3.122)和式(3.125)],故 $\Delta\beta'$ 随 $\Delta\beta$ 的增大而增大。如果与 $2N_{12}$ 相比,$\Delta\beta'$ 很大,可以利用以下简单近似:

$$\Delta\beta_{uv} = \Delta\beta' \tag{3.137}$$

为了防止或减少不希望的模式耦合,比值 $|\Delta\beta'/N_{12}|$ 应当尽可能大。实际应用中,为了得到较大的比例 $|\Delta\beta'/N_{12}|$,可以引入较大的光纤变形,如较大椭圆度的纤芯,同时附加均匀的光纤扭曲。与其他所有沿光纤方向不希望得到的几何形变相比,这种特殊的主要变形往往更加显著。

倘若在光纤输入端,两个本征模中只有一个被激发,那么偏振态在光纤全长上保持不变。当比值 $|\Delta\beta'/N_{12}|$ 较小时,在距离输入端较短的长度内,第二个本征模也会被激发,原因是此时的模式耦合无法忽略。这将导致偏振态沿光纤传播时产生连续变化,如图 3.10 所示。

为了更加清楚,图 3.13(a)~(f)举例说明了光纤中的光功率流 S 是如何被分为两个耦合模(模 x 和模 y)功率流的。为此,把功率流看成是位置 z 的函数和系

数 $N_{12}=N_{12}^{*}$ 及 N_{22} 的函数。假设一根光纤没有任何损耗，那么沿光纤的光功率流 $S=S_x(z)+S_y(z)$ 保持恒定，也就是说功率流 S 与位置 z 无关。这里 $S_x(z)=|a(z)|^2\times S_{x,\max}$ 和 $S_y(z)=|b(z)|^2\times S_{y,\max}$ 分别代表模 x 和模 y 的功率流。

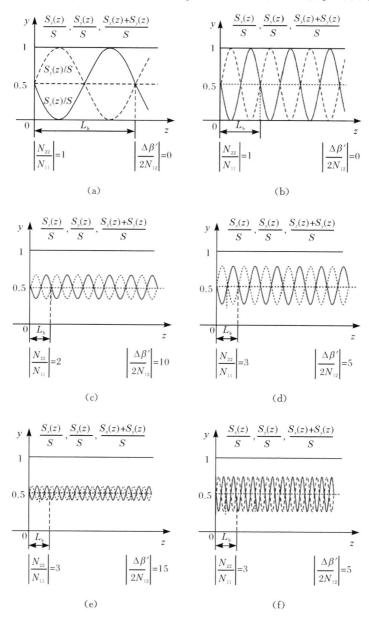

图 3.13　单模光纤的耦合模和正交模（偏振）中功率流传输的
分配 $S=S_x(z)+S_y(z)$

在图 3.13 中,我们假设系数 N_{22} 为定值,从而把它当成标准化因子。图 3.13 中还假设模 x 和模 y 在光纤输入端被同等地激发,那么 $S_x(0)=S_y(0)=S/2$。前面已经提到,系数 N_{12} 与模式耦合无关,当 $N_{12}=0$ 时,没有模式耦合。另外,当 N_{12} 增大时,模式耦合的影响会增大。

图 3.13(b)、(d) 和 (f)(右侧)中的系数 N_{12} 比图 3.13(a)、(c) 和 (e)(左侧)的大 3 倍。所以,右侧图中不希望的模式耦合的影响比左侧图严重。

图 3.13(a) 和 (b) 中,$N_{22}=N_{11}$。为了实现保偏光纤,$|\Delta\beta'/N_{12}|$ 的值应当尽可能大,这里假设其为 0。因此,图 3.13(a) 和 (b) 中的模式耦合最为有效。很明显,在拍长 L_b 内,模 x 和模 y 的能量交换发生了两次。从而,在离光纤输入端(即 $z=0$)$z=nL_b+L_b/4$ 时,模 x 的功率流达到最大值,而模 y 的功率流为 0。当 $z=nL_b/2$ 时,功率的分配往往与光纤输入端的分配相同。由图 3.13(a) 和 (b) 可以清楚地看到,如果增大模式耦合系数 N_{12},完全能量交换的距离就会减少。应当指出的是,完全能量交换的周期由式 (3.136) 给出的光纤拍长 $L_b=2\pi/\Delta\beta_{uv}$ 决定。

图 3.13(c)～(f) 中,N_{11} 和 N_{22} 是不相等的。此时,$\Delta\beta'$ 和 $|\Delta\beta'/N_{12}|$ 不再等于 0。那么,其模式耦合就不如图 3.13(a) 和 (b)(其 $\Delta\beta'$ 和 $|\Delta\beta'/N_{12}|$ 都为 0)的有效。与图 3.13(a) 和 (b) 相反,其能量相互交换不彻底,模 x 和模 y 的能量只是部分交换。因此,倘若模 x 和模 y 在光纤输入端被同等地激发(与文献[35]相比),那么二者的功率流都既不会达到最大值 S,也不会为 0。

在耦合模 x 和 y 之间的能量交换随 $|\Delta\beta'/N_{12}|$ 的增大而减少。所以,模式耦合系数 N_{12} 越小,周期性功率流 $S_x(z)$ 和 $S_y(z)$ 的幅值就越小。将图 3.13(d) 及 (f) 与图 3.13(c) 及 (e) 相比较,上述规律的重要性显而易见。另外,模间能量交换随 $\Delta\beta$ 的增加而减少。这一点通过图 3.13(e) 及 (f) 与图 3.13(e) 的比较可以明显看出。

由图 3.13(e) 可以看出,当 $|\Delta\beta'/N_{12}|$ 达到最大值时,模间能量交换最小。此时,两个模发生弱耦合,其功率流接近平均值 $S/2$,且变化不大。这就意味着图 3.13(e) 中的模式耦合在实际应用中可以忽略。

实际上不可能实现的理想状态是,$|\Delta\beta'/N_{12}|\to\infty$ 或 $|\Delta\beta/N_{12}|\to\infty$,不存在模式耦合,两个功率流保持恒定。如果两个模在光纤输入端被同等地激发,则功率流为恒定的平均值 $S/2$。如果只有一个模被激发,如模 x,那么沿光纤全长,该模保持总的、最大的功率流 $S_x(z)=S_{x,\max}=S$。而模 y 始终不被激发,也就是 $S_y(z)=0$。

如果 $a(z)$ 和 $b(z)$ 两项可以完全确定,那么我们就可以描述单模光纤中任何耦合模间的能量交换。下面,我们再来计算单模光纤的特征本征模。为此,先考虑式 (3.108),但必须替换 $a(z)$ 和 $b(z)$ 两项。第二步,将此场方程与式 (3.111) 的本征模公式相比较。可以得到一个有效通解,进而确定单模光纤的光场及特征本征模。讨论过有效通解之后,利用一些具有实际重要性的特殊情况可以更详细解释这一节得出的结论。

为了获得有效通解,将式(3.128)给出的耦合系统的解与式(3.108)描述的光波电场矢量结合起来。利用一些简单数学运算,得到

$$
\begin{aligned}
\boldsymbol{E}(z,t) &= C_1 E_x \exp(-\mathrm{i}\beta_1 z)\exp(\mathrm{i}\omega t)\boldsymbol{e}_1 + C_2 E_y \exp(-\mathrm{i}\beta_2 z)\exp(\mathrm{i}\omega t)\boldsymbol{e}_2 \\
&= E_u \exp(-\mathrm{i}\beta_u z)\exp(\mathrm{i}\omega t)\boldsymbol{e}_u + E_v \exp(-\mathrm{i}\beta_v z)\exp(\mathrm{i}\omega t)\boldsymbol{e}_v \\
&= E_u(z,t)\boldsymbol{e}_u + E_v(z,t)\boldsymbol{e}_v
\end{aligned} \tag{3.138}
$$

它应用了式(3.111)给出的本征模公式。由此公式可以看出,耦合系统的本征值 β_1 及 β_2、本征矢量 $\boldsymbol{e}_1$ 及 $\boldsymbol{e}_2$ 与新本征模相应的特征量与新本征模相应的特征量 β_u、β_v、$\boldsymbol{e}_u$ 和 $\boldsymbol{e}_v$ 完全相同。根据式(3.138),还没有定义的常数 C_1 和 C_2 已经包含电场幅值 E_x 和 E_y。所以,幅值 E_u 和 E_v 现在必须由适当的边界条件确定,而不是由常数 C_1 和 C_2 确定。一个常用的典型边界条件是光纤输入端($z=0$)的光波确定且已知。

电场[见式(3.138)]及磁场[见式(3.112)]的幅值有如下关系:

$$
\frac{E_u}{H_v} = \frac{\omega\mu_0}{\beta_u}, \qquad \frac{E_v}{H_u} = \frac{\omega\mu_0}{\beta_v} \tag{3.139}
$$

由式(3.138)可知,从原理上讲,找到两个在光纤全程或一小段光纤上不发生模式耦合的独立本征模式是可能的。两个本征模的特征量 β_u、β_v、$\boldsymbol{e}_u$ 和 $\boldsymbol{e}_v$ 完全由光纤材料、变形类型及光的频率决定,如式(3.130)~式(3.133)所示。再来看在本节开头提出的问题:在具有几何扰动的单模光纤中是否存在特征本征模?现在我们可以就这个问题给出一个肯定的回答。

到目前为止,耦合系统的四个系数 N_{11}、N_{12}、N_{21} 和 N_{22} 都假设为实数。在这种情况下,新本征模的本征矢量 $\boldsymbol{e}_u$ 和 $\boldsymbol{e}_v$(即本征模 u 和本征模 v)也是实的。这可以用式(3.132)和式(3.134)加以简单证明,故每个本征矢量的分矢量之间不存在相位差。由于本征模 u 的电场矢量 $E_u(z,t)\boldsymbol{e}_u$ 往往沿直线轨迹运动,且该直线与某一位置 z 处的 uv 直角坐标系的 u 轴相重合,所以我们称光纤光波的本征模为线偏本征模。类似地,本征模 v 的电场矢量 $E_v(z,t)\boldsymbol{e}_v$ 也沿线性轨迹运动,且与 $E_u(z,t)\boldsymbol{e}_u$ 的轨迹曲线相垂直。于是,$E_v(z,t)\boldsymbol{e}_v$ 的轨迹曲线与坐标系的 v 轴相重合,如图3.14所示。

当然,两个线性偏振本征模叠加不一定就得到另一个线性偏振波。因为在复场矢量 $E_u(z,t)\boldsymbol{e}_u$ 和 $E_v(z,t)\boldsymbol{e}_v$ 之间通常存在相位差 $\Phi(z)=\Delta\beta_{uv}z$,所以新增光波偏振往往随位置 z 而变化。其中,线性偏振的本征模以本征模 x 和本征模 y 相同,相应的正交场矢量与 xy 坐标系的 x 轴和 y 轴相同。

通常位于纤芯横截面(xy 截面)上的 xy 直角坐标系的方向是可以任意选择的。与此不同,z 方向通常和光纤轴重合并垂直于 xy 截面。故而,我们可以旋转

xy 截面,直到 x 轴和 y 轴与光纤的特征基准轴(即 u 轴和 v 轴)相重合。此时,本征模 x 和 y 与本征模 u 和 v 相一致。

　　耦合系统的系数 N_{11}、N_{12}、N_{21} 和 N_{22} 也可能是复数。此时得到复本征矢量 e_u 和 e_v,并且每个本征矢量的分矢量之间存在相位差。因此,两个本征模都不再是线性偏振的,往往是椭圆偏振的。于是称这些本征模为椭偏本征模。但在这种情况下,两个本征模还是正交的(见图 3.14)。

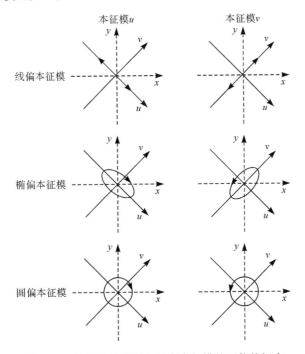

图 3.14　单模光纤的两个正交本征模的可能偏振态

　　当本征矢量的分矢量 e_u 和 e_v 之间的相位差恰好等于 $\pi/2$ 时,两个本征矢量在 uv 平面上描述的是一个圆,称此时的本征模为圆偏本征模(见图 3.14)。

　　到目前为止,系数 N_{11}、N_{12}、N_{21} 和 N_{22} 都被看成常量。但在实际应用中,只有在小段光纤中,这些系数才为定值。否则,它们都是位置 z 的函数。这种情况通常只有当扰动沿光纤任意变化时才予以考虑。那么,耦合系统就变得非常复杂。通常,只有取近似,并用计算机才能得到它的解。但是,光纤的扰动随 z 周期性变化时是个例外。例如,当光纤上加有均匀转矩时就属于这种情况。

　　(1) 不发生模式耦合的情况($N_{12}=0$)的讨论。假设有一根理想的光纤,它不存在模式耦合。在这种情况下,张量 $[\varepsilon]_m$ 的所有除对角线元素 ε'_{xx}、ε'_{yy} 和 ε'_{zz} 以外的系数都等于 0。那么,耦合系统的模式耦合系数 N_{12} 和 N_{21}[见式(3.121)]也都等于 0。这样,耦合系统就可以被分解成两个相互独立的微分方程,用简单的指数公式就能很容易地得到它们的解：

$$a(z) = C_1 \exp(-i\beta_1 z) \boldsymbol{e}_1 \tag{3.140}$$

$$b(z) = C_2 \exp(-i\beta_2 z) \boldsymbol{e}_2 \tag{3.141}$$

这个解是式(3.129)给出的通解的一种特殊形式。所以，系统的本征值和本征矢量还可以由式(3.128)～式(3.133)确定。由 $N_{12} = 0$，这些等式可以简化为

$$\beta_1 = \beta_u = N_{11} = \beta_x' \tag{3.142}$$

$$\beta_2 = \beta_v = N_{22} = \beta_y' \tag{3.143}$$

$$\boldsymbol{e}_1 = \boldsymbol{e}_u = \boldsymbol{e}_x \tag{3.144}$$

$$\boldsymbol{e}_2 = \boldsymbol{e}_v = \boldsymbol{e}_y \tag{3.145}$$

然后，我们还必须考虑式(3.108)给出的场。用式(3.140)～式(3.145)替换 $a(z)$、$b(z)$ 及本征量和本征矢量，得到

$$\boldsymbol{E}(z,t) = E_x \exp(-i\beta_x' z)\exp(i\omega t)\boldsymbol{e}_x + E_y \exp(-i\beta_y' z)\exp(i\omega t)\boldsymbol{e}_y \tag{3.146}$$

除了新的传播常数 β_x' 和 β_y' 之外，上述解恰好生成式(3.108)的场。于是，两个特征本征模始终相同。由于模式耦合并不扰乱光纤内的光波，所以基轴就不会发生变化[见式(3.144)和式(3.145)]。由于存在由张量对角线元素 ε_{xx}'、ε_{yy}' 和 ε_{zz}' 解析决定的多种几何光纤扰动，传播常数和传播速度仍然会发生变化（$\beta_x \to \beta_x'$ 和 $\beta_y \to \beta_y'$）。上面提到的解只是通解的特殊情况。然而，这种特殊情况实际上是观测不到的，原因在于几何扰动通常不影响 $[\varepsilon]_m$ 的对角线元素。相反，其他张量元素会受到影响，进而产生模式耦合。

（2）无扰动光纤的情况。假设无扰动光纤就是指形状理想的，没有引起形变的光纤，如高椭圆度的纤芯。也就是说，光纤中不存在其他不希望的几何扰动。"无扰动"在数学意义上就是张量 $[\varepsilon]_m$ 的所有 9 个元素都为 0，而 $[\varepsilon]_0$ 描述的是椭圆纤芯[见式(3.118)]。于是就不会有模式耦合，本征模的传播速度也不会发生变化。从而，式(3.108)给出的两个模在光纤全程保持为本征模。传播常数 β_x 和 β_y 由张量 $[\varepsilon]_0$ 的对角线元素及光频率决定，见式(3.126)及式(3.127)。从而，式(3.108)描述的电场为

$$\boldsymbol{E}(z,t) = E_x \exp(-i\beta_x z)\exp(i\omega t)\boldsymbol{e}_x + E_y \exp(-i\beta_y z)\exp(i\omega t)\boldsymbol{e}_y \tag{3.147}$$

（3）单本征模的激发的情况。我们假设附加几何缺陷会削弱单模光纤中的偏振传播。这种情况在实际应用中很重要，因为它又有可能决定两个独立传播，且没有不希望的模式耦合的新本征模。前面已经解释过，这些新的本征模（也就是本征模 u 和 v）完全由式(3.121)给出的耦合系统的本征值和本征向量准确决定。

进一步假设在光纤输入端只有一个本征模（如本征模 u）激发，那么只有这一个模沿光纤全程传播。由于第二个本征模始终未激发，故电场完全由本征模 u 的模场决定。倘若激发的是本征模 v，那么光纤中光波的电场就与其模场相同。最后，我们得到

$$\boldsymbol{E}(z,t)=\begin{cases}E_u\exp(-\mathrm{i}\beta_u z)\exp(\mathrm{i}\omega t)\boldsymbol{e}_u,\quad\text{若本征模 }u\text{ 激发}\\E_v\exp(-\mathrm{i}\beta_v z)\exp(\mathrm{i}\omega t)\boldsymbol{e}_v,\quad\text{若本征模 }v\text{ 激发}\end{cases}\tag{3.148}$$

由方程(3.148)可以看出,光纤内光波的偏振态往往和光纤输入端激发的本征模的偏振态相同。由于此偏振不随位置 z 而改变,所以偏振在光纤全程保持不变。但是,这种特殊类型的保偏光纤首先必须已知所有的光纤变形,其次这些变形还要能用张量$[\varepsilon]_0$ 和 $[\varepsilon]_m$ 来描写,最后,不会出现额外的光纤扰动。

当光纤扰动随时间任意变化时,两个本征模的基轴 $\boldsymbol{e}_u$ 和 $\boldsymbol{e}_v$ 及相应的光纤偏振也会随时间任意变化。出于这种情况在实际中往往是存在的,所以商用化中单模光纤通常不适用于保持偏振态。

要实现保偏光纤,就必须解决这个特殊问题。如果光纤因为固定或特定的变形而受到极大的扰动,例如,高椭圆度的纤芯或强而均匀的扭矩,那么与这个显著的光纤变形相比所有其他随机扰动都可以忽略。这种情况下,偏振的传播特性完全仅由这个显著的变形决定。这样,当光纤输入端只有一个本征模激发时,偏振态就能得以保持。

3.4.3　偏振光波传输的矩阵表示

偏振光可以方便地用 Jones 矢量来表示,而光纤自身的各种缺陷以及外界对光纤的各种作用和影响都可以方便地用一个 2×2 矩阵来表示。本节首先简要介绍偏振光的 Jones 表示方法,然后给出如何用 Jones 矩阵来描写光纤中传输的光波电场。列举各种常用的 Jones 变换及其所代表的典型光学过程和对应的相关作用和影响的关系。

1. Jones 矢量

偏振光学的 Jones 矢量以及 Jones 矩阵计算方法是由 Jones[36~39] 在 1941～1942 年建立的。该方法可以用来方便地描写光波电场的偏振状态,每一个线性光学元件与线性光学变换都可以用 Jones 矩阵来表达。光波电场沿着光纤传输以及受到各种相互作用时,其输出矢量光场等价于输入矢量光场与一系列 Jones 变换矩阵依次相乘。因此可以方便地用于光纤光学特性的分析中。应该加以说明的是,Jones 计算方法只适合描写完全偏振光,对于随机偏振和部分偏振光以及非相干光的情况,应该采用应用范围更广的 Mueller 矩阵计算方法[40]。

对于一个沿光轴 z 方向传输的具有复振幅的光波电场,其两个正交分量$E_x(r,t)$ 和 $E_y(r,t)$ 可以用一个 Jones 矢量来描述

$$\begin{bmatrix}E_x(r,t)\\E_y(r,t)\end{bmatrix}=E_0\begin{bmatrix}E_{0x}\exp[\mathrm{i}(kz-\omega t+\phi_x)]\\E_{0y}\exp[\mathrm{i}(kz-\omega t+\phi_y)]\end{bmatrix}=E_0\exp[\mathrm{i}(\beta z-\omega t)]\begin{bmatrix}E_{0x}\exp(\mathrm{i}\phi_x)\\E_{0y}\exp(\mathrm{i}\phi_y)\end{bmatrix}$$

$$\tag{3.149}$$

式中：$\begin{bmatrix} E_{0x}\exp(\mathrm{i}\phi_x) \\ E_{0y}\exp(\mathrm{i}\phi_y) \end{bmatrix}$ 就被定义为 Jones 矢量。它表征了光波电场在 x 方向和 y 方向的相对幅值和相对相位。Jones 矢量两个分量的绝对值平方和代表的 Jones 矢量的光场强度。这里 Jones 矢量的相位 $\phi=\beta z-\omega t$，而相位变化量 ϕ_x 或 ϕ_y 则表明是一种相位延迟。图 3.15 给出 Poincaré 球上典型的 6 个点的 Jones 矢量。

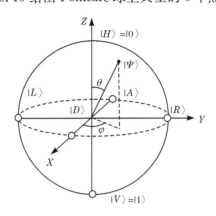

图 3.15　Poincaré 球上典型的 6 个点所对应的 Jones 光学偏振状态

如果用尖括号来作为每一个偏振态的标志，则上述 6 个典型的光学偏振态可由表 3.2 给出对应的表达。

表 3.2　典型偏振态的 Jones 表达式

偏振态	对应的 Jones 矢量	尖角号表示法
沿 x 方向的线偏振光，常称为水平态"Horizontal"	$\begin{bmatrix} 1 \\ 0 \end{bmatrix}$	$\vert H\rangle$
沿 y 方向的线偏振光，常称为垂直态"Vertical"	$\begin{bmatrix} 0 \\ 1 \end{bmatrix}$	$\vert V\rangle$
与 x 方向成 45°的线偏振光，常称为对角态"Diagonal"L+45	$\dfrac{1}{\sqrt{2}}\begin{bmatrix} 1 \\ 1 \end{bmatrix}$	$\vert D\rangle=\dfrac{1}{\sqrt{2}}(\vert H\rangle+\vert V\rangle)$
与 x 方向成 −45°的线偏振光，常称为反对角态"Anti-Diagonal"L−45	$\dfrac{1}{\sqrt{2}}\begin{bmatrix} 1 \\ -1 \end{bmatrix}$	$\vert A\rangle=\dfrac{1}{\sqrt{2}}(\vert H\rangle-\vert V\rangle)$
右手圆偏振光，常称为 RCP 或 RHCP	$\dfrac{1}{\sqrt{2}}\begin{bmatrix} 1 \\ -i \end{bmatrix}$	$\vert R\rangle=\dfrac{1}{\sqrt{2}}(\vert H\rangle-i\vert V\rangle)$
左手圆偏振光，常称为 LCP 或 LHCP	$\dfrac{1}{\sqrt{2}}\begin{bmatrix} 1 \\ i \end{bmatrix}$	$\vert L\rangle=\dfrac{1}{\sqrt{2}}(\vert H\rangle+i\vert V\rangle)$

在 Poincaré 球上，对应基矢量为 $\vert 0\rangle=\vert H\rangle$ 和 $\vert 1\rangle=\vert V\rangle$，$\vert\varphi\rangle$ 代表具有椭圆偏

振态的任意 Jones 矢量,可对应在 Poincaré 球上的任意一点。

2. 光纤中传输光波的矩阵表示

矢量光波电场在光纤中传输,其传输状态可以完全用 Jones 矢量来描写,为此,假设光纤输入端的激发光波为

$$\boldsymbol{E}(0,t)=\begin{bmatrix} E_x(0,t) \\ E_y(0,t) \end{bmatrix}=\begin{bmatrix} E_{x0} \\ E_{y0} \end{bmatrix}\exp(\mathrm{i}\omega t) \tag{3.150}$$

将式(3.150)代入式(3.138)给出的光纤光波电场的通解中,经计算得到

$$\boldsymbol{E}(z,t)=\begin{bmatrix} E_x(z,t) \\ E_y(z,t) \end{bmatrix}=\begin{bmatrix} m_{11} & m_{12} \\ m_{21} & m_{22} \end{bmatrix}\begin{bmatrix} E_{x0} \\ E_{y0} \end{bmatrix}\exp[-\mathrm{i}0.5(N_{11}+N_{22})z]\exp(\mathrm{i}\omega t)$$

$$\tag{3.151}$$

通常称矩阵$[m_{ij}]$为偏振传播矩阵。该矩阵由四个系数定义,将式(3.150)代入式(3.138)就可以计算出这些系数:

$$m_{11}=\cos(0.5\Delta\beta_{uv}z)-\mathrm{i}\frac{\Delta\beta_{uv}}{\Delta\beta'}\sin(0.5\Delta\beta_{uv}z)=m_{22}^* \tag{3.152}$$

$$m_{12}=\mathrm{i}\frac{2N_{12}}{\Delta\beta_{uv}}\sin(0.5\Delta\beta_{uv}z)=-m_{21}^* \tag{3.153}$$

作为光纤输入端($z=0$)任何激发光波的函数,任意位置 z 处的输出光波电场都可以利用矩阵$[m_{ij}]$确定。其所有特征参数都可以由上节给出的公式确定。例如,偏振椭圆、椭圆度、仰角及偏振度。利用矩阵$[m_{ij}]$,每根单模光纤都可以表示为一个简单的传输矩阵,由四个矩阵系数 m_{11}、m_{12}、m_{21} 和 m_{22} 及复因子 $\exp[-\mathrm{i}0.5(N_{11}+N_{22})z]$决定其性质。所有种类的几何缺陷都包括在此传输矩阵中。

3. 光纤中常用的 Jones 变换矩阵

Jones 矩阵是作用在 Jones 矢量上的算子,每一个矩阵的功能可以等效于一个光学元件,如分光器、反射器、旋转器、干涉仪等[41~43]。Jones 矢量与一个矩阵相乘等效于光波矢量经过一个光学元件的变换。表 3.3 给出了光纤中常用的偏振光 Jones 变换矩阵。

表 3.3　典型的光学起偏器对应的偏振光 Jones 变换矩阵

光学元件	对应的 Jones 矩阵
具有横向偏振的线性起偏器	$\begin{bmatrix} 1 & 0 \\ 0 & 0 \end{bmatrix}$

续表

光学元件	对应的 Jones 矩阵
具有纵向偏振的线性起偏器	$\begin{bmatrix} 0 & 0 \\ 0 & 1 \end{bmatrix}$
具有与横轴成 45°的线性起偏器	$\dfrac{1}{2}\begin{bmatrix} 1 & 1 \\ 1 & 1 \end{bmatrix}$
具有与横轴成−45°的线性起偏器	$\dfrac{1}{2}\begin{bmatrix} 1 & -1 \\ -1 & 1 \end{bmatrix}$
右旋圆起偏器	$\dfrac{1}{2}\begin{bmatrix} 1 & i \\ -i & 1 \end{bmatrix}$
左旋圆起偏器	$\dfrac{1}{2}\begin{bmatrix} 1 & -i \\ i & 1 \end{bmatrix}$
与横轴成角度 θ 的线性起偏器	$\begin{bmatrix} \cos^2\theta & \cos\theta\sin\theta \\ \sin\theta\cos\theta & \sin^2\theta \end{bmatrix}$

相位延迟器是偏振光学中一种常用的元件,它在偏振光波的垂直分量和水平分量之间引入一个相移,从而导致光波偏振态的变化。相位延迟器通常由具有单轴向双折射晶体材料制成的,如方解石片、石英等制成。对于光纤而言,由于其本身就是融石英材料,因此经常由于侧向挤压就引入一个相位延迟。这种单轴晶体材料的一个轴向的折射率与另外两个光轴的折射率不同,即 $n_i \neq n_j = n_k$。该光轴成为非常光轴。光以较高的相速度穿过的轴具有最小的折射率,该轴称为快轴。类似地,具有较高折射率的光轴称为慢轴,因为光以最低的相速度穿过该光轴。任何一个相位延迟器都具有一个快轴,该快轴或垂直或水平,具有非零对角项,可以方便地表示为

$$\begin{bmatrix} \exp(i\phi_x) & 0 \\ 0 & \exp(i\phi_y) \end{bmatrix}$$

这里 ϕ_x 和 ϕ_y 分别是光波电场在 x 轴和 y 轴的相位。在通常的相位表达式中 $\phi = \beta z - \omega t$,两光波分量之间的相对相位写为 $\varepsilon = \phi_y - \phi_x$,$\varepsilon$ 为正表明 E_y 还未达到 E_x 同样的值,在时间上晚一点,E_x 领先于 E_y。表 3.4 中给出了常见的相位延迟器及其所对应的 Jones 变换矩阵。

表 3.4　常见相位延迟器对应的 Jones 变换矩阵

光学元件	对应的 Jones 矩阵
快轴在垂直方向的 $\lambda/4$ 波片	$\begin{bmatrix} 1 & 0 \\ 0 & -i \end{bmatrix}$

续表

光学元件	对应的 Jones 矩阵
快轴在水平方向的 $\lambda/4$ 波片	$\begin{bmatrix} 1 & 0 \\ 0 & i \end{bmatrix}$
快轴与水平方向成角度 θ 的 $\lambda/2$ 波片	$\begin{bmatrix} \cos(2\theta) & \sin(2\theta) \\ \sin(2\theta) & -\cos(2\theta) \end{bmatrix}$
任意双折射材料的相位延迟器	$\begin{bmatrix} \exp(\mathrm{i}\phi_x)\cos^2\theta+\exp(\mathrm{i}\phi_y)\sin^2\theta & [\exp(\mathrm{i}\phi_x)-\exp(\mathrm{i}\phi_y)]\cos\theta\sin\theta \\ [\exp(\mathrm{i}\phi_x)-\exp(\mathrm{i}\phi_y)]\cos\theta\sin\theta & \exp(\mathrm{i}\phi_x)\sin^2\theta+\exp(\mathrm{i}\phi_y)\cos^2\theta \end{bmatrix}$

如果一个光学元件能够将光学轴旋转角 θ，则对于该旋转，Jones 旋转变换矩阵 $\boldsymbol{M}(\theta)$ 可以由非旋转矩阵 $\boldsymbol{M}$ 来构造[44]：

$$\boldsymbol{M}(\theta)=R(-\theta)\boldsymbol{M}R(\theta) \tag{3.154}$$

其中

$$R(\theta)=\begin{bmatrix} \cos\theta & \sin\theta \\ -\sin\theta & \cos\theta \end{bmatrix} \tag{3.155}$$

3.5　光纤中光偏振扰动及其等效变换矩阵

一般情况下，普通单模光纤的双折射对环境的变化相当敏感，外界的压力、振动、温度、磁场等因素很小的变化都能对双折射产生影响。因此，就引起光纤中光波偏振态变化的若干主要因素加以分析，对于认识光波偏振态的变化规律，寻找测量系统中的等效补偿方法有十分重要的作用。本节主要讨论挤压、扭转以及温度变化对光纤中传输的光波电场偏振态的影响，给出相应参量的描写方法。

3.5.1　挤压所致的线性双折射

光纤受到环境的影响将会产生各种变化，相对而言，外在侧压力的情形是最常见的一种。挤压将会导致光纤的形变，从而使受到影响的光纤产生应力双折射的改变，进而影响光纤中所传输光波电场的偏振状态，如图 3.16 所示。

对于侧向压力所导致的光纤内部应力状态的改变问题，已经有许多研究者开展了系统的研究[45~49]，应力场改变了光纤的介电常数或折射率分布引起了光纤传输特性的变化，从而产生了双折射的变化。当光纤受外力作用产生弹性变形时，光纤中的折射率可表示为未受力时的值与受力产生的微扰之和[45]，即

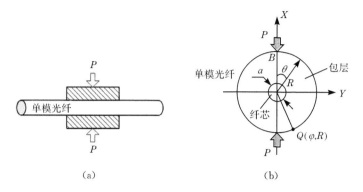

图 3.16　单模光纤侧向挤压示意图

$$\begin{cases} \tilde{n}_x = n_0 + [C_1\sigma_x + C_2(\sigma_y + \sigma_z)] \\ \tilde{n}_y = n_0 + [C_1\sigma_y + C_2(\sigma_z + \sigma_x)] \\ \tilde{n}_z = n_0 + [C_1\sigma_z + C_2(\sigma_x + \sigma_y)] \end{cases} \qquad (3.156)$$

式中：$\tilde{n}_\mu(\mu = x, y, z)$ 和 n_0 分别为 μ 轴向的受压力作用后和作用前的折射率；σ_μ 分别代表对 μ 轴向的主应力；C_1 和 C_2 分别为受压方向和与受压方向垂直方向的光弹常数。

相对光弹常数 C 被称为光弹常数，被定义为[50]

$$C = C_1 - C_2 \qquad (3.157)$$

在极坐标下，可以求得主应力和剪应力分别为[51]

$$\begin{cases} \sigma_r = \dfrac{P}{\pi R} \dfrac{1 - 4\cos^2\theta + 8\tilde{r}^2\cos^2\theta}{1 - 4\tilde{r}^2\cos(2\theta)} \\[2mm] \sigma_\theta = \dfrac{P}{\pi R} \dfrac{-3 - 4\tilde{r}^2 + 4\cos^2\theta}{1 - 4\tilde{r}^2\cos(2\theta)} \\[2mm] \tau_{r\theta} = \dfrac{P}{\pi R} \dfrac{2(1 - \tilde{r}^2)\sin(2\theta)}{1 - 4\tilde{r}^2\cos(2\theta)} \end{cases} \qquad (3.158)$$

式中：R 为光纤半径（$\sim 62.5\,\mu m$）；$\tilde{r} = r/R$；(r, θ) 为两个极坐标参变量；P 为加在光纤上的侧向压力。

通过直角坐标与极坐标之间的转换关系

$$\begin{cases} \sigma_x = \sigma_r\cos^2\theta - \tau_{r\theta}\sin(2\theta) + \sigma_\theta\sin^2\theta \\ \sigma_y = \sigma_r\sin^2\theta + \tau_{r\theta}\sin(2\theta) + \sigma_\theta\cos^2\theta \\ \tau_{xy} = \dfrac{1}{2}(\sigma_r - \sigma_\theta)\sin(2\theta) - \tau_{r\theta}\cos(2\theta) \end{cases} \qquad (3.159)$$

在光纤芯区域，考虑到 $r/R \ll 1$，取近似到 $\tilde{r}$ 的二次项，略去三级及以上的高级小项，将式(3.158)代入式(3.159)，得[51]

$$\begin{cases} \sigma_x = \dfrac{P}{\pi R} \dfrac{-3+2\tilde{r}^2\left[1+3\cos(2\theta)\right]}{\left[1-4\tilde{r}^2\cos(2\theta)\right]} \\[3mm] \sigma_y = \dfrac{P}{\pi R} \dfrac{1+4\tilde{r}^2\cos\theta\cos(3\theta)}{\left[1-4\tilde{r}^2\cos(2\theta)\right]} \\[3mm] \tau_{xy} = \dfrac{P}{\pi R} \dfrac{4\tilde{r}^2\sin(2\theta)\{\tilde{r}^2\left[1+\cos(2\theta)\right]-\cos(2\theta)\}}{1-4\tilde{r}^2\cos(2\theta)} \end{cases} \qquad (3.160)$$

由定义式(3.90)和式(3.91)有

$$B \cong n_x - n_y \qquad (3.161)$$

将式(3.156)和式(3.157)代入式(3.158)，得

$$B \cong C(\sigma_x - \sigma_y) \qquad (3.162)$$

再将式(3.160)代入式(3.162)，就得到光纤芯平面 B 值的分布情况

$$B(r,\theta) = \frac{CP}{\pi R} \frac{-4+2\tilde{r}^2\left[1+3\cos(2\theta)-2\cos\theta\cos(3\theta)\right]}{1-4\tilde{r}^2\cos(2\theta)} \qquad (3.163)$$

依据式(3.163)，取光纤半径 $R=62.5\,\mu\mathrm{m}$，光纤芯半径 $a=4.25\,\mu\mathrm{m}$，$P=200\mathrm{N/m}$，光弹常数 $C=C_1-C_2=3.184\times10^{-12}\,\mathrm{m}^2/\mathrm{N}^{[52]}$，光纤芯内 B 值分布情况如图 3.17 所示。B 的平均值为 $\bar{B}\approx-1.2959\times10^{-5}$。

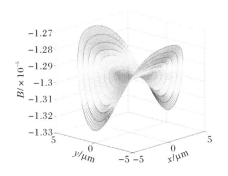
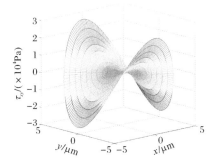

(a) B 值在光纤纤芯中的分布情况　　　　(b) 剪应力 τ_{xy} 在光纤纤芯中的分布情况

图 3.17　B 值和剪应力 τ_{xy} 在光纤纤芯中的分布情况

于是对于长度为 L 的光纤受压为 P 时，在光纤芯子范围内所导致的双折射由式(3.163)给出，快轴与慢轴之间的平均相位差为

$$\Delta\phi = \phi_x - \phi_y = \Delta\beta L = (\beta_x - \beta_y)L = k_0\bar{B}L = \frac{2\pi\bar{B}L}{\lambda} \qquad (3.164)$$

式中：$k_0=2\pi/\lambda$。

实际上，有两个因素会导致偏振态发生一定程度的弥散：一个因素是宽谱光源的波长围绕中心波长有一定的分布半宽，这将导致式(3.164)中的相位差产生一定的分布；另一个因素是基于式(3.163)，我们看到在光纤芯子的每一点快轴与

慢轴之间的相位差都有所差别,因此这将导致两模式之间偏振光的偏振发生弥散而产生一定劣化。如果再考虑到光纤芯子中光功率的分布,则弥散程度也可以结合上述两个因素而给出定量的估计。就平均意义而言,侧向挤压等效于两个正交模式的光波电场穿过一个具有一定双折射的相位延迟器,对应于快轴与水平方向成角度 θ 的 Jones 相位延迟矩阵,平均延迟相位为 $\Delta\phi$。

$$J(\Delta\phi)=\begin{bmatrix} \exp(\mathrm{i}\Delta\phi)\cos^2\theta+\sin^2\theta & [\exp(\mathrm{i}\Delta\phi)-1]\cos\theta\sin\theta \\ [\exp(\mathrm{i}\Delta\phi)-1]\cos\theta\sin\theta & \exp(\mathrm{i}\Delta\phi)\sin^2\theta+\cos^2\theta \end{bmatrix} \quad (3.165)$$

3.5.2　扭转引起的偏振特性变化[28]

当给光纤施加均匀的扭矩时,可以使耦合光纤的偏振匹配获得重大改进[53~57]。如图 3.18 所示,就可以得到圆形双折射光纤。扭转通常有两种情况:一种情况是光纤受外界的作用与影响而产生的随机扭转;另一种情况则是实施的人为主动控制。

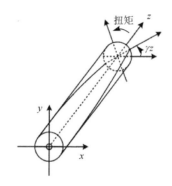

图 3.18　理想的圆形单模光纤的扭转

为了确保光纤扭转变形在光纤全程都是可控的,扭转度应当足够大。只有在这种情况下,所有不希望的随机扰动才会小得可以忽略,偏振传播特性才可以完全由光纤扭转确定。若给理想的、圆形单模光纤加以均匀的扭矩,式(3.121)给出的耦合系统的系数 N_{11}、N_{12}、N_{21} 和 N_{22} 可以由下式确定[34]:

$$\begin{cases} N_{11}=N_{22}=\beta_0=\omega\sqrt{\mu_0\varepsilon_0} \\ N_{12}=-\mathrm{i}p\gamma=N_{21}^* \end{cases} \quad (3.166)$$

式中:β_0 代表没有任何扭转时的理想圆形单模光纤的传播常数。以 rad/m 为单位的扭转率 γ 和常数 p(例如[57],$p\approx0.007$)刻画了给定光纤长度的扭转程度。这里与模式耦合有关的系数 N_{12} 和 N_{21} 都不是实数。这使本征矢量 e_u 和 e_v 的分量(x 和 y 分量)之间产生一个相位差。

在扭转控制过程中,如果使该相位差恰好是 $\pi/2$,那么,光纤中的两个本征模就变成圆形保偏模。为了用式(3.130)~式(3.133)确定本征值和本征矢量,要用式(3.166)中的 N_{11}、N_{22}、N_{12}、N_{21} 取代式(3.130)~式(3.133)中的四个系数。于是得到

$$\beta_1 = \beta_u = \beta_0 + p\gamma \tag{3.167}$$

$$\beta_2 = \beta_v = \beta_0 - p\gamma \tag{3.168}$$

$$\boldsymbol{e}_1 = \boldsymbol{e}_u = \frac{1}{\sqrt{2}}\begin{bmatrix} 1 \\ +\mathrm{i} \end{bmatrix} \tag{3.169}$$

$$\boldsymbol{e}_2 = \boldsymbol{e}_v = \frac{1}{\sqrt{2}}\begin{bmatrix} 1 \\ -\mathrm{i} \end{bmatrix} \tag{3.170}$$

由式(3.167)及式(3.168)知,圆形双折射 $B = \lambda/(2\pi)(\beta_1 - \beta_2)$ 与 $\Delta\beta = \beta_1 - \beta_2$ 成正比,从而与扭转率成正比。最后,利用推导出的本征值及本征矢量或式(3.121)给出的耦合系统的系数 N_{11}、N_{12}、N_{21} 和 N_{22},就可以确定矩阵 $[m_{ij}]$。得到

$$[m_{ij}] = \begin{bmatrix} m_{11} & m_{12} \\ m_{21} & m_{22} \end{bmatrix} = \begin{bmatrix} \cos(p\gamma z) & -\sin(p\gamma z) \\ \sin(p\gamma z) & \cos(p\gamma z) \end{bmatrix} \tag{3.171}$$

可以看出,$[m_{ij}]$ 代表一个传输矩阵,并将目前的坐标系(xy 坐标系)旋转了一个角度 $p\gamma z$。于是,光纤输入端的偏振态在光纤传播过程中一起旋转。在光纤输出端,偏振最终转过相同角度,而偏振类型始终不变。这就是说,偏振椭圆的特征参数保持不变,即 η 和 P 不是 z 的函数,如图 3.19 所示。

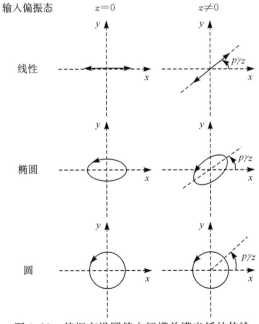

图 3.19　偏振态沿圆偏本征模单模光纤的传输

　　圆偏本征模保偏光纤的主要优点是其连接技术简单。与线偏本征模光纤相比,它不需要调整基轴[58]。偏振传播具有高稳定性是其第二个优点。圆偏本征模保偏光纤受不希望的几何光纤扰动的影响要小于线偏本征模光纤。另外,圆偏本征模保偏光纤比较容易获得。

　　显然,实际光纤扭转受一定角度的限制。因此,所有额外光纤扰动往往是不能被忽略的。例如,如果光纤还是高椭圆度的芯,那么本征模将需要重新确定。每个额外的几何光纤变形都使计算变得越来越复杂[59~62]。

3.5.3　温度与温度梯度效应对偏振态的影响

　　光纤预制棒是由石英掺杂的折射率较高的芯子材料和高纯石英包层材料构成的,在经过高温熔融后拉制而成。由于拉制出来的光纤是由这两种或两种以上的材料构成的,因此当外界环境温度发生变化时,光纤内在结构的不对称及拉丝后产生的残余应力就会导致光纤内部应力分布状态发生改变,从而导致产生与温度相关的双折射。

　　图 3.20 给出常用的旋转牵引光纤熔融拉丝的物理过程[48],该过程解释了光纤内在结构的不对称及拉丝后的残余应力产生的原因。在光纤拉丝过程中,光纤

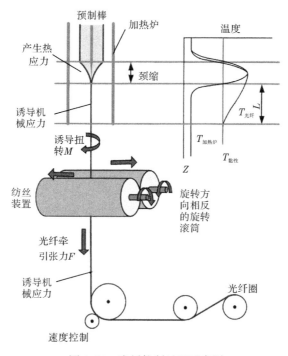

图 3.20　光纤拉制过程示意图

预制棒被送入高温区,在预制棒软化过程中,其温度分布曲线如图 3.20 所示。在熔融区,由于芯材与包层材料的微小差别,芯子材料与包层材料的软化温度差异、黏滞系数差异等因素,因此在熔融过程中就会将由于材料的不一致的特性作为热应力起源而存留到光纤中;在光纤拉制的降温过程中,由于材料的热收缩(膨胀)系数的不一致,就会导致光纤内部的残余机械应力;在光纤的牵引过程中,由于牵引机构的错动将会导致光纤拉制过程的扭转,从而又将该扭转传递到光纤的熔融区而产生光纤内部结构的不对称,会引起局部的应力不均匀。所有这些因素,都是产生热应力的内在根源。因此,温度变化会使这些与温度相关的内部热应力发生变化并通过局域双折射而表现出来。

单模光纤这些本征双折射起源于上述光纤拉制过程中不可避免的不完善性,由于掺杂分布的不对称就会导致光纤芯子几何尺度不圆和机械应力分布的不对称。在拉制过程中,光纤中应力分布取决于热应力与机械应力之和,正比于光纤的牵引拉力[63]。与光纤的拉丝速度与炉温均有关系,如图 3.21 所示。

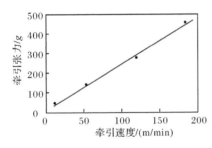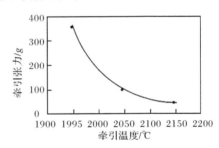

图 3.21　拉丝张力、速度与温度三者的关系

光纤中温度应力与机械应力相互作用,两者在某一环境温度下达到最终的平衡状态,如图 3.22 所示。

温度相关的残余应力来源于芯材与包层材料热膨胀系数不一致,式(3.172)给出温度由 T_0 变化到某一温度 T^* 时由温度热膨胀系数差异导致的沿光纤径向应力分布的情况

$$\sigma_z^{\text{therm}}(r) = \int_{T_0}^{T^*} \frac{\Im(r,T)}{1-\nu(r,T)} (\alpha(r,T) - c(T)) \mathrm{d}T \tag{3.172}$$

式中:$\Im(r,T)$ 为材料的杨氏模量;$\alpha(r,T)$ 为热膨胀系数;$\nu(r,T)$ 为材料的泊松比;$c(T)$ 为平均热膨胀系数。

$$c(T) = \frac{1}{\pi R^2} \int_0^R \alpha(r,T) 2\pi r \mathrm{d}r \tag{3.173}$$

由此可以看出,残余热应力随着热膨胀系数差的增加而增加,随着杨氏模量的增加而增加。

光纤拉制过程中残余的机械应力则来自纤芯与包层材料的黏滞系数的不同,

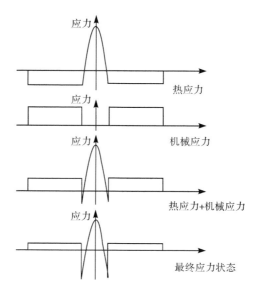

图 3.22　GeO₂掺杂光纤中热应力和机械应力贡献情况[49]

式(3.174)给出机械残余应力径向分布与拉丝张力、黏滞系数和杨氏模量之间的关系：

$$\sigma_z^{\mathrm{mech}}(r) = F\left[\frac{\eta(T^*,r)}{\int_0^R \eta(T^*,r)2\pi r \mathrm{d}r} - \frac{\Im(T^*,r)}{\int_0^R \Im(T^*,r)2\pi r \mathrm{d}r}\right] \tag{3.174}$$

式中：F 为拉丝张力；$\eta(T^*,r)$ 为黏滞系数。

由此可以看出，机械残余应力正比于拉丝张力，随黏滞系数的减小而减小，随杨氏模量的增加而减少。

由于上述诸多因素导致了光纤内部存在与环境温度相关的残余应力，该项残余应力最终表现为与温度相关的双折射效应。我们可以用一个与温度有关的旋转矩阵来表示这个影响。

$$m_{ij}(T) = \begin{bmatrix} m_{11} & m_{12} \\ m_{21} & m_{22} \end{bmatrix} = \begin{bmatrix} \cos\theta(T) & -\sin\theta(T) \\ \sin\theta(T) & \cos\theta(T) \end{bmatrix} \tag{3.175}$$

3.6　偏振控制方法与控制技术

前面我们讨论了偏振和部分偏振光波在光纤中传输的若干特性，在光学检测和测量中以及偏振相干通信中，光波的偏振态都扮演了十分重要的角色。因此，对偏振施加控制一直是人们努力追求的目标。对于在光纤中传输的光波电场的偏振态进行控制的方法有多种：一种是人为加大双折射，制造能够使偏振特性得以保持不变的保偏光纤；另一种是对光纤施加外部影响，以求对变化的偏振状态进行改变，从而达到对偏振态进行控制的目的。本节首先简要叙述保偏光纤对偏振态实施控制的主要技术，然后再讨论如何通过光纤的外在作用来实现偏振控制的方法。

导致单模光纤中偏振波动的两个主要的基本原因是：

(1) 两个正交本征模的传播速度不同。

(2) 模式间的耦合。

当两个本征模中只有一个在光纤输入端激发时，稳定的偏振传播在原理上是可能的。如果传输过程中产生模式耦合，第二个本征模也会被激发。结果是，光纤内光波偏振态的变化是位置 z 的函数。

进一步，即使传输受到模式耦合的干扰，通常也会有两个独立、正交的本征模存在。如果两个"新"本征模中只有一个在光纤输入端被激发，那么保偏传播也是可能的。但是，全部外界几何扰动和变形都必须绝对不随时间变化。否则，本征模基轴会发生暂时性变化，就又会发生偏振波动，因为光纤中，两个本征模都已激发。而实际的情况是，外界各种扰动，如环境温度变化、随机振动、挤压、拉伸等通常会在实际中出现，所以普通单模光纤不能保持偏振态。

3.6.1　保偏单模光纤

普通光纤就算制造得再对称，在实际应用中也会受到机械应力扰动而变得不对称，产生双折射现象，因此光的偏振态在普通光纤中传输时就会毫无规律地变化。主要的影响因素有波长、弯曲度、温度的变化等。为了实现光波电场的偏振态在光纤传输过程的偏振保持，需有两个条件：首先，沿光纤的所有不希望的扰动必须最小。这意味着要尽可能降低模式耦合系数 N_{12}。其次，两个本征模的传播常数之差 $\Delta\beta$ 必须最大[64]。通过引入特别控制的光纤变形，如加高椭圆度纤芯（见图 3.23）、人为引入高双折射或强而均匀对光纤施加扭转，就可以实际地获得最大化的 $\Delta\beta$ 或最小化的拍长 L_b（也就是使双折射最大）。预加的光纤芯几何形状变形以及采用非对称预加应力，最终都能导致较大的双折射效应，可以用式(3.118)的介电常数张量 $[\varepsilon]_r$ 来描述。与所有其他不希望的且常常随位置和时间任意变化的光纤扰动相比，预加的变形或应变应当占有绝对优势，并与位置和时间无关。只有在这种特殊情况下，所有不希望的随机光纤扰动才可忽略。最后，本征模和偏振的传播特性完全由光纤变形或预应变决定。那么，如果在光纤输入端只有一个本征模激发，偏振态就可以绝对保持不变。由于最大化双折射是多数保偏光纤的基础，所以称此类光纤为高双折射光纤。这种光纤也叫线性双折射光纤，其传播常数之差 $\Delta\beta$ 很大。线性双折射光纤的特性由纤芯的变形决定，如前面提到过的高椭圆度纤芯。首次研究非圆芯光纤是在 1978 年[65]，其后集中于椭圆芯的研究工作陆续开展起来[66~69]。研究的一项重要且通用的理论结果是，最小的拍长 L_b 与 Δ^2 成反比，而 $\Delta=(n_1^2-n_2^2)/(2n_1^2)$ 代表的是纤芯 (n_1) 与包层 (n_2) 之间相对折射率的变化。所以，小的拍长对应大的折射率变化 Δ。另外，大的 Δ 往往有两个严重的缺点：其一，光纤衰减增大；其二，传播单模芯径减小。实际上，用椭圆芯光纤可以得到毫米量级的拍长。相比之下，商用化、非保偏的单模光纤拍长在 10～200cm 内。

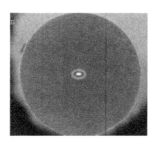

图 3.23　椭圆芯光纤横断面结构示意图

　　如果光纤变形由轴向不对称压力产生，那么光纤性能，特别是光纤的衰减会有所改进[70~75]。实际应用中，这种横向力可以通过芯和包层不同热膨胀系数简单得到。典型的高双折射光纤就是通过这种方法实现的。例如，在芯区两边嵌入预应力棒的熊猫型保偏光纤、领结型保偏光纤等，如图 3.24 所示。因此，类似椭圆芯，拍长的要求也可以满足。与前面的情况相比，光纤衰减仍比较小。

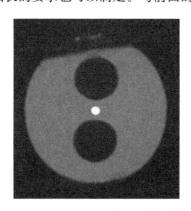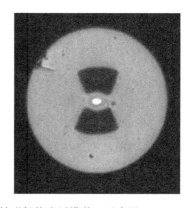

图 3.24　熊猫保偏光纤、领结形保偏光纤横截面示意图

　　所有单模-线性双折射光纤都有一个普遍而重要的缺点。如果两根光纤相连，那么光纤本征模的基轴必须相互重合。否则，两个本征模在连接光纤中都会激活，从而再次出现偏振波动。

保偏光纤可以解决偏振态变化的问题,但它并不能消除光纤中的双折射现象,反而是在通过光纤几何尺寸上的设计,产生更强烈的双折射效应,才能有效地消除其他扰动对入射光偏振态的影响。

3.6.2 光纤偏振态控制技术

对于多数光纤应用系统而言,更多的情况是使用标准的普通单模光纤,由于光纤制造工艺的改进,光纤本身的损耗已经降到接近理论预期的水平,如 Corning 公司的 SMF-28[76],其损耗大约为 0.19dB/km。然而环境的随机影响所引起的随机双折射效应始终无法消除,所导致的偏振问题越来越严重,成为改善系统信号质量的瓶颈。

克服环境对光纤系统偏振影响的重要途径是偏振控制与偏振补偿,其核心技术是对偏振态进行调整与控制。偏振控制技术能补偿光纤系统中各种偏振相关的信号衰落,大幅度提升系统性能,而且是光纤通信、光纤测量、光纤传感以及若干偏振相关应用发展的重要前提,是解决当前光纤技术领域诸多关键问题之一。

如上所述,外界环境所引起的偏振态随机变化是光纤通信系统中的一个普遍问题,在高速、网络化过程中,偏振不稳所引入大量噪声将严重影响系统的传输性能,迫切需要解决高速光纤通信系统中偏振态的稳定与偏振模色散补偿问题。而偏振敏感光时域反射技术,光纤偏振相干耦合分布式测量技术以及基于光偏振的分布式光纤传感则是光纤测量领域中不断发展着的重要技术,具有巨大的应用潜力。

基于偏振的全光信号处理与全光逻辑,是一个有前景的研究方向,因为偏振控制比强度控制的速度更快、效率更高,逐渐被大多数研究者所关注。2006 年,Liu 等[77]利用偏振效应实现了 320Gb/s 的无误码波长变换,2007 年北京邮电大学 Zhang 等[78]通过控制半导体光放大器的偏振旋转实验,成功地实现了逻辑"或"门,Cheng 等[79]发展了基于偏振控制的全光缓存器、全光触发器等,标志着高速偏振控制技术的若干新发展。

偏振控制的研究几乎是与单模光纤的出现同时开始的,1979 年, Johnson[80]首先提出了一种基于电磁挤压的光纤型偏振控制器。此后相继出现了电光晶体型[81]以及法拉第旋转型[82]等各种各样的偏振控制器,1989 年,Arts 等[83]研制一种新型无端偏振控制器,解决了偏振控制的复位问题,为其实用化奠定了基础。随着光纤通信与光纤传感技术的迅速发展,偏振控制技术也在不断更新。目前偏振控制的研究主要有两个方向:一是新型器件,如 2002 年 Hirabayashi 等[84]研制成功了低压液晶偏振控制器;二是速度提升,2003 年 Yoshino 等[85]提出了高速全光纤偏振控制器,2006 年 Li 等[86]采用磁光晶体作为偏振控制元件,器件响应速度达到了微秒量级。

目前高速偏振控制器有较大的应用需求,图 3.25 给出了通用光电公司的一种动态偏振控制器。

图 3.25　动态偏振控制器

3.6.3　光学线性变换等效补偿器

前面我们讨论了挤压、扭转以及温度变化对光纤中传输的光波电场偏振态的影响。本节将针对这些因素,尝试采用反变换的方式,给出等效的变换补偿矩阵,从而通过对实施满足反变换矩阵的控制来达到对光波偏振态变化进行调整和补偿的目的。变换等效补偿的方法与技术不仅能有效地解决光纤测量中偏振光衰落问题,而且能够用于实现偏振扫描传感监测。

对于多数的光纤通信或光纤测量系统而言,所采用的光源通常可以分为准单色偏振光源和部分偏振的宽谱光源,环境对光纤中传输的光波电场的影响通常可以归结为某种或几种光学变换,这里我们仅讨论这些光学变换可以近似为线性变换的情况。我们主要考虑下述两种情况:①光纤系统仅传输某一光波电场,其偏振态受到外界扰动时,通常可以借助于一个偏振态控制器作为扰动变换的反变换施加于光纤上,就能恢复其原有的偏振状态;②当光纤系统中光波电场被分成两路,通过这两路光波的干涉来实现对某一物理量或参量进行测量。在这种情况下,基于前述部分偏振光的内禀相干不变性原理,我们知道偏振度描写了光波电场自身的无序程度,而内禀相干度则描写的是两光波电场之间的无序程度,当采用内禀相干性来描述两光波电场之间的相干特性时,可以将两光波电场的偏振度与内禀相干度相分离。内禀相干不变性原理告诉我们,当光波电场经过一系列线性光学器件变换后,其内禀相干特性保持不变。这表明,两光波电场可以分别进行各自的线性光学变换后,它们之间的表观干涉条纹对比度可能劣化从而导致干涉信号衰落。然而,根据部分偏振光的内禀相干不变性原理,两光波电场的内禀相干特性没有被改变,我们仍能通过对其中的某一光波电场或两电场实施一个适当的等效补偿变换,从而将两光波电场恢复到其原有内禀相干度最大值的状态。

无论是光路中波片旋转还是对光纤实施挤压,都可以等效于一个与快轴成 θ

角的相位延迟器,由式(3.176)来描写:

$$J(\Delta\phi)=\begin{bmatrix} \exp(\mathrm{i}\Delta\phi)\cos^2\theta+\sin^2\theta & [\exp(\mathrm{i}\Delta\phi)-1]\cos\theta\sin\theta \\ [\exp(\mathrm{i}\Delta\phi)-1]\cos\theta\sin\theta & \exp(\mathrm{i}\Delta\phi)\sin^2\theta+\cos^2\theta \end{bmatrix} \quad (3.176)$$

　　实现上述偏振态调整与补偿变换的技术有多种,这里我们主要介绍两种典型的实现偏振态控制的技术:一种是在光路中插入一个波片,通过波片旋转来达到对偏振态调整与补偿;另一种是对光纤施加挤压的方法实现对偏振态的调控。

　　当采用波片作为旋转补偿式反变换器时,无论是 $\lambda/4$ 波片还是 $\lambda/2$ 波片都可以起到相同的作用。这里波长 λ 对应系统中光源的中心波长。图 3.26 给出采用旋转波片进行偏振补偿变换的两种基本模式。一种是反射式的插入方式,如图 3.26(a)所示。这种情况下,系统应选用 $\lambda/4$ 波片,因为反射光信号前后两次穿过波片,实际上等效于一个 $\lambda/2$ 波片的作用。而对于透射的插入方式来说,无论是 $\lambda/4$ 还是 $\lambda/2$ 波片,都能起到对扰动引起的偏振态变化起到补偿的作用,如图 3.26(b)所示。

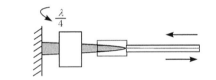

(a) 反射式偏振态调整补偿器

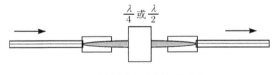

(b) 透射式偏振态调整补偿器

图 3.26　基于波片的偏振态调整补偿器

　　采用 PZT 挤压双折射型电控偏振态反变换器可以实现在线动态高速补偿和调控[87],如图 3.27 所示。这种方式的优点是不中断光路,这一方面可以减少光学系统的复杂性,另一方面也能避免光信号的衰减。此外,采用这种在线补偿方法,可以与信号探测部分构成控制闭环回路,达到对外界扰动施行实时的动态补偿。这种通过被动的实时动态补偿的办法可用于对外界光纤偏振态扰动的传感测量,如果我们将光路中某一段光纤由于受到外界扰动导致偏振态发生变化的情况通过被动补偿信号逐一加以记录,就等效于获得了偏振态扰动的传感测量。事实上,如果我们进一步采用白光光源,就可以实现沿着传输光纤对整个光程进行分布式扫描,同时对每一段光纤的干涉信号的偏振状态也进行扫描记录,这样,我们就能通过这种办法完成分布式光纤偏振态传感,从而实现对导致光纤偏振态变化的各种物理量的测量。

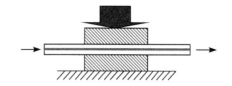

图 3.27　基于光纤挤压式的偏振态调整补偿器

参 考 文 献

[1] Collett E. Polarized Light: Fundamentals and Applications. New York: Marcel Dekker, Inc., 1993.

[2] 马科斯·玻恩,埃米尔·沃尔夫. 光学原理——光的传播、干涉和衍射的电磁理论(第七版). 杨葭荪译. 北京:电子工业出版社,2006.

[3] Baker G, Pandey S, Briht F. Extending the reach of immunoassays to optically-dense specimens by using two-photon excited fluorescence polarization. Analytical Chemistry, 2000, 72: 5748—5752.

[4] Gurjar R S, Backman V, Perelman L T, et al. Imaging human epithelial properties with polarized light scattering spectroscopy. Nature Medicine, 2001, 7(11): 1245—1248.

[5] Stokes G G. On the composition and resolution of streams of polarized light from different sources. Transactions of the Cambridge Philosophical Society, 1852, 9: 399—416.

[6] Wolf E. Unified theory of coherence and polarization of random electromagnetic beams. Physics Letters A, 2003, 312: 263—267.

[7] Jones R C. A new calculus for the treatment of optical systems. Journal of Optical Society of America, 1941, 31: 488—493.

[8] Fry E S, Kattawar G W. Relationship between elements of the Stokes matrix. Applied Optics, 1981, 20: 2811—2814.

[9] Simon R. The connection between Mueller and Jones matrices of polarization optics. Optics Communications, 1982, 42: 293—297.

[10] Kim K, Mandel L, Wolf E. Relationship between Jones and Mueller matrices for random media. Journal of Optical Society of America A, 1987, 4: 433—437.

[11] Asma A Q, Olga K, Daniel J, et al. Definitions of the degree of polarization of light beam. Optics Letters, 2007, 32: 1015—1016.

[12] Mandel L, Wolf E. Optical Coherence and Quantum Optics. Cambridge: Cambridge University Press, 1995: 160—170.

[13] Wolf E. New theory of partial coherence in the space-frequency domain. Part I: Spectra and cross spectra of steady-state sources. Journal of Optical Society of America, 1982, 72: 343—

351.

[14] Wolf E. New theory of partial coherence in the space-frequency domain. Part II: Steady-state fields and higher-order correlations. Journal of Optical Society of America, 1986, A3: 76－85.

[15] Tervo J, Setala T, Friberg A T. Theory of partially coherent electromagnetic fields in the space-frequency domain. Journal of Optical Society of America A, 2004, 21(11): 2205－2215.

[16] Réfrégier P, Roueff A. Invariant Degrees of coherence of partially polarized light. Optics Express, 2005, 13(16): 6051－6060.

[17] Réfrégier P, Roueff A. Intrinsic coherence: A new concept in polarization and coherence theory. Optics & Photonics News, 2007, 18(4): 30－35.

[18] Goodman J W. Statistical Optics. New York: John Wiley & Sons, 1985: 116－156.

[19] Refregier P. Noise Theory and Application to Physics: From Fluctuations to Information. New York: Springer-Verlag, 2004.

[20] Setala T, Tervo J, Friberg A T. Complete electromagnetic coherence in the space-frequency domain. Optics Letters, 2004, 29: 328－330.

[21] Tervo J, Setala T, Friberg A T. Degree of coherence of electromagnetic fields. Optics Express, 2003, 11: 1137－1142.

[22] Vahimaa P, Tervo J. Unified measures for optical fields: Degree of polarization and effective degree of coherence. Journal of Optics A: Pure and Applied Optics, 2004, 6: 41－44.

[23] Réfrégier P. Mutual information-based degrees of coherence of partially polarized light with Gaussian fluctuations. Optics Letters, 2005, 30(23): 3117－3119.

[24] Réfrégier P, Roueff A. Coherence polarization filtering and relation with intrinsic degrees of coherence. Optics Letters, 2006, 31(19): 1175－1177.

[25] Réfrégier P, Roueff A. Linear relations of partially polarized and coherent electromagnetic fields. Optics Letters, 2006, 31(19), 2827－2829.

[26] Réfrégier P, Roueff A. Visibility interference fringes optimization on a single beam in the case of partially polarized and partially coherent light. Optics Letters, 2007, 32(11): 1366－1368.

[27] Okasi T, Ryu S, Emura K. Measurement of polarization parameters of a single-mode optical fiber. Journal of Optics Communications, 1981, 2(4): 134－141.

[28] Franz J H, Jain V K. Opticol Communications: Components and Systems. New Delihi: Narosa Publishing House, 2002.

[29] Ramachandran G N, Ramaseshan S. Crystal Optics. Handbuch der Physik Band 25/1 (S. Flügge). New York: Springer-Verlag, 1962.

[30] Monerie M, Jeunhomme, L. Polarization mode coupling in long single-mode fibres. Optical and Quantum Electronics, 1980, 12: 449－461.

[31] Bronstein I N, Semendjajew K A. Taschenbuch der Mathematik, 19. Auflage. Harri Deutsch

Verlag：Thun und Frankfuit/Main，1980.

[32] Purcell E M. Elektrizit ät und Magnetismus. Berkeley Physik Kurs Band 2. Vieweg-Verlag，1979.

[33] Okamoto K，Hosaka T，Edahiro T. Stress analysis of single polarization fibers. Review of the Electrical Communication Laboratories，1983，31(3)：381—392.

[34] Sakai J I，Kimura T. Birefringence and polarization characteristics of single mode optical fibers under elastic deformations. IEEE Journal of Quantum Electronics，1981，17(6)：1041—1051.

[35] Ramaswamy V，Standley R D，Sze D，et al. Polarization effects in short length single mode fibers. Bell Systems Technical Journal，1978，57：635—651.

[36] Jones R C. A new calculus for the treatment of optical systems. I. Description and discussion of the calculus. Journal of the Optical Society of America，1941，31(7)：488—493.

[37] Henry H，Jones R C. A new calculus for the treatment of optical systems. II. Proof of three general equivalence theorems. Journal of the Optical Society of America，1941，31(7)：493—499.

[38] Jones R C. A new calculus for the treatment of optical systems. III. The Sohncke theory of optical activity. Journal of the Optical Society of America，1941，31(7)：500—503.

[39] Jones R C. A new calculus for the treatment of optical systems. IV. Journal of the Optical Society of America，1942，32(8)：486—493.

[40] Gill J J，Bernabeu E. Obtainment of the polarizing and retardation parameters of a non-depolarizing optical system from the polar decomposition of its Mueller matrix. Optik，1987，76：67—71.

[41] Fymat A L. Jones's matrix representation of optical instruments 1：Beam splitters. Applied Optics，1971，10(11)：2499—2505.

[42] Fymat A L. Jones's matrix representation of optical instruments 2：Fourier interferometers (spectrometers and spectropolarimeters). Applied Optics，1971，10(12)：2711—2716.

[43] Fymat A L. Polarization effects in Fourier spectroscopy，I：Coherency matrix representation. Applied Optics，1972，11(1)：160—173.

[44] McGuire J P，Chipman R A. Polarization aberrations. 1. Rotationally symmetric optical systems. Applied Optics，1994，33(22)：5080—5100.

[45] Namihiar Y. Opto-elastic constant in single mode optical fiber. Journal of Lightwave Technology，1985，LT-3(5)：1078—1083.

[46] Chowdhury D，Nolan D. Perturbation model for computing optical fiber birefingence from a two-dimensional refractive-index profile. Optics Letters，1995，20：1973—1975.

[47] Park Y，Paek U，Kim D. Determination of stress-induced intrinsic birefringence in a single-mode fiber by measurement of the two-dimensional stress profile. Optics Letters，2002，27：1291—1293.

[48] Pietralunga S，Ferrario M，Tacca M，et al. Local birefringence in unidirectionally spun

fibers. Journal of Lightwave Technology,2006,24(11):4030—4038.

[49] Limberger H G. Are stresses and stress-changes in optical fibers the key of understanding the phenomenon of photosensitivity//Proceedings of POWAG' 04 Summer School on Advanced Glass-Based Nano-Photonics. Bath, UK, 2004, Available: http://www. powag. com/abstracts_list. htm.

[50] Namihira Y,Kudo M,Mushiake Y. Effect of mechanical stress on the transmission characteristics of optical fibers. Electronics and Communications in Japan,1977,60-C:391—398.

[51] Li Z,Wu C,Dong H,et al. Stress distribution and induced birefringence analysis for pressure vector sensing based on single mode fibers. Optics Express,2008,16(6):3955—3960.

[52] Barlow A J,Payne D N. The stress-optic effect in optical fibers. IEEE Journal of Quantum Electronics,1983,19:834—839.

[53] Barlow A J,Payne D N. Polarization maintenance in circularly birefringent fiber. Electronics Letters,1981,17(11):388—389.

[54] Jeunhomme L,Monerie M. Polarization-maintaining single-mode fibres cable design. Electronics Letters,1980,16(24):921—922.

[55] Machida S,Sakai J,Kimura T. Polarization conservation in single-mode fibres. Electronics Letters,1981,17(14):494—495.

[56] Monerie M,Lamouler P. Birefringence measurement in twisted single-mode fibres. Electronics Letters,1981,17(7):252—253.

[57] Ulrich R,Simon A. Polarization optics of twisted single-mode fibers. Applied Optics,1979, 18(13):2241—2251.

[58] Monerie M. Polarization-maintaining single-mode fibre cables:Influence of joints. Applied Optics,1980,20:712—713.

[59] Sakai J I,Machida S,Kimura T. Existence of eigen polarization modes in anisotropic single-mode optical fibers. Optics Letters,1981,6(10):496—498.

[60] Sakai J I,Kimura T. Polarization behavior in multiple perturbed single-mode fibers. IEEE Journal of Quantum Electronics,1982,QE-18(1):59—65.

[61] Sakai J I,Machida S,Kimura T. Degree of polarization in anisotropic single-mode optical fibers:Theory. IEEE Journal of Quantum Electronics,1982,QE-18(4):488—495.

[62] Sakai J I,Machida S,Kimura T. Twisted single-mode optical fiber as polarization-maintaining fiber. Review of Electrical Communication Laboratories,1983,31(3):372—380.

[63] Bachmann P K,Hermann W,Wehr H,et al. Stress in optical waveguides,2:Fibers. Applied Optics,1987,26(7):1175—1182.

[64] Payne D N,Barlow A J,Ramskow Hansen J J. Development of low-and high birefringence optical fibers. IEEE Journal of Quantum Electronics,1982,QE-18(4):477—488.

[65] Ramaswamy V,French W G,Standley R D. Polarization characteristics on noncircular core single-mode fibres. Applied Optics,1978,17(18):3014—3017.

[66] Adams M J,Payne D N,Ragdale C M. Birefringence in optical fibers with elliptical cross-

section. Electronics Letters,1979,15(10):298—299.

[67] Dyott R B,Cozens J R,Morris D G. Preservation of polarization in optical fiber waveguides with elliptical cores. Electronics Letters,1979,15(13):380—382.

[68] Kaminov I P. Polarisation in optical fibres. IEEE Journal of Quantum Electronics,1981, QE-17(1):15—22.

[69] Tjaden D L A. Birefringence in single-mode optical fibres due to core elasticity. Philips Journal Research,1978,33(5-6):254—263.

[70] Hosaka T,Okamoto K,Miya T,et al. Low-loss single polarization fibres with asymmetrical strain birefringence. Electronics Letters,1981,17(15):530—531.

[71] Kaminov I P,Ramaswamy V. Single-polarisation optical fibres:Slab mode. Applied Physics Letters,1979,34(4):268—270.

[72] Katsuyama T,Matsumura H,Suganuma T. Low-loss single-polarisation fibers. Electronics Letters,1981,17(13):473—474.

[73] Ramaswamy V,Kaminov I P,Kaiser P. Single polarization optical fibers:Exposed cladding technique. Applied Physics Letters,1978,33(9):814—816.

[74] Sasaki Y, Shibata N, Hosaka T. Fabrication of polarization-maintaining and absorption-reducing optical fibers. Review of Electrical Communication Laboratories, 1983, 31 (3): 400—409.

[75] Stolen R H,Ramaswamy V,Kaiser P,et al. Linear polarization in birefringent single-mode fibers. Applied Physics Letters,1978,33(8):699—701.

[76] Corning SMF-28e+ optical fiber,Datesheet,Corning Incorporated,New York,2014[online]. Available:http://www. corning. com/opticalfiber/products/SMF-28e+_fiber. aspx.

[77] Liu Y,Tangdiongga E,Li Z,et al. Error-free 320 Gb/s SOA-based wavelength conversion using optical filtering//Optical Fiber Communication Conference and Exposition and The National Fiber Optic Engineers Conference. Anaheim,California,Optical Society of America,2006,paper PDP28.

[78] Zhang J,Wu J,Feng C,et al. All-optical logic or gate exploiting nonlinear polarization rotation in an SOA and red-shifted sideband filtering. IEEE Photonics Technology Letters, 2007,19(1):33—35.

[79] Cheng M,Wu C Q,Liu H. Cascaded optical buffer based on nonlinear polarization rotation in semiconductor optical amplifiers. Chinese Physics Letters,2008,25(11):4026—4029.

[80] Johnson M. In-line fiber-optical polarization transformer. Applied Optics,1979,18:1288—1289.

[81] Kidoh Y, Suematsu Y, Furuya K. Polarization control on output of single-mode optical fibers. IEEE Journal of Quantum Electronics,1981,17:991—994.

[82] Okoshi T,Cheng Y,Kikuchi K. New polarization-control scheme for optical heterodyne receiver using two Faraday rotators. Electronics Letters,1985,21(18):787—788.

[83] Aarts W, Khoe G. New endless polarization control method using three fiber squeezers.

Journal of Lightwave Technology,1989,7(7):1033—1043.

[84] Hirabayashi K,Amano C. Liquid-Crystal polarization controller arrays on planar waveguide ciruits. IEEE Photonics Technology Letters,2002,14(4):504—506.

[85] Yoshino T,Yokota M,Kenmochi T. High-speed all-fiber polarisation controller. Electonics Letters,2003,39(25):1800—1802.

[86] Li Y S,Yan H,Li S et al. Complete polarization controller based on magneto-optic crystals and fixed quarter wave plates. Optics Express,2006,14:3484—3490.

[87] Li Z,Wu C,Yang S S,et al. Generalized principal-state-of-polarization analysis and matrix model for piezoelectric polarization controllers. Chinese Physics Letters, 2008, 25 (4): 1325 — 1328.

第4章　光纤白光干涉仪与解调仪

4.1　引　　言

4.1.1　光纤白光干涉仪

由第3章知道,光纤白光干涉仪主要是指通过某种方式将来自同一宽谱光源的光波电场分成两束光波,然后再使其相遇并进行干涉的装置。当将某种物理量的变化转化成对这种干涉装置的相关变化时,通过这一装置就可以实现对变化量进行高精度测量。由于光纤及其相关器件与传统的大尺度光学器件相比,具有尺寸小、光路柔韧易于调整改变等特点,因此,易于构造出各种复杂干涉光路系统,能够方便地搭建不同结构干涉仪,实现过去大尺度光学所不能完成或不易实现的光学干涉仪结构。这样,通过光纤技术能够方便地将相关物理量转化成干涉仪的变化,从而达到实现各种高精度测量的目的。

4.1.2　光纤白光干涉解调仪

当我们在时域下来理解干涉的解调时,通常是对应施加于干涉仪的调制而言的,该调制可以是对光源通过周期性的改变驱动电流实现的,或是对干涉仪两臂中的一臂通过施加周期性光程变化(如采用PZT调制或电光相位调制器)实现的。由于调制是周期性的,因而变化信号就加载在周期性的调制信号上,解调就是对加载在周期性调制信号的待测参量的读取。通过周期性的多次重复测量,不仅可以连续解调出待测参量的变化,而且也可以抑制噪声,使测量精度得以极大的提高。

当我们在空间域中来理解干涉的解调时,解调是指对于探测或测量干涉仪的原有参量变化的恢复或补偿,从而通过对未知变化量的恢复或补偿量的大小的计量来实现对未知量的测量。因而,解调仪也是一个干涉仪,它是对变化了的测量干涉仪实施了一个反变换。

当我们在谱域中来理解对干涉仪的解调时,对于探测或测量干涉仪的相关参量变化,会遵循谱干涉定律导致干涉光谱的变化。因此,解调是指通过对光谱变化的测量,从而实现对待测参变量进行测量的目的。

基于光纤技术对物理量实施高精度的测量通常就用到光纤干涉仪,待测物理量引起干涉仪输出的变化,通过对该输出变化信号进行解调来获得测量信息。本章首先在前两章的基础上,分别讨论空-时域和谱域光纤白光干涉仪,给出基于光纤干涉仪的各种物理量的测量方法,然后再讨论如何对待测量的干涉变化量引入可以调整与控制的测量干涉仪,从而通过解调干涉仪实现对物理量的测量。这种方法有时也称为解调仪的构造及其解调技术。

4.1.3　本章的内容

当我们讨论光干涉测量理论与技术时,所涉及的主要内容有三个方面:①光源特性与光传输特性;②干涉仪与解调仪的结构;③干涉信号处理方法。白光光源及其相干特性已经在前两章中详加讨论,本章将以干涉仪与解调仪结构为主,主要是针对测量干涉仪的各种可能的变化,详细讨论如何通过解调仪来实现解调的。因此,本章的主要内容是各种干涉仪和解调仪的构造及其解调方法。而干涉仪信号探测及其噪声特性的具体分析与处理方法将在第 5 章中给出。测量干涉仪的具体应用形式与特点将分别在第 6～8 章中分别给出。

4.2　光纤白光干涉仪与解调仪的基本器件

无论是光纤白光干涉仪还是解调仪,都是由各种光纤单元器件组合构建而成。本节首先简要介绍与光纤白光干涉仪构造相关的光纤单元器件及其特性,然后再给出光纤白光干涉仪的基础结构。

4.2.1　光纤准直器

光纤准直器是构建光纤白光干涉仪系统的重要光学元件之一。可以有多种结构,如图 4.1 所示。采用光学透镜的方式可以获得发散角很小的高质量光纤光束准直,如图 4.1(a)所示。采用光学透镜实现光学准直的缺点是体积较大,因此人们常采用自聚焦透镜与光纤结合的方法来实现光纤出射光束的准直,如图 4.1(b)所示。有时为了实现更小尺度的器件,还可以采用一段渐变折射率多模光纤或渐变折射率大芯径光纤与单模光纤结合起来,构成如图 4.1(c)所示的微型化光纤准直器。

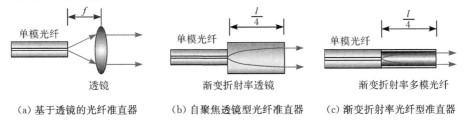

(a) 基于透镜的光纤准直器　　(b) 自聚焦透镜型光纤准直器　　(c) 渐变折射率光纤型准直器

图 4.1　几种典型的光纤准直器

无论是渐变折射率自聚焦透镜还是渐变折射率多模光纤,其光束准直原理相同,其轴对称渐变折射率分布将使光线在传输过程中呈现出周期性的自聚焦效应。抛物形折射率分布可近似的由式(4.1)描写。

$$n(r) \approx n_0 \left(1 - \frac{A}{2} r^2\right) \tag{4.1}$$

式中:r 是半径坐标;$n(r)$ 是该点的折射率;n_0 是光轴上的折射率;A 是一个常数。

光线通过渐变折射率(GRIN)透镜或渐变折射率光纤的传播近似由下面的方程描述:

$$\frac{\mathrm{d}^2 r}{\mathrm{d}z^2} = \frac{1}{n(r)} \frac{\mathrm{d}n(r)}{\mathrm{d}r} \tag{4.2}$$

式中:z 是沿光轴的传输距离。

将式(4.1)代入式(4.2),并取近似,可以得到

$$\frac{\mathrm{d}^2 r}{\mathrm{d}z^2} \approx -Ar \tag{4.3}$$

上述方程的通解为[1]

$$r(z) = K_1 \cos(\sqrt{A}z) + K_2 \sin(\sqrt{A}z) \tag{4.4}$$

式中:K_1 和 K_2 是常数。

这意味着在渐变折射率透镜媒质中,输入光线沿正弦轨迹传播[2]。其周期被称为一个整节距长度 l。当选取自聚焦透镜的长度等于 1/4 节距奇数倍时,便可以与单模光纤一起构成如图 4.1(b)或(c)所示的光纤准直器。

4.2.2　光纤反射器

反射镜是构建光纤白光干涉仪不可缺少的光学元件,常见的可用于系统的反射镜有如下几种:

(1)光纤准直扫描反射镜,用于做光程扫描或干涉仪臂长调整。主要由上述光纤准直器正对一个可实现前后位移的反射镜构成,当前后移动反射镜时,就可以实现光程的调整和扫描,如图 4.2(a)所示。

(2)纤端镀膜反射镜,用于固定的光反射。该光纤反射镜结构简单,将光纤端切割平整或研磨抛平后,镀上金属膜即可实现全光谱反射;如果采用多层介质膜镀膜技术,则可以实现对特定光谱波段的选择性反射,如图 4.2(b)所示。

(3)环形光纤反射镜,可用作光纤半透半反镜。这种光纤反射镜是通过将一个 2×2 耦合器的两个输出端焊接互连实现的,该反射镜在做光程分析时要计及光纤环的长度,如图 4.2(c)所示。

(4)反射式法拉第旋镜的结构较为复杂,它是在光纤准直器的基础上,使准直光再穿过法拉第旋光器,使光的偏振方向旋转角度 $\theta = VHL$,其中 V 是 Verdet 常

数,H 为磁场,L 为旋光材料长度。参数 V 与材料(通常为 YIG,即深红色钇铁晶体)和工作波长有关。这种反射器可用于偏振态控制或调整,例如,用于构造偏振无关型光纤迈克耳孙干涉仪,如图 4.2(d)所示。

(5)除了上述光纤反射器外,还可以使用啁啾光纤光栅来实现对宽谱光的部分谱段的选择性反射,如图 4.2(e)所示。

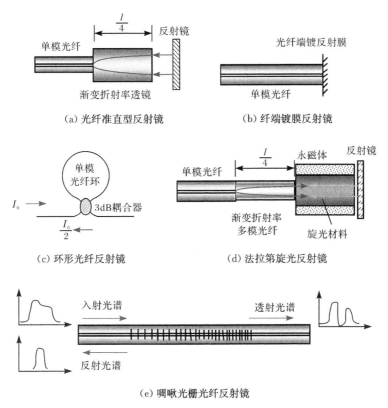

图 4.2　几种典型的光纤反射镜

4.2.3　光纤隔离器

光纤隔离器也是构造高性能光纤干涉仪不可缺少的光学器件,可以用来隔离后向散射光,特别是可以将干涉仪反射回来的光隔离在光源之外,这样就消除了回馈光引起的光源起伏,降低了系统的噪声。已经商用化的光隔离器利用的是法拉第效应的非互易特性,它会改变入射场的偏振态。这种隔离器的结构如图 4.3所示。

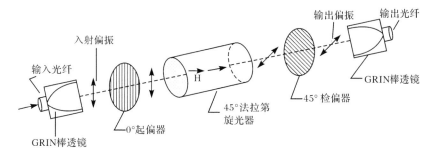

（a）前向传输光

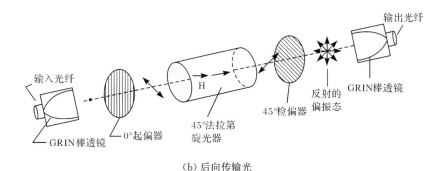

（b）后向传输光

图 4.3　利用法拉第效应的前向及后向光隔离器

　　光纤隔离器的工作原理可以描述为,从输入光纤射入的光先经过一个自聚焦透镜。透镜输出的各向偏振光传播到起偏器的输入端,只有输入光的垂直分量可以通过该起偏器。然后再穿过法拉第旋光器,使光的偏振方向旋转角度 $\theta=VHL$,假设已经调节 θ,使偏振方向发生 $\pi/4$ 的旋转,然后使输出检偏器相对输入起偏器旋转 $\pi/4$。这就意味着法拉第旋光器的输出光可通过输出检偏器。来自不希望反射的背向光在又一次穿过法拉第旋光器时,再次被旋转 $\pi/4$。这就是法拉第非互易效应的结果。当反射光正对输入起偏器时,其偏振方向与输入起偏器的方向相垂直,从而遭到禁止。这种器件的典型插入损耗为 $1\sim2\text{dB}$,隔离度为 40dB。

　　所有的隔离器都与偏振有关。事实上,当隔离器不是放置在激光二极管之前用以隔离反射光时,会对其偏振无关特性有所要求。普通光纤中(不是保偏光纤),光的偏振态沿光纤长度随机变化。因此,对于一个内嵌的隔离器来说。其偏振无关特性就是必需的。图 4.4 给出偏振无关隔离器的结构[3]。它使用了一个偏振相关隔离器、两个起偏器和两个半波片($\lambda/2$ 波片)。包含两个正交偏振的输入光波被一个起偏器分离,并用一个半波片将其置为相同的偏振方向。然后,该光波穿过偏振相关的隔离器。两束输出光之一的偏振方向经过一个半波片旋转,而两个光波最终由另一个起偏器重新组合在一起。背向反射光被偏振相关的隔离器阻隔。文献[3]给出一个工作波长为 $1.3\mu m$ 的隔离器,其隔离度约为 55dB,插入损耗为 0.38dB;$1.55\mu m$ 的隔离度约为 64dB,插入损耗为 0.32dB[3]。

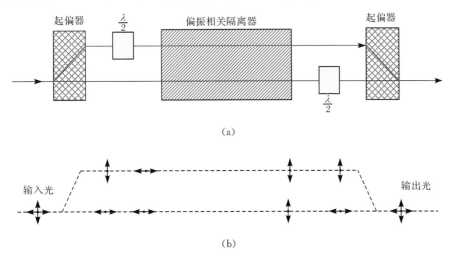

(a)

(b)

图 4.4　偏振无关的光隔离器

4.2.4　光纤环形器

光纤环形器是一个多端口光学器件,用于控制光路方向。图 4.5 给出一个三端口光纤环形器模型。在一个理想的三端口环形器中,1 端的输入光波从 2 端输出,2 端的输入从 3 端输出,而 3 端的输入从 1 端输出,且每端都不存在反射[4]。

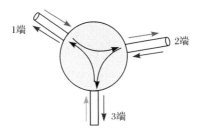

图 4.5　三端口光纤环形器示意图

采用光纤环形器,一方面可以使光纤白光干涉仪与解调仪的结构更加简洁;另一方面,也丰富了各种干涉仪的组合。在构建光纤白光干涉仪的过程中,常用的光纤环形器为三端口和四端口环形器。光纤环形器的构建要借助于光纤隔离器,在上述光纤隔离器的基础上,可以构造各种光纤环形器。图 4.6 给出一个四端口偏振无关环形器的原理结构[5]。它包括一个 YIG 旋光器[6]、两个偏振光分束器(PBS)和两个直角棱镜。从 1 端进入的光波在第一个 PBS 处被分为两束偏振光。每束光都经过偏振旋转,发生偏振互换。互换后的偏振光穿过第二个 PBS,从 2 端输出。2 端的输入光被 PBS 分束。但是,两个分离光波的偏振态在 YIG 旋光器的输出端并不发生改变,原因是 YIG 具有非互易特性。而后,两束光波在 PBS 重新结合,并从 3 端输出。虽然原理较为复杂,但目前有关的光纤环形器的体积可以做得非常小巧。

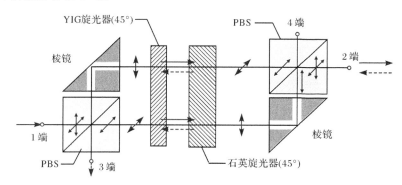

图 4.6　偏振无关环形器的原理图

　　光纤环形器用于构建白光干涉仪的实例将在后面给出,本节仅给出一个应用在掺铒光纤放大器(EDFA)[7,8]中的例子,其结构如图 4.7 所示。利用一个光纤环形器和一个平面镜,就可以重新利用被反射的泵浦功率,从而使泵浦功率的高效利用和高增益的放大成为可能。

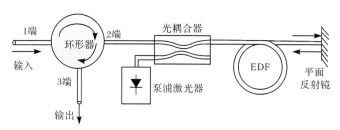

图 4.7　利用了光环形器的掺铒光纤放大器

4.2.5　光纤耦合器

　　光纤耦合器的基本功能是实现光功率分配和光波长分配。最常用的是熔融拉锥形 2×2 单模光纤耦合器,可看成两个锥体相互靠近形成的[9,10],其基本结构如图 4.8 所示。

图 4.8　2×2 单模光纤耦合器基本结构示意图

它的光耦合工作原理是：相耦合的两波导中的场，各自保持了该波导独立存在时的场分布和传输系数。耦合的影响表现在场的复数振幅的沿途变化。设两波导中的复数振幅为 $A_1(z)$ 和 $A_2(z)$。由于耦合作用，其变化规律可用两联立的一阶微分方程组表示：

$$
\begin{cases}
\dfrac{\mathrm{d}A_1(z)}{\mathrm{d}z} = \mathrm{i}(\beta_1 + C_{11})A_1 + \mathrm{i}C_{12}A_2 \\[2mm]
\dfrac{\mathrm{d}A_2(z)}{\mathrm{d}z} = \mathrm{i}(\beta_2 + C_{22})A_2 + \mathrm{i}C_{21}A_1
\end{cases}
\tag{4.5}
$$

式中：A_1、A_2 分别是两根光纤的模场振幅；β_1、β_2 是两根光纤在孤立状态下的传播常数；C_{ij} 是耦合系数。它们都是传播方向 z 的函数。当两根光纤相同时，$\beta_1 = \beta_2$，$C_{12} = C_{21} = C$，于是方程(4.5)的解析解为

$$
\begin{cases}
A_1(z) = [A_1(0)\cos(Cz) + \mathrm{i}A_2(0)\sin(Cz)]\exp(\mathrm{i}\beta_1 z) \\[2mm]
A_2(z) = [A_2(0)\cos(Cz) + \mathrm{i}A_1(0)\sin(Cz)]\exp(\mathrm{i}\beta_2 z)
\end{cases}
\tag{4.6}
$$

将式(4.6)归一化处理，且令 P_1 为直通臂中的光功率，P_2 为耦合臂中的光功率，可得

$$
\begin{cases}
P_1 = \cos^2(CL) \\[2mm]
P_2 = \sin^2(CL)
\end{cases}
\tag{4.7}
$$

式中：L 为耦合区的有效相互作用长度。也可以近似为熔融拉伸长度，C 为耦合系数。其中

$$
C = \frac{(2\Delta)^{1/2} U^2 K_0(Wd/r)}{rV^3 K_1^2(W)}
\tag{4.8}
$$

式中：Δ 为相对折射率差；r 是光纤半径；d 是两光纤中心的间距；U 和 W 分别是光纤的纤芯和包层参量；V 为光纤结构参量；K_0 和 K_1 是零阶和一阶修正的第二类贝塞尔函数。

由于含有贝塞尔函数，式(4.8)相对比较复杂，可简化如下：

$$
C = \frac{V\lambda}{4n_0 a^2}\exp(-c_0 + c_1\bar{d} + c_2\bar{d}^2)
\tag{4.9}
$$

式中：a 是纤芯半径；$\bar{d} = d/a$，d 为两纤芯间的距离；c_0、c_1、c_2 是与光纤结构参数 V 有关的常数。熔融拉锥过程中，当得到预定的分光比时停止拉伸。此时只进行加

热微调,在这个后加热过程中,L 为定值,那么 P_1、P_2 仅依赖于 d 变化。事实上,在耦合器的制作过程中,光纤耦合器的波长平坦特性与偏振特性取决于加热区的温度、拉锥速度、两光纤的互相靠近方式等具体参数[11,12]。对于光纤白光干涉系统而言,希望光纤耦合器对波长不敏感,因此需要选用波长平坦耦合器。这种光纤耦合器的制作过程是首先将两根光纤的一根做预拉伸,如从直径 125μm 拉至 122 μm,然后再将其与另一根 125μm 直径的光纤绞扭后拉到选定的中心波长。

4.3　光纤白光干涉仪的基本构造

4.3.1　散射光场及其 Born 近似

由于本书所讨论的光纤白光干涉技术所用到的光波电场及其传输都是处于单模光纤内或通过光纤准直器出射到光纤外,都具有高斯光束的特点,因此不失一般性,我们假设所讨论的光波电场都是具有高斯分布的光场。

具有高斯分布且波数为 k 的单色光束入射某物体,该光束可以是由单模光纤出射光场,或者由光纤端加透镜或自聚焦透镜准直而生成的,如图 4.9 所示。假设散射物体置于该高斯光束的束腰处,散射深度为 l,探测器距散射体的距离为 D,则入射光波电场可近似为单色平面波

$$E^{(i)}(r,k,t)=A^{(i)}\exp(ikr-i\omega t) \tag{4.10}$$

式中:k 为入射光波的波数,$k=2\pi/\lambda$。

为简单起见,仅考虑单偏振光波,这样式(4.10)简化为标量平面波的情况。

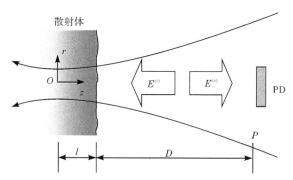

图 4.9　高斯光束沿-z 轴入射到散射体并被散射后被距离
为 D 的 P 点探测器接收的示意图

对于后向散射光波电场而言,仍仅考虑单色偏振的情况,于是有

$$E^{(s)}(r',k,t)=A^{(s)}\exp(-ikr'-i\omega t) \tag{4.11}$$

入射波与反射波叠加后的总光场满足 Helmholtz 方程[13],在弱散射情况下,

散射场由一级 Born 近似给出,可由一个体积分来描写[14]

$$E^{(s)}(r,k,t) = -\frac{1}{4\pi}\int_{V(r')} F(r',k)E^{(i)}(r',k,t)G(|r-r'|)\mathrm{d}V \quad (4.12)$$

式中:$V(r')$ 为入射波被散射的体积;格林函数 $G(|r-r'|)$ 为

$$G(|r-r'|) = \frac{\exp(-\mathrm{i}k|r-r'|)}{|r-r'|} \quad (4.13)$$

式(4.12)可视为惠更斯原理所描写的包含所有二次子波所形成的散射光。这些二次子波总的贡献强度由散射势 $F(r',k)$ 来确定。

$$F(r',k) = -k^2[n^2(r,k)-1] \quad (4.14)$$

对于待测物体而言,可以是各种具有透明特点的材料与结构,如眼球这样的典型的透明生物组织、具有一定透明性的人体皮肤组织等;也可以是各种光学器件,如半导体激光器、光纤耦合器、光纤延迟器等。图 4.10 给出若干种可用白光散射方法实现测量的典型的物体或器件。器件的结构与材料组织的差异,都可以通过不同的散射势函数反映出来。换句话说,通过对散射势函数(4.14)的精确测量,就能够搞清楚待测物体的几何结构或折射率分布情况。

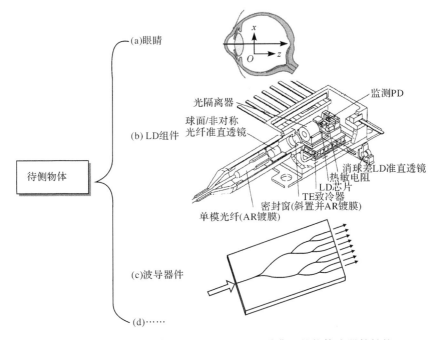

图 4.10　基于白光散射的方法可测量的几种典型的物体或器件结构

图 4.9 中,取 z 坐标轴作为入射光与散射光的轴线,散射光场的探测点处于 z 轴的 $P(r)$ 点处,在散射体外距原点 O 的距离为 D。如果 D 远大于散射深度范围

尺度 l，则 $|r-r'| \approx D$，考虑到散射体之外的势函数 F 为 0，则高斯函数 G 可进一步简化，于是式（4.12）为

$$E^{(s)}(r,k,t) = -\frac{A^{(i)}}{4\pi D}\exp(ikD - i\omega t)\int\limits_{V(r')} F(r')\exp(-ikr')dV \quad (4.15)$$

对于小区域散射而言，在高斯旁轴近似下，散射光场的横向分布可视为均匀的，其积分由一个常量 W 代替，于是在 P 处探测到的散射光场为[15]

$$
\begin{aligned}
E^{(s)}(P,k,t) &= A^{(s)}(P,k,t)\exp[i\phi^{(s)}(P,k)] \\
&= -\frac{A^{(i)}W}{4\pi D}\exp(ikD - i\omega t)\int F(z')\exp(-ikz')dz' \\
&= -\frac{A^{(i)}W}{4\pi D}\exp(ikD - i\omega t)\,\mathscr{F}\{F(z')\}
\end{aligned}
\quad (4.16)
$$

由此可知，散射光波的振幅正比于能够反应散射体结构中折射率分布的散射势函数的傅里叶变换。显然，这只有通过探测一系列不同波数的散射光场，才能获得散射波的振幅与相位，从而获得反应散射体的各种信息，如结构信息、折射率分布信息、色散的信息等。这可以通过如图 4.11 所示的两种基本的探测方式来实现：一种是采用可调谐激光器光源，如图 4.11(a)，通过改变波长来实现单个探测器的对多个波长的散射光场的探测；另一种是采用白光光源，如图 4.11(b)，光源为连续的宽谱光源，散射光场通过一个衍射光栅将不同波长的光进行分散，然后通过 CCD 光探测阵列来实现对多个波长的散射光场的探测。

对于不同波数 k 的散射光场而言，由于我们仅能探测到散射光场的强度 $I(P,k)$，该光强依赖于波数，称为散射光的强度谱或功率谱。因此，要想获得描写散射体内部信息的散射势函数的结构细节，就需要通过具有一系列不同波数（不同波长）的光来逐一获得对应的散射光强度，光谱越宽，探测信息越丰富，获得的散射势函数结构就越精细。

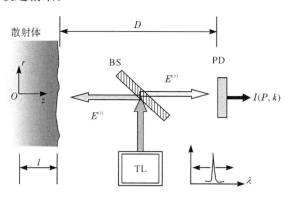

(a) 可调谐激光器技术方案

TL. 可调谐激光器；PD. 光电探测器；BS. 分束器

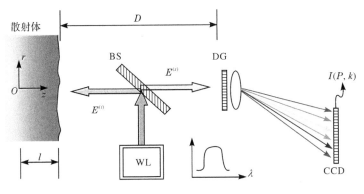

(b) 白光光源方案

WL. 宽带白光光源；DG. 衍射光栅；BS. 分束器

图 4.11　两种基本的散射光探测系统

由式(4.16)可知,散射光场的强度谱正比于物体散射势傅里叶变换的平方,即

$$I(P,k)=|E^{(s)}(P,k)|^2=\eta|\mathscr{F}\{F(z')\}|^2 \tag{4.17}$$

考虑到式(4.17)中散射光的强度谱的傅里叶逆变换服从散射势函数的自相关函数[4]

$$\mathscr{F}^{-1}\{I(P,k)\}=\eta\langle F^*(z')F(z'+Z)\rangle=\eta\Gamma_F(Z) \tag{4.18}$$

式中: $\Gamma_F(Z)$ 为散射势的自相关函数。

通过式(4.18)我们获得了散射势的自相关函数而不是散射势函数本身。为了进一步获得散射物体的散射势,必须增加一个参考面。有两种可行的方法:一种是在散射物体与探测器之间增加一个光波反射界面(例如,半透半反镜),置于 $z=z_1$ 处,如图 4.12 所示。这种情况下散射势可被描写为实际的散射势 $F_0(z')$ 与一个具有反射率为 R 的 δ 势函数之和,即

$$F(z')=F_0(z')+R\delta(z'-z_1) \tag{4.19}$$

于是自相关函数(4.18)展开为 4 项,即

$$\langle F^*(z')F(z'+Z)\rangle=\langle F_0^*(z')F_0(z'+Z)\rangle+\langle F_0^*(z')R\delta(z'+Z-z_1)\rangle$$
$$+\langle R\delta(z'-z_1)F_0(z'+Z)\rangle+\langle R^2\delta^*(z'-z_1)\delta(z'-z+Z)\rangle$$
$$=\Gamma_F(Z)+RF_0^*(z_1-Z)+RF_0(z_1+Z)+R^2\delta(Z) \tag{4.20}$$

式(4.20)中的第三项对应是位于 $Z=z_1$ 的实际散射结构(参考反射镜),光的主要反射界面是置于散射体前方的参考反射镜,如图 4.12 所示。由于选择参考反射界面距散射体的距离 L 大于散射深度 l,就使相关函数的四项都能完全区分而不会彼此重叠。但是,这却使散射结构探测尺度由 l 扩展到 $L+l$,极大地增加了傅里叶变换的频率范围,因而要求增加谱域 k 空间的分辨率。

　　另一种方法是当散射体自身包含一个相对反射率较高的界面作为参考反射面,例如位于 $z=z_1$ 的散射体表面,设其反射率为 R,则其散射势 $F_0(z')$ 可被描写为保留的散射势 $F_R(z')$ 与一个具有反射率为 R 的 δ 势函数之和,即

$$F_0(z')=F_R(z')+R\delta(z'-z_1) \tag{4.21}$$

　　相应的三个自相关函数项都很重要,每一项都包含反射率 R:

$$\langle F_0^*(z')F_0(z'+Z)\rangle=\langle F_0^*(z')R\delta(z'+Z-z_1)\rangle+\langle R\delta^*(z'-z_1)F_R(z'+Z)\rangle$$
$$+\langle R^2\delta^*(z'-z_1)\delta(z'-z+Z)\rangle$$
$$=RF_R^*(z_1-Z)+RF_R(z_1+Z)+R^2\delta(Z) \tag{4.22}$$

　　这种情况下,我们获得了处于 Z 坐标下的物体散射势的复共轭函数。实际的物体散射势的起始点为 $Z=-z_1$,而最高的峰值位于 $Z=0$ 处。通常,两个重建的散射势将重叠,只有在强反射面位于散射体表面时才能获得两个分开的散射势。一个等效的构造是在靠近散射体处,设置一个强反射面,也能获得同样的结果。

　　上述两种情况,都是借助于一个已知的参考反射界面来实现对散射势测量的。这种通过增加已知参考反射界面的方法,就是构造光学干涉仪。简而言之,通过构造各种结构的干涉仪,就能帮助我们实现所需要的测量。

　　基于上述讨论结果,图 4.12 给出两种基本的白光干涉仪。从干涉仪结构的角度来说,图 4.12(a)属于典型的共光路菲佐(Fizeau)干涉仪,而图 4.12(b)则为典型的迈克耳孙干涉仪。由于要获得对散射体内部结构分布特性的测量,就要通过连续的扫描测量方式才能实现。图 4.12(a)所采用的是采用可调谐激光器,通过连续改变光源波长的方法来完成扫描测量的。这种情况下,干涉仪中仅用一个光电探测器就能实现光谱干涉的测量。如果将可调谐激光器换成一个宽谱白光光源,这种情况下,仍然可使用一个光电探测器来完成连续的扫描测量,这是通过连续的改变参考反射臂反射镜空间位置的方法来实现的,如图 4.12(b)所示。

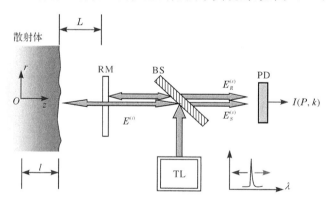

(a)基于可调谐激光器光源共光路波长扫描时域相干菲佐干涉仪

TL. 可调谐激光器;PD. 光电探测器;BS. 分束器;RM. 参考反射器

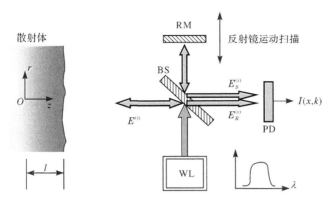

（b）基于宽谱白光光源的参考反射镜光程扫描空域迈克耳孙干涉仪

WL. 宽带白光光源；PD. 光电探测器；BS. 分束器；RM. 参考反射器

图 4.12　两种基本的时域干涉仪

采用干涉仪来实现测量的另一类典型的方法是基于谱干涉定律来完成测量的干涉仪，称为谱域干涉仪。图 4.13 给出两种基本的谱域干涉仪的结构。由第 2 章可以知道，对于光的干涉而言，谱域空间是时域空间的干涉互补空间。在谱域干涉空间中，遵循式(2.64)给出的光谱干涉定律。因而前面所描述的两种空-时域干涉测量都可以借助于谱干涉仪来完成测量，如图 4.13 所示。

无论是对于波长可连续改变的可调谐激光器光源，还是直接采用宽谱白光光源，谱域干涉仪的解调方式都相同。首先需要借助于衍射光栅将不同波长的光信号分开，然后再使用阵列探测器，实现对光谱的变化进行测量。

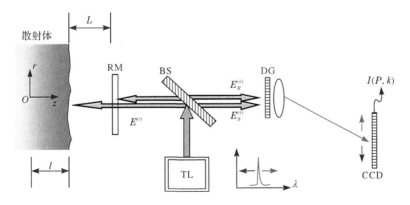

（a）基于可调谐激光器的菲佐谱域干涉仪

TL. 可调谐激光器；DG. 衍射光栅；BS. 分束器；RM. 参考反射器

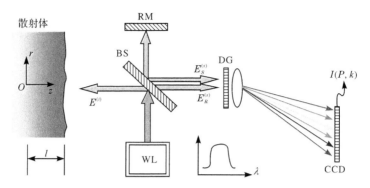

(b) 基于宽谱白光光源的迈克耳孙谱域干涉仪

WL. 宽带白光光源；DG. 衍射光栅；BS. 分束器；RM. 参考反射器

图 4.13　两种基本的谱域干涉仪

4.3.2　空-时域光纤白光干涉仪

4.3.1 节讨论了基于空间光散射探测以及干涉探测的基本原理与测量装置。基于上述一般测量方法，我们将光纤引入测量系统，这样就能将复杂的三维空间光路结构简化为准一维的光学结构，构造光纤白光干涉仪。优点在于通过柔韧的光纤波导及其光器件的引入，就能使空间光路构造得以简化，并且能够更加方便地搭建各种复杂的干涉仪系统。

图 4.14 给出两种基本的空-时域光纤白光干涉仪。干涉仪系统中使用了单模光纤、光纤耦合器(等效于光分束器)、光纤准直器、三端口光纤环形器等纤维光学器件来方便地构造和实现干涉测量系统。采用光纤光路，能够方便地实现差动信号检测，消除本底噪声，如图 4.14(a)和(b)所示。

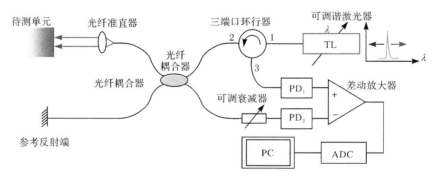

(a) 基于可调谐激光器的光纤白光干涉仪

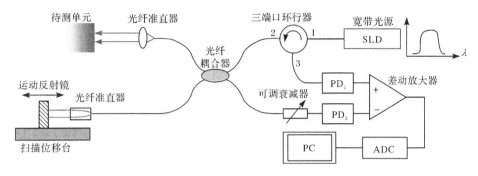

(b) 基于宽谱白光光源的空间扫描迈克耳孙干涉仪

图 4.14　两种基本的空-时域白光干涉仪

对如图 4.14 所示的系统,从光源发出的单频激光,经过三端口光纤环形器后到达分光比为 1:1 的 2×2 耦合器,被分为功率相当的两束光,它们被分别准直后,一束投射到待测单元上,被传回光纤耦合器的后向散射光信号为

$$E^{(s)}(k)=E_1(k)\exp(-ikS_1) \tag{4.23}$$

与此同时,另一束则由光纤端反射器直接反射回来

$$E^{(R)}(k)=E_2(k)\exp(-ikS_2) \tag{4.24}$$

返回的两束光信号由耦合器的两个输出端口各自形成干涉信号,于是到达光探测器 PD_1 和 PD_2 的光信号则分别为

$$i_1(k)=\eta_1\left(\frac{i_0(k)}{2}\right)(1+\cos\Delta\varphi(t)) \tag{4.25}$$

$$i_2(k)=\eta_2\left(\frac{i_0(k)}{2}\right)(1-\cos\Delta\varphi(t)) \tag{4.26}$$

调整光衰减器使得上述两式的强度系数相等,于是经差动放大后的分布式动态干涉信号为

$$i(k,t)=Ai_0(k)\cos\Delta\varphi(t) \tag{4.27}$$

式中: $i_0(k)=\left|E_0(k)\right|^2$,对应波数为 k 的光源光场的强度谱;$\Delta\varphi(t)$ 为两光束之间的相位差,$\Delta\varphi(t)=\varphi_2(t)-\varphi_1(t)=\frac{2\pi}{\lambda}(l(t)\Delta n(k)+n(k)\Delta l(t))$;$A$ 为信号的综合放大系数。

对于图 4.14(b) 而言,两个相干光束来自同一宽带 SLD(或 LED)光源,对于典型的 SLD 光源,通常都具有近似于高斯分布的光谱。这种分布可以用下述函数来描述:

$$G(k)=\frac{G_0}{\sqrt{2\pi\sigma_k^2}}\exp\left[-\frac{(k-k_0)^2}{2\sigma_k^2}\right] \tag{4.28}$$

式中：$k_0 = 2\pi/\lambda_0$，λ_0 为对应的中心波长；G_0 是对应于波长在 λ_0 处的光谱强度；σ_k 为光谱分布参数。

式(4.28)中，光谱的分布是以波数 k 的形式给出的，它与波长和频率之间的关系是 $k = 2\pi/\lambda$，$\lambda = c/\nu$，$k = \omega/c$。定义光谱半宽 $\Delta\lambda$ 为光源的半极值全宽度对应的波长带宽，如图 2.1 所示。该光源所对应的相干长度与光谱半宽和中心波长相关，可表示为

$$L_c = \xi\left(\frac{\lambda_0^2}{\Delta\lambda}\right) \tag{4.29}$$

例如，对于某中心波长 $\lambda_0 = 1310\text{nm}$、半宽 $\Delta\lambda = 35\text{nm}$ 的典型 SLD 光源，其相干长度 $L_c \approx 32.4\mu\text{m}$。这里，由于 SLD 光源的光谱具有高斯分布形状，因而计算时光谱分布形状因子 ξ 取 0.66[16]。

考虑到对于谱密度为 $G(k)$ 的宽谱光源，依照光谱干涉定律式，在光纤迈克耳孙干涉仪的光谱域干涉输出函数可以写为

$$G(\omega, \tau) = \alpha R_1 G_1(\omega) + \alpha R_2 G_2(\omega) + 2\alpha\sqrt{R_1 G_1(\omega) R_2 G_2(\omega)}\cos(\omega\tau) \tag{4.30}$$

将式(4.30)中的 ω、τ 通过关系式 $\omega = ck$ 和 $\tau = n(s_2 - s_1)/c = x/c$，式(4.30)可重新写成干涉仪两臂的光程差 x 的函数的形式：

$$G(k, x) = \alpha R_1 G_1(k) + \alpha R_2 G_2(k) + 2\alpha\sqrt{R_1 G_1(k) R_2 G_2(k)}\cos(kx) \tag{4.31}$$

式中：α 为 2×2 光纤耦合器的插入损耗系数，定义为 $\alpha = $（输出总光强）/（输入总光强）；$R_1$ 为测量臂光纤端面的反射率；R_2 为参考臂反射镜的反射率；$G_1(k)$ 和 $G_2(k)$ 分别为耦合到测量臂和参考臂的光强分量。

对于 3dB 光纤耦合器，有

$$G_1(k) = G_2(k) = \frac{1}{2}\alpha G(k) \tag{4.32}$$

假设 $R_1 = R_2 = R$，则式(4.31)变为

$$G(k, x) = \alpha^2 R G(k)[1 + \cos(kx)] \tag{4.33}$$

将式(4.28)代入式(4.33)，得到

$$G(k, x) = \alpha^2 R \frac{G_0}{\sqrt{2\pi}\sigma_k}\exp\left[-\frac{(k - k_0)^2}{2\sigma_k^2}\right][1 + \cos(kx)] \tag{4.34}$$

如果将光谱仪接在光纤迈克耳孙干涉仪的探测端，对于任意的光程差 x，都会得到类似于图 4.15(a)所示的干涉的通道光谱。由式(4.34)可以看出：①光程差 x 的大小会改变梳状通道谱条纹之间密度的变化，对于光谱域的干涉，不存在相干长度的限制；②当以波数为横坐标时，对于固定的光程差，光谱分布是以 k_0 为对称中心的高斯分布；③当以人们熟悉的波长 λ 为坐标时，考虑到波长 λ 与波数 k 的倒数关系 $k = 2\pi/\lambda$，所测得的梳状干涉通道谱的分布是不均匀的。

图 4.14(b)中的探测器所探测到的光波信号是所有光谱之和。于是将

式(4.34)在(−∞～＋∞)区间对整个光谱积分，可以得到

$$I(x) = \int_{-\infty}^{+\infty} G(k,x)\,\mathrm{d}k$$

$$= \int_{-\infty}^{+\infty} G_0 \frac{1}{\sqrt{2\pi}\sigma_k} \exp\left[-\frac{(k-k_0)^2}{2\sigma_k^2}\right]\{\alpha^2 R[1+\cos(kx)]\}\,\mathrm{d}k$$

$$= \alpha^2 R G_0 \frac{1}{\sqrt{2\pi}\sigma_k} \int_{-\infty}^{+\infty} \exp\left[-\frac{(k-k_0)^2}{2\sigma_k^2}\right][1+\cos(kx)]\,\mathrm{d}k \qquad (4.35)$$

令 $k'=k-k_0$，整理式(4.35)，变为

$$I(x) = \alpha^2 R G_0 \frac{1}{\sqrt{2\pi}\sigma_k} \int_{-\infty}^{+\infty} \exp\left(-\frac{k'^2}{2\sigma_k^2}\right)\{1+\cos[(k'+k_0)x]\}\,\mathrm{d}k'$$

$$= \alpha^2 R G_0 \frac{1}{\sqrt{2\pi}\sigma_k} \int_{-\infty}^{+\infty} \exp\left(-\frac{k'^2}{2\sigma_k^2}\right)[1+\cos(k'x)\cos(k_0 x)$$

$$- \sin(k'x)\sin(k_0 x)]\,\mathrm{d}k'$$

$$= \alpha^2 R G_0 \left[1+\exp\left(-\frac{x^2}{2\sigma_k^2}\right)\cos\left(\frac{2\pi}{\lambda_0}x\right)\right] \qquad (4.36)$$

式中：σ_k 是与光谱半宽相关的光谱系数，对于光谱系数 $\sigma_k=7\mu\mathrm{m}$ 的 SLD 光源，计算得到的干涉仪输出的时域干涉强度变化随干涉仪光程差变化的归一化白光干涉典型特征信号如图 4.15(b)所示。

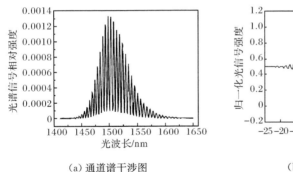
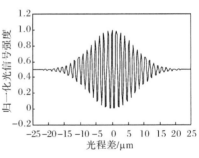

(a) 通道谱干涉图　　　　　　　　　(b) 空间扫描干涉图

图 4.15　中心波长为 1510nm，$\sigma_k=7\mu\mathrm{m}$ 的 SLD 光源，光纤白光干涉仪的通道谱干涉图和空间扫描干涉图

　　由图 4.15(b)可以看出，在时域干涉空间中，其干涉特性为：①当光程差小于光源的相干长度时，才会产生干涉，干涉图的轮廓取决于光源的光谱分布；②干涉图样的中央条纹位于干涉条纹的中心且具有振幅极大值，它对应于干涉仪两臂的光程绝对相等的空间点；③部分相干传输函数可以用描述光源光谱特性的自相关函数进行表示。

考虑到图 4.14(b)所示的差动探测情况,则由迈克耳孙干涉仪的两个输出端口输出的光信号可分别写为

$$I_1(x) = \eta_1 \alpha^2 R G_0 \left[1 + \exp\left(-\frac{x^2}{2\sigma_k^2}\right) \cos\left(\frac{2\pi}{\lambda_0} x\right) \right] \tag{4.37}$$

$$I_2(x) = \eta_2 \alpha^2 R G_0 \left[1 - \exp\left(-\frac{x^2}{2\sigma_k^2}\right) \cos\left(\frac{2\pi}{\lambda_0} x\right) \right] \tag{4.38}$$

精确调节光衰减器,使得上面两式强度部分相等,则该系统的差动放大信号为

$$I(x) = A\alpha^2 R G_0 \exp\left(-\frac{x^2}{2\sigma_k^2}\right) \cos\left(\frac{2\pi}{\lambda_0} x\right) \tag{4.39}$$

式中:A 为差动系统的放大系数。

4.3.3　谱域光纤白光干涉仪

采用光谱探测的方式来观测干涉仪的变化如何导致光谱变化的光学系统称为谱域光纤白光干涉仪。利用光谱仪可以对任何形式的宽谱光干涉仪导致的光谱改变进行测量。当两束具有光程差 L 的宽谱光进行叠加时,由谱干涉定律可知,将会导致具有周期性起伏的光谱[17,18],当波长满足条件$(n+1/2)\lambda = L$(n 为整数)时,光谱到达起伏的极小值。如果光程差在整个光源谱区范围内是固定不变的,则频域中相邻的光谱极小值之间的间距为 c/L,这里 c 为光速。

尽管谱域干涉条纹可以通过对时域干涉信号进行傅里叶变换而得到,但两者却有较大的差别。当两束相干光的光程差 $L = c\tau$ 大于相干长度 $L_c = c\tau_c$ 时,在时域将观测不到相干条纹。而在谱域,高对比度相干条纹则不受光程差长度的影响,在谱域干涉仪中,其可探测的光程差与光谱仪的分辨率成反比。此外,与时域干涉仪相比,谱干涉仪具有更高的灵敏度和信噪比(signal to noise,SNR)。

由谱域干涉仪所记录下来的通道谱通常用来测量各种光学材料的绝对厚度、色散或者对两者进行同时测量。通道谱的方法也用来测量样品的双折射和色散、各向异性光学材料的光轴取向以及单模双折射光纤的偏振模色散。通过分析两个光轴之间的双光束干涉,各向异性光学材料样品的两个光轴可视为是具有不同光程的两光路,当将起偏器置于样品的输出端时,两正交场分量叠加就会在谱域形成干涉条纹。

尽管在有些情况下,依照相关性,会给出光的空-时域干涉特性,但在许多应用场合下,尤其是光的传输色散或散射情况下,空-频域更适用。由于光波电场可以表示成对于光频的傅里叶积分的形式

$$\boldsymbol{E}(r,t) = \int_{-\infty}^{\infty} \overrightarrow{E}(r,\nu) \exp(-\mathrm{i}2\pi\nu t) \mathrm{d}\nu \tag{4.40}$$

两点之间的光波电场的二阶谱相关函数可以写为

$$\phi_{ij}(r_1, r_2, \nu_1, \nu_2)$$

$$= \langle E_i(r_1, \nu_1) E_j^*(r_2, \nu_2) \rangle$$

$$= \int_{-\infty}^{\infty} \int_{-\infty}^{\infty} \langle \boldsymbol{E}_i(r_1, t_1) \boldsymbol{E}_j^*(r_2, t_2) \rangle \exp(i2\pi\nu_1 t_1) \exp(-i2\pi\nu_2 t_2) dt_1 dt_2$$

$$= \int_{-\infty}^{\infty} \int_{-\infty}^{\infty} \Gamma_{ij}(r_1, r_2, t_1, t_2) \exp(i2\pi\nu_1 t_1) \exp(-i2\pi\nu_2 t_2) dt_1 dt_2 \qquad (4.41)$$

在光波电场为定常场的假设下,式(4.41)可化为

$$\phi_{ij}(r_1, r_2, \nu_1, \nu_2) = \delta(\nu_1 - \nu_2) W_{ij}(r_1, r_2, \nu_2) \qquad (4.42)$$

其中

$$W_{ij}(r_1, r_2, \nu_2) = \int_{-\infty}^{\infty} \Gamma_{ij}(r_1, r_2, \tau) \exp(i2\pi\nu\tau) d\tau \qquad (4.43)$$

式中:$\delta(\nu)$是狄拉克函数;$W_{ij}(r_1, r_2, \nu_2)$为光波电场在点 r_1 和 r_2 交叉谱密度函数。

式(4.42)表明属于不同频率的光波电场谱分量是不相关的,而同频光波电场谱分量之间的相关对应于式(4.42)右边的非奇异部分,即交叉谱密度函数 $\boldsymbol{W}(r_1, r_2, \nu)$。于是,平均光场强度为

$$I(r) = \Gamma_{ij}(r, r, 0) = \int_{-\infty}^{\infty} W_{ij}(r, r, \nu) d\nu \qquad (4.44)$$

谱域光纤白光干涉仪也是基于谱干涉定律,通过将光谱展开的方法,采用空间排列的阵列光电探测器(CCD),无需进行空间扫描,就能实现干涉测量。图 4.16 给出基于纤维光器件及单模光纤搭建的两种典型迈克耳孙干涉的谱域干涉仪。对于图 4.16(a)中,当可调谐激光源的波长依次扫描时,干涉仪输出的光信号经过准直器射到衍射光栅,经过衍射光栅的衍射,载有待测单元探测信号的不同波长的光被分别聚焦到 CCD 阵列探测器的每个探测单元上,便获得有关的谱域干涉测量结果。如果所采用的光源本身就是宽谱光源,如图 4.16(b)所示,则待测干涉谱无需扫描,是同时在 CCD 上获得的。

谱域干涉仪所获得的干涉探测光谱信号首先由 CCD 读出,是以波长为横坐标的光谱干涉信号。由于以波长为坐标的谱干涉信号是不均匀的(随波长的变化而改变),因此需要将其转化到 k 空间,这个过程称为 k 空间的重标定。然后通过对 k 空间的干涉信号进行傅里叶变换,就能还原成时域空间的测量信息,如图 4.16(c)所示。

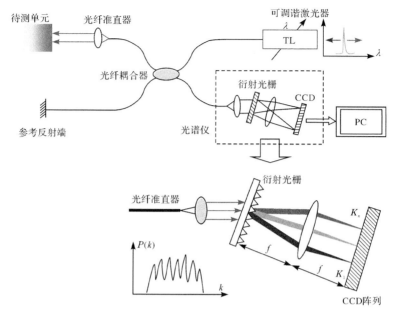

（a）基于可调谐激光器的谱域光纤白光干涉仪

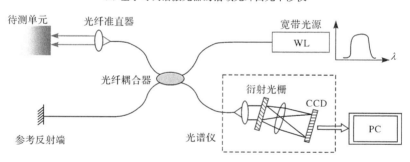

（b）基于宽谱光源的谱域光纤白光干涉仪

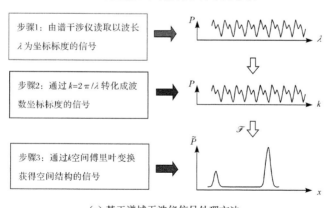

（c）基于谱域干涉仪信号处理方法

图 4.16　两种基本的谱域光纤白光干涉仪

4.3.4　偏振相关的光纤白光干涉仪[19~21]

为简化问题,前节讨论的光纤白光干涉仪没有涉及光的偏振问题,或假设所有的光源与光路中传输的光都处于同一偏振方向。这样可更简洁地集中讨论所关心的问题而不至于过多地陷于其他细节问题。然而,实际上任何光学系统都涉及光的偏振态问题,因而,本节将主要讨论偏振相关的光纤白光干涉仪的有关问题。

事实上,无论是空-时域光纤白光干涉仪还是谱域光纤白光干涉仪都是对偏振敏感的。对于偏振敏感的测量系统而言,可以依次采用四个单通道谱域干涉测量技术,或采用具有参考光束的双通道同时进行正交偏振分量的测量。这种谱干涉技术可以用来对信号光的偏振态进行测量,也可用于待测样品的双折射测量。

1. 偏振相关的空-时域光纤白光干涉仪

当考虑偏振相关的空-时域光纤白光干涉仪时,有两种干涉仪的构造思路。一种方法是,在上述干涉仪系统中,光源后面增加一个输入偏振控制器,探测器前面增加一个检偏器系统。这样就可以实施不同偏振态下的光学测量,实质上,就是将两个正交偏振光分解成两个等效的单偏振光纤白光干涉系统。

如果干涉测量系统仅采用单个光电探测器来完成干涉测量时,宽谱光源只能用可调谐激光器,图 4.17 给出基于可调谐激光器的透射式光纤干涉仪和反射式光纤干涉仪的典型结构。如果系统中不加偏振态预置系统,则对于任意的干涉系统而言,需要对输出信号加以区分探测,图 4.18 给出典型的正交四分量偏振干涉测量系统,无论是透射式还是反射式光纤白光干涉系统,都需要采用四个独立的探测单元来实现。

另一种偏振相关干涉仪的构造方法是在图 4.17 所示的干涉仪系统中插入一个正交偏振光的相位延迟器,将正交偏振光在空间光程上进行分离,从而可以在同一个光学干涉系统中实现正交偏振光各自独立的测量,如图 4.19 所示。

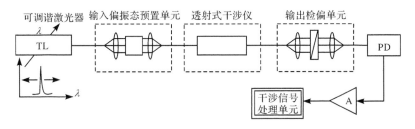

(a) 透射式偏振相关光纤干涉仪

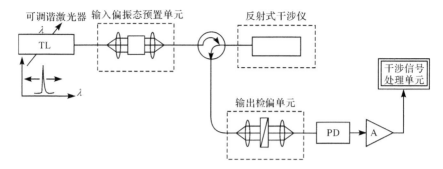

（b）反射式偏振相关光纤干涉仪

图 4.17　基于可调谐激光器宽谱光源的偏振相关空-时域光纤干涉仪

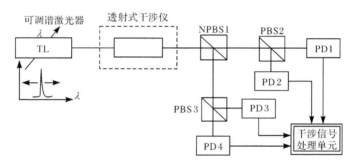

（a）透射式四探测单元干涉仪

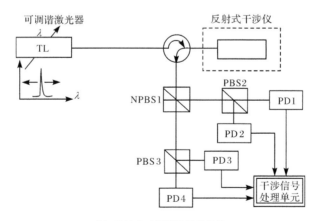

（b）反射式四探测单元干涉仪

图 4.18　基于可调谐激光器宽谱光源的偏振相关空-时域光纤干涉仪

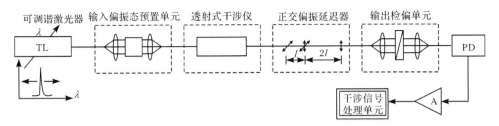

（a）透射式偏振相关干涉仪

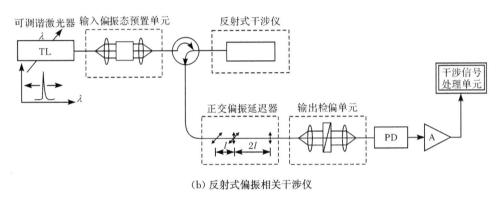

（b）反射式偏振相关干涉仪

图 4.19　基于可调谐激光器宽谱光源的偏振相关空-时域光纤干涉仪

　　如果干涉系统采用具有阵列 CCD 型的多光电探测器型光谱仪来实现干涉光谱的探测,则系统中的宽谱光源既可以采用可调谐激光器,如图 4.20 给出的采用光谱仪实现透射式和反射式偏振相关干涉谱仪的系统结构示意图;也可以采用宽谱光源,如 SLD 或 ASE 光源。图 4.21 给出采用宽谱光源情况下的透射和反射型偏振相关干涉谱仪。

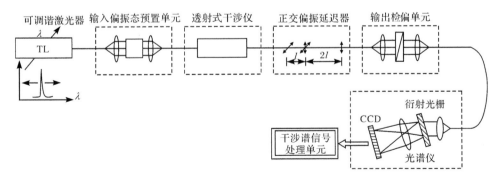

（a）透射式偏振相关干涉谱仪

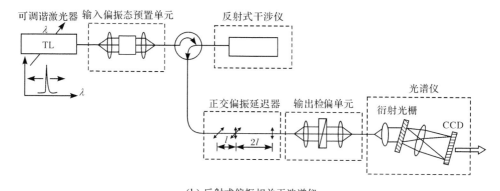

（b）反射式偏振相关干涉谱仪

图 4.20　基于可调谐激光器宽谱光源的偏振相关谱域光纤干涉仪

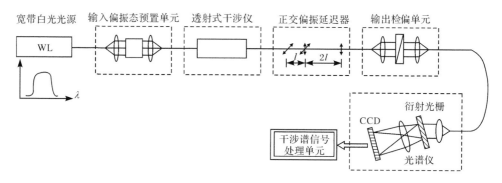

（a）透射式偏振相关干涉谱仪

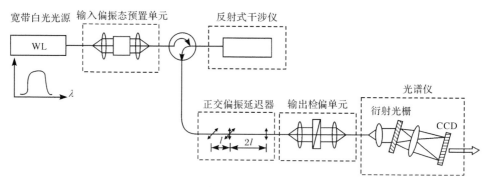

（b）反射式偏振相关干涉谱仪

图 4.21　宽谱光源的偏振相关谱域光纤干涉仪

2. 偏振无关的空-时域光纤白光干涉仪

在光纤中,偏振态的变化多数情况下受到光纤中双折射变化的影响,有时为了消除光的偏振态对干涉测量过程的影响,人们采用旋光反射器件的办法,对入射光程传输的光波进行 90°旋转,从而通过回程使得快轴与慢轴相互翻转,从而消除光纤双折射对光程和相位的影响。

图 4.22 给出采用一对反射式法拉第旋镜构建的光纤白光干涉仪。为了进一步说明其工作原理,我们给出法拉第旋镜的结构示意图,它是在光纤准直器的基础上,使准直光再穿过法拉第旋光器,使光的偏振方向旋转角度 $\theta=45°$,该光束被反射镜反射后,二次穿过法拉第旋镜,就使反射光获得 90°旋转,从而能够实现两个正交光轴的互换并达到补偿的目的。

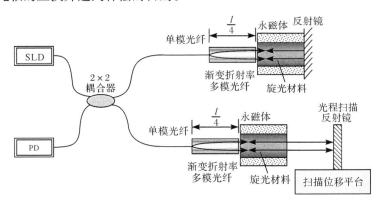

图 4.22　具有正交补偿特点的偏振无关光纤白光干涉仪

3. 偏振相关的谱域光纤白光干涉仪

为了更好地理解偏振相关的谱域光纤白光干涉仪,我们首先给出一些理论背景知识。

1) 光的偏振:相关性与斯托克斯矢量

数学形式上,谱相关矢量(J)等效于谱相关矩阵

$$J=\langle E\otimes E^*\rangle=\begin{bmatrix}\langle E_x(\omega)E_x^*(\omega)\rangle\\\langle E_x(\omega)E_y^*(\omega)\rangle\\\langle E_y(\omega)E_x^*(\omega)\rangle\\\langle E_y(\omega)E_y^*(\omega)\rangle\end{bmatrix} \qquad (4.45)$$

式中:星号代表复共轭;符号 $\otimes$ 代表外积。外积 $A\otimes B$ 定义为一个新矩阵,矩阵 A 的矩阵元 a_{ij} 由 $a_{ij}B$ 取代。显然,谱相关矢量 J 的每个阵元都是 $r_1=r_2$ 时的交叉谱密度函数,即 $W_{ij}(r,r,\nu)$。每一个斯托克斯谱矢量单元对应的参量与矢量 J 具有

线性关系

$$S = \begin{bmatrix} S_0(\omega) \\ S_1(\omega) \\ S_2(\omega) \\ S_3(\omega) \end{bmatrix} = AJ, \quad A = \begin{bmatrix} 1 & 0 & 0 & 1 \\ 1 & 0 & 0 & -1 \\ 0 & 1 & 1 & 0 \\ 0 & i & -i & 0 \end{bmatrix} \tag{4.46}$$

利用交叉谱密度函数,谱相干矢量以及谱斯托克斯矢量可表示为

$$J = \begin{bmatrix} W_{xx}(\omega) \\ W_{xy}(\omega) \\ W_{yx}(\omega) \\ W_{yy}(\omega) \end{bmatrix} \tag{4.47}$$

$$S = \begin{bmatrix} W_{xx}(\omega) + W_{yy}(\omega) \\ W_{xx}(\omega) - W_{yy}(\omega) \\ 2\mathrm{Re}\{W_{xy}(\omega)\} \\ -2\mathrm{Im}\{W_{xy}(\omega)\} \end{bmatrix} \tag{4.48}$$

这里 $W_{ij} = W_{ji}^*$。当光的相干矢量通过一个由 Jones 矩阵 $\boldsymbol{T}$ 描写的一个光学元件时,有

$$\boldsymbol{J}_{\mathrm{out}} = (\boldsymbol{T}\boldsymbol{E}_{\mathrm{in}}) \bigotimes (\boldsymbol{T}\boldsymbol{E}_{\mathrm{in}}^*) = (\boldsymbol{T} \bigotimes \boldsymbol{T}^*) \boldsymbol{J}_{\mathrm{in}} \tag{4.49}$$

可以看到,其输出与输入是线性相关的,于是可以写为

$$\boldsymbol{S}_{\mathrm{out}} = \boldsymbol{A}(\boldsymbol{T} \bigotimes \boldsymbol{T}^*) \boldsymbol{J}_{\mathrm{in}} = [\boldsymbol{A}(\boldsymbol{T} \bigotimes \boldsymbol{T}^*) \boldsymbol{A}^{-1}] \boldsymbol{S}_{\mathrm{in}} = \boldsymbol{M} \boldsymbol{S}_{\mathrm{in}} \tag{4.50}$$

其中

$$\boldsymbol{A}^{-1} = \frac{1}{2} \begin{bmatrix} 1 & 1 & 0 & 0 \\ 0 & 0 & 1 & -i \\ 0 & 0 & 1 & i \\ 1 & -1 & 0 & 0 \end{bmatrix} \tag{4.51}$$

式中:M 是一个 4×4 的具有实数值的 Mueller 矩阵。该 Mueller 矩阵将输入的斯托克斯光变换成输出的斯托克斯光,且可通过 Jones 矩阵 $\boldsymbol{T}$ 导出。

2) 干涉

考虑位于点 $\boldsymbol{r}$ 处的光波电场,是由来自空间两点 $\boldsymbol{r}_1$ 和 $\boldsymbol{r}_2$ 的光束叠加而成的:

$$\boldsymbol{E}_i(r, \nu) = \boldsymbol{E}_i(r_1, \nu) \exp(\mathrm{i}2\pi\nu t_1) + \boldsymbol{E}_i(r_2, \nu) \exp(\mathrm{i}2\pi\nu t_2) \tag{4.52}$$

其中 $t_i = |r_i - r|/c$。

将上述光波电场的积 $\boldsymbol{E}(r, \nu)\boldsymbol{E}^*(r, \nu')$ 进行系综平均,有

$$W_{ij}(r, r, \nu) = W_{ij}^{(1)}(r, r, \nu) + W_{ij}^{(2)}(r, r, \nu) + 2\mathrm{Re}\{W_{ij}(r_1, r_2, \nu)\exp(\mathrm{i}2\pi\nu\tau)\}, \quad i = j \tag{4.53}$$

$$W_{ij}(r, r, \nu) = W_{ij}^{(1)}(r, r, \nu) + W_{ij}^{(2)}(r, r, \nu) + W_{ij}(r_1, r_2, \nu)\exp(\mathrm{i}2\pi\nu\tau)$$

$$+W_{ij}(r_2,r_1,\nu)\exp(-\mathrm{i}2\pi\nu\tau),\quad i\neq j \tag{4.54}$$

其中,$\tau=t_1-t_2$。这里,$W_{ij}^{(i)}(r,r,\nu)$代表在点 r 处光波电场交叉谱密度仅与点 r_j 相关。

式(4.53)和式(4.54)表明,在 r 点叠加的两光束的交叉光谱密度不仅依赖于两光束谱密度及交叉谱密度之和,而且依赖于震荡项,该震荡项的相位因子正比于时延 τ。隐含了一个与时延 τ 相关的两光束之间的干涉调制谱。对式(4.53)所包含的所有频率进行积分,在点 r 处的平均光强为

$$I(r)=I^{(1)}(r)+I^{(2)}(r)+2\mathrm{Re}\{\Gamma_{ij}(r_1,r_2,\tau)\} \tag{4.55}$$

这就是时域中的干涉定律。

对式(4.53)进行傅里叶逆变换,有

$$\mathscr{F}^{-1}\{W_{ij}(r,r,\nu)\}=\mathscr{F}^{-1}\{W_{ij}^{(1)}(r,r,\nu)\}+\mathscr{F}^{-1}\{W_{ij}^{(2)}(r,r,\nu)\}$$
$$+\Gamma_{ij}(r_1,r_2,t-\tau)+\Gamma_{ij}^{*}(r_2,r_1,t+\tau) \tag{4.56}$$

式(4.56)就是在谱干涉仪中,常用于分析来自样品后向散射光的深度分辨信息。考虑到式(4.48)、式(4.53)及式(4.55),在点 r 处的斯托克斯矢量可表示为

$$S=S^{(1)}+S^{(2)}+S^{(i)} \tag{4.57}$$

这里 $S^{(1)}$ 和 $S^{(2)}$ 作为在 r 点分别来自 r_1 和 r_2 的两光束的斯托克斯矢量,而干涉项为

$$S^{(i)}=\begin{bmatrix} 2\mathrm{Re}\{(W_{xx}(r_1,r_2,\nu)+W_{yy}(r_1,r_2,\nu))\exp(\mathrm{i}2\pi\nu\tau)\} \\ 2\mathrm{Re}\{(W_{xx}(r_1,r_2,\nu)-W_{yy}(r_1,r_2,\nu))\exp(\mathrm{i}2\pi\nu\tau)\} \\ 2\mathrm{Re}\{W_{xy}(r_1,r_2,\nu)\exp(\mathrm{i}2\pi\nu\tau)+W_{xy}(r_2,r_1,\nu)\exp(-\mathrm{i}2\pi\nu\tau)\} \\ -2\mathrm{Re}\{W_{xy}(r_1,r_2,\nu)\exp(\mathrm{i}2\pi\nu\tau)+W_{xy}(r_2,r_1,\nu)\exp(-\mathrm{i}2\pi\nu\tau)\} \end{bmatrix} \tag{4.58}$$

3) 双折射元件干涉光谱的斯托克斯参量

考虑一个具有相位延迟 $\delta(\nu)$ 的双折射光学元器件(或待测样品),在实验室坐标系下,其快轴夹角为 α。于是双折射样品 T 的 Jones 矩阵为

$$T=r_{\mathrm{s}}\begin{bmatrix} \cos\dfrac{\delta(\nu)}{2}+\mathrm{i}\sin\dfrac{\delta(\nu)}{2}\cos(2\alpha) & \mathrm{i}\sin\dfrac{\delta(\nu)}{2}\sin(2\alpha) \\ \mathrm{i}\sin\dfrac{\delta(\nu)}{2}\sin(2\alpha) & \cos\dfrac{\delta(\nu)}{2}-\mathrm{i}\sin\dfrac{\delta(\nu)}{2}\cos(2\alpha) \end{bmatrix} \tag{4.59}$$

式中:r_{s} 为光学器件(或待测样品)的反射率。

我们考虑这样两束光波电场之间的干涉,来自同一光源的光被分成两束,其中的一束光作为参考光(E_1),另一束光经过双折射光学器件(或待测样品)表面反射,可用 Jones 矩阵(4.59)左乘原光波电场来表示(TE_1)。

考虑到式(4.47)、式(4.58)和式(4.59),来自双折射光学器件及参考光之间的光程可通过干涉谱的斯托克斯参数$[S_0^{(1)}(\nu),S_1^{(1)}(\nu),S_2^{(1)}(\nu),S_3^{(1)}(\nu)]$计算出来

$$S_0^{(i)}(\nu) = 2r_s S_0^{(1)}(\nu)\cos\Delta(\nu)\cos\frac{\delta(\nu)}{2}$$
$$+ 2r_s\left[S_1^{(1)}(\nu)\cos(2\alpha) + S_2^{(1)}(\nu)\sin(2\alpha)\right]\sin\Delta(\nu)\sin\frac{\delta(\nu)}{2} \tag{4.60}$$

$$S_1^{(i)}(\nu) = 2r_s\left[S_0^{(1)}(\nu)\cos\frac{\delta(\nu)}{2} - S_3^{(1)}(\nu)\sin\frac{\delta(\nu)}{2}\sin(2\alpha)\right]\cos\Delta(\nu)$$
$$+ 2r_s S_0^{(1)}(\nu)\sin\Delta(\nu)\sin\frac{\delta(\nu)}{2}\cos(2\alpha) \tag{4.61}$$

$$S_2^{(i)}(\nu) = 2r_s\left[S_2^{(1)}(\nu)\cos\frac{\delta(\nu)}{2} + S_3^{(1)}(\nu)\sin\frac{\delta(\nu)}{2}\cos(2\alpha)\right]\cos\Delta(\nu)$$
$$+ 2r_s S_0^{(1)}(\nu)\sin\Delta(\nu)\sin\frac{\delta(\nu)}{2}\sin(2\alpha) \tag{4.62}$$

$$S_3^{(i)}(\nu) = 2r_s\left[S_1^{(1)}(\nu)\sin\frac{\delta(\nu)}{2}\sin(2\alpha)\right.$$
$$\left. - S_2^{(1)}(\nu)\sin\frac{\delta(\nu)}{2}\cos(2\alpha) + S_3^{(1)}(\nu)\cos\frac{\delta(\nu)}{2}\right]\cos\Delta(\nu) \tag{4.63}$$

由于两者之间的光程差

$$\Delta(\nu) = 2\pi\nu\tau = \frac{4\pi}{c}(L+\bar{n})\nu \tag{4.64}$$

可以得到相位差为

$$\delta(\nu) = \frac{4\pi}{c}\Delta nd\nu \tag{4.65}$$

式中：$\bar{n}$ 和 Δn 分别是双折射光学元件（或待测样品）的平均折射率和双折射差；L 和 d 分别为参考光和双折射元件表面之间的距离以及从样品内部反射光的穿透深度，如图 4.23 所示。

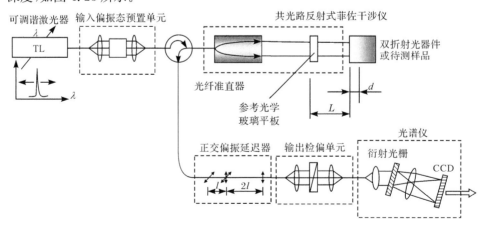

图 4.23　基于可调谐激光器宽谱光源的共光路偏振相关谱域光纤干涉仪

4) 偏振相关的谱域干涉仪

图 4.23 给出的是一个典型的共光路反射型菲佐干涉仪。该干涉仪具有偏振敏感性,可用于测量具有双折射特性的光学元器件或样品。由于系统中采用了可调谐激光器作为宽谱扫描光源,经过偏振预置单元起偏后,输入共光路菲佐干涉仪系统中,该光束经过光纤准直器后在参考光学玻璃平板处产生一束反射光,透射光到达待测样品上发生反射,并具有一定穿透深度。

这两束干涉光经三端口光纤环形器后,再经过正交偏振延迟器和检偏单元后馈入光谱仪。由于正交偏振延迟器是由两段保偏光纤构成的,其中一段是另一段长度的 2 倍,两段光纤相对旋转 45° 后焊接,因此,当两束相干光经过该正交偏振延迟器后就会经历不同的延迟从而形成四个场分量。上述系统输出的强度谱为

$$
\begin{aligned}
I_{out}(\nu) =& \frac{1}{2}S_{0,in}(\nu) + \frac{1}{2}\cos\phi_2(\nu)S_{1,in}(\nu) - \frac{1}{2}\cos\phi_1(\nu)\sin\phi_2(\nu)S_{3,in}(\nu) \\
=& \frac{1}{2}S_{0,in}(\nu) + \frac{1}{2}\cos\phi_2(\nu)S_{1,in}(\nu) \\
& + \frac{1}{4}\,|\,S_{23,in}(\nu)\,|\cos(\phi_2(\nu) - \phi_1(\nu) + \arg(S_{23,in}(\nu))) \\
& - \frac{1}{4}\,|\,S_{23,in}(\nu)\,|\cos(\phi_2(\nu) + \phi_1(\nu) - \arg(S_{23,in}(\nu)))
\end{aligned}
\tag{4.66}
$$

式中: $S_{0,in}(\nu)$、$S_{1,in}(\nu)$ 和 $S_{23,in}(\nu) = S_{2,in}(\nu) - iS_{3,in}(\nu)$ 为斯托克斯谱。这里光纤坐标系用来表征斯托克斯谱的取向,沿着第一段保偏光纤快轴方向震荡的光对应于 $S_1 = 1$,而 $\phi_1(\nu)$ 和 $\phi_2(\nu)$ 分别是第一段和第二段保偏光纤对应的依赖于光频 ν 的相位延迟。

$$
\begin{aligned}
\phi_1(\nu) =& \frac{2\pi\nu\Delta n(\nu)}{c}L_1 \\
\phi_2(\nu) =& \frac{2\pi\nu\Delta n(\nu)}{c}L_2
\end{aligned}
\tag{4.67}
$$

式中: $\Delta n(\nu)$ 是保偏光纤内部的双折射。

由式(4.66)可知,由上述干涉仪输出的强度是四个斯托克斯谱分量 $S_{0,in}(\nu)$、$S_{1,in}(\nu)$ 和 $S_{23,in}(\nu) = S_{2,in}(\nu) - iS_{3,in}(\nu)$ 的叠加。这四个分量被不同的载频所调制,而载频则由保偏光纤的相位延迟 $\phi_1(\nu)$ 和 $\phi_2(\nu)$ 所决定。经过对输出光强度信号 $I_{out}(\nu)$ 进行简单的傅里叶变换,即可将每一个斯托克斯谱分量在时延或光程差信号中得到分离。在时延域中对每个峰值信号进行解调就得到完整的斯托克斯谱参量 $[S_{0,in}(\nu), S_{1,in}(\nu), S_{3,in}(\nu), S_{4,in}(\nu)]$。

4.4 光纤链路对串接干涉仪之间的相干信号偏振态的影响

4.4.1 连接光纤对干涉测量的影响

为了实现多个物理量的干涉测量,通常会采用两个或多个测量干涉仪进行串接,每个干涉仪都采用光纤连接起来。光纤白光干涉传感器的多路复用就等效于这样的多个干涉仪的串接。而解调仪也是通过传导光纤与探测干涉仪相互连接的。我们知道,干涉仪通常是偏振敏感的,解调仪也是一个干涉仪,因而也是偏振敏感的,本节的问题是连接干涉仪之间以及干涉仪与解调仪之间的信号传输光纤是否会导致偏振态变化从而使相干信号发生较大的改变而导致信号衰落。

为此,本节借助于偏振光学的 Jones 矩阵法,建立一个采用单模光纤串接两个干涉仪的偏振光信号分析系统,来系统地讨论光纤链路在外界环境的扰动下是如何对干涉仪之间传递信号的过程施加影响的[21]。

在图 4.24 所示的光学系统中,两个非平衡马赫-曾德干涉仪由一段单模光纤进行连接,这段光纤等效于一个光学传输元件,因此可以用一个 Jones 矩阵 F 来描写。为了讨论方便且不失一般性,我们在两个干涉仪的每个臂中设置一个光学元件,每个元件都可以用一个二阶矩阵来描写,分别记为 A、B、C 和 D。假设这两个干涉仪通过光程匹配使其处于白光光源的相干范围内,于是系统的输出光波电场可表示为

$$E = DFAE_0 \exp[i(\phi_A + \phi_D)] + CFBE_0 \exp[i(\phi_A + \phi_D)]$$
$$+ DFBE_0 \exp[i(\phi_B + \phi_D)] + CFAE_0 \exp[i(\phi_A + \phi_C)] \quad (4.68)$$

式中:$E = \eta E_0$,E_0 是输入光波电场,而常数 η 代表光束分光、光耦合入光纤以及光波在元器件中传输等过程在内的各项损耗。

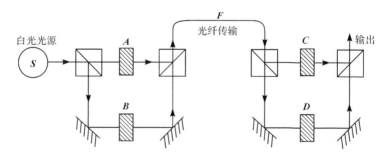

图 4.24　采用光纤将两个马赫-曾德尔干涉仪进行连接的白光干涉系统

于是系统输出的强度信号为

$$I = E^* E$$

$$= \frac{3}{4} E_0^2 + \frac{1}{8} E_0^* A^* F^* D^* CFBE_0 \exp(\mathrm{i}\Delta\phi) + \frac{1}{8} E_0^* B^* F^* C^* DFAE_0 \exp(-\mathrm{i}\Delta\phi)$$

$$(4.69)$$

式中：* 为矩阵的转置复共轭运算操作；$\Delta\phi$ 为干涉仪串接系统中光程大致平衡情况下的相位差。

$$\Delta\phi = \phi_B + \phi_C - \phi_C - \phi_D \qquad (4.70)$$

式(4.69)中 $\frac{3}{4} E_0^2$ 项是常数项，是两光束中非相干项部分；而后两项则是混合相干项。由于两干涉仪中的相对相位延迟是有效的，我们假设忽略相位延迟器件的光功率损耗，因此为讨论方便，每个干涉仪仅选一个有效器件，可令

$$B = C = 1 \qquad (4.71)$$

于是 A 和 D 就代表所讨论的两个干涉仪各自光学元件的净效应。式(4.69)可进一步简化为

$$I = \frac{3}{4} E_0^2 + \frac{1}{8} E_0^* \left[A^* F^* D^* F \exp(\mathrm{i}\Delta\phi) + F^* DFA \exp(-\mathrm{i}\Delta\phi) \right] E_0 \quad (4.72)$$

通常，式(4.72)中光学元器件及其表达式 A、D 和传输光纤 F 是系统中不可或缺的，因此式(4.72)就是所讨论系统的最简表达式，不能进一步被化简。由此可知，该干涉系统的输出直接依赖于作为延迟器的光学元器件 A 和 D 以及光纤 F。

为了简单起见，考虑 $A = 1$ 的特殊情况，此时，在第一个干涉仪中，没有光学延迟元件来改变光波电场的偏振态，方程(4.72)化为

$$I = \frac{3}{4} E_0^2 + \frac{1}{8} E_0^* F^* \left[D^* \exp(\mathrm{i}\Delta\phi) + D \exp(-\mathrm{i}\Delta\phi) \right] FE_0 \qquad (4.73)$$

显然，如果第二个干涉仪也去除能够改变光波电场偏振态的元件时，即 $D = 1$，则系统输出信号为

$$I = \frac{3}{4} E_0^2 + \frac{1}{8} E_0^2 \cos\Delta\phi \qquad (4.74)$$

式(4.74)说明，系统输出中与 F 无关。也就是说，在这种情况下，由传输光纤导致的相位延迟对于干涉信号无影响。然而，如果第二个干涉仪的相位延迟光学元件存在($D \neq 1$)，则系统输出不仅依赖于传输光纤 F，而且依赖于元件 D。这意味着对连接两个干涉仪的光纤链路的任何扰动都会直接影响系统输出的相位和振幅，这有时会导致完全的信号衰落。

4.4.2　基于内禀相干不变性原理的信号恢复方法

前述两干涉仪之间的光纤链路的扰动将会直接对系统产生影响。事实上，一

般而言,包括两个干涉仪内部的任何一个能导致光波电场偏振态发生变化的元件都会产生同样的作用。因此,我们的问题是:能否在系统的任何部分(干涉仪、连接光纤、解调仪)插入一个偏振态可调控的光学器件,对被扰动了的光学系统施加一个逆变换,从而使系统得以恢复。

从本书第3章中所介绍的内禀相干理论[22,23]可知,从光学测量的角度来看,偏振度及内禀相干度是两种不同的无序物理现象的相似测量量。内禀相干度测量每个分支光束内的无序而偏振度则表征空间或时间不同处光场之间的无序。因此,对于每一相干光束实施的线性可逆变换不会改变两干涉光场的干涉特性。内禀相干理论认为:当每一个光波电场乘以任何确定的非奇异Jones矩阵(用来描述可逆偏振变化装置行为的数学表示)时两相干光场的内禀相干度不变。换句话说,如果没有引进其他物理干扰,干涉系统的任何部分(干涉仪、连接光纤、解调仪)插入一个偏振态可调控的光学器件,对被扰动了的光学系统施加一个逆变换,都能使系统得以恢复。下面我们用图4.25给出的实例具体加以说明[21]。

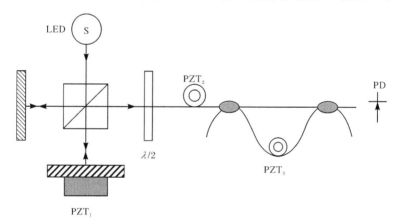

图4.25　采用1/2波片恢复外界光纤扰动对测量信号影响的实验系统

图4.25给出的光纤白光干涉测量系统是由迈克耳孙干涉仪(解调干涉仪)、马赫-曾德尔干涉仪(测量干涉仪)、连接两个干涉仪的光纤传输线和插入在解调干涉仪与光纤传输线之间的λ/2波片这四个部分组成的。来自宽谱光源的线性极化光注入迈克耳孙干涉仪中,被分光棱镜分成两束后分别由两个反射镜反射回来,其中一个反射臂固定不变,另一个反射臂长度可通过PZT₁进行调整,两束光汇合后穿过一个λ/2波片,进入两干涉仪的连接传输光纤,然后这两束光信号被注入光纤马赫-曾德尔干涉仪中。PZT₂对连接传输光纤施加一个可产生线性双折射的扰动,等效于外界对光纤传输线的影响。而PZT₃可以使非平衡马赫-曾德尔干涉仪的两臂产生一个光程变化,代表被测物理量。调整迈克耳孙干涉仪两臂的光程差,使其能够补偿马赫-曾德尔干涉仪两臂的光程差。这时当用于测量的马

赫-曾德尔干涉仪的臂长发生变化时,用于解调的迈克耳孙干涉仪就可以通过 PZT_1 调整其臂长来跟踪这个待测的变化量,从而通过获得 PZT_1 的调整长度量来获得待测臂的长度变化量。当串接的两个干涉仪的臂长完全匹配相等时,光电探测器 PD 就能输出白光干涉信号。

对于该系统而言,假设解调干涉仪与系统连接光纤之间的半波片或 $\lambda/4$ 波片可用标准的 Jones 矩阵来描写,而连接传输光纤的扰动(引起光纤产生额外的线性双折射)可用一个线性变换矩阵表达,则上述实验系统的输出可近似表示为

$$I \propto [1+\sin(2\theta)]\cos\Delta\phi + [1-\sin(2\theta)]\sin\Delta\phi + \text{const.} \tag{4.75}$$

式中:θ 代表由于波片(半波片或 $\lambda/4$ 波片)导致的光波电场偏振方向的旋转角度。

由式(4.73)可以看出,连接两干涉仪的传输光纤受到外界扰动时,将对测量系统的输出信号产生极其严重的影响,甚至会出现干涉仪输出信号完全衰落。然而,我们可以通过对系统中波片角度 θ 进行调整从而完全补偿外界线性光场扰动而导致的变化所带来的影响。

4.5　光纤白光干涉解调仪

4.5.1　空域干涉解调方法(一):单探测器系统

1. 光纤光程相关器结构

光程相关器是空域干涉解调系统中空间光程扫描匹配的主要单元。该单元的目的是实现解调仪与干涉测量仪的光程匹配,从而实现通过干涉仪的方法完成测量的任务。光程相关器主要由两个部分组成:一部分是解调仪的光路结构;另一部分是空间光程扫描装置。

本章开头部分已经阐明,对于空域光程扫描而言,解调仪也是一个干涉仪,只不过是通过解调仪的光程差来实现对干涉仪中待测的变化量实施匹配和相关,从而实现干涉测量。因而,所说的光纤光程相关器的结构也就是解调干涉仪的光路结构,典型的有如下几种:

1) 迈克耳孙干涉仪型光纤光程相关器

图 4.26 给出迈克耳孙干涉仪型的光纤相关器的结构[24],该相关器由一个 3dB 光纤耦合器组成,入射光波注入后,该光波经过 2×2 光纤耦合器后被分成两路:一路经过固定长度光纤后经过其尾端反射器返回到输出端;另一路经过连接在光纤端的光学准直器后,被可移动的反射扫描镜反射回来,形成光程可调的光波后到达输出端。

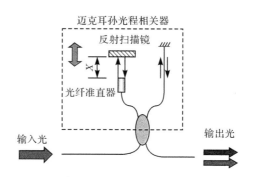

图 4.26　迈克耳孙干涉仪型光纤光程相关器

由该光纤光程相关器所产生的这两个光波具有的光程差为 $2(n\Delta L+x)$，其中 $2n\Delta L$ 是两固定长度光纤差带来的，而 $2x$ 则是空间可调整的光程。迈克耳孙干涉仪型光纤光程相关器的优点是构造简单，使用的器件少。但缺点是有一半的光功率会返回光源，如不采用光隔离器会造成光源的不稳定。

2) 马赫-曾德尔干涉仪型光纤光程相关器

图 4.27 是马赫-曾德尔干涉仪型光纤光程相关器[25]，它是由两个 3dB 光纤耦合器、一个三端口光纤环形器、一个光纤准直器和可移动光学反射镜组成。输入光进入该光程相关器后被分成两路：一路直接通过非平衡马赫-曾德尔干涉仪的直通臂；另一路则经三端口光纤环形器后到达光纤准直器，然后被可移动反射扫描镜反射回来，再经由三端口环形器抵达输出端。在输出端，两路相干信号的光程差为 $(n\Delta L+2x)$，其中 $n\Delta L$ 是两固定长度光纤差带来的，而 $2x$ 则是空间可调整的光程。这种光程相关器的优点是没有回波反馈回光源，缺点是光器件成本较高。

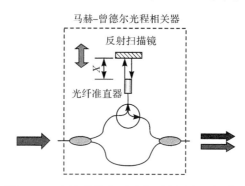

图 4.27　马赫-曾德尔干涉仪型光纤光程相关器

在上述迈克耳孙和马赫-曾德尔干涉仪型光纤光程相关器的基础上，图 4.28 给出一种混合改进的光程相关器[26]。输入光进入相关器后被 3dB 耦合器分成两路：一路直接穿过直通臂到达输出端；另一路则先经过光纤准直器后抵达可移动反射扫描器,反射回来的光二次经过耦合器后直达输出端。与马赫-曾德尔干涉仪型光纤光程相关器相同,在输出端,两路相干信号的光程差为$(n\Delta L+2x)$,其中$n\Delta L$是两固定长度光纤差带来的,而$2x$则是空间可调整的光程。

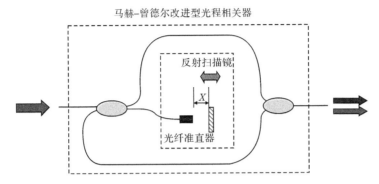

图 4.28　改进的马赫-曾德尔干涉仪型光纤光程相关器

　　这种改进型光程相关器的特点是,与迈克耳孙相关器相比,减少了固定光纤反射端,且同时也减少了一部分后向反射光。与马赫-曾德尔型相关器相比,则减少了三端口光纤环形器,降低了器件成本,但却是以没有完全去除后向回波信号为代价的。

　　3) 共光路菲佐干涉仪型光纤光程相关器

　　共光路菲佐干涉仪型光纤光程相关器如图 4.29 所示,该光程相关器由三端口光纤环形器、光纤准直器和嵌入在光纤连接器内部的半透半反镜(也可以在光纤端镀半透半反膜,然后互连)以及正对光纤准直器的可移动反射扫描镜组成。输入信号经三端口光纤环形器后被分成两部分:一部分被嵌在光纤活动连接器内部的半透半反镜反射回来,在输出端口输出信号;另一部分透射光经光纤准直器后,被可移动反射镜反射馈入到光纤中,一部分穿过半透半反镜后,在光纤输出端输出。另一部分被反射回到移动反射镜,这就构成了可多次来回振荡的多光程差信号相关器,每振荡一次,光程差多出来 $2(n\Delta L+x)$。于是,理论上,在输出端的多光程差信号有无穷组,事实上,由于每次振荡一次都有较大的损耗,因而实际上只会存在少数的几组,光程差为 $2m(n\Delta L+x)$,其中 $m=1,2,\cdots$,这里 m 为一整数。其中 $2n\Delta L$ 是两固定长度光纤差带来的,而 $2x$ 则是空间可调整的光程。

　　事实上,该光程相关器中的半透半反镜的透射率和反射率可以进行优化,以达到最合理的利用光信号的功率。例如,透射 70%,反射 30%。

　　基于上述共光路菲佐干涉仪型光纤光程相关器,图 4.30 给出一种等效的结构。该结构中将半透半反镜换成了由 2×2 光纤耦合器构成的光纤环型反射器,该光纤光程相关器与上述带有半透半反镜的共光路菲佐干涉仪型光纤光程相关

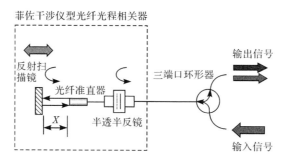

图 4.29　共光路菲佐干涉仪型光纤光程相关器

器的工作原理相同,输入信号进入光程相关器后,被分成两路信号相向传输,经过环形路径之后,其中的 1/2 返回并由输出端输出(假设我们可以忽略光纤耦合器的插入损耗)。而另外 1/2 则通过光纤准直器后被可移动的反射镜反射回来,再次进入光纤环,被反射回来的光信号的 1/2 直接到达输出端,余下的 1/2 重复第一个循环,进入第二次循环,以此类推,直到信号衰减到很小。

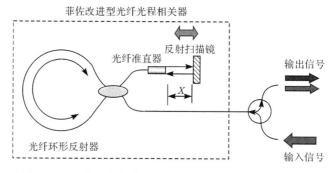

图 4.30　一种改进的共光路菲佐干涉仪型光纤光程相关器

4) F-P 腔长可调谐振型光纤光程相关器

F-P 腔长可调的光纤光程相关器如图 4.31 所示,该光程相关器结构简单,由一对嵌入到光纤连接器的半透半反镜(或光纤端镀半透半反膜)、一对光纤准直器和一个可移动的直角反射棱镜组成,构成一个腔长可调的长光学腔 F-P 光学系统[27]。

入射光通过半透半反镜 1 注入系统中,穿过光纤准直器—反射扫描棱镜—光纤准直器系统,到达半透半反镜 2,部分光波直接在输出端输出;另一部分光信号被半透半反镜 2 反射回来,再回到半透半反镜 1,二次被反射抵达半透半反镜 2,然后输出光信号。这两组光信号的光程差为 $2(n\Delta L+2x)$,其中 $n\Delta L$ 是 F-P 腔中两固定长度光纤差带来的,而 $4x$ 则是空间可调整的光程。类似的,第一次穿透信号还可以与经过 m 次折反的光信号形成光程差为 $2m(n\Delta L+2x)$ 的信号组合,只是

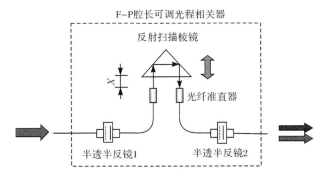

图 4.31 长 F-P 腔长可调谐型光纤光程相关器

当 $m>1$ 时,信号急剧衰减。因此为了使得第一次穿过信号和第二次折反信号在功率上相互匹配,应该对两个半透半反镜的透过率和反射率进行优化,以达到最佳效果。

5) Smith 谐振型光纤光程相关器

图 4.32 给出基于 Smith 谐振光学结构的光纤光程相关器。它是由一个 2×2 光纤耦合器外接其他光学元件组合而成的,3dB 光纤耦合器对称的两个端口为全反射端,其余的两个端口一端与一个三端口光纤环形器相连,作为光信号的输入或输出端口,而另一端则与一个光纤准直器连接,正对一个位移可调的反射扫描镜。这个光程相关器的特点是能够同时输出多组不同的光程相关信号。输入光经三端口光纤环形器后被注入系统中,分成两路:一路经过光纤 L_1 分支被固定反射端镜 1 反射,反射回来的光一部分直接输出,另一部分则进入 L_2 分支;与此同时,被耦合器分光的另一路进入 L_0 分支,类似的,经反射扫描镜反射回来,一部分作为输出光信号在输出端输出,另一部分则进入 L_2 分支。第一组光程差信号类似于先前讨论过的迈克耳孙型光纤光程相关器给出的结果,光程差为 $2[n(L_0-L_1)+x]$,其中 $2n(L_0-L_1)$ 是两固定长度光纤差带来的,而 $2x$ 则是空间可调整的光程。

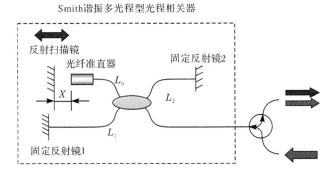

图 4.32 Smith 谐振多光程型光纤光程相关器

　　由于注入的光信号分别有一部分从 L_0 分支和 L_1 分支注入 L_2 分支,并被反射,于是又得到两组光程差不同的光信号;一组是经历光纤准直器分支的光又被注入迈克耳孙光学系统,历经光程为 $4nL_0+4x+2nL_2$;与 L_1 分支的光程 $2nL_1$ 形成的光程差为:$4nL_0+4x+2n(L_2-L_1)$;另一组是经历固定反射端 L_1 分支的被注入迈克耳孙光学系统,历经光程为 $4nL_1+2nL_2$,在输出端形成的光程差为 $4nL_1+2n(L_2-L_0)-2x$;依此类推,可以形成多组光程差。因此只要合理选择该光程相关器的光纤长度参数 L_0、L_1 和 L_2,就能满足多光程差相关的需求。

　　6) 环形腔谐振型光纤光程相关器[28]

　　构成图 4.33 所示的环形腔谐振型光纤光程相关器的主要器件是一个 2×2 光纤耦合器,该耦合器的两端分别于三端口光纤环形器的 1 端和 3 端口连接,而环形器的 2 端口则连接一个光纤准直器,正对光纤准直器的是一个位移可调的反射器。该 2×2 光纤耦合器的另外两个端口则分别为输入和输出端口。

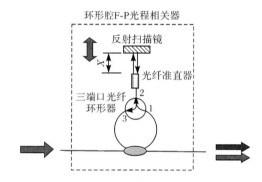

图 4.33　环形腔多光程型光纤光程相关器

　　该系统由于采用了单向光纤环形器,因此输入光进入光程相关器后,被耦合器分成两路,一路直接作为输出光输出,而另一路则进入光纤环,经过环形器后被反射扫描镜反射经环形器和耦合器,形成两路光信号,一路输出,与直接输出信号形成第一次循环的光程差;另一路则二次进入光纤环,形成第二次循环的光程差,所形成的光程差可表示为 $m[(2nL+2x)+nL_0]$ 的信号组合,其中 $m=1,2,\cdots$,这里 m 为一整数,L 为光纤准直器的长度,L_0 为光纤环的长度。因此,该光程相关系统可以通过多次循环来实现多光程相关。

　　2. 空间光程扫描技术

　　空域相关的另一项关键技术是可调的空间光程扫描技术。可以通过如下几种方式实现:

　　1) 基于扫描位移台的空间延迟线技术

　　空域相关扫描最常用的技术是基于位移台的空间光程延迟线技术。主要有两种工作形式:其一是准直光束的反射式位移扫描;其二是直角棱镜的折反透射式位移扫描。其工作原理如图 4.34 所示。

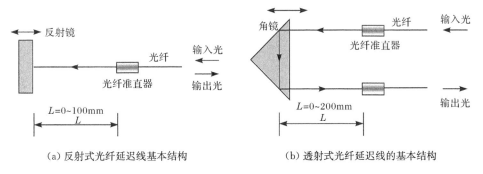

（a）反射式光纤延迟线基本结构　　　　　　（b）透射式光纤延迟线的基本结构

图 4.34　光纤延迟线的工作原理示意图

图 4.34(a)中,光纤中的输入光经过自聚焦透镜(GRIN lens)准直后,射向可移动的平面反射镜,由于平面反射镜的空间光程 $2L$ 是可变的(例如:对于扫描距离为 100mm 行程的位移台而言,其空间光程的变换范围为 0~200mm),因此可以通过精确地控制移动反射镜在空间的位置,就能自由地调整光程。反射式光程延迟线经常用于迈克耳孙干涉结构的解调系统中。类似的,图 4.34(b)是一种通过光纤准直器,将空间传输的光束进行准直,然后通过一个直角反射棱镜(cube),使空间传输的光被其两次反射并改变传播方向后,到达另外一个固定的自聚焦透镜,经过其聚焦后进入输出光纤。棱镜的作用是实现空间光程的折反,在扫描位移平台的带动下,棱镜可以实现透射的空间光程发生 $2L$ 的改变。对于移动范围为 0~200mm 的位移台而言,可使从输入光纤到输出光纤的透射传输光程发生变化而产生光程延迟,延迟量为 0~400mm。透射式光程延迟线被经常用于马赫-曾德尔干涉结构的解调系统中,其基本的机械结构如图 4.35 所示。利用光学延迟线的光学扫描延迟,可以构造光纤干涉解调仪,进而通过与光纤干涉测量仪的待测光程差进行匹配相关,从而可以检测由光纤干涉测量仪与解调仪相关所产生的白光干涉中心条纹,中心条纹位于扫描台的空间位置,即对应两光程差绝对相等处。将反射镜或棱镜位置停留到中心条纹处,即可实现光纤干涉仪光程差的平衡和匹配。

除了上面给出的光程延迟线的基本结构外,扩展延迟线光程的方法有多种,一种常见的双棱镜多次折反光程延迟扫描的方案如图 4.36(a)所示,该延迟线采用了一对直角棱镜,这两个直角棱镜相互错开一个固定的位置,来自光纤准直器的入射光线通过一个小的固定反射镜折射入两个直角棱镜中,经过多次折射后,由扫描反射棱镜顶部的一个反射镜再将入射光原路返回。这样,通过多次折反,就将扫描光程进行了多倍放大。类似的,图 4.36(b)给出一种扩展结构[29]与上述

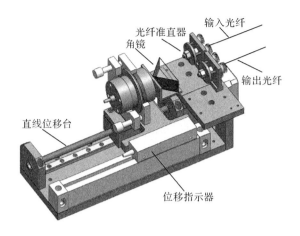

图 4.35　实现空间光程扫描延迟线的位移平台结构示意图

直角棱镜折反原理相同,只不过它采用了一对直角棱镜阵列,因此就可以实现准直光束的多次往返,从而可以将扫描光程的位移量放大数倍。它的特点是,两个自聚焦透镜和一个反射棱镜阵列不动,而另一个反射棱镜阵列进行纵向位移,就实现了空间光程 $2N$ 倍的扩展,其中 N 是棱镜组数目。由于扫描光程是经过 N 个棱镜组通过多次折反实现的,因此光程扫描的速度是位移平台运动速度的 N 倍。

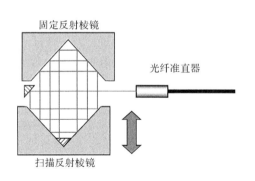

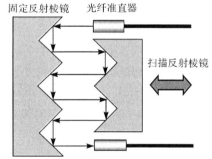

（a）一对反射棱镜多次折反式光程延迟器　　　　（b）反射棱镜阵列对多次折反式光程延迟器

图 4.36　多次折反式光程延迟器

　　采用一对平面反射镜,可以构造出更为简洁的多次反射的光程延迟器,图 4.37（a）通过将准直光束引入一对平行的平面反射镜中,其中一个反射镜固定不动,而另一个反射镜与位移台或位移驱动器相连接,这样就将在平面反射镜中经过多次反射的动态光程放大了数倍[30,31]。

　　图 4.37（b）则通过在两平面反射镜之间引入一个倾角的办法,节省了一个固定的反射镜,使入射的准直光束经过多次折反,直到与其中一个平面反射镜垂直,

然后按原光路返回,从而使扫描光程得以扩展[32,33]。对于如图 4.37(b)中的入射光而言,入射光线与第一次反射面的反射镜法线之间的夹角为 α,该入射光线在两个平面镜之间经历若干次反射。假设这对平面反射镜之间的夹角为 β,则在两平面反射镜之间的入射光线每次都将减少一个角度 β,如果 α/β 是一个整数 N,则经过 $N+1$ 次反射后,入射角为零,于是入射光将沿着原路经过 N 次反射后被返回。这样,扫描反射平面镜的光程变化就被放大 N 倍。

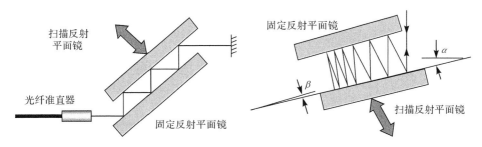

(a) 平行平面反射镜对构成的光程延迟器　　　(b) 倾斜式平面反射镜对多次折反式光程延迟器

图 4.37　多次折反式光程延迟器

2) 转动棱镜扫描技术

除了上述基本平行位移的方法之外,为了提高扫描速度,在对扫描光程动态范围要求不大的情况下,文献[34~37]给出多种转动折射棱镜的方法来实现周期性的动态光程扫描。这是提高周期性扫描速度的一种有效方法。这种方法的结构有多种,文献[34]给出一种最直接的旋转棱镜空间光程扫描方案,如图 4.38(a)所示。棱镜的折射率为 n(典型值为 1.5),比空气的折射率要大,因此准直光束将折射进入棱镜并以同样的折射角度从棱镜中出射后,由反射镜按原路反射回来。随着棱镜的旋转,则穿过棱镜的光程将发生变化,单光程的光程长度变化是光束入射角度 θ 的函数,即

$$d = L\left[\sqrt{n^2 - \sin^2\theta} + 2\sin^2\left(\frac{\theta}{2}\right) - n\right] \tag{4.76}$$

式中:L 棱镜的边长。

为了提高扫描速度,可以采用在转动棱镜中使入射光束经过两次折反过程,最后由棱镜外固定反射镜将入射光原路返回的方案[35,36],如图 4.38(b)所示,可以结合具体的应用对象,灵活使用。

为了进一步提高空间光程的扫描速度,文献[38]采用在机械转盘上固定几何尺寸完全相同的棱镜阵列的方法,实现了扫描周期达到千赫的高速空间光程扫描,如图 4.39 所示。

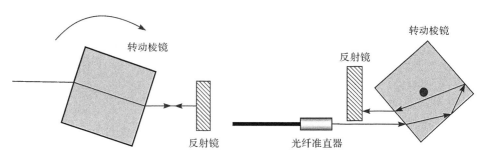

（a）通过转动改变进入棱镜中的光程的方法　　　（b）通过两次折反改变进入棱镜光程的方法

图 4.38　转动折射棱镜式周期性光程扫描延迟器

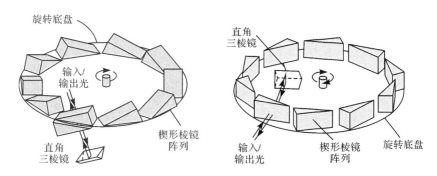

（a）透射式高速周期性棱镜阵列光程扫描器　　　（b）反射式高速周期性楔形棱镜光程扫描器

图 4.39　可达到千赫的高速棱镜阵列转盘式光程扫描延迟器

　　在图 4.39（a）中，旋转圆盘上方沿着等半径圆环均匀地固定了几何尺寸完全相同的直角棱镜阵列，圆盘下方则非接触地对称的放置一个固定不动的直角棱镜，与上方转动的直角棱镜相匹配。由于圆盘固结每个直角棱镜的下方都是镂空的，因而当圆盘旋转时，入射光线穿过上下两个棱镜的平行面，光程的调制是一个时间的锯齿波函数，这时光程的最大改变量为 $(n-1)H$，其中 n 为棱镜的折射率，H 为平行于入射光线的棱镜直角边厚度。这种光程延迟器既可按透射方式工作；也可以在下方安置一个反射角镜，按反射方式工作。而图 4.39（b）则是将尺寸大小相等的对称楔形棱镜固结在转盘边缘，在转盘轴与楔形棱镜之间，悬置并固定一个反射角镜，于是入射光线穿过楔形棱镜后被悬挂的角镜按原方向返回，由于入射光线没有穿过转盘，因而转盘不需要镂空。

　　3）光纤伸缩扫描技术

　　当在管状 PZT 内外加上电压时，管状 PZT 的直径将发生变化，利用该特性，文献[39]发展了一种将光纤缠绕在 PZT 上进行光纤光程拉伸的光程扫描技术，如

图 4.40 所示。

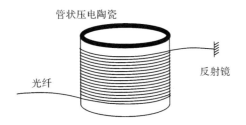

图 4.40 采用压电陶瓷膨胀拉伸光纤的光程扫描延迟器

缠绕在压电陶瓷(PbZrTiO$_3$, PZT)上的光纤构成的光纤延迟线,具有扫描速度快、插入损耗低等优点。这种光纤延迟的实现是将一段很长的光纤缠绕在圆柱形压电陶瓷上。因为有许多圈光纤的缠绕,所以 PZT 小范围的驱动即可产生几毫米的延迟。对于光纤延迟线来说,主要通过 PZT 环的直径方向上的伸缩改变缠绕在 PZT 上的光纤的长度,来实现延迟线的功能。这种形式的光纤延迟线在光程扫描中的扫描速率可高达千赫兹。虽然也有光功率损耗,但是远小于线性平移光学延迟线。

除了以上几种常见的光程延迟线外,还有多种空间光程扫描方式,如旋转平行四边形棱镜法[40]、动态范围仅为 50μm 的小型化集成式的光程扫描器[41]。

3. 几种典型的光路连接组合方式

采用光纤白光干涉原理实现物理参量的测量系统通常是由三个主要部分组成,它们分别是测量干涉仪、解调仪和光学连接系统。为了实现探测与测量的具体目的,通常要构造一个能满足测量需求的干涉仪光学系统;而为了最终能够获得测量的结果,又要相应地构造一个能够对测量干涉仪所测得的物理量实现读取与解调的干涉仪系统;除此之外,选用何种光学连接方法将这两个部分进行有效的拓扑连接,对于优化系统结构具有十分重要的意义。本节将在上述干涉仪和空间光程相关技术的基础上,给出几种典型的光路组合方法。

我们知道,从光路连接的角度看,光学干涉测量仪在连接方面可分为透射方式与反射方式两类,透射方式需要两个连接端口,而反射方式如果能够同时共用一根光纤作为输入输出通道,则仅需要一个端口。而作为解调仪核心装置的空间光程相关器也可大致分为双端口的透射式和单端口的反射式光学结构。此外,光纤环形器是一种多端口光路连接的无源器件,该器件内部由多个光隔离单元组成,作用是使反射光(或反向传输光)从另一端口输出,而不能从原入射端口输出。因此光纤环形器可作为基本的光路连接与光信号传输方向控制的核心器件,作为连接光源、测量干涉仪、光程相关器以及光电探测系统的纽带,实现光纤白光干涉系统的组合与连接。

为了表达方便,我们对构成系统的几个重要组成部分的图标定义如下:

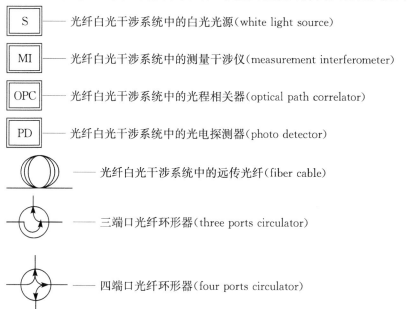

S —— 光纤白光干涉系统中的白光光源(white light source)

MI —— 光纤白光干涉系统中的测量干涉仪(measurement interferometer)

OPC —— 光纤白光干涉系统中的光程相关器(optical path correlator)

PD —— 光纤白光干涉系统中的光电探测器(photo detector)

—— 光纤白光干涉系统中的远传光纤(fiber cable)

—— 三端口光纤环形器(three ports circulator)

—— 四端口光纤环形器(four ports circulator)

基于上述定义,我们给出了可能的几种典型的连接方式。对于测量干涉仪和光程相关器都是透射型的情况下,仅需要两点之间的连接,图 4.41 给出两种典型的组合连接示意图。图 4.41 中(a)与(b)之间的区别在于对于干涉测量而言,是将来自同一光源的光先进行分光,后进行干涉测量;还是先将来自光源的光通过测量干涉仪后,从而导致一个待测光程差,再通过光程相关器去通过匹配来实现未知量的测量。这涉及两个方面的问题:一方面,当所采用的光路是可互易的,则这两种结构在连接上没有差别,如果光路不互易,则两者不能等同;另一方面,对于远程光纤光缆连接的光学测量单元与光程相关解调单元而言,由于光信号在进行长程传输过程中的时延将会导致两种连接方式的同时性的差异,因此,对于瞬态测量会有较大的区别。这一点尤其是对于后面所述的采用光纤环形器将测量干涉仪和解调干涉仪远程分开的情况更为明显。

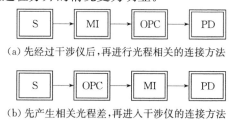

(a) 先经过干涉仪后,再进行光程相关的连接方法

(b) 先产生相关光程差,再进入干涉仪的连接方法

图 4.41　测量干涉仪和光程相关器都是透射型的情况下的两种典型的组合连接示意图

　　图 4.42 具体给出一个实际的例子。在这个例子中,来自宽带 ASE 光源的光首先进入马赫-曾德尔干涉仪型光程相关器,产生一个预设的光程差,这个具有一定光程差的两个光波信号通过光纤光缆的连接输入马赫-曾德尔测量干涉仪,通过反射扫描镜位移的调节,等效于用这个预设的光程差去主动匹配由外界待测量导致测量干涉仪所产生的光程差,从而实现了待测量的测量。

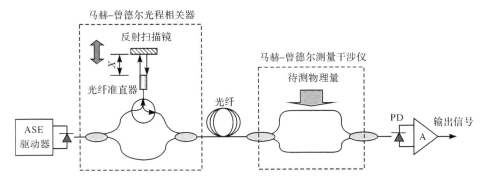

图 4.42　采用马赫-曾德尔光程相关器和马赫-曾德尔测量干涉仪所构成的实际测量系统

　　针对测量干涉仪或者光程相关器中有一种是反射型的,一种是透射型的情况,系统各个单元中,除了需要两点互连外,还需要实现三点连接,因此需要用到三端口光纤环形器。图 4.43 给出基于三端口光纤环形器与各单元系统连接的四种可能的拓扑连接方式。为了进一步说明这些连接对应于系统是如何实现的,我们给出一个实例,来进一步详细说明这种组合的实际连接方法,如图 4.44 所示。图 4.44(a) 给出一种典型的需要采用三端口光纤环形器将光程相关器、测量干涉仪以及光电转换探测器相关部分的信号处理单元进行连接的系统。系统中用一个虚线框图给出光程相关器的位置,该系统中光程相关器可以采用上述所讨论过的任意一种,因此用一个一般性的框图来代表。而测量干涉仪实际上也可以是任意一种干涉仪。作为具体应用的说明,图 4.44(b) 给出一种具体的迈克耳孙光程相关器和菲佐干涉测量仪组合,并用三端口光纤环形器进行连接的光学测量系统。

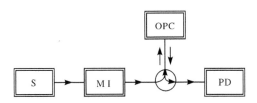

(a) 光束先通过透射干涉仪产生光程差,再进入反射式相关器的组合情况

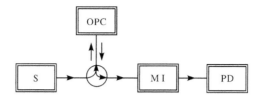

(b) 光束先进入反射式光程相关器产生光程差，再进入透射干涉仪的组合情况

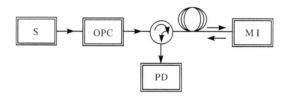

(c) 光束先通过透射式相关器产生光程差，再进入反射式干涉仪的组合情况

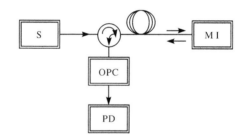

(d) 光束先进入反射式干涉仪产生光程差，再进入透射式光程相关器的组合情况

图 4.43　测量干涉仪或者光程相关器中有一种是反射型的光路组合情况

在图 4.44(b) 系统中，来自宽带 ASE 光源的光经过光隔离器(ISO)，首先注入迈克耳孙型光程相关器中，该光程相关器对同一入射光束产生预设的光程差并将其分成两个各自独立的问询光信号。这两个问询光信号经过三端口光纤环形器后，由远传光纤输入菲佐测量干涉仪中，该干涉仪通常是由一段两端具有部分反射功能的光纤构成，如图 4.44(b) 所示，这种两端被研磨成平面的光纤端直接进行对接时，连接处的反射率约为 1%，而另一端处于空气中，其典型的菲涅耳反射率约为 4%。由于这两个反射面的反射率都非常低，其二次反射信号幅值与一次反射信号相比，低两个量级，因而可以忽略不计(进行高精度测量时除外)。当外界物理量导致这段光纤的光程发生变化时，如待测量是环境温度 T 时，光纤中的光程会随着温度的变化而变化，于是通过调整光程相关器中反射扫描镜的空间位置，就可以测得对应环境温度的变化。

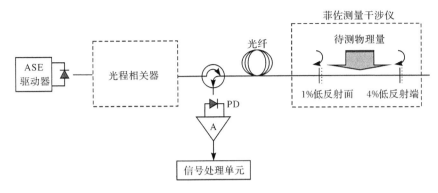

(a) 基于三端口环形器的光纤白光干涉测量系统

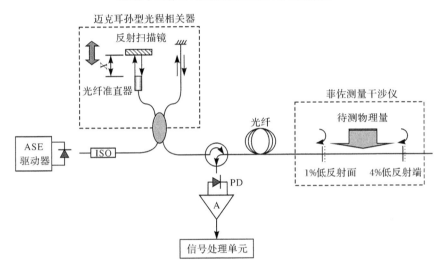

(b) 一种迈克耳孙型光程相关器作为解调核心单元

图 4.44　基于三端口光纤环形器的光纤白光干涉测量与解调系统
图中光程相关单元可以是前述多种光程相关器中的任意一种

　　图 4.45 对应的情况是测量干涉仪和光程相关器都是反射型的,在这种情况下,对应的拓扑连接属于典型的四点之间的连接,因此需要采用四端口光纤环形器。为了进一步给出更为直观的说明,图 4.46 以改进型菲佐光程相关器为例,给出上述典型光路的连接组合方式。在该系统中,通过四端口光纤环形器,将宽带 ASE 光源通过端口 1 到端口 2 注入改进型菲佐光程相关器中。该光程相关器的作用有二:一是将来自同一光源的光分成两束;二是使这两束光信号产生可调整的光程差。被分成两束并具有一定预设光程差的光信号离开端口 2,通过端口 3,再经过远传光纤,被送入测量干涉仪中。而测量干涉仪可以是干涉仪中的任意一种。

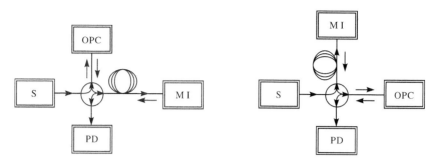

(a) 光束先经过光程相关器产生光程差，　　　　(b) 光束先经过反射式干涉仪产生光程差，
　　再进入反射式干涉仪的组合情况　　　　　　　　再进入光程相关器的组合情况

图 4.45　测量干涉仪和光程相关器都是反射型的情况

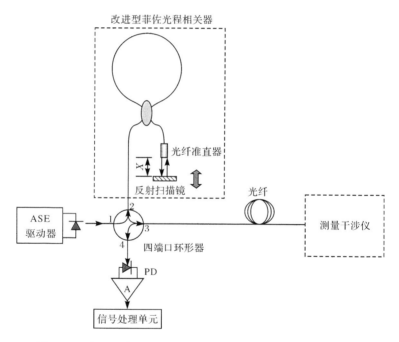

图 4.46　基于四端口光纤环形器的光纤白光干涉测量与解调系统
图中测量干涉仪可以是任意一种或多种干涉仪的级联

　　采用光纤进行测量干涉仪构造的形式有多种，图 4.47 给出几种典型的结构。为了实现不同物理量的测量，可以通过将不同结构的测量单元嵌入干涉测量臂的办法来构造出测量干涉仪。

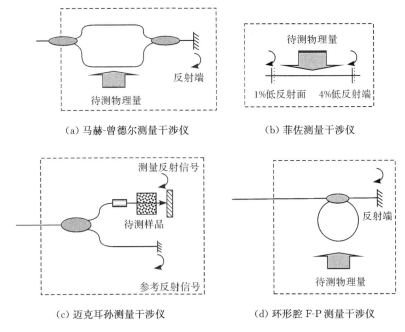

（a）马赫-曾德尔测量干涉仪   （b）菲佐测量干涉仪

（c）迈克耳孙测量干涉仪   （d）环形腔 F-P 测量干涉仪

图 4.47 几种常见的作为物理量测量的光纤白光干涉仪的光学结构

图 4.47(a)是典型的马赫-曾德尔型光纤干涉仪,既可以工作在透射方式下,也能以反射的形式工作。其中的一臂作为干涉测量臂,而另一臂则为参考臂。如果待测物理量不能转化为光纤的光程变化,则可采用图 4.47(c)所示的迈克耳孙型光纤干涉仪的结构,通过开放端,将待测量以某种方式转换为空间光程的变化。例如,所测量的物理量是透明液体或固体的折射率,将其置于图 4.47 中待测样品处,就可以通过比较其光程(nL)和其空间尺度(L)的方法获得折射率的测量结果。若待测物理量是温度相关量,则可选用图 4.47(d)所示的带有反射端的环形 F-P 光纤干涉测量仪结构,在测量区域,除了用于温度测量的环形光程外,其他部分两光路都是共光路,因而受温度变化的影响相同而彼此抵消了。而环形光路的光程随温度变化是近似线性的,可实现温度测量。

当我们采用图 4.47(b)所示的菲佐测量干涉仪的结构进行级联,并使每一段光纤的长度都不同 $L_i \neq L_j (i, j = 1, 2, \cdots, N)$,这时每一段光纤都可看成一个独立的长度微小形变测量仪,这就形成了准分布式光纤测量系统,如图 4.48 所示。这种系统可用于实现准分布式温度或应变的测量,可在土木工程的智能结构健康监测领域中得到应用。

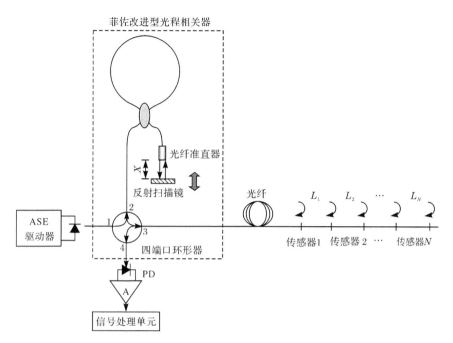

图 4.48　基于光纤环形器的菲佐干涉测量仪级联实现多路光纤传感器：第一种拓扑结构

前面提到通过远传光纤将测量仪和解调仪进行互连时，存在两种主要的方式：其一是先将白光光源通过解调仪分成两路并给出预设光程差，然后再通过远传光纤抵达测量干涉仪进行匹配干涉，最后再将干涉信号传回到探测系统，如图 4.48 所示；其二则是先通过远传光纤将光信号送到干涉测量仪，进行分光并生成测量光程差，然后再通过远传光纤传回到解调干涉仪实现光程匹配和干涉测量，最后再将干涉测量信号传回到探测系统，如图 4.49 所示。当系统中的所有光学器件都是光互易的且是线性的，则这两者没有本质差别。若对于远传光纤来说，在传输过程中由于外界环境的影响而导致系统不可逆，则这两种光学结构就不具有等效性。这可以依据实际情况确定最优的拓扑结构，通过研究不同拓扑结构下共光路结构的干涉特性，尽可能消除外界环境对干涉光路的影响。

4.5.2　空域干涉解调方法(二)：CCD 线性阵列探测器系统

采用线性 CCD 阵列探测技术可以将空间扫描转化为空间干涉光场变化的光探测器逐个探测的数字化电子扫描，这一方面省略了机械扫描系统，另一方面也极大地提高了扫描速度。本节将简要介绍几种主要的基于 CCD 线性阵列探测器系统的白光干涉解调方法，包括杨氏光纤白光干涉解调仪、菲佐干涉解调仪、倾斜迈克耳孙干涉解调仪和对称光栅干涉解调仪。

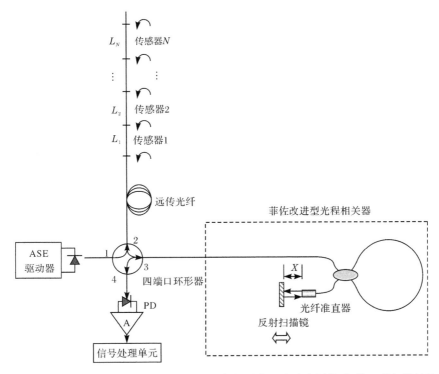

图 4.49　基于光纤环形器的菲佐干涉测量仪级联实现多路光纤传感:第二种拓扑结构

1. 杨氏光纤白光干涉解调仪

早在 1983 年,Jones 等[42]就用光纤来构造杨氏干涉仪,并将其用于磁场的测量。采用 CCD 作为空间探测阵列,借助于杨氏干涉仪的结构来实现光纤白光干涉解调的方案是由 Chen 等[43] 在 1991 年提出的,1994 年,Brandenburg 与Henninger[44]发展了集成波导杨氏白光干涉解调仪。其基本工作原理就是两个点光源的杨氏干涉,如图 4.50 所示。对于透射式测量干涉仪而言[图 4.50 中,(a)部分和(b)部分相连接的情况],来自宽带 SLD(或 LED、ASE)光源的光直接穿过干涉测量仪,形成光程差,然后到达杨氏解调仪。光纤白光干涉杨氏解调系统是一个由 1×2 光纤耦合器和 CCD 光探测器构成的系统,其中光纤耦合器的两臂就是杨氏干涉仪的两臂,这两臂之间的光程差与测量干涉仪生成的光程差大致相等,两个光纤出射端可看成间距为 d 的两个针孔式点光源,出射的光波可近似为理想的球面波。在两光纤出射场对称中心的交点处,放置了长度为 D 的线性 CCD 阵列,来探测由两个光纤芯构成的两个点光源形成的杨氏干涉条纹,如图 4.50 所示。当测量干涉仪是反射式光学结构时[图 4.50 中,(a)部分和(c)部分相连接的情况],白光光源则先经过三端口光纤环形器后,注入测量干涉仪,反射回来的含有待测物理量信息的两个光波信号被三端口光纤环形器送入该杨氏光纤白光干涉解调仪,测量干涉仪可以是任意一种反射式干涉仪结构,解调仪的两个光纤臂之间的光程差则恰好补偿了由干涉仪导致的光程差,而待测物理量的变化将通过两相干光波所产生的白光干涉特征条纹在 CCD 线性阵列探测器的位移来测量出来。

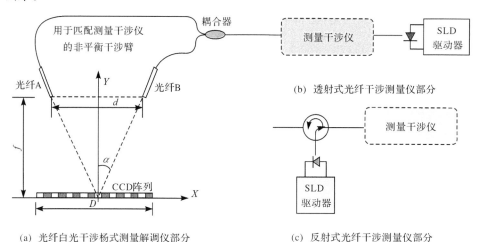

(a) 光纤白光干涉杨式测量解调仪部分　　　　(c) 反射式光纤干涉测量仪部分

图 4.50　基于线性 CCD 阵列探测器的光纤白光干涉杨氏干涉解调仪

光纤白光干涉解调仪的工作原理如图 4.50(a)所示,当满足条件 $f \gg d$ 时,作为点光源的两出射光纤在 CCD 阵列 x 处的光程差可写为

$$\delta(x) = \frac{n_0 d}{f} x - n_{\text{core}}(L_{\text{m}} - L_{\text{c}}) \tag{4.77}$$

该光程差由两个部分构成:第一部分来自光纤外部的空间干涉;第二部分则来自光纤测量干涉仪和光纤解调干涉仪之间的光程差。式中:n_0 为光纤外空气中的折射率;d 为两光纤端的间距;f 为光纤端到 CCD 阵列的空间距离;n_{core} 为光纤芯的平均折射率;L_{m} 和 L_{c} 分别为来自测量光纤干涉仪和解调光纤干涉仪的光程差(相当于图中耦合器到光纤 A 端与耦合器到光纤 B 端之间的光程差)。两光束的相位差可表示为

$$\phi(x) = \frac{2\pi}{\lambda_0} \left[\frac{n_0 d}{f} x - n_{\text{core}}(L_{\text{m}} - L_{\text{c}}) \right] \tag{4.78}$$

式中:λ_0 为真空中宽带光源的中心波长。

于是,在 CCD 阵列所探测到的两光纤出射的光波电场叠加的光场强度分布为

$$I(x) = I_0 G(x) [1 + \gamma(x) \cos(\phi(x) - \phi_0)] \tag{4.79}$$

式中：I_0 为两光纤在 CCD 阵列中点处的光场强度；$G(x)$ 为纤端光场强度的空间分布函数；$\gamma(x)$ 为宽带光源功率谱的傅里叶变换函数；ϕ_0 为初始相位。

在宽带光源功率谱近似为高斯分布的情况下，$G(x)$ 与 $\gamma(x)$ 可近似为高斯函数

$$G(x) = \exp\left[-\left(\frac{x}{\sigma_a}\right)^2 \right] \tag{4.80}$$

$$\gamma(x) = \exp\left[-\left(\frac{\phi(x) - \phi_0}{\sigma_\gamma}\right)^2 \right] \tag{4.81}$$

于是，对于中心波长 $\lambda_0 = 790\text{nm}$ 的 LED 宽谱光源，利用式(4.79)模拟在 CCD 阵列探测面的光强分布如图 4.51(a)和(b)所示。计算过程中，所用的参数为 $L_\text{m} - L_\text{c} = 500\text{nm}$；$f = 180\text{mm}$；$d = 3\text{mm}$；$\sigma_a = 3\text{mm}$；$\sigma_\gamma = 16\pi$；(a)$\phi_0 = 0$；(b)$\phi_0 = 20\pi$。

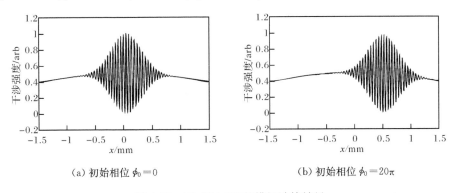

(a) 初始相位 $\phi_0 = 0$　　　　　　　　　(b) 初始相位 $\phi_0 = 20\pi$

图 4.51　对式(4.79)的模拟计算结果

对式(4.77)进行变分，有

$$\Delta x = \frac{f}{d} \frac{n_\text{core}}{n_0} \Delta L_\text{m} \tag{4.82}$$

其中 ΔL_m 是测量干涉仪中光纤长度的变化，例如是 F-P 干涉仪腔长的变化。由此可知，通过探测白光干涉条纹在 CCD 阵列上的变化(移动)，就能够获得待测物理量引起的光程变化量的大小，进而测得相关物理量的变化。

由相位差表达式(4.78)的空间干涉部分可知，在空间干涉条纹的周期可推导为

$$p = \frac{f\lambda_0}{n_0 d} \tag{4.83}$$

考虑到 CCD 阵列探测单元的非连续性，借助于连续分布函数(4.79)对于每一个 CCD 像素宽度 w 进行单元积分，有[43]

$$q_i = wG(iw)\left[1 + \gamma(iw)\text{sinc}\left(\pi\frac{w}{p}\right)\cos\left(2\pi i\frac{w}{p}\right) \right] \tag{4.84}$$

式中：i 是像素数。

对于 $p \gg w$ 时，sinc 函数项趋近于 1，于是式（4.84）简化为

$$q_i = wG(iw)\left[1 + \gamma(iw)\cos\left(2\pi i\,\frac{w}{p}\right)\right] \tag{4.85}$$

由此可以看出，分辨率与动态范围二者之间是矛盾的，在像素数一定的情况下，增加动态范围就要牺牲分辨率。出于信号处理的需求，w/p 的最小值不能小于 2[45]。

由于杨氏干涉仪的两臂长差可以是不等长非平衡的，因此测量干涉仪的光程差的设计具有较大的自由度。为了进一步改进光纤杨氏白光干涉解调系统精细调节的性能，对于该杨氏干涉系统的两个非平衡光纤臂中的一臂，增加一个光程调节装置，以便于调节测量干涉仪与解调干涉仪之间的光程匹配差，图 4.52 给出将改进的光纤白光杨氏干涉仪与非平衡迈克耳孙测量干涉仪进行组合而构造的反射式干涉测量系统。

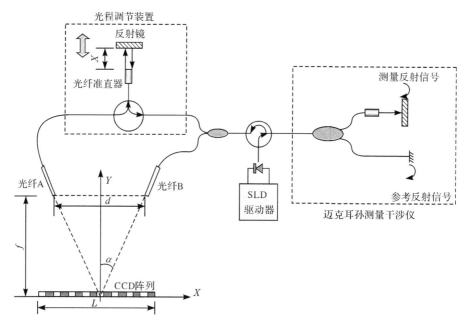

图 4.52　杨氏解调干涉仪与迈克耳孙测量干涉仪的拓扑连接

另外，在两个光纤端点光源和 CCD 探测阵列之间，插入一个柱面透镜，这样可以将干涉光场压缩成一条线聚焦于 CCD 探测面上，提高信号效率，降低光源的功率，从而降低系统成本。图 4.53 给出系统改进示意图，同时展示了如何将这种改进的光纤白光杨氏干涉解调系统与透射式非平衡马赫-曾德尔干涉测量仪组合构建的有关光学测量系统。通过这种将解调仪与测量干涉仪进行有机地组合，能

够构造出各种物理量干涉测量系统,测量仪可以是能够产生光程差的任何一种,
如光纤 F-P 干涉仪、环形腔 F-P 干涉仪以及菲佐干涉仪等。

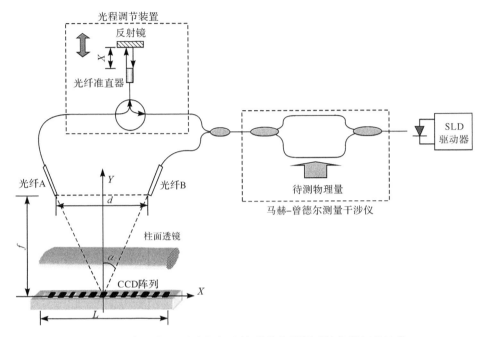

图 4.53　杨氏解调干涉仪与马赫-曾德尔测量干涉仪的拓扑连接

2. 菲佐干涉解调仪

菲佐干涉解调仪是基于线性 CCD 阵列探测器的又一种解调方法。将该方法
用于光纤传感解调系统中是由 Trouchet 等[46]在 1989 年提出的,其后得到不断地
发展与改进[47~50]。这种解调仪的构造特点是结构紧凑,不需要机械运动扫描,主
要是由线性 CCD 探测阵列、光纤准直扩束透镜,以及用于实现 Fiezau 干涉的楔形
光学劈尖器件组成,如图 4.54 所示。来自宽带光源 SLD 的光经过光纤环形器后,
注入光纤 F-P 干涉仪中,该干涉仪可以用于测量能够导致两反射端面间距变化的
各种参量,如应变或温度等。由 F-P 干涉仪两个端面反射回来的光信号的光程差
与其两个端面间距成正比。这两个信号经过三端口光纤环形器后,被光纤扩束器
扩束并准直,然后进入由楔形光学劈尖构成的菲佐干涉仪,如图 4.54(a)所示。在
菲佐干涉仪中,间距与 F-P 干涉仪间距相等处的输出光得到补偿而发生干涉,因
而在 CCD 阵列对应点附近输出与光学自相关函数相同的白光干涉条纹,而其他
处由于光程差不匹配将不会发生干涉。如图 4.54(b)所示。当 F-P 测量干涉仪的
间距由于外界作用而发生变化时[例如,间距缩小了,如图 4.54(b)给出的那样],

则该白光干涉条纹将发生位移,该位移正比于 F-P 测量干涉仪间距的变化。因而通过对该白光干涉条纹位移的测量,就能测得相关物理量。这就是菲佐干涉解调仪的基本工作原理。

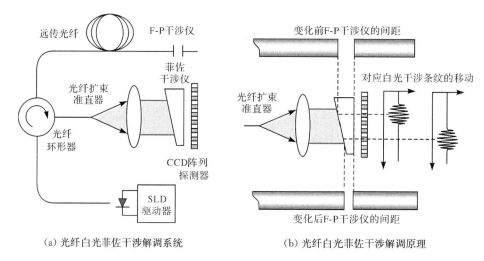

(a) 光纤白光菲佐干涉解调系统　　　　　　(b) 光纤白光菲佐干涉解调原理

图 4.54　光纤白光菲佐干涉解调仪及其工作原理

　　上述光纤白光菲佐干涉解调仪的测量动态范围取决于线性 CCD 探测器的具体参量,测量系统的动态范围由式(4.86)给出。

$$R = 2\pi M \frac{w}{p} \tag{4.86}$$

式中:M 为 CCD 的总的像素数;w 为每个像素的宽度;p 为一个干涉条纹的宽度。

　　为了使这种基于线性阵列 CCD 探测系统的解调测量范围得到进一步扩展,当测量干涉仪的光程差远大于菲佐干涉解调仪的光程补偿范围时,我们可以采用串接一个光程差可调的光程补偿器来对大光程差进行预补偿,然后用菲佐干涉解调仪实现小动态范围变化量测量的办法来解决这个问题,如图 4.55 所示,具有较大光程差和较小动态待测量的 F-P 干涉仪首先产生了一个大的光程差,由于在光源与菲佐解调干涉仪之间加入一个马赫-曾德尔光程补偿装置,一方面将大的光程差先进行预补偿,同时对两个光程差给以精细调整,以便使待测量的测量范围处于菲佐解调干涉仪的量程中。为了提高光信号的效率,在图 4.55 的系统中,采用了柱状透镜,将干涉光场进行压缩,使其尽可能的被 CCD 线性阵列所接收,使光源的功率需求得以降低。

　　3. 倾斜迈克耳孙干涉解调仪

　　采用线性 CCD 探测阵列的另一种白光干涉解调方式由图 4.56 给出,被称为

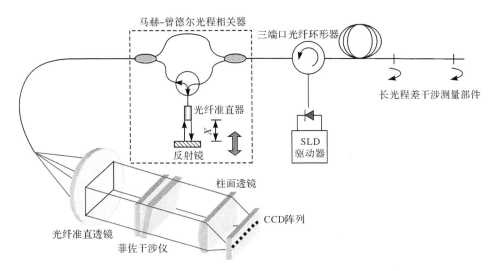

图 4.55　能够实现大光程差预补偿的菲佐干涉解调测量系统

倾斜迈克耳孙干涉解调仪[51,52]。其结构简单,主要由光纤扩束准直器、一面具有一个小的倾斜角度的分光棱镜和线性 CCD 阵列探测器组成。宽带光源发出的光经过三端口光纤环形器后,注入 F-P 光纤干涉测量系统。反射回来的光信号再次经由三端口光纤环形器后进入光信号解调系统。

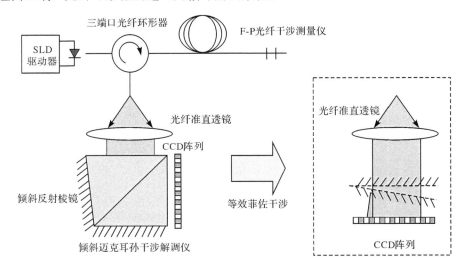

图 4.56　一臂为倾斜反射的迈克耳孙白光干涉解调仪工作原理示意图

由于 F-P 测量干涉仪是由具有一定间隙的两个反射面构成的,因而由两个反射面反射回来的两个光信号具有一定的光程差,这两个信号光被分光棱镜的两个全反射面反射后,到达线性 CCD 阵列,由于分光棱镜的一个反射面具有一个小的倾角,因而两反射光的光程将产生一个由小到大的光程差分布,在到达 CCD 探测阵列时,等效于如图 4.56 方框中菲佐干涉仪所产生的光程分布延迟效果。其中在满足延迟光程相等处附近的光将产生白光干涉条纹,因而可以通过测量白光干涉条纹在线阵 CCD 上的位移来获得作用在 F-P 干涉仪上物理量的变化情况。这种白光干涉解调仪的主要优点在于结构稳定,由于两个反射面都是由全反射面构成,因而具有干涉条纹对比度高的特点。采用线性 CCD 探测阵列来构造的光纤白光干涉解调仪的共同缺点和不足在于探测的动态范围受限于 CCD 阵列的长度和像素数。因而,为了进行量程的扩展,都可以采用插入一个可调的大光程差补偿器的方法加以改进,如图 4.55 中的马赫-曾德尔光程补偿器。此外,本系统也可以在线性 CCD 阵列前放置一个柱状透镜来压缩光场,提高光信号的工作效率并减低光源功率。

4. 对称光栅干涉解调仪

本节所讨论的对称光栅干涉解调仪可以看成是一种由空间域解调向光谱域解调的一个过渡性的白光干涉解调系统。该解调仪的结构类似于上述的倾斜反射式迈克耳孙白光干涉仪,探测系统同样采用了线性 CCD 阵列探测器。只不过两个反射面被两个相同的衍射光栅所代替,且两个衍射光栅的倾角是相同的。这两个衍射光栅 G_1 和 G_2 被固定在利特罗(Littrow)基座上,可同步转动。G_2' 是 G_2 关于分光棱镜为对称轴的镜像,因此,G_1 和 G_2 可看成是一对倾角反向的对称衍射光栅,如图 4.57 所示[53]。

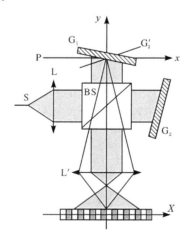

图 4.57　对称衍射光栅干涉解调仪

来自光源的宽带光经过扩束准直透镜 L 后,通过分光棱镜 BS 被分成两束,这两束光分别被衍射光栅 G 和 G′衍射后,依照光谱分布被展开,同时被反射,经过汇聚透镜 L′后,依光栅干涉仪光源光谱的透射相干谱函数相关的方式被 CCD 探测阵列所接收。该光栅干涉仪也可用于实现光程差的解调。

图 4.58 给出一种基于对称衍射光栅干涉仪实现测量的光纤白光干涉系统,来自宽谱光源的光,经过光隔离器后被注入用于测量的光纤迈克耳孙干涉仪中,由该光纤迈克耳孙干涉仪输出的透射相干谱函数可写为

$$F_1(k) = \frac{1}{\eta} F_0(k) \left[1 + \cos(k\Delta_s) \right] \tag{4.87}$$

式中:$F_0(k)$ 为入射光的光谱分布函数,$k = 2\pi/\lambda$ 为波数;η 是整数,当干涉仪是迈克耳孙干涉仪时,$\eta = 2$,对于非偏振光入射的双折射情况,$\eta = 4$。该光栅干涉仪的透射光谱是以梳状谱的形式给出的,其频率与光程差 Δ_s 相关[54,55]。

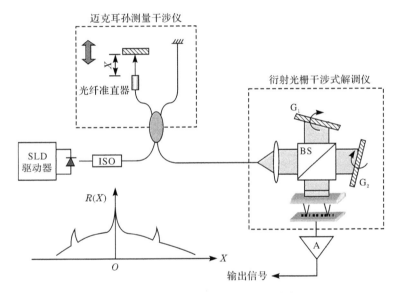

图 4.58　对称衍射光栅干涉测量系统

由测量干涉仪产生的干涉信号经过光纤远传后,光信号的强度可能会有所衰减,但光程差的信息不会改变,因而这种解调技术适于远程测量。为了解调出光程差 Δ_s,我们将由测量干涉仪输出的光信号注入图 4.58 中的对称衍射光栅干涉式解调仪,于是在 CCD 线性阵列所得到的信号为[56]

$$R(X) = 1 + A + \frac{1}{2}B_1 + \frac{1}{2}B_2 \tag{4.88}$$

其中

$$A = \frac{\sin U}{U} \cos \left[4 \frac{X}{G} \left(\frac{\pi}{p\cos\beta} - k_1 \tan\beta \right) \right] \tag{4.89}$$

$$B_1 = \frac{\sin(U - \Delta_S \Delta k/2)}{U - \Delta_S \Delta k/2} \cos\left[4\,\frac{X}{G}\left(\frac{\pi}{p\cos\beta} - k_1\tan\beta\right) + k_1\Delta_S\right] \qquad (4.90)$$

$$B_2 = \frac{\sin(U + \Delta_S \Delta k/2)}{U + \Delta_S \Delta k/2} \cos\left[4\,\frac{X}{G}\left(\frac{\pi}{p\cos\beta} - k_1\tan\beta\right) - k_1\Delta_S\right] \qquad (4.91)$$

$$U = 2\,\frac{X}{G}\Delta k\tan\beta \qquad (4.92)$$

式中:X 为线阵 CCD 的坐标位置;G 为平面 P 上的像通过透镜 L' 投影到 CCD 阵列 x 轴上的放大倍数(见图 4.57);p 为衍射光栅的栅距;β 为光栅法线与 y 轴之间的夹角。

式(4.88)中,$R(X)$ 由三项组成:①一个连续背景信号;②由 A 描写的,$X=0$ 的中心主峰;③分别由 B_1 和 B_2 描写的两个对称次级峰且关于 X 对称,满足 $X = \pm\Delta_S G/4\tan\beta$。由此,可以测得光程差 Δ_S。

4.5.3　谱域干涉解调方法

光谱域光纤白光干涉解调技术目前主要用于光学横断面层析成像,简称 OCT 技术(详见第 8 章),由于生物体中不同的生物分子对不同的光波长的响应是不同的,因此在生物学和医学领域中,谱域 OCT 技术可使用特异标记来显示不同生物组织结构,也能够检测内源性组织形态的变化来揭示可能的疾病,如核尺寸放大或细胞类型。因此,其具有临床诊断的应用潜力,这使其获得了快速的发展。

谱域干涉解调方法主要有三种:①窄带扫描单探测器光谱域时间展开探测方法,包括光源的波长扫描和可调谐窄带滤波器扫描技术;②基于衍射光栅和多探测器 CCD 的光谱域空间展开探测方法;③基于折射棱镜和多探测器 CCD 的光谱层析技术。下面分别简要加以描述。

1. 可调谐窄带光源波长扫描解调系统

当宽谱白光光源为窄带可调谐光源时,所构成的谱干涉仪中,依赖于波长的光强信息并不是同时记录下来的[56~62]。系统中仅使用一个光电探测器,随着窄带可调谐激光器波长的不断改变,经过干涉仪输出的光信号强度被该光电探测器所接收,并转换成波长对应时间的时序信号记录下来。

结合图 4.59 对光程差 $2L$ 的测量来进一步加以说明其工作原理,当波长可调谐激光器固定在某一波长不变时,干涉仪所探测到的光强信号可表示为

$$I = I_1 + I_2 + 2\sqrt{I_1 I_2}\cos(2\pi\Delta\phi) \qquad (4.93)$$

式中:I_1 和 I_2 分别对应于反射镜 1 和 2,而 $\Delta\phi$ 对应于两臂之间的相位差,该相位差可表示为

$$\Delta\phi = 2\,\frac{L}{\lambda} = 2L\,\frac{k}{2\pi} \qquad (4.94)$$

式中:k 为对应于 λ 的波数,如果波长改变了,则相位差也将随之改变。这使得光电探测器所接收到的信号产生频率为 f 的震荡:

$$f=\frac{\mathrm{d}\Delta\phi}{\mathrm{d}t}=\frac{\mathrm{d}\Delta\phi}{\mathrm{d}k}\frac{\mathrm{d}k}{\mathrm{d}t}=\frac{L}{\pi}\frac{\mathrm{d}k}{\mathrm{d}t} \tag{4.95}$$

因此由式(4.95)可以看出,频率直接对应于波数的变化率 $\mathrm{d}k/\mathrm{d}t$,并对应于光程差 L。如果 $\mathrm{d}k/\mathrm{d}t$ 是常数,则 L 就能通过波长变化过程中光电探测器所输出的强度时域信号的傅里叶变换中得以确定。如果物体包含几个后向散射面,处于不同的深度位置上,则每个各自独立的光程差 $2L_i$ 就会给出一系列对应的频率 f_i 信号的傅里叶变换会给出对应所有的具有一定反射率的距离信息,也就是所说的后向散射势沿着 z 轴的分布。

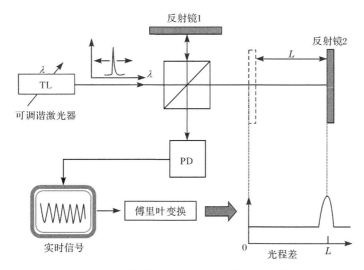

图 4.59　波长可调谐干涉仪的工作原理示意图

　　与上述空间扫描光纤白光干涉仪相比,也同样用了固定的参考反射臂,但是其优点在于系统中不需要空间移动部件。由于系统中仅用到一个光电探测器,因此,就具有了可以简单使用高通滤波器来滤除所有不想要的直流强度项的优势,并使探测系统可用的动态范围得以扩展。

　　其缺点是要求可调谐激光光源必须是连续可调的,不应该有跳模。其扫描测量分辨率取决于光源可调谐范围 $\Delta\lambda$,可调谐范围越宽,分辨率越高。信噪比的对比分析结果表明,谱域光纤白光干涉仪系统与时域光纤白光干涉仪相比较而言,具有较高的探测灵敏度,典型情况下,前者优于后者 20~30dB[63]。

　　与可调谐激光器波长扫描等效的另一个方案如图 4.60 所示,该光源部分是由一个宽带光源和一个可调谐窄带光学滤波器组成的一个等效的波长可调谐窄带光源,得到与上述可调谐激光光源类似的结果。这种宽谱光与窄带可调谐滤波器的组合方案有两种：一种是紧接着宽带光源的后面串接一个可调谐窄带光学滤波器，如图 4.60(a) 所示[64]；另一种是将可调谐窄带光学滤波器置于光电探测器之前的方案，如图 4.60(b) 所示[65]，也同样可以得到类似的结果。

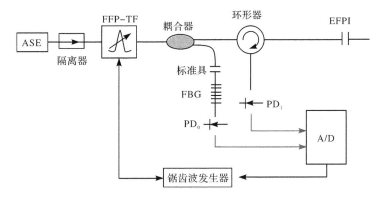

(a) 窄带滤波器置于宽谱光源后的解调方案

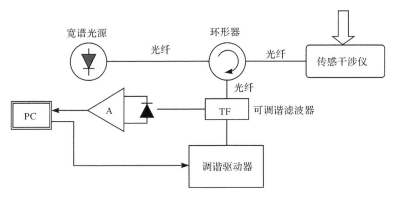

(b) 窄带滤波器置于光电探测器前的解调方案

图 4.60　可调谐窄带滤波器扫描的谱域干涉时域探测方法

2. 宽谱光源的衍射光栅 CCD 光谱仪

采用宽谱光源的白光干涉技术，结合 CCD 光电探测阵列，可构成光谱域空间展开探测系统[66]，如图 4.61 所示。

该系统是通过一个衍射光栅，将来自迈克耳孙干涉仪的干涉信号按波数展开汇聚到 CCD 探测阵列上。它实现了同时对某一小区域的纵向（z 轴方向）的深度扫描测量。为了使系统更加灵活和实用，通常采用光纤来进一步搭建这种白光干涉层析成像（OCT）系统[67~69]。文献[67]、[68]分别借助于光纤的可任意弯曲的特性，作为光信号的传导光路。实现了透射型和反射型衍射光栅的分光光谱的干

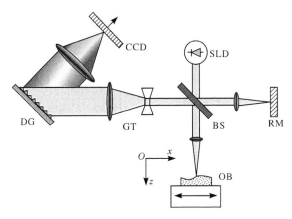

图 4.61　基于衍射光栅和 CCD 光电探测阵列构成的谱域白光干涉测量系统

涉信号测量,如图 4.62(a)、(b)所示。

　　采用光纤迈克耳孙干涉仪的光路结构,Yaqoob 等[69]给出了基于典型的光纤低相干层析成像(OCT)系统,如图 4.63 所示。系统中采用了超辐射发光二极管(SLD)作为宽谱光源,借助于单模光纤 2×2 耦合器构建了光纤迈克耳孙干涉仪,参考臂由光程可调的光纤准直器和平面反射镜构成,而测量臂则采用了光纤准直器对问询光进行准直,然后借助于短焦物镜将光聚焦到被探测样品中。反射回来的探测干涉信号接入到一个低损耗光谱仪上,通过一个透射衍射光栅将以光波波长作为函数的相干信号解析到 CCD 光电探测阵列上。

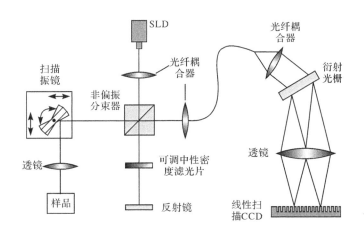

(a) 基于透射型衍射光栅的 OCT 系统

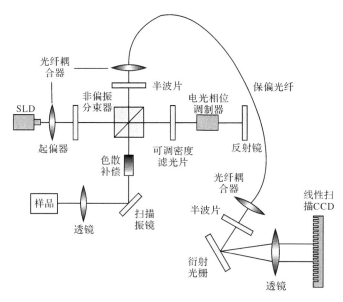

（b）基于反射型衍射光栅的 OCT 系统

图 4.62　借助于光纤构建光路灵活多变低相干光学层析成像系统

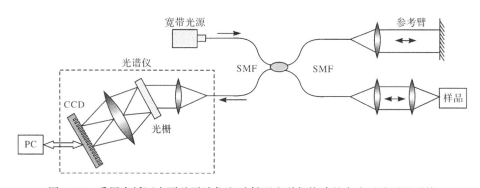

图 4.63　采用光纤迈克耳孙干涉仪和透射型光谱仪构建的白光干涉测量系统

4.5.4　时域相干与谱域相干的关系

1. 时域相干与谱域相干的对比

基于谱干涉仪测量原理,来自散射体的信号包含许多光波的分量,这些光波分量分别来自不同深度 z 的散射。我们忽略在散射体内的色散,对应于不同深度光波分量的散射幅度为 $a(z)$。对于参考反射面的反射光波 a_R 来说,来自散射体的信号是逐层的。在干涉仪的输出端,光谱仪将不同的波数 $k(=2\pi/\lambda)$ 相互分开,

干涉信号 $I(k)$ 表示为

$$I(k) = S(k) \left\{ a_R \exp(\mathrm{i}2kr) + \int_0^\infty a(z) \exp[\mathrm{i}2kr(r+n(z)z)]\mathrm{d}z \right\}^2 \quad (4.96)$$

式中：r 等效于参考臂的光程；$(r+n(z)z)$ 等效于散射臂的光程；$\mathrm{d}z$ 等效于散射光程，等于散射臂与参考臂的光程差；z_0 为初始偏置光程，等于参考面与散射体表面之间的差；n 是折射率（对于 $z<z_0$ 时，$n=1$；当 $z>z_0$ 时，在散射体中，此时 $n\approx1.5$）；$S(k)$ 为光源的谱强度分布。

为简化起见，假设参考反射振幅 $a_R=1$，在 $z<z_0$ 时，$a(z)=0$，于是有

$$\begin{aligned}
I(k) &= S(k) \left[1+\int_0^\infty a(z) \exp(\mathrm{i}2knz)\mathrm{d}z \right]^2 \\
&= S(k) \left\{ 1+2\int_0^\infty a(z)\cos(2knz)\mathrm{d}z + \right. \\
&\quad \left. \int_0^\infty \int_0^\infty a(z)a(z')\exp[-\mathrm{i}2kn(z-z')]\mathrm{d}z\mathrm{d}z' \right\}
\end{aligned} \quad (4.97)$$

式中 $I(k)$ 由三项组成：第一项是一个常数项。第二项内含散射体的深度信息，是余弦函数的和，每一个余弦振幅对应于散射振幅 $a(z)$。在深度 z 点处的散射事件包含在频率 $2nz$ 的余弦函数中。由式(4.97)可见，$a(z)$ 可以通过对交叉项的傅里叶变换而得到[14]。第三项是自相关项，描写了所有光波分量各自的互相干。

假设 $a(z)$ 关于 z 是对称的，由于 $z<z_0$ 时，$a(z)=0$，所以可以通过对 $I(k)$ 的傅里叶变换来获得 $a(z)$，于是用对称的扩展函数 $\hat{a}(z)=a(z)+a(-z)$ 代替 $a(z)$。实施傅里叶变换后，当 $z>z_0$ 时，散射体深度信息包含在式(4.98)中。

$$\begin{aligned}
I(k) &= S(k) \left\{ 1+\int_{-\infty}^\infty \hat{a}(z)\cos(2knz)\mathrm{d}z + \frac{1}{4}\int_{-\infty}^\infty \int_{-\infty}^\infty \hat{a}(z)\hat{a}(z')\exp[-\mathrm{i}2kn(z-z')]\mathrm{d}z\mathrm{d}z' \right\} \\
&= S(k) \left[1+\int_{-\infty}^\infty \hat{a}(z)\cos(2knz)\mathrm{d}z + \frac{1}{4}\int_{-\infty}^\infty \mathrm{AC}[\hat{a}(z)]\exp(-\mathrm{i}2knz)\mathrm{d}z \right] \quad (4.98)
\end{aligned}$$

式中自相关被记为 $\mathrm{AC}[\hat{a}(z)]$，傅里叶变换记为

$$\mathscr{F}_z\{\hat{a}(z)\} = 2\int_{-\infty}^\infty \hat{a}(z)\cos(2knz)\mathrm{d}z \quad (4.99)$$

式(4.98)可简写为

$$I(k) = S(k)\left(1+\frac{1}{2}\mathscr{F}_z\{\hat{a}(z)\}+\frac{1}{8}\mathscr{F}_z\{\mathrm{AC}[\hat{a}(z)]\} \right) \quad (4.100)$$

对式(4.100)实施傅里叶逆变换，有

$$\begin{aligned}
\mathscr{F}^{-1}\{I(k)\} &= \mathscr{F}^{-1}\{S(k)\} \otimes \left([\delta(z)]+\frac{1}{2}\hat{a}(z)+\frac{1}{8}\mathrm{AC}[\hat{a}(z)] \right) \\
&= A \otimes (B+C+D) \quad (4.101)
\end{aligned}$$

式中：符号 $\otimes$ 表示卷积。由此，对称散射振幅 $\hat{a}(z)$ 以及我们最终希望获得的振幅 $a(z)$ 可从式(4.101)中计算出来，这样就可以得到散射强度随散射深度变换的关

系。谱干涉仪解调的意义在于,对于参考光波而言,沿着深度 z 方向所有光波散射干涉振幅 $a(z)$ 的信息可以同时得到。

图 4.64 给出当散射体是一个反射平面情况下的说明。谱干涉仪测量在频率域中的振幅 $a(z)$[见式(4.97)],然后通过傅里叶变换获得空间域中的散射振幅[见式(4.101)]。方程(4.101)包含关于散射体的散射振幅的信息,然而,除了该散射振幅的信息外,还包括其他三项 B、C 和 D。由第一项 $A \otimes B$,可以获得在 $z=0$ 处光源光谱的傅里叶变换。为了有效地将 C 与自相关分离,参考面的选取应与散射体表面之间有一定的光程差。如果光谱 $S(k)$ 没有纹波且足够光滑,一般相干长度较短,该光程差大于相干长度就可以有效地将两者分开。如图 4.64 所示。

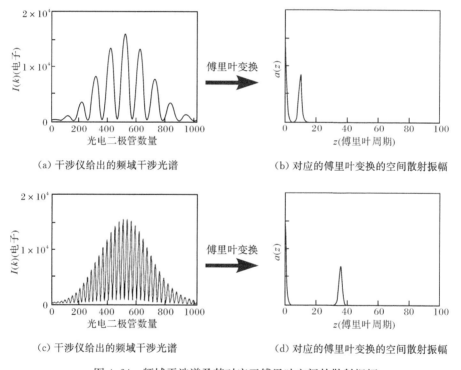

(a) 干涉仪给出的频域干涉光谱　　　　　　(b) 对应的傅里叶变换的空间散射振幅

(c) 干涉仪给出的频域干涉光谱　　　　　　(d) 对应的傅里叶变换的空间散射振幅

图 4.64　频域干涉谱及其对应于傅里叶空间的散射振幅

最后一项 $A \otimes D$ 为自相关项,它描写了光波的所有散射分量的互相干。在散射较强的情况下,由于 D 项信号强度极为微弱,因而其影响可忽略。此外该项在空间分布于 $z=0$ 附近,因此,该自相关信号与需要测量的物体散射信号 $a(z)$ 得以很好地分离,如图 4.65 所示。于是,得到了信号与光源相干函数 C 的卷积。为了实现高精度的测量,需要考虑光源光谱特性。当光源具有较平滑的包络和较宽的光谱分布,以及没有噪声和纹波时,才能获得峰值较窄的卷积结果。

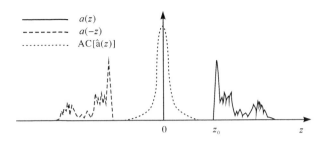

图 4.65　待测物体散射振幅 $a(z)$ 与自相关项的示意图

$a(z)$ 的值为从 0 到散射体表面 z_0 处，物体内部的散射分布的重构已经与位于 $z=0$ 附近的 AC 项完全分离

　　针对白光干涉的 OCT 应用，图 4.66 对于该技术在时域和频域之间的对应给出了直观的对比和说明。与时域 OCT 技术相比，谱域 OCT 具有较高的空间分辨率[69~71]。例如，对于一个具有 N 个像素的 CCD 探测阵列而言，时域 OCT 系统的信噪比与谱域 OCT 信噪比之间有如下的关系[69]：

$$\text{SNR}_{\text{时域OCT}} = \text{SNR}_{\text{谱域OCT}} - 10 \log \frac{N}{2} \tag{4.102}$$

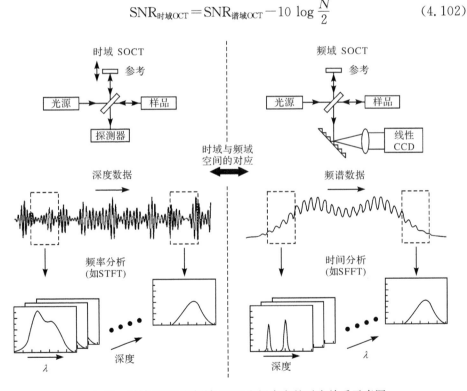

图 4.66　时域 OCT 和频域 OCT 之间内在的对应关系示意图

因而谱域 OCT 技术更适合应用于生物医学领域中，在生物组织内部光波散射过

程是,生物组织中内源分子和外源造影剂的背向散射光波与干涉仪的参考光形成干涉光,干涉光经光电转换后并经过信号处理,处理后的数据形成组织内部结构信息。由图 4.66 可以很好地解释并理解谱域 OCT 的原理和信号处理方法[70],时频域分析通常用于从 OCT 数据提取信号。对于时域 OCT 系统而言,利用系列信号中抽取一段的短时傅里叶变换,可以获得波长随着扫描组织样品深度的信息。而在谱域 OCT 系统中,同样可以通过在整个光谱范围内抽取一段的短频傅里叶变换来获取扫描样品深度随光波波长的信息。谱域 OCT 信号处理的主要障碍之一是光谱分辨率和深度分辨率之间的相互制约,需要进行综合考虑。例如,若要提高光谱分辨率,那么就需要增加短时傅里叶变换的时间延迟窗口,但这样会使空间深度分辨率降低[70~72]。

2. 时域相关与谱域相关之间的关联

为了更好地理解时域相关和谱域相关之间的关系,借助于 Froehly 等[73~75]所给出的基于衍射光栅的空间光学相关系统来进一步说明两者之间的关联,如图 4.67 所示。

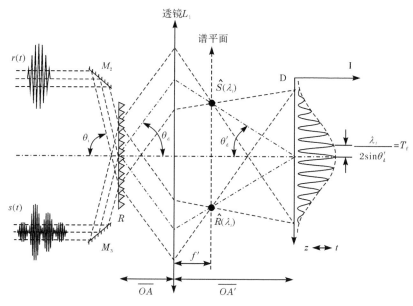

图 4.67　光学相关器工作原理示意图

由干涉仪给出的两时域信号分别来自参考臂和信号测量臂,经过两平面反射镜入射到衍射光栅 R 后,经过透镜 L_1 的空间傅里叶变换后成像到 CCD 光电探测平面。

图 4.67 中,由于透镜 L_1 将衍射光栅 R 成像到 CCD 探测平面 D,因此在小角近似条件下有

$$\frac{\overline{OA'}}{\overline{OA}} = \gamma \approx \frac{\theta'_d}{\theta_d} \tag{4.103}$$

式中:γ 为放大率。

假设来自干涉仪具有相同偏振方向的两空间信号 $r(t)$ 和 $s(t)$ 分别以 θ_i 和 $-\theta_i$ 的方向入射到衍射光栅 R 上,$r(t)$ 和 $s(t)$ 对应的复数光谱分别记为 $\hat{R}(\nu)$ 和 $\hat{S}(\nu)$。这里 $\hat{R}(\nu)$ 和 $\hat{S}(\nu)$ 分别为 $r(t)$ 和 $s(t)$ 的傅里叶变换。于是其复光谱可分别写为

$$\begin{cases} \hat{R}(\nu) = R(\nu)\exp(\mathrm{i}\varphi_R(\nu)) \\ \hat{S}(\nu) = S(\nu)\exp(\mathrm{i}\varphi_S(\nu)) \end{cases} \tag{4.104}$$

其光谱系数将直接被谱平面所接收,在物理空间上,对应于透镜 L_1 的后聚焦平面。

来自信号 $r(t)$ 和 $s(t)$ 的波长为 λ_i 的光将分别聚焦到谱平面的两个与光轴对称的点。于是在 CCD 探测平面 D 将会得到类似于经典杨氏干涉的两个点波源的干涉图,其周期为 $\frac{\lambda_i}{2\sin\theta'_d} = T_f$,这里 θ'_d 为波长 λ_i 的衍射角。由于不同的波长对应于各自独立的衍射角,因此所有的谱分布通过非相干叠加后将在 CCD 探测平面上,形成相干图。在这个光学系统中,带宽取决于探测器的光谱响应宽度、透镜的尺寸以及光栅的衍射能力。

于是在探测平面 D 上的信号可写为

$$C(z) = I_0 + \int_\nu \hat{S}(\nu)\langle \hat{R}(\nu)\rangle \exp\left[-\mathrm{i}\left(\frac{4\pi\nu}{c}\sin\theta'_d\right)z\right]\mathrm{d}\nu$$

$$+ \int_\nu \hat{R}(\nu)\langle \hat{S}(\nu)\rangle \exp\left[\mathrm{i}\left(\frac{4\pi\nu}{c}\sin\theta'_d\right)z\right]\mathrm{d}\nu \tag{4.105}$$

式中:$\langle \cdots \rangle$ 项为复共轭。

而衍射周期为 Λ 的衍射光栅,对应于递减一个衍射级的关系式为

$$\sin\theta_d - \sin\theta_i = -\frac{\lambda}{\Lambda} \tag{4.106}$$

于是该系统来自空间干涉仪的两时域干涉信号经过空间傅里叶光学变换对应的谱域相关信号为

$$C(z) = I_0 + 2\mathrm{Re}\left\{\int_\nu \hat{R}(\nu)\hat{S}(\nu)\exp\left[-\mathrm{i}2\pi\left(\frac{2z}{\gamma c}\sin\theta_d\right)\nu\right]\exp\left(\mathrm{i}\frac{4\pi z}{\gamma\Lambda}\right)\mathrm{d}\nu\right\} \tag{4.107}$$

式中:z 为 CCD 线性阵列的水平坐标;I_0 为背景强度;c 为真空中的光速。

通过空-时等效关系式 $t = z/c$,可以看出,式(4.107)简明地给出时域光场相

关与谱域相关是怎样通过空间光学傅里叶变换联系起来的。

参 考 文 献

[1] Miller S E. Light propagation in generalized lenslike media. Bell System Technology Journal, 1965,44:2017—2064.

[2] Sono K. Graded index rod lenses. Laser Focus,1981,17:70—74.

[3] Shiraishi K. New configuration of polarization-independent isolator using a polarization-independent one. Electronics Letters,1991,27(4):302—303.

[4] Norio Kashima. Passive Optical Components for Optical Fiber Transmission. London:Artech House,1995.

[5] Iwamura H,Iwasaki H,Kenichi K,et al. Simple-polarization-independent optical circulator for optical transmission systems. Electronics Letters,1979,15:830—832.

[6] Ma M,Tao S. High-isolation optical isolator using a Bi-YIG single crystal. Applied Optics, 1992,31(21):4122—4124.

[7] Lauridsen V R,Tadayoni R,Bjarklev A,et al. Gain and noise performance of fiber amplifiers operating in new pump configurations. Electronics Letters,1991,27(4):327—329.

[8] Nishi S,Aida K,Nakagawa K. Highly efficient configuration of erbium-doped fiber amplifier//Proceedings of the 16th European Conference on Optical Communication. Amsterdam, 1990,1:99—102.

[9] Croke M,Kale M,Keur M,et al. Single-mode fiber coupler manufacturing. Proceedings of SPIE,1985,574:129—134.

[10] Mortimore D B. Wavelength flattened fused couplers. Electronics Letters,1985,21(17): 742—743.

[11] Yijiang C. Theoretical investigation of wavelength-flattened fused coupler. Optical Quantum Electronics,1989,21(2):123—129.

[12] Okamoto K. Theoretical investigation of light coupling phenomena in wavelength flattened couplers. Journal of Lightwave Technology,1990,8:678—683.

[13] Born M,Wolf E. Principle of Optics:Electromagnetic Theory of Propagation,Interference and Diffraction of Light. 7th ed. Cambridge: Cambridge University Press, 1999: Chapter 13.

[14] Wolf E. Three-dimensional structure determination of semi-transparent objects from holographic data. Optics Communications,1969,1(4):153—156.

[15] Ferchher A F,Hitzenberger C K,Kamp G,et al. Measurement of intraocular distances by backscattering spectral interferometry. Optics Communications,1995,117:43—48.

[16] Loudon R. The Quantum Theory of Light. Oxford:Clarendon Press,1985.

[17] Mandel L. Concept of cross-spectral purity in coherence theory. Journal of Optical Society of America,1961,51:1342—1350.

[18] Mandel L, Wolf E. Spectral coherence and the concept of cross-spectral purity. Journal of Optical Society of America, 1976, 66: 529—535.

[19] Kim E, Dave D, Milner T E. Fiber-optic spectral polarimeter using a broadband swept laser source. Optics Communications, 2005, 249: 351—356.

[20] Kim E, Milner T, E. Fiber-based single-channel polarization-sensitive spectral interferometry. Journal of Optical Society of America A, 2006, 23(6): 1458—1467.

[21] Gauthier R R, Farahi F, Dahi D. Fiber-optic white-light interferometry: Lead sensitivity consideration. Optics Letters, 1994, 18(2): 138—140.

[22] Réfrégier P, Roueff A. Intrinsic coherence: A new concept in polarization and coherence theory. Optics & Photonics News, 2007, 18(4): 30—35.

[23] Réfrégier P, Roueff A. Invariant degrees of coherence of partially polarized light. Optics Express, 2005, 13(16): 6051—6060.

[24] Sorin W V, Baney D M. Multiplexed sensing using optical low-coherence reflectometry. IEEE Photonics Technology Letters, 1995, 7: 917—919.

[25] Yuan L B. Multiplexed fiber optic sensor matrix demodulated by a white light interferometric Mach-Zehnder interrogator. Optics and Lasers Technology, 2004, 36(5): 365—369.

[26] Zhao E M, Yuan Y G, Yang J, et al. A novel multiplexed fiber optic deformation sensing scheme. Sensor Letters, 2012, 10(7): 1526—1528.

[27] Yuan L B, Yang J. A tunable Fabry-Perot resonator based fiber-optic white light interferometric sensor array. Optics Letters, 2008, 33(16): 1780—1782.

[28] Yuan Y G, Wu B, Yang J, et al. Tunable optical path correlator for distributed strain or temperature sensing application. Optics Letters, 2010, 35(20): 3357—3359.

[29] Jing W C, Zhang Y M, Zhou G. Design of MOEMS adjustable optical delay line to reduce link set-up time in a tera-bit/s optical interconnection network. Optics Express, 2002, 10(14): 591—596.

[30] Takada K, Yamada H, Hibino Y, et al. Range extension in optical low coherence reflectometry achieved by using a pair of retroreflectors. Electronics Letters, 1995, 31(18): 1565—1567.

[31] Pan Y, Welzel J, Birngruber R, et al. Optical coherence-gated imaging of biological tissues. IEEE Journal of Selected Topics Quantum Electronics, 1996, 2: 1029—1034.

[32] Pisani M. Multiple reflection Michelson interferometer with picometer resolution. Optics Express, 2008, 16(26): 21558.

[33] Pisani M. A homodyne Michelson interferometer with sub-picometer resolution. Measurment Science Technology, 2009, 20: 084008.

[34] Su C B. Achieving variation of the optical path length by a few millimeters at millisecond rates for imaging of turbid media and optical interferomtry: A new technique. Optics Letters, 1997, 22: 665—667.

[35] Ballif J, Gianotti R, Chavanne R P, et al. Rapid and scalable scans at 21m/s in optical low-

coherence reflectometry. Optics Letters,1997,22:757—759.

[36] Lindgren F,Gianotti R,Walti R,et al. 78dB shot-noise limited optical low-coherence reflectometry at 42m/s scan speed. IEEE Photonics Technology Letters,1997,9:1613—1615.

[37] Delachenal N,Gianotti R,Walti R,et al. Constant high-speed optical low-coherence reflectometry over 0. 12m scan range. Electronics Letters,1997,33:2059—2061.

[38] Lai M. Kilohertz scanning optical delay line employing a prism array. Applied Optics,2001, 40(34):6334.

[39] Henderson D A, Hoffman C, Culhane R,et al. Kilohertz scanning,all-fiber optical delay line using piezoelectric actuation. Proceedings of SPIE,2004,5589:99—106.

[40] Giniunas L,Danielius R,Karkockas R. Scanning delay line with a rotating-parallelogram prism for low-coherence interferometry. Applied Optics,1999,38(34):7076—7079.

[41] Li Z Y,Gong J M,Dong B,et al. Compact optical path scanner and its application for decoding fiber-optic interferometers. Optics Letters,2010,35(8):1284—1286.

[42] Jones R E,Willson J P,Pitt G D,et al. Detection techniques for measurement of DC magnetic fields using optical fiber sensors//First International Conference on Optical Fiber Sensors. London,1983.

[43] Chen S,Rogers A J,Meggitt B T. Electronically scanned optical-fiber Young's white-light interferometer. Optics Letters,1991,16(10):761—763.

[44] Brandenburg A,Henninger R. Integrated optical Young interferometer. Applied Optics, 1994,33(25):5941—5947.

[45] Chen S,Meggit B T,Rogers A J. Electronically scanned white light interferometer with enhanced dynamic range. Electronics Letters,1990,26:1663—1664.

[46] Trouchet D,Laloux B,Graindorge P. Prototype industrial multi-parameter F. O. sensor using white light interferometry//Proceedings of the 6th International Conference on Optical Fiber Sensors. Paris,1989:227—233.

[47] Lefevre H C. White light interferometry in optical fiber sensors//Proceedings of The 7th International Conference on Optical Fiber Sensors. Australia,Edgecliff,1990:345—351.

[48] Chen S,Meggitt B T,Rogers A J. Novel electronic scanner for coherence multiplexing in a quasi-distributed pressure sensor. Electronics Letters,1990,26:1367.

[49] Chen S, Meggitt B T,Rogers A J. Electronically-scanned white light interferometry with enhanced dynamic range. Electronics Letters,1990,26:1663.

[50] Chen S,Palmer A W,Grattan K T V,et al. Study of electonically scanned optical fiber Fizeau interferometer. Electronics Letters,1991,27:1032—1034.

[51] Koch A,Ulrich R. Fiber-optic displacement sensor with 0. 02 μm resolution by white-light interferometry//Eurosensors IV Conference. Karlsruth,Germany,1990:B. 8. 2.

[52] Chen S,Palmer A W,Grattan K T V,et al. Digital signal-processing techniques for electronically scanned optical-fiber white-light interferometry. Applied Optics, 1992, 31: 6003—6008.

[53] Giovannini H R, Yeddou D, Huard S J, et al. Detection scheme for white-light interferometric sensors. Optics Letters, 1993, 18(23): 2074—2076.

[54] Colombeau B, Vampouille M, Froehly C. Progress in Optics. Amsterdam: Elsevier, 1983: 144—145.

[55] Ulrich R. Theory of spectral encoding for fiber-optic sensors//Proceedings of the NATO Advanced Study Institute on Optical Fiber Sensors. Amsterdam, Nijhoff, 1986: 73—130.

[56] Lexer F, Hitzenberger C K, Kulhavy M, et al. Measurement of the axial eye length by wavelength tuning interferometry. Proceedings of SPIE, 1996, 2930: 202—206.

[57] Harberland U, Jansen P, Blazek V, et al. Optical coherence tomography of scattering media using frequency modulated continuous wave techniques with tunable near-infrared laser. Proceedings of SPIE, 1997, 2981: 20—28.

[58] Chinn S R, Swanson E A, Fujimoyo J G. Optical coherence tomography using a frequency-tunable optical source. Optics Letters, 1997, 22: 340—342.

[59] Hitzerberger C K, Drexler W, Baumgartner A, et al. Optical measurement of intraocular distances: A comparison of methods. Laser Light Ophthalmology, 1997, 8: 85—95.

[60] Lexer F, Hitzenberger C K, Fercher A F, et al. Wavelength tuning interferometry of intrao distances. Applied Optics, 1997, 36: 6548—6553.

[61] Harberland U, Jansen P, Blazek V, et al. Chirp optical coherence tomography of layered scattering media. Journal of Biomedicine Optics, 1998, 3: 259—266.

[62] Golubovic B, Bouma B E, Tearney G J, et al. Optical frequency-domain reflectometry using rapid wavelength tuning of a Cr^{4+} : Forsterite laser. Optics Letters, 1997, 22: 1740—1706.

[63] Choma M A, Sarunic M V, Yang C, et al. Sensitivity advantage of swept source and Fourier domain optical coherence tomography. Optics Express, 2003, 11: 2183—2189.

[64] Jiang Y. High-resolution interrogation technique for fiber optic extrinsic Fabry-Perot interferometric sensors by the peak-to-peak method. Applied Optics, 2008, 47(7): 925—932.

[65] Yu B, Wang A B, Pickrell G, et al. Tunable-optical-filter-based white-light interferometry for sensing. Optics Letters, 2005, 30(12): 1452—1454.

[66] Leitgeb R, Wojtkowski M, Kowalczyk A, et al. Spectral measurement of absorption by spectroscopic frequency-domain optical coherence tomography. Optics Letters, 2000, 25(11): 820—822.

[67] Baumann B, Pircher M, Götzinger E, et al. Full range complex spectral domain optical coherence tomography without additional phase shifters. Optics Express, 2007, 15 (20): 13375—13387.

[68] Götzinger E, Pircher M, Leitgeb R A, et al. High speed full range complex spectral domain optical coherence tomography. Optics Express, 2005, 13: 583—594.

[69] Yaqoob Z, Wu J, Yang C H. Spectral domain optical coherence tomography: A better OCT imaging strategy. Biology Techniques. 2005, 39: S6-S13, doi 10. 2144/000112090.

[70] Oldenburg A L, Xu C, Boppart S A. Spectroscopic optical coherence tomography and

microscopy. IEEE Journal of Selected Topics in Quantum Electronics, 2007, 13 (6): 1629—1640.

[71] Leitgeb R, Hitzenberger C K, Fercher A F. Performance of Fourier domain vs. time domain optical coherence tomography. Optics Express, 2003, 11(8): 889—894.

[72] Bachmann A, Leitgeb R, Lasser T. Heterodyne Fourier domain optical coherence tomography for full range probing with high axial resolution. Optics Express, 2006, 14: 1487—1496.

[73] Froehly L, Ouadour M, Petitjean G, et al. Real-time optical coherence spectrotomography: Proof of principle. Proceedings of SPIE, 2006, 6191: 173—182.

[74] Froehly L, Ouadour M, Furfaro L, et al. Spectroscopic OCT by grating-based temporal correlation coupled to optical spectral analysis. International Journal of Biomedicine Imaging, 2008, Article ID 752340.

[75] Froehly L, Leitgeb R. Scan-free optical correlation techniques: History and applications to optical coherence tomography. Journal of Optics, 2010, 12, doi: 10. 1088/2040-8978/12/8/084001.

第 5 章　白光干涉信号处理方法

5.1　引　　言

白光干涉信号处理(white light interferometry signal processing)是指对白光干涉测量系统的输出信号进行表示、运算、变换等处理过程。白光干涉测量原理凭借着其所具有的高精度、高空间分辨率、绝对测量等独特的优点,特别是随着其在三维形貌测量、光学相干层析成像、光学器件测试、光纤传感测量等领域应用的不断深入,信号处理在白光干涉原理与技术的地位和作用越来越显著。通常,待测量和被提取的有效信息与特征被加载到白光干涉信号的幅度和相位中,并且相位信息还包裹在余弦函数中,一般都无法直接获得,必须对干涉信号进行一系列的运算和变换,实现对幅度信息和相位信息的有效分离,进而对物理量和参数特征进行准确提取。因此,白光干涉信号处理的作用一方面体现在待测信息的提取和分离必须依靠信号处理来实现;另一方面先进的信号处理理论和方法,可以进一步改善信息测量和提取的过程,如缩短测量时间、抑制噪声、消除失真和畸变,使白光干涉测试原理和技术的众多优点,如测量精度、动态范围、测试速度等能够完全展现出来。

白光干涉信号处理的核心问题是如何在各种失真、畸变、噪声的影响下,准确地提取和识别白光干涉信号中所携带的各种测量和传输信息。其内涵主要包含以下三个方面内容:

(1) 白光干涉信号的预处理。即如何把白光干涉信号变换成更符合专业人员要求和更容易解释的形式,更加突出白光干涉信号的特征,使信号的特征参数更加容易识别,为进一步的信号处理奠定基础。例如,如何等效地减小相干长度、如何突出干涉信号主峰值与次级峰值的对比度等。

(2) 信号特征参数估计与提取。即如何对白光干涉信号的干涉包络(干涉峰值幅度和位置、相干长度)、干涉相位信息、色散信息、光谱信息等特征参数进行估计,通过对上述信号特征的准确识别,实现对信号所携带测量和传输信息的有效提取。

(3) 白光干涉信号的噪声抑制。即如何剔除掉混叠在白光干涉信号采集和传输中的各种噪声和干扰,包括信号失真、信号畸变、信号衰减和各种背景噪声,提高信号特征识别和提取的精度。

　　白光干涉信号处理经过几十年的发展,出现了众多的处理方法,其分类大致如下:

　　(1) 按照信号时频域的不同分类。时(空)域信号处理方法和频(谱)域信号处理方法。

　　(2) 按照信号参数特征的不同分类。干涉包络(峰值幅度和位置、相干长度)、干涉相位、光谱信息等处理方法。

　　(3) 按照信号测量物理量的不同分类。形貌测量、位移测量、反射率测量、折射率测量、色散测量等处理方法。

　　(4) 按照混叠噪声的不同分类。随机噪声污染、光程扫描影响,介质色散影响等。

　　本章主要介绍和讨论了白光干涉信号处理的基本概念、特征参数表示和时频域信号处理方法等,其内涵仅限定于白光干涉信号的变换和运算,即获取白光干涉信号之后的信号特征表示、信息提取与噪声抑制等方法,至于如何获得白光干涉时(空)、频(谱)域的信号所涉及的低相干光源、光学(光纤)干涉仪、信号调制解调、信号采集与调理等硬件设计和实现等方面的内容不在本章的讨论范围之内。本章讨论和介绍的信号处理算法的具体内容如图 5.1 所示。

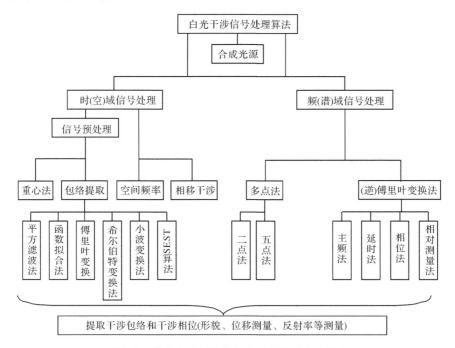

图 5.1　部分白光干涉信号处理算法的分类汇总

　　在 5.2 节主要讨论白光干涉信号特征的变换与信号预处理,内容包括:白光干涉信号特性及其定义、白光干涉信号的光源合成方法、白光干涉信号的预处理算法，以及上述两种方法的联合与处理算法等。

在 5.3 节主要讨论白光干涉信号的时（空）域信号处理方法，重点介绍重心法，平方滤波、函数拟合、傅里叶变换、希尔伯特变换、小波变换、SEST 算法等信号包络提取法，以及空间频率算法和相移干涉法算法等。

在 5.4 节主要讨论白光干涉信号的频（谱）域信号处理方法，在介绍白光干涉信号频（谱）域探测方法的基础上，重点讨论包括二点法和五点法在内的多点法，以及基于傅里叶和傅里叶逆变换的主频法、延时法、相位法和相对测量法。

5.2　白光干涉信号特征与信号预处理

白光干涉信号处理与光学干涉信号处理既有联系也有区别，其相同之处在于它们同样基于光学干涉原理，可以共用相位信息的提取和解算方法，因此可以借鉴传统的光学干涉测量和信号处理的若干方法；其不同之处在于低相干光为干涉信号所引入的包络衰减特征、宽谱色散特征和光谱传递特征与传统的光学干涉信号所呈现的等幅正余弦干涉曲线具有很大的不同。

白光干涉信号的中心条纹峰值对应干涉仪两臂零光程差的位置，它作为绝对测量的参考点是白光干涉信号的特征，同时是信号识别和处理的关键点。为了降低中心条纹的识别和处理难度，可以采用一系列软硬件方法对白光干涉信号进行运算和变换，它们可以等效地降低宽谱光源的相干长度，突出白光干涉信号中心条纹强度和次级条纹强度的差异，使中心条纹峰值更容易识别，上述方法我们称为白光干涉信号的预处理。目前，普遍采用的白光干涉信号预处理方法主要分为宽谱光源的光谱等效展宽法和白光干涉条纹的信号处理法两种。

5.2.1　白光干涉信号特征

1. 包络峰值和干涉峰值

与窄带激光光源获得的等幅余弦干涉曲线不同，采用具有一定谱宽的低相干光源获得的干涉条纹具有以下明显特征：干涉信号呈等周期性的余弦振荡形式，但随着光程差的增加，干涉信号的包络迅速衰减，直到无强度起伏；包络内的干涉信号曲线具有一个主极大值，即干涉图样的中心条纹。

特别是采用具有高斯型光谱分布的光源驱动迈克耳孙干涉仪时，白光干涉信号如图 5.2 所示，其光强分布 $I(x)$ 可以表示为

$$I(x) = \frac{I_0}{2} + g(x - x_0)\cos[2k_0(x - x_0) - \varphi] \tag{5.1}$$

式中:I_0 为宽谱光源强度;$g(x)$ 为干涉信号的自相关函数,也被称为干涉信号可见度,即为干涉信号的包络函数,它与光源光谱分布函数有关;k_0 为宽谱光源中心波长的波数;x_0 为白光干涉信号包络峰值对应的光程位置;φ 为反射相移导致的初相位,它与干涉仪结构、材料表面反射相移、色散等因素有关。

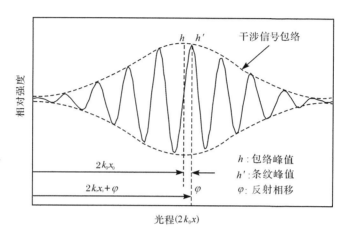

图 5.2　光程扫描时获得的典型白光干涉条纹及其包络

由维纳-辛钦(Wiener-Khinchin)定理可知:自相关函数 $g(x)$ 和光源功率谱密度函数 $G(k)$ 是一对傅里叶变换对:

$$g(x) = \langle E(x)E^*(x) \rangle = \int_{-\infty}^{\infty} G(k) \exp(\mathrm{i}kx)\,\mathrm{d}k \tag{5.2}$$

式中:$G(k)$ 为归一化光源功率谱密度函数。对于高斯型光源,$G(k)$ 可以用高斯函数进行描述,即

$$G(k) = \frac{I_0 L_c}{\sqrt{2\pi}\xi} \exp\left[-\frac{L_c^2 (k-k_0)^2}{2\xi^2} \right] \tag{5.3}$$

其中

$$L_c \approx \frac{\lambda_0^2}{\Delta\lambda} \tag{5.4}$$

式中:k_0 为中心波长 λ_0 处的波数;ξ 为光源自身的光谱系数;L_c 为光源的相干长度;λ_0 为光源中心波长;$\Delta\lambda$ 为光源半谱宽度。

将式(5.2)、式(5.3)代入式(5.1)中,可知光强分布 $I(x)$ 可以表示为

$$I(x) = \frac{I_0}{2}\left\{ 1 + \exp\left[-\frac{2\xi^2}{L_c^2}(x-x_0)^2 \right]\cos\left[2k_0(x-x_0)-\varphi \right] \right\} \tag{5.5}$$

由式(5.5)描述的如图 5.2 所示的白光干涉图样可知:当 $x = x_0$ 时,即对应光程 $2k_0 x_0$ 时,得到干涉条纹包络的极值点;当光程为 $2k_0 x_0 + \varphi$ 时,得到干涉条纹的极值点。当初相位 φ 为零时,干涉信号的峰值和其包络的峰值相重合。

2. 条纹次级特征

根据白光干涉条纹的幅值强度特性,我们常常定义质量因子(quality parameter)和最小系统信噪比[1](minimum SNR)作为特征和依据,对白光干涉信号质量和信号处理算法的优劣进行评价。

双光束干涉仪采用宽谱光源时,假设光源光谱具有均匀展宽的高斯线型,忽略系统损耗和色散($\varphi=0$),则干涉仪两臂具有相同的功率。由式(5.5),并令 $\xi=\sqrt{2}$ 和 $x_0=0$,则干涉仪输出的白光干涉信号可以表示为

$$I(x)=\frac{I_0}{2}\left\{1+\exp\left[-4\left(\frac{x}{L_c}\right)^2\right]\cos\left(\frac{2\pi x}{\lambda_0}\right)\right\} \tag{5.6}$$

式中:λ_0 为中心波长;I_0 为光源注入具有带有非平衡臂干涉仪中的光功率。

白光干涉信号是振幅被光源自相干函数调制的正弦条纹。

1) 质量因子

为了能够准确的识别中心条纹,应该尽量加大中心条纹和相邻次级干涉条纹 I_0-I_1 的峰值强度差异。为此,定义白光干涉条纹的特征参数——质量因子 η 为

$$\eta=100\frac{I_0-I_1}{I_0}=100\left(1-\frac{I_1}{I_0}\right)\quad(\%) \tag{5.7}$$

式中:I_0 为中心干涉条纹的强度;I_1 为相邻次级干涉条纹的强度。

质量因子 η 代表白光干涉中心条纹的识别难度,η 越大表示中心条纹与相邻条纹的差异越大,中心条纹越容易识别,反之亦然。

由式(5.6)可知,相邻次级干涉条纹的强度可以表示为

$$I_1=I(\lambda)=\frac{I_0}{2}\left\{1+\exp\left[-\left(\frac{2\lambda}{L_c}\right)^2\right]\right\} \tag{5.8}$$

由式(5.7)和式(5.8)可知,干涉条纹的质量因子 η 可以表示为

$$\eta=\left\{0.5-\exp\left[-\left(\frac{2\lambda}{L_c}\right)^2\right]\right\}\times100\% \tag{5.9}$$

可知质量因子 η 主要与光源的相干长度 L_c 有关,相干长度 L_c 越小,质量因子 η 越大,表示中心条纹越容易识别,反之亦然。

当驱动白光干涉仪的宽谱光源具有非单一的中心波长时,则白光干涉图样中将出现旁瓣。这种光源的光谱结构可以由多个具有不同中心波长的光源组合而成,例如双光源组合或者三光源组合,这种合成光源对于中心条纹的识别更具优势。在这种情况下,考虑到干涉图样中存在的旁瓣,第二质量因子(second quality parameter)ζ 可以定义为

$$\zeta=100\frac{I_0-I_1'}{I_0}\quad(\%) \tag{5.10}$$

式中:I_1' 为第一旁瓣的中心干涉条纹的强度。

2) 最小系统信噪比

取归一化白光干涉信号的交流分量为 $I_{ac}(x)$，则白光干涉条纹包络归一化的中心条纹强度的峰峰值 I_{00} 可以表示为

$$I_{00} = I_{ac}(0) - I_{ac}\left(\frac{\lambda}{2}\right) = 1 + \exp\left[-\left(\frac{\lambda}{L_c}\right)^2\right] \tag{5.11}$$

白光干涉条纹归一化的第一边带条纹强度 I_{01} 可以表示为

$$I_{01} = I_{ac}(\lambda) - I_{ac}\left(\frac{\lambda}{2}\right) = \exp\left[-\left(\frac{2\lambda}{L_c}\right)^2\right] + \exp\left[-\left(\frac{\lambda}{L_c}\right)^2\right] \tag{5.12}$$

由式(5.11)和式(5.12)可知，中心条纹的峰峰值强度 I_{00} 与第一边带条纹强度 I_{01} 的相对强度差异 ΔI_{01n} 可以表示为

$$\Delta I_{01n} = \frac{I_{00} - I_{01}}{I_{00}} = 1 - I_{01n} \tag{5.13}$$

在白光干涉系统中，为了识别中心条纹的位置，ΔI_{01n} 的信号幅值必须要大于系统噪声本底，否则无法从噪声中区分出信号。换而言之，必须要求系统具有的最小系统信噪比为

$$\mathrm{SNR}_{\min} = \frac{1}{\Delta I_{01n}} = \frac{I_{00}}{I_{00} - I_{01}} = \frac{1}{1 - I_{01n}} \tag{5.14}$$

或者用 dB 单位表示，变为

$$\mathrm{SNR}_{\min}(\mathrm{dB}) = 20\lg\frac{1}{\Delta I_{01n}} = -20\lg(1 - I_{01n}) \tag{5.15}$$

式中：ΔI_{01n} 表示中心条纹和最大边带条纹归一化的强度差。

5.2.2 合成光源方法

由白光干涉理论和质量因子的定义可知，增加光源半谱宽度 $\Delta\lambda$ 可以降低白光干涉中心条纹的识别难度，但在实际应用中，受限于单一光源的实际性能和系统造价，并无太多选择的余地。但如果采用多个光源[1~7]或者具有多光谱的复合光源[8]来驱动干涉仪，等效降低相干长度 L_c 则是一个非常可行的方法。

1. 多个光源的组合方法

英国城市大学的 Chen 等[2]首先提出了采用中心波长不同的两只宽谱光源驱动白光干涉仪的方案，来获得质量因子更大、最小系统信噪比更小、相干长度更短的白光干涉信号，以降低白光干涉图样中心条纹的识别难度。

以 Chen 等[2]的方案(见图 5.3)为例，探测器最终获得的白光干涉信号为两只宽谱光源干涉信号强度的叠加。取归一化白光干涉信号的交流分量为 $I_{ac}(x)$，由式(5.6)可知

$$I_{ac}(x) = \frac{1}{2}\left\{\exp\left[-\left(\frac{2x}{L_{c1}}\right)^2\right]\cos\frac{2\pi x}{\lambda_1} + \exp\left[-\left(\frac{2x}{L_{c2}}\right)^2\right]\cos\frac{2\pi x}{\lambda_2}\right\} \tag{5.16}$$

式中：λ_1 和 λ_2 分别为两只宽谱光源的中心波长；L_{c1} 和 L_{c2} 分别为 λ_1 和 λ_2 光源的相干长度；x 为干涉仪的两臂光程差。

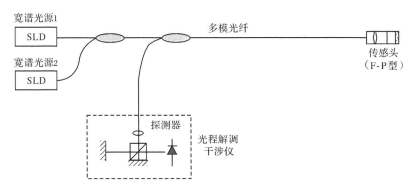

图 5.3　分别采用两个独立宽谱光源驱动的光纤白光干涉仪测量装置

如果选取的两只宽谱光源的相干长度比较接近，即 $L_{c1} \approx L_{c2} = L_c$，则白光干涉信号变为

$$I_{ac}(x) = \frac{1}{2}\exp\left[-\left(\frac{2x}{L_c}\right)^2\right]\left(\cos\frac{2\pi x}{\lambda_1} + \cos\frac{2\pi x}{\lambda_2}\right)$$

$$= \exp\left[-\left(\frac{2x}{L_c}\right)^2\right]\cos\frac{2\pi x}{\lambda_m}\cos\frac{2\pi x}{\lambda_a} \qquad (5.17)$$

其中

$$\begin{cases} \lambda_a = \dfrac{2\lambda_1\lambda_2}{\lambda_1 + \lambda_2} \\ \lambda_m = \dfrac{2\lambda_1\lambda_2}{|\lambda_1 - \lambda_2|} \end{cases} \qquad (5.18)$$

式中：λ_a 为组合光源的等效中心波长；λ_m 为双光源的调制波长。

相比而言，一般有 $\lambda_m > \lambda_a$，因此 $\cos(2\pi x/\lambda_m)$ 相比 $\cos(2\pi x/\lambda_a)$ 变化较为缓慢，这样可以将前者归为（包络）振幅项。由此可知，采用双光源的白光干涉信号其包络除了受光源自相关函数的调制外，还会受调制波长 λ_m 余弦项的作用，二者共同作用，等效地减小了组合光源的相干长度。

双组合光源获得的白光干涉图样如图 5.4(b)所示，中心条纹的强度为两个不同波长光源各自产生的零级中心条纹的强度之和，而其余条纹的强度则低于不同波长各自产生的条纹之和，因此，中心条纹的相对光强较大，使得对中心条纹识别的难度降低。

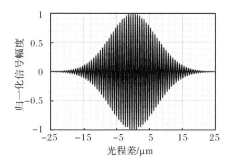
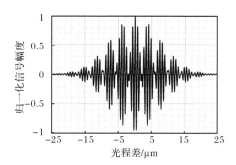

(a) 670nm 光源的白光干涉条纹　　　　　　(b) 670nm 和 810nm 组合光源的白光干涉条纹

图 5.4　双组合光源与单光源获得的白光干涉条纹对比

英国城市大学的 Wang 等[4]在双组合光源的基础上提出了三光源的组合方案,如图 5.5 所示,目的是进一步提高白光干涉条纹的质量因子,降低中心条纹的识别难度。与双光源组合方案类似[2],如果选取三只宽谱光源的相干长度使其比较接近,即 $L_{c1} \approx L_{c2} \approx L_{c3} = L_c(\lambda_1 < \lambda_2 < \lambda_3)$,则干涉仪输出白光干涉信号的交流部分变为

$$I_{ac}(x) = \frac{1}{3}\exp\left[-\left(\frac{2x}{L_c}\right)^2\right]\sum_{i=1}^{3}\cos\frac{2\pi x}{\lambda_i} \tag{5.19}$$

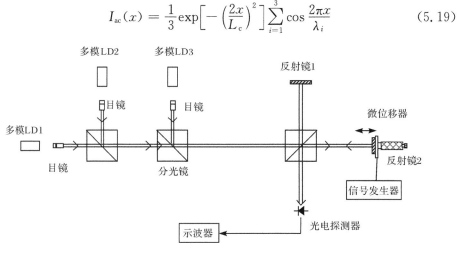

图 5.5　三组合光源驱动的白光干涉仪的测量装置示意图

图 5.5 所示的实验装置中,三只宽谱光源的中心波长分别选择为 $\lambda_1 = 635$nm、$\lambda_2 = 688$nm、$\lambda_3 = 830$nm,其相干长度分别为 $L_{c1} = 16\mu m$、$L_{c2} = 15\mu m$、$L_{c3} = 15\mu m$。组合光源产生的白光干涉图样如图 5.6 所示,图(d)与图(a)～(c)相比,三波长组合光源形成的中央条纹与单光源或双组合光源相比更容易识别;图(c)与图(b)相比,中心波长具有更大间隔的组合光源其中心更易识别。SNR_{min} 对不同干涉系统

的中心干涉条纹的识别难度进行了量化,其定义由式(5.14)给出。由式(5.14),并根据三只宽谱光源的中心波长、相干长度的具体数值可以计算得到,如图 5.6(a)～(d)所示的单光源、双组合光源、三组合光源的 SNR_{min} 分别为 50.1dB、34.4dB、21.2dB、18.5dB。可见,随着组合光源数量和中心波长间距的增加,都能够显著地增加中央条纹在干涉条纹中的主导地位。

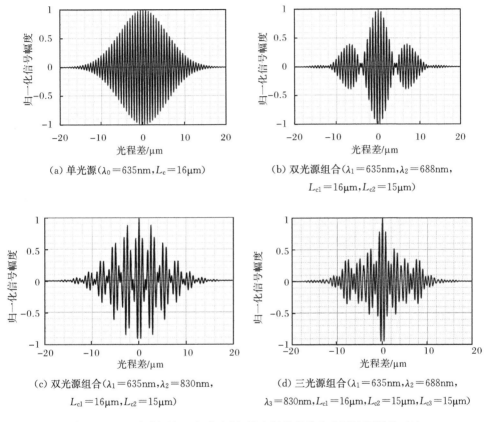

　　(a) 单光源($\lambda_0 = 635nm$, $L_c = 16\mu m$)　　　　(b) 双光源组合($\lambda_1 = 635nm$, $\lambda_2 = 688nm$,
　　　　　　　　　　　　　　　　　　　　　　　　　　　　$L_{c1} = 16\mu m$, $L_{c2} = 15\mu m$)

　　(c) 双光源组合($\lambda_1 = 635nm$, $\lambda_2 = 830nm$,　　(d) 三光源组合($\lambda_1 = 635nm$, $\lambda_2 = 688nm$,
　　　　　$L_{c1} = 16\mu m$, $L_{c2} = 15\mu m$)　　　　　$\lambda_3 = 830nm$, $L_{c1} = 16\mu m$, $L_{c2} = 15\mu m$, $L_{c3} = 15\mu m$)

图 5.6　三组合光源与双组合光源、单光源获得的白光干涉图样的对比

　　使用最佳波长的双组合光源,不仅可以使系统所需的信噪比降低,而且能使中心条纹探测及信号处理难度大大降低。但与单光源相比,组合光源的成本提高了,测量系统的光源准直变得困难了。

　　2. 组合光源的优化

　　多个具有不同中心波长的光源进行组合的方案在理论上可以有无穷多种。如何确定最佳的光源组合方案? 如果单靠实测来具体确定最佳波长的组合是十分困难的。Wang 等[1,5]发展了一种采用理论分析结合数值仿真的组合光源的波长选择优化方法,分别对双波长和三波长光源组合的优化问题进行了研究。

在进行理论分析时,利用最小系统信噪比作为评价波长组合优劣的依据,以双波长组合方案为例,由式(5.14)定义的最小系统信噪比的定义和式(5.17)可知

$$
\begin{cases}
I_{00} = I_{ac}(0) - I_{ac}\left(\dfrac{\lambda_a}{2}\right) = 1 + \exp\left[-\left(\dfrac{\lambda_a}{L_c}\right)^2\right]\cos\dfrac{\pi\lambda_a}{\lambda_m} \\
I_{01} = I_{ac}(\lambda_a) - I_{ac}\left(\dfrac{\lambda_a}{2}\right) = \exp\left[-\left(\dfrac{2\lambda_a}{L_c}\right)^2\right]\cos\dfrac{2\pi\lambda_a}{\lambda_m} + \exp\left[-\left(\dfrac{\lambda_a}{L_c}\right)^2\right]\cos\dfrac{\pi\lambda_a}{\lambda_m}
\end{cases}
$$

$$(5.20)$$

和

$$
SNR_{min} = -20\lg\Delta I_{01n} = -20\lg(1 - I_{01n}) \quad (dB) \tag{5.21}
$$

研究结果表明:对于一个给定的光源波长 λ_1,随着与之对应组合光源 λ_2 的差值,即 $\Delta\lambda = |\lambda_1 - \lambda_2|$ 的增加,它们产生的等效相干长度则会减小,但在中心条纹旁瓣的相邻条纹组的中心条纹强度将增加,从而使 SNR_{min} 也随之增加。

例如,对于一个波长为 630nm,相干长度为 60μm 的宽谱光源,当 $\Delta\lambda$ 增加到 150nm 时,第一相邻条纹组的中心条纹强度峰值将大于中心条纹组的中心条纹强度峰值。此时,中心条纹的位置不再由最大值来确定。因此定义:当中心条纹组的中心条纹强度峰值的大小为测量信号时,可识别中心条纹所需的信噪比是中心条纹组的中心条纹强度峰值与相邻条纹强度峰值之差与中心条纹强度峰值之比。可分辨中心条纹的最佳波长组合为中心条纹组的第一邻级条纹强度峰值与相邻条纹组的中心条纹强度峰值相等时所需对应的两个波长值,此时对应的信噪比为最小系统信噪比。将最大峰值对应的一半宽度定义为等效相干长度,其值将比一个宽谱光源的相干长度小一个数量级。当采用三个不同光源构成组合光源时,在优化条件下,系统的信噪比可由一个光源的 50dB 下降到 13dB,这样就可以有效提高中心干涉条纹的识别与测试精度。

3. 多波长光源

采用多个独立宽谱光源组合驱动干涉仪,其缺点主要有:①增加了测试装置的复杂度,特别是对于由空间分立元件搭建的光学干涉仪,其光源的对准是主要难点;②多个光源的引入,不可避免地增加了系统造价;③光源的体积、驱动和控制难度均有所增加。如果能够将多个光源有效地集成,制造出一种具有多光谱峰值的宽谱光源,将是非常好的选择。

在从事白光干涉测量研究中发现[8],ABB HAFO 公司生产的 1A279 型高性能 LED 光源的光谱具有如图 5.7 所示的三个峰值。它可以由三个峰值波长不同的高斯光谱进行叠加加以描述,光强分布 $I(x)$ 可以表示为

$$
I(x) = \alpha^2 R \sum_{i=1}^{3} \int_{-\infty}^{+\infty} \frac{L_{ci}}{\sqrt{2\pi}\xi_i} \exp\left(-\frac{L_{ci}^2 k_i^2}{2\xi_i^2}\right)\{1 + \cos[(k_i - k_{i0})x]\}dk_i
$$

$$= \alpha^2 R \sum_{i=1}^{3} G_{i0} \left[1 + \exp\left(-\frac{\xi_i^2}{2L_{ci}^2} x^2 \right) \cos\left(\frac{2\pi}{\lambda_{i0}} x \right) \right] \qquad (5.22)$$

式中:α 为光纤耦合器的附加损耗;其余光谱参数如中心波长和半谱宽度等,由表 5.1 给出。

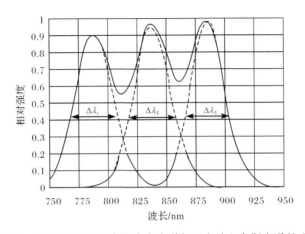

图 5.7　1A279 型 LED 光源真实光谱与三个独立高斯光谱的比较

表 5.1　1A279 型三峰值 LED 的光谱参数

参数	第一光谱峰		第二光谱峰		第三光谱峰	
	符号	数值	符号	数值	符号	数值
中心波长	λ_{10}	788nm	λ_{20}	838nm	λ_{30}	885nm
半谱宽度	$\Delta\lambda_1$	35nm	$\Delta\lambda_2$	34nm	$\Delta\lambda_3$	33nm
相干长度	L_{c1}	17.74μm	L_{c2}	20.65μm	L_{c3}	23.73μm
光谱系数	ξ_1	2.877	ξ_2	2.960	ξ_3	2.923
光强系数	G_{10}	0.370μW/μm	G_{20}	0.341μW/μm	G_{30}	0.296μW/μm

采用 1A279 型 LED 作为宽谱光源驱动光纤干涉仪(见图 5.8),完全可以达到三个独立光源组合简化中心条纹识别难度的效果,结果如图 5.9 所示。根据式(5.15)最小系统信噪比 SNR_{min}(dB)的定义,三峰值宽谱光源的理论仿真和实测的 SNR_{min}(dB)分别为 24.4dB 和 26.9dB,较单光源的 38.7dB 和 42dB,分别降低将近 15dB;相干长度从原来单峰值宽谱光源的 15μm,变为三峰值宽谱光源的 6μm,降低了 2.5 倍。

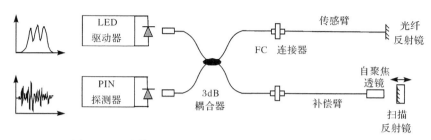

图 5.8　三峰值 LED 驱动的迈克耳孙型光纤干涉仪测试装置

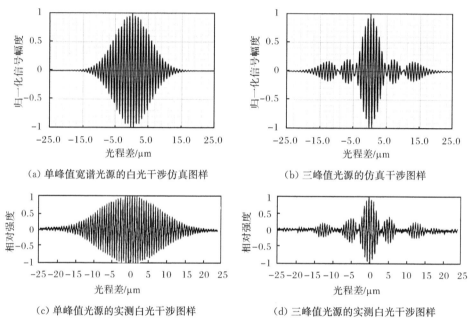

(a) 单峰值宽谱光源的白光干涉仿真图样　　　　(b) 三峰值光源的仿真干涉图样

(c) 单峰值光源的实测白光干涉图样　　　　　(d) 三峰值光源的实测白光干涉图样

图 5.9　三峰值 LED 光源与普通 LED 光源的白光干涉条纹的仿真与实测对比

5.2.3　白光干涉信号的预处理算法

降低白光干涉图样中心条纹的识别难度,除了前述对光源光谱进行组合和优化外,还可以根据干涉图样自身的特点,利用模拟硬件或者数字信号处理技术,对其进行数学运算和变换,以达到改善白光干涉条纹的质量因子、降低最小系统信噪比需求的目的,增加对干涉图样中心条纹识别的准确度和精度。

1. 基于幂指数运算的信号预处理

当采用单一宽谱光源驱动干涉仪时,将干涉图样进行光电转换后取其交流信号部分,并经过归一化后,所获得信号的数学表达式为

$$I_{ac}(x) = \exp\left[-\left(\frac{2x}{L_c}\right)^2\right]\cos\frac{2\pi x}{\lambda} \tag{5.23}$$

由式 (5.6) 表述的白光干涉信号, 如果令中心波长 $\lambda=1550\text{nm}$, 半谱宽度 $\Delta\lambda=60\text{nm}$ (对应的相干长度 $L_c=40\mu\text{m}$), 则曲线如图 5.10(a) 所示, 它表现为一条以中心波长为周期的余弦曲线, 其幅值受宽谱光源的光谱函数所调制, 其特征是它具有一个主极大值 (即干涉图样的中心条纹), 其对应零光程差处。

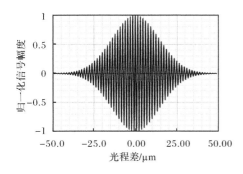

(a) 白光干涉图样的交流信号

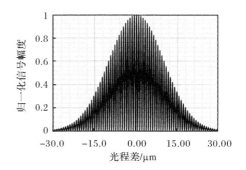

(b) 干涉交流信号的平方运算处理

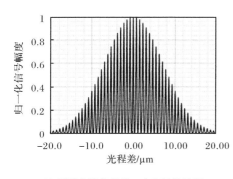

(c) 干涉交流信号的 4 次方运算处理

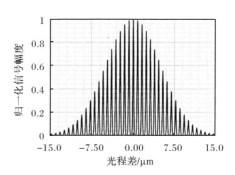

(d) 干涉交流信号的 8 次方运算处理

图 5.10　白光干涉交流信号的多次方运算处理的信号对比

白光干涉信号包络幅值的 e 指数衰减特性提示我们, 可以通过白光干涉信号的不断自乘来加大不同条纹级次之间的幅值强度差异, 即

$$
\begin{aligned}
I_{ac}^{2i}(x) &= \left\{\exp\left[-\left(\frac{2x}{L_c}\right)^2\right]\cos\frac{2\pi x}{\lambda}\right\}^{2i} \\
&= \exp\left[-2i\left(\frac{2x}{L_c}\right)^2\right]\cos^{2i}\left(\frac{2\pi x}{\lambda}\right), \quad i=1,2,\cdots,n
\end{aligned} \tag{5.24}
$$

根据 $\cos^n\theta$ 的幂指数展开式有

$$\cos^n\theta = \frac{1}{2^n}\begin{bmatrix} n \\ \frac{n}{2} \end{bmatrix} + \frac{2}{2^n}\sum_{k=0}^{\frac{n}{2}-1}\begin{bmatrix} n \\ \frac{n}{2} \end{bmatrix}\cos\left[(n-2k)\theta\right] \tag{5.25}$$

由式(5.24)和式(5.25)，并结合质量因子 η 的定义，可知

$$\begin{cases} \eta_{ac-2i} = 1 - \exp\left[-2n\left(\frac{2\lambda}{L_c}\right)^2\right] \\ > \eta_{ac-2(i-1)} = 1 - \exp\left[-2(n-1)\left(\frac{2\lambda}{L_c}\right)^2\right] \\ > \cdots > \eta_{ac} = 1 - \exp\left[-2\left(\frac{2\lambda}{L_c}\right)^2\right] \end{cases} \tag{5.26}$$

分别取式(5.24)中的 i 值为1、2、4，同时令中心波长 $\lambda = 1550$ nm，半谱宽度 $\Delta\lambda = 60$ nm(对应的相干长度 $L_c = 40\mu$m)，经过处理后的白光干涉条纹如图5.10(b)～(d)所示。从图5.10中可以看出：经过对白光干涉信号取 $2n$ 次幂运算后，干涉条纹的质量因子提高了，同时还可以在光程域压缩干涉条纹出现的范围，等效地降低干涉条纹的相干长度；缺点是幂指数运算后，干涉条纹的周期变为原来的一半，信号频率增加了，这就要求采用此处理方法的电路硬件带宽和信号采样速度也随之增加一倍。

Song 等[10]同样基于幂指数运算法则提出，在采集白光干涉图样交流信号部分的基础上，将其归一化并增加直流偏置项，使白光干涉信号的表达式变为

$$I(x) = 1 + \exp\left[-\left(\frac{2x}{L_c}\right)^2\right]\cos\frac{2\pi x}{\lambda} \tag{5.27}$$

并对式(5.27)取 $2i$ 次方的幂指数运算，可得

$$I^{2i}(x) = \left\{1 + \exp\left[-\left(\frac{2x}{L_c}\right)^2\right]\cos\frac{2\pi x}{\lambda}\right\}^{2i}, \quad i = 1,2,\cdots,n \tag{5.28}$$

分别取式(5.28)中的 i 值为1、2、4，中心波长和相干长度的取值同前($\lambda = 1550$ nm，半谱宽度 $\Delta\lambda = 60$ nm，对应的 $L_c = 40\mu$m)，则白光干涉图样的原始信号和经过幂运算处理后的信号如图5.11所示。从图5.11中可以看出：多次幂指数运算后，同样提高了干涉条纹的质量因子，等效地降低干涉条纹的相干长度，使中心条纹的识别更加容易；并且由于引入了直流偏置量，干涉条纹的周期并没有发生变化(即信号频率不变)，这样在包络衰减函数的作用下，干涉条纹不同级次的信号差异进一步增加。与式(5.24)相比，经相同幂指数运算时，干涉条纹的质量因子 η 和最小系统信噪比 SNR_{min} 均有改善。

Wang 等[11]基于幂指数运算发展了另外一种白光干涉条纹预处理方法，具体方法是将如式(5.23)所示的归一化白光干涉信号的交流部分 $I_{ac}(x)$ 取其平方与自身和的一半，可得

$$I_{qs}(x) = \frac{1}{2}(I_{ac}^2(x) + I_{ac}(x)) = \frac{1}{2}I_{ac}(x)(1 + I_{ac}(x)) \tag{5.29}$$

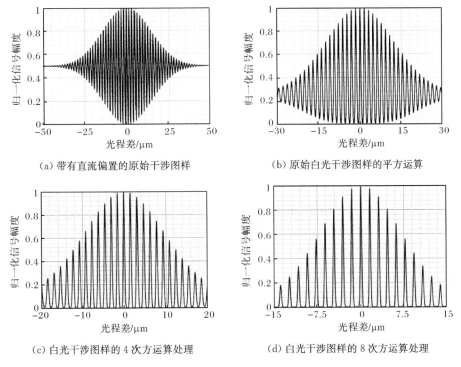

（a）带有直流偏置的原始干涉图样　　　　　（b）原始白光干涉图样的平方运算

（c）白光干涉图样的 4 次方运算处理　　　（d）白光干涉图样的 8 次方运算处理

图 5.11　带有直流偏置的白光干涉图样的多次方运算处理的信号对比

由式(5.23)可知

$$\begin{cases} I_{\mathrm{ac}}(\lambda) = \exp\left[-\left(\dfrac{2\lambda}{L_{\mathrm{c}}}\right)^2\right] \\ \dfrac{1}{2}\left(I_{\mathrm{ac}}^2(\lambda) + I_{\mathrm{ac}}(\lambda)\right) < I_{\mathrm{ac}}(\lambda) < 1 \end{cases} \tag{5.30}$$

对式(5.29)进行 $2i$ 次幂指数运算,可得

$$I_{\mathrm{qs}}^{2i}(x) = \left(\frac{I_{\mathrm{ac}}(x) + I_{\mathrm{ac}}^2(x)}{2}\right)^{2i}, \quad i = 1, 2, \cdots, n \tag{5.31}$$

由式(5.30)和式(5.31)可知

$$I_{\mathrm{qs}}^{2i}(\lambda) < I_{\mathrm{qs}}^{2i-2}(\lambda) < \cdots < I_{\mathrm{ac}}(\lambda) < 1 \tag{5.32}$$

由式(5.32)可知,对信号 $I_{\mathrm{qs}}(x)$ 的幂指数运算可以得到 $I_{\mathrm{qs}}^{2i}(x)$,使不同级次干涉条纹的强度差异增加,可以达到降低白光干涉中心条纹识别难度的目的。与图 5.11 的条件类似(i 取 1、2、4,$\lambda=1550\mathrm{nm}$,半谱宽度 $\Delta\lambda=60\mathrm{nm}$,对应的 $L_{\mathrm{c}}=40\mu\mathrm{m}$),则白光干涉图样处理前后的信号如图 5.12 所示。

从图 5.12 中可以看出,与式(5.24)和式(5.28)所示的两种处理方法相比,平方加和之后再进行幂指数运算,进一步增加干涉条纹不同级次之间的强度差异,干涉条纹的质量因子 η 和最小系统信噪比 $\mathrm{SNR_{min}}$ 进一步得到改善。究其原因是式(5.31)可以变换为

$$I_{\mathrm{qs}}^{2i}(x) = \frac{1}{2^{2i}} \big[I_{\mathrm{ac}}^{2i}(x)\,(1 + I_{\mathrm{ac}}(x))^{2i} \big], \quad i = 1, 2, \cdots, n \tag{5.33}$$

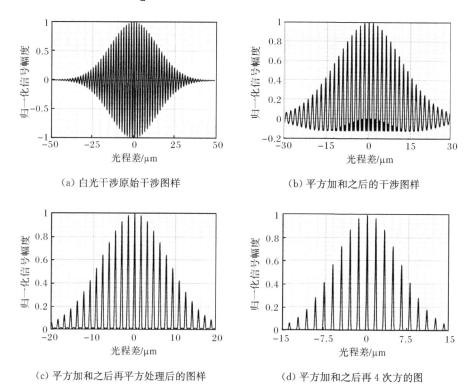

(a) 白光干涉原始干涉图样　　　　(b) 平方加和之后的干涉图样

(c) 平方加和之后再平方处理后的图样　　(d) 平方加和之后再 4 次方的图

图 5.12　白光干涉图样的平方加和后幂指数运算处理的信号对比

式(5.31)相当于是式(5.24)与式(5.28)二者的乘积,因此相当于结合了前两种处理方法的优点。

综上所述,白光干涉条纹的幂指数运算作为一种简单、实时的信号预处理方法,通过对单一波长宽谱光源白光干涉图样的实时变换,在不增加系统的复杂性和造价的前提下,即完成了简化白光干涉信号中心条纹的识别难度的目的,从而为干涉信号的进一步处理奠定了很好的基础。

2. 基于傅里叶变换的幂运算处理

傅里叶变换是一种线性的积分变换,是信号时域(或空域)-频域之间变换和分析中最常用的一种数学变换形式。白光干涉信号的时域(空域)通常表示为式(5.34)的形式,即

$$I(x) = \frac{I_0}{2} \exp\left[-\left(\frac{2x}{L_c}\right)^2\right] \cos\frac{2\pi n x}{\lambda_0} \tag{5.34}$$

式中：I_0 为输入干涉仪中的光源强度；n 为光传输介质的折射率；λ_0 为宽谱光源中心波长；L_c 为光源的相干长度，一般 $L_c = \lambda^2/\Delta\lambda$，$\Delta\lambda$ 为光源半谱宽度。

将式(5.34)表示的白光干涉信号 $I(x)$ 进行傅里叶变换，将信号由时空域变换为频率域，可得

$$\mathscr{F}\{I(x)\} = \frac{I_0 L_c \sqrt{\pi}}{8} \left\{ \exp\left\{-\left[\frac{1}{4}\left(\omega + \frac{2\pi n}{\lambda_0}\right) L_c\right]^2\right\} + \exp\left\{-\left[\frac{1}{4}\left(\omega - \frac{2\pi n}{\lambda_0}\right) L_c\right]^2\right\} \right\} \tag{5.35}$$

式中：$\mathscr{F}$ 表示信号的傅里叶变换；ω 为光频率。

由式(5.35)可知，在信号的频率域，白光干涉信号表现为在中心光频为 $\omega_0 = \pm 2\pi n/\lambda_0$ 处的具有高斯类型的光谱分布，它与驱动干涉仪的光源光谱分布相对应。式(5.35)中的负光频 $\omega_0 = -2\pi n/\lambda_0$ 处，为光源光谱的镜像，无实际的物理意义，仅为数学变换所产生。

由傅里叶变换的尺度特性可知，在时域中信号展宽，对应于频率域中信号的压缩，反之亦然。因此，葡萄牙波尔图大学的 Santos 等提出了一种基于傅里叶变换的分数幂指数处理方案[12]，其方法可以用式(5.36)描述。

$$\mathscr{F}^{-1}\{(\mathscr{F}\{I(x)\})^j\}, \quad j = \frac{1}{2}, \frac{1}{3}, \frac{1}{4}, \cdots, \frac{1}{N} \tag{5.36}$$

式中：$\mathscr{F}^{-1}$ 表示信号的傅里叶逆变换。

当宽谱光源的中心波长选择为 $\lambda_0 = 1550\text{nm}$，相干长度选择为 $L_c = 20\mu\text{m}$，j 分别取 2、1、1/2、1/4 时，经过式(5.36)变换后给出的白光干涉图样如图 5.13 所示。

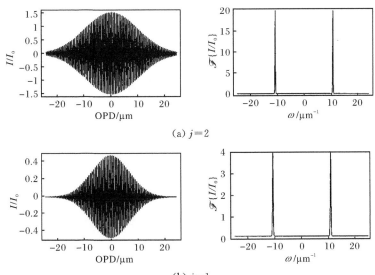

(a) $j = 2$

(b) $j = 1$

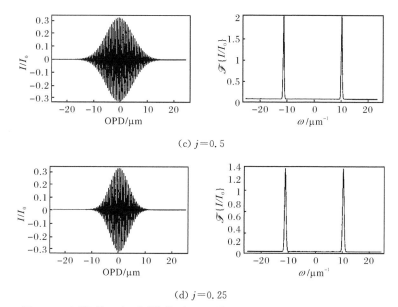

(c) $j=0.5$

(d) $j=0.25$

图 5.13　幂指数 j 取不同数值时,经过傅里叶变换的白光干涉图样对比

　　由 5.2.2 节中对多个光源的组合方法的分析可知,对白光干涉时域信号的幂指数运算可以改善中心条纹的识别精度,等效地降低了光源的相干长度,并在时空域压缩了信号宽度,即在频率域对信号进行了展宽。由此,Santos 等[12]提出了新的信号处理方案:对整数幂指数运算的白光干涉时域信号进行傅里叶变换后,再对其进行分数幂指数运算,并将其再次变换到时域,其数学表达式具体为

$$\mathscr{F}^{-1}\{(\mathscr{F}\{I^{n}(x)\})^{j}\}, \quad j=\frac{1}{2},\frac{1}{3},\frac{1}{4},\cdots;n=1,2,3,\cdots \qquad (5.37)$$

　　当宽谱光源中心波长选择为 $\lambda_{0}=1550\mathrm{nm}$,相干长度选择为 $L_{c}=20\mu\mathrm{m}$,j 分别取 2、1、1/2、1/3、1/4、1/5,n 分别取 1、2、3 时,经过式(5.37)变换后给出的白光干涉图样的质量因子 η 如图 5.14 所示。图 5.14 中曲线由低到高依次为当 n 取 1、2和 3 时所获得的质量因子 η 的数值,可知在对时域信号整数幂指数和频域信号分数幂指数的联合运算后,白光干涉信号中心条纹的质量因子获得了非常大的改善,极大地降低了中心条纹的识别难度。

5.2.4　基于多光源的预处理算法

　　为了使白光干涉图样中心条纹识别难度有所降低,所发展的组合光源、多次平方、幂运算以及基于傅里叶变换的分数幂运算等各种方法并不存在矛盾,可以嵌套使用,以获得更高的条纹质量因子和更低的最小系统信噪比。

　　Wang 等[13]和 Romare 等[14]将双波长组合光源与干涉信号的多次平方运算

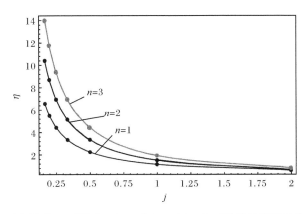

图 5.14　在幂指数 j 不同时, $I(x)$、$I^2(x)$、$I^3(x)$ 和函数的质量因子的变化趋势

两种方法相结合,发展了一种降低白光干涉条纹中心识别难度的实时预处理方法。他们将中心波长为 670nm 和 780nm、相干长度为 $25\mu m$ 的两只宽谱光源进行组合,采用多级平方硬件电路对干涉仪输出的白光干涉信号进行幂运算,以改善中心条纹与旁瓣次级干涉条纹的强度对比度,优化最小系统信噪比。研究结果表明:采用单个光电探测器对白光干涉信号进行单端探测时,3 级平方电路级联使白光干涉信号的最小系统信噪比 SNR_{min} 从 30dB 降低到 17dB;采用双探测器的差分探测方案时,2 级平方电路级联使最小系统信噪比 SNR_{min} 从 21dB 降低到 12dB。

　　Wang 等[15,16]分别将双波长组合光源与干涉信号的平方加和的三次方幂运算相结合,将三波长组合光源与干涉信号的平方加和的二次方幂运算相结合,尝试发展了多种新型的白光干涉信号的预处理方法。其中,以双波长实验方案为例,如图 5.15 所示,他们将中心波长为 688nm 和 830nm 的两只宽谱光源进行组合,将干涉仪输出的白光干涉信号的交流部分进行数据采集后,利用数字信号处理技术,首先将信号平方再与其自身加和,然后对此信号进行三次方的级联运算。研究表明:经过上述运算和变换后,白光干涉信号的等效相干长度极大地被压缩(如图 5.16 所示),从采用单光源的 $15\mu m$ 下降到 3 次和 4 次三次方级联后的 60nm 和 44nm,如图 5.17 所示。

　　同样,基于傅里叶变换的幂运算也适合采用多波长组合光源的白光干涉信号。Santos 等[12]在提出该种信号处理方案时,就对多波长组合光源的情况进行了讨论,即

$$\mathscr{F}^{-1}\left\{\left[\mathscr{F}\left\{\left(I(x,\lambda_1)+I(x,\lambda_2)\right)^n\right\}\right]^j\right\},\quad j=\frac{1}{2},\frac{1}{3},\frac{1}{4},\cdots;n=1,2,3,\cdots$$

$$(5.38)$$

式中:$I(x,\lambda_1)$ 和 $I(x,\lambda_2)$ 分别代表在中心波长 λ_1 和 λ_2 时各自产生的白光干涉信号。

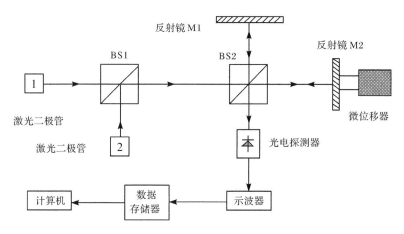

图 5.15　基于双波长组合光源和幂运算方法的白光干涉信号处理方案图

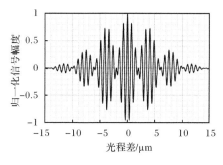

（a）双波长组合光源的原始干涉图样

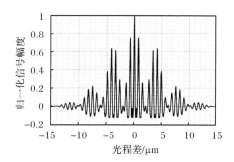

（b）平方加和之后的干涉图样

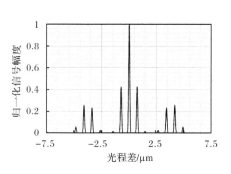

（c）平方加和之后三次方处理的图样

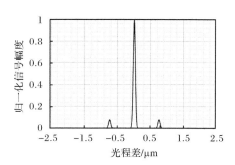

（d）平方加和之后六次方的图样

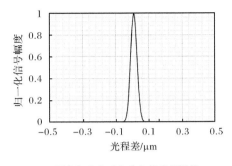 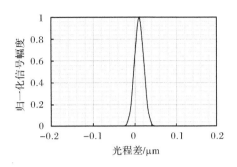

(e) 平方加和之后九次方处理的图样   (f) 平方加和之后十二次方的图样

图 5.16   基于双波长组合光源和幂运算方法的白光干涉信号处理结果

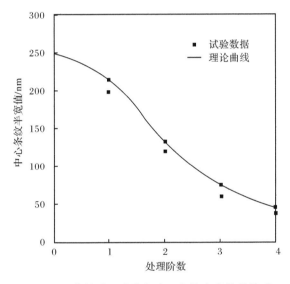

图 5.17   信号处理阶数与中心条纹宽度值的关系

当组合光源中心波长分别为 $\lambda_1 = 1300\text{nm}$ 和 $\lambda_2 = 1550\text{nm}$,相干长度选择为 $L_c = 20\,\mu\text{m}$,j 分别取 2、1、1/2、1/3、1/4、1/5、1/6,n 分别取 1 和 2 时,经过式(5.38)变换后给出的白光干涉图样和质量因子 η 如图 5.18 和图 5.19 所示。图 5.19中曲线由低到高依次为 $I(x, \lambda_1) + I(x, \lambda_2)$ 和 $(I(x, \lambda_1) + I(x, \lambda_2))^2$ 时所对应的质量因子 η 的数值,可知与采用单光源相比,多波长组合光源与基于傅里叶变换的幂指数运算结合后,可以极大地改善中心条纹的质量因子,极大地降低中心条纹的识别难度。

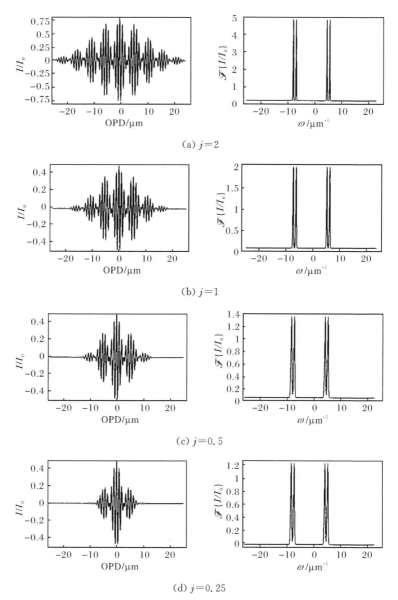

(a) $j=2$

(b) $j=1$

(c) $j=0.5$

(d) $j=0.25$

图 5.18　幂指数 j 取不同数值时，经过傅里叶变换的白光干涉图样对比

5.2.5　信号预处理小结

与窄带激光干涉不同，对于宽谱低相干光产生的干涉信号，其相干长度越小，包络幅值衰减越快，对应的空间分辨率越高，则信号质量被认为最优；同时高斯型光谱分布光源的干涉信号其包络依旧为高斯分布，无旁瓣噪声的优势也被认为是

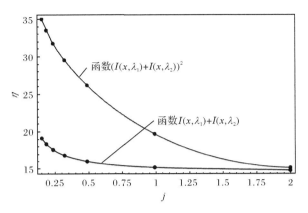

图 5.19　在幂指数 j 不同时,函数 $I(x,\lambda_1)+I(x,\lambda_2)$ 和 $(I(x,\lambda_1)+I(x,\lambda_2))^2$ 的质量因子的变化趋势

信号包络的最佳分布。为此,为了对白光干涉信号质量进行定量描述引入参数质量因子 η 和最小系统信噪比 $\mathrm{SNR_{min}}$,实现对白光干涉信号质量和信号处理算法的优劣进行评价。

在不考虑系统复杂性和造价的前提下,提高白光干涉信号质量最为有效的方法是优化光源参数,通过增加光源半谱宽度,采用多个光源联合驱动或者具有多光谱的复合光源驱动干涉仪,来等效降低相干长度,实现提高质量因子和降低最小系统信噪比。它可以被看成是白光干涉信号的"硬件"预处理,通过优化光源来改善白光干涉信号质量与其他基于数学运算和变换算法的"软件"预处理方法并不冲突和矛盾,可以联合采用来进一步获得质量更优的白光干涉信号。

如果受光源性能和系统造价的限制,根据白光干涉图样的信号特征,采用电路硬件或信号处理技术,实现数学运算和变换,同样可以达到改善白光干涉信号质量的目的,它可以看成是白光干涉信号的"软件"预处理。虽然看似方法多样、信号质量提升显著,但上述算法对噪声非常敏感。经过"软件"预处理后,干涉条纹虽然在理论上质量有提升,但同时其携带的噪声也被逐级放大,导致干涉条纹信噪比降低、可见度降低。因此,采用何种软件预处理算法,处理阶数和变换程度的选择,都受限于白光干涉信号的噪声,需要具体情况具体分析。

5.3　时(空)域信号处理方法

白光干涉信号的获取方式由干涉仪光路结构、光程扫描结构和干涉条纹探测装置所决定,其中采用时域光程扫描和空域光程展开是最为常用获得干涉图样的方法,此时获取的干涉图样被称为时(空)域白光干涉信号。

　　如果采用具有高斯光谱分布的宽谱光源,则时(空)域白光干涉信号可以表示为

$$I(x) = A(x) + B(x)\cos(k_0 x - \phi_s + \phi_0) + n(x) \tag{5.39}$$

其中

$$B(x) = \gamma(x)g(x) \tag{5.40}$$

$$g(x) = \exp\left\{-\left[\frac{\lambda(k_0 x - \phi_s)}{\pi L_c}\right]^2\right\} \tag{5.41}$$

式中:x 为干涉仪光程差;k_0 为光源中心波长对应的波数;ϕ_s 为待测相位值;ϕ_0 为初相位,与色散和材料表面反射相移有关;$n(x)$ 为随机噪声;$A(x)$ 为干涉信号的直流强度或者背景光强;$B(x)$ 为交流信号幅值强度;$\gamma(x)$ 为干涉条纹的可见度,它与输入光源光强、两相干光束的偏振态和强度比值等有关;$g(x)$ 为受光源光谱函数调制的干涉信号包络,如光源光谱为高斯类型;L_c 为光源相干长度。

　　一般情况下,背景光强 $A(x)$ 和条纹可见度 $\gamma(x)$ 不随光程 x 发生变化或者变化极其缓慢,可认为是常量,则式(5.39)可以简化为

$$I(x) = A + \gamma\exp\left\{-\left[\frac{\lambda(k_0 x - \phi_s)}{\pi L_c}\right]^2\right\}\cos(k_0 x - \phi_s + \phi_0) + n(x) \tag{5.42}$$

　　由式(5.39)描述的白光干涉时(空)域信号通常表现为一条以中心波长为周期的余弦曲线,其包络幅值受宽谱光源的光谱函数所调制,其特征是具有一个主极大值 $B(\phi_s/k_0)$(即干涉图样的中心条纹的峰值)对应零光程差处。中心条纹位置为测量提供了一个可靠的绝对位置参考,根据该位置可获得被测量相位值 ϕ_s(对应被测物理量)的绝对值。因此,在大多数情况下所谓的时(空)域白光干涉信号的处理方法就转变为白光干涉中心条纹或信号包络极值的识别算法。其优点是将干涉条纹的绝对强度检测转变为条纹不同级次条纹间相对强度差异的检测,这就极大地降低了对系统绝对稳定性的要求以及信号检测和处理的难度,减少了系统硬件成本,降低了系统复杂性。

　　随着白光干涉原理与技术在三维形貌测量、光学计量和光纤传感测量等领域的应用,发展了众多的时(空)域白光干涉信号处理方法,包括重心法[17~21]、包络提取法(如平方滤波包络法[22]、直接函数拟合法[23~25]、基于傅里叶变换的包络法[26,27]、基于希尔伯特变换的包络法[28~31]、小波变换法[32~42]、基于采样定理包络函数评估算法(SEST 算法)[43,44] 等)、空间频率算法[45~51]、相移干涉法算法[52~56] 等。

　　本节主要对上述处理方法的概念、原理与用途进行系统的归纳和总结,为从事白光干涉时(空)域信号研究和分析工作的专业人员提供参考。

5.3.1　条纹重心法

　　如果忽略色散和背景噪声的影响,较为理想的白光干涉信号是关于中心条纹

左右对称的,此时零光程位置或者条纹包络极值点是整个信号的重心。所谓重心法即发展不同的数字信号处理算法,通过寻找信号的重心位置来确定中心条纹位置或者零光程点,如图 5.20 所示。

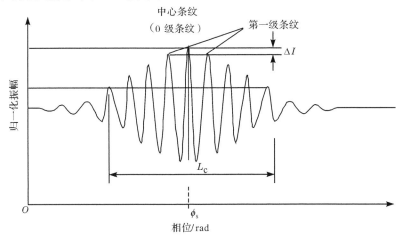

图 5.20　白光干涉图样及其重心

　　瑞士纳沙泰尔大学的 Dandliker 等[17,18]以光强平方函数为目标函数首先提出了识别白光干涉信号中心条纹峰值的重心算法,其后英国城市大学的 Chen 等[19]以光强函数作为目标函数、美国 Veeco 公司的 Ai 等[20]以差分光强作为目标函数分别提出干涉条纹的重心确定中心条纹的峰值位置的算法。重心法的实现步骤主要分为干涉条纹的数据采集、采集信号调理与预处理、目标函数选取和中心条纹定位四个步骤。

1. 干涉条纹的数据采集

　　利用光电探测器或者电荷耦合器件(CCD)对忽略色散影响的白光干涉条纹进行探测,经过等间隔光程扫描和模数转换后,可以获得白光干涉信号的光强采集数据 $I(i)$,并将其保存在计算机中备用。根据式(5.39),$I(i)$ 可以表示为

$$I(i)=A(x_i)+B(x_i)\cos(k_0 x_i-\phi_s)+n(i), \quad i=1,2,\cdots,N \qquad (5.43)$$

式中:i 为采样点序列值;N 为采样点总数;x_i 为等间隔的采样光程,光程间隔为 $\Delta x=x_i-x_{i-1}$。

2. 采集信号调理与预处理

　　重心法要求白光干涉条纹必须关于包络峰值绝对对称,直流分量(或者背景光强)畸变引入的不对称,会对重心算法带来较大误差。因此,对采集信号 $I(i)$ 的调理和预处理主要有两个目的:一是对数据采集信号进行必要的降噪处理;二是

提取 $I(i)$ 中的交流分量 $B(x_i)\cos(k_0 x_i - \phi_s)$。

具体方法可以根据干涉条纹具有的周期性特点，采用数字信号处理方法（例如数字滤波处理），消除掉白光干涉信号的直流分量 $A(x_i)$，提取信号中的交流分量 $I_{ac}(i)$：

$$I_{ac}(i) = B(x_i)\cos(k_0 x_i - \phi_s), \quad i = 1, 2, \cdots, N \tag{5.44}$$

对信号交流分量的降噪除了根据干涉条纹的周期性特点，采用传统的模拟和数字滤波外，还可以借助小波变换、自适应滤波等高级信号处理实现。

3. 目标函数选取

目前，不同种类的重心算法，主要区别在于目标函数的选取不同，英国城市大学的 Chen 等[19] 选取的目标函数最为简单，即经过归一化处理的采集光强值的绝对值 $f(i)$：

$$f(i) = \left| I_{ac}(i) - \frac{1}{N}\sum_{i}^{N} I_{ac}(i) \right| \tag{5.45}$$

由式(5.42)、式(5.44)和式(5.45)可知

$$f(i) = \left| \exp\left\{ -\left[\frac{\lambda(k_0 x_i - \phi_s)}{\pi L_c} \right]^2 \right\} \cos(k_0 x_i - \phi_s) \right| \tag{5.46}$$

瑞士纳沙泰尔大学 Dändliker 等[17,18] 以交流光强 $I_{ac}(i)$ 的平方作为目标函数 $g(i)$：

$$g(i) = (I_{ac}(i))^2 \tag{5.47}$$

由式(5.44)和式(5.47)可知，目标函数 $g(i)$ 可以重新描写为

$$g(i) = (\gamma(x_i))^2 \exp\left\{ -2\left[\frac{\lambda(k_0 x_i - \phi_s)}{\pi L_c} \right]^2 \right\} \frac{1 + \cos[2(k_0 x_i - \phi_s)]}{2} \tag{5.48}$$

美国 Veeco 公司 Ai 等[20] 以差分光强值的平方作为目标函数 $m(i)$：

$$m(i) = (I(i) - I(i-1))^2 \tag{5.49}$$

由于光强在进行差分时，选取点的包络幅值变化较小，差异可以忽略。因此，由式(5.42)、式(5.43)和式(5.49)可知，目标函数 $m(i)$ 可以重新描写为

$$m(i) = 2\sin^2\frac{k_0 \Delta x}{2}(\gamma(x_i))^2 \exp\left\{ -2\left[\frac{\lambda(k_0 x_i - \phi_s)}{\pi L_c} \right]^2 \right\} \{1 - \cos[2(k_0 x_i - \phi_s)]\} \tag{5.50}$$

式中：Δx 为光程扫描间隔，$\Delta x = x_i - x_{i-1}$。

4. 中心条纹定位

中心条纹定位是根据不同重心算法的目标函数 $f(i)$、$g(i)$、$m(i)$ 的定义，并结合重心法的物理含义，可以直接由下面给出中心条纹的位置 h_c：

（1）绝对值光强重心法：

$$h_{f\text{-}c} = \frac{\sum\limits_{i}^{N} x_i f(i)}{\sum\limits_{i}^{N} f(i)} = \frac{\int x f(x)\,\mathrm{d}x}{\int f(x)\,\mathrm{d}x} \tag{5.51}$$

（2）平方光强重心法：

$$h_{g\text{-}c} = \frac{\sum\limits_{i}^{N} x_i g(i)}{\sum\limits_{i}^{N} g(i)} = \frac{\int x g(x)\,\mathrm{d}x}{\int g(x)\,\mathrm{d}x} \tag{5.52}$$

（3）差分光强重心法：

$$h_{m\text{-}c} = \frac{\sum\limits_{i}^{N} x_i m(i)}{\sum\limits_{i}^{N} m(i)} = \frac{\int x m(i)\,\mathrm{d}x}{\int m(i)\,\mathrm{d}x} \tag{5.53}$$

以平方光强重心法为例，如果待测交流信号 $I_{ac}(i)$ 接近于理想信号，并不含噪声 $n(i)$，则计算重心数值 $h_{g\text{-}c}$ 与中心条纹的真实位置 h_g 一致，否则需要对计算值进行修改，精确的条纹位置 h_g 与粗定位位置 $h_{g\text{-}c}$ 之间的关系为

$$h_{g\text{-}c} = h_g - (N+1)\frac{\sigma^2}{A_f} h_g = h_g + \Delta h_g \tag{5.54}$$

式中：N 为采样点的总数；σ^2 为噪声 $n(i)$ 的方差；A_f 为交流信号分量的总能量；Δh_g 为计算值 $h_{g\text{-}c}$ 和真值 h_g 之间的系统误差。

5. 三种不同重心法的比较

绝对值光强重心法[19]的物理意义最为清晰，计算过程最为简单，计算结果最符合干涉条纹重心的定义。但它对噪声也最为敏感，各种畸变引起干涉条纹的不对称将会极大地劣化计算结果，从而影响中心条纹的识别精度。平方光强重心法[17,18]、差分光强重心法[20]作为对绝对值光强重心法的一种改进，算法中平方运算的引入，加大干涉条纹不同级次之间的强度差异，提高了干涉条纹质量因子 η，在一定程度上抑制干涉条纹不对称对计算结果的影响。二者虽然计算过程和目标函数有所差异，但就计算重心而言本质上是一致的，算法精度应该相当，优于绝对值光强重心法。相比平方光强重心法，差分光强重心不需要提取交流量而直接进行目标函数的计算的优点，对直流分量和背景噪声具有更好的抑制效果。上述算法，均不需要专门的硬件，具有计算速度快、实时性好等优点。

5.3.2 包络提取法

如果忽略色散和噪声的影响，白光干涉信号的中心条纹与幅值包络的峰值重

合,可以通过获得幅值包络的顶点来确定中心条纹的准确位置。获得白光干涉信号幅值包络的方法有很多,本小节重点介绍平方滤波包络、函数拟合、傅里叶变换、希尔伯特变换、小波变换、SEST算法等方法。

1. 平方滤波包络法

Caber[22]提出了一种基于平方滤波的幅值包络提取法,其核心思想是:通过滤除白光干涉交流信号中以中心波长 λ_0 为周期的余弦载波信号 $\cos(2\pi x/\lambda_0+\alpha)$ 获得信号包络。具体算法流程如图5.21所示,将采集的白光干涉信号首先经过高通滤波器,滤除掉背景光强等直流分量后,将其交流分量进行平方运算并量化采样后,送入数字信号处理器中再通过低通滤波器获得幅值包络,通过对幅值包络峰值的探测,获得包络顶点代表的高度信息。

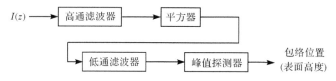

图5.21　平方滤波提取包络的具体算法流程

白光干涉信号经过高通滤波器滤除直流量后,可以获得的交流分量为

$$I_{ac}(t)=B(t)\cos(2\pi f_c t+\alpha) \tag{5.55}$$

式中:$B(t)$ 为白光干涉信号的包络;f_c 为干涉信号的载波频率,由 $f_c=(\mathrm{d}x/\mathrm{d}t)/\lambda_0$ 确定,其中 x 为光程扫描量,$\mathrm{d}x/\mathrm{d}t$ 为光程扫描速度。高通滤波器的截止频率 f_H 要求低于信号载波频率,即 $f_H<f_c$。

将交流分量 $I_{ac}(t)$ 取平方运算,可得

$$I_{ac}^2(t)=\frac{1}{2}(B(t))^2+\frac{1}{2}(B(t))^2\cos(4\pi f_c t+2\alpha) \tag{5.56}$$

根据奈奎斯特定理,采样的频率 f_s 大于两倍的信号频率,有

$$f_s\geqslant 4f_c+4B_m \tag{5.57}$$

式中:B_m 为 $B(t)$ 白光干涉包络信号的带宽。

将信号 $I_{ac}^2(t)$ 经过低通滤波器滤除 $2f_c$ 载波信号,即可获得包络信号的平方 $(B(t))^2$,即

$$LF[I_{ac}^2(t)]=\frac{1}{2}(B(t))^2 \tag{5.58}$$

式中:$LF[\cdot]$ 代表低通滤波操作,要求低通滤波器的截止频率 f_L 满足如下条件:

$$2B_m<f_L<2f_c \tag{5.59}$$

平方滤波包络算法的优点是速度快、无累计误差、精度较高,采用DSP硬件对 256×256 点的图像进行处理,运算时间小于10s,测量误差的方均根值小于2nm。

2. 函数拟合法

对白光干涉信号的中心条纹或者幅值包络进行函数拟合,通过查找函数极值点来确定中心条纹的精确位置的方法被称为函数拟合法,如图 5.22 所示。英国城市大学的 Wang 等[23,24]利用余弦函数、韩国高等科学与技术研究所的 Park 等[25]利用二次多项式分别实现了组合光源白光干涉图样的中心条纹和幅值包络的函数拟合,识别精度可达±0.05λ 个干涉条纹。

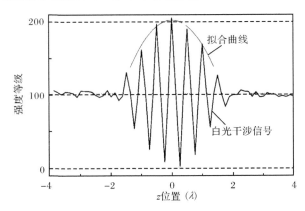

图 5.22　白光干涉信号中含有 2.89% 的幅度噪声、但不含相位噪声时,
采用二次多项式拟合来提取白光干涉图样包络的仿真结果

以 Park 等[25]发展的包络函数拟合法为例,将干涉条纹的幅值包络近似为二次多项式函数,则式(5.39)所示的白光干涉信号可以表示为

$$I(x)=I_0+I_0(a_1+a_2x+a_3x^2)\cos[2k_0(h-x)+\alpha] \tag{5.60}$$

式中:I_0 为背景光强;a_1、a_2、a_3 分别为二次多项式函数的系数;h 为包络峰值的位置,有 $h=-a_2/(2a_3)$。

对于离散的光强采样值有

$$I(x_i)=I_0+I_0(a_1+a_2\delta_i+a_3\delta_i^2)(\cos\delta_i\cos\theta+\sin\delta_i\sin\theta) \tag{5.61}$$

其中

$$\delta_i=2k_0x_i,\quad \theta=2k_0h+\alpha$$

可知,由包络峰值对应的干涉相位之间的关系有

$$h=\frac{\theta-\alpha}{2k_0} \tag{5.62}$$

将式(5.61)逐项展开,并整理可得

$$I(x_i)=I_0+I_0a_1\cos\theta\cos\delta_i+I_0a_2\cos\theta\delta_i\cos\delta_i+I_0a_3\cos\theta\delta_i^2\cos\delta_i$$
$$+I_0a_1\sin\theta\sin\delta_i+I_0a_2\sin\theta\delta_i\sin\delta_i+I_0a_3\sin\theta\delta_i^2\sin\delta_i \tag{5.63}$$

利用式(5.63),将含有 a_1、a_2、a_3、I_0 和 θ 五个未知数的方程式(5.61)转换为

含有 $c_1 \sim c_7$ 的 7 个未知数的方程式,即

$$I(x_i) = c_1 + c_2\cos\delta_i + c_3\delta_i\cos\delta_i + c_4\delta_i^2\cos\delta_i + c_5\sin\delta_i + c_6\delta_i\sin\delta_i + c_7\delta_i^2\sin\delta_i$$

$$(5.64)$$

采用最小二乘法利用采样得到的光强数据对七个参数同时进行拟合。误差函数可以表示为

$$
\begin{aligned}
E &= \sum_{i=1}^{N} (I_i^* - I(x_i))^2 \\
&= \sum_{i=1}^{N} (I_i^* - c_1 - c_2\cos\delta_i - c_3\delta_i\cos\delta_i - c_4\delta_i^2\cos\delta_i \\
&\quad - c_5\sin\delta_i - c_6\delta_i\sin\delta_i - c_7\delta_i^2\sin\delta_i)^2
\end{aligned}
$$

$$(5.65)$$

式中:I_i^* 表示测量值 $I(x_i)$ 的真实值。

利用最小二乘法拟合的条件:

$$\frac{\partial E}{\partial c_1} = \frac{\partial E}{\partial c_2} = \frac{\partial E}{\partial c_{31}} = \frac{\partial E}{\partial c_4} = \frac{\partial E}{\partial c_5} = \frac{\partial E}{\partial c_6} = \frac{\partial E}{\partial c_7} = 0 \qquad (5.66)$$

可以得到如下矩阵关系:

$$\boldsymbol{B}(I_i) = \boldsymbol{A}(\delta_i) \cdot \boldsymbol{C} \qquad (5.67)$$

式中各矩阵由式(5.68)和式(5.69)给出。

$$
\begin{aligned}
\boldsymbol{B}(I_i) = \Big[&\sum I_i \quad \sum I_i\cos\delta_i \quad \sum I_i\delta_i\cos\delta_i \\
&\sum I_i\delta_i^2\cos\delta_i \quad \sum I_i\sin\delta_i \quad \sum I_i\delta_i\sin\delta_i \quad \sum I_i\delta_i^2\sin\delta_i \Big]^{\mathrm{T}}
\end{aligned}
$$

$$(5.68)$$

$$\boldsymbol{A}(\delta_i) = \begin{bmatrix} \boldsymbol{A}_1 & \boldsymbol{A}_2 \\ \boldsymbol{A}_3 & \boldsymbol{A}_4 \end{bmatrix} \qquad (5.69)$$

其中

$$
\boldsymbol{A}_1 = \begin{bmatrix}
N & \sum\cos\delta_i & \sum\delta_i\cos\delta_i & \sum\delta_i^2\cos\delta_i \\
\sum\cos\delta_i & \sum\cos^2\delta_i & \sum\delta_i\cos^2\delta_i & \sum\delta_i^2\cos^2\delta_i \\
\sum\delta_i\cos\delta_i & \sum\delta_i\cos^2\delta_i & \sum\delta_i^2\cos^2\delta_i & \sum\delta_i^3\cos^2\delta_i \\
\sum\delta_i^2\cos\delta_i & \sum\delta_i^2\cos^2\delta_i & \sum\delta_i^3\cos^2\delta_i & \sum\delta_i^4\cos^2\delta_i
\end{bmatrix} \qquad (5.70)
$$

$$
\boldsymbol{A}_2 = \begin{bmatrix}
\sum\sin\delta_i & \sum\delta_i\sin\delta_i & \sum\delta_i^2\sin\delta_i \\
\sum\sin\delta_i\cos\delta_i & \sum\delta_i\sin\delta_i\cos\delta_i & \sum\delta_i^2\sin\delta_i\cos\delta_i \\
\sum\delta_i\sin\delta_i\cos\delta_i & \sum\delta_i^2\sin\delta_i\cos\delta_i & \sum\delta_i^3\sin\delta_i\cos\delta_i \\
\sum\delta_i^2\sin\delta_i\cos\delta_i & \sum\delta_i^3\sin\delta_i\cos\delta_i & \sum\delta_i^4\sin\delta_i\cos\delta_i
\end{bmatrix} \qquad (5.71)
$$

$$\boldsymbol{A}_3 = \begin{bmatrix} \sum \delta_i^2 \cos\delta_i & \sum \sin\delta_i \cos\delta_i & \sum \delta_i \sin\delta_i \cos\delta_i & \sum \delta_i^2 \sin\delta_i \cos\delta_i \\ \sum \delta_i \sin\delta_i & \sum \delta_i \sin\delta_i \cos\delta_i & \sum \delta_i^2 \sin\delta_i \cos\delta_i & \sum \delta_i^3 \sin\delta_i \cos\delta_i \\ \sum \delta_i^2 \sin\delta_i & \sum \delta_i^2 \sin\delta_i \cos\delta_i & \sum \delta_i^3 \sin\delta_i \cos\delta_i & \sum \delta_i^4 \sin\delta_i \cos\delta_i \end{bmatrix}$$

$$\tag{5.72}$$

$$\boldsymbol{A}_4 = \begin{bmatrix} \sum \sin^2\delta_i & \sum \delta_i \sin^2\delta_i & \sum \delta_i^2 \sin^2\delta_i \\ \sum \delta_i \sin^2\delta_i & \sum \delta_i^2 \sin^2\delta_i & \sum \delta_i^3 \sin^2\delta_i \\ \sum \delta_i^2 \sin^2\delta_i & \sum \delta_i^3 \sin^2\delta_i & \sum \delta_i^4 \sin^2\delta_i \end{bmatrix} \tag{5.73}$$

这里 $\sum [\cdot]$ 表示 $\sum\limits_{i=1}^{N}[\cdot]$，

$$\boldsymbol{C} = \begin{bmatrix} c_1 & c_2 & c_3 & c_4 & c_5 & c_6 & c_7 \end{bmatrix}^{\mathrm{T}}$$

$$\equiv \begin{bmatrix} I_0 & a_1 I_0 \cos\theta & a_2 I_0 \cos\theta & a_3 I_0 \cos\theta & a_1 I_0 \sin\theta & a_2 I_0 \sin\theta & a_3 I_0 \sin\theta \end{bmatrix}^{\mathrm{T}}$$

$$\tag{5.74}$$

由式(5.67)可知，未知参数矩阵可以求得

$$\boldsymbol{C} = \boldsymbol{A}^{-1}(\delta_i) \cdot \boldsymbol{B}(I_i) \tag{5.75}$$

则包络峰值位置 h 可以表示为

$$h = -\frac{a_2}{2a_3} = -\frac{c_3}{2c_4} = -\frac{c_6}{2c_7} \tag{5.76}$$

如果要求得更加精确的表面高度信息，可以利用相位信息 θ，它可以表示为

$$\theta = \theta_{\mathrm{m}} + 2\pi n_{\mathrm{m}} \tag{5.77}$$

式中：$\theta_{\mathrm{m}} = \arctan(c_5/c_2)$，为 θ 的主值，且 θ_{m} 位于 $(-\pi, \pi)$；n_{m} 为整数，表示干涉条纹的绝对级数，一般情况下 n_{m} 可以表示为

$$n_{\mathrm{m}} = \mathrm{int}\left[\frac{2k_0 h - \theta_{\mathrm{m}}}{2\pi}\right] \tag{5.78}$$

式中：$\mathrm{int}[\cdot]$ 为取整运算。则包络峰值位置 h 可以被进一步表示为

$$h n_{\mathrm{m}} = \frac{\theta_{\mathrm{m}} + 2\pi n_{\mathrm{m}}}{2k_0} \tag{5.79}$$

3. 傅里叶变换法

在白光干涉信号处理中，傅里叶变换除了可以用于信号预处理提高干涉条纹质量因子外，还可以用于白光干涉信号包络的提取[26,27]。该算法的思想是：利用傅里叶变换和逆变换，在白光干涉信号中滤除载波信号 $\cos(k_0 x)$ 以获得信号包络。具体操作方法是：首先对白光信号进行数据采集和模数转换，并对采集数据进行离散傅里叶变换，将频谱中的零频和负频率去掉，然后将正频率部分左移搬

运至频谱原点,再将处理过的频谱信号作傅里叶逆变换,这样就得到信号的包络。

假设暂时不考虑噪声 $n(x)$ 和色散($\phi_0=0$)的影响,并为了简化分析令 $\phi_s=0$,由式(5.39)可知,白光干涉信号可以表示为

$$I(x)=A+B(x)\cos(k_0x) \tag{5.80}$$

$$B(x)=\gamma\exp\left[-\left(\frac{2x}{L_c}\right)^2\right] \tag{5.81}$$

式中: $B(x)$ 为待提取的包络信号。

对式(5.80)进行傅里叶变换,可得

$$\mathscr{F}\{I(x)\}=\mathscr{F}\{A\}+\mathscr{F}\{B(x)\}*\mathscr{F}\{\cos(k_0x)\} \tag{5.82}$$

式中: $\mathscr{F}\{\cdot\}$ 代表函数的傅里叶变换; $*$ 代表卷积运算。它们分别定义如下:

$$\mathscr{F}\{f(x)\}=\frac{1}{\sqrt{2\pi}}\int_{-\infty}^{\infty}f(x)\exp(-jkx)\mathrm{d}x \tag{5.83}$$

$$f(x)*g(x)=\int_{-\infty}^{\infty}f(\tau)g(x-\tau)\mathrm{d}\tau \tag{5.84}$$

由傅里叶变换的性质可得

$$\mathscr{F}\{I(x)\}=\sqrt{2\pi}A\delta(k)+G(k)*\frac{\sqrt{2\pi}}{2}[\delta(k-k_0)+\delta(k+k_0)] \tag{5.85}$$

式中: $G(k)$ 为 $B(x)$ 的傅里叶变换,由宽谱光干涉理论可知,它即是宽谱光源的光谱密度; $\delta(k-k_0)$ 为狄拉克 δ 函数或单位脉冲函数,其定义为

$$\begin{cases}\delta(k-k_0)=\infty, & k=k_0 \\ \delta(k-k_0)=0, & k\neq k_0\end{cases} \tag{5.86}$$

且有

$$\int\delta(k-k_0)\mathrm{d}k=1$$

由卷积的定义和 δ 函数的数学性质可得

$$I(k)=\sqrt{2\pi}A\delta(k)+\frac{\sqrt{2\pi}}{2}(G(k-k_0)+G(k+k_0)) \tag{5.87}$$

由式(5.87)可知,时域中背景直流光强信号 A 的傅里叶变换对应光频域(波数域)中零频($k=0$)处的 δ 函数;含有载波的白光干涉信号交流部分 $B(x)\cos(k_0x)$ 的傅里叶变换在光频域对应中心频率为 $k=\pm k_0$ 处光源光谱分布。

将频谱中的零频 $\delta(k)$ 和负频率 $G(k+k_0)$ 去掉,将正频率部分 $G(k-k_0)$ 左移搬运至频谱原点,再将处理过的频谱信号作傅里叶逆变换,就得到信号的包络。

$$\mathscr{F}^{-1}\left\{\frac{\sqrt{2\pi}}{2}G(k)\right\}=\frac{1}{2}B(x) \tag{5.88}$$

式中: $\mathscr{F}^{-1}$ 代表函数的傅里叶逆变换,它的定义如下:

$$f(x) = \mathscr{F}\{F(k)\} = \frac{1}{\sqrt{2\pi}} \int_{-\infty}^{\infty} F(k) \exp(\mathrm{i}kx)\mathrm{d}k \qquad (5.89)$$

算法的过程(见图 5.23)相当于将信号变换到频域后滤除载波,然后再作返回时域的逆变换的过程。与重心法、平方滤波法等算法相比,此算法由于需要进行正、逆两次傅里叶变换,因此计算量比较大。

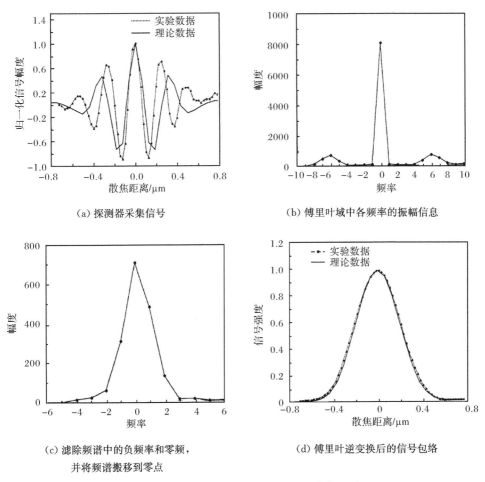

(a) 探测器采集信号

(b) 傅里叶域中各频率的振幅信息

(c) 滤除频谱中的负频率和零频,
并将频谱搬移到零点

(d) 傅里叶逆变换后的信号包络

图 5.23　基于傅里叶变换的白光干涉包络提取流程

4. 希尔伯特变换法

白光干涉信号的包络提取还可以利用希尔伯特变换[28~31]实现。希尔伯特变换是分析瞬时信号、提取窄带调制信号包络经常用到的一种方法。希尔伯特变换的定义为

$$\mathrm{HT}\{f(t)\} = \frac{1}{\pi}\int_{-\infty}^{+\infty}\frac{f(\tau)}{t-\tau}\mathrm{d}\tau \tag{5.90}$$

式中：$f(t)$为实数值函数。希尔伯特变换是将实数信号$f(t)$与$1/\pi t$做卷积。

希尔伯特变换可以描述由傅里叶变换所联系的时域和频域的一种等价关系，即时域的因果性等效于频域的解析性。它说明因果函数傅里叶变换的实部和虚部不是互相独立的，而是存在确定的对应关系，这种关系就是希尔伯特变换。

希尔伯特变换的一项重要应用是构造解析信号，即一个实信号加上它的希尔伯特变换作为虚部所形成的复信号。设$f(t)$为一个实信号，解析信号$F(t)$可以构造为

$$F(t) = f(t) + \mathrm{i}\mathrm{HT}\{f(t)\} \tag{5.91}$$

从这一观点出发不难发现，式(5.85)提取正频率分量的步骤中，所提取到的部分实质上就是一个解析信号。也就是说，式(5.85)中的包络提取过程同样可以基于希尔伯特变换完成。设I_{ac}为白光干涉信号的交流部分，即

$$I_{ac}(t) = B(t)\cos(2\pi f_c t + \alpha) \tag{5.92}$$

则式(5.85)和式(5.86)中所述过程可以表示为

$$\begin{aligned}
\mathscr{F}^{-1}\{\mathscr{F}\{I_{ac}(t)\}u(\omega)\} &= I_{ac}(t) * \mathscr{F}^{-1}\{u(\omega)\} \\
&= I_{ac}(t) * \frac{1}{2\pi}\left(\pi\delta(t) + \frac{\mathrm{i}}{t}\right) \\
&= \frac{1}{2}\left(I_{ac}(t) + \frac{\mathrm{i}}{\pi}\int_{-\infty}^{+\infty}\frac{I_{ac}(\tau)}{t-\tau}\mathrm{d}\tau\right) \\
&= \frac{1}{2}(I_{ac}(t) + \mathrm{i}\mathrm{HT}\{I_{ac}(t)\}) \tag{5.93}
\end{aligned}$$

式中：$u(\omega)$为阶跃函数。

由希尔伯特变换的性质可知，经变换后$I_{ac}(t)$产生了$-90°$的相移。在调制信号缓变，载波信号快变的情况下，$\mathrm{HT}\{I_{ac}(t)\}$可以近似表示为

$$\mathrm{HT}\{I_{ac}(t)\} = B(t)\sin(2\pi f_c t + \alpha) \tag{5.94}$$

由式(5.93)和式(5.94)可知，复函数$\mathscr{F}^{-1}\{\mathscr{F}\{I_{ac}(t)\}u(\omega)\}$的模即为白光干涉的包络信号，即

$$\left|\mathscr{F}^{-1}\{\mathscr{F}\{I_{ac}(t)\}u(\omega)\}\right| = \left|\frac{1}{2}(I_{ac}(t) + \mathrm{i}\mathrm{HT}\{I_{ac}(t)\})\right| = \frac{1}{2}B(x) \tag{5.95}$$

在已知式(5.92)的白光干涉交流信号$I_{ac}(t)$时，利用希尔伯特变换可得交流信号的正交多项式(5.94)，利用式(5.93)可以构造出解析函数$(I_{ac}(t) + \mathrm{i}\mathrm{HT}\{I_{ac}(t)\})$，此函数的模即为白光干涉的包络信号，根据包络曲线可以确定中心条纹的位置，如图5.24所示。

该方法提取包络的优点是，希尔伯特变换是一种时域内的变换，只需一次变换即可实现包络信号的提取，与傅里叶变换法正反两次变换的计算过程相比，计

算量小、具有更快的速度;但其缺点是,希尔伯特变换要求白光干涉信号的直流分量或者说背景光强必须相对恒定,否则会引入较大测量误差。

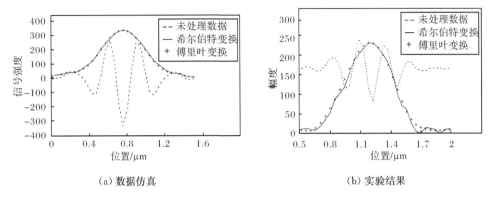

（a）数据仿真   （b）实验结果

图 5.24 基于希尔伯特变换和傅里叶变换信号包络提取算法的比较

5. 小波变换法

小波分析方法是近年来发展起来的一种针对信号时频特性的分析方法,被广泛应用于图像处理、电子对抗和计算机识别等领域。小波分析方法克服了傅里叶分析方法中的时频局限性,它能够对目标信号进行有选择的时频局部化观察,小波变换的局部极大值可为分析信号奇异性提供足够的信息,并可在不同分辨率下对信号分层分析以及在不同频段内对噪声进行滤波,因此小波分析可作为检测瞬态弱信号的有力工具。小波函数可以被视为一个双参数带通滤波器,设 $\Psi(t)$ 为母小波,则小波族可以定义为

$$\Psi_{a,b}(t) = \frac{1}{\sqrt{a}} \Psi\left(\frac{t-b}{a}\right) \tag{5.96}$$

式中:a 为尺度伸缩参数,它与信号频域特性相联系,改变 a 值,子小波的中心频率和带宽将发生变化,但其品质因数保持恒定;b 为平移参数,改变 b 将使子小波的位置发生平移,从而可以在时域或空域内对目标函数感兴趣的区域进行提取。通过参数 a、b 的变化,使式(5.96)不断发生变化和平移,由此会形成一系列的子函数,这就是小波族。

对于任意平方可积函数 $X(t)$,小波变换可以定义为

$$WT(a,b) = \int_{-\infty}^{+\infty} X(t)\Psi^*\left(\frac{t-b}{a}\right)\mathrm{d}t \tag{5.97}$$

式中:$\Psi^*(t)$ 表示 $\Psi(t)$ 的共轭函数。当 a、b、t 连续变化时,式(5.97)就称为连续小波变换。

Sandoz[32]将小波引入白光干涉信号处理中,他们选取与干涉信号包络一致的

高斯包络母小波,即

$$\Psi(x) = \exp\left[-\left(\frac{x}{L_w}\right)^2\right]\exp\left[\mathrm{i}(2k_0 x)\right] \tag{5.98}$$

式中:L_w 为小波宽度;k_0 为光源中心波长的波数。

将式(5.98)代入式(5.96)中,并由式(5.97)给出的小波变换定义可知,白光干涉信号的小波变换为

$$WT(a,b) = \int_{-\infty}^{+\infty} I(x)\sqrt{a}\,\Psi_{a,b}^*(x)\mathrm{d}x \tag{5.99}$$

式中:$I(x)$ 为待处理的白光干涉信号;复数 $WT(a,b)$ 的幅角和模分别用 $\phi_{a,b}$ 和 $I_{a,b}$ 来表示。

在应用小波分析白光干涉信号的过程中,由于采样信号的离散性,小波也应定义为离散形式 Ψ_i。这种调整并未影响小波的频域特性,Ψ_i 可以表示为

$$\Psi_i = \exp\left[-\left(i\frac{\Delta x}{L_w}\right)^2\right]\exp\left[\mathrm{i}(2k_0 i\Delta x)\right] \tag{5.100}$$

式中:Δx 为采集数据的采样步长;i 在 $-N$ 到 $+N$ 之间取整数,N 值必须适应小波长度和采样距离,以确保连续小波采样的正确性。

i 与 L_w 的值关系到算法的运算量,应根据实际信号进行优化选择。由于式(5.100)中的母小波中心频率 k_0 已经与白光干涉信号的载波频率一致,所以尺度参数 a 恒为1。仅通过变化 b 使子小波在目标函数上不断滑动,从而提取出各个位置的小波系数。当小波函数与所分析干涉信号的重叠度最高时,小波系数得到最大值。

对于沿着干涉信号扫描的任何位置 x_j,可以给出小波系数为

$$WT_j = \sum_{i=-N}^{N} \Psi_i I(x_j + i\Delta x) \tag{5.101}$$

小波变换处理时,采样间距取 $\lambda_0/6$,相应的相移为 $2\pi/3$,N 值选取为7。L_w 选择为 $0.5\lambda_0$。需要说明的是,小波包络并不是白光干涉信号的实际包络,而是如式(5.102)所示的函数形式 $B_{wt}(x)$(见图5.25):

$$B_{wt}(x) = \exp\left[-\left(\frac{x-x_0}{L_w}\right)^2\right]B(x-x_0) \tag{5.102}$$

式中:x_0 为白光干涉信号中心条纹的位置;$B(x-x_0)$ 为白光干涉信号的实际包络。

如图5.25所示,利用小波变换,通过确定小波包络峰值可以定位白光干涉信号的相干峰位置。

1997年之后,用于白光干涉信号的小波变换处理方法的研究逐渐增多,如采用 Morlet 小波[33~35,41]、Daubechies 小波[36]、Gabor 小波[37],以及其他类型小波[40]等。在众多小波处理方法中,由于在形式上与白光干涉信号极为类似,Morlet 小

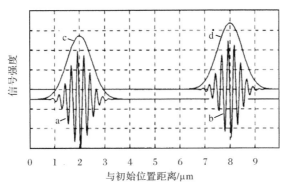

图 5.25　白光干涉信号及其小波包络提取示意图

a. 原始白光干涉信号；b. 峰值产生移动的白光干涉信号；c. 小波变换后的信号包络；
d. 小波变换后的信号包络

波成为多数研究者的选择。Morlet 小波是一个有高斯包络的复调制信号，简化后的形式为

$$\Psi_m(t) = \exp\left(-\frac{t^2}{2}\right)\exp(iw_0 t) \tag{5.103}$$

式中：w_0 为 Morlet 母小波的中心频率。

Morlet 小波变换算法的计算量虽然较大，但与傅里叶变换滤波和希尔伯特变换方法相比，Morlet 小波变换提取包络对信号中的噪声起了一定的平滑作用，因此在较强的噪声下，Morlet 小波法的包络提取精度优于希尔伯特变换和傅里叶变换。发展基于小波变换的白光干涉信号处理算法的目的，除了前述的白光干涉信号的包络提取外，还可以利用小波分析方法来重构信号[42]，抑制各种测量干扰和噪声，提高白光干涉信号质量。

6. 基于采样定理包络函数算法(SEST 算法)

所谓的白光干涉 SEST 算法(square-envelop function estimation by sampling theory)是基于采样定理的包络函数评估算法的简称。一般白光干涉信号处理算法采用离散信号处理技术，为了得到较高的测量精度，需要窄的采样间隔，这就增加了采样数据量以及计算成本。为了解决这个问题，日本山口大学 Hirabayashi 等提出了 SEST 算法[43]，该算法采样间隔是传统算法的 6～14 倍，大大减小了计算量，提高了测量速度。在该算法的基础上，史铁林等[44]又提出了应用循环缓冲器来定位相干区间，进一步减少了存储的采样值及计算量，提高了数据处理速度。

首先来介绍 SEST 算法的原理和数学模型。假定光源的中心波长为 λ_c，带宽为 $2\lambda_b$，并且波数的最小值和最大值分别为 $k_1 = 2\pi/(\lambda_c + \lambda_b)$，$k_u = 2\pi/(\lambda_c - \lambda_b)$，探测器得到的白光干涉图的光强值由式(5.104)表示。

$$I(x) = \int_{k_l}^{k_u} G(k) \cos[2k(x-x_0)]dk + C \qquad (5.104)$$

式中：k 是波数（$k = 2\pi/\lambda$）；x_0 是中心条纹峰值位置；$G(k)$ 是入射光在探测器上关于波数 k 的能量分布，它定义为

$$G(k) = \begin{cases} G_0 \exp\left(-\dfrac{L_c^2 k^2}{2\xi^2}\right), & k_l < k < k_u \\ 0, & k > k_u, k < k_l \end{cases} \qquad (5.105)$$

令 $f(x) = I(x) - C$，即

$$f(x) = \int_{k_l}^{k_u} G(k) \cos[2k(x-x_0)]dk \qquad (5.106)$$

为定义包络函数，引入函数：

$$f_s(x) = \int_{k_l}^{k_u} G(k) \sin[2k(x-x_0)]dk \qquad (5.107)$$

则包络函数 $B(x)$ 定义为

$$B(x) = [(f(x))^2 + (f_s(x))^2]^{1/2} \qquad (5.108)$$

从实际应用的角度出发，使用包络函数的平方更方便，称为平方包络函数：

$$r(x) = (f(x))^2 + (f_s(x))^2 \qquad (5.109)$$

平方包络函数采样定理直接从干涉图 $f(x)$ 采样值来重建平方包络函数 $r(x)$，而不是获取 $r(x)$ 的采样值。

平方包络函数 $r(x)$ 的重建方法为：设 Δ 为采样间隔，$\{x_n\}_{n=-\infty}^{+\infty}$ 是采样点，则有：

（1）当 x 是采样点 x_j，

$$r(x_j) = (f(x_j))^2 + \frac{4}{\pi^2}\left(\sum_{n=-\infty}^{+\infty} \frac{f(x_{j+2n+1})}{2n+1}\right)^2 \qquad (5.110)$$

（2）当 x 不是采样点，

$$r(x) = \frac{2\Delta^2}{\pi^2}\left[\left(1-\cos\frac{\pi x}{\Delta}\right)\left(\sum_{n=-\infty}^{+\infty}\frac{f(x_{2n})}{x-x_{2n}}\right)^2 + \left(1+\cos\frac{\pi x}{\Delta}\right)\left(\sum_{n=-\infty}^{+\infty}\frac{f(x_{2n+1})}{x-x_{2n+1}}\right)^2\right] \qquad (5.111)$$

而采样间隔 Δ 需要满足的条件为：对任意固定的整数 $I(0 \leqslant (\lambda_c - \lambda_b)/(2\lambda_b))$，都有

$$\begin{cases} 0 \leqslant \Delta \leqslant \dfrac{\lambda_c - \lambda_b}{4}, & I = 0 \\ \dfrac{\lambda_c + \lambda_b}{4}I < \Delta \leqslant \dfrac{\lambda_c - \lambda_b}{4}(I+1), & I \neq 0 \end{cases} \qquad (5.112)$$

即满足式（5.112）的任意实数 Δ 都可作为采样间隔。

假定干涉图 $I(x)$ 有无限个采样值 $\{I(x_n)\}_{n=-\infty}^{+\infty}$，实际应用中只有有限个采样

点的值可用。因此,SEST 算法首先将无限序列截为从 $n=0$ 到 $N-1$,然后 $f(x_n)$ 近似为

$$f_n = I(x_n) - \hat{C} \tag{5.113}$$

式中:$\hat{C}$ 是 C 的估计。

例如,$\{I(x_n)\}_{n=0}^{N-1}$ 的平均值可以作为 $\hat{C}$:

$$\hat{C} = \frac{1}{N} \sum_{n=0}^{N-1} I(x_n) \tag{5.114}$$

然后,平方包络函数 $r(x)$ 由下面的函数 $r_n(x)$ 近似:

(1) 当 x 是采样点 $x_j (j=0,1,\cdots,N-1)$ 时,

$$r_n(x_j) = (f(x_j))^2 + \frac{4}{\pi^2} \left[\sum_{n=-(j+1)/2}^{(N-j-2)/2} \frac{f_{j+2n+1}}{2n+1} \right]^2 \tag{5.115}$$

(2) 当 x 不是采样点时,

$$r_n(x) = \frac{2\Delta^2}{\pi^2} \left\{ \left(1 - \cos \frac{\pi x}{\Delta} \right) \left[\sum_{n=0}^{(N-1)/2} \frac{f_{2n}}{x - x_{2n}} \right]^2 + \left(1 + \cos \frac{\pi x}{\Delta} \right) \left(\sum_{n=0}^{N/2-1} \frac{f_{2n+1}}{x - x_{2n+1}} \right)^2 \right\} \tag{5.116}$$

最后找出 $r_n(x)$ 中的最大值,其对应的位置即为中心条纹峰值的位置 x_0。

SEST 算法的处理步骤如下:

步骤 1,利用白光干涉仪获取采样点的值 $\{I(x_n)\}_{n=0}^{N-1}$,其中 Δ 为满足关系式(5.112)的采样间隔。

步骤 2,对在探测器上获取的采集值 $\{I(x_n)\}_{n=0}^{N-1}$ 重复下面的步骤:

(1) 利用方程(5.114)计算 $\hat{C}$。

(2) 利用式(5.113)计算 $\{f_n\}_{n=0}^{N-1}$。

(3) 寻找式(5.115)、式(5.116)中 $r_n(x)$ 的最大值,并用这个值对应的位置作为 x_0 的估计。

Hirabayashi 等[43] 首先提出的 SEST 算法,当采用中心波长 600nm、带宽 60nm 的光学滤波器时,其算法采样间隔选为 1.425μm,而当时美国 Veeco 公司和 ZYGO 公司的采样间隔分别为 0.24μm 和 0.10μm,即 SEST 算法比传统的处理方法要快 6~14 倍;SEST 算法只需要算术运算,除一个余弦函数外,没有其他的先验计算;Hirabayashi 等[43] 将 SEST 算法安装在扫描速度为 80μm/s 的商用垂直扫描形貌测量系统中,在超过 100μm 的测量范围内,获得了 10nm 的高度分辨率。

5.3.3　空间频率法

美国 ZYGO 公司的 De Groot[46~49] 最早提出空间频域(frequency domain analysis,FDA)算法,主要针对三维形貌测量应用,如图 5.26 所示。该算法的核

心思想是:将白光干涉仪输出的时(空)域条纹变换到光频率域,通过分析干涉条纹相位与光源频率之间的关系,获得精确地干涉仪零光程差所对应的位置。FDA算法的优点是算法精度高、计算效率也较高,即保持了相移干涉方法(phase shifting interferometry)的准确度、精密度和灵活性,又大大扩展了测量的工作范围;它能够充分利用所采集干涉信号的数据;不易受噪声和色散的影响,对形貌表面噪声和特性变化,如尖峰和间隙、颜色和亮度等变化不敏感;对光源强度和平均波长变化的适应性强。

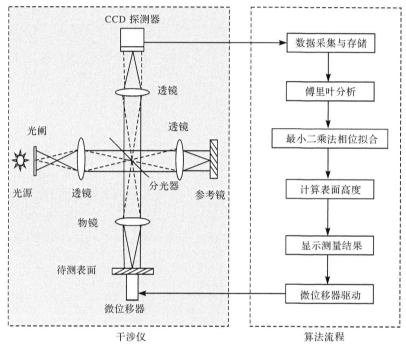

图 5.26　FDA算法流程图

白光干涉信号被认为是若干单一波长的干涉条纹非相干叠加而成,干涉条纹极大值出现在各干涉条纹中的位相值均相同时,如图 5.27 所示。对于某单一波长(对应波数 k)其干涉条纹可以表示为

$$\begin{cases} I(k)=I_0(1+\cos\phi(k)) \\ \phi(k)=Lk+\varphi \end{cases} \tag{5.117}$$

式中: I_0 为波数 k_0 时的光源强度; $\phi(k)$ 为干涉相位; L 为待测干涉仪臂长差; φ 为初相位,它与干涉仪结构、材料表面反射相移、色散等因素有关。

当采用白光光源时,对应波数 k 将在某一个范围内变换,由式(5.117)可知,干涉相位 ϕ 将随着波数 k 呈线性变化, L 可被视为 ϕ-k 直线的斜率,而初相位 φ 为 ϕ-k 直线的截距,即有

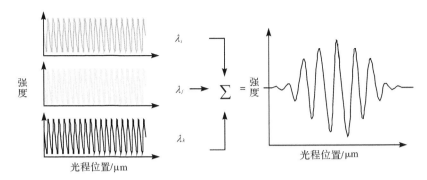

图 5.27 多波长干涉叠加构成白光干涉图样的示意图

$$L = \frac{\mathrm{d}\phi}{\mathrm{d}k} \tag{5.118}$$

由白光干涉原理可知,白光干涉信号的傅里叶变换的幅频特性对应光源的光谱分布 $G(k)$,而相频特性对应干涉仪的位相 ϕ 与波数 k 分布,即有

$$G(k) = |\mathscr{F}\{I(x)\}| \tag{5.119}$$

$$\phi(k) = \arg(\mathscr{F}\{I(x)\}) \tag{5.120}$$

式中:$|\mathscr{F}\{I(x)\}|$ 表示对复函数 $\mathscr{F}\{I(x)\}$ 取模;$\arg(\mathscr{F}\{I(x)\})$ 表示复函数 $\mathscr{F}\{I(x)\}$ 的辐角。

如图 5.28 所示,给出式(5.119)和式(5.120)所表达的上述变换关系,由式(5.120)获得的 ϕ-k 函数,可以求得其斜率和截距为

$$\sigma = \frac{\mathrm{d}\phi(k)}{\mathrm{d}k} \tag{5.121}$$

$$S = \phi(0) \tag{5.122}$$

在时域和频域中,白光干涉信号的位相的关系分别如图 5.29(a)和(b)所示。由图 5.29(b)可知,相位曲线 $\varphi(k)$ 可以表示为

$$\phi(k) = k\sigma + A + k_0 \xi_{\mathrm{start}} \tag{5.123}$$

$$\phi(k_0) = \theta \tag{5.124}$$

$$\theta = k_0 h + \gamma = k_0 h + k_0 \tau + A \tag{5.125}$$

式中:σ 为斜率;k_0 为中心波长对应的波数;ξ_{start} 为信号初始与信号采集的位置差;h 为干涉仪待测臂长差;γ 为相位偏置,它与反射相移有关;τ 为色散引起的光程差。

由图 5.29(a)可知,θ 为相速度位相差,Θ 为群速度位相差,A 为二者之间的差距,即

$$A = \theta - \Theta \tag{5.126}$$

由式(5.123)~式(5.125),可知群速度位相差 Θ 可表示为

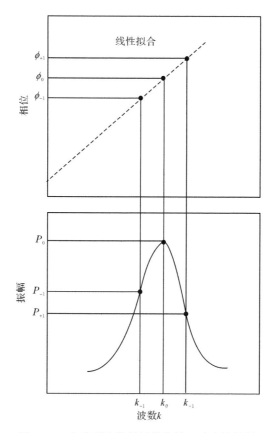

图 5.28　白光干涉信号图样的傅里叶变换结果

$$\Theta = k_0\sigma + k_0\xi_{\text{start}} \tag{5.127}$$

由式(5.125)~式(5.127)可知,Θ 与 h 的关系为

$$\Theta = k_0 h + k_0 \tau \tag{5.128}$$

对于待测干涉仪臂长差 h 的测量方法主要可以采取两种方式:一种方式是通过相速度位相差 θ 来求解,由式(5.125)可知

$$h = \frac{\theta - \gamma}{k_0} \tag{5.129}$$

另一种方式是通过群速度位相差 Θ 来求解,由式(5.128)可知

$$h = \frac{\Theta}{k_0} - \tau \tag{5.130}$$

FDA 算法实现的具体过程如图 5.26 所示,首先,利用快速傅里叶变换(fast Fourier transform,FFT)将白光干涉时域条纹信号变换到光频(波数 k)域;其次,通过寻找快速傅里叶变换幅频特性曲线的极值所对应的相频特性,获得不同波数频率对应的相位值,即波数 k 与相位 $\phi(k)$ 的关系;再次,基于最小二乘法对 $\phi - k$

直线进行拟合,获得斜率 $L=\mathrm{d}\phi/\mathrm{d}k$;最后,通过求得的条纹级次和固定相位偏置修正干涉相位,获得精确的干涉仪臂长差。

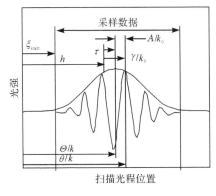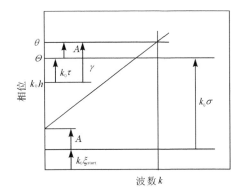

(a) 时域中白光干涉图样图　　　　　　(b) 频域中干涉图样的相频特性

图 5.29　白光干涉信号的时频域位相关系图

FDA 算法还有一个优点是允许欠采样,采样率低于干涉条纹的奈奎斯特频率(每个干涉条纹至少两个点),采样间隔不需要特定数值。一方面需要采集频率要大于干涉条纹包络函数的采集频率,另一方面避免信号频率带宽的混叠,这样 FDA 算法依旧可以实现,能够具有 10nm 以上的测量精度。

5.3.4　相移干涉法

白光相移干涉法源于单色光相移干涉技术[57,58],基本思想是利用特定的相移方法等间隔地调制干涉相位,并对干涉光强变化进行探测,利用干涉信号的强度信息和相位信息之间的关系,来确定白光干涉信号峰值。利用此方法不但可以计算出干涉信号的各点相位,还可以计算出该点干涉信号的包络幅值和背景光强 A。相移干涉法的优点是测量速度快、分辨率高,降低了可见度变化对测量的影响,对背景光强也不敏感。

传统的移相算法可以有多种,如三步法[59]、四步法、Carre 法[57]、七步法等[59]。澳大利亚悉尼大学的 Larkin[56]首次将移相算法应用到白光干涉的信号处理中,如果白光干涉信号可以表示为

$$\begin{cases} I(x)=A+B(x)\cos\phi(x) \\ B(x)=\gamma\exp\left[-\left(\dfrac{2x}{L_c}\right)^2\right] \end{cases} \tag{5.131}$$

式中:A 为背景光强;$B(x)$ 为干涉信号包络幅值。

根据 Hariharan 相移法[58],假定相移步长 θ 为常数,并且在五个步长内,干涉包络幅值为常数,则相移后的各点光强值可以表示为

$$\begin{cases} I_1 = A + B\cos(\phi - 2\theta) \\ I_2 = A + B\cos(\phi - \theta) \\ I_3 = A + B\cos\phi \\ I_4 = A + B\cos(\phi + \theta) \\ I_5 = A + B\cos(\phi + 2\theta) \end{cases} \tag{5.132}$$

式中:ϕ 为待测相位值;θ 为固定相移值。

由式(5.132)可以利用各点光强的计算得到位相值 ϕ 和包络幅值 B:

$$\phi = \arctan\left\{ \frac{\left[4\,(I_2 - I_4)^2 - (I_1 - I_5)^2\right]^{1/2}}{2I_3 - I_1 - I_5} \right\} \tag{5.133}$$

$$B^2 = \frac{(I_2 - I_4)^2 \left\{ \left[4\,(I_2 - I_4)^2 - (I_1 - I_5)^2\right] + (-I_1 + 2I_3 - I_5)^2 \right\}}{4\,\sin^2\theta\left[4\,(I_2 - I_4)^2 - (I_1 - I_5)^2\right]} \tag{5.134}$$

五步法要求相移步长 θ 不能等于 π 的整数倍,它不要求 θ 为特定值,但是必须要求其恒定。为了避免 $\sin\phi = 0$ 时出现"0"除以"0"的情况,可以通过式(5.135)和式(5.136)确定包络幅值 B:

$$(I_2 - I_4)^2 - (I_1 - I_3)(I_3 - I_5) = 4B^2\,\sin^4\theta \tag{5.135}$$

$$B^2 \propto (I_2 - I_4)^2 - (I_1 - I_3)(I_3 - I_5) \tag{5.136}$$

由式(5.136)可知,相移干涉法应用于白光干涉是通过确定包络函数 $B(x)$ 代替干涉信号的光强来确定零光程差点;式(5.136)实际上是以载波频率为中心的带通滤波器,对通带以外的噪声成分起到抑制作用,因此以干涉信号包络幅值进行求解要优于直接以光强计算确定零光程差点,Larkin[56]对算法作了仿真计算,算法的精度约为移相步长的 1/20。

Larkin[56]提出的五步法要假定包络函数在五个采样点内是一个常数,这种假设对于对比度下降较快的宽光谱光源的干涉信号误差较大。Sandoz[53]将五步移相法改变为七步移相法。该方法是建立在白光干涉信号局部线性假设的基础上,将七个测量方程进行线性组合,合并为单色光相移干涉术中的四帧法进行计算,近似误差相对五步移相法要小。由七步法可知,利用各点光强的计算得到位相值 ϕ:

$$\phi = \arctan\left(\frac{3I_{-1} + I_3 - I_{-3} - 3I_1}{4I_0 - 2I_{-2} - 2I_2}\right) \tag{5.137}$$

$$C_0 = 8AVG(x) = \frac{3I_{-1} + I_3 - I_{-3} - 3I_1}{\sin\phi(x)} \tag{5.138}$$

$$C_1 = 8AVG(x) = \frac{4I_0 - 2I_{-2} - 2I_2}{\cos\phi(x)} \tag{5.139}$$

$$f(x) = \frac{C_0 - C_1}{C_0} \tag{5.140}$$

$$h(x) = f(x) - \frac{f(0)}{4\pi\bar{\sigma}}\phi(x) \tag{5.141}$$

其中

$$\bar{\sigma}=\frac{\Delta\phi}{4\pi\Delta x}$$

Sandoz 等[54]在五步移相算法的基础上提出了计算条纹级次的方法。以七步法计算出相位 φ 后,由式(5.138)和式(5.139)计算出相差 $\pi/2$ 的两点的干涉条纹的对比项 C_0 和 C_1,并由此计算出干涉条纹的相关项的变化 $f(x)$。每个条纹周期的级数由式(5.141)定义的函数 $h(x)$ 来确定。$h(x)$ 对噪声不是很敏感,且有两方面的性质:在一个条纹周期以内近似为常数;对相邻的两个周期,$h(x)$ 有明显的不连续性,所以 $h(x)$ 可以选择为确定条纹级次的函数。在确定零级干涉条纹后,再通过其他方法进一步确定零光程差点。

与一般时(空)域计算方法,如重心法、函数拟合法相比,相移干涉法的算法精度较高,并且它还不涉及时(空)域到频(谱)域的变换,相比于频域(谱)算法提高了测量效率。

5.3.5　时(空)域信号处理方法小结

本节介绍和讨论了多种白光干涉信号处理算法,评价算法的优劣主要依据其计算精度和计算速度。从测量精度角度看,在扫描步长相同的情况下,空间频域算法和 Morlet 小波变换提取包络算法的计算精度最高,希尔伯特变换、傅里叶变换等频域算法精度次之,移相法再次之,函数拟合法和重心法的计算精度最低。从计算量的角度看,重心法只涉及加乘操作计算量最小;空间频域算法需要作一次快速傅里叶变换,以及一次多个离散点的最小二乘斜率计算;以希尔伯特变换提取包络的算法需要作一次卷积计算,一次复数求模的计算和包络曲线拟合的计算;相移干涉法涉及运算迭代,函数拟合法涉及矩阵运算,相对计算量都较大;小波变换计算最复杂且计算量最大。

5.4　频(谱)域信号处理方法

传统白光干涉信号的获取通常采用时域和空域光程扫描和延迟的方式,光程延迟装置中需要附加一套机械运动装置。时(空)域扫描的优点是特别适合光程扫描范围大(例如:纳秒级光程延迟)的应用场合,其光程扫描结构多样、干涉信号探测方便;但受到机械装置的运动分辨率和振动噪声的限制,其缺点是光程扫描、测量速度慢、体积大、信号噪声相对较大。

采用白光干涉信号频(谱)域信号检测方案,即利用光学衍射元件对干涉仪输出的白光干涉信号进行谱域变换[60~63],利用波长可调谐光源[64~66]或者窄带光学滤波器进行光频扫描,同样可以实现白光干涉信号的探测和获取。频(谱)域检测方案的优点是干涉仪中没有机械扫描装置,波长扫描的速度快、精度高,系统稳定性和可靠性好。

为此,发展了多种频(谱)域信号处理方法,目标是更加有效地实现对频谱域白光干涉信号特征的提取与识别。例如:按照信号(等间隔)采样参量的不同可以分为频率(波数)域信号处理方法和光谱(波长)域信号处理方法;按照信号参数特征的不同可分为干涉包络、干涉相位等处理方法;按照待测物理量的不同可以分为(位移)几何量测量、形貌测量、色散测量等处理方法等。

本节重点介绍以二点法、五点法为代表的光频域移相多点法,基于傅里叶变换的主频法、相位法、相对测量法以及基于傅里叶逆变换的延时法等频域变换法。

5.4.1　白光干涉的频谱域探测

频域白光干涉仪可以采用双光束迈克耳孙干涉仪、马赫-曾德尔干涉仪等结构,典型结构如图 5.30 所示,它通常带有光谱探测装置。与时域光程扫描干涉仪相比,频域白光干涉仪的主要区别是:①省略了干涉仪中带有机械运动部件的光程延迟器;干涉仪工作时,参考臂和测量臂位置相对固定,不发生改变。②在干涉仪的信号探测端,增加了用于光谱分光的衍射光栅(DG),并采用光电二极管阵列(PDA)实现干涉光谱信号的探测。

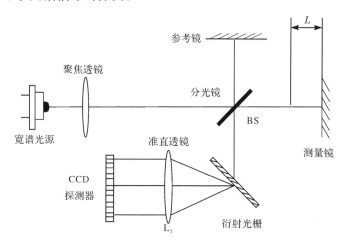

图 5.30　采用衍射光栅和光电二极管阵列探测通道光谱的白光干涉仪装置

如图 5.30 所示,基于衍射光栅和光电二极管阵列探测频域干涉仪的优点是无运动部件,检测精度高、测量速度快;其缺点是受 PDA 探测光谱范围和探测器阵列数量的限制,干涉仪工作谱段可选余地小,测量动态范围较小。如图 5.31 和图 5.32 所示,选用具有光频调谐能力的光源构造频域白光干涉仪可以克服上述缺点。此类结构的频域白光干涉仪无需替换常用的单点光电探测器,而仅需在宽谱光源之后增加光谱滤波器,或者直接替换为可调谐激光光源。

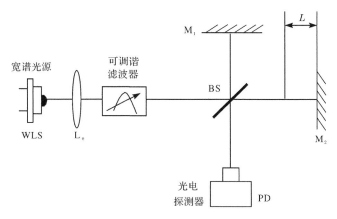

图 5.31　基于可调谐滤波器的频域白光干涉仪

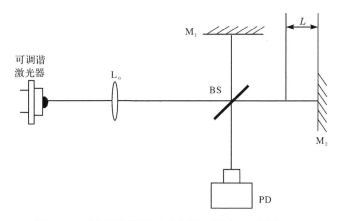

图 5.32　采用可调谐激光光源的频域白光干涉仪

以图 5.30 所示的频域白光干涉仪为例进行分析,假设干涉只发生在相同频率之间,不同频率不发生相互作用,类似 2.5.2 节描述的谱干涉定律式(2.82),对于光源某一光频 ν 分量,干涉仪输出的信号可以表示为

$$S(\nu)=A(\nu)+B(\nu)\cos\varphi(\nu) \tag{5.142}$$

式中:ν 为光频率;$\varphi(\nu)$ 为干涉相位;$A(\nu)$ 为信号直流分量;$B(\nu)$ 为干涉对比度。$A(\nu)$ 和 $B(\nu)$ 均与图 5.33(a)所示的光源光谱密度 $G(\nu)$ 有关,且相对光频 ν 变化较为缓慢。

干涉仪和光谱探测装置如图 5.30 所示,采用双光束迈克耳孙干涉仪时,干涉相位差 $\phi(\nu)$ 分别与干涉仪两臂光程差 L 和光源光频 ν 成正比:

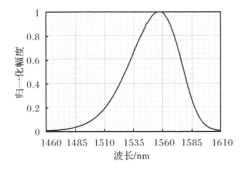

（a）白光光源功率谱

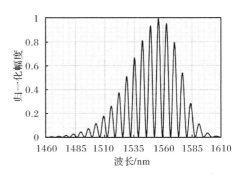

（b）探测器阵列获得的干涉通道谱

图 5.33　频域干涉获得的通道光谱

$$\phi(\nu) = \frac{2\pi}{c} 2L\nu \tag{5.143}$$

式中：c 为真空中的光速。

当光源采用宽谱的白光光源时，在光电探测阵列（PDA）上获得光谱域干涉信号如图 5.33（b）所示，被称为通道光谱，它由式（5.142）描述。

由式（5.143）可知，如果已知干涉仪的输出相位为 $\phi(\nu)$，则干涉仪两臂光程差 L 可以表示为

$$L = \frac{c}{4\pi} \frac{\mathrm{d}\phi}{\mathrm{d}\nu} \tag{5.144}$$

式中：$\mathrm{d}\phi/\mathrm{d}\nu$ 为相位 $\phi(\nu)$ 对光频 ν 求导数。

最小工作距离 $L_{\min}$ 由光源光谱总宽度决定 $\Delta\nu_s (\Delta\lambda_s)$，由式（5.144）可知，为了能够较为准确的求出斜率 $\mathrm{d}\phi/\mathrm{d}\nu$，要求光电二极管阵列（PDA）探测到的干涉条纹的最小周期数至少为 2。因此，可以通过跨越整个光谱条纹的总相位变化 ϕ_t 对最小工作距离 $L_{\min}$ 进行估计，最小工作距离 $L_{\min}$ 应该满足的条件为

$$\varphi_t = \frac{4\pi}{c} \Delta\nu_s L_{\min} = 4\pi \frac{\Delta\lambda_s}{\lambda_0^2} L_{\min} \geqslant 4\pi \tag{5.145}$$

式中：λ_0 为中心波长。

最小工作距离 $L_{\min}$ 具体为

$$L_{\min} \geqslant \frac{\lambda_0^2}{\Delta\lambda_s} \tag{5.146}$$

最大工作距离 $L_{\max}$ 由光谱探测元件的分辨率 $\Delta\nu_{sr} (\Delta\lambda_{sr})$ 决定，对于干涉信号的每周期采样至少要 3 个点，因为由式（5.142）所表示的干涉函数有三个未知数 $A(\nu)$、$B(\nu)$、$\phi(\nu)$。因此，最大工作距离 $L_{\max}$ 应该满足的条件为

$$\Delta\phi = \frac{4\pi}{c} \Delta\nu_{sr} L_{\max} = 4\pi \frac{\Delta\lambda_{sr}}{\lambda_0^2} L_{\max} \leqslant \frac{2\pi}{3} \tag{5.147}$$

式中：$\Delta \phi$ 为两光谱采样点之间的相位差。

因此，最大工作距离 L_{max} 具体为

$$L_{max} \leqslant \frac{\lambda_0^2}{6\Delta\lambda_{sr}} \tag{5.148}$$

如果光源选用中心波长为 1550nm，半谱宽度为 60nm（全谱宽度按 100nm 计），采用常用的 AQ6317C 型光纤光谱仪，其光谱分辨率为 10pm，则有

$$\begin{cases} L_{min} \geqslant 24\mu m \\ L_{max} \leqslant 4cm \end{cases} \tag{5.149}$$

5.4.2　多点法

与时空域白光干涉仪不同，频域白光干涉仪的干涉信号——通道光谱的获得无需改变绝对光程差 L，并且通道光谱的特征与光程差 L 一一对应，因此可以通过光电探测器或者 PDA 探测到的通道光谱，采用不同识别算法获得作为待测量的绝对光程差 L。

在白光干涉的通道光谱中，峰值波长的移动随光程差变化是非常敏感的，可以通过测量某一个峰的波长移动作为高灵敏度的传感器，尤其是应用在光程差很小、相邻峰间的波长间隔较大的测量中。根据式（5.142）描述的频域干涉现象，由通道光谱可以直接求解绝对光程差 L，较为常用的方法包括干涉级次两点法[67~69]、频域多点移相法[54,61,62,70]等。

1. 两点法

如图 5.33 所示的通道光谱中，通过测量通道谱任意两个干涉峰值所对应的光波长值，就可以计算得到干涉仪的绝对光程差[71,72]。简要分析如下，干涉通道谱峰值所对应的干涉相位为

$$\phi_1 = n\frac{4\pi}{\lambda_1}L \tag{5.150}$$

$$\phi_2 = n\frac{4\pi}{\lambda_2}L \tag{5.151}$$

式中：n 为介质的折射率；λ_1 和 λ_2 分别为通道光谱峰值对应的两波长。

将式（5.150）和式（5.151）对应的 ϕ_1 和 ϕ_2 相位作差，有[67,68]

$$\Delta\phi = \phi_1 - \phi_2 = \frac{4\pi(\lambda_2 - \lambda_1)}{\lambda_1\lambda_2}nL \tag{5.152}$$

式中：$\Delta\phi$ 为光波长从 λ_1 变化到 λ_2 时，干涉条纹的相位变化。

如果能够测量得到通道光谱中两相邻峰（相位相差 2π）λ_1 和 λ_2 的波长值，就可以直接获得干涉仪的绝对光程差 L，此方法被称为两点法。即式（5.152）中，对于相邻峰 λ_1 和 λ_2 的相位差 $\Delta\varphi = 2\pi$，则绝对距离 L 可以表示为

$$L = \frac{\lambda_1 \lambda_2}{2n(\lambda_1 - \lambda_2)} \tag{5.153}$$

两点法实际上是通过确定白光光谱中相位相差 2π 的两个波长来测量干涉仪的光程差,方法简单。但此方法的测量精度较低,会受到通道光谱峰值识别精度等因素的影响。由于通道光谱成正弦分布,峰值位置的光功率变化率为零,在确定峰值位置的波长时,存在很大的随机性,从而大大降低了波长测量的分辨率。很显然,对于光谱测量装置其分辨率假设为 1pm 并不意味着通道光谱峰值测量分辨率也是 1pm。由式(5.153)可知,对于峰值波长 λ_1、λ_2 存在误差时,测量误差可以表示为[69]

$$\begin{aligned}
\frac{\Delta L}{L} &= \sqrt{\left| \frac{\lambda_2 \Delta \lambda_1}{\lambda_1 (\lambda_1 - \lambda_2)} \right|^2 + \left| \frac{\lambda_1 \Delta \lambda_2}{\lambda_2 (\lambda_1 - \lambda_2)} \right|^2} \\
&\approx \sqrt{2} \left| \frac{\lambda_2}{\lambda_1 - \lambda_2} \right| \left| \frac{\Delta \lambda_1}{\lambda_1} \right| \approx \sqrt{2} \left| \frac{\lambda_1}{\lambda_1 - \lambda_2} \right| \left| \frac{\Delta \lambda_2}{\lambda_2} \right|
\end{aligned} \tag{5.154}$$

式中:$\Delta \lambda_1$ 和 $\Delta \lambda_2$ 分别为峰值波长 λ_1 和 λ_2 存在的识别误差。

当 λ_1 与 λ_2 数值相差较小、较为接近时,式(5.154)变为

$$\frac{\Delta L}{L} \approx \sqrt{2} \left| \frac{\Delta \lambda_1}{\lambda_1 - \lambda_2} \right| \approx \sqrt{2} \left| \frac{\Delta \lambda_2}{\lambda_1 - \lambda_2} \right| \tag{5.155}$$

可见,两点法测量精度将随相邻峰值波长值 $\lambda_1 - \lambda_2$ 的增大而提高,即它更适用于对绝对光程差 L 较小的测量场合。例如,对于中心波长为 1550nm 的宽谱光源驱动的干涉仪,其光谱峰值波长测量分辨率为 10pm 时,由式(5.153)和式(5.155)可知,对于 $L \leqslant 100\mu m$,测量相对不确定度 $\Delta L/L$ 大约为 0.1%,即 ΔL 大约为 100nm;当 $L \geqslant 1000\mu m$,其相对不确定度将上升到 1% 以上,即 ΔL 将大于 $10\mu m$。

2. 五点法

瑞士纳沙泰尔大学的 Schnell 等[61,62]在相移干涉法的基础上,提出了一种光频域多点法。

由光栅等色散元件的工作原理可知,若已知两个采样点的光频间隔,则探测器上的两点间的相移为

$$\Delta \phi_s = \phi_n - \phi_{n-1} = \frac{4\pi}{c} \Delta_\nu L \tag{5.156}$$

在通道光谱中,分别等间隔的选取满足式(5.152)的 5 个采样点,设中心采样点为 S_n,由于 $A(\nu)$、$B(\nu)$ 变化较为缓慢,则有

$$\begin{cases} S_{n-2} = A(\nu) + B(\nu)\cos(\phi_n - 2\Delta\phi_s) \\ S_{n-1} = A(\nu) + B(\nu)\cos(\phi_n - \Delta\phi_s) \\ S_n = A(\nu) + B(\nu)\cos\phi_n \\ S_{n+1} = A(\nu) + B(\nu)\cos(\phi_n + \Delta\phi_s) \\ S_{n+2} = A(\nu) + B(\nu)\cos(\phi_n + 2\Delta\phi_s) \end{cases} \qquad (5.157)$$

式中：ϕ_n 为待测相位值；$\Delta\phi_s$ 为固定相移值；B 为通道光谱的幅值包络。

类似相移干涉法，由式(5.157)可以利用通道光谱的各点光强计算得到待测相位值 ϕ_n：

$$\begin{cases} D_n = S_{n-1} - S_{n+1} = 2B(\nu)\sin\Delta\phi_s\sin\phi_n \\ E_n = S_n - \dfrac{S_{n+2} + S_{n-2}}{2} = 2B(\nu)\sin^2\Delta\phi_s\cos\phi_n \\ \phi_n = \arctan\left(\dfrac{D_n}{E_n}\sin\Delta\phi_s\right) \end{cases} \qquad (5.158)$$

式(5.158)成立的条件是，式(5.142)中 $A(\nu)$ 和 $B(\nu)$ 是常数。而事实上 $A(\nu)$ 和 $B(\nu)$ 都是随 ν 缓慢变化的，但五个光强采样点 S_n 之间的差异是很小的，因此式(5.158)仍然是成立的。由式(5.142)和式(5.157)可得，测量误差 $\delta\phi_n$ 为

$$\delta\phi_n = -\frac{A_{n+1}(\nu) - A_{n-1}(\nu)}{2B_n(\nu)}\cos\phi_n \qquad (5.159)$$

对于包络幅值强度 $(A_{n+1} - A_{n-1})/B_n$ 平均变化 10%，则产生的相位误差 $\delta\phi_n$ 最大为 3%。

为了使相位评价更为简单，并减少对硬件的要求，对通道光谱的干涉图样进行同步采样，每个条纹周期选取四个采样点，调整两个像素之间对应的频率间隔 $\Delta\nu$，使 $\Delta\phi_s = \pi/2$，则式(5.158)变为

$$\phi_n = \arctan\left(\frac{2S_{n-1} - 2S_{n+1}}{2S_n - S_{n+2} - S_{n-2}}\right) \qquad (5.160)$$

由式(5.160)可知，利用通道光谱的等间隔采样值，可以计算得到经过解卷积的相位值 ϕ_n。

绝对光程差 L 与待测相位 $\phi_n(\nu)$ 的斜率成正比，即可由式(5.144)给出。

为了提高测量精度，可以采用最小二乘法，通过对待测相位 $\phi_n(\nu)$ 的线性拟合，获得最佳的斜率值 $\mathrm{d}\phi_n/\mathrm{d}\nu$，进而精确计算得到绝对光程差 L。

Schnell 等的实验装置如图 5.30 所示，当干涉仪光程差 L 取大约 $125\,\mu\mathrm{m}$ 时，实验获得的干涉通道谱如图 5.34 所示；由式(5.158)可知，利用图 5.34 的通道谱数据，可以计算得到待测相位 ϕ_n，它也被同时描绘在图中；再根据式(5.143)，利用最小二乘法对 ϕ_n 进行线性拟合，计算得到的绝对光程差 L 的误差可控制在纳米量级。

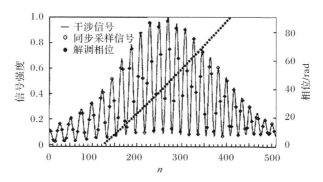

图 5.34　频域干涉仪获得的通道谱及其相位解调结果

进一步,法国圣艾蒂安大学的 Reolon 等在 Sandoz 等[54] 七步移相干涉算法的基础上,提出了频域干涉仪形貌测量的七点测量法[70],在三维表面形貌测量时,可以获得纳米量级的测量分辨率。

5.4.3　傅里叶变换法

与白光干涉信号的时域处理方法类似,傅里叶变换在频域信号处理中也具有广泛的应用。维纳-辛钦定理(即光信号矢量的自相关函数和光源功率谱密度是一对傅里叶变换对)将光信号的频域特性和时域特性紧密的连接在一起。干涉信号的通道光谱的幅频和相频特性均包含待测量信息。对通道谱的傅里叶变换和傅里叶逆变换都具有各自的物理含义。本小节,我们介绍几种基于傅里叶变换的常用信号处理方法。

1. 傅里叶变换主频法

频域白光干涉的通道谱呈现周期性,即光谱密度被余弦函数调制,其干涉光谱的平均条纹间隔由干涉仪的臂长差(或者腔长)决定。因此,对通道光谱进行傅里叶变换后,其幅频特性中主频与干涉光谱的平均条纹间隔相对应,从而测得干涉仪的光程差[73~75]。

将频域白光干涉仪输出的通道光谱 $S(\nu)$ 视为随光频 ν 周期性变化的余弦曲线,则式(5.142)可变换为

$$\begin{cases} S(\nu)=A(\nu)+B(\nu)\cos\left(\dfrac{4\pi L}{c}\nu+\phi_0\right) \\ A(\nu)=|E_1(\nu)|^2+|E_2(\nu)|^2 \\ B(\nu)=2|E_1(\nu)E_2^*(\nu)| \end{cases} \tag{5.161}$$

令频率 $f_0=2L/c$,则式(5.161)变为

$$S(\nu)=A(\nu)+B(\nu)\cos(2\pi f_0\nu+\phi_0) \tag{5.162}$$

对式(5.162)进行傅里叶变换,可得

$$\mathscr{F}\{S(\nu)\}=\mathscr{F}\{A(\nu)\}+\mathscr{F}\{B(\nu)\}*\mathscr{F}\{\cos(2\pi f_0\nu+\phi_0)\} \quad (5.163)$$

式中:$\mathscr{F}\{\cdot\}$代表对函数的傅里叶变换;$*$代表卷积运算。它们的定义分别同式(5.83)和式(5.84)。

根据傅里叶变换的性质,由式(5.163)可得

$$\mathscr{F}\{S(\nu)\}=\sqrt{2\pi}A\delta(f)+\frac{\sqrt{2\pi}}{2}\big[G(f-f_0)+G(f+f_0)\big] \quad (5.164)$$

由式(5.164)可知,$\mathscr{F}\{\cdot\}$的幅频曲线有三个峰值,其峰值位置对应于零频率和$\pm f_0$频率处。根据幅频曲线中的频率f_0的定义,可以求得绝对光程差L为

$$L=\frac{c}{2}f_0 \quad (5.165)$$

式中:c为真空中的光速。

当多个具有不同长度光程差L_i的干涉仪级联时,通道光谱是相互叠加的,但由式(5.165)可知,其幅频曲线上光程差对应的特征频率f_i是相互分立的,即可通过获取互不干扰的不同特征频率f_i实现对不同光程差L_i的测量,如图5.35所示。因此,傅里叶变换法的优点是非常适合于多路复用,即[73]

$$L_i=\frac{c}{2}f_i=\frac{c}{2}\frac{f_{i,\mathrm{FFT}}}{(\nu_1-\nu_2)}=\frac{\lambda_1\lambda_2}{2(\lambda_2-\lambda_1)}f_{i,\mathrm{FFT}} \quad (5.166)$$

式中:$f_{i,\mathrm{FFT}}$表示不同光程差对应的傅里叶变换的频率;λ_1和λ_2分别代表起始和终止波长。

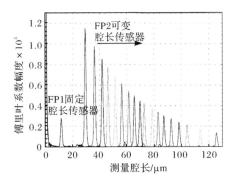

(a) 复用 F-P 干涉仪的快速傅里叶变换结果

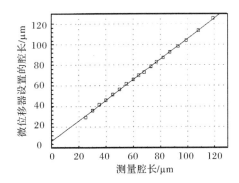

(b) FP2 腔的加载位移与测量腔长的对比

图 5.35　复用 F-P 干涉仪的绝对腔长解调结果

FP1 腔固定;FP2 腔长可变

真空光速$c(3\times10^8\,\mathrm{m/s})$存在于式(5.165)的分子中,使频率谱上 1Hz 的分辨率对应了空间几十微米的距离,可知测量分辨率较低。测量误差ΔL由式(5.167)给出:

$$\Delta L = \sqrt{\left(\frac{\partial L}{\partial \lambda_1}\Delta \lambda_1\right)^2 + \left(\frac{\partial L}{\partial \lambda_2}\Delta \lambda_2\right)^2 + \left(\frac{\partial L}{\partial f}\Delta f\right)^2}$$

$$= \frac{1}{2(\lambda_2 - \lambda_1)}\sqrt{\frac{(\lambda_1^4 + \lambda_2^4)\Delta\lambda^2}{4(\lambda_2 - \lambda_1)^2}f_{\mathrm{FFT}}^2 + \lambda_1^2\lambda_2^2\Delta f_{\mathrm{FFT}}^2} \qquad (5.167)$$

式中：$\Delta\lambda$ 为波长分辨率；Δf_{FFT} 为快速傅里叶变换的频率精度，它与快速傅里叶变换参与的点数 $2N$ 有关。

例如：空间距离 $2300\mu\mathrm{m}$ 所采集的光谱在傅里叶变换后的主频为 $77\mathrm{Hz}$，空频域上 $1\mathrm{Hz}$ 对应空间域上约 $30\mu\mathrm{m}$。

2. 傅里叶逆变换延时法

对通道光谱除了进行傅里叶变换处理外，其傅里叶逆变换的幅频特性也同样可以与干涉仪的光程差具有对应关系[76,77]。频域白光干涉仪获得的通道光谱，如图 5.36(a) 所示，根据式(5.142)可以重新描述为

$$S(\nu) = I_{\mathrm{WLS}}(\nu)[1 + V\cos(2\pi\tau_0\nu)], \quad \tau_0 = \frac{2L}{c} \qquad (5.168)$$

式中：$I_{\mathrm{WLS}}(\nu)$ 为宽谱光源的功率谱；V 为谱域条纹相干度；ν 为光频；L 为干涉仪绝对光程差；c 为真空中光速。

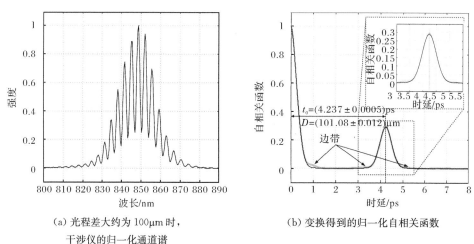

(a) 光程差大约为 $100\mu\mathrm{m}$ 时，
干涉仪的归一化通道谱

(b) 变换得到的归一化自相关函数

图 5.36　利用通道光谱傅里叶逆变换实现干涉仪光程差的测量

由维纳-辛钦定理可知，宽平稳随机过程的功率谱密度是其自相关函数的傅里叶变换。对于光学干涉效应，宽谱光源的光谱密度与自相关函数是一对傅里叶变换对，有

$$R(\tau) = \langle E(t+\tau)E^*(t)\rangle = \int_{-\infty}^{\infty} G(\nu)\exp(-\mathrm{i}2\pi\nu\tau)\mathrm{d}\nu \qquad (5.169)$$

式中:$R(\tau)$为自相干函数;$G(\nu)$为宽谱光源的功率谱。

对式(5.168)进行傅里叶逆变换,根据式(5.169)的变换关系,可得

$$R_{cs}(\tau)=R_{WLS}(\tau)-\frac{V}{2}\left[R_{WLS}(\tau-\tau_0)+R_{WLS}(\tau+\tau_0)\right] \tag{5.170}$$

式中:$R_{cs}(\tau)$和$R_{WLS}(\tau)$为通道光谱和宽谱光源功率谱的自相关函数。

通过与式(5.164)的对比可知,式(5.170)中通道光谱的自相关函数$R_{cs}(\tau)$同样具有三个峰值$R_{WLS}(\tau)$、$VR_{WLS}(\tau-\tau_0)/2$、$VR_{WLS}(\tau+\tau_0)/2$,其峰值位置分别对应于零、$\pm\tau_0$处,如图5.36(b)所示。根据τ_0的定义,可以直接求得绝对光程差L:

$$L=\frac{1}{2}c\tau_0 \tag{5.171}$$

就算法本质而言,基于傅里叶正逆变换的主频法和延时法在算法适用条件、测试分辨率和精度方面无区别,其误差也可以类似按照式(5.167)给出。

3. 基于傅里叶变换的相位法

多点法是通过精确测量通道光谱峰值波长来获得绝对光程差,而傅里叶变换和逆变换都是通过确定幅频特性的峰值位置来实现绝对光程差的解调。但受限于测量装置的波长测量分辨率和测量条件,前述的频域解调算法的精度一般都较低。为了提高信号处理方法的测量分辨率和精度,可以利用以往忽略的相位信息,即如果能够精确地确定处于λ_1与λ_2之间的相位变化,就可以高精度实现干涉仪的绝对光程差的测量。

为了达到上述目的,需要提取通道光谱信号中所携带的相位信息,即高精度地获得通道光谱信号中的波长与相位的对应关系,利用傅里叶变换是一种非常可行的方法。基于傅里叶变换相位法的工作原理是[60,78~81]:对干涉仪输出的干涉光谱数据采集后,进行傅里叶变换并滤波;提取干涉信号的主频后,再进行傅里叶逆变换;进一步利用数据运算来提取相位信息,求解相位包裹;最后利用获得的相位再计算得到干涉仪的绝对光程差。

北京理工大学江毅等[80,81]提出了一种基于傅里叶变换的白光干涉相位处理方法。上述信号处理方法的数学描述如下,白光干涉信号的光谱可以写为

$$\begin{aligned}S(\lambda)&=A(\lambda)+B(\lambda)\cos\left(\frac{4\pi}{\lambda}L+\phi_0\right)\\&=A(\lambda)+B(\lambda)\cos(2\pi f_0\lambda+\phi_0)\end{aligned} \tag{5.172}$$

式中:$A(\lambda)$为直流分量;$B(\lambda)$为条纹对比度;f_0为通道光谱的主频,可表示为

$$f_0=\frac{2L}{\lambda^2} \tag{5.173}$$

对式(5.172)做傅里叶变换后,其频谱可以表示为

$$S(f) = A(f) + B(f - f_0) + B^*(f + f_0) \tag{5.174}$$

对频谱中的主频滤波,相当于提取出式(5.174)中的 $B(f - f_0)$ 项,再对 $B(f - f_0)$ 做傅里叶逆变换,得到

$$H(\lambda) = -\frac{1}{2} B(\lambda) \exp(\mathrm{i} 2\pi f_0 \lambda) \tag{5.175}$$

对式(5.175)求对数,有

$$\ln(H(\lambda)) = \ln\left(-\frac{1}{2} B(\lambda)\right) + \mathrm{i}\phi(\lambda) \tag{5.176}$$

对式(5.176)取虚部,有

$$\phi(\lambda) = 2\pi f_0 \lambda = \frac{4\pi}{\lambda} L \tag{5.177}$$

对于干涉仪的绝对腔长 L,当波长从 λ_1 扫描到 λ_2 时,相应的相位变化为 $\Delta\phi$,则腔长 L 可以通过式(5.178)计算得到

$$L = \frac{\lambda_1 \lambda_2}{4\pi(\lambda_1 - \lambda_2)} \Delta\phi \tag{5.178}$$

与两点法给出的式(5.153)相比,虽然基于傅里叶变换的相位法给出的式(5.178)在形式上类似,但实质上已经有了本质的改变,主要原因是由于能够精确的获得 $\lambda_1 \sim \lambda_2$ 之间波长扫描产生的相对相移 $\Delta\phi$,绝对腔长 L 的计算精度大大提高。为了提高测量精度,可以对相位与波长函数 $\phi(\lambda)$ 进行重采样,获得相位与光频的函数 $\phi(\nu)$;并采用最小二乘法,通过对待测相位 $\phi_n(\nu)$ 的线性拟合,获得最佳的斜率值 $\mathrm{d}\phi_n/\mathrm{d}\nu$,并利用式(5.144),进行精确计算得到绝对光程差 L。

江毅[80]采用可调 F-P 滤波器获得白光干涉频域干涉信号,对非本征光纤 F-P 腔长进行了测量,其测试结果如图 5.37 所示。从图 5.37 中可以看出,与傅里叶变换主频法相比,傅里叶变换相位法具有更高的测量精度,连续 100min 的 F-P 腔长测量精度优于 $0.6\mu m$。

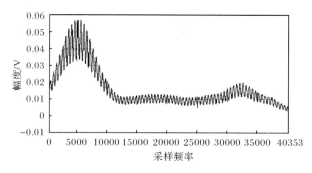

(a) 采用宽谱光源和可调谐滤波器时,测量获得的白光干涉信号光谱

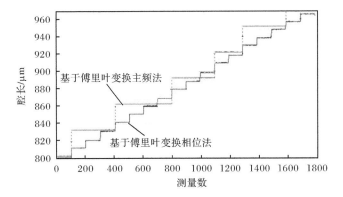

(b) 分别采用基于傅里叶变换的主频法和相位法处理得到的腔长结果

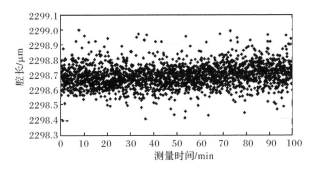

(c) 在连续 100min 时 F-P 腔长的测量结果

图 5.37　傅里叶变换相位法对 F-P 绝对腔长的测量结果

除测量精度高外,傅里叶相位法的另一个优点[82,83]是可以对多路复用的传感器进行解调。只要各个传感器间光程差的间距足够大(如大于 300μm),每个光谱在傅里叶变换后的频谱就可以分得足够开,将它们分别滤出,再计算出每个干涉仪由于输入光源的波长从初始波长 λ_1 和终止波长 λ_2 扫描所产生的相位变化,就可以分别求出每个干涉仪的绝对光程差。

4. 基于傅里叶变换的相对测量法

江毅等[84,85]在傅里叶相位法的基础上,发展了白光干涉信号的傅里叶变换相对测量法。它利用傅里叶相位测量法还可以直接获得腔长变化前后两个不同时刻的相位差,进而得到腔长的变化量:

$$\begin{cases} S_1(\lambda) = A_1(\lambda) + B_1(\lambda)\cos(2\pi f_1\lambda + \phi_0 + \Delta\phi(\lambda)) \\ S_2(\lambda) = A_2(\lambda) + B_2(\lambda)\cos(2\pi f_2\lambda + \phi_0 + \Delta\phi(\lambda)) \end{cases} \tag{5.179}$$

式中:$A_1(\lambda)$ 和 $A_2(\lambda)$ 分别为光源谱密度引起的背景光强;$B_1(\lambda)$ 和 $B_2(\lambda)$ 分别为不

同腔长的条纹对比度;ϕ_0 为初始相移;$\Delta\phi(\lambda)$ 为环境影响和波长调谐引起的不确定度。通道光谱包含的两个载波频率 f_1 和 f_2 分别可以表示为

$$f_1 = \frac{2L_1}{\lambda^2}, \quad f_2 = \frac{2L_2}{\lambda^2} \tag{5.180}$$

式中:L_1 和 L_2 分别为两不同时刻的绝对光程。

与式(5.174)~式(5.176)的数学变换类似,分别对采集到的光谱数组序列式(5.179)做快速傅里叶变换,并滤波,提取主频再逆快速傅里叶变换后,然后共轭相乘,再做对数运算,取其虚部做相位解包裹运算,最终得到两绝对光程差之差对应的相位信号,有

$$\begin{aligned} H_3(\lambda) &= \ln(H_1(\lambda)H_2^*(\lambda)) \\ &= \frac{1}{4}(B_1(\lambda)B_2(\lambda)) + \mathrm{i}\frac{4\pi}{\lambda}(L_1 - L_2) \\ &= \alpha(\lambda) + \mathrm{i}\beta(\lambda) \end{aligned} \tag{5.181}$$

其中

$$\begin{cases} H_1(\lambda) = \frac{1}{2}B_1(\lambda)\exp[\mathrm{i}(2\pi f_1\lambda + \phi_0 + \Delta\phi(\lambda))] \\ H_2(\lambda) = \frac{1}{2}B_2(\lambda)\exp[\mathrm{i}(2\pi f_2\lambda + \phi_0 + \Delta\phi(\lambda))] \end{cases} \tag{5.182}$$

$$\begin{cases} S_1(f) = A_1(f) + B_1(f - f_0) + B_1^*(f + f_0) \\ S_2(f) = A_2(f) + B_2(f - f_0) + B_2^*(f + f_0) \end{cases} \tag{5.183}$$

两绝对光程的差值 $L_1 - L_2$ 可以由式(5.181)的虚部给出:

$$L_1 - L_2 = \frac{\beta\lambda}{4\pi}\lambda \tag{5.184}$$

基于傅里叶变换的相对测量法通过测量不同腔长的相位差实现腔长变换的测量。它相当于为腔长变换的测量提供了一个参考点,即在传感器的起始位置采集一次白光光谱作为参考;在实际测量时所采集的光谱与初始光谱进行相位比较,获得两路信号间的相位差,从而得到以初始作为参考的被测量的变化[84];或者直接以一个传感器作为参考传感器,以感受外界对传感器的影响,如温度和测量系统的随机波动等,而另外一个传感器作为测量传感器,计算两个传感器间的相位差的变化,就可以对被测量进行精确感知的同时,消除和抑制其他外界扰动对测量的影响[85]。

5.4.4　频(谱)域信号处理方法小结

本节主要介绍和讨论了多种白光干涉信号的频(谱)域信号处理算法,与评价时(空)域信号处理算法的优劣类似,其主要还是依据计算精度和计算速度。从测量精度角度看,基于光谱相位信息获取的傅里叶相位法和相位相对测量法的精度

最高,基于相移干涉的多点法次之,而基于光谱幅频信息获取的傅里叶变换主频法、傅里叶逆变换延时法以及干涉级次两点法最差。从计算量的角度看,两点法的操作计算量最小;傅里叶变换主频法和傅里叶逆变换延时法仅涉及一次傅里叶变换,相移干涉法涉及运算迭代和线性拟合,计算量次之;傅里叶相位法和相位相对测量法既包含傅里叶变换和傅里叶逆变换各一次,还包含取对数、滤波以及线性拟合操作等运算,算法最复杂,计算量最大。

参 考 文 献

[1] Wang D, Ning Y N, Grattan K T, et al. The optimized wavelength combinations of two broadband sources for white light interferometry. Journal of Lightwave Technology, 1994, 12(5):909—916.

[2] Chen S, Grattan K, Meggitt B, et al. Instantaneous fringe-order identification using dual broadband sources with widely spaced wavelengths. Electronics Letters, 1993, 29 (4): 334—335.

[3] Rao Y J, Ning Y N, Jackson D A. Synthesized source for white-light sensing systems. Optics Letters, 1993, 18(6):462—464.

[4] Wang D, Ning Y, Grattan K, et al. Three-wavelength combination source for white-light interferometry. Photonics Technology Letters, IEEE, 1993, 5(11):1350—1352.

[5] Wang D, Ning Y, Grattan K, et al. Optimized multiwavelength combination sources for interferometric use. Applied Optics, 1994, 33(31):7326—7333.

[6] Wang D, Grattan K, Palmer A. Dispersion effect analysis with multiwavelength combination sources in optical sensor applications. Optics Communications, 1996, 127(1):19—24.

[7] Marshall R, Ning Y, Palmer A, et al. Implementation of a dual wavelength bulk optical electronically-scanned white-light interferometric system. Optics Communications, 1998, 145(1-6):43—47.

[8] Yuan L. White-light interferometric fiber-optic strain sensor from three-peak-wavelength broadband LED source. Applied Optics, 1997, 36(25):6246—6250.

[9] 靳伟,廖延彪,张志鹏. 导波光学传感器:原理与技术. 北京:科学出版社,1998.

[10] Song G, Wang X, Qian F, et al. The determination of the zero-order interferometric region and its central fringe in white-light interferometry. Optik-international Journal for Light and Electron Optics, 2001, 112(1):26—30.

[11] Wang D, Shu C. Discrete fringe pattern to reduce the resolution limit for white light interferometry. Optics Communications, 1999, 162(4):187—190.

[12] Jorge P, Ferreira L, Santos J. Digital signal processing technique for white light based sensing systems. Review of Scientific Instruments, 1998, 69(7):2595—2602.

[13] Wang Q, Ning Y, Palmer A, et al. Central fringe identification in a white light interferome-

ter using a multi-stage-squaring signal processing scheme. Optics Communications, 1995, 117(3):241—244.

[14] Romare D, Sabry-Rizk M, Grattan K. Evaluation of different adaptive filtering techniques applied to white-light interferometric sensor systems. Sensors and Actuators A: Physical, 1997,63(3):197—203.

[15] Wang D, Grattan K, Palmer A. Resolution improvement using a dual wavelength white light interferometer. Sensors and Actuators A: Physical, 1999, 75(2):199—203.

[16] Wang D. Multi-wavelength combination source with fringe pattern transform technique to reduce the equivalent coherence length in white light interferometry. Sensors and Actuators A: Physical, 2000, 84(1):7—10.

[17] Dändliker R, Zimmermann E, Frosio G. Electronically scanned white-light interferometry: A novel noise-resistant signal processing. Optics Letters, 1992, 17(9):679—681.

[18] Dändliker R, Zimmermann E, Frosio G. Noise-resistant signal processing for electronically scanned white-light interferometry//The 8th Optical Fiber Sensors Conference. New York, USA, 1992:53—56.

[19] Chen S, Palmer A, Grattan K, et al. Digital signal-processing techniques for electronically scanned optical-fiber white-light interferometry. Applied Optics, 1992, 31(28):6003—6010.

[20] Ai C, Novak E L. Centroid approach for estimating modulation peak in broad-bandwidth interferometry: USA, US5633715. 1997.

[21] 孙宇扬, 段发阶, 杨蓓, 等. 光纤准白光干涉信号数字化处理方法. 光电工程, 2003, 30(5): 18—20.

[22] Caber P J. Interferometric profiler for rough surfaces. Applied Optics, 1993, 32(19):3438—3441.

[23] Wang Q, Ning Y, Grattan K, et al. A curve fitting signal processing scheme for a white-light interferometric system with a synthetic source. Optics & Laser Technology, 1997, 29(7): 371—376.

[24] Wang Q, Ning Y, Grattan K, et al. Signal processing scheme for central position identification in a white-light interferometric system with a dual wavelength source. Optics & Laser Technology, 1997, 29(7):377—382.

[25] Park M C, Kim S W. Direct quadratic polynomial fitting for fringe peak detection of white light scanning interferograms. Optical Engineering, 2000, 39(4):952—959.

[26] Kino G S, Chim S S. Mirau correlation microscope. Applied Optics, 1990, 29(26):3775—3783.

[27] Ma J, Bock W J. White-light fringe restoration and high-precision central fringe tracking using frequency filters and Fourier-transform pair. Instrumentation and Measurement, IEEE Transactions on, 2005, 54(5):2007—2012.

[28] Chim S S, Kino G S. Three-dimensional image realization in interference microscopy. Applied Optics, 1992, 31(14):2550—2553.

[29] Debnath S K, Kothiyal M P. Analysis of spectrally resolved white light interferometry by

Hilbert transform method // Interferometry XIII : Techniques and Analysis. San Diego, USA,2006:62920P.

[30] 张红霞,张以谟,井文才,等. 偏振耦合测试仪中白光干涉包络的提取. 光电子·激光, 2007,18(4):450—453.

[31] Pavliček P, Michálek V. White-light interferometry—Envelope detection by Hilbert transform and influence of noise. Optics and Lasers in Engineering,2012,50(8):1063—1068.

[32] Sandoz P. Wavelet transform as a processing tool in white-light interferometry. Optics Letters,1997,22(14):1065—1067.

[33] Recknagel R J, Notni G. Analysis of white light interferograms using wavelet methods. Optics Communications,1998,148(1-3):122—128.

[34] Saraç Z, Dursun A, Yerdelen S, et al. Wavelet phase evaluation of white light interferograms. Measurement Science and Technology,2005,16(9):1878.

[35] Li B S, Liu Y, Zhai Y F, et al. Wavelet method for processing white light interferogram from optical fiber interferometer. Optoelectronics Letters,2006,2(1):75—77.

[36] 井文才,李强,任莉,等. 小波变换在白光干涉数据处理中的应用. 光电子·激光,2005, 16(2):195—198.

[37] Bethge J, Grebing C, Steinmeyer G. A fast Gabor wavelet transform for high-precision phase retrieval in spectral interferometry. Optics Express,2007,15(22):14313—14321.

[38] Li M, Quan C, Tay C. Continuous wavelet transform for micro-component profile measurement using vertical scanning interferometry. Optics & Laser Technology,2008,40(7): 920—929.

[39] Suzuki T, Matsui H, Choi S, et al. Low-coherence interferometry based on continuous wavelet transform. Optics Communications,2013,311:172—176.

[40] Yasuno Y, Nakama M, Sutoh Y, et al. Phase-resolved correlation and its application to analysis of low-coherence interferograms. Optics Letters,2001,26(2):90—92.

[41] Reolon D, Jacquot M, Verrier I, et al. High resolution group refractive index measurement by broadband supercontinuum interferometry and wavelet-transform analysis. Optics Express,2006,14(26):12744—12750.

[42] 郭振武,陈信伟,张红霞,等. 基于小波降噪的偏振耦合检测分析. 光学技术,2011,37(3): 264—268.

[43] Hirabayashi A, Ogawa H, Kitagawa K. Fast surface profiler by white-light interferometry by use of a new algorithm based on sampling theory. Applied Optics,2002,41(23):4876—4883.

[44] 冯奎景,廖广兰,史铁林,等. 基于采样定理的白光干涉 SEST 算法研究. 计算机工程与应用,2008,44(1):79—81.

[45] Danielson B L, Boisrobert C. Absolute optical ranging using low coherence interferometry. Applied Optics,1991,30(21):2975—2979.

[46] De Groot P, Deck L. Three-dimensional imaging by sub-Nyquist sampling of white-light interferograms. Optics Letters,1993,18(17):1462—1464.

[47] Deck L, De Groot P. High-speed noncontact profiler based on scanning white-light interferometry. Applied Optics, 1994, 33(31): 7334—7338.

[48] De Groot P. Method and apparatus for surface topography measurement by spatial-frequency analysis of interferograms: USA, US5398113. 1995.

[49] De Groot P, Colonna de Lega X, Kramer J, et al. Determination of fringe order in white-light interference microscopy. Applied Optics, 2002, 41(22): 4571—4578.

[50] 王军, 陈磊. 基于空间频域算法的白光干涉微位移测量法. 红外与激光工程, 2008, 37(5): 874—877.

[51] Ghim Y S, Davies A. Complete fringe order determination in scanning white-light interferometry using a Fourier-based technique. Applied Optics, 2012, 51(12): 1922—1928.

[52] Ai C, Caber P J. Combination of white-light scanning and phase-shifting interferometry for surface profile measurements: USA, US5471303. 1995.

[53] Sandoz P. An algorithm for profilometry by white-light phase-shifting interferometry. Journal of Modern Optics, 1996, 43(8): 1545—1554.

[54] Sandoz P, Devillers R, Plata A. Unambiguous profilometry by fringe-order identification in white-light phase-shifting interferometry. Journal of Modern Optics, 1997, 44(3): 519—534.

[55] Dong J T, Lu R S. A five-point stencil based algorithm used for phase shifting low-coherence interference microscopy. Optics and Lasers in Engineering, 2012, 50(3): 502—511.

[56] Larkin K G. Efficient nonlinear algorithm for envelope detection in white light interferometry. Journal of Optical Society of America A, 1996, 13(4): 832—843.

[57] Carré P. Installation et utilisation du comparateur photoélectrique et interférentiel du Bureau International des Poids et Mesures. Metrologia, 1966, 2(1): 13.

[58] Hariharan P, Oreb B, Eiju T. Digital phase-shifting interferometry: a simple error-compensating phase calculation algorithm. Applied Optics, 1987, 26(13): 2504—2506.

[59] Groot P J D. Vibration in phase-shifting interferometry. Journal of Optical Society of America A, 1995, 12(2): 354—365.

[60] Schwider J, Zhou L. Dispersive interferometric profilometer. Optics Letters, 1994, 19(13): 995—997.

[61] Schnell U, Zimmermann E, Dandliker R. Absolute distance measurement with synchronously sampled white-light channelled spectrum interferometry. Pure and Applied Optics: Journal of the European Optical Society Part A, 1995, 4(5): 643.

[62] Schnell U, Dändliker R, Gray S. Dispersive white-light interferometry for absolute distance measurement with dielectric multilayer systems on the target. Optics Letters, 1996, 21(7): 528—530.

[63] Fercher A F, Hitzenberger C K, Kamp G, et al. Measurement of intraocular distances by backscattering spectral interferometry. Optics Communications, 1995, 117(1): 43—48.

[64] Chinn S, Swanson E, Fujimoto J. Optical coherence tomography using a frequency-tunable

optical source. Optics Letters,1997,22(5):340—342.

[65] Choma M,Sarunic M,Yang C,et al. Sensitivity advantage of swept source and Fourier domain optical coherence tomography. Optics Express,2003,11(18):2183—2189.

[66] Wojtkowski M,Srinivasan V,Ko T,et al. Ultrahigh-resolution,high-speed,Fourier domain optical coherence tomography and methods for dispersion compensation. Optics Express, 2004,12(11):2404—2422.

[67] Liu T,Wu M,Rao Y,et al. A multiplexed optical fibre-based extrinsic Fabry-Perot sensor system for in-situ strain monitoring in composites. Smart Materials and Structures,1998, 7(4):550.

[68] 饶云江,黎宏,朱涛,等. 基于空芯光子晶体光纤的法-珀干涉式高温应变传感器. 中国激光,2009,(6):1484—1488.

[69] Qi B,Pickrell G R,Xu J,et al. Novel data processing techniques for dispersive white light interferometer. Optical Engineering,2003,42(11):3165—3171.

[70] Reolon D,Jacquot M,Verrier I,et al. Broadband supercontinuum interferometer for high-resolution profilometry. Optics Express,2006,14(1):128—137.

[71] Liu T,Brooks D,Martin A R,et al. Design,fabrication,and evaluation of an optical fiber sensor for tensile and compressive strain measurements via the use of white light interfer-ometry//Smart Structures and Materials 1996:Smart Sensing,Processing and Instrumenta-tion. San Diego,USA,1996:408—416.

[72] Claus R,Gunther M,Wang A,et al. Extrinsic Fabry-Perot sensor for structural evaluation. Applications of Fiber Optic Sensors in Engineering Mechanics. Reston,Virginia,1993: 60—71.

[73] Liu T,Fernando G. A frequency division multiplexed low-finesse fiber optic Fabry-Perot sensor system for strain and displacement measurements. Review of Scientific Instruments, 2000,71(3):1275—1278.

[74] 章鹏,朱永,唐晓初,等. 基于傅里叶变换的光纤法布里-珀罗传感器解调研究. 光学学报,2005,25(2):186—189.

[75] 唐庆涛,饶云江,朱涛,等. 光纤法-珀传感系统高分辨率复用信号解调方法. 中国激光,2007,34(10):1353—1357.

[76] Manojlović L M. A simple white-light fiber-optic interferometric sensing system for absolute position measurement. Optics and Lasers in Engineering,2010,48(4):486—490.

[77] Manojlović L,Živanov M,Slankamenac M,et al. A simple low-coherence interferometric sensor for absolute position measurement based on central fringe maximum identification. Physica Scripta,2012,2012(T149):014023.

[78] Endo T,Yasuno Y,Makita S,et al. Profilometry with line-field Fourier-domain interferome-try. Optics Express,2005,13(3):695—701.

[79] Joo K N,Kim S W. Absolute distance measurement by dispersive interferometry using a femtosecond pulse laser. Optics Express,2006,14(13):5954—5960.

[80] Jiang Y. Fourier transform white-light interferometry for the measurement of fiber-optic extrinsic Fabry-Perot interferometric sensors. IEEE Photonics Technology Letters,2008,20 (1-4):75—77.

[81] Jiang Y,Tang C J. Fourier transform white-light interferometry based spatial frequency-division multiplexing of extrinsic Fabry-Perot interferometric sensors. Review of Scientific Instruments,2008,79(10):106105.

[82] 江毅. 高级光纤传感技术. 北京:科学出版社,2009.

[83] 江毅. 光纤白光干涉测量术新进展. 中国激光,2010,37(6):1413—1420.

[84] Jiang Y. Fourier-transform phase comparator for the measurement of extrinsic fabry-perot interferometric sensors. Microwave and Optical Technology Letters, 2008, 50 (10): 2621—2625.

[85] Jiang Y,Tang C. A high-resolution technique for strain measurement using an extrinsic Fabry-Perot interferometer (EFPI) and a compensating EFPI. Measurement Science and Technology,2008,19(6):065304.

第6章 白光相干域测量技术

6.1 引 言

白光干涉测量原理与技术的一个重要应用即对光学波导与光纤器件的高精度测试与评估。20世纪80年代末,随着白光干涉原理与技术的发展,为了精确定位光纤和波导器件中故障位置,研究者在白光干涉仪的基础上,提出了一种被称为光学相干域反射计(optical coherence domain reflectometry,OCDR)或者光学低相干反射计(OLCR)的新测量技术[1]。OLCR技术之所以得到快速发展,除了具有微米量级的高空间分辨、瑞利散射级的高反射灵敏度以及非破坏性测量等优点外,还得益于它能够极大地弥补之前发展的光学时域反射技术(optical time domain reflectometry,OTDR)[2]和光学频域反射技术(optical frequency domain reflectometry,OFDR)[3]等在性能和测量应用领域方面的不足。OTDR通过对超短光脉冲回波延时的测量,可以实现对几百千米范围内光纤断点和接续点的精确定位与识别,空间分辨率为米的量级;OFDR利用零差干涉效应,通过对频率调谐(或波长扫描)光源的干涉条纹的傅里叶变换(时频变换),实现对光学器件内部信息的获取,其探测距离为几十米到几千米,空间分辨率为毫米;如果要获得更高——微米量级的空间分辨率,则要借助于OLCR技术。

OLCR是一种典型的分布式反射(散射)量的测量系统,它采用由宽谱光源驱动的迈克耳孙干涉仪或者马赫-曾德尔干涉仪,特别适合对光学器件与波导内部的微弱反射信息进行定量化测量,或者对其内部的缺陷进行精确的定位与探测。按照被测参量的不同,OLCR通常被分为振幅敏感型(amplitude-sensitive,AS)和相位敏感型(phase-sensitive,PS)(或复数型,complex)。早期对OLCR技术的研究主要以振幅敏感型为主,它主要用来获得反射率振幅强度随距离的分布,一般只需对OLCR输出白光干涉信号的包络峰值强度和所对应的光程位置进行探测和识别,主要用于对光纤器件、组件内部缺陷和光学连接关系进行定位与测量,系统构成和信号处理方法都相对简单。之后,对PS-OLCR的研究逐渐变得越来越广泛,它可以对器件的复折射分布、色散特性、光谱响应函数等参量进行高精度测量。它需要对白光干涉信号的相位信息进行准确的恢复和变换;为了更好地控制干涉仪两臂的光程差,通常需要在OLCR系统中额外增加一个参考干涉仪,以提高光程扫描的精度。因此,与AS-OLCR相比,PS-OLCR的装置更为复杂,控制和信号处理的难度更高。

光学相干域偏振测量技术（OCDP）是一种高精度分布式偏振耦合测量技术，它是在 OLCR 基础上，针对偏振器件测量的一种高精度测试技术和评价方法。它同样基于白光干涉原理，通过扫描式光学干涉仪进行光程补偿，实现不同偏振模式间的干涉，可对偏振耦合点的空间位置、偏振耦合信号强度、器件消光比进行高精度的测量与分析，广泛用于保偏光纤制造、保偏光纤精确对轴、器件消光比测试等领域。由于它最为直接和真实地描述了信号光在光纤光路中的传输行为，特别适合对光纤器件、组件，以及光纤陀螺等高精度、超高精度光纤传感光路的测试和评估。

在对光纤器件和组件测量时，与 OTDR 和 OFDR 相比，OLCR 的基本方法和测试过程都类似，目标是获得沿器件空间分布的参量信息，如得到一个与距离有关的光反射率函数，只不过注入待测光纤或器件中的探测信号的形式不同，如 OTDR 一般采用单频脉冲激光的形式、OFDR 一般采用线性调频（波长扫描）激光的形式，而 OLCR 利用的仅仅是宽谱的连续波。来自于被测器件中，经历了不同时延的反射信号主要来自于不同位置的反射点。对这些信号进行处理，就可以确定每个反射的大小和等效时延。如果已知测试介质中光的传播速度，等效时延就可以转换为实际的物理距离。目前发展的几种常用的分布式光学（光纤）测量技术的性能如表 6.1 所示。

表 6.1　分布式光学测量技术的对比

性能	AS-OLCR	PS-OLCR	OCDP	OFDR	OTDR
空间分辨率	<2 μm	<2 μm	~5cm	~1mm	~0.5m
测量长度	<5m	<5m	<5km	~2km	~100km
测量参量	反射率	复折射率、色散、光谱响应函数	偏振串扰、偏振色散	断点与接续点、色散	断点与接续点
灵敏度/dB	-162	-162	-95	-130	-50
动态范围/dB	>120	>120	~95	~70	~50
测量时间/s	~100	~100	~100	~3	~100
光源需求	宽谱光源	宽谱光源	宽谱光源	窄带可调谐激光	高功率脉冲激光
探测方法	相干探测	相干探测	相干探测	相干探测	直接探测

本章将围绕白光相干域测量，特别是 OLCR 和 OCDP 的基本概念、原理与方法、关键技术及其典型应用展开，主要内容包括：

6.2 节主要介绍白光相干域测量的基本概念和测试原理，内容包括：振幅敏感型和相位敏感型白光相干域测量原理、空间分辨率的概念、色散对测量的影响、测量灵敏度以及测量关键性能之间的影响等。在撰写时，主要参考加州大学旧金山分校的 Hee[4] 在《光学相干层析手册》中撰写"光学相干层析：理论"中部分内容以及国内外相关研究文献。

6.3 节重点围绕 OLCR 测量技术与典型应用展开，内容包括：OLCR 的测试系统结构，如时频域扫描和透反射测量等各种典型光路；提升 OLCR 的空间分辨率、反射灵敏度、测量长度等关键技术；OLCR 技术在各种有源、无源器件的典型测试应用，包括：各种光纤与新型波导，光纤光栅、阵列波导光栅、环形谐振腔等器件和组件，以及半导体激光器、发光二极管、固态激光器等有源器件的性能测试和特性分析。在撰写时，参考了美国 HP 公司 Sorin[5] 在《光纤测量与测试》中撰写"元件特性测量的光学反射计"中部分内容以及国内外相关研究文献。

6.4 节和 6.5 节重点研究 OCDP 测量技术与偏振器件测试应用，OCDP 测量技术主要包括：偏振串扰产生及其分布式偏振串扰测量原理，光程延迟线优化、色散抑制、RIN 抑制等关键技术，以及高灵敏度、大动态范围 OCDP 测量系统的构建等内容；基于 OCDP 系统的高精度光纤器件测试方法主要集中在多功能集成波导调制器的多光学参量测量。

6.2　白光相干域测量基本原理

基于白光干涉原理的白光相干域测量技术，可以对光学（光纤）器件的多种参数和性能进行高精度的测试，包括反射率分布、光谱响应函数与损耗谱、相位与色散特性，等等。本小节围绕白光相干域测量技术的基本原理和概念，对振幅敏感型和相位敏感型相干域测量原理，相干域测量的空间分辨率，色散对相干域测量的影响，探测信号频率与带宽、测量本征噪声源、测量灵敏度分析以及测量关键性能之间相关性等内容进行了详细的讨论与分析。

6.2.1　白光相干域测量原理

首先来讨论白光相干域测量技术的振幅敏感型和相位敏感型测量原理。

1. 振幅敏感型测量原理

白光相干域测量系统结构如图 6.1 所示，它一般分为如图 6.1(a) 和 (b) 所示的反射式迈克耳孙干涉测量仪和透射式马赫-曾德尔干涉测量仪两种。如图 6.1 所示，从宽谱光源发出的低相干光耦合进入迈克耳孙干涉仪（或马赫-曾德尔干涉仪），在耦合器处被分为两束，分别为参考光和测量光。从扫描参考反射镜返回的参考光和从被测器件（DUT）内部反射（散射）的测量光再次汇合到耦合器上；二者的相干信号被光电探测器所接收，经过信号处理电路和计算机数据采集系统后，可以获得待测器件的性能信息。

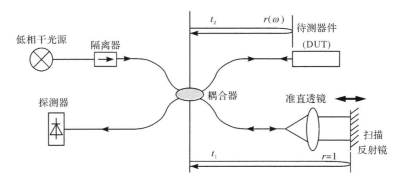

（a）基于迈克耳孙干涉仪的反射式白光相干域测量系统

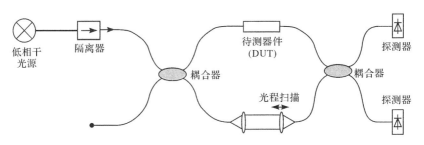

（b）基于马赫-曾德尔干涉仪的透射式白光相干域测量系统

图 6.1　白光相干域测量仪的基本结构

　　以反射式迈克耳孙干涉仪为例,简化的干涉仪结构如图 6.2 所示,其中被测器件由一个固定反射率 R_{dut} 的反射镜所代替。从参考反射镜(假设反射率为1)返回的光和从测量反射镜反射的光再次汇合到分束器上,并入射到探测器上。参考镜和测量镜光程分别为 l_r 和 l_s,那么从参考镜和测量镜反射的两个单色光电场,在探测器处叠加产生了干涉信号。参考光和测量光的电场可以描述为复数形式:

$$\begin{cases} E_{\text{ref}} = A_{\text{ref}} \exp[-\text{i}(\omega t + 2\beta_{\text{ref}} l_{\text{ref}})] \\ E_{\text{dut}} = A_{\text{dut}} \exp[-\text{i}(\omega t + 2\beta_{\text{dut}} l_{\text{dut}})] \end{cases} \tag{6.1}$$

式中:A_{ref}、A_{dut} 分别为参考和测量光矢量的振幅;β_{ref}、β_{dut} 分别为参考和测量光的传输常数;l_{ref}、l_{dut} 分别为测量和参考光的传输路径长度。

　　忽略分束器附加损耗,参考和测量光矢量的振幅之间关系为

$$A_{\text{dut}} = r_{\text{dut}}(2\beta_{\text{dut}} l_{\text{dut}}) A_{\text{ref}} \tag{6.2}$$

式中:$r_{\text{dut}}(2\beta_{\text{dut}} l_{\text{dut}})$ 表示在光程 $2\beta_{\text{dut}} l_{\text{dut}}$ 处的反射镜的反射率振幅,它与反射率强度之间的关系为 $|r_{\text{dut}}|^2 = R_{\text{dut}}$。

　　两束光在耦合器上发生干涉:

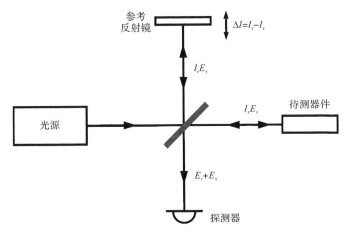

图 6.2　白光相干域测量干涉仪的基本结构

$$E = E_{ref} + E_{dut} \tag{6.3}$$

在不考虑相移的情况下,在探测器上产生平均光电流为

$$I = \left\langle \frac{\eta e}{h\nu} \frac{|E_{ref} + E_{dut}|^{2}}{2} \right\rangle \tag{6.4}$$

式中:η 为探测器量子效率;$h\nu$ 为光子能量。

单色光场下的光电流为

$$\begin{cases} I = \dfrac{\eta e}{h\nu} \left(\dfrac{|A_{ref}|^{2}}{2} + \dfrac{|A_{dut}|^{2}}{2} + |E_{ref}E_{dut}^{*}| \right) \\[3mm] |E_{ref}E_{dut}^{*}| = A_{ref}A_{dut}\cos(2\beta_{ref}l_{ref} - 2\beta_{dut}l_{dut}) \end{cases} \tag{6.5}$$

式(6.5)描述了干涉光电流随参考镜和测量镜位置变化而变化。在自由空间中,$\beta_{ref} = \beta_{dut} = nk = n2\pi/\lambda$,则

$$|E_{ref}E_{dut}^{*}| = A_{ref}A_{dut}\cos\left(n\frac{4\pi}{\lambda}\Delta l\right) \tag{6.6}$$

式中:$\Delta l = l_{ref} - l_{dut}$,为参考光与测量光之间的光程差。

式(6.5)中包含一个余弦变化的项,表现为参考光场和测量光场间的干涉。干涉以 $\lambda/2$ 为周期,并且与 Δl 有关。

因为所有的干涉信息都包含在互相关项 $E_{ref}E_{dut}^{*}$ 的实部中,所以接下来对低相干光源干涉仪的分析将仅涉及这一项。

光电探测器上接收到的干涉信号正比于每个单色平面波干涉强度的总和,其交流干涉项可以表示为

$$I \propto \left| \frac{1}{2\pi}\int_{-\infty}^{+\infty} E_{ref}(\omega)E_{dut}^{*}(\omega)\mathrm{d}\omega \right| = \left| \frac{1}{2\pi}\int_{-\infty}^{+\infty} r_{dut}(2\beta_{dut}l_{dut})S(\omega)\exp[-\mathrm{i}\Delta\varphi(\omega)]\mathrm{d}\omega \right| \tag{6.7}$$

其中

$$S(\omega) = A_{ref}(\omega) A_{ref}^*(\omega) \tag{6.8}$$

和

$$\Delta\varphi(\omega) = 2\beta_{ref}(\omega) l_{ref} - 2\beta_{dut}(\omega) l_{dut} \tag{6.9}$$

　　如果参考光束和测量光束的光谱与光源一致,即反射器和分束器都具有相同的光谱特性,那么 $S(\omega)$ 等于光源功率谱。$\Delta\varphi(\omega)$ 描述了每个频率成分的相位差,式(6.7)描述了光源功率谱与待测反射率的乘积和探测器光电流之间是傅里叶变换的关系。

　　假设干涉仪的测量臂和参考臂均为均匀介质,无非线性和色散效应时,假设光源谱线为 $S(\omega-\omega_0)$(ω_0 为光源中心角频率),并且每个臂的传播常数都一样,则在 ω_0 附近,传输常数 β 的一阶泰勒展开:

$$\beta = \beta(\omega_0) + (\omega-\omega_0)\frac{d\beta}{d\omega}\Big|_{\omega=\omega_0} \tag{6.10}$$

则由式(6.10)可知,$\Delta\varphi(\omega)$ 相位变为

$$\Delta\varphi(\omega) = \beta(\omega_0) 2\Delta l - (\omega-\omega_0)\frac{d\beta}{d\omega}\Big|_{\omega=\omega_0} \cdot 2\Delta l \tag{6.11}$$

　　因此,式(6.7)表述的功率谱密度可以变换为

$$I \propto \left| \frac{1}{2\pi}\exp(-i\omega_0\Delta\tau_p)\int_{-\infty}^{+\infty} r_{dut}(2\beta_{dut}l_{dut}) S(\omega-\omega_0)\exp[-i(\omega-\omega_0)\Delta\tau_g]d\omega \right| \tag{6.12}$$

其中

$$\Delta\tau_p = \frac{\beta(\omega_0)}{\omega_0} \cdot 2\Delta l = \frac{2\Delta l}{u_p} \tag{6.13}$$

$$\Delta\tau_g = \beta'(\omega_0) \cdot 2\Delta l = \frac{2\Delta l}{u_g} \tag{6.14}$$

$$u_p = \frac{\omega_0}{\beta(\omega_0)} \tag{6.15}$$

$$u_g = \frac{1}{\beta'(\omega_0)} \tag{6.16}$$

式中:$\Delta\tau_p$ 为相位延迟差;$\Delta\tau_g$ 为群延迟差;u_p、u_g 分别为中心频率相速度和群速度。

　　当光源功率谱为高斯功率谱时,

$$S(\omega-\omega_0) = \frac{\sqrt{2\pi}}{\sigma_\omega}\exp\left[-\frac{(\omega-\omega_0)^2}{2\sigma_\omega^2}\right] \tag{6.17}$$

式中:$2\sigma_\omega$ 为标准差功率谱带宽[$2\sigma_\omega$],其光谱密度的积分为1,即

$$\frac{1}{2\pi}\int_{-\infty}^{+\infty} S(\omega)d\omega = 1 \tag{6.18}$$

　　将这个功率谱代入式(6.7),并且假设反射率 r_{dut} 不随频率变化,则得到干涉

光电流：

$$I \propto \left| \frac{1}{2\pi} r_{\mathrm{dut}} (2\beta_{\mathrm{dut}} l_{\mathrm{dut}}) \exp\left(-\frac{\Delta\tau_{\mathrm{g}}^2}{2\sigma_\tau^2}\right) \exp(-\mathrm{i}\omega_0 \Delta\tau_{\mathrm{p}}) \right| = r_{\mathrm{dut}} \exp\left(-\frac{\Delta\tau_{\mathrm{g}}^2}{2\sigma_\tau^2}\right) \quad (6.19)$$

其中，光电流包含一个高斯包络，$2\sigma_\tau$ 为特征标准差时间宽度，并且与功率谱宽度 $2\sigma_\omega$ 呈反比：

$$2\sigma_\tau = \frac{2}{\sigma_\omega} \quad (6.20)$$

注意：$\sigma_\tau \sigma_v = 1$，即时间、频率的不确定性满足测不准原理。

式(6.19)的物理意义为：干涉条纹包络随着群延迟差 $\Delta\tau_{\mathrm{g}}$ 的增长而迅速衰减，并且对由相位延迟差 $\Delta\tau_{\mathrm{p}}$ 引起振荡的干涉条纹产生调制作用；只有当参考臂与测量臂的光程相匹配时(即 $2\beta_{\mathrm{ref}} l_{\mathrm{ref}} = 2\beta_{\mathrm{dut}} l_{\mathrm{dut}}$)，探测器才能得到白光干涉条纹的主极大峰值，其幅度刚好对应 $\sqrt{R_{\mathrm{dut}}(2\beta_{\mathrm{dut}} l_{\mathrm{dut}})}$，而参考扫描镜的位置刚好对应 $2\beta_{\mathrm{dut}} l_{\mathrm{dut}}$ 光程。

式(6.19)描述的器件中某一位置反射率的测量方法也被称为振幅敏感型测量，其特征是白光干涉条纹包络峰值幅度与待测反射率成正比，其包络峰值的扫描位置与反射率产生的本地位置相对应。式(6.19)表明：如果待测器件中不仅包含单一反射面，而是由一系列在空间上相互独立的反射面形成的反射率分布(见图6.3)，振幅敏感型测量方法依旧可以采用，其前提是相互独立反射面的空间间隔大于测试的空间分辨率，反射率强度的幅值高于检测灵敏度。

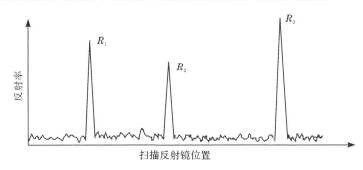

图 6.3　光器件分布式反射谱的示意图

振幅型测量方法可以广泛用于有源和无源器件的内部结构测试、瑞利散射测量以及与故障诊断与定位的测量等，还可以进一步扩展应用到光纤光栅的折射率分布测量、有源器件的有源区特性测量等领域，这些内容将在 6.3.3 节 OLCR 技术应用中有详细的讨论。

2. 相位敏感型测量原理

白光相干域测量技术不仅能够对待测器件的反射率和折射率等振幅信息进

行测量,还能够对其包含在相位信息中的色散等参量进行探测。当仅采集白光干涉图样而不丢失相位信息时,这种类型的低相干反射计称为"PS-OLCR"或者"复数 OLCR"。相对于 AS-OLCR 仅关心白光干涉条纹的包络而言,PS-OLCR 需要得到白光干涉条纹的全部细节和完整信息,除白光干涉条纹的包络外,载波的相位信息和相应的位置也同样需要采集。白光干涉条纹相位信息的引入使复数 OLCR 系统可以对更多的参数进行测量,如对光纤色散和双折射参数[6]、DFB 半导体激光器的复折射率变化[7]、布拉格光栅相位变化的幅值和位置实现定量化的测量[8,9]。

典型的 PS-OLCR 的结构如图 6.4 所示。相比 AS-OLCR,它的装置较为复杂,增加的窄带激光(DFB 激光器)光源主要用于光程扫描位置的精确测量。

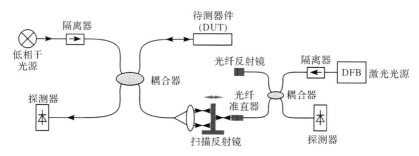

图 6.4　典型 PS-OLCR 的结构框图

其从宽谱光源发出信号光,其光场还可以表示为[10,11]

$$E(t) = \frac{1}{2\pi} \int_{-\infty}^{+\infty} \sqrt{S(\omega)} \exp[\mathrm{i}(\omega t + \varphi(\omega))] \mathrm{d}\omega \qquad (6.21)$$

式中:$S(\omega)$ 为功率谱密度;$\varphi(\omega)$ 为与频率相关的相位项,它一般可以表示为

$$\varphi(\omega) = \beta(\omega) l \qquad (6.22)$$

式中:$\beta(\omega)$ 为光传输常数,由 $\beta = n(\omega)k(\omega)$ 给出,$n(\omega)$ 和 $k(\omega)$ 分别为与频率相关的折射率和波数;l 为光传输路径。

假设不同频率之间的相位是不相关的,则有

$$\langle \exp[\mathrm{i}(\varphi(\omega) - \varphi(\omega'))] \rangle = \delta(\omega - \omega') \qquad (6.23)$$

式中:$\langle\rangle$ 表示时间平均;δ 表示狄拉克算符。

在 t_1 时刻,光束从参考臂中的反射镜上返回,它前后两次通过 3dB 耦合器,因此,从参考臂回来的反射光场 $E_{\mathrm{ref}}(t)$ 为

$$E_{\mathrm{ref}}(t) = \frac{1}{4\pi} \int_{-\infty}^{+\infty} \sqrt{S(\omega)} \exp\{\mathrm{i}[\omega(t - t_1) + 2\beta_{\mathrm{ref}}(\omega) l_{\mathrm{ref}}]\} \mathrm{d}\omega \qquad (6.24)$$

对于待测元件(DUT),可以用与频率相关反射率振幅 $r(\omega)$ 来描述,从测量臂中返回的光场,可以表示为

$$E_{\text{dut}}(t) = \frac{1}{4\pi} \int_{-\infty}^{+\infty} \sqrt{S(\omega)} \, T_{\text{dut}}(\omega) r_{\text{dut}}(\omega) \exp\{i[\omega(t-t_2) + 2\beta_{\text{dut}}(\omega) l_{\text{dut}}]\} d\omega \quad (6.25)$$

式中：$T_{\text{dut}}(\omega)$ 为待测元件的损耗谱（透射功率谱）。由于采用如图 6.1 所示的反射式迈克耳孙干涉仪结构，考虑信号光来回两次经过待测器件，因此 $E_{\text{dut}}(t)$ 与 $T_{\text{dut}}(\omega)$ 成正比。

光电探测器上得到的光强可以表示为

$$I(\tau) \propto \langle [E_{\text{ref}}(t) + E_{\text{dut}}(t)]^* [E_{\text{ref}}(t) + E_{\text{dut}}(t)] \rangle \quad (6.26)$$

式中：$E_{\text{ref}}(t)^* E_{\text{ref}}(t)$ 和 $E_{\text{dut}}(t)^* E_{\text{dut}}(t)$ 项与两干涉臂的时间差 $\tau = t_2 - t_1$ 无关，而残余的交叉项与 τ 有关，得到

$$I(\tau) \propto 2 \langle \text{Re} \{ E_{\text{ref}}(t)^* E_{\text{dut}}(t) \} \rangle \quad (6.27)$$

将式(6.24)和式(6.25)代入式(6.27)中，可得

$$I(\tau) \propto \text{Re} \left\{ \frac{1}{4\pi} \int_{-\infty}^{+\infty} S(\omega) T_{\text{dut}}(\omega) r_{\text{dut}}(\omega) \exp(i\Delta\varphi(\omega)) \exp(i\omega\tau) d\omega \right\} \quad (6.28)$$

其中位相差 $\Delta\varphi(\omega)$ 由式(6.29)给出。

$$\Delta\varphi(\omega) = 2(\beta_{\text{dut}} l_{\text{dut}} - \beta_{\text{ref}} l_{\text{ref}}) \quad (6.29)$$

当待测元件中有明显的色散发生时，特别是参考臂和测量臂中存在明显的群色散差异时，可以将传播常数 $\beta(\omega)$ 在 ω_0 附近作泰勒展开（反取到三阶项）有

$$\beta \approx \beta(\omega_0) + \beta'(\omega_0)(\omega - \omega_0) + \frac{1}{2}\beta''(\omega_0)(\omega - \omega_0)^2 + \frac{1}{6}\beta'''(\omega_0)(\omega - \omega_0)^3 \quad (6.30)$$

式中：$\beta(\omega_0)$ 为中心频率 ω_0 处介质的传输常数；$\beta'(\omega_0)$ 为介质群速度的倒数；$\beta''(\omega_0)$ 和 $\beta'''(\omega_0)$ 分别为介质的第一和第二阶色散系数。

假设参考臂中无色散发生，忽略二阶色散系数影响，则式(6.30)变为

$$\Delta\varphi(\omega) = \beta_{\text{dut}}(\omega_0) \cdot 2\Delta l + \beta'_{\text{dut}}(\omega_0)(\omega - \omega_0) \cdot 2\Delta l + \frac{1}{2}\Delta\beta''_{\text{dut}}(\omega_0)(\omega - \omega_0)^2 \cdot 2l_{\text{dut}}$$

$$(6.31)$$

将式(6.31)代入式(6.28)，并根据相时延差 $\Delta\tau_{\text{p}}$ 和群时延差 $\Delta\tau_{\text{g}}$ 的定义，可得白光干涉信号为

$$I(\tau) \propto \text{Re} \left\{ \frac{\exp(i\omega_0\Delta\tau_{\text{p}})}{4\pi} \int_{-\infty}^{+\infty} S(\omega) T_{\text{dut}}(\omega) r_{\text{dut}}(\omega) \exp(i\varphi_{\text{dut}}(\omega)) \exp(i\omega\tau) d\omega \right\}$$

$$(6.32)$$

其中相时延差 $\Delta\tau_{\text{p}}$ 和群时延差 $\Delta\tau_{\text{g}}$ 分别由式(6.13)和式(6.14)给出；待测器件的附加位相延迟 $\varphi_{\text{dut}}(\omega)$ 由式(6.33)给出：

$$\varphi_{\text{dut}}(\omega) = (\omega - \omega_0)\Delta\tau_{\text{g}} + \Delta\beta'_{\text{dut}}(\omega_0)(\omega - \omega_0)^2 l_{\text{dut}} \quad (6.33)$$

整理式(6.32)可得

$$I(\tau) \propto \text{Re} \left\{ \int_{-\infty}^{+\infty} S(\omega) T_{\text{dut}}(\omega) r_{\text{dut}}(\omega) \exp(i\varphi_{\text{dut}}(\omega)) \exp(i\omega\tau) d\omega \right\} \quad (6.34)$$

根据傅里叶变换与逆变换的定义,由式(6.34)可知:

$$I(\tau) \propto \mathrm{Re}\{ \mathscr{F}^{-1}\{ S(\omega) T_{\mathrm{dut}}(\omega) r_{\mathrm{dut}}(\omega) \exp(\mathrm{i}\varphi_{\mathrm{dut}}(\omega)) \} \} \tag{6.35}$$

式(6.35)表明:光源功率谱 $S(\omega)$ 与待测器件损耗谱 $T_{\mathrm{dut}}(\omega)$、反射率系数 $r_{\mathrm{dut}}(\omega)$、附加相位延迟 $\exp(\mathrm{i}\varphi_{\mathrm{dut}}(\omega))$ 的乘积的傅里叶逆变换的实部与白光干涉图样相对应。

待测器件不同参数特性的测试,均可以通过式(6.35)所表述的特征实现。

1) 反射率分布测量

假设待测器件无吸收($T_{\mathrm{dut}}(\omega)=1$)时,式(6.35)变为

$$I(\tau) \propto \mathrm{Re}\{ \mathscr{F}^{-1}\{ S(\omega) r_{\mathrm{dut}}(\omega) \exp(\mathrm{i}\varphi_{\mathrm{dut}}(\omega)) \} \} \tag{6.36}$$

当待测器件无色散效应时(即 $\varphi_{\mathrm{dut}}(\omega)=0$,与波长无关),并假设反射率振幅 $r_{\mathrm{dut}}(\omega)$ 与光频无关,即 $r_{\mathrm{dut}}(\omega)=r$ 时,白光干涉条纹的峰值幅度与反射率成正比,即

$$I(\tau) \propto r_{\mathrm{dut}}(\tau) | \mathscr{F}^{-1}\{ S(\omega) \} | = r_{\mathrm{dut}}(\tau) \exp\left(-\frac{\Delta \tau_{\mathrm{g}}^2}{2\sigma_{\tau}^2} \right) \tag{6.37}$$

式(6.37)和式(6.19)表达的意义相同。在式(6.37)中,测试时保持光源恒定,其功率谱 $S(\omega)$ 的傅里叶逆变换为常数。

当反射率振幅 $r_{\mathrm{dut}}(\omega)$ 与光频相关时,将白光干涉条纹进行傅里叶变换,其实部与光源功率谱的商与 $r_{\mathrm{dut}}(\omega)$ 成正比,则待测器件反射率 $R_{\mathrm{dut}}(\omega)$ 可由式(6.36)获得

$$R_{\mathrm{dut}}(\omega) = [r_{\mathrm{dut}}(\omega)]^2 \propto \left[\frac{\mathrm{Re}\{ \mathscr{F}\{ I(\tau) \} \}}{S(\omega)} \right]^2 \tag{6.38}$$

$$R_{\mathrm{dut}}(\omega)_{\mathrm{dB}} = 20 \, \lg r_{\mathrm{dut}}(\omega) \tag{6.39}$$

由式(6.38)和式(6.39)可知,获得待测器件反射率 $R_{\mathrm{dut}}(\omega)$ 的前提是已知光源的功率谱,它可由光源的自相关函数获得。可以看出:被测反射率基本上是待测器件频域反射率的傅里叶变换。因此,计算被测反射率,可以非常容易地在计算机上通过快速傅里叶变换来实现[12]。

2) 损耗谱测量

要实现待测器件损耗谱 $T_{\mathrm{dut}}(\omega)$ 的测量,需要已知反射率振幅系数 $r_{\mathrm{dut}}(\omega)$ 。假设 $r_{\mathrm{dut}}(\omega)=r_0$,则式(6.35)变为

$$I(\tau) \propto \mathrm{Re}\{ \mathscr{F}^{-1}\{ S(\omega) T_{\mathrm{dut}}(\omega) \exp(\mathrm{i}\varphi_{\mathrm{dut}}(\omega)) \} \} \tag{6.40}$$

将白光干涉条纹进行傅里叶变换,其实部与光源功率谱的商与待测器件损耗谱 $T_{\mathrm{dut}}(\omega)$ 成正比,即由式(6.36)可得

$$T_{\mathrm{dut}}(\omega) \propto \frac{\mathrm{Re}\{ \mathscr{F}\{ I(\tau) \} \}}{S(\omega)} \tag{6.41}$$

由式(6.41)可知,获得待测器件损耗谱 $T_{\mathrm{dut}}(\omega)$ 的前提也同样是已知光源的功

率谱。

　　3) 色散信息测量

　　由式(6.35)可知,可以利用对白光干涉图样 $I(\tau)$ 的傅里叶变换,来获得待测器件的相位信息 $\varphi_{\text{dut}}(\omega)$。将式(6.35)两侧进行傅里叶变换,并考虑全复数信息:

$$\mathscr{F}\{I(\tau)\} \propto S(\omega)T_{\text{dut}}(\omega)r_{\text{dut}}(\omega)\exp(\mathrm{i}\varphi_{\text{dut}}(\omega)) \propto S_{\text{dut}}(\omega)\exp(\mathrm{i}\varphi_{\text{dut}}(\omega)) \quad (6.42)$$

式中: $S_{\text{dut}}(\omega)$ 表示 $\mathscr{F}(I)$ 的模; $\varphi_{\text{dut}}(\omega)$ 为 $F(I)$ 的幅角。

　　由式(6.42)可知,待测器件的相位信息 $\varphi_{\text{dut}}(\omega)$ 为

$$\varphi_{\text{dut}}(\omega) = \arg(\mathscr{F}\{I(\tau)\}) \quad (6.43)$$

由相位 $\varphi_{\text{dut}}(\omega)$ 可知,待测器件中的群时延 τ_{g} 可以由式(6.44)计算。

$$\tau_{\text{g}} = \frac{\mathrm{d}\varphi_{\text{dut}}(\omega)}{\mathrm{d}\omega} \quad (6.44)$$

　　如果能够获得待测器件输入输出端处各自的相位信息 $\varphi_{\text{in}}(\omega)$、$\varphi_{\text{out}}(\omega)$,则群时延能够由式(6.45)计算。

$$\tau_{\text{g}} = \frac{\mathrm{d}(\varphi_{\text{out}}(\omega) - \varphi_{\text{in}}(\omega))}{\mathrm{d}\omega} \quad (6.45)$$

　　群速度色散(group velocity dispersion,GVD)导致脉冲的展宽,根据定义,色散系数 D 与群时延 τ_{g} 之间的关系有

$$D = \frac{1}{2l_{\text{dut}}}\frac{\mathrm{d}\tau_{\text{g}}}{\mathrm{d}\lambda} \quad (6.46)$$

式中: l_{dut} 为待测器件的物理长度。由于测试采用如图 6.4 所示的迈克耳孙干涉仪结构,光在待测器件中往返一次,因此待测器件的测试长度为 $2l_{\text{dut}}$。

　　l_{dut} 可以由与宽谱光源独立的光程扫描和位移测量装置精确获得,即

$$l_{\text{dut}} = \frac{n_{\text{R}}(\lambda)S_{\text{R}}}{n_{\text{g}}(\lambda)} \quad (6.47)$$

式中: S_{R} 为测得的光程扫描装置反射镜的运动距离; n_{R} 和 n_{g} 分别为光程扫描装置和待测器件的群折射率。

6.2.2　空间分辨率

　　白光相干域测量作为一种分布式测量方法,空间分辨率是关键性能之一,是测量时最为重要的技术指标。如果不加说明,一般空间分辨率是指单点或两点之间的分辨能力。如图 6.5(a)所示,单点空间分辨是指确定单个空间位置的精确度,它等于在测量波形上确定峰值位置的精确度,有时用"距离分辨率"来具体指代"单点空间分辨率"。两点间的空间分辨率是测量系统区分空间上两个点之间最小距离的能力,对于白光干涉而言,它一般近似等于干涉包络波形的半值宽度,如图 6.5(b)所示。一般而言,单点分辨率通常比两点分辨率小很多。本节讨论的空间分辨率主要是指两点间的分辨率,它直接由驱动光学干涉仪的宽谱光源的光

谱形状确定。

在测量中,高斯光谱类型是最为常用的一种宽谱光源,因此空间分辨率的讨论将在此前提下展开。由式(6.19)可知,群延迟差包含在高斯包络中:

$$-\sigma_\tau < \Delta\tau_g = 2\pi\beta'(\nu_0)(2\Delta l) < \sigma_\tau \tag{6.48}$$

空间分辨率或者轴向分辨率可以根据式(6.19)所给出的标准差,并考虑式(6.16)、式(6.20)和式(6.48)得到

$$\Delta l_{SD} = \frac{1}{2\pi\beta'(\nu_0)\sigma_\omega} = \frac{u_g}{\sigma_\omega} \tag{6.49}$$

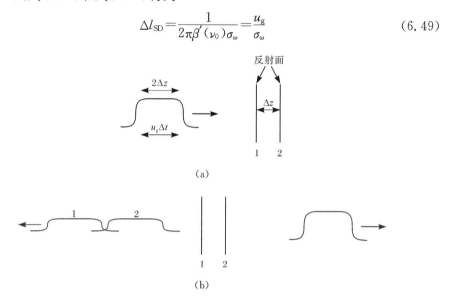

图 6.5 　单点空间分辨率和两点之间的空间分辨率

当光束在自由空间传播时,群速和相速都等于光速 c,式(6.49)简化为

$$\Delta l_{SD} = \frac{c}{\sigma_\omega} \tag{6.50}$$

式(6.20)表明轴向分辨率反比于光谱带宽。与标准差相比,用光谱半峰值宽度(FWHM)来定义光谱带宽和分辨率更加方便。对于标准差为 σ 的高斯分布来说,FWHM 等于 $2\sigma\sqrt{2\ln 2}$。因此,对于自由空间干涉仪,FWHM 分辨率 Δl_{FWHM} 与 FWHM 的波长带宽 $\Delta\lambda$ 的关系为

$$\Delta l_{FWHM} = \frac{2\ln 2}{\pi}\frac{\lambda_0^2}{\Delta\lambda} \tag{6.51}$$

式中:λ_0 为光源的中心波长。

需要说明的是:式(6.51)表述的空间分辨率是在以典型的迈克耳孙干涉仪为前提得出的,它具有反射式的光路结构。如果替换为透射式光程结构马赫-曾德尔干涉仪,其空间分辨率 Δl_{FWHM} 将变为式(6.51)计算值的 2 倍。由式(6.51)可

知,空间分辨率 Δl_{FWHM} 与光源半谱宽度成反比,为了获得更高的空间分辨率,必须选用具有更宽光谱的白光光源。

还可以从另外一个角度来理解空间分辨率的概念。如果对于时域反射测量时的一个脉冲探测信号,空间分辨率由光源的脉冲宽度所决定,空间分辨率和脉宽之间的关系为

$$\Delta l_{\text{FWHM}} \propto \frac{u_{\text{g}}}{2} \Delta t_{\text{s}} \qquad (6.52)$$

式中:Δt_{s} 脉冲宽度;u_{g} 为群速度。

为了获得 1mm 的空间分辨率,脉冲宽度必须控制在 10ps 左右,对应的频率带宽为 100GHz,这要付出非常高昂的代价。根据式(6.52),如果对应在光频域或光谱域,则空间分辨率与系统探测频率范围 $\Delta \nu$ 的关系式为

$$\Delta l_{\text{FWHM}} \propto \frac{u_{\text{g}}}{2} \frac{1}{\Delta \nu} \qquad (6.53)$$

对于白光相干域测量而言,宽谱光源的谱宽 $\Delta \lambda$ 对应的光频带宽即可视为频率范围 $\Delta \nu$,由 $\Delta \nu = c\Delta \lambda / \lambda^2$ 的对应关系,可得与式(6.51)一致的式(6.54):

$$\Delta l_{\text{FWHM}} \propto \frac{\lambda^2}{\Delta \lambda} \qquad (6.54)$$

在光纤中空间分辨率、光谱谱宽和信号脉宽之间的关系由表 6.2 给出。

表 6.2　空间分辨率所需的光源谱宽或者脉冲宽度

空间分辨率(光纤中)	光谱宽度($\Delta \lambda$ 在 1550nm 处)	频率宽度 $\Delta \nu$	脉冲宽度 Δt_{s}
10μm	80nm	10THz	100fs
100μm	8nm	1THz	1ps
1mm	0.8nm	100GHz	10ps
10mm	0.08nm	10GHz	100ps

6.2.3　色散效应影响

色散是光学材料的一种固有的效应,对白光干涉效应具有重要影响:一方面它降低了干涉信号的对比度,使干涉峰值幅度减小;另一方面展宽了干涉信号的包络,使空间分辨率降低。对于白光相干域测量而言,色散影响极大劣化了测量性能:不仅降低了探测灵敏度和动态范围,还降低了空间分辨率,其影响是致命的。

特别是干涉仪的参考臂和测量臂中存在明显的群色散(GVD)差异时,它将导致不同频率光在传播速度上呈现非线性。由式(6.30)给出的传播常数 $\beta(\omega)$ 在 ω_0 附近的泰勒展开结果可知:

$$\beta \approx \beta(\omega_0) + \beta'(\omega_0)(\omega - \omega_0) + \frac{1}{2}\beta''(\omega_0)(\omega - \omega_0)^2 + \frac{1}{6}\beta'''(\omega_0)(\omega - \omega_0)^3$$

如果 GVD 差异存在于长度为 L 的测量和参考光路中,则式(6.9)可以变为

$$\Delta\varphi(\omega) = \beta(\omega_0) \cdot 2\Delta l + \beta'(\omega_0)(\omega - \omega_0) \cdot 2\Delta l + \frac{1}{2}\Delta\beta''(\omega_0)(\omega - \omega_0)^2 \cdot 2L$$

$$(6.55)$$

式中:$\Delta\beta''(\omega_0) = \beta''_s(\omega_0) - \beta''_r(\omega_0)$,是参考光程和测量光程之间的 GVD 差。

注意:只有两个干涉臂的 GVD 差异才能在式(6.55)中体现影响。因此,调整两干涉臂各自的 GVD 可以减轻色散的影响。

将 $\Delta\varphi(\omega)$ 代入式(6.12),可得光电流为

$$I \propto \frac{1}{2\pi}\exp(-i\omega_0\Delta\tau_p)\int_{-\infty}^{+\infty}S(\omega - \omega_0)\exp[-i\Delta\beta''(\omega_0)(\omega - \omega_0)^2 L]$$

$$\cdot \exp[-i(\omega - \omega_0)\Delta\tau_g]d\omega \qquad (6.56)$$

其中相时延差 $\Delta\tau_p$ 和群时延差 $\Delta\tau_g$ 分别由式(6.13)和式(6.14)给出。

当光源为高斯功率谱时,将高斯功率谱密度式(6.17)代入式(6.56)中,得到带有复杂高斯包络调制的干涉信号为

$$I \propto \frac{\sigma_\tau}{\Gamma(2L)}\exp\left[-\frac{\Delta\tau_g^2}{2\Gamma^2(2L)}\right]\exp(-i\omega_0\Delta\tau_p) \qquad (6.57)$$

式中:$\Gamma(2L)$ 为复数,表示在色散发生时的点扩展函数的特征宽度,并且与群速色散差的往返长度 $2L$ 和 σ_τ 有关:

$$\Gamma^2(2L) = \sigma_\tau^2 + i\Delta\beta''(\omega_0) \cdot 2L \qquad (6.58)$$

式中:$\mathrm{real}[1/\Gamma(2L)]$ 和 $\mathrm{imag}[1/\Gamma(2L)]$ 分别代表了干涉信号的展宽和啁啾,有

$$\frac{1}{\Gamma^2(2L)} = \frac{\sigma_\tau^2}{\sigma_\tau^4 + \tau_d^4} - i\frac{\tau_d^2}{\sigma_\tau^4 + \tau_d^4} \qquad (6.59)$$

其中定义色散参数:

$$\tau_d = \sqrt{\Delta\beta''(\omega_0) \cdot 2L} \qquad (6.60)$$

将式(6.59)、式(6.60)代入式(6.57)中,发现高斯包络展宽成新标准差 $2\tilde{\sigma}_\tau$:

$$2\tilde{\sigma}_\tau = 2\sigma_\tau\sqrt{1 + \left(\frac{\tau_d}{\sigma_\tau}\right)^4} \qquad (6.61)$$

当 $\tau_d > \sigma_\tau$ 时,展宽因子的影响就会变得非常明显。以光纤测量为例,色散影响必须考虑,它会降低测量的空间分辨率。色散的影响依赖于光纤长度和色散特性。由色散引起的分辨率变宽可以写成

$$\Delta\tilde{l}_{\mathrm{FWHM}} = \Delta l_{\mathrm{FWHM}}\sqrt{1 + \left(\frac{2L}{L_d}\right)^2} \qquad (6.62)$$

式中:$\Delta\tilde{l}_{\mathrm{FWHM}}$ 是没有色散之前的空间分辨率;L_d 是光纤中的色散长度;L 是截止到反射点的单程光纤长度。

色散长度 L_d 可表示为

$$L_d \cong \frac{4n_g^2 \Delta l_{FWHM}^2}{\lambda^2 cD} \tag{6.63}$$

式中：n_g 是群折射率；c 是光速；D 是信号波长为 λ 时的光纤色散参数。

表 6.3 给出空间分辨率和最终色散长度的一些典型值，为获得某一空间分辨率所需的相应脉宽 τ_p 包含在内。假定光纤在 $1.55\mu m$ 波长的色散系数为 $D=17ps/(km \cdot nm)$（它是标准单模光纤的色散标准值）。由表 6.3 可知，7m 光纤的色散将使空间分辨率在 $100\mu m$ 左右，这就意味着在 1m 长的尾纤末端不可能达到 $10\mu m$ 的分辨率。可见，采用反射测量技术，色散对空间分辨率产生了主要的限制。

表 6.3　$1.55\mu m$ 非色散位移光纤中的色散长度

光纤中的 Δl_{FWHM}	τ_{phase}	L_d
$10\mu m$	$0.1ps$	7cm
$100\mu m$	1ps	7m
1mm	10ps	700m
10mm	100ps	70km

不仅如此，随着光程差 L 的增加，干涉信号的载波频率还会产生抖动，即啁啾现象，它可以描述为式(6.57)中的指数对光程差 L 的微分形式：

$$k = \frac{d\varphi}{dL} = 2\beta(\nu_0) - \frac{\tau_d^2}{\sigma_\tau^4 + \tau_d^4} 16\pi^2 \Delta\beta''^2(\nu_0)L \tag{6.64}$$

式(6.64)中，k 描述了干涉条纹对于 L 的空间频率。举例来说，当 $\Delta\beta''(\omega_0) > 0$，参考臂光程增加时，$L$ 减小，则波数 k 增加，使相干条纹越密。这里需要强调一点，GVD 改变的是相位，不是相干信号的带宽。

色散差降低了相干包络的幅值，等效降低了测量系统的动态范围，其振幅降低因子可以表示为

$$\left| \frac{\sigma_\tau}{\Gamma(2L)} \right| = \frac{1}{[1 + (\tau_d/\sigma_\tau)^4]^{1/4}} \tag{6.65}$$

6.2.4　探测信号频率与带宽

白光相干域测量技术常常以式(6.19)和式(6.57)所描述的干涉信号的包络作为测量系统输出。为了提取这个信号，常用的信号探测方案如图 6.6 所示。它主要由以下三个部分组成。

(1) 光电转换级：带有增益电阻 R 的跨导放大器，用于将相干光电流转换为电压。

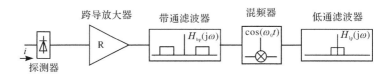

图 6.6　白光相干域测量的典型探测方法

（2）信号调理级：由一个以载波 f_d 为中心频率、$H_\mathrm{bp}(s)$ 为传递函数的带通滤波器组成，将干涉信号交流分量从直流光电流和噪声中分离。

（3）信号解调级：由一个振幅解调器，用来提取干涉信号的包络。其中，振幅解调器可以采用混频探测方法来实现。混频探测一般采用干涉信号和正弦参考的乘积，正弦参考频率选为载波频率 f_d，后面连接低通滤波器。

1. 信号载波频率

在白光相干域测量系统中，如采用时空域扫描方式，即参考扫描镜以速度 u_s 快速运动，则由式（6.13）和式（6.19）可知，干涉光信号转为电信号的载频为

$$f_\mathrm{d}=\frac{2u_\mathrm{s}}{u_\mathrm{p}}\nu_0 \tag{6.66}$$

式中：f_d 表示干涉信号的电学频率，它与光学频率 ν_0 相对应。

如果假设为自由空间传播，那么式（6.66）简化为

$$f_\mathrm{d}=\frac{2u_\mathrm{s}}{\lambda_0} \tag{6.67}$$

式中：λ_0 为光源的中心波长。

载波频率 f_d 也可以认为是由于移动参考镜而产生的多普勒频移，它与未被频移的测量反射光混合后，在光电探测器上产生的一个频差。

2. 信号带宽

不考虑色散时，干涉信号的频域形状直接由光源功率谱的形状决定。因此，光学频率 ν 到电学频率 f 之间的关系由式（6.66）给出。在自由空间传播时，需要说明的是，多普勒频移 f_d 不仅在中心光波长 λ_0 处成立，在光谱带宽内的其他光波长下也成立。

从光源光谱带宽和品质因数来分析光电流的带宽和品质因数，定义 Δf、$\Delta\nu$ 和 $\Delta\lambda$ 分别为电学频率带宽、光学频率带宽和光学波长带宽，则由式（6.66）可知

$$\Delta f=\frac{2u_\mathrm{s}}{u_\mathrm{g}}\Delta\nu\approx\frac{2u_\mathrm{s}}{u_\mathrm{g}}\frac{c}{\lambda_0^2}\Delta\lambda \tag{6.68}$$

在自由空间，式（6.68）变为

$$\Delta f \approx \frac{2u_s}{\lambda^2} \Delta\lambda \tag{6.69}$$

注意在式(6.68)中的比例因子是往返反射镜的速度 $2u_s$ 与光群速 u_g 的比值。因为这个缩放因子是个常数,所以这个映射关系是线性的。因此,光学域和电学域中的品质因数 Q 是一样的,式(6.70)近似地给出了带通滤波器的质量因数 Q 与光源光谱半宽 $\Delta\lambda$ 之间的关系:

$$\frac{1}{Q} = \frac{\Delta f}{f_d} = \frac{\Delta\nu}{\nu_0} \approx \frac{\Delta\lambda}{\lambda_0} \tag{6.70}$$

式中:下标 0 表示中心光频率或中心光波长;下标 d 表示中心电学频率(多普勒频移)。

6.2.5　本征噪声源

在白光相干域测量系统中,噪声本底决定着测量的灵敏度和动态范围。因此,对系统噪声的研究和分析是确定测量极限的重要理论基础。光学相干测量中起主要作用的噪声源包括:散粒噪声、相对强度噪声、干涉拍噪声、热噪声,以及光路瑞利散射噪声等,它们同时也影响着测试电路噪声。

1. 散粒噪声

散粒噪声(shot noise)也称为光子噪声,是光电转换产生的一种随机噪声,产生的原因是由于光的量子性,光子和电荷的量子化会产生电流波动。光电探测器发出电荷对应于一个平均速率,这个平均速率就定义为光电流。但是,特定的发射之间的次数是随机的。在宏观上,散粒噪声呈现为光二极管(探测器)前置放大器电流-电压反馈阻抗上电流的随机涨落。光子的到达次数和电子的发射次数可以被泊松随机分布变化所描述,这表明与任意光电流 $\langle i \rangle$ 有关的散粒噪声是一个均值为 $\langle i \rangle$ 的白噪声过程,它与电子电量和平均光电流成正比,其功率谱密度可以表示为

$$S_{i_s}(\omega) = 2e\langle i \rangle \tag{6.71}$$

式中:e 为电子电量;$\langle i \rangle$ 为探测器的平均电流。

光电流可表示为

$$i = n_{ph}\eta_d e \tag{6.72}$$

式中:η_d 为探测器的量子效率;$n_{ph} = I/(hc/\lambda_0)$,为每秒撞击探测器上的光子数,$h$ 为普朗克常量,c 为真空中的光速,I 为探测器接收的光功率。

2. 相对强度噪声

另一种在光学测量中经常遇到的本征噪声是光强度噪声,它存在于光探测过程之前。光强度噪声可能由许多因素导致,从本质而言,它产生于腔体内受激辐射光与自发辐射光之间的干涉。以分布反馈(DFB)式半导体激光器和 F-P 腔半

导体激光器等激光光源为例,强度噪声大小主要取决于泵浦能量以及反馈条件。当外部反馈条件随环境发生变化时,光强度噪声将产生很大改变,进而会影响激光输出光强的稳定性。强度噪声也同样存在于非激光类的宽谱光源中,例如发光二极管(LED)和掺铒光纤放大器(EDFA)。这些带有放大自发辐射的宽谱光源的强度噪声有别于激光,它是由于光谱内许多频段之间的拍干涉产生的。

有效描述和比较光强度噪声方法是利用 1Hz 单位带宽内的噪声功率与直流信号功率的归一化比例值。这一数值非常有用,因为它与任何衰减或者探测器的绝对功率值无关。这部分单位带宽噪声功率通常被定义为相对强度噪声(RIN),其定义式如下:

$$\text{RIN} = \frac{\langle \Delta \hat{i}^2 \rangle}{I_{dc}^2} \quad (\text{Hz}^{-1}) \tag{6.73}$$

式中:$\langle \Delta \hat{i}^2 \rangle$ 为 1Hz 带宽内噪声功率的时域平均值;I_{dc} 为直流信号强度。

因为 RIN 是一个归一化数值,当 $\langle \Delta \hat{i}^2 \rangle$ 和 I_{dc} 采用光强、探测器电压和电流时,式(6.73)同样有效。在实际中,RIN 可以通过频谱分析仪测量 1Hz 探测器电流噪声 $\langle \Delta \hat{i}^2 \rangle$ 和光功率计测量 I_{dc} 从而计算得出。

通常来讲,RIN 是关于频率的函数,对于平坦的白噪声谱,RIN 的有效值可以写成

$$i_{rin} = I_{dc} \sqrt{\text{RIN} \Delta f} \tag{6.74}$$

式中:Δf 为探测器接受带宽有效值。

对于 EELEDs、SLD 以及 EDFA 这些基于自发辐射的宽谱光源,其 RIN 具有非常有趣的性质,就是其 RIN 只与频谱宽度 $\Delta \nu_{ase}$ 有关,可以近似地用以下公式表示:

$$\text{RIN} \cong \frac{1}{\Delta \nu_{ase}} \quad (\text{Hz}^{-1}) \tag{6.75}$$

这里假设光信号是无偏振的。对于偏振光,相对式(6.75),RIN 将增加 1 倍,如式(6.76)所示。

$$\text{RIN} \cong \frac{2}{\Delta \nu_{ase}} \quad (\text{Hz}^{-1}) \tag{6.76}$$

对于宽谱光源驱动的光学干涉仪,其 RIN 的谱密度可以统一描述为

$$S_{RIN}(\omega) = \frac{(1+V^2)\langle i \rangle^2}{\Delta \nu} \tag{6.77}$$

式中:V 为偏振度,偏振光 $V=1$,非偏振光 $V=0$;$\Delta \nu$ 为光源频宽。

3. 热噪声

热噪声(temperature noise)是由系统热能导致粒子离散运动所产生的。在电

子线路中,电阻是唯一与环境交换能量的被动元件。因此,热噪声与能量转换和建立在电阻与环境之间的热平衡有关。一个噪声电阻能够被模拟为一个阻值为 R 的电阻和一个噪声电流源的并联,这个噪声电流源 i_n 代表了热噪声或者外界环境提供的能量。这个噪声电流近似于功率谱密度均值为零的白噪声:

$$S_{i_T}(\omega) = \frac{4kT}{R} \tag{6.78}$$

式中:T 是温度;k 为玻耳兹曼常量;R 为电阻阻值。

如果改换为电压噪声谱密度来表示:

$$S_{V_T}(\omega) = 4kTR \tag{6.79}$$

典型地,在室温下($T=27℃$),$1\mathrm{k}\Omega$ 电阻噪声电压的有效值为 $4 \times 10^{-9} \mathrm{V/Hz^{1/2}}$。

6.2.6　测量灵敏度

测量灵敏度是指白光相干域测量系统的最小可探测信号幅值。基于 6.2.3 节给出的信号探测方案和 6.2.4 节介绍的各种本征噪声源,对白光相干域测量系统的灵敏度进行一般性的分析。

灵敏度通常由系统信噪比(SNR)决定。对任何系统来说,通常 SNR 被定义为信号功率 P_{signal} 与噪声功率 $\mathrm{var}\{n(t)\}$ 的比值。如果噪声过程是均值为零的平稳过程,那么

$$\mathrm{SNR} = \frac{P_{\mathrm{signal}}}{\mathrm{var}\{n(t)\}} = \frac{P_{\mathrm{signal}}}{R_n(0)} = \frac{P_{\mathrm{signal}}}{\int_{-\infty}^{+\infty} S_n(f)\mathrm{d}f} \tag{6.80}$$

式中:$R_n(0)$ 为噪声的自相关函数;$S_n(f)$ 为功率谱密度。

式(6.80)表明了 SNR 等于信号功率除以平均噪声功率,其中噪声功率是它的功率谱密度 $S_n(f)$ 对测量频率带宽的积分。

图 6.7 给出白光相干域测量系统典型的信号探测方案。如图 6.7 所示,参考光信号与测量光信号在光电探测器上实现光学—电流的转换,并依次通过跨导放大器、带通滤波器、包络幅值探测器等部分,需要综合考虑上述各部分噪声的影响,才能获得最终测量系统的信噪比。

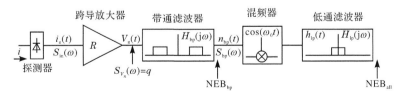

图 6.7　白光相干域测量的噪声源及其对灵敏度影响的示意图

1. 测量噪声

下面对光电探测器和光电转换跨导电路的噪声进行分析。

1）光电探测器噪声

由式（6.5）可知，探测器的电流是参考臂返回的直流功率 $P_{ref}=|A_{ref}|^2/2$、测量臂返回的直流功率 $P_{dut}=|A_{dut}|^2/2$，以及干涉项 $Re\{E_{dut}E_{ref}^*\}$ 三者之和：

$$I=\frac{\eta e}{h\nu}(P_{ref}+P_{dut}+Re\{E_{dut}E_{ref}^*\})+i_{dark} \tag{6.81}$$

式中：i_{dark} 表示光电二极管的暗电流。

白光干涉信号功率包含在 $Re\{E_{dut}E_{ref}^*\}$ 中，通过带通滤波和包络解调能将其与直流分量 P_{ref} 和 P_{dut} 分开。但滤波与解调过程并不能消除测量带宽内的噪声分量。

式（6.71）和式（6.77）给出的散粒噪声、RIN 都对光电流噪声有贡献，并通过光电探测器传递给探测电路。因此，探测器光电流噪声的功率谱密度 $S_{i_d}(\omega)$ 能够被描述为上述两种不相关噪声的功率之和：

$$S_{i_d}(\omega)=2e\langle i\rangle+\frac{(1+V^2)\langle i\rangle^2}{\Delta\nu} \tag{6.82}$$

式中：$\langle i\rangle$ 是平均光电流，包含来自于参考光、测量光、干涉信号和暗电流的贡献。

2）跨导放大器噪声

在跨导放大器的输入处（见图 6.7），来自于反馈增益电阻 R 的热噪声[式（6.78）给出]叠加于光电流噪声上。因为所有的噪声源是互不相关的，所以噪声电流的功率谱密度为

$$S_{i_n}(\omega)=2e\langle i\rangle+\frac{(1+V^2)\langle i\rangle^2}{\Delta\nu}+\frac{4kT}{R} \tag{6.83}$$

在跨导倒数放大器的输出处，噪声电流 $n_i(t)$ 经过一个增益 R 被转换为电压 $n_\nu(t)$。采用噪声电压谱密度 $S_{V_n}(\omega)$（增大了 R^2 倍）描述为

$$S_{V_n}(\omega)=2e\langle i\rangle R^2+\frac{(1+V^2)\langle i\rangle^2 R^2}{\Delta\nu}+4kTR \tag{6.84}$$

式（6.84）也能够以平均输出电压 $\langle V_r\rangle=\langle i\rangle R$ 直接写出：

$$S_{V_n}(\omega)=2e\langle V_r\rangle R+\frac{(1+V^2)\langle V_r\rangle^2}{\Delta\nu}+4kTR=q \tag{6.85}$$

式中：变量 q 被定义为表示跨导放大器输出的噪声电压谱密度，对于所有频率来说是个常数。

2. 电路噪声等效带宽

下面对带通滤波器和混频器等信号调理电路的噪声等效带宽进行分析。

1) 带通滤波器的噪声等效带宽

假设带通滤波器的传递函数为 $H_{bp}(i\omega)$，输入这个滤波器的噪声由式(6.85)给出。由于输入噪声是具有恒定谱密度的白噪声，所以输出噪声将是基于这个滤波器限带白噪声，滤波器输出的功率谱密度 $S_{bp}(\omega)$ 为

$$S_{bp}(\omega) = q \mid H_{bp}(i\omega) \mid^2 \tag{6.86}$$

相应的自相关 $R_{bp}(\tau)$ 在对式(6.86)作傅里叶逆变换之后得到

$$R_{bp}(\tau) = \frac{q}{2\pi} \int_{-\infty}^{+\infty} \mid H_{bp}(i\omega) \mid^2 \exp(i\omega\tau) d\omega \tag{6.87}$$

带通滤波器输出噪声的谱密度为

$$\text{var}\{n_{bp}(t)\} = R_{bp}(0) = \frac{q}{2\pi} \int_{-\infty}^{+\infty} \mid H_{bp}(i\omega) \mid^2 d\omega$$

$$= \frac{q}{\pi} \int_{0}^{+\infty} \mid H_{bp}(i\omega) \mid^2 d\omega = 2q\, \text{NEB}_{bp} \tag{6.88a}$$

式中：NEB_{bp} 为带通滤波器的噪声等效带宽。

注意：由于带通滤波器的直流增益为 0，因此，输出噪声具有 0 平均值。

2) 混频器的噪声等效带宽

噪声 $n_{bp}(t)$ 从带通滤波器输出之后，被输入到混频解调器中。混频解调器的噪声特性被单独拿出来讨论是因为这个噪声在与 $\cos(\omega_d t)$ 相关之后不是一个平稳随机过程。但是，解调后的噪声还是平稳过程。因此在计算最终功率谱密度时，这个噪声肯定被传输到正弦相关器和低通滤波器。虽然这个计算的细节不在此，但是最终结果是可以联想到的。类似于式(6.88)，经过混频和低通滤波之后，噪声变为

$$\text{var}\{n_{lp}(t)\} = 2q\, \text{NEB}_{all} \tag{6.88b}$$

式中：NEB_{all} 为整个电路的噪声等效带宽（NEB），包括带通滤波和混频解调的带宽，其定义为

$$\text{NEB}_{all} = \int_{0}^{+\infty} \mid H_{lp}(i\omega) \mid^2 \frac{1}{4\pi} \big[\mid H_{bp}(i\omega + i\omega_d) \mid^2 + \mid H_{bp}(i\omega - i\omega_d) \mid^2 \big] d\omega$$

$$\tag{6.89}$$

式中：ω_d 为相关器基频的频率；$H_{lp}(i\omega)$ 为低通滤波器的传递函数。

式(6.89)的结果说明，整个电路的总噪声功率为带通滤波器和低通滤波器级联后等效的滤波器所产生的噪声在混频解调之后，带通滤波器工作频段被移动到了频率原点。因此，整个滤波和解调电路的 NEB 被描述为频域的带通滤波器和解调的带通滤波器的乘积。可以看到，对于理想的方波滤波器，整个系统的 NEB 取决于窄带滤波器的 NEB。

3. 基于混频解调的信噪比

测量信噪比或者灵敏度的定义如式(6.80)，它描述了最小可探测的反射量。

在式(6.80)中,为了简便起见,定义信号功率 P_{signal} 为滤波和解调电路输出峰值电压的平方,并忽略群速色散对信号的影响。为了确定输出信号功率,使干涉信号传播到探测和解调电路系统。假设 $\bar{P}_{dut}$ 和 $\bar{P}_{ref}$ 分别表示到达探测器的测量臂和参考臂的平均光功率。由式(6.6)可知,光电探测器最终输出的光电流信号由参考臂和测量臂光场的互相关函数给出:

$$i = \frac{\eta e}{h\nu}\sqrt{\bar{P}_{dut}\bar{P}_{ref}} = \Re\sqrt{\bar{P}_{dut}\bar{P}_{ref}} \tag{6.90}$$

式中:η 为光电探测器的量子效率;e 为电子电量;$h\nu$ 为光子能量;$\Re$ 为探测器的响应度。

跨导放大器将电流 i 转换到电压 $V_R = iR$。为简便起见,假设信号功率在带通滤波和解调器中是不变的,那么信号功率像上面所定义的,为

$$P_{signal} = (iR)^2 = \Re^2(\bar{P}_{dut}\bar{P}_{ref})R^2 \tag{6.91}$$

它正比于参考光功率和测量光功率的乘积。

噪声变量以 $2q$NEB 给出,其中 q 是输入到带通滤波器的白噪声,由式(6.85)给出;NEB 是混频解调器的噪声等效带宽由式(6.89)给出。在散粒噪声极限的情况下,白噪声 q 是取决于从参考镜反射回的光的散粒噪声。在散粒噪声限中,滤波和解调之后的噪声为

$$\text{var}\{n_{lp}(t)\} = 2\,\Re e\,\bar{P}_{ref}R^2\text{NEB} \tag{6.92}$$

因此,散粒噪声极限内的 SNR 可通过将式(6.91)和式(6.92)代入式(6.80)中得到

$$\text{SNR} = \frac{\eta}{h\nu}\left(\frac{\bar{P}_{dut}}{2\text{NEB}}\right) \tag{6.93}$$

在散粒噪声极限的情况下,动态范围不取决于参考臂功率 $\bar{P}_{ref}$。SNR 伴随着 $\bar{P}_{dut}$ 线性地增加,并且反比于探测噪声的等效带宽。

4. 测量灵敏度设计

式(6.83)显示了光电探测和放大之后的噪声能够被表示成均值为零的、白的、广义的平稳随机过程,其中包括来自散粒噪声、热噪声和相对强度噪声或过剩噪声的贡献。测量的量子极限出现在散粒噪声高于其他噪声源时,即散粒噪声极限由式(6.93)描述,探测灵敏度为每分辨率单元大约两个光子。

利用频谱分析仪测量得到跨导放大器输出的噪声 $V_n(t)$,可以帮助我们成功地设计出测量灵敏度受限于散粒噪声极限的系统。频谱分析仪能够有效地测量正频率功率谱密度:

$$S_{V_n}^+(\omega) = 2e\langle V_r\rangle R + \frac{(1+V^2)\langle V_r\rangle^2}{\Delta v} + 4kTR = 2q \tag{6.94}$$

式(6.94)从左到右,包含散粒噪声、相对强度噪声或过剩噪声和热噪声的贡献。

跨导增益 R 和参考臂功率$\langle V_r\rangle$(当测量光功率远小于参考光功率时)选择为当散粒噪声大于相对强度噪声和热噪声。为了保证散粒噪声超过热噪声,要求 $2e\langle V_r\rangle R > 4kTR$ 或

$$\langle V_r\rangle > \frac{2kT}{e} \approx 0.05\text{V}, \quad T = 300\text{K} \tag{6.95}$$

这个限制确定了绝对最小参考臂功率。因此,在没有 RIN 或 ASE 噪声时,不管参考臂功率的直流输出是否大于 50mV,系统都将被散粒噪声所限制。增益电阻 R 的选择,必须使散粒噪声高于 RIN,或者

$$R > \frac{(1+V^2)\langle V_r\rangle}{2e\Delta v} \tag{6.96}$$

R 的上限由跨导倒数放大器的稳定性和截至频率所决定。理想情况下,增益 R 应尽可能的大,并且参考臂功率$\langle V_r\rangle$应该尽可能小,为的是使 RIN 和 ASE 噪声最小。

在实际中,探测电路的 R 先于$\langle V_r\rangle$被选定。因为 RIN 的系数 $(1+V^2)/(2e\Delta v)$ 一般是未知的,所以给定 R 后,$\langle V_r\rangle$的理想值可以利用实验进行确定。为了降低参考臂功率$\langle V_r\rangle$,可以利用频谱谱分析仪测量噪声功率谱密度,直到白噪声成分等于预期的散粒噪声值 $2e\langle V_r\rangle R$。参考臂光强的下降,通过$\langle V_r\rangle^2$因子影响 RIN,而散粒噪声与$\langle V_r\rangle$呈线性关系。如果参考臂强度$\langle V_r\rangle$需要减小到低于热噪声极限(0.05V),那么应当增加放大器增益 R,并且重复上述步骤。如果逐渐增大的 R 使跨导放大器的截至频率低于信号带宽,那么需要考虑其他方法抑制 RIN 的影响,比如,采用双平衡探测的方案。

6.2.7 关键性能之间的平衡

白光相干域测量的四个基本的设计指标为光功率、空间分辨率(轴向分辨率)、信噪比和测试速度。式(6.97)建立了信噪比、入射到样本的光功率和电路系统噪声等效带宽之间的线性关系:

$$\frac{\text{SNR} \cdot \text{NEB}}{\bar{P}_{\text{dut}}} = \text{const.} \tag{6.97}$$

NEB 基本上等于用于干涉信号探测的电路带宽 Δf。电路带宽与参考镜扫描速率 u_s 和光源波长带宽 $\Delta\lambda$ 的乘积成正比,即有

$$\text{NEB} \approx \Delta f \propto u_s \Delta\lambda \tag{6.98}$$

因为轴向分辨率(空间分辨率)与光源光谱带宽 $\Delta\lambda$ 成反比,就像在式(6.53)

和式(6.54)中看到的,所以也可以改写为

$$\text{NEB} \approx \Delta f \propto \frac{u_s}{\Delta l_{\text{FWHM}}} \tag{6.99}$$

联合式(6.97)和式(6.98),可以得到四个设计参数之间的基本关系:

$$\frac{\text{SNR} u_s}{\overline{P}_{\text{dut}} \Delta l_{\text{FWHM}}} = \text{const.} \tag{6.100}$$

式(6.100)中所有的参数都是线性的,它将光功率、空间分辨率(轴向分辨率)、信噪比和测试速度四个设计指标全部联合起来,并成为主要参数设计时重要依据。

最小可探测反射 $R_{\min}$ 与 SNR 成反比,即 $R_{\min} = 1/\text{SNR}$,则式(6.93)可以被改写为

$$\frac{2}{\eta} = \frac{P_{\text{dut}} R_{\min}/\text{NEB}}{h\nu} \tag{6.101}$$

在式(6.101)中,$P_{\text{dut}} R_{\min}$ 等于从样本内最小可探测点反射回的功率。$1/\text{NEB}$ 是探测带宽的倒数,或者等价于测量样本内分辨元素所耗费的时间。从式(6.99)中,观察时间正比于纵向分辨率除以扫描速率。式右边的 $P_{\text{dut}} R_{\min}/\text{NEB}$ 等于在观察周期内,从最小分辨单元返回的光能;通过 $P_{\text{dut}} R_{\min}/\text{NEB}$ 除以光子能量,得到从分辨单元返回的光子数。式(6.101)显示这个光子数大于等于 $2/\eta$,以便被探测到。这个要求保证了一个光子的最小值被探测器所探测到,因为从平均上来说,仅仅一般的反射光子通过分束器回到探测器上,并且每个返回光子的存在概率转化为电量单位 η。

6.3　白光相干域反射测量技术与应用

采用低相干光的白光干涉测量原理在经典光学中已有详尽阐述[13]。从本质而言,它与单频激光作为光源的光学干涉计量与测试类似,都是以光波的波长作为标尺对物理量进行度量,它也被认为是最为精确的测量方法之一[14],其测量精度可以达到一个光波的几百分之一的纳米(10^{-9} m)量级。在光纤技术中,由于所具有高灵敏度、高空间分辨率、可绝对测量、抗干扰性好等优点,白光干涉测量原理与技术主要集中应用在光纤传感、光纤器件测试以及光学相干层析测量等三个领域。

20 世纪 80 年代初,随着光纤技术的发展,白光干涉测量首先在光纤传感与测量中得到广泛应用[15],如压力[16]、温度[17]以及应变[18]等测量和传感研究,并且一直持续没有间断,此部分内容将在第 7 章中予以详细讨论。

20 世纪 80 年代末,随着光纤通信和传感技术研究的不断深入,为了满足不断

涌现出的光纤器件与新型波导组件的故障精确定位与性能无损检测的需求,白光干涉测量技术又得到进一步发展,在发明了以 OLCR、OCDP 为代表分布式白光相干域测试技术和系统的基础上,逐步提出并完善了光纤和波导器件与组件的几何参数、功率传输或损耗谱、色散特性、偏振特性等多参量分布式测量方法,这正是本章需要详细讨论的内容。

20 世纪 90 年代初,受材料学和生物医学领域研究的强力驱动,在 OLCR 研究的基础上,发展了一种全新的光学影像技术——光学相干层析技术[19],它通过对材料样品和活体生物系统内部背向反射光(或者背向散射光)的测量,实现其内部实时、在线、三维立体的成像,分辨率可达微米量级,比传统超声成像方法高 1~2个量级[20,21],上述优点引起了众多研究者关注,并在生物医学成像及其应用研究的各个领域得到了广泛的应用,此部分内容也将在第 8 章详细讨论。

自 1987 年以来的二十多年间,以 OLCR 为代表的白光相干域测试原理、技术及其应用大体经历以下三个发展阶段。

1. OLCR 概念提出和 AS-OLCR 技术完善阶段(1990~1995 年)

1987 年,英国伦敦大学学院的 Youngquist 等[1]、日本电报电话公司(NTT)电子通信实验室的 Takada 等[22]和美国国标准局的 Danielson 等[23]分别从不同角度提出了 OLCR 的概念,标志着白光相干域测量技术的发明和诞生;其后,在 OLCR 测量的空间分辨率和反射灵敏度、测量范围扩展等技术发展中,Takada 等[24~26]和美国 Hewlett-Packard 公司实验室的 Sorin 等[27~30]做出重要贡献:他们首次采用SLD 和 ASE 在光纤低损耗窗口——1.31μm 和 1.55μm 波长获得了 10μm 量级高空间分辨率,并详细地研究了 OLCR 系统的各种噪声来源及其影响,将反射率灵敏度提升至 -160dB,满足了光纤和波导内瑞利散射测试的需求,同时将测量长度扩展至几米甚至近百米,使 OLCR 系统初步达到了实用化。OLCR 技术成熟的标志是在 20 世纪 90 年代中期美国 HP 公司推出了 HP8504B 光学低相干反射计,这款振 AS-OLCR 测试系统基本满足了光学器件与波导内部的微弱反射信息定量化测量和缺陷、故障精确定位与探测的测试需求;其后,日本安腾公司也推出了性能类似的 OLCR 测试仪器——AQ7410B。

2. 多种 OLCR 测量原理与方法的提出及其完善阶段(1990~2005 年)

在 AS-OLCR 测量技术的基础上,为了进一步提升测量精度、拓展测量功能、增加被测参量种类,又相继发展出多种 OLCR 测量原理与方法,包括相位敏感型OLCR(PS-OLCR)[31,32]、偏振敏感型 OLCR(polarization-sensitive OLCR, P-OLCR)[33,34]、谱域 OLCR(spectral domain OLCR, SD-OLCR;或傅里叶域OLCR,Fourier domain OLCR,FD-OLCR)[35,36]等。其中,PS-OLCR 增加了包含

相位信息在内的白光干涉图样完整信息的获取能力,使测试精度更高,参量测试种类更加全面,特别适合对光纤器件折射率分布、损耗谱以及色散参数等特征的测量;P-OLCR 增加的正交偏振探测能力,可以获得器件的双折射和消光比特性,特别适合光学偏振器件的测试与评估;SD-OLCR 和 FD-OLCR 通过增加光源波长调谐或者宽光谱分析与探测装置,在谱域实现了对白光干涉图样的检测和提取,消除了光程扫描中的运动部件,获得了更快的测试速度、更低的测试噪声。上述原理与方法的成熟和完善使 PS-OLCR、P-OLCR、FD-OLCR 逐步取代了AS-OLCR,其标志性事件有两点:其一是全世界范围内推出了商用 OLCR 系统的美国 HP 公司和日本横河公司分别宣布全部停产;其二是美国国家标准局和法国国家计量局分别建立起 PS-OLCR 测试系统用于光学器件的测试和应用。

3. 提出多种基于 OLCR 的器件测试方法并全面应用阶段(1995 年至今)

从 OLCR 系统被发明之时起,针对光纤器件和波导组件的测试与评价方法就不断被提出,研究也不断的深入。早期即 2000 年之前,主要集中利用 AS-OLCR系统进行光学器件与波导内部的微弱反射信息定量化测量,特别是随着美国 HP公司推出商用 OLCR 测试系统后,有大量的有源、无源器件内部结构测试、器件缺陷和故障精确定位与探测、基于器件反射谱应用研究等一批测试方法被提出,大量应用范例被演示,如 6.3.3 节中给出的 LED 与 DFB 有源器件和光纤隔离器等无源器件的测试举例;中期,即 2000～2010 年,测试应用主要集中在利用新发展的 PS-OLCR、POLCR、SD-OLCR 系统,开展对各种重要光纤器件和功能组件,特别是新型光纤和波导器件的参数表征和特性评估,如标准单模光纤以及各种特种光纤(保偏光纤、色散位移光纤、光子晶体光纤等)的模式和色散特性测量,各种光纤光栅(均匀布拉格光栅、啁啾布拉格光栅,长周期光栅)的几何参数、折射率参数、色散参数测量,阵列波导光栅的传输函数和误差参数等;2010 年之后,基于OLCR 的测试方法与测试应用主要集中在两个方面:其一是受新型光纤器件发展的创新驱动,在光学谐振腔、光子晶体光纤等新器件方面的测试和应用研究不断地深入;其二是受新兴学科的需求牵引,在生物医学和新材料领域的应用不断拓展。

综上所述,以 OLCR 为代表的白光相干域测试技术经历 20 多年的发展,逐渐从原理概念的提出,到关键技术的成功演示,再到典型应用的有效示范,正在逐步走向成熟;同时,一方面受到自身的创新驱动,另一方面也受到应用的需求牵引,白光相干域测试技术还在继续发展。

本小节主要围绕 OLCR 测量原理、技术与应用展开,对 OLCR 的测试系统结构与光路,空间分辨率、反射灵敏度、测量长度等关键技术以及 OLCR 技术在各种有源、无源器件中的典型测试应用进行详尽的分析。

6.3.1　OLCR 系统典型结构

典型的 OLCR 测试系统如图 6.8 所示,一般包含宽谱光源、光程相关器、信号探测与处理等三个部分。其核心部分是光程相关器,它一般由光学测量干涉仪、光程扫描机构、光程测量机构三个部分组成,作用是使来自于同一宽谱光源的参考光与测量光在光程上相互匹配,叠加而产生白光干涉条纹。OLCR 系统按照信号光经过待测器件的方式的不同,可以分为:基于反射式迈克耳孙干涉仪的OLCR和基于透射式马赫-曾德尔干涉仪的 OLCR;按照光程相关器中光学扫描方式不同,可分为:时(空)域光程扫描型 OLCR 和波长(频谱)扫描型 OLCR;按照干涉条纹获取信息全面程度不同,可分为:AS-OLCR 和 PS-OLCR。

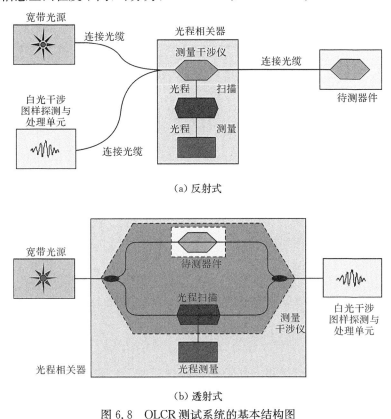

(a) 反射式

(b) 透射式

图 6.8　OLCR 测试系统的基本结构图

本节将对 OLCR 测试系统的典型光路结构进行分析和讨论。

1. 时域扫描反射式 OLCR 系统

基于时域光程扫描的反射式测试光路是最早发展、也是最为常见和成熟的一种测试光路[37]，它主要用于构成 AS-OLCR，目前商用化的 OLCR 系统主要采用这种测试光路结构。典型的测试光路如图 6.9 所示，由宽谱光源发出低相干光进入迈克耳孙干涉仪，在耦合器处被均匀分为两束，一束从扫描参考反射镜返回被称为参考光，另一束从待测器件(DUT)内部反射(散射)返回被称为测量光，其中测量光信号中携带了待测器件特征信息；参考光和测量光重新汇合到耦合器上，其产生的白光干涉图样被光电探测器所接收，经过信号处理电路的放大和滤波、干涉信号包络探测电路的解调，获得白光干涉信号峰值的幅度和位置，经过数据采集系统后，送入计算机中，用于显示待测器件的性能信息。

　　如图 6.9 所示的 OLCR 测量系统是最为典型也是最为基本的结构，在测试中为了获得更好的测量精度，增加实用性，通常需要在此基础上对其结构和功能进行进一步的优化和改进。

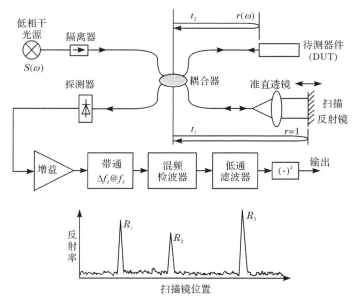

图 6.9　典型的基于时域光程扫描的反射式 AS-OLCR 系统结构

　　上述测量过程中，参考光和测量光信号分别独立传输于测量干涉仪的两臂。当干涉仪中的传输光路(如光纤)受到环境变化的影响，使参考光与测量光的偏振态变化不同，导致偏振衰落现象的发生。为此，美国 HP 公司推出的商用 OLCR系统 HP8504B 中增加了偏振分集接收的光路结构，如图 6.10 所示。在白光干涉信号到达探测器之前，增加了偏振控制器(PC)和偏振分光棱镜，分别采用双路正交偏振的探测器对白光干涉信号进行探测。测量时，利用 PC 调整参考光功率达到每个探测器的功率均相等，将处理过后的两路信号进行相加求和，以此来消除偏振衰落对信号幅度的影响。

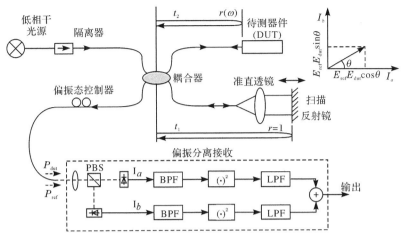

图 6.10　基于偏振分集接收的抗偏振衰落的 AS-OLCR

　　为了改善 OLCR 测试系统的噪声特性,特别是当探测光功率较大(一般为几十微瓦)时,光源 RIN 将成为系统噪声的主要制约因素。为了抑制 RIN,通常可以在光路中引入第二耦合器或者增加环形器,形成双探测器的平衡探测或差分探测方案[28,38],如图 6.11 所示。由光路原理可知,两个探测器探测的干涉信号其直流强度相同,而交流信号相位相差 180°。当两探测器输出信号相减时,一方面可以抑制光源 RIN,另一方面还可以使干涉信号幅值增加一倍。光路复杂度的稍许增加,换取的是检测性能的改善,即采取平衡探测方案是十分值得的。

　　如图 6.9~图 6.11 所示的几种 OLCR 系统,通常仅对白光干涉信号的包络信息进行探测和提取,它们是构成 AS-OLCR 测量系统的主要结构。

　　对于需要采集白光干涉条纹的全部细节和完整信息的 PS-OLCR,除了要获得除白光干涉条纹的包络外,还要获得载波的相位信息及其对应的准确的光程位置,就必须要增加额外的光程扫描检测装置。如法国国家计量局 Obaton 等[12,39,40]构建的典型 PS-OLCR 测试系统,如图 6.12 所示。

　　如图 6.12 所示,PS-OLCR 测试装置包含两个干涉仪光路:其一是扫描台上的两个角锥反射器构成差动空气干涉光路,它用于对参考扫描镜的绝对位置进行测量和跟踪,它由稳频 He-Ne 激光器作为光源,采用差分位移测量结构,分辨率可达 80nm;其二为由光纤构成的低相干干涉光路,光源采用涵盖 C+L 波段(1525~1625nm)的掺铒 ASE 光纤光源,也可以采用高斯型 SLED 进行拼接将光谱扩展到 1490~1605nm,采用平衡式 InGaAs 光电探测器。在待测器件之前插入的一个起偏器,目的是对器件双折射特性进行测试。

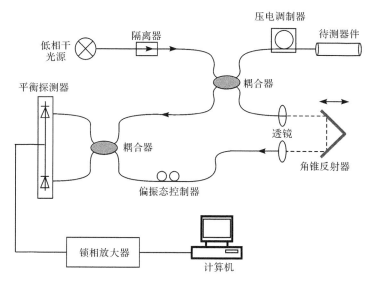

图 6.11　基于平衡探测的抗偏振衰落的 AS-OLCR

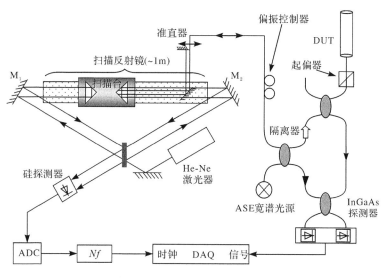

图 6.12　PS-OLCR 测试光路

2. 时域扫描透射式 PS-OLCR 系统

从待测器件的一端注入,另外一端接收的透射式测量方法,也是比较常见的,主要用于对一些新型光纤和波导器件的测量,如阵列波导光栅(array waveguide grating,AWG)、环形谐振腔等。透射式系统中测量干涉仪采用马赫-曾德尔干涉仪,待测器件和光程扫描器分别位于马赫-曾德尔干涉仪的两臂中,一般都需要对光程扫描位移进行测量,以此来构成 PS-OLCR 测量系统。典型的时域扫描透射式 PS-OLCR 系统,如日本 NTT 公司研究所的 Takada 等[41]为研究 AWG 特性而构建,如图 6.13 所示。PS-OLCR 在此结构上设计的巧妙之处在于:改变了光程测量必须构建单独干涉仪的方法,将光纤位移测量干涉仪与低相干干涉仪合二为一,即分别采用 1.5μm 的宽谱 LED 和 1.3μm 窄带激光器同时驱动马赫-曾德尔干涉仪;干涉信号在探测之前,采用分束器将 1.5μm 和 1.3μm 两波长分离开,分别用于器件特性的测量和光程位移的测量与数据采集的触发。一方面简化了干涉仪结构,更主要的是光程位移测量时将马赫-曾德尔干涉仪两臂的传输光纤的光程变化也考虑在内,可以抑制温度、振动等环境对测量的影响。在马赫-曾德尔干涉仪的两干涉臂中,分别嵌入偏振态控制器,以消除偏振衰落的影响。

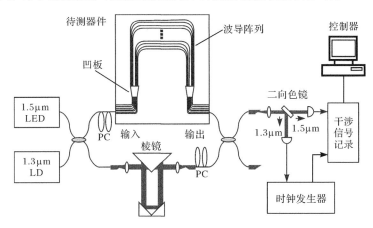

图 6.13　基于时域光程扫描的透射式 PS-OLCR 测试系统

在此基础上,意大利米兰理工大学 Melloni 等[42,43]发展了透射式 PS-OLCR,如图 6.14 所示。其改进之处主要在以下两个方面。

(1)在传统透射式 PS-OLCR 的基础上增加了偏振选择性,即在待测器件的前后分别增加了一个偏振选择延迟器(PSR)。PSR1 的作用是产生在光程上相互分离的两束正交偏振光。其中增加 PSR1 目的是使信号光经过待测器件后,携带双折射敏感信息;增加 PSR2 的目的是分离在待测器件中两正交偏振光的交叉串扰,具体的信号光传输过程如图 6.15 所示。对 PSR1 和 PSR2 的要求仅为各自产生的延迟量不能相同。

(2)宽谱 1.55μm SLD 和窄带 1.31μm DFB 光源产生的干涉条纹均由同一对平衡探测器进行探测,其后根据二者干涉信号的载波频率不同,利用滤波方法加以分离。

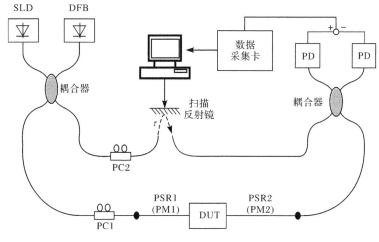

图 6.14　透射式 PS-OLCR 系统结构

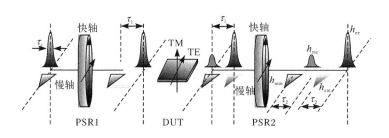

图 6.15　基于 PSR 的偏振敏感测试过程

3. 谱域 OLCR 系统

6.3.1 节中描述的各种 OLCR 系统其共同特征是光程扫描均采用程控机械位移台,通过可移动反射镜来改变空间自由光程,获取白光干涉条纹的特征是沿时间展开的。这种光程延迟线其优点是扫描量程大,扫描范围灵活可变,既可对具有较大光程的器件进行全程测量,也可对其局部进行精细化的观测。但其缺点也是致命的:位移台可能是 OLCR 系统中唯一的运动部件,其产生的位移误差和速度抖动将会使白光干涉条纹引入位置、幅度和相位误差,对测量性能产生极大的劣化。

解决上述问题的办法是将光程机械扫描装置替换为波长调谐装置或光谱分析仪。图 6.16 为澳大利亚西奥大学 Smith 等[44]构建的透射式谱域 PS-OLCR 测试系统。如图 6.16 所示,与时域 OLCR 相比,谱域 OLCR 的主要不同之处在于采用光谱分析仪(OSA)替换了光电探测器。而干涉仪中加入程控位移台(TXS)和压电反射镜(PZM)目的是与进行谱域干涉仪与时域干涉仪的测量对比,实测过程中,可以省略。DFB 激光器用于检测干涉仪的相位漂移,构成干涉仪的光纤采用G653 色散位移光纤(DSF)用于消除干涉仪的色散影响。上述谱域 OLCR 在测量时,由于消除了时域光程扫描的运动部件,它抑制了机械运动噪声,同时提高了测试速度;但谱域 OLCR 的测试性能也同样受限于光源调谐装置和光谱分析装置,即由式(5.146)和式(5.148)给出,光源的光谱半宽决定了最小空间分辨率,光谱分辨率或波长调谐步长决定器件最大测量长度,一般 FWHM 为 60nm、光谱分辨率为 10pm 的谱域 OLCR 系统其空间分辨率和最大测量长度为 $24\mu m$ 和 4cm。

与时域 OLCR 系统类似,谱域 OLCR 系统也可以采用透射方式。

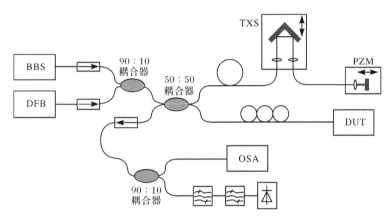

图 6.16　透射式 PS-OLCR 测试光路

6.3.2　OLCR 测量的关键技术

在光学(光纤)器件的性能测试与评价中,OLCR 作为一种分布式测量手段主要体现出的关键性能包括空间分辨率、反射灵敏度、测量长度等。本节主要对上述性能的优化与提升方法加以讨论。

1. 空间分辨率提升

根据 6.2.2 节中对于空间分辨率的讨论可知,OLCR 系统的空间分辨率同样是指测量系统区分空间上两个点之间最小距离的能力,它近似等于干涉包络波形的半值宽度,即 OLCR 系统的空间分辨率在数值上近似等于宽谱光源的相干长度 L_c。在介质中,当 OLCR 系统分别采用迈克耳孙和马赫-曾德尔干涉仪作为光程相关器时,不考虑色散影响时,由式(6.51)可知,光源相干长度 L_c 可以表示为

$$L_{\text{c-Michelson}}=\frac{2\ln2}{\pi n_g}\frac{\lambda_0^2}{\Delta\lambda}=\frac{0.44}{n_g}\frac{\lambda_0^2}{\Delta\lambda} \tag{6.102}$$

$$L_{c\text{-MZ}} = \frac{\ln 2}{\pi n_g} \frac{\lambda_0^2}{\Delta\lambda} = \frac{0.88}{n_g} \frac{\lambda_0^2}{\Delta\lambda} \tag{6.103}$$

式中：λ_0 为光源中心波长；$\Delta\lambda$ 为光谱半宽度（FWHM）；n_g 为介质的群折射率。

由式（6.102）和式（6.103）可知，要获得高空间分辨率主要的方法是尽量选择具有较大 FWHM 的光源，其次是在具有同等 FWHM 数值时，尽量选择波长较短的光源；此外，在介质中获得的空间分辨率要优于空气中的。

目前，已经在 OLCR 系统普遍采用的宽带光源主要有基于半导体材料的发光二极管（LED）、超辐射发光二极管（SLD），基于稀土掺杂光纤的超自发辐射光源（ASE），基于固态激光器结构的 Ti：Al$_2$O$_3$ 超快飞秒激光器，以及基于光子晶体光纤的超连续光源等低相干光源，如表 6.4 所示。

表 6.4　低相干光源特性

光源类型	中心波长 $\bar{\lambda}$/nm	光谱半宽度 $\Delta\lambda$/nm	相干长度 L_c/μm	功率 P_0/mW	光谱分布形状
SLD	820	50	6	6	高斯型
	1300	35	21	10	高斯型
	1550	70	15	5	高斯型
LED	1310	60	13	0.05	高斯型
	1550	40	26	0.03	高斯型
ASE	1550	80	13～11	40	类方波型
光子晶体光纤超连续谱光源	1300	370	2	6	类方波型
	725	370	0.75	—	类方波型
Ti-Al$_2$O$_3$超快光源	780	180	1.9	0.002	类高斯型

1991 年日本 NTT 实验室的 Takada 等[45]采用中心波长 1.31μm、出纤功率 1.5mW 的 SLD 光源，首次利用 OLCR 观测到了 1.31μm 波长下单模光纤的瑞利散射，并获得了 14μm 的高空间分辨率，实验装置如图 6.17 所示。

在 1992 年美国 Hewlett-Packard 公司实验室的 Sorin 等[28]采用中心波长 1.55μm、出纤功率 10mW 的 ASE 光源，首次在 1.55μm 波长下观测到了单模光纤的瑞利散射，并获得了 32μm 的空间分辨率，实验装置如图 6.18 所示。

同年，瑞士理工学院的 Clivaz 等[46]采用中心波长 780nm、FWHM180nm 的 Ti：Al$_2$O$_3$ 固态超快激光器获得了 1.9μm 的高空间分辨率；1994 年他们又进一步将分辨率提高到了 1.5μm[47]。

2. 反射灵敏度提高

OLCR 的反射灵敏度是指最小可探测反射率 $R_{\min}$ 的大小，它是与 OLCR 系统

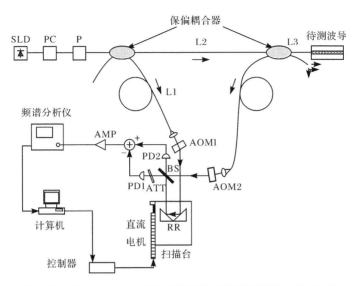

图 6.17　基于 1.31μm SLD 光源和外差平衡探测技术的 OLCR

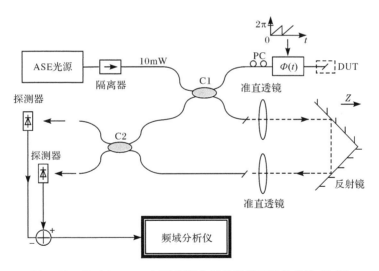

图 6.18　基于 1.55μm ASE 光源和零差平衡探测技术的 OLCR

的 SNR 成反比,即有

$$R_{\min}=\frac{1}{\mathrm{SNR}} \tag{6.104}$$

式(6.101)给出受散粒噪声限制时,最小可探测反射率 $R_{\min}$ 的表达式,整理得

$$R_{\min}=\frac{2h\nu}{\eta}\frac{\mathrm{NEB}}{P_{\mathrm{dut}}} \tag{6.105}$$

式中:NEB 为信号探测的等效带宽;P_{dut} 是信号臂的光功率。

为了获得更高的反射灵敏度,目前已经被验证有效的措施包括:

1) 提高注入待测器件中的光功率

由式(6.105)可知,最小可探测反射率 R_{min} 与信号臂光功率 P_{dut} 成反比,因此提高 P_{dut} 可以显著提升反射灵敏度。如图 6.19 所示,当响应度为 0.8A/W、探测带宽为 100Hz 时,OLCR 受散粒噪声限的反射灵敏度与信号比光功率的关系。但需要注意的是,式(6.105)存在的前提是噪声中散粒噪声占主要成分,必须控制 P_{dut} 的幅值大小,并对电路进行优化设计,以使其他噪声如 RIN、热噪声小于散粒噪声。

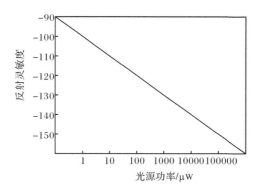

图 6.19　受散粒噪声限制时 OLCR 反射灵敏度与光源功率的关系

2) 降低信号探测的等效带宽

由式(6.105)可知,最小可探测反射率 R_{min} 与 NEB 信号探测的等效带宽成反比,因此降低 NEB 也可以显著提升反射灵敏度。由式(6.105)和式(6.99)可知,最小可探测反射率 R_{min} 还可以表示为

$$R_{min} = \frac{2h\nu}{\eta} \frac{1}{P_{dut}} \frac{u_s}{\Delta l_{FWHM}} \qquad (6.106)$$

式中:u_s 为参考镜的扫描速率;Δl_{FWHM} 为测量的空间分辨率。

由式(6.106)可知,最小可探测反射率 R_{min} 与参考镜的扫描速率 u_s 成正比,与空间分辨率 Δl_{FWHM} 成反比,即降低测试速度和空间分辨率要求可以显著提高反射灵敏度性能。

3) 采取平衡探测,降低参考臂光功率

一般而言,从待测器件返回的测量臂光功率会远小于参考臂光功率,即 $P_{dut} \ll P_{ref}$,此时参考信号成为散粒噪声和强度噪声的原因。考虑散粒噪声、光源 RIN、热噪声的综合影响,由式(6.80)可知,微弱单一反射层 SNR 为

$$SNR = \frac{2\mathscr{R}^2 P_{ref} P_{dut}}{4KT\dfrac{NEB}{\mathscr{R}} + 2e\mathscr{R}P_{ref}NEB + (1+V^2)\mathscr{R}^2 P_{ref}^2 \dfrac{NEB}{\Delta\nu}} \qquad (6.107)$$

式中：P_{ref} 和 P_{dut} 分别为所测的参考臂和信号臂的光功率；$\Re$ 为探测器的响应度；NEB 为探测电路的等效带宽；V 为光源的偏振度；$\Delta\nu$ 为光源的频宽。

式(6.107)分母中的噪声项从左到右分别是热噪声、散粒噪声和强度噪声，分别由式(6.71)、式(6.77)、式(6.78)给出，等效带宽 NEB 由式(6.89)给出。

由式(6.107)可知，噪声依赖于参考光功率 P_{ref} 的值。当 $P_{dut} \ll P_{ref}$，且 P_{ref} 较大时(大于 $10\mu W$)，并且采用高阻抗接收器(例如，$R=1M\Omega$)和典型的低相干光源(有几十纳米的谱宽)时，RIN 强度噪声开始超越散粒噪声成为主要噪声。式(6.107)给出的信噪比 SNR 主要体现为 RIN 强度噪声限，即

$$SNR = \frac{2\,\Re^2 P_{ref} P_{dut}}{(1+V^2)\Re^2 P_{ref} \dfrac{NEB}{\Delta\nu}} = \frac{2P_{dut}}{(1+V^2) P_{ref} \dfrac{NEB}{\Delta\nu}} \qquad (6.108)$$

如式(6.108)可知，当增加光源的功率时，SNR 不变，因为信号 P_{dut} 与噪声(与 P_{ref} 正比)等比例增加，所以反射灵敏度并不会提高。此时，最大反射灵敏度受限于光源 RIN 为定值。为了抑制 RIN 的影响，可以采取如下措施：

其一，采取平衡差分探测方案，两个探测器探测到相同的强度波动和相差 180°的干涉信号，二者信号相减可以消除所有的强度噪声并使干涉信号强度增加一倍。

其二，当 RIN 大于散粒噪声时，直接衰减参考臂光功率 P_{ref}。由式(6.108)可知，减小 P_{ref} 可以直接增加 SNR，直到散粒噪声重新成为主要噪声因素。

1991 年 Takada 等[26]采用如图 6.20 所示的外差平衡探测方案，通过采用折射率匹配液来降低光纤端面反射功率，使散粒噪声限制的反射灵敏度达到 $-140dB$(3Hz 带宽)。

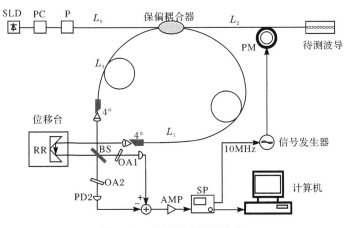

图 6.20　外差平衡探测方案

1992 年 Sorin 等[27]采用如图 6.21 所示的最简 OLCR 光路结构，通过衰减参

考臂功率 P_{ref} 来提高反射灵敏度。当 P_{ref} 的功率衰减到 $1\mu W$ 以下时,反射灵敏度可以达到 $-146dB$（3Hz 带宽）。

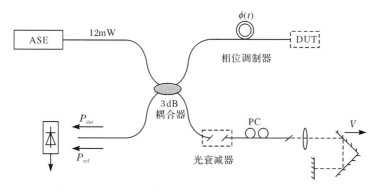

图 6.21　基于参考臂光强衰减的探测灵敏度增强方案

1994 年 Takada 等[24]利用单个 3×3 耦合器替代若干 2×2 耦合器构造了平衡探测方案（见图 6.22），没有采用额外的功率衰减方法,也同样使散粒噪声限制的反射灵敏度达到 $-152dB$（3Hz 带宽）。

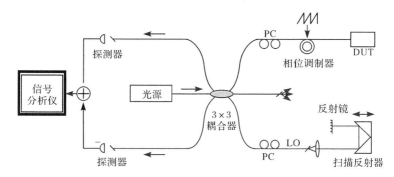

图 6.22　基于 3×3 耦合器的探测灵敏度增强方案

1993 年 Takada 等[25]采用了复合 ASE 和 EDFA 的方案（见图 6.23）使宽带光源的输出功率达到了 150mW,以此来提高注入待测器件中的光功率,同时采用平衡探测方案,使散粒噪声限制的反射灵敏度达到 $-161dB$。

3. 测量长度扩展

在 OLCR 测量中,测量范围是由光程扫描延迟线决定的,具体说来是由可移动镜的最大扫描距离所确定的。光程扫描延迟线是测试系统中光、机、电相结合的核心部件,作为系统中可能是唯一的机械运动机构,它的性能、精度和可靠性是系统中最为薄弱的短板。它不仅决定着测试系统的空间分辨率、测量范围以及反

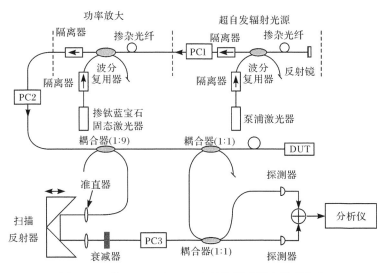

图 6.23　基于 ASE 和 EDFA 的探测灵敏度增强方案

射率的测试精度等重要指标,而且它也决定着测试系统体积和寿命。如何获得扫描范围大(2~3m)、空间分辨率高(~1μm)、插入损耗小(~1dB)和光强波动低(~0.5dB)的光程扫描延迟线是 OLCR 测试系统需要发展的关键技术之一。具体涉及的研究内容主要有以下三个方面。

1) 大范围光程扫描扩展

通常范围为几十毫米至一两百毫米、精度在微米量级的机械扫描系统是可以获得的,但要将扫描范围扩大 10 倍以上,同时保持精度不变,对扫描机构的设计与实现是相当困难的。如何在保持机械运动范围和扫描精度不变的前提下,实现大量程光程扫描范围的扩展是首先遇到的问题。

2) 保持光程延迟扫描运动的均匀性

除扫描范围和扫描位置精度外,机械扫描运动的均匀性也对光程扫描的精度产生重要影响。光程扫描速度直接决定白光干涉信号的载波频率。要使扫描精度达到微米量级,光程扫描速度不均匀的问题是无法避免的。速度的不均匀,将会使干涉信号的频带展宽,一方面增加了光电检测系统的带宽,劣化了测量系统的噪声性能,另一方面将影响干涉包络的形状和对称性,减低了测量精度。因此,消除运动的不均匀性,需要尽量保持匀速光程扫描。

3) 光程扫描过程中光强波动的抑制

光程连续扫描时,插入损耗的变化,将引起干涉信号的幅度变化,进而使测量产生波动,影响测量的精确性。因此,在光程扫描过程中必须要抑制光强波动,减小其对测量的影响。

日本 NTT 公司 Takada 等[48]提出了一种基于光束折叠反射的延迟线光程扩展方法。如图 6.24 所示,他们在光程延迟线中增加了一对角锥反射器,使光束在反射器之间不断反射高达 10 次以上,使扫描长度只有 20cm 的延迟线,总光程扫描长度达到了 2m,并将光强波动维持在 1dB 以下。

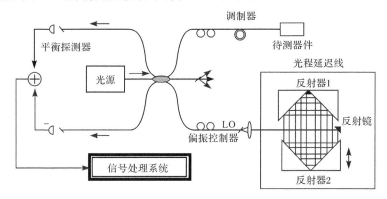

图 6.24   基于角锥反射器光束折叠的 2m 扫描光程的延迟线

美国 HP 公司的 Baney 等[29,30]提出了一种基于光束循环的延迟线光程扩展方法。如图 6.25 所示,在光程相关器的参考臂中增加一个光循环延迟器,如光纤 Fabry-Perot 谐振腔。它的作用是产生周期性的梳状光延迟,并且当参考镜运动时,它们随之一起移动。光循环延迟器增加测量范围的大小主要取决于光束在延迟器中的循环次数,以高精细度光纤 Fabry-Perot 谐振腔为例,可以使测量范围增加 100 倍以上,最长能够实现 150m 光纤的测量。

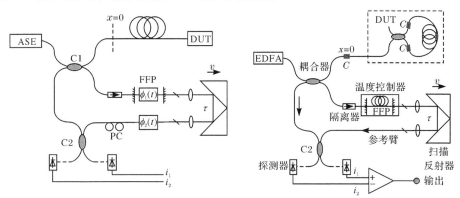

图 6.25   基于光束循环的超大量程光程延迟线

2005 年,日本 NTT 公司 Takiguchi 等[49]提出一种可用于 OLCR 系统的平板波导电路(PLC)可变光学延迟线,如图 6.26 所示。这种采用集成光学方法研制的延迟线,由 16 个非对称延迟单元级联而成,单元延迟量依次选择为 2 的几何级数

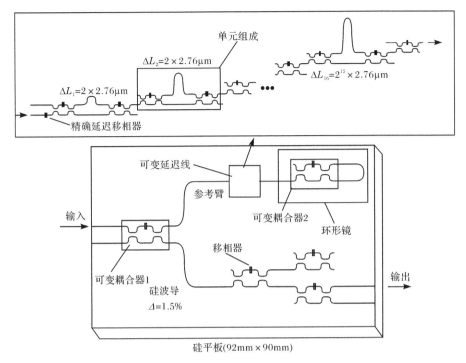

图 6.26　基于平板波导电路(PLC)的可变光学延迟线

倍($2.76\mu m \times 2^n$)，每个单元延迟量的选择依靠两侧的 2 个光开关。它可以实现 262.1mm 范围内的光延迟扫描，分辨率小于 $1\mu m$。上述延迟线的最大优点是，消除了延迟线中的运动部件，并且具有体积小、寿命长等优点。

　　在 OLCR 测量系统中，光程扫描由程控机械位移台通过改变空间自由光程来实现，位移台的位移误差和速度抖动将通过采样时干涉相位误差影响白光干涉条纹，将对测量性能产生极大劣化。为了克服上述问题，2009 年，Canavesi 等[42]基于偏振-相位敏感 OLCR 提出了一种光程扫描位置和损耗校正、改善测量精度的后处理方法。其输出信号 $u(\hat{\tau})$ 为宽谱光源和窄带光源干涉信号的叠加，即

$$u(\hat{\tau}) = b(\hat{\tau}) + c(\hat{\tau})$$

式中：$\hat{\tau}$ 为实际光程延迟；$b(\hat{\tau})$ 为 1550nm 的宽谱光源干涉信号，它用于器件功率传输谱的测试；$c(\hat{\tau})$ 为 1310nm 的窄带光源干涉信号，它用于校正光程扫描的位置、速度和延迟线的传输损耗。

　　校正算法的具体过程如图 6.27 所示，其过程为：

　　(1) 对采集干涉图样的 $u(\hat{\tau})$ 进行快速傅里叶变换，并对频域信号进行带通滤波，将 $\hat{B}(f)$ 与 $\hat{C}(f)$ 进行分离，由于二者的中心波长不同，因此在频率域上它们是

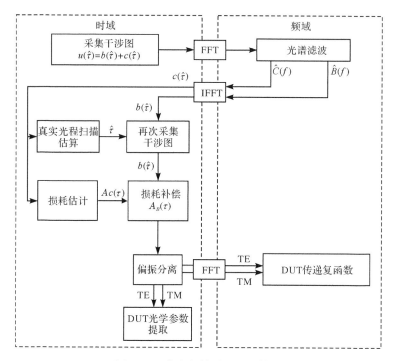

图 6.27　光程扫描误差校正算法

相互独立的。

（2）对 $\hat{B}(f)$ 和 $\hat{C}(f)$ 分别进行傅里叶逆变换，在时域得到分离的 $b(\hat{\tau})$ 和 $c(\hat{\tau})$。

（3）对 $c(\hat{\tau})$ 进行希尔伯特变换，并与 $c(\hat{\tau})$ 相加，分离模和幅角项可以分别获得真实的损耗包络值 $A_C(\hat{\tau})$ 和准确的光程延迟量 $\hat{\tau}$。

（4）利用从 $c(\hat{\tau})$ 中获得的 $\hat{\tau}$，对 $b(\hat{\tau})$ 进行重采样实现光程扫描校正，得到校正后的 $b(\tau)$；再利用 $A_C(\hat{\tau})$ 对 $b(\hat{\tau})$ 进行损耗校正，可以得到 $A_B(\tau)$。

（5）利用校正后的 $b(\tau)$ 和 $A_B(\tau)$，通过傅里叶变换，可以获得器件复数传输函数，其模值代表器件的透过率或功率谱，而幅角为器件相位信息，通过它可以获得色散性能。

6.3.3　OLCR 测试技术的应用

1. 商用 OLCR 测试系统

自 1987 年 OLCR 测试技术被发明以来，虽然已提出了多种原理和结构的 OLCR 系统，从事相关研究的单位也遍布全球各地，但是能够商用的 OLCR 测试系统屈指可数。主要原因是与其他测试原理相比，基于光学相干测试原理的

OLCR还是稍显复杂,对仪器的性能要求较高,仪器化难度较大。当然,由于测试主要用于新器件的研发,测试的个性化需求,也进一步加大了应用开发的难度。

目前,国外曾经商用化的 OLCR 系统有两款为:其一是 20 世纪 90 年代中期美国 HP 公司推出了 HP8504B 光学低相干反射计,它大部分集成了 Sorin 等的研究成果,其性能为:400mm 空间光程扫描范围内,空间分辨率可达 25μm,动态范围优于 80dB,可用于 1.31μm 和 1.55μm 光波段器件的测试和分析,具有手动偏振衰落抑制功能,如图 6.28(a)所示。其二是日本安腾公司(已被日本横河公司收购)推出的 OLCR 测试仪器——AQ7410B,如图 6.28(b)所示。仪器的主要性能与 HP8504B 类似,但其比较突出的特点在于光程扫描延迟机构,在其他性能不变的前提下,不但可以实现 2000mm 空间范围内的光程扫描(增大了近 5 倍),扫描速度也提高到了 36mm/s(提高了 80%)。之所以拥有如此优异的性能,是因为集成了日本 NTT 公司 Takada 等的技术研究成果。上述商用系统全部是 AS-OLCR 测试系统。

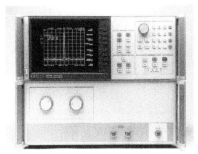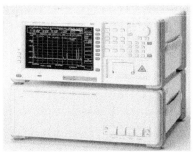

(a) 美国 HP 公司 HP8504B 型测量系统　　　　(b) 日本横河公司 AQ7410B 型测量系统

图 6.28　国外商用化的振幅敏感型白光相干域反射系统

国内,哈尔滨工程大学也研制过类似的 AS-OLCR 测试系统,如图 6.29 所示。其测量分辨率和动态范围与 AQ7410B 系统持平,而 800mm 的扫描范围和 24mm/s 的测试速度介于 HP8505B 和 AQ7410B 之间。三款仪器的性能和指标的对比如表 6.5 所示。

图 6.29　哈尔滨工程大学研制的 OLCR-II 型白光相干域反射计

表 6.5　国内外 OLCR 测试系统的技术性能对比

性能	美国 HP 公司 HP8504B 型	日本横河公司 AQ7410B 型	哈尔滨工程大学 OLCR-II 型
测试波长	1.31μm 或 1.55μm	1.31μm 或 1.55μm	1.31μm 或 1.55μm
光源功率	−17dBm	−18dBm	−3dBm
空间分辨率	25μm	20μm	25μm
长度测量范围	1～400mm	0～2000mm	0～800mm
折射率范围	1.000 00～3.999 99	1.000 00～3.999 99	1.000 00～3.999 99
扫描速度	20mm/s	36mm/s	24mm/s
回损测量范围	10～80dB	10～85dB	0～85dB
测量精度	±1.5dB	±2dB	±1.5dB

2. 光学器件与组件的故障位置测量

利用 AS-OLCR 系统所具有的微米级高空间分辨率和瑞利散射级高反射灵敏度,可以获得有源和无源光学器件、组件内部各光学元件表面的微弱反射及其元件所在的精确空间位置,极大地满足光纤(学)器件内部故障定位和诊断的需求,为元器件的设计评价和性能测试提供了一种精确地分布式测量和评估的手段。

1) 测试举例 1——边带发光二极管(EELED)的特性测试

美国 HP 公司实验室及 Sorin[5] 是较早开展 OLCR 测试应用研究的,他们将测试光沿尾纤注入中心波长 1.3μm、半谱谱宽 60nm、出纤功率 20μW 的 EELED 器件中,获得其内部清晰的结构特征。如图 6.30 所示,a～e 五个反射峰分别依次对应 EELED 窗口的前后表面,EELED 芯片的前后发光面以及热沉的前表面,其中反射率最大为 EELED 前表面,而 EELED 芯片对应的空间光程为 670μm。

2) 测试举例 2——光纤隔离器内部反射的测量

Sorin 等[27] 利用中心波长 1.55μm 的 ASE 低相干光源驱动 OLCR 系统,对该公司产生的 HP81310LI 型偏振无关双级光隔离器进行了测试,其实验结果如图 6.31所示。双级光纤隔离器中包含很多光学元件,如棱镜、双折射晶体、法拉第旋镜等,每个元件的前后表面都镀有增透膜,并预置有一定的角度,以避免任何背向反射,来减小回波损耗。在器件最初进行设计时,这种测量非常有必要。通过对如图 6.31 所示的测试结果,可以快速地确定哪个元件造成过大的反射,各元件的反射率是否符合理论设计,是否处于最佳的预置角度,是否需要对原设计进行修正和优化等。测试结果表明:各元件的回波损耗均小于−60dB,性能满足设计要求。

3) 测试举例 3——光纤与波导的瑞利散射测量

Sorin 等研制的 OLCR 系统,其反射灵敏度超过−146dB[28],可以对光纤和波导内的瑞利散射进行高精度测量。利用中心波长 1.55μm,功率 10mW 的 ASE 光

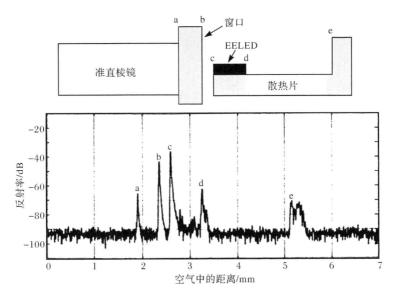

图 6.30　利用 OLCR 测量带有尾纤的 EELED 的封装

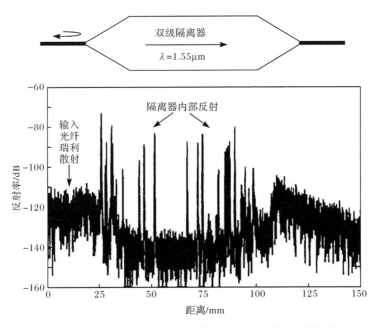

图 6.31　利用 OLCR 测量双级偏振无光隔离器的回波损耗

源驱动 OLCR 系统,对焊接有掺铒光纤的标准单模光纤的瑞利散射加以测量。如图 6.32(a)所示,焊点处瑞利散射水平有明显的抬高将近 10dB,是由掺铒光纤的传输损耗和数值孔径均较大所致。

如果在标准单模光纤中产生一个直径大约为 5mm 的环状弯曲。如图 6.32(b) 所示的瑞利散射的测量表明[37]：在弯曲处，光纤的背向散射水平先是提高了 20dB（即从 −117dB 提高到 −97dB），后又衰减了 20dB 以上（接近 −140dB）。背向散射加大的原因是从光纤纤芯泄漏出到包层和塑料涂覆中的光，在初始弯曲处与传输光又产生了耦合，重新回到纤芯中所致。OLCR 系统所具有的 −146dB 的反射灵敏度，对直径小于 30mm 的弯曲散射都是可以测量的。

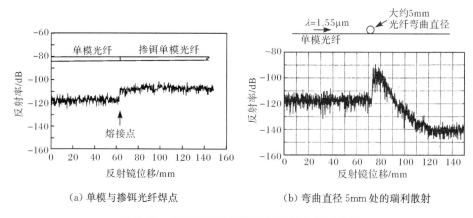

（a）单模与掺铒光纤焊点　　　　　　（b）弯曲直径 5mm 处的瑞利散射

图 6.32　利用 OLCR 系统测量光纤中瑞利散射

Sorin[5] 还对基于铌酸锂衬底的集成光波导的散射进行了测量。如图 6.33 所示，为钛掺杂铌酸锂波导偏振器的背向散射测量结果。通过调整入射光信号的偏振态，偏振片之后散射级别的降低可以从 0 变化到 15dB。15dB 的变化意味着偏振器的消光比大约是 7dB。这种测量对更复杂的波导配置如多偏振片、用于位相调制的金属电极 Y 波导很有用。在 6.5.1 节，将给出更为详细的多功能集成波导调制器（俗称 Y 波导）的测试方法。

3. 有源器件测试

OLCR 作为一种非破坏性分布式测量手段，在半导体激光器[7,38,50~52]、半导体发光二极管[37,53]、波导放大器[54] 等有源器件的测试方面也有非常成功的应用。基本方法是在拟定的测试条件下（如电学加载、温度加载、光学泵浦等），利用 OLCR 获得有源器件内部的反射谱，结合测试和加载条件，对反射谱进行定量分析，获得器件的参数表征或实现故障的定义和诊断。

1）测试举例 4——DFB 激光器的特性测试

需要说明的是，对有源器件，特别是半导体激光器的测量，与无源器件相比存在一些不同。其一是半导体激光器一般对探测光表现为吸收特性，在测试时，需要增加一个偏置电流使波导区变得透明，并且在较大的偏置电流时，探测光信号

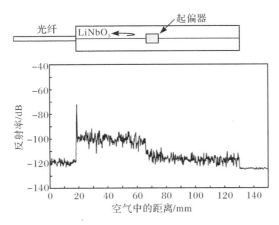

图 6.33　铌酸锂波导消逝场起偏器的后向散射

由于经过了增益区,将使反射信号的功率增加。其二是激光材料及其光学腔的滤波特性,使透射光谱宽度比较窄,所以当有源区注入偏置电流时,测量在空间分辨率上会产生一定的劣化。

Gallion 等[38,51]采用 OLCR 技术系统地开展了半导体激光器腔内特性的研究。他们测量了多电极激光器之间的泄漏电流,对不同电注入条件下 DFB 激光器腔内的复折射率分布(包括耦合系数和损耗系数)、有效折射率及其变化,腔内损耗等进行了测量和研究。无偏置时,测量和仿真得到的 DFB 激光器腔内反射谱如图 6.34(a)和(b)所示。图 6.34 中可见:DFB 激光器的输入尾纤与有源芯片的前端面可以清楚分辨,反射峰的间距为 79μm;激光器的锥形区域和光栅段也被明显地区分开,测量的光学长度分别为 452.25μm 和 1155.75μm;根据器件测量得到的总光程长度和其物理长度的比值可以得到有效群折射率为 3.35;反射谱中光栅段的斜率 2α,是由在无偏置下输入有源区对输入光的吸收(损耗系数为 α)造成的。由图 6.34(a)可知,无偏置时,测量得到的损耗系数为 6dB/mm,相应的损耗系数为 40cm^{-1}。图 6.34(b)为不同损耗系数时的仿真结果。

2001 年法国电信的 Gottesman 等利用 OLCR 首次全面地研究了半导体激光器的光学和点穴损伤问题[52],对 InP 基 1.3μm Fabry-Perot 型多量子阱半导体激光器的损伤区域进行探测和定位。如图 6.35 所示,三只相同结构的激光器(1$^\#$LD 正常,2$^\#$ 和 3$^\#$LD 高电流阈值、无光输出)是否受到损伤其反射谱的行为存在较大不同:1$^\#$LD 为正常的反射谱;与 1$^\#$LD 相比,在 2$^\#$LD 芯片的前后表面(分别对应反射峰 A 和 B1)之间,存在与损伤相关的额外反射峰 D1 和 D2,除一次反射外,还可以看到二次反射峰(即~0.357mm 处对应于 D1,~0.44mm 处对应于 D2),说明半导体芯片内部存在缺陷和损伤;与 1$^\#$LD 相比,3$^\#$LD 芯片的后表面的反射率,即 B1(对应于第一次反射)和 B2(对应于第二次反射)的幅值明显低

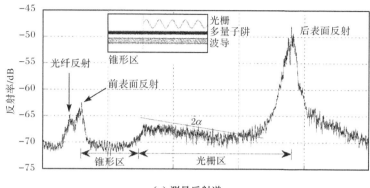

（a）测量反射谱

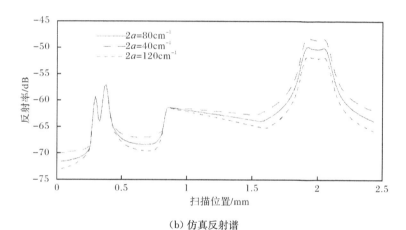

（b）仿真反射谱

图 6.34　无偏置时 DFB 激光器腔内反射特性

很多,分别大约低了 18dB 和 34dB,说明 3#LD 芯片后表面的腔镜受到了损伤。在有电注入和无电注入的条件下,分别对激光器内部的反射谱的特性进行分析,可以判断其是否存在损伤,这是因为损伤引起激光腔内的光学和电学活动的变化会体现在反射谱中。这种方法可以准确的检测和定位激光器腔内的受损区域。

2) 测试举例 5——固态激光器的热特性测试

1998 年 Wu 等[55,56]利用 OLCR 对二极管泵浦的高功率固态激光器的热特性进行了测量。如图 6.36(a)所示,将中心波长 1.3μm,谱宽 60nm、相干长度 9μm 的信号光注入激光器的增益介质中,研究了二极管激光泵浦高功率 Nd：YVO4 激光器的热效应。

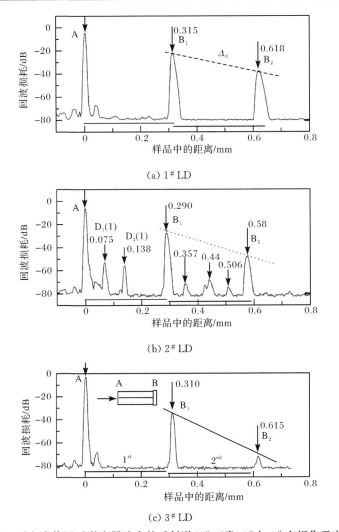

（a）1#LD

（b）2#LD

（c）3#LD

图6.35 无电流偏置时激光器腔内的反射谱（1#正常，2#与3#有损伤无光输出）

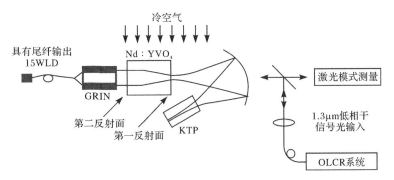

（a）二极管激光泵浦高功率固态激光器的结构及其测试方法示意图

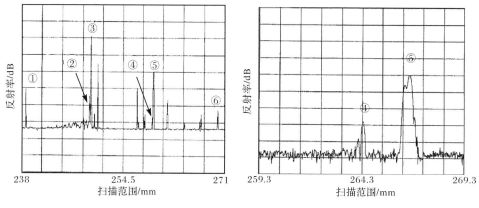

（b）固态激光器内部反射测试结果　　　　（c）Nd：YVO4 晶体第二表面、二次反射峰

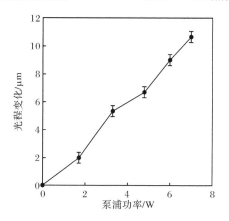

（d）Nd：YVO4 晶体随泵浦功率的热致光程变化（往返一次）

图 6.36　二极管激光泵浦高功率固态激光器的热效应测量方法与结果

　　固态激光器的测试结果如图 6.36(b)和(c)所示，标号为 1～5 的反射峰分别表示：1——Nd：YVO4 晶体的前表面；2,4——Nd：YVO4 晶体的后表面的第一、第二次反射；3,5,6——GRIN 头型前表面的第一、第二、第三次反射；OLCR 能够精确的测量得到随着泵浦功率的增加、增益介质 Nd：YVO4 的光程变化量，它主要来自介质的热致折射率变化和热膨胀。

4. 光纤与波导特性测量

　　色散是光纤、波导以及光子器件的基础参数和重要特性之一，色散产生的原因是折射率随不同波长而不同。色散对于光子产生、光子传输、光子传感、光子信息处理等领域均有重要影响。在超快光波产生过程中，色散会展宽脉冲宽度；在高速光传输系统中，色散是传输速率的主要限制因素；在光学干涉测量和传感领域,色散将会劣化干涉条纹的对比度等。

利用色散效应对白光干涉的影响,发展了基于白光干涉原理的光子器件色散特性测量方法。与飞行时间法、调制相位法等传统的色散测量方法[57]相比,白光干涉色散测量法仅需要很短的测量长度(通常不超过 1m),不需要高速调制、可调滤波等昂贵元件,具有测量精度高、装置简单等优点。采用白光干涉技术(white light interferometry,WLI)对短距离光纤进行色散测量,其通常的方法[58]是将一段样品光纤放入干涉仪的一个臂中,利用宽谱光源获得互相关干涉图样,通过对干涉条纹相位信息的处理,获得样品的色散信息。这种测试方法通常分为时域 WLI 和谱域 WLI 两种。时域 WLI 是通过干涉仪中一臂的匀速运动实现的,形成的干涉图样是关于时间的函数,通过对干涉图样作傅里叶变换得到样本光纤的色度色散。这种技术因具有测试结构简单、测量精度高等优点,而得到广泛应用[59~62]。但时域 WLI 也存在较多问题,如测试过程中比较容易受到温度和空气扰动的影响[60];另外,干涉仪扫描臂中引入的外部噪声对测量的影响也很大。相比于时域 WLI,由于测试装置中没有可移动的扫描器件,谱域 WLI 消除了光程扫描对测量的影响,并且对外界环境影响也不太敏感。因而,也被广泛应用于光子器件的色散测量[63~66]中。

1) 测试举例 6——光纤色散的测量

2006 年,韩国光州科学与技术学院的 Lee 等[58]提出了一种对于单模光纤的多功能高精度色散测量方法,可以对光纤的色度色散和二阶色散进行精确测量而不必要获取其零色散波长点。实验装置如图 6.37(a)所示,采用中心波长为 1550nm 的 LED 光源,分束后在测量臂加入偏振态控制器,用于调节光纤状态使干涉图样达到最大对比度。通过光谱分析仪(optical spectrum analyzer,OSA)探测得到归一化的通道谱如图 6.37(b)。由干涉原理可知,相邻的干涉信号的包络峰值相位差是 2π。所有峰值可以从干涉谱的包络直接得到,通过多项式拟合确定每个峰的波长值。找到每个干涉峰值波长后,我们可以得到离散的谱函数 $\phi(\lambda)$ 的相对值。然后对 $\phi(\lambda)$ 进行波长域到频域的转换,得到相位信息 $\phi(f)$:

$$\phi(f) = \beta(f)L - 2\pi\tau_0 f \tag{6.109}$$

式中:$\beta(f)$ 和 L 分别是测试光纤的传输常数和长度;$\tau_0 = L_0/c$,是参考臂的延时。

需要注意的是,频率坐标和波长坐标之间的变化并非线性关系,使用三次样条拟合重新计算,使 $\phi(f)$ 中频域坐标等间隔[67]。然后,对于频域下的离散相位函数进行三阶的泰勒展开拟合,得到 $\phi(f) = 2\pi(\phi_0 + \phi_1 f + \phi_2 f^2/2 + \phi_3 f^3/6)$ 形式。对于得到的 $\phi(f)$ 可根据 $1/2\pi \cdot d\phi(f)/df = \tau_g(f) - \tau_0$ 对其求导得到群时延,即

$$\tau_g(f) \approx \tau_0 + \phi_1 + \phi_2 f + \frac{1}{2}\phi_3 f^2 \tag{6.110}$$

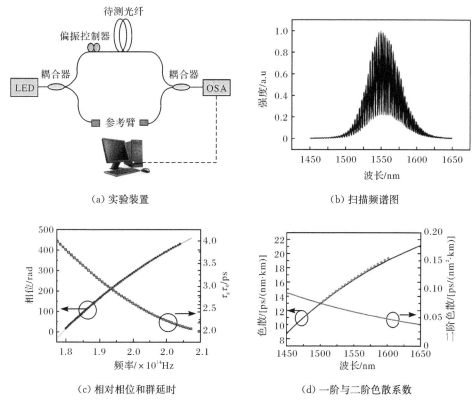

(a) 实验装置　　　　　　　　　　　(b) 扫描频谱图

(c) 相对相位和群延时　　　　　　　(d) 一阶与二阶色散系数

图 6.37　谱域的白光干涉法对单模光纤的色散测量

相应的幅频特性曲线和群延时特性曲线如图 6.37(c) 所示。其中,零色散位移频率出现在群时延最小值处,根据式(6.110)可以求得 $f_0 = -\phi_2/\phi_3$。即通过 $\phi(f)$ 拟合函数中的二次项和三次项系数就可以精确地确定零色散位移出现的频率。

再根据 $\lambda f = c$ 的关系,利用 $D(\lambda) = (1/L)\partial\tau_g(\lambda)/\partial\lambda$,对群时延求导得出相关色散系数:

$$D(\lambda) \approx -\frac{c}{L}\left(\frac{\phi_2}{\lambda^2} + \frac{c\phi_3}{\lambda^3}\right) \tag{6.111}$$

一阶色散系数如图 6.38(d) 所示,其中二阶色散系数由 $dD(\lambda)/d\lambda$ 得到。

2) 测试举例 7——光纤模式的测量

除色散参数外,白光干涉测量方法还可以对波导的传输模式进行精确的测量。对于光纤模式可选用两种坐标系表示,选用圆柱坐标系得到的模式与光纤边界形状(圆形)一致,称为矢量模;选用直角坐标系得到的模式,各分量具有固定的偏振方向,称为线偏振模(或极化模),简称 LP 模(linear polarization mode)。对于圆柱形阶跃型光纤(step-index fiber)的部分低阶模式如图 6.38 所示。

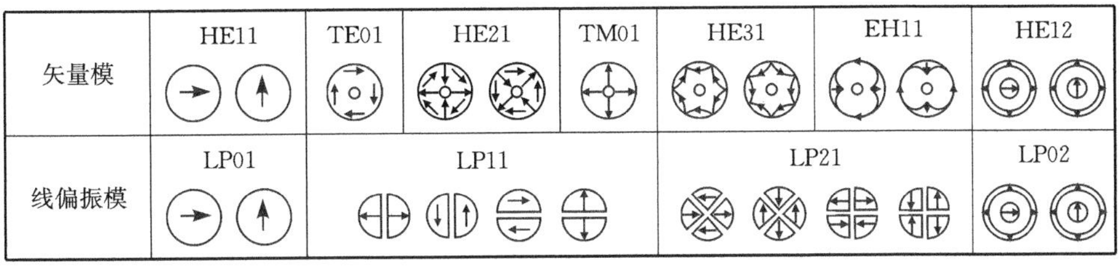

	HE11	TE01	HE21		TM01	HE31		EH11		HE12	
矢量模	→ ↑	⊙	⊕ ⊕		⊕	⊕ ⊕		⊙ ⊙		⊖ ⊕	
	LP01		LP11				LP21			LP02	
线偏振模	→ ↑	⊕ ⊕ ⊖ ⊖				✳ ✳ ⊞ ⊞				⊖ ⊕	

图 6.38　圆形的阶跃折射率光纤的模式

2009 年,德国纽伦堡大学光信息与光子学院的 Ma 等[68]首次提出了利用白光干涉法对光纤中模式进行测试,用于对光纤的剖面模式功率强度和群折射率等光纤参数进行测量,提取诸如归一化折射率、纤芯椭圆度等的光纤各向异性参数信息。实验装置如图 6.39 所示,对一种少模阶跃折射率光纤进行了测量。

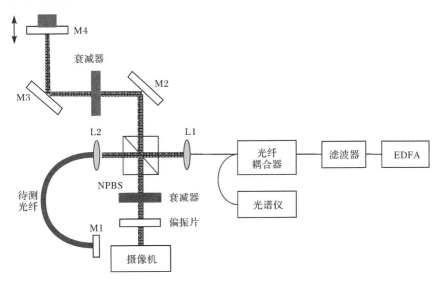

图 6.39　基于白光干涉测量原理的光纤模式特征测量装置

光源采用中心波长 1547nm、谱宽 27nm 的 EDFA 光源,参考臂中扫描台的步进分辨率为 0.1μm,探测器采用高动态范围的 InGaAs 照相机。在位移台扫描过程中,通过探测干涉信号来确定光功率最大值 I_{max} 和最小值 I_{min},并根据已知的参考臂光功率 I_r,得到不同模式的传输功率 $I_n=[(I_{max}-I_{min})/2]^2/4I_r$;同时由不同传输模式之间的白光干涉图样峰值所对应的光程差OPD$_n$,可以计算出相对于LP01 模的各模式的群折射率差(根据 $\Delta n_{g(n)}=$OPD$_n/L$)。图 6.40(a)是光纤中不同模式的功率分布图,其中 LP11、LP21 和 LP02 相对于 LP01 的群折射率差分别是 $\Delta n_{g(11)}=0.0025$、$\Delta n_{g(21)}=0.0055$,$\Delta n_{g(02)}=0.0087$。如图 6.40(b)所示,探测器前放置的偏振片,分别为垂直和水平方向时,模式强度分别如图中所示。可见,通过旋转探测器前端的偏振片,还能够更加清晰地分辨出 LP11 模式组中 TM01、TE01 和 HE21 模式的差别。

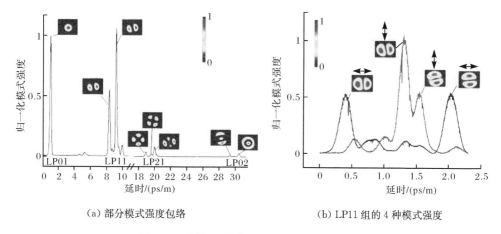

(a) 部分模式强度包络   (b) LP11 组的 4 种模式强度

图 6.40　低相干技术对光纤模式特征的测量

3) 测试举例 8——特种光纤的测量

除了传统的石英光纤外,白光干涉测量技术还广泛应用于特殊结构和材料的波导特性的测试,如光子晶体光纤(photonic crystal fiber,PCF)。PCF 主要由全二氧化硅材料纤芯和在传导轴方向环绕纤芯由空气孔构成的周期性晶格组成。它的横截面上有较复杂的折射率分布,气孔尺度与光波波长大致在同一量级且贯穿器件的整个长度。该新型光纤导光机理主要有折射率导光和光子能隙导光:折射率导光机理是指周期性缺陷的纤芯折射率(石英玻璃)和周期性包层折射率(空气)之间有一定的差别,从而使光能够在纤芯中传播,可以称为改进的全内反射。光子能隙导光机理是包层中的小孔点阵构成光子晶体,当小孔间的距离和小孔直径满足一定条件时,其光子能隙范围内就能阻止相应光传播,光被限制在中心芯之内传输。光子晶体光纤具有优良的弯曲效应;能量传输基本无损失,也不会出现延迟等影响数据传输率的现象;且具有极宽的传输频带,可全波段传输。

2005 年,法国国家科学研究中心的 Palavicini 等[69]采用 PS-OLCR 技术测量了光子晶体光纤群速度色散和线性双折射。实验测试装置如图 6.41(a)所示,光程扫描校准干涉仪使用频率稳定的 633nm 的激光光源,经过一个特殊的三角锥反射镜进行位置的精确扫描;测量干涉仪使用 C+L 波段的 Er^{3+} 超荧光光源,中心频率为 1550nm,半谱宽度 80nm。与传统结构不同之处是它在探测器的前端加入了一个可调的偏振片,目的是为了获取不同的偏振模式状态。左下角的插图为实验采用的 81.4cm 长的样品 PCF。

图 6.41(a)中的位置校准干涉仪是为了获取测量干涉仪中扫描反射镜的精确位置,保证了恒定低速(0.2mm/s)过程中 80nm 距离间隔的采样率。扫描样品前、后表面全程,对反射强度进行快速傅里叶变换可以得到前后表面相应的相位 $\phi_{\text{rear}}(\omega)$ 和 $\phi_{\text{front}}(\omega)$。

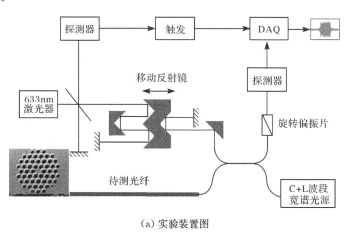

(a) 实验装置图

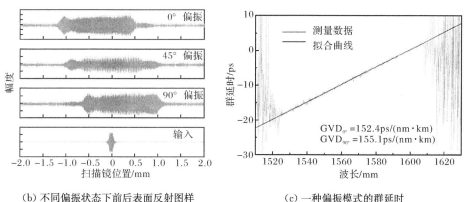

(b) 不同偏振状态下前后表面反射图样　　　　(c) 一种偏振模式的群延时

图 6.41　使用 PS-OLCR 技术对 PCF 光纤特性的测量

从图 6.41(b)中可以看出,由于色散现象,光纤后表面反射图样展宽,表现出光纤的双折射性质。然而,由于色散影响很大,无法对双折射进行准确评价。此时调节探测器前端偏振片,当其与正交的两轴呈 45°时,两种偏振模发生重叠,谱域的群双折射可以根据关系 $B=\lambda^2/(\Delta\lambda \cdot 2L)$ 获得。由实验结果可以看出 $\Delta\lambda$ 为 1.81nm,计算所得的 $B_{1550\text{nm}}=8.1\times10^{-4}$。

根据 $t_g=\text{d}[\phi_{\text{rear}}(\omega)-\phi_{\text{front}}(\omega)]/\text{d}\omega$ 可以计算出 PCF 的群延时 t_g,如图 6.41(c)所示。反射包络的不对称对于高阶色散影响很小。对群延时进行三阶多项式拟合,根据 $\text{GVD}=1/(2L)\text{d}t_g/\text{d}\lambda$,由群延时的斜率与样品长度的比值可以求得相应的群

速度色散(group-velocity dispersion,GVD)。通过测量前端偏振片与正交模式的角度,可以分别计算出 HE_{11x} 和 HE_{11y} 的群速度色散。

这种方式对于不超过 1m 的光纤样品十分有效,GVD 多次连续测量精度可以达到 $\pm0.3ps/(nm \cdot km)$。同时由于扫描电子显微镜对于光纤横截面测量具有~1%的误差,整体 GVD 的不确定度为 $\pm1.8ps/(nm \cdot km)$。

5. 光纤光栅特性测试

光纤光栅是一种无源滤波器件,它是通过光照、加热、挤压等方法,使光纤纤芯的折射率发生轴向周期性调制而形成的衍射光栅。它作为一种滤波器和敏感元件,已被广泛应用在激光产生、放大、滤波,以及波分复用、色散补偿、物理量传感等领域,成为光纤通信、光纤传感中必不可少的基础性元件,它的发明也被认为是光纤光学发展过程中具有里程碑意义的事件。

光纤光栅纤芯中的折射率 n 是位置 z 的周期性函数,可以表示为

$$n(z)=n_{avg}(z)+\Delta n_{mod}(z)\cos\left(\frac{2\pi z}{\Lambda}+\theta(z)\right)$$

式中:$n_{avg}(z)$ 为纤芯中平均折射率;$\Delta n_{mod}(z)$ 为折射率调制振幅;Λ 为光栅周期;$\theta(z)$ 为描述光栅啁啾的参数,对于均匀光栅 $\theta(z)=0$,对于啁啾光栅 $\theta(z)\neq0$。

均匀光栅的反射光谱中心波长 λ_B 可以由布拉格公式给出:

$$\lambda_B=2n_{eff}\Lambda$$

式中:n_{eff} 为基模有效折射率。

布拉格波长 λ_B 的最大反射率系数为

$$R=\tanh^2\frac{\pi\Delta n_{mod}(z)\eta L_{phys}}{\lambda_B}$$

式中:η 为光限制因子,对于单模阶跃折射率光纤 $\eta\approx0.7$;L_{phys} 为光栅的物理长度。

光纤光栅的反射率分布的测量原理在 6.2.1 节中已有详尽的描述。反射率分布 $R(\tau)$(τ 表示两干涉臂的时延差)与光程扫描距离之间的关系可以描写为

$$R(\tau)\propto\left|\int_{-\infty}^{+\infty}S(\omega)r_{grating}(\omega)\exp(i\omega\tau)d\omega\right|$$
$$=\left|\mathscr{F}\{S(\omega)\}*\mathscr{F}\{r_{grating}(\omega)\}\right|$$

式中:$\mathscr{F}\{S(\omega)\}$ 和 $\mathscr{F}\{r_{grating}(\omega)\}$ 分别表示光源功率谱密度 $S(\omega)$ 和光栅反射振幅系数 $r_{grating}(\omega)$ 的傅里叶变换;* 表示卷积。

光纤光栅的折射率调制振幅 Δn_{mod} 虽然很小(仅在 $10^{-3}\sim10^{-6}$ 之间),但 OLCR 作为一种分布式微弱反射率测量技术,依然能够对其几何、折射率[70~72]和功率谱、色散[12,73~76]等参数进行精确测量。

1) 测试举例 9——光纤光栅几何与折射率参数的测量

1993 年瑞士洛桑联邦理工学院的 Lambelet 等[70]首次采用 AS-OLCR 对布拉

格光纤光栅(FBG)的折射率分布和几何参数进行了测量。实验中,采用 240nm 准分子 XeCl 激光在 3‰锗掺杂的光敏光纤上写入光栅,获得了中心波长 1.286μm、反射率 94%、FWHM 带宽 1.24nm 的 FBG。OLCR 系统基于迈克耳孙干涉仪结构,采用中心波长 1.284μm、FWHM54nm 出纤 90μW 的 LED 作为光源,获得了 13.4μm 空间分辨率、140dB(1Hz 带宽)动态范围。图 6.42 为获得 FBG 的测量结果,所示的 FBG 的反射谱(图 6.42 中实线所示)可以看出 FBG 反射率分布是扫描光程 z 的函数,定义纵坐标信号幅度 0dB 表示 100%的反射率。图 6.42 中显示出了光信号在 FBG 中的传输行为:

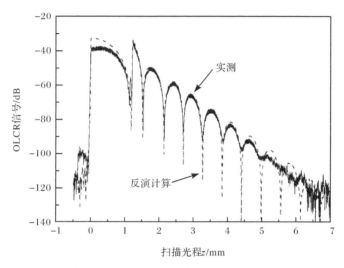

图 6.42　基于 OLCR 的 FBG 测量结果

(1) 定义第一反射峰起始于 $z=0$ 处,表示光信号开始进入 FBG,第二反射峰位于距离 $z=1.222$mm 处,通过两个反射峰的距离可以计算得到 FBG 的真实物理长度:$L=\Delta z/n=840$μm。可见,OLCR 方法所具有的高空间分辨率可以高精度地定位光栅位置,精确地测量其物理长度。

(2) 第一反射峰的信号强度为 -38dB,它是在等效光源相干长度的距离上得到的 FBG 的反射率;在 FBG 输入和输出的位置处,OLCR 信号的急剧增加说明,折射率调制包络几乎是一个完美的顶帽形轮廓。

(3) 在更大光程范围内,反射信号呈现系数 $\alpha=-14.82$dB/mm 的指数衰减规律和周期 $z_p=580$μm 周期性振荡,这是由于信号光在 FBG 结构中多次反射的结果。

(4) 利用 FBG 的栅距($\Lambda=\lambda_B/2n=0.443$μm),假设光栅折射率变换满足正弦调制 $n=n_0+\Delta n\sin(2\pi z/\Lambda)$,利用标准矩阵方法可以计算光栅反射振幅,如图 6.42 中虚线所示,当取 $\Delta n=1.16\times10^{-3}$ 时,理论和实测的曲线具有一致性。

可见,采用 AS-OLCR 通过对 FBG 反射谱的测量,可以精确获得 FBG 的位置、长度、折射率调制率等信息[70~72],其性能受限于 OLCR 的空间分辨率和动态范围。

2) 测试举例 10——光纤光栅功率谱与色散参数的测量

不仅如此,由 6.2.1 节讨论的 OLCR 测量原理可知,采用 PS-OLCR 对光纤光栅进行测量时,通过对光栅反射谱的傅里叶变换和信息处理,即由式(6.41)可知,傅里叶变换得到的幅频特性可以获得光纤光栅的反射功率谱,而由式(6.43)~式(6.46)可知,傅里叶变换得到的相频特性可以获得光纤光栅的群时延和色散系数。

例如:美国国家标准局的 Dyer 等[73]和法国国家计量测试和实验室的 Obaton 等分别利用各自构建的 PS-OLCR 系统,对光纤光栅的功率谱和色散参数进行了测量。以 Obaton 等[12]的研究为例,她们不仅对均匀 FBG 进行了测试,还对非均匀啁啾光栅的特性进行了测试。测试结果见图 6.43 和表 6.6。

均匀光栅和啁啾光栅的长度确定方法是不同的:对于由均匀光栅产生的边界明显的反射谱(见图 6.42),光栅前后面清晰可分辨,其间距即为光栅的长度;对于啁啾光栅,则反射谱无清晰的界限[见图 6.43(a)],第一种获得长度的方法是直接测量反射谱或者复反射谱模的宽度[见图 6.43(b)],但存在较大误差;更为准确的第二种方法是利用复反射谱相位来获得光栅长度,由于在光栅端头处,相位斜率通常表现为不连续。如图 6.43(c)所示,复反射谱相位为一条随光栅周期变化的抛物线,相位斜率突变之间的距离即为啁啾光栅的长度。在啁啾光纤光栅的边缘,由于空间分布平稳变化,其相对反射率并不存在二次分裂,如图 6.43(d)所示。相对群延迟也有同样的现象[见图 6.43(e)]。需要注意的是,群延迟表现为一个波动,而这种波动是可重复的,因此它并非由噪声引起的。

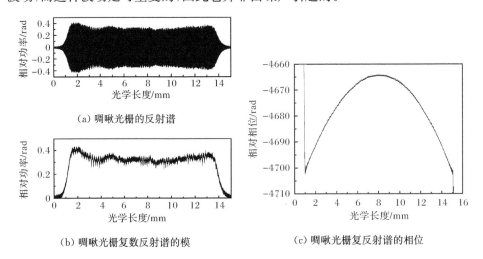

(a) 啁啾光栅的反射谱

(b) 啁啾光栅复数反射谱的模

(c) 啁啾光栅复反射谱的相位

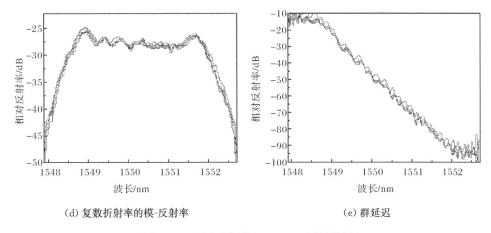

（d）复数折射率的模-反射率　　　　　　　　　　　　　（e）群延迟

图 6.43　啁啾光栅的 PS-OLCR 测量结果

表 6.6　均匀 FBG 与啁啾 FBG 实验结果汇总

光栅性能 ＼ 光栅种类	均匀 FBG	啁啾 FBG
光程 L_{opt}/mm	5.7696	14.079
不确定度/mm	1.9×10^{-3}	6.8×10^{-2}（重复性）
物理长度 L_{phys}/mm	3.9298	9.59
不确定度/mm	1.3×10^{-3}	4.6×10^{-2}
反射率/%	95	34.9
反射带宽 $\Delta\lambda_{Bragg}$/nm	0.459	3.648
重复性/nm	2.4×10^{-2}	2.4×10^{-2}
中心波长 $\Delta\lambda_{Bragg}$/nm	1560.990	1550.264
重复性/nm	2.3×10^{-2}	2.7×10^{-2}
测量 Δn_{mod}	4.0×10^{-4}	5.0×10^{-5}
预估 Δn_{mod}	3.6×10^{-4}	—
色散 GVD/(ps/nm)	—	23.42
重复性/(ps/nm)	—	0.16

综上所述,在光纤光栅 FBG 的特性测试应用中,PS-OLCR 作为强有力的、通用的分析工具可以获得众多特性参数,如可以精确地测量其长度、中心波长、反射率和色散,而这些特性信息以往需要多种不同的光学测试仪器才能全部获得。此外,作为一种无损检测技术,它还能够提供时空域和光谱域信息、检测和定位器件缺陷、得到材料结构特征,以及只有 PS-OLCR 才能获得的与传播相关的参量。从光纤光栅的设计和应用中可以看出,OLCR 作为测试工具,在光子器件的设计和制造中的每个环节都是非常有用的。

6.4　白光干涉偏振测量技术

光学相干域偏振测量(OCDP)技术也被业界称为"白光干涉仪",它是一种高精度分布式偏振耦合测量技术[77~80]。OCDP 技术基于白光干涉原理,通过扫描式光学干涉仪进行光程补偿,实现不同偏振模式间的干涉,可对偏振耦合点的空间位置、偏振耦合信号强度进行高精度的测量与分析。与其他分布式检测方法与技术相比,如偏振时域反射技术、光学频域反射技术、光学低相干反射技术(OLCR),它具有非常突出优点:

(1) 超高灵敏度和动态范围。偏振耦合测量灵敏度可达到 $10^{-9} \sim 10^{-10}$(相应的能量耦合为 $-90 \sim -100$dB),动态范围可到 $10^8 \sim 10^{10}$。

(2) 高空间分辨率和大测量长度。高分辨率(5~10cm)、大测量范围(测量长度几公里),可以广泛用于保偏光纤制造[81]、保偏光纤精确对轴[82]、器件消光比测试[83]等领域。

(3) 测量器件的种类多。例如,宽谱光源、保偏光纤及其纤敏感环、保偏光纤焊点、保偏耦合器、Y 波导等各种有源和无源器件。

(4) 最为直接的测量方法。由于它最为直接和真实地描述了信号光在光纤光路中的传输行为,特别适合对光纤器件、组件,以及光纤陀螺等高精度、超高精度光纤传感光路的测试和评估。

早在 20 世纪 80 年代初,国外就开展了光学相干偏振测量原理与技术的研究[84~88]。90 年代初,法国 Photonetics 公司率先推出了 WIN-P 系列 OCDP 系统[89](见图 6.44),它采用空间光路测量方案(见图 6.45),其偏振串扰灵敏度为 -70dB,动态范围为 70dB,分为 WIN-P 125 和 WIN-P 400 两种型号,主要用于较短(500m)和较长(1600m)保偏光纤的特性分析。此后经过改进,测试系统的灵敏度和动态范围提升到 -80dB 和 80dB。由于它可用于光纤陀螺的研究,因此,西方国家对该系统分别采取了全面禁运措施,限制其出口。

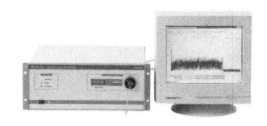

图 6.44　法国 Photonetics 公司的 WIN-P 400 系统

最近,韩国 FiberPRO 公司和美国 General Photonics 公司也分别推出了各自

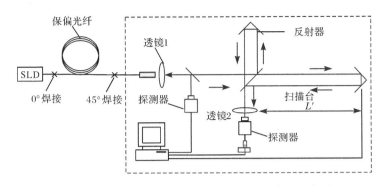

图 6.45　WIN-P 400 型 OCDP 系统的测试装置示意图

的光学相干偏振测试系统。其中韩国 FiberPRO 公司研制的 ICD800 系统（见图 6.46），同样采用空间光路测量方案，可用于替换 WIN-P 400。其性能也与 WIN-P 400 相同，灵敏度达到－80dB、动态范围为 80dB，但其测量长度略短，只能满足 1000m 长度光纤的测试需求。而美国 General Photonics 公司推出的分布式偏振串扰检测仪 PXA-1000[90]（见图 6.47），采用全光纤技术方案，具有更小的体积和更高的耦合分辨率，其灵敏度为－95dB，但动态范围只有 75dB，可用于最长 2.6km 保偏光纤的测试，标准配置为 1.3km。

图 6.46　韩国 FiberPRO 公司 ICD800 系统　　图 6.47　美国 GP 公司 PXA-1000 系统

国内从 20 世纪 90 年代起就开始了偏振耦合测试的研究，主要是以跟踪国外为主，研究单位集中在以重庆大学[91]、南京航空航天大学[92]、浙江大学[93,94]、电子科技大学[95]、天津大学[96~99]、国防科技大学[100]、哈尔滨工程大学[101~104] 等为代表的高校和从事光纤陀螺研究和生产的单位，如航天科工三院 33 所和航天科技九院 13 所等研究所。代表性的单位有天津大学，他们主要采用与法国 Photonetics 公司和韩国 FiberPRO 公司相同的空间光路测量方案，深入开展了 OCDP 测量原理、关键技术和分布式传感应用的研究，报道的最好结果为探测灵敏度－85dB，动态范围为 70dB，同时采用美国 General Photonics 公司的 PXA-1000 型分布式偏振串扰检测仪对保偏光纤敏感环的质量进行了分析[105]；国防科技大学主要采用光纤测量方案(与美国 General Photonics 公司类似),报道的最好结果是探测灵敏度−70dB,由于采用相干长度较长的 ASE 光源,其空间分辨率只有 46.5cm。而航天科工,科技的研究所未有相关文献报道,据了解,探测灵敏度和动态范围基本上也只停留在 60dB 左右。可见,国内研究与国外相比具有一定的差距,主要集中在开展光学相干偏振检测的原理和方法上,制约系统性能提升的主要因素,如噪声本底抑制、色散影响消除等一直没有攻克。目前还无法满足高性能器件(如 Y 波导)和传感光路(如光纤陀螺)的测试要求。

　　哈尔滨工程大学于 2010 年起,开展了用于分布式光纤传感和光纤敏感环检测的全光纤相干偏振测量原理和关键技术的研究[101~104],搭建了测试与实验平台,开展了光纤光路结构初步优化设计、系统噪声抑制、色散效应影响、光程扫描、光电信号检测与信号识别算法等原理性研究。目前,获得的主要性能和技术指标为偏振耦合强度探测灵敏度优于−95dB,动态范围可达 95dB,空间分辨率优于±5cm,测量光纤的长度达到了 3.2km。

　　综合上述国内外研究情况,表 6.7 综合了国内外具有代表性的研究机构给出的光学相干偏振测试技术的研究方案、详细性能与参数指标。

表 6.7　光学偏振相干检测技术的研究及其性能指标一览表

国家 机构 型号 性能指标	法国 Photonetics 公司 WIN-P 400	美国 General Photonics 公司 PXA-1000	韩国 FiberPRO 公司 ICD800	中国		
				天津大学 —	国防科技大学 —	哈尔滨工程大学 OCDP
技术方案	空间型	光纤型	空间型	空间型	光纤型	光纤型
工作波长	850nm 1310nm 1550nm	1310nm 1550nm	1310nm 1550nm	1310nm 1550nm	1310nm 1550nm	1310nm 1550nm
灵敏度	−80dB	−95dB	−80dB	−85dB	−70dB	−95dB
动态范围	80dB	75dB	80dB	70dB	—	95dB
空间分辨率	10cm	5cm	10cm	9.8cm	46.5cm	5cm
光纤测量长度 (线性双折射 按 5×10⁻⁴计)	1600m	1300m /2600m	1000m	1050m	—	1600m /3200m

　　本节主要围绕 OCDP 测量原理、技术与应用展开,对分布式串扰测量原理与方法,OCDP 光程扫描优化、色散影响抑制、光学噪声抑制等关键技术,OCDP 系统构建及其仪器化,以及 OCDP 在超高消光比 Y 波导测试中的应用进行详尽的分析。

6.4.1　分布偏振串扰测量原理

1. 保偏光纤简介

保偏光纤是一种特殊功能的光纤波导,当在保偏光纤中激励起一个偏振模式后,在传输过程中,它能始终保持这一种偏振态不发生改变。传统的单模光纤由两个正交的线偏振模 HE_{11x} 和 HE_{11y} 组成,由于光纤纤芯的折射率的不均匀性和不圆度相对较小,两偏振模的传输常数相同,可以看成是简并状态。如果在普通光纤中增加应力区使其产生较大的线性双折射,此时两线偏振模逐渐产生分裂不再简并。当双折射率大于 10^{-5} 量级,这种应力分布远大于外界环境对光纤的影响,此种光纤成为高双折射保偏光纤。保偏光纤的具体结构如图 6.48 所示。

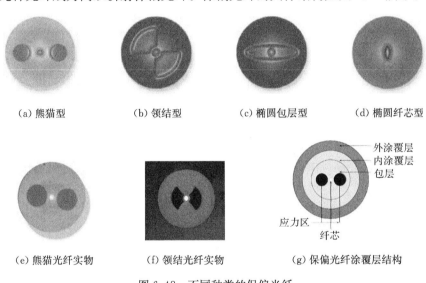

(a) 熊猫型　　　　(b) 领结型　　　　(c) 椭圆包层型　　　　(d) 椭圆纤芯型

(e) 熊猫光纤实物　　　　(f) 领结光纤实物　　　　(g) 保偏光纤涂覆层结构

图 6.48　不同种类的保偏光纤

当输入的线偏振光的振动方向与保偏光纤的应力轴保持一致时,光将沿着这个方向一直传播下去,保持了偏振态的稳定性。干涉型光纤传感技术中,使用保偏光纤可以克服外界环境对光纤中传输光波偏振态的影响,抑制干涉测量产生的偏振衰落现象,特别是在一些高精度光纤传感器中得到广泛应用,如光纤陀螺和光纤水听器等。

保偏光纤的基本参数和性能包括光纤损耗、拍长、模式耦合系数、偏振串扰等,通过对保偏光纤上述参数的测量,可以评价保偏光纤的性能。

偏振消光比是偏振方向上光功率的最大值与最小值的比值[106],定义为

$$PER = 10 \lg \frac{P_{max}}{P_{min}} \qquad (6.112)$$

拍长 L_b 是指单模光纤中传播的两个正交偏振模相位差为 2π 时所对应的光纤长度[106]，其定义为

$$L_b = \frac{\lambda}{B} = \frac{2\pi}{\Delta\beta} \tag{6.113}$$

式中：$\Delta\beta$ 为保偏光纤两偏振模式传播常数的差；B 为归一化线性双折射。

普通单模光纤的拍长为 $10\text{cm}\sim2\text{m}$；低双折射保偏光纤的拍长可达 $100\sim300\text{m}$；而高双折射保偏光纤的拍长一般在毫米级。

模式耦合系数 h 是指光由一种传输模式转换成另一种模式的平均强度速率，定义为

$$\frac{\mathrm{d}I_c}{\mathrm{d}L} = hI_p \tag{6.114}$$

式中：I_p 为输入的主偏振模式的强度；I_c 是交叉模式的强度；h 的典型值为 $10^{-5}/\text{m}$ 即偏振保持能力为 20dB/km。

2. 偏振串扰

传统方法对保偏光纤的偏振特性描述都是针对一段长度的整体性能而言的，或者说是平均性能。对这段光纤的某一段或者上述指标和性能的分布参数，则无法给出评价。并且光纤的偏振耦合现象为光纤分布参数的测量提供了一种手段，并且上述参数都与偏振耦合相关。特别是在一些高精度的光纤干涉传感与测量系统中，偏振耦合随外界环境（温度、振动等）的变化，导致光纤性能下降，常常会表现为噪声、漂移、以及信号衰落等，是影响系统整体性能的最重要因素。

当保偏光纤内部存在缺陷或焊点，以及光纤受到外应力（如挤压、弯曲）时，传输在光纤中的光信号将发生偏振态模式耦合现象，即一个特征轴上的偏振光耦合到另一个轴上，如图 6.49 所示。它体现在整个测量或者传感系统中，将导致输出结果产生噪声提高、信号漂移、信号衰减等现象。在保偏光纤输入端只激励 HE_{11x} 模的情况下，由于存在正交模式耦合，输出端会有两个偏振分量 HE_{11x} 和 HE_{11y}，定义它的偏振耦合系数为

$$h = 10\lg\frac{P_x}{P_y} \tag{6.115}$$

式中：P_x、P_y 分别表示激励模 HE_{11x} 和耦合模 HE_{11y} 的功率。

当保偏光纤中的某点，由于自身缺陷或者受到外部扰动而发生偏振耦合时，耦合点附件的光纤可以看成是三段保偏光纤的串联[107,108]。如图 6.50 所示，输入与输出光纤为没有受到外界扰动的光纤区域，其拍长相同均为 L_{b0}，它们的快慢轴方向一致；中间段光纤为受扰动区域，其拍长变为 L_b，其快慢轴与输入、输出光纤成 θ 角。拍长 L_b 的变化直接反映了光纤线性双折射 B 的变化，而旋转角度 θ 的存

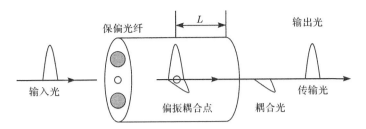

图 6.49 保偏光纤的偏振耦合现象

在使传输光在偏振主轴上产生投影,发生了功率耦合,直接决定了偏振耦合能量的大小。

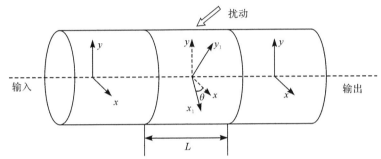

图 6.50 偏振耦合的三段保偏光纤串接模型

输入光的 Jones 矩阵为

$$\begin{bmatrix} E_x(0) \\ E_y(0) \end{bmatrix} = E_0 \begin{bmatrix} \cos\delta \\ \sin\delta \, \exp(\mathrm{i}\phi) \end{bmatrix} \tag{6.116}$$

式中:E_0 为输入光的电场强度;δ 为电场矢量方向与 x 轴的角度;ϕ 为两偏振模式的相位差。

当 (δ, ϕ) 中 δ 值取 $0° \sim 90°$、ϕ 值取 $0 \sim 2\pi$ 时,可以表示任意的输入偏振状态。当 $\delta = 0°$ 或 $90°$ 时,输入光为线偏振光,当 $\delta = 45°$ 时,两种偏振模式具有相同强度传输。当光传输到受干扰光纤中时,传输光的偏振态为

$$\begin{bmatrix} E_x(l) \\ E_y(l) \end{bmatrix} = \begin{bmatrix} \cos\theta & -\sin\theta \\ \sin\theta & \cos\theta \end{bmatrix} \begin{bmatrix} \exp(-\mathrm{i}kn_f l) & 0 \\ 0 & \exp(-\mathrm{i}kn_s l) \end{bmatrix} \begin{bmatrix} \cos\theta & \sin\theta \\ -\sin\theta & \cos\theta \end{bmatrix} \begin{bmatrix} E_x(0) \\ E_y(0) \end{bmatrix}$$

$$= \begin{bmatrix} E_x' + \exp(-\mathrm{i}kn_f l)\sin\theta\cos\theta\left[1 - \exp\left(\dfrac{-\mathrm{i}2\pi l}{L_b}\right)\right]E_y(0) \\[2mm] E_y' + \exp(-\mathrm{i}kn_f l)\sin\theta\cos\theta\left[1 - \exp\left(\dfrac{-\mathrm{i}2\pi l}{L_b}\right)\right]E_x(0) \end{bmatrix} \tag{6.117}$$

其中

$$E_x' = \exp(-\mathrm{i}kn_f l)\left[\cos^2\theta + \sin^2\theta\exp\left(\dfrac{-\mathrm{i}2\pi l}{L_b}\right)\right]E_x(0) \tag{6.118}$$

$$E'_y = \exp(-ikn_f l)\left[\sin^2\theta + \cos^2\theta\exp\left(\frac{-\mathrm{i}2\pi l}{L_b}\right)\right]E_y(0) \qquad (6.119)$$

式中:n_f 和 n_s 分别为光纤快轴和慢轴的折射率;l 为扰动区域光纤长度。

如果忽略光纤的传输损耗,由能量守恒定律可知

$$|E_x(0)|^2 + |E_y(0)|^2 = |E_x(l)|^2 + |E_y(l)|^2 \qquad (6.120)$$

由式(6.116)~式(6.120)可以求出耦合点处快轴耦合进入到慢轴以及慢轴耦合到快轴的功率耦合系数:

$$h = h_{x\to y} = h_{y\to x} = \left\{\sin\theta\cos\theta\left[1 - \exp\left(\frac{-\mathrm{i}2\pi l}{L_b}\right)\right]\right\}^2 = \sin^2(2\theta)\sin^2\left(\frac{\pi l}{L_b}\right) \qquad (6.121)$$

3. 偏振串扰测量原理

韩国 FiberPRO 公司和法国 Photonetics 公司研制的 OCDP 测试系统中,白光干涉仪的主体光路(被称为测量干涉仪或者光学相关器)采用空间光路方案,干涉光路由体积较大的空间光学元件构成,其缺点是体积大,空间光学元件需要高精度的机械结构固定和保持,对工作环境要求较高,稳定性和可靠性较差;光学元件易受外界环境(如温度和振动)影响,测量灵敏度(-80dB)和动态范围(80dB)等关键性能很难再提升。为了克服上述缺点,可以采用全光纤光路方案,即光学干涉仪的光路(除光程扫描器的个别光学元件外)全部由光纤元件替代,该方案在体积和稳定性上具有明显优势,可在较为苛刻的现场环境中工作。此外,它更为吸引人的一点是由于降低了环境干扰的影响,测量灵敏度和动态范围等关键性能可以有几十倍的提高。

全光纤分布式偏振串扰测量方案如图 6.51 所示,以保偏光纤的性能测试为例,将宽谱光源发出的高稳定偏振光注入一定长度保偏光纤的慢轴(快轴时原理相同)中。由于在制作时,几何结构存在缺陷、预先施加应力等非理想作用,或者在外界温度和载荷的作用下,光纤中将存在一系列的缺陷点 C。信号光 I_0 沿慢轴传输时,当传输到缺陷点 C 时,慢轴中的一部分光能量就会耦合到正交的快轴中,形成耦合光束 ρI_0(ρ 为能量耦合因子),剩余能量为 $(1-\rho)I_0$ 的传输光束依旧沿着慢轴传输。由于保偏光纤存在较大的线性双折射 Δn(例如:5×10^{-4}),慢轴的折射率明显大于快轴。当光束从光纤另外一端输出时(传输距离为 l),则传输在慢轴的剩余传输光和传输在快轴的耦合光之间将存在一个明显的光程差 Δnl。上述光束通过焊接点或者旋转连接头,将传输光和耦合光偏振态旋转 45°后,进入光程相关器。光程相关器由检偏器 P、2×2 均分光纤耦合器 C1、法拉第旋光反射镜 FRM、法拉第旋光器 FR、自聚焦准直透镜 GRIN 和可移动反射镜 M 组成,它们构成一个全光纤迈克耳孙干涉仪。偏振方向正交的耦合光束和传输光束经过垂直放置的检偏器 P 的偏振极化后,由 2×2 光纤耦合器 C1 均匀地分成两部分,即一

半传输在由单模光纤和法拉第旋光反射镜 FRM 组成的固定参考臂中，另一半传输在由单模光纤、法拉第旋光器 FR、自聚焦准直透镜 GRIN 和可移动反射镜 M 组成的移动扫描臂中。如图 6.51 和图 6.52 所示，由传输光 13 和耦合光 14 组成参考光束，传输在干涉仪的固定参考臂中，经过法拉第旋光反射镜 FRM 的反射后，偏振态翻转 90°又回到耦合器 C1；由传输光 11 和耦合光 12 组成扫描光束，经过移动反射镜 M 的反射后，由于法拉第旋光器 FR 的作用扫描光束的偏振态也翻转 90°，回到耦合器 C1，两部分光汇聚在探测器 PD 上形成白光干涉信号，被其接收并将光信号转换为电信号。此信号经过信号解调电路处理后，送入测量计算机中；测量计算机另外还要负责控制移动反射镜 M 来实现光程扫描。法拉第旋光反射镜 FRM 和法拉第旋光器 FR 的作用是消除单模光纤中线性双折射对干涉解调的影响。

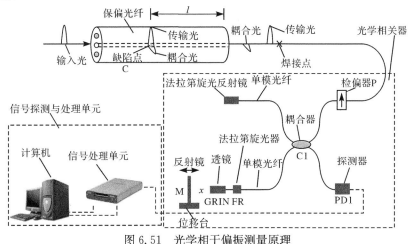

图 6.51　光学相干偏振测量原理

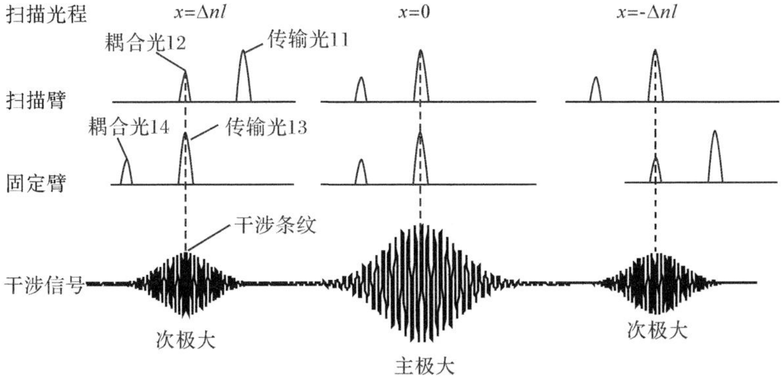

扫描光程　　$x=\Delta nl$　　　　　　　$x=0$　　　　　　　$x=-\Delta nl$

$$I_{\text{coupling}} \propto \sqrt{\rho(1-\rho)}\, I_0 \qquad I_{\text{main}} \propto I_0 \qquad I_{\text{coupling}} \propto \sqrt{\rho(1-\rho)}\, I_0$$

（a）耦合光与传输光干涉　　（b）传输光之间干涉　　（c）传输光与耦合光干涉

图 6.52　偏振串扰幅度和位置的解调过程

如图 6.52 所示,在测量计算机的控制下,迈克耳孙干涉仪移动反射镜使干涉仪两臂的光程差从 Δnl 经过零,扫描至 $-\Delta nl$,形成三组白光干涉图样:

(1) 如图 6.52(a)所示,当光程差等于 Δnl 时,扫描光束中耦合光与参考光束中的传输光光程发生匹配,产生白光干涉信号,其峰值幅度 $I_{\text{coupling}} \propto \sqrt{\rho(1-\rho)}I_0$,它与缺陷点的耦合强度因子和光源强度成正比。

(2) 如图 6.52(b)所示,当光程差为零时,参考光束分别与扫描光束中的传输光、耦合光光程发生匹配,分别产生白光干涉信号,其峰值幅度为二者的强度叠加,其幅度 $I_{\text{main}} \propto I_0$,它与光源输入功率成正比。如图 6.52(b)可知,与前一个白光干涉信号相比,两个白光干涉信号峰值之间的光程差刚好为 Δnl。如果已知光学器件的线性双折射 Δn,则可以计算得到缺陷点发生的位置 l,而通过干涉信号峰值强度的比值可以计算得到缺陷点的功率耦合大小 ρ。

(3) 如图 6.52(c)所示,当光程差等于 $-\Delta nl$ 时,扫描光束中传输光与参考光束中的耦合光光程发生匹配,产生白光干涉信号,其峰值幅度 $I_{\text{coupling}} \propto \sqrt{\rho(1-\rho)}I_0$,它与光程差为 Δnl 时相同。如图 6.52(c)可知,与光程差为 Δnl 时相比,此白光干涉信号与之在光程上对称,幅度上完全相同,即它们关于光程零点完全对称。

偏振串扰 ρ 可以根据光程差为 Δnl 或者 $-\Delta nl$ 获得的信号幅度 I_{coupling},以及光程差为零时获得传输光信号幅度 I_{main}。计算得到

$$\frac{I_{\text{coupling}}}{I_{\text{main}}} = \sqrt{\rho(1-\rho)} \tag{6.122}$$

由于一般偏振串扰远小于 1,因此式(6.122)近似为

$$\frac{I_{\text{coupling}}}{I_{\text{main}}} = \sqrt{\rho} \tag{6.123}$$

由式(6.123)可知,通过光程分布扫描获得光程差为零和 Δnl(或者 $-\Delta nl$)两幅白光图样的峰值强度,即可实现准确获知偏振串扰点的幅度和位置的信息。

6.4.2　OCDP 测量关键技术

OCDP 系统的主要参数和性能包括偏振串扰探测灵敏度、动态范围、光纤测量长度等,所谓的 OCDP 关键技术研究也主要是针对上述特性参数的优化和提升。

1. 探测灵敏度与动态范围提升

探测灵敏度是指其所能检测到的最小的偏振模式之间的耦合能量,一般用耦合能量(P_{min})与传输能量(P_0)的商表示,即

$$\begin{cases} \rho = \dfrac{P_{\text{min}}}{P_0} \\ \rho_{\text{dB}} = 10\lg\dfrac{P_{\text{min}}}{P_0} \end{cases} \tag{6.124}$$

探测灵敏度 10^{-10}，表示耦合能量为传输能量的 10^{10} 分之一，用对数表示为 $-100\mathrm{dB}$。

动态范围是指在不失真的前提下，系统能够检测的最大耦合能量（P_{max}）和最小耦合能量（P_{min}）之间的差距，一般用对数表示为

$$DR = 10\lg\frac{P_{max}}{P_{min}} \tag{6.125}$$

$100\mathrm{dB}$ 表示最大检测能量是最小检测能量的 10^{10} 倍。动态范围可以看成测试系统的信噪比。当偏振串扰的测量幅度不变时，抑制噪声本底等效增加了动态范围；当噪声无法进一步抑制和减小时，如果能够有效地增加偏振串扰的信号幅度，同样可以增加信噪比，这意味着测试系统性能的提升。在研制 OCDP 测试系统时，其性能设计的基本出发点是保持灵敏度和动态范围（在数值上）一致，即偏振串扰灵敏度为 $-100\mathrm{dB}$ 时，动态范围必须为 $100\mathrm{dB}$。这是因为在测试时实时地获得偏振串扰 $0\mathrm{dB}$ 时的干涉幅度，实现对偏振串扰测量的动态标定和校准，可以减小光源功率浮动、待测器件插入损耗等因素对测量的影响。因此，如何在提高测试系统灵敏度的同时，而不损失动态范围，是研制 OCDP 系统的一个难点。

采用全光纤单端探测结构的马赫-曾德尔干涉仪偏振耦合测试系统，对长度为 200m 的保偏光纤进行测试，测试结果如图 6.53 所示。由图 6.53 可知，偏振耦合的测量灵敏度为 $-85\mathrm{dB}$，其动态范围同样为 $85\mathrm{dB}$；系统检测电路的噪声本底大约为 $-95\mathrm{dB}$，光源强度噪声影响大约在 $-90\mathrm{dB}$。

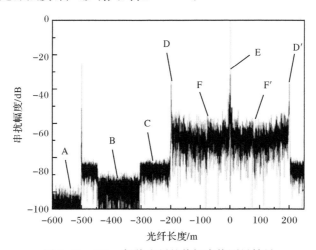

图 6.53　200m 保偏光纤的偏振串扰测量结果

A. 电路噪声本底；B. 光源强度噪声影响；C. 检测系统的噪声本底，拍噪声的影响；
D. 光源与待测光纤焊点的综合消光比；E. 参考值（干涉信号主峰）；F. 待测光纤内部的偏振耦合；
D′. D 的对称点；F′. F 的对称点

　　提升 OCDP 测试系统的探测灵敏度和动态范围,与 6.3.2 节中 2 所讨论的 OLCR 反射灵敏度提高具有相似之处。提升性能的方法包括:优化光路结构(采用差分结构),扩大信号探测幅度,可以扩展动态范围;优化光电探测方法,拓展动态范围;限制测试系统的信号检测电路的频带宽度,拓展动态范围。采用如图 6.54 所示的差分探测光路结构,可以提高干涉信号的幅度(提升了大约 6dB),测试结果如图 6.55 所示,探测灵敏度和动态范围同时达到了 90dB 以上。

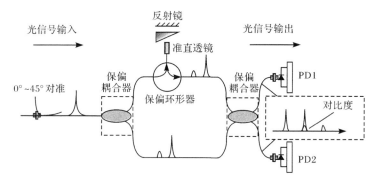

图 6.54　系统测量 200m 保偏光纤的单端探测与差分探测的动态范围对比

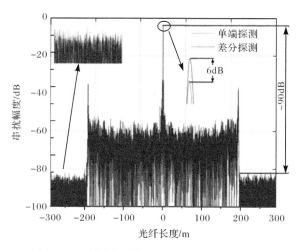

图 6.55　单端探测与差分探测的动态范围对比

2. OCDP 噪声抑制

　　与 OLCR 类似,OCDP 系统的噪声本底直接决定系统的测量极限。OCDP 探测灵敏度与动态范围的进一步提升,则需要对噪声来源及其性质进行详细的研究。如 6.2.5 节所述,噪声本底包含光源强度噪声、干涉拍噪声、散粒噪声、探测器与电子线路噪声等,它们无法彻底消除,因此也被称为本征噪声。因此,OCDP系统的极限噪声本底 σ_i^2 与光源散粒噪声 σ_{sh}^2、干涉拍噪声 σ_{be}^2(干涉光强交流项产生的噪声,采用差分平衡探测方案后,由过剩噪声转换而来)、电路热噪声 σ_c^2 有关。

如图 6.54 所示的马赫-曾德尔干涉仪构成 OCDP 测量系统,对传输光和参考光采用能量均分的探测方式,则噪声电流可以表示为

$$\begin{cases} \sigma_{sh}^2 = 4eP_{dc}B \\ \sigma_{be}^2 = \dfrac{2(1+V^2)P_rP_xB}{\Delta\nu} \\ \sigma_c^2 = \dfrac{4KTB}{R} \end{cases} \tag{6.126}$$

式中:e 为电子电量;P_r 代表扫描干涉臂的光信号强度;P_x 代表另外一臂的光信号强度;V 为光源的偏振度,采用偏振光源 $V=1$;$\Delta\nu$ 为光源的频带宽度;K 为玻尔兹曼常量;T 为热力学温度;σ_{sh}^2 为散粒噪声;P_{dc} 为直流光强;B 为检测带宽。

由式(6.126)可知,散粒噪声 σ_{sh}^2 与直流光强 P_{dc}、检测带宽 B 成正比,可以通过提高光源功率来提高信噪比;在平衡探测方式时,拍噪声与产生干涉的两路信号的强度的乘积成正比。

采用对传输光和参考光的能量均分的方式,如图 6.54 中第一耦合器采用保偏耦合器,有 $P_x = P_r = P_s + P_c = P_s + \rho P_s = P_s(1+\rho)$,其中 P_s 为传输光强度,P_c 为耦合光强度,ρ 为耦合系数(一般情况下,$\rho \ll 1$)。

在暂时不考虑电路热噪声时,信噪比表示为

$$\frac{4P_sP_c}{\sigma_i^2} = \frac{4\rho P_s^2}{\sigma_i^2} = \frac{4\rho P_s^2}{\sigma_{sh}^2 + \sigma_{be}^2} = \frac{\rho}{\dfrac{2eB}{P_s} + \dfrac{1}{\Delta\nu}B} \tag{6.127}$$

由式(6.127)可知,到达探测器的光功率大于微瓦时,拍噪声将大于散粒噪声,此时,对于 OCDP 系统而言,噪声的幅值由大到小依次是:干涉拍噪声、光源强度噪声、检测电路噪声。可见,提高光源功率来提升信噪比的前提是,拍噪声小于散粒噪声(探测光功率小于微瓦时);当拍噪声大于散粒噪声时,信噪比由拍噪声决定,它与光源功率无关。

抑制干涉拍噪声,使散粒噪声成为噪声本底的主要制约因素,可以进一步提升 OCDP 测试系统的灵敏度和动态范围。为此,提出一种采用优化光路结构的办法(见图 6.56),采用偏振分束器替换保偏耦合器,改变光路对传输光和耦合光能量均分的方式为能量分离的方式,即让传输光和耦合光分别在马赫-曾德尔干涉仪的两干涉臂中传输,则有

$$\begin{cases} P_r = P_s \\ P_x = P_c \end{cases} \tag{6.128}$$

将式(6.128)代入式(6.127)中,可得

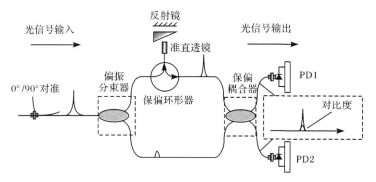

图 6.56　基于传输光与耦合光的能量分离光束的干涉拍噪声抑制方案

$$\frac{4\rho P_{\mathrm{s}}^2}{\sigma_{\mathrm{i}}^2} = \frac{4\rho P_{\mathrm{s}}^2}{\sigma_{\mathrm{sh}}^2 + \sigma_{\mathrm{be}}^2} = \frac{\rho}{\dfrac{2eB}{P_{\mathrm{s}}} + \dfrac{\rho}{\Delta\nu}B} \qquad (6.129)$$

由式(6.129)可知,偏振耦合系数极大地减小了拍噪声影响,使散粒噪声成为噪声本底的主要制约因素。其他光源强度噪声和电路噪声的抑制和优化,可以通过优化光源与电路结构形式,抑制电源供电噪声,以及降低系统测试带宽等方法来实现。

噪声抑制效果如图 6.57 所示,为全光纤 OCDP 测量系统测试 200m 光纤偏振串扰测试结果的对比。当相互正交的传输光和耦合光与偏振分束器的输入夹角均为 45°时,其测试结果如图 6.57(a)所示:A 点表示没有光输入状态下,系统本底噪声为 −95dB;B 点表示单个探测器接受信号光时,光源的强度噪声为 −91dB;C 点表示 OCDP 系统正常工作时,系统的本底噪声为 −82dB;D 点表示被测光源消光比为 −40.3dB;E 点表示 PM 光纤的平均偏振串扰为 −57dB;F 点表示输入光强归一化结果;E′和 D′分别为 E 和 D 的对称测量点。

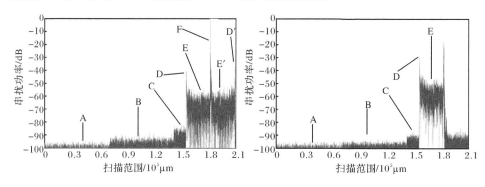

（a）无噪声抑制、能量均分时的测试结果　　　　（b）采用噪声抑制、能量均分时的测试结果

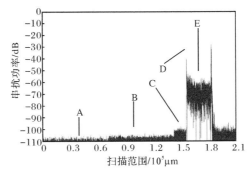

(c) 采用噪声抑制、能量均分时, 偏振串扰绝对幅值处理结果

图 6.57　是否采用噪声抑制的 OCDP 测量系统测试结果对比

A. 无光输入时；B. 单臂注入光时；C. 正常干涉时；

D. 光源消光比；E. 光纤中偏振串扰；F. 输入光强

当相互正交的传输光和耦合光与偏振分束器的输入夹角分别为 0° 和 90° 时, 其测试结果如图 6.57(b) 所示。与图 6.57(a) 相比产生以下变化: 光源的强度噪声 (B 点) 下降到了 −93～−94dB, 本底噪声 (C 点) 减小到了 −88dB, 光源消光比 (C 点) 上升到了 −29.9dB, PM 光纤的平均偏振串扰增加到了 −47dB。由此可以得出结论: 一方面相干强度噪声被抑制, 本底降低约 6dB；另一方面偏振串扰增加约 10dB。

由于图 6.57(b) 中无法得到传输光自身的干涉信号, 即图 6.57(a) 中 F 点, 因此它只能获得串扰相对值而非绝对幅度。由于 OCDP 系统采用同一宽谱光源和同一段待测光纤, 因此尽管图 6.57(a) 和 (b) 采用的测量方式不同, 但是对于相同物理点的测量数值应该相同。以 D 点为例, 图 6.57(b) 中 −29.9dB 的相对测量幅值应该对应于图 6.54(a) 中 −40.3dB 的绝对串扰幅值。因此, 将图 6.57(b) 相对于图 6.57(a) 进行偏振串扰测量值的绝对化, 如图 6.57(c) 所示, 其测量灵敏度达 −98～−95dB, 则其动态范围响应为 95～98dB。由此可知, 上述方法可以极大地提升探测灵敏度和动态范围。

综上所述, 拍噪声被看成是干涉光强交流项产生的噪声, 通过优化光路参数, 改变参与白光干涉的光束能量比例, 可以实现噪声抑制；光源强度噪声抑制可以通过降低光源驱动噪声、采用差分探测共模噪声抑制；电路噪声, 需要设计与实现低噪声的光源驱动和光电信号探测电路, 抑制电源供电噪声, 降低系统测试带宽等方法加以抑制。

3. 光程延迟线的优化

偏振串扰测量干涉仪是测量光路的核心部分, 它利用可变光程扫描装置和机构的连续扫描, 实现不同偏振模式的问询光和耦合光之间的干涉, 获得分布式的偏振串扰。高空间分辨率原理上除了与光源相干长度有关外,在技术实现上主要依赖光程扫描系统的性能和精度。目前,在惯性导航领域,高精度光纤陀螺中的光纤敏感环的长度普遍达到了公里量级[109]。为了能够实现对长达几公里保偏光纤及其敏感环的测试,需要光程延迟扫描的范围长达几米,因此基于机械扫描的时域光程扫描方法成为唯一的选择。

一般情况下,用于分布式传感测量的光学延迟线由准直透镜和机械扫描机构组成。一些用于扩展量程的改进,诸如在扫描装置中改进的结构:扫描反射镜对、旋转反射块、圆形渐开线台面结构等一般具有组成结构复杂、加工精度高、非线性等缺点[48,110,111]。另外,传统的这些结构均是采用单一准直透镜进行光程扫描。准直透镜的出射光场可以认为是高斯光束,其基于准直透镜特征的扫描装置本身存在耦合功率损耗[112]。这种耦合功率损耗与扫描距离相关,随着扫描距离的增加,引入测量误差逐渐增加。因此,在 OCDP 应用中,传统大量程的扫描延迟线最终将会引入较大的系统误差。

本节中,将首先讨论准直透镜对偏振耦合的误差模型,提出基于单一透镜结构的最优化方案;在此基础上主要介绍一种新型的差分式光程扫描延迟线结构。差分光程延迟线在拓展扫描量程的基础上,具有降低测量误差、提高 OCDP 系统测量精度的特点,在 0.2m 的扫描台上实现了 0.8m 的位移扫描,损耗波动误差降低了 80%,扫描精度可提高到 ±0.1dB。

1) 延迟线光强浮动的影响

在白光干涉技术中,偏振串扰的单个耦合点误差模型[79]如图 6.58 所示:一束光强为 I_0、振幅为 E_0 的线偏振光输入到光纤主轴。当经过待测器件(device under test,DUT)的一个耦合点,将发生能量耦合,耦合强度为 $\rho(\rho \ll 1)$,一部分能量将会耦合到主轴的正交方向。经过耦合点后,激发模和耦合模的振幅分别为 E_x 和 E_y,其能量分解为

$$\begin{cases} E_x \propto E_0\sqrt{1-\rho} \\ E_y \propto E_0\sqrt{\rho} \end{cases} \tag{6.130}$$

两列波沿着两个正交轴经由一个检偏器合成,传输到迈克耳孙干涉仪。干涉仪的输出信号最后被一个光电探测器(photo detector,PD)检测。当迈克耳孙干涉仪两臂的光程差(optical path difference,OPD)小于光源的相干长度时出现干涉主峰[见图 6.58(b)的峰 B];当 OPD 与激发模和耦合模匹配时,耦合峰[见图 6.58(b)的峰 A 和 C]将会探测到。两种信号的交流量可以表示为

$$I_{\text{main}} \propto (E_x E_x^* + E_y E_y^*)\sqrt{p(Z_0)} = I_0\sqrt{p(Z_0)} \tag{6.131}$$

$$I_{\text{coupling}} \propto (E_x E_y^*)\sqrt{p(Z_c)} = I_0\sqrt{\rho(1-\rho)}\sqrt{p(Z_c)} \approx I_0\sqrt{\rho p(Z_c)} \tag{6.132}$$

式中:Z_0 和 Z_c 是扫描反射镜和准直透镜出射面之间位移的两倍,此时主峰和耦合

峰分别出现;$p(Z)$是延迟线引入的能量衰减系数,它取决于扫描反射镜和准直透镜之间的间距。将式(6.131)与式(6.132)相除,得到耦合强度 ρ 可以表示为

$$\rho = \frac{p(Z_0)}{p(Z_c)}\left(\frac{I_{coupling}}{I_{main}}\right)^2 = H\rho_0 \tag{6.133}$$

式中:$\rho_0 = (I_{coupling}/I_{main})^2$,是真实的耦合强度;$H = p(Z_0)/p(Z_c)$,是耦合强度的调制系数。

从式(6.133)中可以看出,测量值和真实值之间存在差值 H,调制系数 H 的大小取决于扫描反射镜和准直透镜之间的间距,其值的变化必然会对真实的耦合强度 ρ_0 造成影响,进而降低 OCDP 系统对偏振器件的测试精度。

一般情况下,准直透镜的出射光场振幅分布是一个复杂的高斯函数[112,113][见图 6.58(c)]。在位于准直透镜出射光面正中心建立坐标系,随着 z 值变化,准直透镜二者引起耦合损耗。准直透镜的强度损耗系数 L 可以写成[114]

$$L = -10\lg\left[\frac{4\exp(2J)}{W^2(z-d) + W^2(d)|F|^2}\right] = -10\lg p(Z) \tag{6.134}$$

其中

$$\begin{cases}
F = \mathrm{Re}\{F\} + \mathrm{Im}\{F\} = \dfrac{1}{W^2(z-d)} + \dfrac{1}{W^2(d)} + \mathrm{i}\,\dfrac{k}{2}\left(\dfrac{1}{R(z-d)} + \dfrac{1}{R(d)}\right) \\[2mm]
J = \dfrac{-F_r(k\theta)^2}{4|F|^2} \\[2mm]
W^2(z) = w^2\left[1 + \left(\dfrac{\lambda z}{\pi n w^2}\right)^2\right] \\[2mm]
k = \dfrac{2\pi n}{\lambda} \\[2mm]
R(z) = z\left[1 + \left(\dfrac{\pi n w^2}{\lambda z}\right)^2\right]
\end{cases} \tag{6.135}$$

式中:z 为准直透镜与扫描反射镜之间间距的 2 倍;d 为准直透镜与束腰半径之间的距离;θ 为准直透镜出射与接收光场的夹角,即准直透镜与扫描反射镜夹角的 2 倍;w 为准直透镜的束腰半径;λ 为入射光的波长;n 为传输介质折射率;F、J、W 和 R 分别为中间关系参量。

根据式(6.134)和式(6.135),在不同的束腰半径 w、距离 d、角度 θ 的情况下,准直透镜的强度损耗系数 L 的部分理论仿真曲线如图 6.59 所示。仿真过程中部分参数如下:扫描反射镜的移动距离设定为 $S = 800\mathrm{mm}$,$\lambda = 1550\mathrm{nm}$,$n$ 取空气折射率 1。图 6.59(a)中显示了当 $d = 230\mathrm{mm}$、$\theta = 0\mathrm{mrad}$ 时,在对于不同的束腰半径 $w = 440\mu\mathrm{m}$,$400\mu\mathrm{m}$,$360\mu\mathrm{m}$ 时强度损耗系数 L 的变化,图 6.59(b)显示了当 $w = 440\mu\mathrm{m}$,$\theta = 0\mathrm{mrad}$ 时,在对于准直透镜与束腰半径之间距离 $d = 230\mathrm{mm}$,$200\mathrm{mm}$,$150\mathrm{mm}$ 之间强度损耗系数 L 的变化。图 6.59(c)显示了 $w = 440\mu\mathrm{m}$,$d = 230\mathrm{mm}$

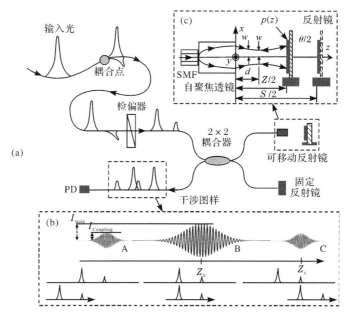

图 6.58　白光干涉偏振耦合测量原理图

时,$\theta=0\text{mrad}$、0.2mrad、0.4mrad 时对应的强度损耗系数 L。

为了便于分析不同的 w、d、θ 时相应的 L 变化趋势,定义损耗波动 ΔL 为

$$\Delta L = L_{\max} - L_{\min} \tag{6.136}$$

式中:$L_{\max}$ 和 $L_{\min}$ 分别代表在扫描距离内能量损耗的最大值和最小值,$L_{\min}$ 也反映了光源强度的利用率。图 6.59 中各个曲线的 ΔL 和 $L_{\min}$ 分别列举在表 6.8 中。

从图 6.59 和表 6.8 中可以发现,准直透镜的强度损耗系数 L 不仅是位移 z 的函数,同时也与束腰半径 w、准直透镜与束腰半径距离 d、准直透镜与束腰半径角度 θ 有关。此时能量衰减系数 $p(z)$ 可以写为 $p(z,w,d,\theta)$。波动值 ΔL 随着 w 的增大而减小,且在 $d=S/4$ 和 $\theta=0$ 有其最小值。

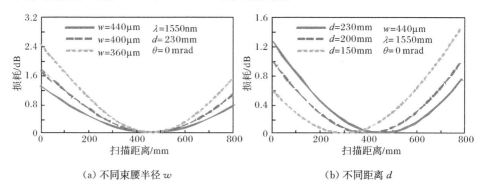

(a) 不同束腰半径 w　　　　　　　　　　(b) 不同距离 d

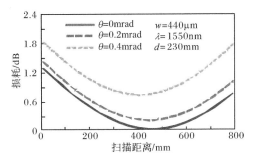

（c）不同角度 θ

图 6.59　准直透镜的强度损耗系数 L 在不同参数条件下的理论仿真曲线

表 6.8　最小损耗系数 L_{min} 和损耗波动值 ΔL

$w/\mu m$	440	400	360
L_{min}/dB	0	0	0
$\Delta L/dB$	1.3	1.8	2.5
d/mm	230	200	150
L_{min}/dB	0	0	0
$\Delta L/dB$	1.3	1.0	1.5
$\theta/mrad$	0	0.2	0.4
L_{min}/dB	0	0.2	0.7
$\Delta L/dB$	1.3	1.2	1.1

　　为了减小延迟线对 OCDP 测量的影响,需要降低 ΔL,获取延迟线扫描过程中较为稳定的光强。通过以上分析,使用一个较大 w,$d=S/4$ 和 $\theta=0$ 的准直透镜将会达到延迟线的最佳状态。然而,在实际环境中,w 并非越大越好,因为较大的束腰半径将会引入更大的插入损耗。对于单一透镜的延迟线结构,各个器件的调节要求精度较高,达到其最佳状态较为困难。即使在最优情况下的单一准直透镜结构的波动值 ΔL 和调制系数 H 也不能完全满足 OCDP 高精度的测量需求。

　　2）差分延迟线结构

　　为了进一步降低调制系数 H 的波动对耦合强度 ρ 的影响,受到差分结构启发,提出了一种差分式延迟线结构,这种差分的对称互补结构如图 6.60 所示。该结构由两只独立准直透镜和双面反射镜组成,光纤准直透镜分别位于移动位移台面的两端,双面反射镜位于台面上,随着移动位移台面移动而移动。根据差分结构的对称性原理,准直透镜 1 和 2 有相同的参数和互补的位移。图 6.60 中的一些关系如下:

$$\begin{cases} z_1 = z, \quad z_2 = l - z_1, \quad z_d = 2z_1 \\ S = z_{max} - z_0, \quad S_d = 2S \\ w_1 = w_2 = w, \quad d_1 = d_2 = d \end{cases} \tag{6.137}$$

式中：$z_i (i=1,2)$ 为第 i 个准直透镜与扫描反射镜之间间距的 2 倍；l 为两只准直透镜之间间距的 2 倍；S 为扫描反射镜的最大移动距离间距的 2 倍；z_0 为准直透镜出光面与扫描反射镜初始位置之间间距的 2 倍［见图 6.60（a）］；z_{max} 为准直透镜出光面与扫描反射镜最远端位置之间间距的 2 倍［见图 6.60（b）］；w_i 为第 i 个准直透镜的束腰半径；d_i 为第 i 个准直透镜与束腰半径之间的距离。

由于差分结构的特征，当 z_1（或 z_2）增加一定的位移时，z_2（或 z_1）会减小相等的位移，因此两个准直透镜的 OPD 产生倍增。差分结构中，等效移动距离 z_d 和扫描反射镜的最大移动距离 S_d 相比于单一透镜结构分别加倍。

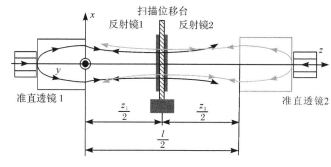

（a）差分对称互补结构

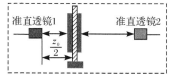

（b）反射镜处于扫描起点位置时

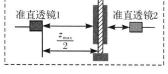

（c）反射镜处于扫描终点位置时

图 6.60　由两只独立准直透镜和双面反射镜组成的差分延迟线结构

此时设定第 i 个准直透镜的能量衰减系数为 $p_i(z_i, w_i, d_i, \theta_i)(i=1,2)$。根据光的干涉理论，总的干涉光强与两个光源复振幅及其共轭的乘积成正比。所以，差分结构合成能量衰减系数 $f(z_d, w, d, \theta)$ 的干涉项能够表示成

$$f(z_d, w, d, \theta) \propto \sqrt{p_1(z_1, w_1, d_1, \theta_1)} \sqrt{p_2(z_2, w_2, d_2, \theta_2)} \tag{6.138}$$

结合式（6.134）和式（6.135），对式（6.138）进行仿真，使用的部分参数如下：扫描反射镜的最大移动距离的两倍间距 $S=400mm$，则等效最大移动距离 $S_d = 800mm$，起始位移 $z_0 = 0$，其他参数设定为 $w = 440\mu m，\lambda = 1550nm$，单一准直透镜 $d = 230mm$。其中由两只单一准直透镜（虚线）合成的差分情况（实线）的仿真结果

如图 6.61(a)所示。图 6.61(b)中显示,差分结构的损耗波动 ΔL(实线)比单一准直透镜(虚线)的最优情况($z_0=30$mm)还要低,但是最小的损耗系数 $L_{\min}$ 增加了。

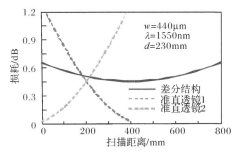
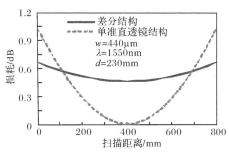

(a) 两个准直透镜 1 和 2 构成差分结构 (b) 差分结构与单一透镜结构最佳状态的损耗对比

图 6.61　单准直透镜与差分结构透镜结构的对比

根据上述分析和图 6.61 中的曲线所示,在影响准直透镜的参数中,准直透镜与束腰半径 d 对损耗系数的影响需要进一步分析。最小损耗系数 $L_{\min}$ 和损耗波动 ΔL 随着不同的 d 值变化而变化的仿真结果如图 6.62 所示。

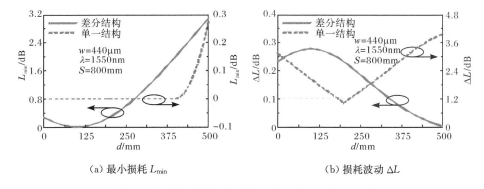

(a) 最小损耗 $L_{\min}$ 　　　　　　　　(b) 损耗波动 ΔL

图 6.62　两种参数随着不同 d 值变化而变化示意图

从图 6.62(a)中可以看出,差分结构对光源的利用率较单一准直透镜低很多。一般认为,光源的功率利用率应该大于 3dB。此时,如取 $S_d=800$mm 时,准直透镜与束腰半径 d 应该小于 500mm。从图 6.62(b)中可以明显发现,差分结构的损耗波动 ΔL_d 十分平坦且变化缓慢,但单一准直透镜结构的损耗波动 ΔL_s 在最小值 $d=S_d/4=200$mm 附近变化陡峭。在该点,将式(6.134)和式(6.135)代入式(6.138)中,此时的单一透镜的损耗波动 ΔL_s 和差分结构的 ΔL_d 可以表示为

$$
\begin{cases}
\Delta L_s = -10\lg\left(\dfrac{4n^2\pi^2w^4}{4n^2\pi^2w^4+S_d\lambda^2}\right) \\[3mm]
\Delta L_d = -10\lg\left(\dfrac{16n^2\pi^2w^4+S_d\lambda^2}{\sqrt{4n^2\pi^2w^4+S_d\lambda^2}}\dfrac{1}{8n^2\pi^2w^4}\right) \\[3mm]
\Delta = \Delta L_d - \Delta L_s = -10\lg\left[\sqrt{1+\dfrac{S_d\lambda^2}{4n^2\pi^2w^4}\left(1+\dfrac{S_d\lambda^2}{16n^2\pi^2w^4}\right)}\right] < 0
\end{cases}
\tag{6.139}
$$

式中:Δ 是两种结构损耗波动之差。

从式(6.139)可以发现差分结构的波动损耗小于单一准直透镜。可以认为,合成能量衰减系数 $f(z_d,w,d,\theta)$ 的波动在有效的损耗系数 L_{min} 范围内小于 $p(z)$。因此,为了减小损耗系数 L,应该根据所需扫描距离,选取具有较大的束腰半径 w、合适的距离 d 的准直透镜,调节角度 $\theta=0$。

将式(6.138)代入式(6.133),选用差分扫描结构的耦合强度 ρ_d 可以表示为

$$
\rho_d = \frac{\sqrt{p(z_0)}\sqrt{p(l-z_0)}}{\sqrt{p_1(z_1)}\sqrt{p_2(l-z_1)}}\left(\frac{I_{coupling}}{I_{main}}\right)^2 = H_d\rho_0
\tag{6.140}
$$

式中:H_d 是差分结构中耦合强度的调制系数。

从式(6.133)和式(6.140)中可以看出,因为 H_d 和 H 的分子是常数,而 H_d 的分母比 H 变化得更加平坦。因而,归一化后的耦合强度 ρ_d 比 ρ 更加接近于真实值。

3) 差分延迟线光程扫描实验

将上述差分扫描思想应用于白光干涉测量中,实验装置如图 6.63(a)和(b)所示。宽谱光源 SLD 发出的光进入马赫-曾德尔干涉仪,由 2×2 耦合器(分光比 50:50)平均分束,两束光分别经过两个独立的准直透镜 1 和 2 发出,经由扫描位移台 M1 和 M2 上对应的反射镜扫描反射,由差分的光电探测器探测。

该实验是对延迟线损耗变化的直接反映。采用两组实验分别进行对比,主要是通过改变准直透镜与扫描台之间的初始位置 $z_0/2$ 来获取需要的功率损耗变化的区间,光功率随位移变化如图 6.63(c)所示。在实验 1 中,位移台 M1 和 M2 的起始位移分别是 30mm 和 140mm,且此时令两臂光程差为 0。准直透镜 2 和反射镜 2 之间夹角近似 0.2mrad,用于匹配 M1 的光强。由于差分结构的光程倍增特性,第一个实验是利用两只扫描台来等效传统单一扫描透镜延迟线的情况。一般的延迟线由扫描臂(单一准直透镜扫描结构)和参考臂(匹配光纤)构成,实验 1 中起始位移 140mm 的扫描台是用来模拟匹配光纤中光强变化的(由于准直透镜自身特性,无法使平坦区域光强过长,取 260mm 光程)。在实验 2 中位移台 M1 和 M2 的起始位移分别是 0 和 260mm,且此时令两臂光程差同样调节为 0。第二个实验是为了获得光功率变化剧烈的两段。实验 2 是一种理想差分结构的模拟。

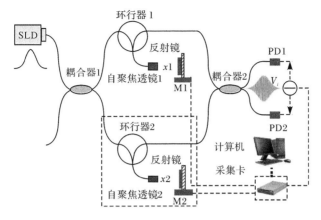

(a) 两个独立扫描台构成的差分扫描结构

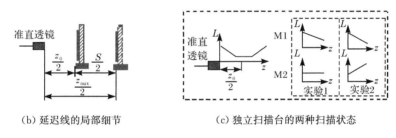

(b) 延迟线的局部细节　　　　　　(c) 独立扫描台的两种扫描状态

图 6.63　独立扫描台构成的差分扫描结构

　　具体实验步骤是：两对准直透镜与可移动反射镜之间的距离分别记为是 $x1$ 和 $x2$。将反射镜 1 保持在确定位置，分别固定在 $x1_i = 0, 20\mathrm{mm}, 40\mathrm{mm}, \cdots, (i=1, 2, \cdots)$，在反射镜 1 处于每个定点时用反射镜 2 扫描全程，两臂光程匹配处产生白光干涉信号，其峰峰值记为 $V_i (i=1, 2, \cdots)$，同时遮挡一臂，分别记录另外一臂在光电探测器 1 处的光功率。

　　实验所得的归一化的损耗系数如图 6.64 中所示。点线代表实验值，实线是根据式(6.134)仿真的单个透镜理论值，根据式(6.138)仿真的干涉信号合成的理论值。在图 6.64(a)中扫描位移台 M1 损耗(宝石点线)从 0.8dB 单调降低到 0，同时扫描位移台 M1 损耗(方块点线)稳定在 0.1dB 之内，此时干涉信号包络的功率(三角点线)从 0.4dB 单调降低到 0。在图 6.64(b)中扫描位移台 M1 损耗(宝石点线)从 1.2dB 单调降低到 0，同时扫描位移台 M2 损耗(方块点线)从 0 单调上升到 1.1dB，但此时干涉信号包络的功率(三角点线)则稳定在 0.2dB 之内。实验结构很好地验证了理论分析的正确性。

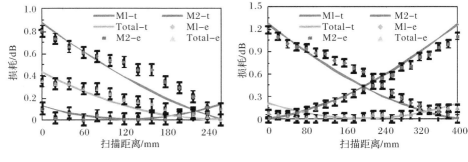

(a) 等效单一准直透镜延迟线状态实验　　　　(b) 等效差分准直透镜延迟线实验

图 6.64　用于两只扫描台验证差分结构损耗合成实验

在第二个实验中,两段光功率损耗变化较快的区间可以通过差分结构获取较为平坦的变化区间。差分结构使损耗波动从 24.1%(1.2dB)降低到 4.5%(0.2dB)。在 0.8m 的扫描距离(假设线性双折射为 5×10^{-4},测量的传感距离 1.6km)范围内,测量精度达到了 ±0.1dB。也就是说,典型 ±0.5dB 精度的延迟线将会产生 20%的误差,而 ±0.1dB 仅带来 4.5%的误差。比起单一准直透镜的延迟线,精度提高了 80%。因为两只准直透镜能够互相补偿,在扫描过程中差分延迟线将会获得更加平坦的功率变化。

4) 基于差分延迟线的 OCDP 系统

本节将进行带有差分延迟线的 OCDP 系统性能的验证实验。测量器件为一只 1100m 的光纤陀螺敏感环,实验装置如图 6.65 所示。虚线标出区域为具有光程倍增和精度提高的延迟线结构。SLD 光源发出的光被分光比为 98/2 的光纤分束器分成两束。光电探测器 PD0 通过探测 2%的光功率来监测光源功率变化。其余大部分光通过隔离器后经由一只起偏器,产生的偏振光束注入光纤陀螺敏感环,输出光经由一只检偏器,进入到带有差分延迟线结构的马赫-曾德尔干涉仪中。经过干涉仪的干涉信号被差分探测器 PD1 和 PD2 探测并由数据采集卡(data acquisition,DAQ)进行分析。检测到的待测器件信息带有机械扫描器件特征。移动反射镜的移动范围是 200mm,有效的 d 和 w 分别为 23mm 和 440μm。光纤陀螺敏感环的一端与起偏器 0°对轴,另一端与检偏器 45°对轴。

由于扫描光程的倍增,使用前文所述类似的对照实验用来证明差分扫描结构的有效性。在第一组实验中,反射镜 1、准直透镜 1 和 2 分别调整到最佳工作状态。准直透镜出光面与扫描台 M1 和 M2 的初始距离分别是 0 和 140mm 且此时的 OPD 调整为 0。在第二组实验中,准直透镜出光面与扫描台 M1 和 M2 的初始距离均为 0。第一组实验是一种由差分扫描结构等效成的单一准直透镜的情况,第二组实验是一种使用差分扫描结构的理想状态。

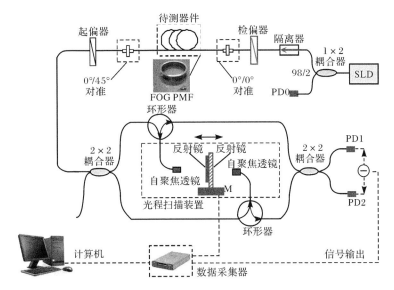

图 6.65　带有差分扫描结构的全光纤 OCDP 测量系统

　　考虑到两种状态的偏振串扰[见图 6.66(a)]区分困难,从相对较高的峰值处(例如光纤敏感环的换层处)选取其中的 10 组峰值(记为 A,B,…)。分离的耦合强度如图 6.66(b)所示。其中实线分别是第一组和第二组的实验值,二者的差值(黑点)与两种状态的仿真差值能够很好地对应起来。第二组差分结构的实验精度可以认为在 0.8m 的扫面范围内达到了 ±0.1dB。

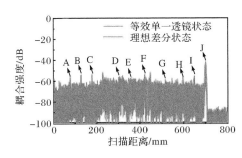
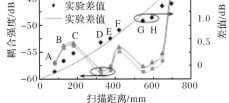

(a) 光纤陀螺敏感环偏振串扰的测量结果　　　(b) 测试结果中 10 个不同位置的偏振串扰值

图 6.66　基于差分延迟线的光纤陀螺敏感环偏振串扰测量结果

　　由于准直透镜自身的差别,以及在调节过程中无法避免的微小的角度失配和错位,将会引入一定的误差。延迟线中虽然加入了另外一个准直透镜但是调节难度降低了。因为即使准直透镜中一只或两只的损耗波动没有达到其最佳状态,差分结构也能够达到互相补偿的目的。从对比实验可以明显看出,理想的差分扫描结果更为准确。在提高精度的同时,使用差分结构延迟线的 OCDP 光程相关器对于系统中温度、色散的补偿也有一定的作用。

尽管实验所用的扫描位移台只有 200mm 的量程,但是延迟距离可以倍增到 800mm。也可以级联两组准直透镜对使延迟长度扩展到 1.6m(假设线性双折射为 5×10^{-4},测量的传感距离 3.2km)。但是,这种损耗波动的稳定性是以损失部分光源能量为代价的,差分结构的光源利用效率会降低。牺牲光源能量,达到提高测量精度的目的,对于整体系统性能的提高也有重要意义。

4. 色散影响的抑制技术

色散作为光纤波导中一种固有效应,对偏振耦合测量的影响是双重的:一方面它降低了偏振耦合测量的幅度,即降低了探测灵敏度和动态范围;另一方面也降低了空间分辨率。特别是对于具有较大偏振模式色散的待测器件,如长距离保偏光纤,色散的影响是致命的。因此,必须对色散影响进行匹配设计,实现对色散参数的补偿。而色散补偿的过程通常是动态的,即色散补偿的同时,可能会引起光程的浮动,因此需要在高精度光程扫描的同时,考虑色散动态补偿的问题。为此,提出了几种色散影响的抑制方法,包括基于双向问询的色散抑制法、基于双向同时问询的色散抑制法,现逐一加以分析和说明。

1) 基于双向问询的色散抑制法

保偏光纤中除快轴与慢轴的折射率不同,其色散特性也不同,由于光纤制造工艺等问题,纤芯的圆度会引起快慢轴色散特性的变化。偏振模式耦合测量时采用宽带光源,在对长达几公里的保偏光纤进行测试时,即使微小的色散作用其累积值也是不能忽略的。研究表明[115,116]:双折射色散的影响是动态的,它与耦合点距离光纤起点的距离有关,随着距离的增加,耦合点测试空间分辨率和耦合强度探测灵敏度均下降。以长度 1000m、双折射 6×10^{-4}、色散系数差 0.01ps/(nm·km)的保偏光纤为例,采用光源半谱宽度 50nm 的光源进行问询,干涉条纹将展宽27.5倍幅值以上,幅值下降为原来的 0.2,即从原来的相干长度 34μm 增加到0.94mm,使保偏光纤偏振耦合的空间分辨率从 5.6cm 下降到 1.6m,严重影响了测量精度。

为此,提出了一种提高保偏光纤偏振耦合测量精度和对称性的方法[102],它将宽谱光问询光分别从正向和反向低损耗地通过待测保偏光纤,通过对由此获得对称的两幅偏振耦合测量的处理和拼接,等效将待测光纤的双折射色散影响降低为原长度的一半,大大增强了待测光纤后半段耦合点位置和幅度的测量精度。由于上述方法获得的两幅测量数据具有严格的对称性,并保持了保偏光纤中点对称的一对偏振耦合点位置在测量中不受色散的影响。此方法对于光纤陀螺敏感环的参数测量与性能评价具有非常重要的实用价值,也可广泛应用于分布式保偏光纤传感系统中。

在理想情况下,偏振耦合点的位置检测分辨率 L_x 主要取决于光源的相干长度 L_c,即

$$L_x = \frac{L_c}{\Delta n} \tag{6.141}$$

展宽后的光源相干长度 L'_c 变为

$$\frac{L'_c}{L_c} = \left[1 + \left(2\pi \frac{\Delta\lambda^2}{\lambda^2} c\Delta Dl \right)^2 \right]^{1/2} \tag{6.142}$$

式中:λ 为光源的中心波长;$\Delta\lambda$ 为光源的半谱宽度;c 为真空中的光速;ΔD 为保偏光纤的快轴和慢轴之间的色散系数;l 为耦合点到光出射点的距离。

可见,色散对测量的影响是与光纤的长度有关的,保偏光纤的长度越长,则色散对光纤起点的影响越大,对末端终点的影响越小,当光纤长度较长时这种影响几乎成正比。这也提示我们:如果能够等效地降低光纤的长度,则色散的影响可以相应减小。

抑制色散影响的方法可以基于对称性原理,即从正向、反向分别对保偏光纤的偏振耦合各测量一次。采用此方法改进的测试装置如图 6.67 所示,它包括宽谱光源、待测光纤、光信号可控换向机构、偏振耦合检测系统。光信号可控换向机构,由保偏光纤开关或者保偏环行器级联而成,利用该装置可以将宽谱光分别从正向和逆向通过待测保偏光纤,获得关于待测光纤中点对称的两幅偏振耦合测量结果。通过对测量数据的处理,等效地将测量光纤降低为原长度的一半,极大地增强了光纤耦合点位置和幅度的测量精度,抑制了双折射色散的影响;同时利用双向测量数据,可以精确地判定耦合点关于中点的对称性。如图 6.67 所示,由宽谱光源 SLD 发出的宽谱光经过光信号可控换向机构进入待测保偏光纤后,产生的问询光和耦合光一并进入偏振耦合检测系统中,光信号可控换向机构可将待测保偏光纤分别正向和反向连接在宽谱光源和偏振耦合检测系统之间。这样对于正向测量时,光纤起点的传输光和耦合光经历了整个保偏光纤,因此色散对光纤起点的影响最大;但在反向问询时,由于传输光与耦合光经历的传输光纤接近于零,则色散对测量的影响最小;只有光纤的中点位置的耦合在正向和反向测量时结果相同,没有改变。

与现有技术相比,该方法的优点体现在:

(1) 结构简单,效果显著。此方法是对现有 OCDP 测量系统的技术改进,不需要改动现有的解调系统。通过光信号可控换向机构 2 完成保偏光纤 3 的正向和反向测量,对由此获得对称的两幅偏振耦合测量的处理和拼接,即可以部分消除色散对保偏光纤测量的影响,测量的保偏光纤越长,则对末端光纤的效果越明显。

(2) 获得偏振耦合的对称特性。特别是对于高精度光纤陀螺敏感环(环长一般都在几公里)的参数检测等测量应用,光纤偏振耦合点关于光纤中点的对称性

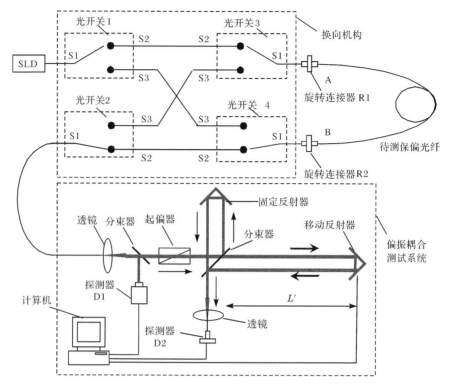

图 6.67　具有色散抑制效果的测试装置

对于敏感环性能具有极其重要的影响。由于光信号可控换向机构 2 可以实现双向正反侧问询的严格对称性,可以得到保偏光纤的两幅关于中点对称的偏振耦合测量结果,在全部光纤测量长度上都可以精确地确定耦合点的空间位置是否关于中点对称,消除了色散展宽对耦合点对称性的影响。

2) 基于双向同时问询的色散抑制法

另外一种减小双折射色散对保偏光纤偏振耦合测量影响的方法[103]:利用半反半透偏振旋光器将宽谱光分成均匀两束,同时从正向和逆向通过待测光纤,利用同一偏振耦合检测装置,同时获得扫描位置对称地两幅偏振耦合测量数据。通过对测量数据的处理和综合,其最终结果等效地将待测光纤降低为原长度的一半,极大地增强了光纤耦合点位置和幅度的测量精度,抑制了双折射色散的影响;同时利用双向测量数据,可以精确地判定耦合点关于中点的对称性。

基于同时问询的色散抑制偏振耦合测量装置如图 6.68 所示。它由宽谱光源 SLD、待测保偏光纤、偏振耦合检测装置及其连接光纤组成,装置还包括保偏光环行器,半反半透光束偏振旋光器 RT,法拉第旋光器 FR1、FR2 和旋转连接器 R1、R2 等光纤元件。由宽谱光源 SLD 发出的低相干偏振光通过三端口光环行器 CL

和旋转连接器 R1,注入待测保偏光纤 DUT 某一偏振保持轴(快轴或者慢轴),传输光及其在耦合点产生的微弱耦合光通过旋转连接器 R2 后,被半反半透偏振旋光器 RT 分成两束,其中透射光直接进入偏振耦合检测装置;反射光经半反半透偏振旋光器 RT 将传输光的偏振态旋转 90°后沿原路返回,再次经过待测保偏光纤 DUT 后由光环行器 CL 的反射端口 c3 输入到偏振耦合检测装置中。透射光和反射光分别携带待测光纤正向测量和反向测量的耦合点位置和幅度信息,由偏振耦合检测系统同时完成光程扫描,测量得到关于待测光纤中点对称测量数据,通过对测量数据的处理和综合,达到抑制双折射色散影响的目的。

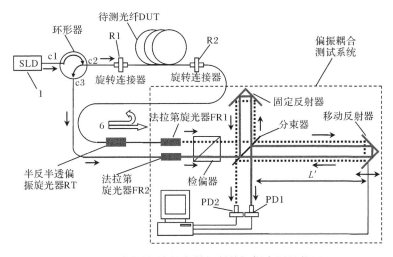

图 6.68　同时问询的色散抑制偏振耦合测量装置

在测试装置中,半反半透偏振旋光器的结构如图 6.69 所示,它由输入与输出光纤、输入与输出光纤准直器、45°旋光晶体、磁环、半反半透镜组成。法拉第旋光器 FR2 连接光环行器 CL 反射端口 c3 和偏振耦合检测系统,用于将反向通过待测光纤的反射光束的传输偏振轴旋转 45°,并送入偏振耦合检测系统中。旋转连接器 R1、R2 可以在 0°~360°内连续旋转,连接器 R1 将由环形器 CL 发出的偏振光,经过旋转注入待测保偏光纤的传输主轴中;连接器 R2 将从待测保偏光纤中的输出光束注入半反半透偏振旋光器 RT 中。偏振耦合检测系统由分光器、固定反射镜和移动反射镜组成一个迈克耳孙干涉仪,干涉仪的固定臂与移动臂之间的光程差可以从零起连续扫描到一个最大值,此数值大于待测光纤全长引起传输光和耦合光之间的最大光程差。光电探测器 PD1、PD2 分别独立接收来自于正向测量透射光和反向测量反射光的白光干涉信号。

测试装置抑制色散影响的方法同样是基于对称性原理,即从正向、反向同时对保偏光纤的偏振耦合各测量一次。如图 6.70 所示,假设待测保偏光纤为熊猫

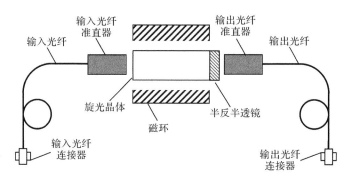

图 6.69　半反半透偏振旋光器的结构示意图

保偏光纤,长度为 L,慢轴折射率为 n_x,快轴折射率为 n_y,慢轴和快轴之间的折射率差(线性双折射)为 $\Delta n = n_x - n_y = 5 \times 10^{-4}$,慢轴传输光用实线表示,快轴传输光用虚线表示。初始时,在待测光纤的起始端将偏振光注入光纤慢轴中,在距离初始端 x 处偏振光发生耦合,一定分量传输光耦合到快轴中,则在光纤的末端,传输光 303 和耦合光 304 的光程分别为

$$S_{303} = n_x L \tag{6.143}$$

$$S_{304} = n_x x + n_y (L - x) \tag{6.144}$$

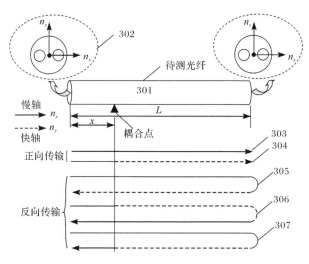

图 6.70　信号光正、反向问询时的光程示意图

如果在光纤的末端将上述光束发射,并且将传输光的偏振态旋转 $90°$,则传输光 303 和 304 在光纤的起始段出射变为光束 305 和 306,光束 305 在返回光纤始点的过程中,经过耦合点 x 同样会发生耦合,一部分光信号会重新耦合到慢轴成

为 307,此处忽略掉在同一耦合点的二次耦合效应。因此信号光 305,耦合光 306、307,对应的光程分别为

$$S_{305}=(n_x+n_y)L \tag{6.145}$$

$$\begin{cases} S_{306}=n_xx+n_y(L-x)+n_xL \\ S_{307}=n_xL+n_y(L-x)+n_xx \end{cases} \tag{6.146}$$

由式(6.146)可知,306 和 307 的光程相同。

对于正向测量,由式(6.143)和式(6.144)可知,传输光和耦合光的光程差为

$$S_{303}-S_{304}=(n_x-n_y)(L-x) \tag{6.147}$$

对于反向测量,由式(6.145)和式(6.146)可知,传输光和耦合光的光程差为

$$S_{306}-S_{305}=S_{307}-S_{305}=(n_x-n_y)x \tag{6.148}$$

由式(6.147)和式(6.148)可知,上述光路方案中,正向和反向同时测量时,得到的关于偏振耦合点的位置信息是关于光纤中点对称的。为了实现上述光路方案,首先需要将从待测光纤出射的信号光分成两束,其中一束再沿原路返回,其次是为了让返回待测光纤的问询光与同向问询光分别传输在不同的保偏传输轴中。

由于正向测量时,光纤起点处耦合光与传输光经历的光纤比较长,因此色散对其影响最大;但在反向问询时,由于传输光与耦合光经历的传输光纤接近于零,则色散对测量的影响最小;只有光纤的中点位置的耦合在正向和反向测量时结果相同,没有改变。

与带有换向机构的双向问询色散抑制方法相比,同时问询方法的优点是:

(1) 由于能够同时实现进行正反侧问询,并且保证严格的对称性,可以得到保偏光纤的两幅关于中点对称的偏振耦合测量结果,在全部光纤测量长度上都可以精确地确定耦合点的空间位置是否关于中点对称,消除了色散展宽对耦合点对称性的影响。

(2) 同时问询方法降低了系统的测试时间,不需要复杂的换向机构,结构简单。

6.4.3　OCDP 测试系统构建

OCDP 测试系统是一个集光学、机械、电子线路、信号处理、计算机控制、软件编程于一体的复杂测试系统。其研制和仪器化需要涉及光源与光探测器、光纤光路、电子与控制线路、机械结构、信号解调与处理、数据记录与传输等多个子系统的联合技术攻关,系统化和仪器化的每一个环节都成为研制的重点,并需要加以综合考虑,最终完成样机的研制。

1. OCDP 的测试光路结构

高精度光纤光路的设计与优化是 OCDP 测试系统仪器化的关键技术之一。

其研究重点一方面放在根据测试系统的功能和性能,以高灵敏度、大动态范围等性能指标,以及器件测试的需求为设计依据,同时结合噪声抑制和色散补偿研究的结论,对光纤光路的结构和参数进行选择;另外也考虑光路实用化问题,例如光程扫描扩展、光程扫描噪声抑制、色散补偿的附加效应消除等。具体步骤是根据测试系统的功能、性能以及实用化需求,初步对光路结构和元件参数进行选择,通过建立精确的全光纤干涉光路模型,以噪声抑制和色散补偿作为优化判据,对光路结构和器件参数进行详细优化,以最终关键技术指标和性能参数的实现作为优化的最终评价标准,最终实现高精度光纤光路的实用化。

全光纤相干偏振测试系统如图 6.71 所示。

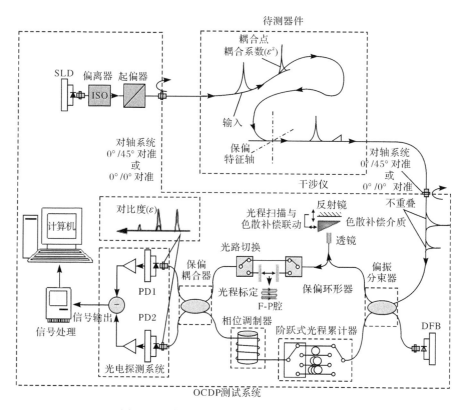

图 6.71　全光纤相干偏振测量系统技术方案

与现有技术方案相比其创新改进之处主要有:

(1) 双光源驱动。类似 PS-OLCR 测试系统,OCDP 测试系统共设置两个光源:一个为宽谱光源;另一个为窄带光源。前者用于偏振串扰的测试,它的光谱宽度与形态决定空间分辨率,功率幅值与强度噪声决定动态范围,偏振态变化和波动会影响测量的准确度,光谱纹波是偏振串扰噪声的重要来源。后者用于光程扫描延迟波动的检测。

(2) 选用差分干涉仪结构。测试光路系统的核心——偏振串扰测量干涉仪,它采用全光纤非平衡马赫-曾德尔干涉仪结构,马赫-曾德尔干涉仪由全保偏光纤器件组成;干涉仪具有的双探测差分方式,可以消除直流光信号,提高交流信号探测幅度,同时对光源强度噪声具有一定的抑制作用,有利于提高探测灵敏度和改善动态范围。

(3) 改进光程扫描延迟的精度和测量范围。在马赫-曾德尔干涉仪的两干涉臂中,分别增加阶跃式光程倍增机构和连续光程扫描延迟线,在二者的协调配合下,可以实现光程扫描范围扩展到 2～3m 的大量程,同时具有微米级的扫描精度;在光程延迟线所在的干涉臂中,增加可切换的光程标定器,实现对阶跃光程接续点的精确标定;在马赫-曾德尔干涉仪的另一输入端增加高相干 DFB 激光器,用于监测光程延迟扫描的运动均匀性。上述改进的目的是确保光程延迟具有高精度和大量程。

(4) 测试光路的在线调整改进。马赫-曾德尔干涉仪的第一分束器采用偏振模式分束器(TE/TM 模式分离器),同时在测试系统的光源输出和探测信号输入端,设置可旋转的光纤对准连接方式,利用在线对轴识别算法,可以实现待测器件与测试系统的 0°/0°、0°/45°、45°/0°、45°/45° 的连接对准关系。完成待测器件的输入光与耦合光,在马赫-曾德尔干涉仪中实现能量的完全分离和均匀分束,进而实现抑制干涉拍噪声,提高探测灵敏度。

(5) 增加色散动态补偿。在扫描延迟线中或者在马赫-曾德尔干涉仪的另外一个测量臂中插入色散连续可变的光学介质和机构,待测器件的输入光和耦合光同时或者分别通过马赫-曾德尔干涉仪的不同干涉臂时,引入额外的附加色散,使两束相干光保持相同的色散状态,由于是在光程扫描的同时改变附加色散的大小,因此可以实现对输入光与耦合光的动态色散补偿,极大地抑制色散对探测灵敏度、动态范围、空间分辨率的影响。

(6) 采用精密的光学机械结构。机械子系统首先是高精度光路功能实现的保证,特别是涉及空间光学元件的机械部分,其次还需要依靠它来保证系统的温度稳定性和抗震性能。采用经过优化设计的精密光学机械结构可以减小温度影响、抑制振动敏感性,同时具有电磁屏蔽效果。

2. 测试光路元件与结构优化

测试光路元件与光路优化的目的:一是抑制光学与光路系统噪声,达到测试性能;二是在此基础上能够发展高精度光纤干涉测量光路设计的方法。OCDP 测试系统选择马赫-曾德尔干涉仪作为主体光路结构,但实现光纤光路功能的方案并不唯一,例如也可以迈克耳孙干涉仪为核心构造偏振耦合测量干涉仪。此外,相同功能的光学器件,可以采用不同原理和制作技术实现,同种器件的具体参数也各有不同。器件的结构和参数需要根据灵敏度、动态范围、空间分辨率、测量范围等关键技术指标进行具体选择,以噪声抑制和色散补偿作为优化判据,通过精确光路模型,优化和确定器件的性能,确保高精度光纤光路的实现。更为重要的是,系统的测量功能与性能对光纤光路系统及其组成光学器件的性能与指标都有极端的要求。因此,提出 OCDP 系统光路的优化方法是基于全光纤干涉光路精确模型,采用噪声抑制和色散补偿的研究结论作为优化判据,通过系统性能指标的达成作为最终评判依据,实现光纤光路构造和器件参数的优化。

全光纤光路的设计与优化流程如图 6.72 所示。具体方法如下:

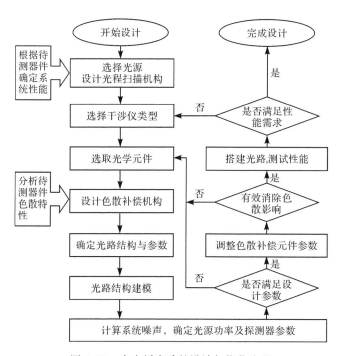

图 6.72　全光纤光路的设计与优化流程

(1)确定待测器件及其对检测系统的性能需求,包括探测灵敏度、空间分辨率、动态范围、测量范围等。

(2)根据空间分辨率,选择合适满足谱宽、偏振特性等要求的光源;根据测量范围,选择光程扫描方式。

(3)确定待测器件的色散特性,包括一阶色散(偏振模式色散)和二阶色散(偏振模式色散差异),初步确定色散补偿机构和形式。

（4）确定测量光路的结构,选取干涉仪类型。

（5）根据光路结构,确定光路组成的光学元件的功能要求,确定器件的具体形式和参数。

（6）根据色散设计原则、光路结构与器件的色散特性,选择色散补偿方法,确定色散补偿的结构和形式,确定色散补偿元件的参数,如果需要则改进干涉仪的结构。

（7）根据上述步骤确定的光路结构和光路元件组成,绘制出详细的测量光路系统,包括各元件组成及其连接关系。

（8）对测量光路系统进行精确建模,确定杂散峰值幅度和位置,如果不满足设计要求,通过更改光路结构或者增加噪声消除元件,抑制杂散干涉峰,回到步骤（5）。

（9）对各种测试系统的噪声进行详细计算,确定光源功率和光探测形式和参数。

（10）精确计算色散影响、噪声本底、杂散峰值幅度和位置,确定光路系统是否满足灵敏度、分辨率、动态范围、测量范围等关键技术指标、设计与优化判据和设计要求,如果不满足回到步骤（5）,重新优化干涉仪结构;如果满足要求,完成光路系统设计。

（11）实现光路搭设,测试性能,验证设计,如果不满足回到步骤（4）。

3. 白光干涉仪的仪器化

OCDP 测试系统主要由宽谱光源、偏振串扰测量干涉仪、光电探测与信号处理子系统等三大部分组成。在提升测试系统性能的单元关键技术攻克后,系统的仪器化和样机研发的关键点是:如何在保持单元技术性能的基础上,平行移植到测试系统中。对于某些特殊测试需求,如待测器件自身就含有光源或者系统光源不能满足测试要求时,测量干涉仪和光电探测与信号处理子系统也可以独立构成测试系统。

1）光纤环测试型白光干涉仪

OCDP 测试系统的重要应用之一是完成光纤陀螺核心器件——光纤敏感环偏振串扰的高精度性能测试与光纤敏感环绕制状态的分析。它可以观察到光纤敏感环或者长距离保偏光纤内部的缺陷以及光学连接状态等极其微小的偏振状态变化,为从事高精度光纤陀螺研发与生产的研究,提供一种有效的检测和评估手段。研制的用于长距离光纤环测试的白光干涉仪的性能指标如表 6.9 所示,外观如图 6.73 所示。

表 6.9　用于长距离光纤环测试的 OCDP 测试系统的性能指标

型号 性能指标	OCDP-F-SLD-1550nm	OCDP-F-ASE
工作波长	1550nm±20nm	
偏振串扰灵敏度	0～−85dB(光源功率＞5dBm)	
偏振串扰分辨率	0.2dB	
偏振串扰精度 (重复性)	0.2dB(ER＜30dB);0.5dB(ER＜50dB);1.0dB(ER＜65B); 2.0dB(ER＜80dB)	
测量范围	0～−85dB	
光纤空间分辨率[1)] ($\Delta n = 5 \times 10^{-4}$)	±10.0cm	±50.0cm
光源功率[2)]	＞5dBm	＞10dBm
半谱宽度[2)]	＞50nm	＞10nm
测量光纤长度	3.2km	
测试速度	全程扫描小于 3min;部分扫描＞10m/s	
工作温度	20～30℃	
存储温度	−20～60℃	
体积	650mm(L)×450mm(W)×200mm(H)	
光纤类型	熊猫保偏光纤	
软件功能[3)]	一键式自动扫描,可以在图像中读出耦合的峰值,读出峰值对应的长度	
测试数据存储间隔[1)]	＜1cm	

1)不计光纤色散影响。

2)光源功率和半谱宽度用户可定制。

3)软件功能可根据用户功能定制。

　　除了对保偏光纤和光纤敏感环的消光比进行测试外,OCDP 测试系统还可以对多种参数进行测试包括:分布式偏振串扰及其均匀性、对称性(分布曲线),偏振串扰的劣化特性,应变导致的分布式消光比的劣化特性曲线,应力分布的对称性,绕环张力的一致性,绕环导致的折射率均匀性的劣化,以及上述参数的温度特性。

　　2) Y 波导测试型白光干涉仪

　　OCDP 测试系统的另外一个重要应用是完成光纤陀螺核心器件——多功能集成 Y 波导调制器的高精度性能测试与状态分析。它可以观察到 Y 波导器件内部各组成部分的连接状态和极其微小的状态变化,为从事高性能 Y 波导器件和高精度光纤陀螺研发与生产的研究提供一种有效的检测实验和诊断评估手段。

　　研制的超高消光比 Y 波导测试的性能指标如表 6.10 所示,外观如图 6.74 所

图 6.73　用于长距离光纤环测试的 OCDP 测试系统

示。OCDP 系统可以对 Y 波导的全光学参数进行测试与评估,如波导芯片的消光比,波导芯片的线性双折射,输入/输出光纤与波导芯片的耦合串音,输入/输出光纤的线性双折射,波导两输出通道的芯片消光比差异、波导两输出通道的波导(光程)长度差异、波导分光比等 Y 波导输出通道一致性,Y 波导器件内光学异常串扰点的测量(光学连接质量测量),以及温度对上述参数的影响等特性的测量。

图 6.74　用于超高消光比 Y 波导测试的白光干涉仪

表 6.10　　用于超高消光比 Y 波导测试的 OCDP 测试系统的性能指标

型号　　性能指标	OCDP-C-S-13	OCDP-C-T-13	OCDP-C-S-15	OCDP-C-S-15	OCDP-C-S-13/15	OCDP-C-T-13/15
工作波长	1310nm±20nm		1550nm±20nm		1310nm±20nm 1550nm±20nm	
消光比测试范围	0~85dB(光源功率>5dBm)					
测量端口数	单	双	单	双	双	四
工作光源数量	单路				双路	
消光比分辨率	0.2dB					
消光比测量精度	0.2dB(ER<30dB);0.5dB(ER<50dB); 1.0dB(ER<65B);2.0dB(ER<80dB)					
偏振串扰灵敏度	−90dB					
串扰测量范围	0~−90dB					
串扰分辨率	0.2dB					
串扰空间分辨率	±8.5cm(光纤[1]) ±0.6mm(波导[2])		±10.0cm(光纤[1]) ±0.8mm(波导[2])		±10.0cm(光纤[1]) ±0.8mm(波导[2])	
光源功率	>5dBm					
半谱宽度(FMHW)	>50nm					
光源纹波(Ripple)	<0.1dB					
测试速度	20s					
光纤扫描长度	<100m(光纤[1]);<0.35m(波导[2])					
工作温度	0~40℃					
存储温度	−20~60℃					
光纤类型	保偏光纤					
软件功能	标配专用器件测量软件,选配 Y 波导性能分析软件					

1) 光纤线性双折射按 $\Delta n = 5 \times 10^{-4}$ 计。

2) 铌酸锂波导线性双折射按 $\Delta n = 0.07$ 计。

6.5　Y 波导测试方法与应用

多功能集成光学器件(multi-functional integrated optic chip,MFIOC)俗称"Y 波导",一般采用铌酸锂材料作为基底,它将单模光波导、光分束器、光调制器和光学偏振器进行了高度集成,是组成干涉型光纤陀螺(interferometric fiber-optic gyroscope,IFOG)和光纤电流互感器的核心器件,决定着光纤传感系统的测量精度、稳定性、体积和成本[117,118]。一只完整封装的 MFIOC 主要由带有与输入/输

出保偏(polarization maintaining,PM)尾纤以合适角度焊接的 LiNbO₃ 双折射 Y
波导组成,如图 6.75 所示。完整封装的 MFIOC 特性的好坏,一般是通过 Y 波导
的双折射系数和偏振消光比(polarization extinction ratio,PER)、输入/输出 PM
尾纤双折射、Y 波导和 PM 尾纤之间连接点的偏振串扰强度判断。MFIOC 的这
些测试情况直接决定了 IFOG 的测试精度和测量稳定性。

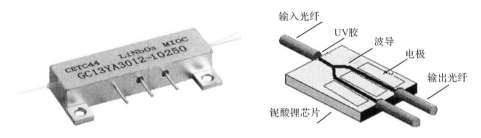

图 6.75　多功能集成光学器件——Y 波导的结构

目前用于高精度的 IFOG 要求其中的 MFIOC 具有高达 80dB 的偏振消光比,
例如:中国电子科技集团公司第四十四研究所的华勇等[119]提出的一种提高光纤
陀螺用 Y 波导芯片消光比的方法,已经将波导芯片消光比提高到 80dB 以上。因
此,对于 MFIOC 进行准确的高精度测量和 IFOG 整体设计具有重要意义。传统
方法中,利用旋转偏振片分析仪[120,121]和旋转波长片分析仪[122,123],能够通过直接
测量两个正交偏振模式之间的光功率比值获取 PER 数值。测量分辨率最高的是
美国 dBm Optics 公司研制 Model4810 型偏振消光比测量仪(见图 6.76)也仅有
72dB。除此以外,美国 General Photonics 公司的 ERM102 型、韩国 Fiberpro 公司
的 ER2200 型,日本 Santec 公司的 PEM330 型最高消光比均只能达到 50dB 左右。
这些基于强度测量的方法并非 MFIOC 最恰当的测量方式,其主要有两点原因:第
一,由于旋转式器件、偏振片消光比和光电探测器动态范围的精度限制,消光比测
试分辨率无法达到－75dB;第二,基于强度测量方法是对包括 Y 波导的偏振消光
比、偏振尾纤的耦合串扰强度以及其他由于 MFIOC 中工艺缺陷造成的偏振串扰
等相关影响的综合性测量,因而它很难从其他的偏振串扰中区分出 Y 波导自身的
消光比。

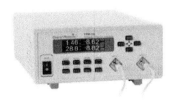

(a) 美国 General Photonics 公司 ERM102 型　　　　　(b) 韩国 Fiberpro 公司 ER2200 型

(c) 美国 dBm Optics 公司 Model4810 型

图 6.76　几种常用的消光比测试仪

OCDP 是一种以白光干涉为基础的分布式偏振耦合测量技术,与其他分布式测量技术相比,它具有高空间分辨率、大动态范围和超高测量灵敏度[86,87,124]。极其适用于具有超高灵敏度测试需求的分布式测量领域。OCDP 技术广泛应用于保偏光纤特性测量[125~129]、保偏光纤高精度对轴[82] 和光学器件消光比测试[83,124,130,131]等领域。目前,相关研究人员已经得到了 80dB 灵敏度和动态范围的 MFIOC,并且能够通过局部的偏振串扰值中分辨出双折射波导的消光比[83,123,129]。然而,这些测试方法仍然存在一些问题:第一,测试灵敏度应该进一步提高,动态范围要高于 80dB,达到超高精度 IFOG 要求。第二,对于使用了 ASE 光源的 OCDP 系统,考虑到 MFIOC 尺寸,使用了窄线宽 ASE 光源,其自身具有的空间分辨率相对较低。例如,具有 12nm 谱宽的 ASE 对应双折射为 5×10^{-4} 保偏光纤的分辨率为 0.4m,对应双折射为 8×10^{-2} 波导器件的分辨率为 2.5mm。使用具有更大谱宽的发射二极管能够使分辨率扩展 4~5 倍,但超辐射 SLD 自身光谱纹波将会引入多余的干涉峰,等效的偏振串扰幅度能够达到 -50~-70dB。这种强度将高于 Y 波导自身的消光比,因此必须找到一种能够避免光源纹波带来的干涉峰掩盖 Y 波导消光比自身特征峰的办法。第三,同样是 MFIOC 重要组成部分的偏振尾纤,它们的偏振特性诸如双折射和反常串扰值在实际应用中具有同样重要的作用。到目前为止,并未看到有关于完整封装的 MFIOC 的偏振特性进行全方面系统分析的研究工作。

在本节,提出一种用于对具有 -90dB 超高精度 MFIOC 的全面偏振特性评估方案,并用相关实验进行验证其优越性。该方法能够抑制 SLD 光源纹波影响以及其他由于测量系统非理想状态下给耦合串扰测量带来的影响。同时能够区分偏振尾纤与 Y 波导之间轴的连接类型(快轴-快轴或者快轴-慢轴)。更为重要的是,该方法能够同时获得诸如 Y 波导的偏振消光比和线性双折射、偏振尾纤的线性双折射、Y 波导和偏振尾纤的焊接点的偏振串扰等多项参数。

该方案中的全面参数测量的基本思想是:

(1) 通过对输入/输出尾纤添加延长光纤,对应 Y 波导消光比的干涉峰将会移出由于光源纹波引入的干涉峰范围。同时,延长光纤在偏振尾纤和延长光纤的焊接位置,引入了多余的两个耦合点,利用该点能够获取两端保偏尾纤各自的串扰值。

（2）通过分别设定偏振片与延长保偏光纤主轴之间的对准角度（0°和45°），使测量系统的本底噪声和包含本底噪声、特征峰值的信号能够分别得到测量。因此，通过比较上述两种信号，Y波导、偏振尾纤和延长保偏光纤的特征峰可以被区分。各自对应的串扰值和双折射也可以从这些特征峰的幅值和位置计算出来。

（3）通过分辨 Y 波导偏振消光比峰的位置，可以确定保偏尾纤和 Y 波导之间的连接方式。

6.5.1　测试原理

基于 OCDP 的 MFIOC 的评估方法如图 6.77 所示。与其他 OCDP 测试方法不同之处在于，图 6.77 中附加了有延长作用的两段保偏光纤，延长光纤（PMF_1）被焊接在输入保偏尾纤（PMF_2），延长光纤（PMF_4）被焊接在输出保偏尾纤（PMF_3）。一束低相干光束通过一个旋转角度为 θ_1 的起偏器耦合进入 PMF_1，从 PMF_4 输出的正交光束通过一个角度为 θ_2 的检偏器进行合成。

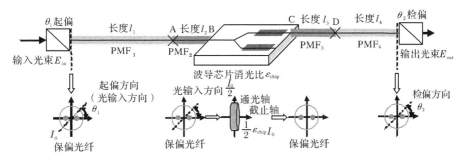

图 6.77　MFIOC 全面偏振特性评估方法示意图

下面运用 Jones 矩阵法对经过 MFIOC 测试系统的光学变换进行分析。

输入到起偏器的光束可以写成

$$\boldsymbol{E}_{\mathrm{in}}=\begin{bmatrix} E_x(t) \\ E_y(t) \end{bmatrix}=\begin{bmatrix} a\exp[-\mathrm{i}(\omega t+nkz)] \\ b\exp[-\mathrm{i}(\omega t+nkz)] \end{bmatrix} \tag{6.149}$$

式中：$E_x(t)$ 和 $E_y(t)$ 分别为输入光在 x 轴和 y 轴的偏振分量；a 和 b 分别为 $E_x(t)$ 和 $E_y(t)$ 的幅度系数；ω 为光源的中心频率；n 为折射率（refractive index，RI）；k 为真空中的波数；z 为传输距离。

实验过程中，为了得到更高的空间分辨率，使用了具有宽谱的 SLD 光源。一般情况下，对于 SLD 的光谱存在增益纹波，它是由 SLD 芯片表面残余反射引起的。因为芯片表面的幅度反射率很小（$10^{-2}\sim10^{-3}$），只有在光经过芯片内一来一回反射后才能形成纹波。反射光与传输光之间的光程差 $S_{\mathrm{ripple}}=2n_{\mathrm{SLD}}l_{\mathrm{SLD}}$。纹波的

传输矩阵可以表示为[132]

$$
\boldsymbol{T}_{\text{SLD-ripple}} = \begin{bmatrix} 1 + r_{\text{F}} r_{\text{R}} G \exp[-i n_{\text{SLD}} k(2l_{\text{SLD}})] & 0 \\ 0 & 1 + r_{\text{F}} r_{\text{R}} G \exp[-i n_{\text{SLD}} k(2l_{\text{SLD}})] \end{bmatrix}
$$

$$(6.150)$$

式中：r_{F} 和 r_{R} 分别为前向反射和后向反射的反射率；G 为 SLD 芯片有源区域的能量增益；n_{SLD} 为有源区域的折射角；l_{SLD} 为有源区的长度。

起偏器和检偏器的传输矩阵 $\boldsymbol{T}_{\text{pol}}$ 和 $\boldsymbol{T}_{\text{ana}}$ 分别为

$$
\boldsymbol{T}_{\text{pol}} = \begin{bmatrix} 1 & 0 \\ \delta_1 & \varepsilon_{\text{pol}} \end{bmatrix}, \quad \boldsymbol{T}_{\text{ana}} = \begin{bmatrix} 1 & 0 \\ \delta_2 & \varepsilon_{\text{ana}} \end{bmatrix} \tag{6.151}
$$

式中：ε_{pol} 和 ε_{ana} 分别为起偏器和检偏器的振幅衰减系数；δ_1 和 δ_2 分别为起偏器和检偏器因自身缺陷引起的相关散射项。

对于在偏振器和保偏光纤主轴之间角度 θ，其传输矩阵表示为

$$
\boldsymbol{T}_{\theta} = \begin{bmatrix} \cos\theta & \sin\theta \\ -\sin\theta & \cos\theta \end{bmatrix} \tag{6.152}
$$

在不同波导之间的耦合点传输矩阵可以表示为[133]

$$
\boldsymbol{T}_{\rho} = \begin{bmatrix} \sqrt{1-\rho^2} & i\rho \\ i\rho & \sqrt{1-\rho^2} \end{bmatrix} \tag{6.153}
$$

式中：ρ 为耦合的振幅系数；ρ^2 为串扰耦合模式与主偏振模式的强度比值。

保偏光纤部分的传输矩阵为

$$
\boldsymbol{T}_{\text{f}} = \begin{bmatrix} E(t_x^{l_f}) & 0 \\ 0 & E(t_y^{l_f}) \end{bmatrix} = \begin{bmatrix} \exp(-i n_x k l_f) & 0 \\ 0 & \exp(-i n_y k l_f) \end{bmatrix} \tag{6.154}
$$

式中：l_f 为保偏光纤的长度；n_x 和 n_y 分别为保偏光纤的快轴和慢轴的折射率。

对于 LiNbO₃ 晶体 Y 波导的传输矩阵为

$$
\boldsymbol{T}_{\text{Y}} = \begin{bmatrix} \exp(-i n_{\text{Y}x} k_0 l_{\text{Y}}) & 0 \\ 0 & \exp(-i n_{\text{Y}y} k_0 l_{\text{Y}}) \end{bmatrix} \begin{bmatrix} 1 & 0 \\ 0 & \varepsilon_{\text{chip}} \end{bmatrix} \tag{6.155}
$$

式中：l_{Y} 为 Y 波导的长度；$n_{\text{Y}x}$ 和 $n_{\text{Y}y}$ 分别为 Y 波导中快轴和慢轴的折射率；$\varepsilon_{\text{chip}}$ 为 Y 波导的消光比。

如图 6.77 所示，光束经过一个偏转角度为 θ_1 的起偏器，耦合进入 PMF₁，随后进入 MFIOC 系统中，输出光经过与光纤 PMF₄ 偏转角度为 θ_2 的检偏器，整个过程可以写成

$$
\boldsymbol{E}_{\text{out}}(t) = \boldsymbol{T}_{\text{ana}} \boldsymbol{T}_{\theta_2} \boldsymbol{T}_{f_4} \boldsymbol{T}_{\rho_{\text{D}}} \boldsymbol{T}_{f_3} \boldsymbol{T}_{\rho_{\text{C}}} \boldsymbol{T}_{\text{Y}} \boldsymbol{T}_{\rho_{\text{B}}} \boldsymbol{T}_{f_2} \boldsymbol{T}_{\rho_{\text{A}}} \boldsymbol{T}_{f_1} \boldsymbol{T}_{\theta_1} \boldsymbol{T}_{\text{pol}} \boldsymbol{T}_{\text{SLD-ripple}} \boldsymbol{E}_{\text{in}} \tag{6.156}
$$

式中：$\boldsymbol{T}_{f_i}$（$i=1,2,3,4$）分别对应光纤 PMF₁、PMF₂、PMF₃、PMF₄ 的传输矩阵；$\boldsymbol{T}_{\rho_i}$（$i=$A,B,C,D）分别对应耦合点 A、B、C、D 的传输矩阵。

将式（6.149）～式（6.155）代入式（6.156）中，得到

$$\boldsymbol{E}_{\mathrm{out}}(t)=\begin{bmatrix}1&0\\\delta_1&\varepsilon_{\mathrm{ana}}\end{bmatrix}\begin{bmatrix}\cos\theta_2&\sin\theta_2\\-\sin\theta_2&\cos\theta_2\end{bmatrix}\begin{bmatrix}e^{-in_xk_0l_4}&0\\0&e^{-in_yk_0l_4}\end{bmatrix}\begin{bmatrix}\sqrt{1-\rho_{\mathrm{D}}^2}&i\rho_{\mathrm{D}}\\i\rho_{\mathrm{D}}&\sqrt{1-\rho_{\mathrm{D}}^2}\end{bmatrix}$$

$$\cdot\begin{bmatrix}e^{-in_xk_0l_3}&0\\0&e^{-in_yk_0l_3}\end{bmatrix}\begin{bmatrix}\sqrt{1-\rho_{\mathrm{C}}^2}&i\rho_{\mathrm{C}}\\i\rho_{\mathrm{C}}&\sqrt{1-\rho_{\mathrm{C}}^2}\end{bmatrix}\begin{bmatrix}e^{-in_{Yx}k_0l_Y}&0\\0&e^{-in_{Yy}k_0l_Y}\end{bmatrix}\begin{bmatrix}1&0\\0&\varepsilon_{\mathrm{chip}}\end{bmatrix}$$

$$\cdot\begin{bmatrix}\sqrt{1-\rho_{\mathrm{B}}^2}&i\rho_{\mathrm{B}}\\i\rho_{\mathrm{B}}&\sqrt{1-\rho_{\mathrm{B}}^2}\end{bmatrix}\begin{bmatrix}e^{-in_xk_0l_2}&0\\0&e^{-in_yk_0l_2}\end{bmatrix}\begin{bmatrix}\sqrt{1-\rho_{\mathrm{A}}^2}&i\rho_{\mathrm{A}}\\i\rho_{\mathrm{A}}&\sqrt{1-\rho_{\mathrm{A}}^2}\end{bmatrix}$$

$$\cdot\begin{bmatrix}e^{-in_xk_0l_1}&0\\0&e^{-in_yk_0l_1}\end{bmatrix}\begin{bmatrix}\cos\theta_2&\sin\theta_2\\-\sin\theta_2&\cos\theta_2\end{bmatrix}\begin{bmatrix}1&0\\\delta_2&\varepsilon_{\mathrm{pol}}\end{bmatrix}$$

$$\cdot\begin{bmatrix}1+r_{\mathrm{F}}r_{\mathrm{R}}Ge^{-in_{\mathrm{SLD}}k(2l_{\mathrm{SLD}})}&0\\0&1+r_{\mathrm{F}}r_{\mathrm{R}}Ge^{-in_{\mathrm{SLD}}k(2l_{\mathrm{SLD}})}\end{bmatrix}\boldsymbol{E}_{\mathrm{in}}\qquad(6.157)$$

式中：l_1、l_2、l_3、l_4 分别对应光纤 PMF_1、PMF_2、PMF_3、PMF_4 的长度；ρ_{A}、ρ_{B}、ρ_{C}、ρ_{D} 分别对应耦合点 A、B、C、D 的串扰的振幅系数。

输出光场 $\boldsymbol{E}_{\mathrm{out}}(t)$ 被分成两束耦合进入后续的光程相关器。延时为 τ 的一束与另外一臂在出射相关器处进行干涉。忽略直流项后交流项的干涉信号可以表示为

$$I(\tau)\propto\int G(k)\langle\frac{\sqrt{2}}{2}\boldsymbol{E}_{\mathrm{out}}(t)\cdot\frac{\sqrt{2}}{2}\boldsymbol{E}_{\mathrm{out}}(t-\tau)\rangle\mathrm{d}k\qquad(6.158)$$

式中：$G(k)$ 为宽谱光源的归一化光谱密度。对于具有高斯型光谱的 SLD 光源来讲，$G(k)$ 可以表示为

$$G(k)=\frac{L_{\mathrm{c}}}{\sqrt{2\pi}}\exp\left[-\frac{L_{\mathrm{c}}^2(k-k_0)^2}{2}\right]\qquad(6.159)$$

式中：L_{c} 为光源相干长度。

仿真过程中为了简单化分析，令 $\varepsilon_{\mathrm{ana}}=\varepsilon_{\mathrm{pol}}=\delta_1=\delta_2=0$。同时，忽略高阶项，只考虑常数项、一次项和二次项。提取干涉信号的包络，得到

$$\frac{I(\tau)}{I(0)}=R(\tau)+\rho_{\mathrm{A}}\tan\theta_1R(\tau-\tau_1)+\rho_{\mathrm{D}}\tan\theta_2R(\tau-\tau_4)+\rho_{\mathrm{B}}\tan\theta_1R(\tau-\tau_1-\tau_2)$$

$$+\rho_{\mathrm{C}}\tan\theta_2R(\tau-\tau_3-\tau_4)+\varepsilon_{\mathrm{chip}}\tan\theta_1\tan\theta_2R(\tau-\tau_1-\tau_2-\tau_3-\tau_4\pm\tau_Y)$$

$$+2\rho_{\mathrm{A}}\rho_{\mathrm{B}}\tan^2\theta_1R(\tau-\tau_2)+2\rho_{\mathrm{C}}\rho_{\mathrm{D}}\tan^2\theta_2R(\tau-\tau_3)$$

$$+\tan\theta_1\tan\theta_2\begin{bmatrix}\rho_{\mathrm{A}}\rho_{\mathrm{D}}R(\tau-\tau_1-\tau_4)\\+\rho_{\mathrm{B}}\rho_{\mathrm{D}}R(\tau-\tau_1-\tau_2-\tau_4)\\+\rho_{\mathrm{A}}\rho_{\mathrm{C}}R(\tau-\tau_1-\tau_3-\tau_4)\\+\rho_{\mathrm{B}}\rho_{\mathrm{C}}R(\tau-\tau_1-\tau_2-\tau_3-\tau_4)\end{bmatrix}+r_{\mathrm{F}}r_{\mathrm{P}}GR(\tau-\tau_{\mathrm{rippel}})$$

$$(6.160)$$

式中:$R(\tau)$是宽谱光源的自相关函数;$R(\tau)$和$G(k)$是一对傅里叶变换对;τ_1、τ_2、τ_3、τ_4、τ_Y、τ_{ripple}分别是光纤PMF_1、PMF_2、PMF_3、PMF_4、Y波导和SLD光源的延时差。对于高斯型的SLD光源,有如下关系:

$$R(\tau) = \exp\left[-\frac{1}{2}\left(\frac{\tau}{L_c}\right)^2\right], \quad L_c = \frac{\lambda_0^2}{\Delta\lambda} \tag{6.161}$$

式中:λ_0是光源的中心波长;$\Delta\lambda$是光源的光谱半宽。当沿着慢轴传输的光超前于快轴时,这些延时量为正值,当沿着慢轴传输的光落后于快轴为负值。延时可以表示为

$$\begin{cases} \tau_1 = l_1\dfrac{\Delta n_f}{c} = \dfrac{S_1}{c} \\[2mm] \tau_2 = l_2\dfrac{\Delta n_f}{c} = \dfrac{S_2}{c} \\[2mm] \tau_3 = l_3\dfrac{\Delta n_f}{c} = \dfrac{S_3}{c} \\[2mm] \tau_4 = l_4\dfrac{\Delta n_f}{c} = \dfrac{S_4}{c} \\[2mm] \tau_C = l_Y\dfrac{\Delta n_Y}{c} = \dfrac{S_Y}{c} \\[2mm] \tau_{ripple} = 2l_{SLD}\dfrac{n_S}{c} = \dfrac{S_{ripple}}{c} \end{cases} \tag{6.162}$$

式中:S_1、S_2、S_3、S_4、S_Y分别为光纤PMF_1、PMF_2、PMF_3、PMF_4和Y波导两个正交模式的光程差。

在式(6.160)中,对应耦合点A、B、C、D耦合量和和Y波导的PER分别是

$$\rho_A = \frac{1}{\tan\theta_1}\frac{I(\tau_1)}{I(0)} \tag{6.163}$$

$$\rho_B = \frac{1}{\tan\theta_1}\frac{I(\tau_1+\tau_2)}{I(0)} \tag{6.164}$$

$$\rho_C = \frac{1}{\tan\theta_2}\frac{I(\tau_3+\tau_4)}{I(0)} \tag{6.165}$$

$$\rho_D = \frac{1}{\tan\theta_2}\frac{I(\tau_4)}{I(0)} \tag{6.166}$$

$$\varepsilon_{chip} = \frac{1}{\tan\theta_1\tan\theta_2}\frac{I(\tau_1+\tau_2+\tau_3+\tau_4\pm\tau_Y)}{I(0)} \tag{6.167}$$

如果干涉峰的位置ρ_1、ρ_2、ρ_3、ρ_4、ε_{chip}分别对应S_A、S_B、S_C、S_D、S_{chip},由式(6.163)和式(6.164)可知有如下关系:$S_A = S_1$,$S_B = S_1 + S_2$,$S_C = S_3 + S_4$,$S_D = S_4$。因此,输入/输出尾纤的正交模式之间的OPD可以由$S_2 = S_B - S_A$,$S_3 = S_C - S_D$求得。从而保偏尾纤的线性双折射可以由$\Delta n = (S_B - S_A)/l_2$或者$(S_C - S_D)/l_3$求得。由式(6.167)可知,对于$S_{chip}$的干涉峰位置存在两种情况:$S_1 + S_2 + S_3 +$

$S_4 + S_Y$ 和 $S_1 + S_2 + S_3 + S_4 - S_Y$。前者表示 Y 波导的快轴与偏振尾纤的快轴对接;后者表示 Y 波导的快轴与偏振尾纤的慢轴对接。因此,从 S_{chip} 的位置就能直接得到 Y 波导与偏振尾纤快慢轴的对接情况。

一般情况下,SLD 纹波的等效幅度在 $-50 \sim -70$dB 之间,这个范围会高于 Y 波导的消光比。如果存在 $S_{chip} < S_{ripple}$,Y 波导显现的峰将会淹没在纹波的干涉峰中。因此在实际测试过程中,S_{chip} 应该比 S_{ripple} 大,以确保 ε_{chip} 的测量精度。然而,对于一般的 MFIOC 没有延长光纤,自带尾纤长度较短,$S_{chip} = S_2 + S_3 \pm S_Y$ 通常要小于 S_{ripple}。所以,为了使 Y 波导芯片 R 的干涉峰移出光源纹波形成的峰,引入了两段延长光纤,其长度应该满足 $S_1 + S_2 + S_3 + S_4 > S_{ripple} + S_Y$。

由式(6.160)可知,当 $\theta_1 = \theta_2 = 45°$ 时,$I(\tau)/I(0)$ 可以写成

$$
\begin{aligned}
\frac{I(\tau)}{I(0)}\bigg|_{\theta_1=\theta_2=45°} = {} & R(\tau) + \rho_A R(\tau - \tau_1) + \rho_D R(\tau - \tau_4) \\
& + \rho_B R(\tau - \tau_1 - \tau_2) + \rho_C R(\tau - \tau_3 - \tau_4) \\
& + \varepsilon_{chip} R(\tau - \tau_1 - \tau_2 - \tau_3 - \tau_4 \pm \tau_Y) \\
& + 2\rho_A \rho_B R(\tau - \tau_2) + 2\rho_C \rho_D R(\tau - \tau_3) \\
& + \rho_A \rho_D R(\tau - \tau_1 - \tau_4) + \rho_B \rho_D R(\tau - \tau_1 - \tau_2 - \tau_4) \\
& + \rho_A \rho_C R(\tau - \tau_1 - \tau_3 - \tau_4) + \rho_B \rho_C R(\tau - \tau_1 - \tau_2 - \tau_3 - \tau_4) \\
& + r_F r_P G R(\tau - \tau_{rippel})
\end{aligned}
\tag{6.168}
$$

当 $\theta_1 = \theta_2 = 0°$ 时,$I(\tau)/I(0)$ 可以写成

$$
\frac{I(\tau)}{I(0)}\bigg|_{\theta_1=\theta_2=0} = R(\tau) + r_F r_P G R(\tau - \tau_{rippel})
\tag{6.169}
$$

由式(6.168)和式(6.169)可以看出,由于纹波造成的干涉峰 $\theta_1 = \theta_2 = 45°$ 和 $\theta_1 = \theta_2 = 0°$ 时位置不变;当 $\theta_1 = \theta_2 = 0°$ 时,由 Y 波导和不同波导连接点造成的串扰可以忽略。因此,通过 0° 和 45° 不同对轴状态的测量,可以非常容易地将 MFIOC 特征峰从光源纹波和其他噪声中分辨出来。

6.5.2　测量方法

高精度 MFIOC 的全面偏振特性评估具体方法为:分别在波导器件的保偏尾纤的快轴和慢轴均匀地注入信号光,通过测量波导器件传输轴(快轴)和截止轴(慢轴)的白光干涉信号幅度与传输轴自身干涉信号幅度之间的比值,获得多功能铌酸锂集成器件(Y 波导)的芯片消光比、线性双折射,尾纤偏振串扰和线性双折射等光学性能。该方法是基于白光干涉原理,通过 OCDP 技术实现的,添加两段作为拓展长度的保偏光纤,通过偏振轴与 MFIOC 的保偏尾纤之间的合理匹配进行焊接。将偏振光按 45° 注入保偏光纤的前端延长光纤中,光束沿着双折射波导快慢轴进行传输,依次经过一个 45° 检偏器、相应的光程相关器后形成干涉信号。

通过测量对应干涉峰的幅度和位置,可以同时获得铌酸锂(LiNbO₃)晶体型 Y 波导的偏振消光比和线性双折射、偏振尾纤的线性双折射、Y 波导和偏振尾纤焊接点的偏振串扰。通过选取适当长度的延长光纤,使 Y 波导偏振消光比的特征峰避开光源纹波(ripple)的干涉峰位置。延长光纤在保偏尾纤处也引入了两端附加偏振串扰点,可通过该点来计算保偏尾纤的线性双折射。另外,还可以通过分辨 Y 波导偏振消光比峰值的位置,可以确定保偏尾纤和 Y 波导之间的连接方式。

测试方法主要包括两步:一是仪器背景噪声的预测量;二是 MFIOC 的偏振参数测量。测量之前,两段延长偏振光纤与 MFIOC 的保偏尾纤 0°对轴焊接。其中延长光纤的长度需要满足 $\Delta n(l_1+l_2+l_3+l_4)>2n_{SLD}l_{SLD}+\Delta n_Y l_Y$。为了获取系统的本底噪声,起偏器和检偏器的偏振方向均设定为与 Y 波导主轴(快轴)保持正交。当 Y 波导与其保偏尾纤 90°对接时,起偏器和检偏器与偏振尾纤都是 0°焊接;当 Y 波导与其保偏尾纤 0°对接时,起偏器和检偏器与偏振尾纤都是 90°焊接。当起偏器和检偏器 0°焊接时,输入光仅仅沿着 Y 波导和偏振尾纤的主轴传播,这样可以认为在正交的偏振模式之间不发生干涉现象,这是因为沿着其他传输轴的信号过于微弱。因此,这种情况下的测量输出只是因光源纹波和一些测试系统缺陷耦合点引起的。

当获取了测试系统自身的背景噪声后,起偏器和检偏器与延长光纤慢轴之间旋转到 45°。此时,输入光被均等地输入到输入延长光纤的快轴和慢轴,从输出延长光纤输出的正交的偏振光,经由一个检偏器被耦合进入到马赫-曾德尔干涉仪。从马赫-曾德尔干涉仪输出的信号不仅包括系统的背景噪声,还包括一系列对应 Y 波导 PER 和不同波导焊点之间耦合点形成的干涉峰。通过对比在输入和输出端 0°和 45°两种情况下获取的信号,能够轻易地区分出哪些峰是反映 MFIOC 偏振特性的,哪些峰是来自于测试系统自身的噪声。

具体的测试流程如图 6.78 所示。

(1)测量波导器件输入保偏尾纤PMF₂的长度 l_2,要求传输在尾纤PMF₂快慢轴之间光波的光程差 S_2($S_2=l_2\Delta n_f$,Δn_f保偏尾纤的线性双折射)大于光源光谱纹波产生的相干峰的光程 S_{ripple},即满足

$$S_2>S_{ripple} \tag{6.170}$$

(2)如果输入尾纤PMF₂的长度 l_2 不满足步骤(1)中所述,则焊接一段延长保偏光纤PMF₁,要求焊点 A 的对轴角度为 0°−0°,同时延长光纤PMF₁的光纤长度 l_1 需要满足光程 l_1($S_1=l_1\Delta n_f$,Δn_f保偏尾纤的线性双折射)大于光源光谱纹波产生的相干峰的光程 S_{ripple},即满足

$$S_1>S_{ripple} \tag{6.171}$$

测量并记录延长光纤PMF₁的长度 l_1。

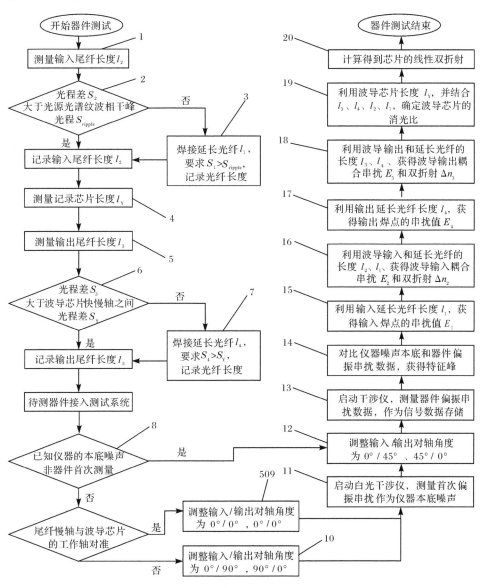

图 6.78 Y 波导测量过程与测试步骤

（3）测量波导芯片自身的长度 l_Y。

（4）测量波导器件输出保偏尾纤 PMF_3 的长度 l_3，要求传输在尾纤 PMF_3 快慢轴之间光波的光程差 $l_3(S_3 = l_3\Delta n_f)$ 大于传输在波导芯片快慢轴之间光波的光程差 $S_Y(S_Y = l_Y\Delta n_Y，\Delta n_Y$ 波导芯片的线性双折射），即满足

$$S_3 > S_Y \tag{6.172}$$

（5）如果输出尾纤 PMF_3 的长度 l_3 不满足步骤（4）中所述，则焊接一段延长保

偏光纤PMF$_4$;要求焊点 D 的对轴角度为 0°/0°,同时长度 l_4 延长光纤PMF$_4$ 的光程差 S_4($S_4 = l_4 \Delta n_f$)的需要满足

$$S_4 > S_Y \tag{6.173}$$

测量并记录延长光纤PMF$_4$ 的长度 l_4。

(6) 首次测试波导器件时,其输入/输出尾纤PMF$_2$、PMF$_3$ 的慢轴与波导芯片的传输轴(快轴)对准时,器件的光注入条件应该满足:无输入延长光纤PMF$_1$ 时,输入保偏尾纤PMF$_2$ 与白光干涉仪输出起偏器尾纤的对轴角度 θ_1 为 0°/0°;有输入延长光纤PMF$_1$ 时,延长光纤PMF$_1$ 与尾纤的对轴角度 θ_1 也为 0°/0°;无输出延长光纤PMF$_4$ 时,输出保偏尾纤PMF$_3$ 与检偏器尾纤的对轴角度 θ_2 为 0°/0°;有输出延长光纤PMF$_4$ 时,延长光纤PMF$_4$ 与尾纤的对轴角度 θ_2 也为 0°/0°。

输入/输出尾纤PMF$_2$、PMF$_3$ 快轴与波导芯片的传输轴(快轴)对准时,器件的光注入条件应该满足:输入保偏尾纤PMF$_2$ 或者延长光纤PMF$_1$ 与起偏器尾纤的对轴角度 θ_1 为 0°/90°;输出保偏尾纤PMF$_3$ 或者输入延长光纤PMF$_4$ 与检偏器尾纤的对轴角度 θ_2 为 90°/0°。

(7) 启动白光干涉仪,获得第一次分布式偏振串扰测量结果,即白光干涉仪的仪器偏振串扰噪声本底数据,其横坐标为扫描光程数值 S(单位:μm),纵坐标为偏振串扰幅度 E(单位:dB)。测量的光程扫描范围 ΔS 需要满足

$$\Delta S > 2(S_1 + S_2 + S_3 + S_4 + S_Y) \tag{6.174}$$

并且光程扫描范围的中点尽量选择为偏振串扰测量数据的最大峰值的位置。

(8) 变换波导器件的光注入条件:无输入延长光纤PMF$_1$ 时,输入保偏尾纤PMF$_2$ 与白光干涉仪输出起偏器的尾纤的对轴角度 θ_1 为 0°/45°;有输入延长光纤PMF$_1$ 时,延长光纤PMF$_1$ 与尾纤的对轴角度 θ_1 也为 0°/45°;无输出延长光纤PMF$_4$ 时,输出保偏尾纤PMF$_3$ 与白光干涉仪输入检偏器的尾纤的对轴角度 θ_1 为 45°/0°;有输出延长光纤PMF$_4$ 时,延长光纤PMF$_4$ 与尾纤的对轴角度 θ_2 也为 45°/0°。

(9) 启动白光干涉仪,获得第二次分布式偏振串扰测量结果,即器件的光学偏振串扰测量数据,其光程扫描范围 ΔS 的要求与步骤(7)相同。

(10) 如果已知白光干涉仪的偏振串扰本底数据,可以略过测量步骤(6)和(7)直接获得仪器的光学偏振串扰测量数据,通过对数据的分析和计算,可以一次性地获得波导器件的芯片消光、芯片的线性双折射,波导输入/输出端尾纤的耦合串扰、尾纤的线性双折射等光学参量。

输入保偏尾纤PMF$_2$、输出保偏尾纤PMF$_3$ 和延长保偏光纤PMF$_1$、延长保偏光纤PMF$_4$ 的长度选择依据是:输入保偏尾纤PMF$_2$、输出保偏尾纤PMF$_3$ 的长度选择依据可以对换,相应的延长保偏光纤PMF$_1$、延长保偏光纤PMF$_4$ 的长度选择依据也需要同时对换。

波导器件的芯片消光、芯片的线性双折射,波导输入/输出端尾纤的耦合串

扰、尾纤的线性双折射的计算步骤,具体是:

(1) 将上述中的测量步骤(9)获得的器件分布式偏振串扰测量结果与步骤(7)获得(或已知)的白光干涉仪的仪器偏振串扰本底数据进行对比,可以获得若干由波导芯片、波导输入/输出尾纤、输出/输出延长光纤引入的偏振串扰特征峰,峰值的横坐标对应光程差 S(单位:μm),纵坐标对应偏振串扰的幅度 E(单位:dB)。

(2) 输入延长光纤 PMF_1 的长度 l_1 数值,可以计算得到输入延长光纤 PMF_1 的理论光程延迟数值 $S_{1(理论)}$($S_{1(理论)}=l_1\Delta n_{f(理论)}$,$\Delta n_{f(理论)}$ 按 5×10^{-4} 计);器件偏振串扰测试数据中,可以确定满足光程延迟量 $S_{1(理论)}$ 的偏振串扰峰值是由延长保偏光纤 PMF_1 与输入保偏尾纤 PMF_2 的焊点 A 引起,其纵坐标数值对应焊点 A 串扰值 E_1,横坐标对应为延迟光纤真实的光程延迟量 $S_{1(测量)}$。

(3) 根据波导输入光纤 PMF_2 的长度 l_2 数值,可以计算得到波导输入光纤 PMF_2 的理论光程延迟数值 $S_{2(理论)}$($S_{2(理论)}=l_2\Delta n_{f(理论)}$,$\Delta n_{f(理论)}$ 按 5×10^{-4} 计);器件测试数据中,可以确定满足光程延迟量 $S_{1(测量)}+S_{2(理论)}$ 的偏振串扰峰值是由输入光纤 PMF_2 与波导芯片的功率耦合串扰引起,其纵坐标耦合串扰值 E_2,横坐标对应真实的光程延迟量 $S_{1(测量)}+S_{2(测量)}$。

(4) 根据波导输入耦合光纤 PMF_2 的长度 l_2 和其对应的真实光程延迟量 $S_{2(测量)}$,可以精确计算得到波导输入保偏光纤 PMF_2 的线性双折射 $\Delta n_{1(测量)}$,它由式(6.175)确定:

$$\Delta n_{1(测量)}=\frac{S_{2(测量)}}{l_2} \tag{6.175}$$

(5) 与步骤(2)～(4)类似,根据输出延长保偏光纤 PMF_4 的长度 l_4、波导输出光纤 PMF_3 长度 l_3,可以确定延长保偏光纤 PMF_4 与输出保偏尾纤 PMF_3 的焊点 D 串扰值 E_1、输出光纤 PMF_3 与波导芯片的功率耦合串扰值 E_3,以及波导输出保偏光纤 PMF_3 的线性双折射 Δn_4:

$$\Delta n_{4(测量)}=\frac{S_{3(测量)}}{l_3} \tag{6.176}$$

(6) 根据波导芯片的长度 l_Y,可计算得到其快、慢轴之间的光程延迟量 $S_{Y(理论)}$($S_{Y(理论)}=l_Y\Delta n_{Y(理论)}$,线性双折射 $\Delta n_{Y(理论)}$ 按 8×10^{-2} 计);在器件偏振串扰测试数据中,可以在输入保偏尾纤 PMF_2、延长保偏光纤 PMF_1、输出保偏尾纤 PMF_3、延长保偏光纤 PMF_4 与波导芯片快、慢工作轴之间产生光程差之和($S_{1(测量)}+S_{2(测量)}+S_{Y(理论)}+S_{3(测量)}+S_{4(测量)}$)或者光程之差($S_{1(测量)}+S_{2(测量)}+S_{3(测量)}+S_{4(测量)}-S_{Y(理论)}$)所对应的横坐标处,找到波导芯片的偏振串扰峰值,其幅值 E_Y 的绝对值即为波导芯片的消光比;波导芯片串扰峰值出现在上述光程之和($S_{1(测量)}+S_{2(测量)}+S_{Y(测量)}+S_{3(测量)}+S_{4(测量)}$)处,可以确定波导尾纤的快轴与波导快轴对准,而出现在上述光程之差($S_{1(测量)}+S_{2(测量)}+S_{3(测量)}+S_{4(测量)}-$

$S_{Y(测量)}$）则确定波导尾纤的慢轴与波导快轴对准；根据测量得到的波导芯片的光程延迟量 $S_{Y(测量)}$ 和波导芯片的真实长度 l_Y，可以精确计算得到波导芯片的线性双折射 $\Delta n_{Y(测量)}$。

$$\Delta n_{Y(测量)} = \frac{S_{Y(测量)}}{l_Y} \tag{6.177}$$

6.5.3 实验结果

用于测量 MFIOC 偏振特性的测量装置如图 6.79 中所示。所使用的 SLD 光源中心波长为 1550nm，谱宽大于 50nm，输出光源功率大于 2mW，光源纹波小于 0.05dB。其中各个光学器件的工作波长都是 1550nm。耦合器 C0、C1 和 C2 的分光比分别是 2∶98、50∶50、50∶50；光隔离器的插入损耗小于 0.8dB；环行器的插入损耗小于 1dB，返回损耗是 55dB；起偏器和检偏器具有 30dB 的消光比，插入损耗小于 1dB；扫描反射镜具有～100mm 的扫描距离，大于 92% 的反射率，插入损耗小于 1.5dB±0.1dB 的损耗波动；光电探测器的工作波长在 1100～1700nm 之间，其响应度大于 0.85。

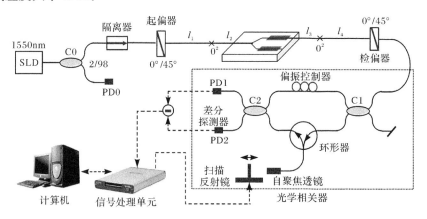

图 6.79 MFIOC 测试系统的实验装置示意图

宽谱光源发出信号光经过 2∶98 的耦合器，2% 的功率被送入到探测器（PD0）用于检测光源功率，其余 98% 经过隔离器（ISO）后，再经过起偏器后变为高稳定的宽谱偏振光。然后光依次经过输入延长光纤，待测波导器件 MFIOC 中，输出延长光纤。输出光经过一个检偏器后，被注入全光纤的 MZI，从 MZI 的干涉信号经过差分探测器进行探测。其中采用差分探测方式是为了增强测试系统的信噪比。此外信噪比的提高还可以通过对 MZI 扫描干涉仪的色散补偿以及测试系统的综合噪声抑制来提高。通过这些方式，信噪比得到极大的改善，动态范围和测量分辨率有 10dB 以上的提高。

　　利用图 6.79 中的测试装置,测量了两种不同的 MFIOC。对于第 1 种 MFIOC(记为 MFIOC1),偏振尾纤(125μm 的熊猫型保偏光纤)和 Y 波导二者在 Y 波导的快轴与尾纤的慢轴处对准。对于第 2 种 MFIOC(记为 MFIOC2),偏振尾纤(80μm 的熊猫型保偏光纤)和 Y 波导二者在 Y 波导的快轴与尾纤的快轴处对准。两种带有延长光纤的 MFIOCs 的参数分别列于表 6.11 和表 6.12 中。此时,偏振光纤和 Y 波导的双折射是根据每种波导 OPD 的粗略估计近似值。根据这些估计的 OPDs,可以确定连接点的串扰特征峰的位置和 Y 波导的 PER。在实验中扫描镜的扫描速度和扫描范围分别是 14mm/s 和 0~100mm。由于多普勒效应,扫描镜的扫描速度决定了测试系统的测量分辨率和动态范围[4],速度越小,分辨率和动态范围越高。

表 6.11　MFIOC1 中各部分长度和预估 OPD

MFIOC1	输入延长光纤	输入尾纤	Y 波导	输出尾纤	输出延长光纤
长度/m	15	1.53	0.02	1.72	5.6
预估双折射	5×10^{-4}	5×10^{-4}	8×10^{-2}	5×10^{-4}	5×10^{-4}
预估 OPD/μm	7500	765	1600	860	2800

表 6.12　MFIOC2 中各部分长度和预估 OPD

MFIOC2	输入延长光纤	输入尾纤	Y 波导	输出尾纤	输出延长光纤
长度/m	15	6.11	0.03	0.9	5.6
预估双折射	5×10^{-4}	5×10^{-4}	8×10^{-2}	5×10^{-4}	5×10^{-4}
预估 OPD/μm	7500	3055	2400	450	2800

　　两种 MFIOCs 实验结果分别如图 6.80 和图 6.81 所示。图 6.80(a)和图 6.81(a)分别对应测试系统的背景噪声,可由当起偏器和检偏器关于延长保偏光纤慢轴 0°对准时获得。在这两幅图中,峰 A1 和 B1 表示为测量的干涉主峰,它也是其他干涉峰位置(光程差)和幅值(串扰)的参考值;幅值为−60dB 的峰 A2、A2′、B2、B2′为 SLD 光源光谱纹波导致的高阶相干峰;峰 A5 和 B5(幅值约为−90dB)为测量装置的偏振串扰噪声本底,代表测量装置的测量极限。从图 6.80(a)中标出的噪声本底可以看出,系统的动态范围和测量灵敏度分别是 90dB 和−90dB;图中的其他峰值来自于系统中诸如光隔离器、光电探测器等光学器件中端面的残余反射。

　　对比图 6.80(a)和图 6.81(a)能够得出一些信息:第一,峰 A2 和 A2′的幅值略微高于峰 B2 和 B2′。这是因为在实验过程中由于 MFIOCs 插入损耗不同,造成光源 SLD 探测到的光功率不同。越高的输出功率需要越高的驱动电流,造成越高的增益纹波;第二,相对于图 6.80(a),图 6.81(a)中信号在 2940μm 和−2920μm 位置处有一对附加峰(B6 和 B6′)，幅值约为 $-59\mathrm{dB}$。这一对峰是由于输出尾纤和输出延长光纤焊接点的串扰引起的。因为 MFIOC2 中尾纤直径是 $80\mu\mathrm{m}$，当它们与 $125\mu\mathrm{m}$ 偏振光纤 $0°$ 对接时，延长焊接点的串扰值一定比两段同为 $125\mu\mathrm{m}$ 保偏光纤焊接的要大。

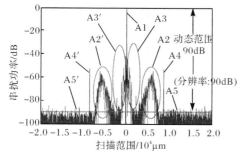 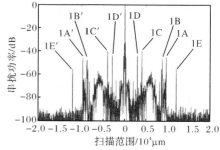

(a) 起偏器和检偏器的偏振方向关于　　　　　　(b) 起偏器和检偏器的偏振方向关于
　　延长偏振光纤设置为 $0°$　　　　　　　　　　　延长偏振光纤设置为 $45°$

图 6.80　MFIOC1 的实验结果

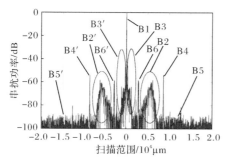 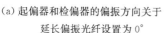 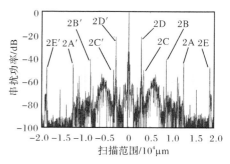

(a) 起偏器和检偏器的偏振方向关于　　　　　　(b) 起偏器和检偏器的偏振方向关于
　　延长偏振光纤设置为 $0°$　　　　　　　　　　　延长偏振光纤设置为 $45°$

图 6.81　MFIOC2 的实验结果

图 6.80(b) 和图 6.81(b) 中的信号分别对应 MFIOC1 和 MFIOC2 特征峰，此时二者是由起偏器和检偏器关于延长保偏光纤主轴 $45°$ 对准时获得的。相比于图 6.80(a) 和图 6.81(a) 中显示的背景噪声，含有 Y 波导的 PER 和不同波导之间连接点间的串扰的特征峰可以轻易被分辨。根据表 6.11 和表 6.12，在图 6.80(b) 和图 6.81(b) 中，可以确定 iA 到 iD(iA′ 到 iD′，$i=1,2$)耦合点 A、B、C 和 D 的串扰，以及对应 Y 波导的 PER 的峰 iE(iE′，$i=1,2$)。每个干涉峰的幅值代表串扰值。MFIOCs 所有的偏振参数都被列于表 6.13 和表 6.14 中。

表 6.13　MFIOC1 测量结果

编号	位置 /μm	串扰 /dB	串扰差 /dB	位置含义	串扰含义	光纤双折射 (1×10^{-4})	Y 波导双折射 (1×10^{-2})
1A	9656.5	−44.8		S_1+S_2	输入尾纤与 Y	—	—
1A′	−9653.1	−44.8	0.0		波导焊点串扰		
1B	8720.5	−46.2		S_1	输入尾纤与输入延	5.81	—
1B′	−8716.5	−45.9	0.3		长光纤焊点串扰		
1C	3982.5	−39.2		S_3+S_4	输出尾纤与 Y	—	—
1C′	−3974.6	−39.0	0.2		波导焊点串扰		
1D	2919.2	−43.7		S_4	输出尾纤与输出	5.20	—
1D′	−2905.8	−43.6	0.1		延长光纤焊点串扰		
1E	12015.0	−55.2		$S_1+S_2+S_3$	Y 波导 PER	—	—
1E′	−12004.6	−55.3	0.1	$+S_4-S_Y$			
1A-1B	936.0	—		S_2	—	6.12	—
1A′-1B′	−936.6	—	—				
1C-1D	1063.3	—		S_3	—	6.20	—
1C′-1D′	−1068.8	—	—				
1E-1A-1C	−1624.0	—		S_Y	—	—	8.12
1E′-1A′-1C′	1623.1	—	—				

表 6.14　MFIOC2 测量结果

编号	位置 /μm	串扰 /dB	串扰差 /dB	位置含义	串扰含义	光纤双折射 (1×10^{-4})	Y 波导双折射 (1×10^{-2})
2A	12777.3	−44.8		S_1+S_2	输入尾纤与 Y 波	—	—
2A′	−12766.0	−44.7	0.1		导焊点串扰		
2B	8727.1	−40.5		S_1	输入尾纤与输入延	5.81	—
2B′	−8718.0	−40.8	0.3		长光纤焊点串扰		
2C	3749.2	−50.5		S_3+S_4	输出尾纤与 Y 波	—	—
2C′	−3463.1	−50.1	0.4		导焊点串扰		
2D	2941.9	−21.6		S_4	输出尾纤与输出	5.21	—
2D′	−2920.5	−21.9	0.3		延长光纤焊点串扰		
2E	18852.1	−47.7		$S_1+S_2+S_3$	Y 波导 PER	—	—
2E′	−18843.3	−47.7	0.0	$+S_4-S_Y$			

编号	位置/μm	串扰/dB	串扰差/dB	位置含义	串扰含义	光纤双折射 $(1×10^{-4})$	Y 波导双折射 $(1×10^{-2})$
2A-2B	4050.2	—	—	S_2	—	6.63	—
2A′-2B′	−4048.0						
2C-2D	537.3	—	—	S_3	—	5.68	—
2C′-2D′	−542.6						
2E-2A-2C	−2595.6	—	—	S_Y	—	—	8.68
2E′-2A′-2C′	−2614.2						

6.5.4　分析与讨论

在上述分析中,假设了轴间匹配角 $\theta_1=\theta_2=45°$,但实际测量过程中角度并不能精确地控制在 $45°$。假设 θ_1 和 θ_2 的误差分别是 α 和 β,那么设 θ_1 和 θ_2 可以重新表示为

$$\begin{cases} \theta_1=45°+\alpha, & -2°<\alpha<2° \\ \theta_2=45°+\beta, & -2°<\beta<2° \end{cases} \tag{6.178}$$

将式(6.178)代入式(6.167)中,可得

$$\begin{aligned} \varepsilon_{chip} &= (1-2\alpha)(1-2\beta)\frac{I(\tau_A-\tau_B-\tau_D-\tau_E\pm\tau_C)}{I(0)} \\ &= \frac{I(\tau_A-\tau_B-\tau_D-\tau_E\pm\tau_C)}{I(0)}(1-2\alpha-2\beta) \\ &= \bar{\varepsilon}_{chip} + \Delta\varepsilon_{chip} \end{aligned} \tag{6.179}$$

由式(6.179)可知,Y 波导 PER 的不确定度 $\Delta\varepsilon_{chip}/\varepsilon_{chip}$ 是

$$\frac{\Delta\varepsilon_{chip}}{\varepsilon_{chip}}=2(\alpha+\beta) \tag{6.180}$$

同理,A、B、C、D 各位置串扰值的不确定度可以表示为

$$\frac{\Delta\rho_1}{\rho_1}=2\alpha, \quad \frac{\Delta\rho_2}{\rho_2}=2\alpha, \quad \frac{\Delta\rho_3}{\rho_3}=2\beta, \quad \frac{\Delta\rho_4}{\rho_4}=2\beta \tag{6.181}$$

以保偏光纤熔接来讲,匹配角度误差一般小于 $2°$,此时连接点串扰的相对误差小于 $0.35dB(7\%)$,Y 波导的 PER 相对误差小于 $0.7dB$。

为了验证测量的稳定性和一致性,通过偏振器主轴和输入延长光纤之间反复对轴,MFIOC1 重复实验了 20 次。实验结果如图 6.82 所示,其中包括特征峰的串扰值(a)和位置(b)信息。每个特征峰平均的串扰和位置以及计算出来的标准差如表 6.15 所示。从表 6.15 中的数据可知,可以确定所有的串扰值和位置信息具有良好的重复性。串扰的最大的标准差是 0.3,对应着 3σ,不确定度 0.9dB。实

验结果完全符合以上的理论分析。

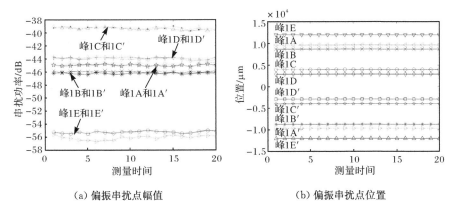

（a）偏振串扰点幅值　　　　　　　　（b）偏振串扰点位置

图 6.82　MFIOC1 重复的 20 次的实验结果

表 6.15　在 MFIOC1 的单个特征峰的多次测量的平均值和标准差

项目	1A′	1A	1B′	1B	1C′	1C	1D	1D′	1E′	1E
平均串扰值/dB	−44.8	−45.0	−46.2	−46.0	−39.2	−39.3	−43.8	−44.0	−55.2	−56.1
标准差/dB	0.19	0.13	0.10	0.12	0.19	0.20	0.14	0.19	0.15	0.30
平均位置/μm	−9657.0	9656.4	−8717.9	8717.8	−3974.7	3981.5	−2907.1	2915.2	−12005.0	12007.4
标准差/μm	1.65	2.80	2.44	2.58	1.64	1.90	1.62	2.25	2.11	4.80

综上所述,本节提出了一种高性能的 OCDP 测量方案,利用白光干涉原理对高精度 MFIOC 的全面偏振特性评估。该方法能够同时获得包括 Y 波导的偏振消光比和线性双折射、偏振尾纤的线性双折射、Y 波导和偏振尾纤的焊接点的偏振串扰等多项参数。同时能够区分偏振尾纤与 Y 波导之间轴的连接类型(快轴—快轴或者快轴—慢轴)。扫描速度 14mm/s 时,该方法的测量分辨率和动态范围分别能够达到−90dB 和 90dB。通过降低扫描镜的扫描速度,分辨率能够进一步提高。

参 考 文 献

[1] Youngquist R C, Carr S, Davies D E. Optical coherence-domain reflectometry: A new optical evaluation technique. Optics Letters, 1987, 12(3): 158—160.

[2] Barnoski M K, Rourke M D, Jensen S, et al. Optical time domain reflectometer. Applied Optics, 1977, 16(9): 2375—2379.

[3] Eickhoff W, Ulrich R. Optical frequency domain reflectometry in single-mode fiber. Applied Physics Letters, 1981, 39(9): 693—695.

[4] Hee M R. Optical coherence tomography: Theory // Bouma B, Tearney G, Eds. Handbook of Optical Coherence Tomography. New York: Marcel Dekker, 2002, 41—66.

[5] Sorin W V. Optical reflectometry for component characterization // Derickson D ed. Fiber Optic Test and Measurement. New Jersey: Prentice Hall PTR, 1998.

[6] Thevenaz L, Pellaux J-P, Gisin N, et al. Birefringence measurements in fibers without polarizer. Journal of Lightwave Technology, 1989, 7(8): 1207—1212.

[7] Palavicini C, Campuzano G, Thedrez B, et al. Analysis of optical-injected distributed feedback lasers using complex optical low-coherence reflectometry. Photonics Technology Letters, IEEE, 2003, 15(12): 1683—1685.

[8] Dyer S, Rochford K. Low-coherence interferometric measurements of fibre bragg grating dispersion. Electronics Letters, 1999, 35(17): 1485—1486.

[9] Gottesman Y, Rao E, Dagens B. A novel design proposal to minimize reflections in deep-ridge multimode interference couplers. Photonics Technology Letters, IEEE, 2000, 12(12): 1662—1664.

[10] Forrester A T. Photoelectric mixing as a spectroscopic tool. Journal of Optical Society of America, 1961, 51(3): 253—256.

[11] Diddams S, Diels J C. Dispersion measurements with white-light interferometry. Journal of Optical Society America B, 1996, 13(6): 1120—1129.

[12] Obaton A F, Palavicini C, Jaouën Y, et al. Characterization of fiber bragg gratings by phase-sensitive optical low-coherence reflectometry. IEEE Transactions on Instrumentation and Measurement, 2006, 55(5): 1696—1703.

[13] Born M, Wolf E. Principles of Optics. Cambridge: Cambridge University Press, 1999, 1: 917—924.

[14] Jackson D. Monomode optical fibre interferometers for precision measurement. Journal of Physics E: Scientific Instruments, 1985, 18(12): 981.

[15] Al-Chalabi S, Culshaw B, Davies D. Partially coherent sources in interferometric sensors. First International Conference on Optical Fibre Sensors, 1983: 26—28.

[16] Beheim G, Fritsch K, Poorman R. Fiber-linked interferometric pressure sensor. Review of Scientific Instruments, 1987, 58(9): 1655—1659.

[17] Farahi F, Newson T, Jones J, et al. Coherence multiplexing of remote fibre optic Fabry-Perot sensing system. Optics Communications, 1988, 65(5):319—321.

[18] Kotrotsios G Parriaux. White light interferometry for distributed sensing on dual mode fibers monitoring // Proceeding of the 6th International Conference on Optical Fiber Sensors. Paris, France, 1989:568—574.

[19] Huang D, Swanson E A, Lin C P, et al. Optical coherence tomography. Science, 1991, 254(5035):1178—1181.

[20] Fujimoto J G. Optical coherence tomography for ultrahigh resolution *in vivo* imaging. Nature Biotechnology, 2003, 21(11):1361—1367.

[21] Adler D C, Chen Y, Huber R, et al. Three-dimensional endomicroscopy using optical coherence tomography. Nature Photonics, 2007, 1(12):709—716.

[22] Takada K, Yokohama I, Chida K, et al. New measurement system for fault location in optical waveguide devices based on an interferometric technique. Applied Optics, 1987, 26(9):1603—1606.

[23] Danielson B L, Whittenberg C. Guided-wave reflectometry with micrometer resolution. Applied Optics, 1987, 26(14):2836—2842.

[24] Takada K, Yamada H, Horiguchi M. Optical low coherence reflectometer using [3/spl times/3] fiber coupler. Photonics Technology Letters, IEEE, 1994, 6(8):1014—1016.

[25] Takada K, Kitagawa T, Shimizu M, et al. High-sensitivity low coherence reflectometer using erbium-doped superfluorescent fibre source and erbium-doped power amplifier. Electronics Letters, 1993, 29(4):365—367.

[26] Takada K, Himeno A, Yukimatsu K. Phase-noise and shot-noise limited operations of low coherence optical time domain reflectometry. Applied Physics Letters, 1991, 59(20):2483—2485.

[27] Sorin W V, Baney D M. A simple intensity noise reduction technique for optical low-coherence reflectometry. Photonics Technology Letters, IEEE, 1992, 4(12):1404—1406.

[28] Sorin W V, Baney D M. Measurement of Rayleigh backscattering at 1. 55μm with 32μm spatial resolution. IEEE Photonics Technology Letters, 1992, 4(4):374—376.

[29] Baney D M, Sorin W V. Extended-range optical low-coherence reflectometry using a recirculating delay technique. IEEE Photonics Technology Letters, 1993, 5(9):1109—1112.

[30] Baney D, Sorin W. Optical low coherence reflectometry with range extension> 150m. Electronics Letters, 1995, 31(20):1775—1776.

[31] Brinkmeyer E, Ulrich R. High-resolution OCDR in dispersive waveguides. Electronics Letters, 1990, 26(6):413—414.

[32] Kohlhaas A, Fromchen C, Brinkmeyer E. High-resolution OCDR for testing integrated-optical waveguides:Dispersion-corrupted experimental data corrected by a numerical algorithm. Journal of Lightwave Technology, 1991, 9(11):1493—1502.

[33] Hee M R, Huang D, Swanson E A, et al. Polarization-sensitive low-coherence reflectometer

for birefringence characterization and ranging. Journal of Optical Society of America B, 1992,9(6):903—908.

[34] Takada K,Mitachi S. Polarization crosstalk dependence on length in silica-based waveguides measured by using optical low coherence interference. Journal of Lightwave Technology, 1998,16(8):1413.

[35] Chinn S,Swanson E,Fujimoto J. Optical coherence tomography using a frequency-tunable optical source. Optics Letters,1997,22(5):340—342.

[36] Fercher A F,Hitzenberger C K,Kamp G,et al. Measurement of intraocular distances by backscattering spectral interferometry. Optics Communications,1995,117(1):43—48.

[37] Derickson D. Fiber Optic Test and Measurement. London:Prentice Hall PTR,1998.

[38] Wiedmann U,Gallion P. Leakage current measurement in multielectrode lasers using optical low-coherence reflectometry. Photonics Technology Letters,IEEE,1997,9(8):1134—1136.

[39] Gabet R,Hamel P,Jaouën Y,et al. Versatile characterization of specialty fibers using the phase-sensitive optical low-coherence reflectometry technique. Journal of Lightwave Technology,2009,27(15):3021—3033.

[40] Obaton A,Quoix A,Dubard J. Uncertainties on distance and chromatic dispersion measurement using optical low-coherence reflectometry. Metrologia,2008,45(1):83.

[41] Takada K,Yamada H,Inoue Y. Optical low coherence method for characterizing silica-based arrayed-waveguide grating multiplexers. Journal of Lightwave Technology,1996,14(7): 1677—1689.

[42] Canavesi C,Morichetti F,Canciamilla A,et al. Polarization-and phase-sensitive low-coherence interferometry setup for the characterization of integrated optical components. Journal of Lightwave Technology,2009,27(15):3062—3074.

[43] Melloni A,Morichetti F. Direct observation of subluminal and superluminal velocity swinging in coupled mode optical propagation. Physical Review Letters,2007,98(17):173902.

[44] Smith E,Moore S,Wada N,et al. Spectral domain interferometry for OCDR using non-Gaussian broad-band sources. Photonics Technology Letters,IEEE,2001,13(1):64—66.

[45] Takada K,Yukimatsu K I,Kobayashi M,et al. Rayleigh backscattering measurement of single-mode fibers by low coherence optical time-domain reflectometer with 14μm spatial resolution. Applied Physics Letters,1991,59(2):143—145.

[46] Clivaz X,Marquis-Weible F,Salathe R. Optical low coherence reflectometry with 1.9μm spatial resolution. Electronics Letters,1992,28(16):1553—1555.

[47] Clivaz X,Marquis-Weible F D,Salathe R P. 1.5μm resolution optical low-coherence reflectometry in biological tissues// Microscopy,Holography and Interferometry in Biomedicine. Hungary,1994:338—346.

[48] Takada K,Yamada H,Hibino Y,et al. Range extension in optical low coherence reflectometry achieved by using a pair of retroreflectors. Electronics Letters,1995,31(18): 1565—1567.

[49] Takiguchi K, Itoh M, Takahashi H. Integrated-optic variable delay line and its application to a low-coherence reflectometer. Optics Letters, 2005, 30(20): 2739—2741.

[50] Lucas J, De Chiaro L, Salla C, et al. Low coherence reflectometry and spectral analysis for detection of gain anomalies in semiconductor lasers. Electronics Letters, 1992, 28(22): 2085—2087.

[51] Wiedmann U, Gallion P, Jaouën Y, et al. Analysis of distributed feedback lasers using optical low-coherence reflectometry. Journal of Lightwave Technology, 1998, 16(5): 864—869.

[52] Gottesman Y, Pommiès M, Rao E. Detection and localization of degradation damaged regions in 1. 3μm laser diodes on InP using low-coherence reflectometry. Materials Science and Engineering: B, 2001, 80(1): 236—240.

[53] Fouquet J E, Trott G, Sorin W V, et al. High-power semiconductor edge-emitting light-emitting diodes for optical low coherence reflectometry. IEEE Journal of Quantum Electronics, 1995, 31(8): 1494—1503.

[54] Takada K, Oguma M, Yamada H, et al. Gain distribution measurement of an erbium-doped silica-based waveguide amplifier using a complex OLCR. Photonics Technology Letters, IEEE, 1997, 9(8): 1102—1103.

[55] Huang S, Wu W, Huang P. Measurement of temperature gradient in diode-laser-pumped high-power solid-state laser by low-coherence reflectometry. Applied Physics Letters, 1998, 73(23): 3342—3344.

[56] Wu W, Huang S. Low-coherence reflectometry of thermal properties in diode-laser-pumped high-power solid-state laser. Photonics Technology Letters, IEEE, 1998, 10(6): 851—853.

[57] Cohen L. Comparison of single-mode fiber dispersion measurement techniques. Journal of Lightwave Technology, 1985, 3(5): 958—966.

[58] Lee J Y, Kim D Y. Versatile chromatic dispersion measurement of a single mode fiber using spectral white light interferometry. Optics Express, 2006, 14(24): 11608—11615.

[59] Takada K, Kitagawa T, Hattori K, et al. Direct dispersion measurement of highly-erbium-doped optical amplifiers using a low coherence reflectometer coupled with dispersive Fourier spectroscopy. Electronics Letters, 1992, 28(20): 1889—1891.

[60] Dyer S D, Rochford K B. Low-coherence interferometric measurements of the dispersion of multiple fiber Bragg gratings. Photonics Technology Letters, IEEE, 2001, 13(3): 230—232.

[61] Gehler J, Spahn W. Dispersion measurement of arrayed-waveguide gratings by Fourier transform spectroscopy. Electronics Letters, 2000, 36(4): 338—339.

[62] Cella R, Wood W. Measurement of chromatic dispersion in erbium doped fiber using low coherence interferometry // Proceedings of the 6th Optical Fibre Measurement Conference. Girton College, Cambridge, 2001: 207—210.

[63] Tignon J, Marquezini M V, Hasche T, et al. Spectral interferometry of semiconductor nanostructures. IEEE Journal of Quantum Electronics, 1999, 35(4): 510—522.

[64] Wax A, Yang C, Izatt J A. Fourier-domain low-coherence interferometry for light-scattering

spectroscopy. Optics Letters,2003,28(14):1230—1232.

[65] Hlubina P,Martynkien T. Dispersion of group and phase modal birefringence in elliptical-core fiber measured by white-light spectral interferometry. Optics Express,2003,11(22): 2793—2798.

[66] Hlubina P. White-light spectral interferometry to measure intermodal dispersion in two-mode elliptical-core optical fibres. Optics Communications,2003,218(4-6):283—289.

[67] Dorrer C,Belabas N,Likforman J P,et al. Spectral resolution and sampling issues in Fourier-transform spectral interferometry. Journal of Optical Society of America B,2000, 17(10):1795—1802.

[68] Ma Y,Sych Y,Onishchukov G,et al. Fiber-modes and fiber-anisotropy characterization using low-coherence interferometry. Applied Physics B,2009,96(2-3):345—353.

[69] Palavicini C,Jaouën Y,Debarge G,et al. Phase-sensitive optical low-coherence reflectometry technique applied to the characterization of photonic crystal fiber properties. Optics Letters, 2005,30(4):361—363.

[70] Lambelet P,Fonjallaz P Y,Limberger H,et al. Bragg grating characterization by optical low-coherence reflectometry. Photonics Technology Letters,IEEE,1993,5(5):565—567.

[71] Keren S,Horowitz M. Interrogation of fiber gratings by use of low-coherence spectral interferometry of noiselike pulses. Optics Letters,2001,26(6):328—330.

[72] Gottesman Y,Rao E,Sillard H,et al. Modeling of optical low coherence reflectometry recorded Bragg reflectograms:Evidence to a decisive role of bragg spectral selectivity. Journal of Lightwave Technology,2002,20(3):489.

[73] Dyer S,Rochford K,Rose A. Fast and accurate low-coherence interferometric measurements of fiber Bragg grating dispersion and reflectance. Optics Express,1999,5(11):262—266.

[74] Petermann E I,Skaar J,Sahlgren B E,et al. Characterization of fiber bragg gratings by use of optical coherence-domain reflectometry. Journal of Lightwave Technology,1999,17(11): 2371.

[75] Chapeleau X,Leduc D,Lupi C,et al. Experimental synthesis of fiber Bragg gratings using optical low coherence reflectometry. Applied Physics Letters,2003,82(24):4227—4229.

[76] Giaccari P,Limberger H,Salathé R. Local coupling-coefficient characterization in fiber Bragg gratings. Optics Letters,2003,28(8):598—600.

[77] Takada K,Noda J,Okamoto K. Measurement of spatial distribution of mode coupling in birefringent polarization-maintaining fiber with new detection scheme. Optics Letters,1986, 11(10):680—682.

[78] Chen S,Giles I,Fahadiroushan M. Quasi-distributed pressure sensor using intensity-type optical coherence domain polarimetry. Optics Letters,1991,16(5):342—344.

[79] Martin P,Le Boudec G,Lefevre H C. Test apparatus of distributed polarization coupling in fiber gyro coils using white light interferometry//Fiber Optic Gyros:The 15th Anniversary Conference. Boston,1992:173—179.

[80] Da Silva A C, Mateus C F. Measurements of polarization cross-coupling in a tension-coiled polarization-preserving fiber by optical coherence domain polarimetry // Microwave and Optoelectronics Conference. Brazil, 1999: 638－640.

[81] Hotate K, Kamatani O. Optical coherence domain reflectometry by synthesis of coherence function. Journal of Lightwave Technology, 1993, 11(10): 1701－1710.

[82] Takada K, Chida K, Noda J. Precise method for angular alignment of birefringent fibers based on an interferometric technique with a broadband source. Applied Optics, 1987, 26(15): 2979－2987.

[83] Choi W S, Jo M S. Accurate evaluation of polarization characteristics in the integrated optic chip for interferometric fiber optic gyroscope based on path-matched interferometry. Journal of the Optical Society of Korea, 2009, 13(4): 439－444.

[84] Rogers A. Polarization-optical time domain reflectometry // 1980 European Conference on Optical Systems and Applications. Utrecht, Netherlands, 1981: 358－364.

[85] Rogers A J. Polarization-optical time domain reflectometry: A technique for the measurement of field distributions. Applied Optics, 1981, 20(6): 1060－1074.

[86] Tsubokawa M, Shibata N, Seikai S. Evaluation of polarization mode coupling coefficient from measurement of polarization mode dispersion. Journal of Lightwave Technology, 1985, 3(4): 850－854.

[87] Shlyagin M, Khomenko A, Tentori D. Remote measurement of mode-coupling coefficients in birefringent fiber. Optics Letters, 1994, 19(12): 913－915.

[88] Okugawa T, Hotate K. Synthesis of arbitrary shapes of optical coherence function using phase modulation. Photonics Technology Letters, IEEE, 1996, 8(12): 1710－1712.

[89] Photonetics. Optical Coherence Domain Polarimeter WIN-P—User's Guide, (3631 SU 04 C), Marly-Le-Roy. 1998.

[90] Corp G P. Distributed Polarization Crosstalk Analyzer PXA-1000, datasheet. http: // www. generalphotonics. com.

[91] 黄尚廉, 骆飞. 高双折射光纤双折射参数的精密干涉测量法. 光电工程, 1993, 20(5): 23－26.

[92] 骆飞, 黄尚廉. 高双折射光纤模式耦合空间分布的干涉测量法. 光学学报, 1993, 13(11): 1031－1035.

[93] 王涛, 周柯江, 叶炜, 等. 光纤偏振态模式分布的干涉测量方法. 光学学报, 1997, 17(6): 737－740.

[94] 周柯江, 王涛. 光纤白光干涉仪的研究. 激光与红外, 1997, 27(4): 242－244.

[95] 周晓军, 龚俊杰, 刘永智, 等. 白光干涉偏振模耦合分布式光纤传感器分析. 光学学报, 2004, 24(5): 605－608.

[96] Jing W, Zhang Y, Zhou G, et al. Measurement accuracy improvement with PZT scanning for detection of DPC in Hi-Bi fibers. Optics Express, 2002, 10(15): 685－690.

[97] 陈信伟, 张红霞, 贾大功, 等. 分布式保偏光纤偏振耦合应力传感系统的实现. 中国激光,

2010,37(6):1467—1472.

[98] Zhang H,Ye W,Jia D,et al. Sensitivity enhancement of distributed polarization coupling detection in Hi-Bi fibers. Chinese Optics Letters,2012,10(4):040603.

[99] Zhang H,Xu T,Jia D,et al. Effects of angular misalignment in interferometric detection of distributed polarization coupling. Measurement Science and Technology, 2009, 20 (9): 095112.

[100] 林惠祖,姚琼,胡永明. 全保偏结构的光纤偏振耦合测试系统. 中国激光,2010,37(7): 1794—1799.

[101] Yang J,Yuan Y,Wu B,et al. Higher-order interference of low-coherence optical fiber sensors. Optics Letters,2011,36(17):3380—3382.

[102] 杨军,苑立波. 提高保偏光纤偏振耦合测量精度和对称性的装置与方法:中国,ZL 201110118450. 7. 2011.

[103] 杨军,苑立波. 一种减小双折射色散对保偏光纤偏振耦合测量影响的装置:中国,ZL 201110118127. X. 2011.

[104] Yang J,Yuan Y,Zhou A,et al. Full evaluation of polarization characteristics of multifunctional integrated optic chip with high accuracy. Journal of Lightwave Technology,2014, 32(33):3641—3650.

[105] 丁振扬,姚晓天,刘铁根,等. 采用分布式偏振串扰检测保偏光纤环质量的研究. 光电子· 激光,2010,21(3):430—434.

[106] Kaminow I P. Polarization in optical fibers. IEEE Journal of Quantum Electronics,1981, 17:15—22.

[107] Zhang J,Handerek V A,Cokgor I,et al. Distributed sensing of polarization mode coupling in high birefringence optical fibers using intense arbitrarily polarized coherent light. Journal of Lightwave Technology,1997,15(5):794—802.

[108] Tsubokawa M,Higashi T,Negishi Y. Mode couplings due to external forces distributed along a polarization-maintaining fiber:An evaluation. Applied Optics, 1988, 27 (1): 166—173.

[109] Sanders S,Strandjord L,Mead D. Fiber optic gyro technology trends—A Honeywell perspective//Optical Fiber Sensors Conference Technical Digest. Portland,2002:5—8.

[110] Kim G J,Jeon S G,Kim J I,et al. High speed scanning of terahertz pulse by a rotary optical delay line. Review of Scientific Instruments,2008,79(10):106102.

[111] Xu J,Zhang X C. Circular involute stage. Optics Letters,2004,29(17):2082—2084.

[112] Gilsdorf R W,Palais J C. Single-mode fiber coupling efficiency with graded-index rod lenses. Applied Optics,1994,33(16):3440—3445.

[113] Sakamoto T. Coupling loss analysis on a multimode fiber directional coupler using GRIN-rod lenses. Applied Optics,1986,25(15):2620—2625.

[114] Van Buren M,Riza N A. Foundations for low-loss fiber gradient-index lens pair coupling with the self—imaging mechanism. Applied Optics,2003,42(3):550—565.

[115] Xu T, Jing W, Zhang H, et al. Influence of birefringence dispersion on a distributed stress sensor using birefringent optical fiber. Optical Fiber Technology, 2009, 15(1): 83—89.

[116] Tang F, Zhang Y, Jing W, et al. Influence of birefringence dispersion on distributed measurement of polarization coupling in birefringent fibers. Optical Engineering, 2007, 46 (7): 075006.

[117] BERGH, A. R, LEFEVRE, et al. An overview of fiber-optic gyroscopes. Journal of Lightwave Technology, 1984, 2(2): 91—107.

[118] Yang Y, Wang Z, Li Z. Optically compensated dual-polarization interferometric fiber-optic gyroscope. Optics Letters, 2012, 37(14): 2841—2843.

[119] 华勇, 舒平, 郑德晟, 等. 提高光纤陀螺用 Y 波导芯片消光比的方法: 中国. CN201310185490. 2. 2013

[120] Sears F M. Polarization-maintenance limits in polarization-maintaining fibers and measurements. Journal of Lightwave Technology, 1990, 8(5): 684—690.

[121] Williams P, Rose A, Wang C. Rotating-polarizer polarimeter for accurate retardance measurement. Applied Optics, 1997, 36(25): 6466—6472.

[122] Goldstein D H. Mueller matrix dual-rotating retarder polarimeter. Applied Optics, 1992, 31(31): 6676—6683.

[123] Williams P A. Rotating-wave-plate Stokes polarimeter for differential group delay measurements of polarization-mode dispersion. Applied Optics, 1999, 38(31): 6508—6515.

[124] Waters J P, Fritz D J. White light interferometer for measuring polarization extinction ratio // Laser Interferometry IV: Computer-Aided Interferometry. San Diego, 1992: 14—22.

[125] Ding Z, Meng Z, Yao X S, et al. Accurate method for measuring the thermal coefficient of group birefringence of polarization-maintaining fibers. Optics Letters, 2011, 36 (11): 2173—2175.

[126] Li Z, Meng Z, Chen X, et al. Method for improving the resolution and accuracy against birefringence dispersion in distributed polarization cross-talk measurements. Optics Letters, 2012, 37(13): 2775—2777.

[127] Zhang H, Wen G, Ren Y, et al. Measurement of beat length in polarization-maintaining fibers with external forces method. Optical Fiber Technology, 2012, 18(3): 136—139.

[128] Zhang H, Ren Y, Liu T, et al. Self-adaptive demodulation for polarization extinction ratio in distributed polarization coupling. Applied Optics, 2013, 52(18): 4353—4359.

[129] Bing W, Yang J, Yuan Y, et al. Performance tests of PM optical fiber coupler based on optical coherence domain polarimetry // The 22nd International Conference on Optical Fiber Sensor. Beijing: 2012, 8421A2.

[130] Li C S, Zhang C X, Wang X X, et al. White light interferometry for pigtail polarization crosstalk of Ti-diffused LiNbO$_3$ integrated optic phase modulator. Chinese Journal of Lasers, 2013, 5: 034.

[131] Liu H, Li R, Wang J. White light interferometry test and analysis of LiNbO$_3$ polarizer.

Optik-International Journal for Light and Electron Optics,2013,124(19):3891—3894.

[132] Burrow L,Causa F,Sarma J. 1. 3W ripple-free superluminescent diode. IEEE Photonics Technology Letters,2005,17(10):2035—2037.

[133] Takada K,Okamoto K,Noda J. Polarization mode coupling with a broadband source in birefringent polarization-maintaining fibers. Journal of Optical Society of America A,1985, 2(5):753—758.

第7章　光纤白光干涉传感技术

7.1　引　　言

光纤白光干涉传感技术是白光干涉原理的重要应用之一。本章在概述该应用的发展情况之后,将进一步讨论光纤白光干涉原理适合感测哪些物理参量,具有哪些独特的传感器特征,以及如何从其传感特性入手,构建各种传感器多路复用系统,形成各种形式的传感网络。

白光干涉原理在传感技术中的应用首次报道于 1983 年[1]。第一个完整的基于白光干涉技术的位移传感系统是在 1984 年报道的[2]。该工作显示出白光干涉测量技术可应用于任何可以转换成绝对位移的物理量的测量,并且具有很高的测量精度。在 1985~1989 年,基于白光干涉原理的传感器被广泛用于压力[3~5]、温度[6~9]和应变[10,11]测量的研究中。

自从 1990 年以后,光纤白光干涉传感技术经过持续的发展,逐渐形成了一个研究方向,它所具有的优点被众多的研究者所揭示。白光干涉测量技术提供了更多绝对测量的解决方案,而这些是采用优良相干光源的传统光纤干涉仪所无法解决的。经过多年的研究,在信号处理、传感器设计、传感器研制、传感器多路复用等方面,白光干涉传感测量技术得到了较大发展。在信号处理方面,一些新方案的提出,提高了光纤白光干涉仪的性能。

光纤白光干涉传感系统的另一个优点就是可以容易地实现多路复用。多个传感器在各自的相干长度内,只存在单一的光干涉信号,因而无需更复杂的时间或者频率复用技术对信号进行处理。20 世纪的最后十年的研究工作,主要集中在发展多路复用传感器的结构,以增加实际应用对传感器数量与容量的需求。这些典型的白光干涉多路复用方案使用了分立的参考干涉仪,并进行时间延时,来匹配遥测传感干涉仪。传感干涉仪是完全无源的,而且用于解调的复用干涉信号对光纤连接光缆中的任何相位或长度改变不敏感。在低相干多路复用传感器[12]概念的基础上,为了构成准分布式光纤白光干涉测量系统,研究者进行了许多探索和尝试。Gusmeroli 等[13]发展了低相干多路复用准分布单纤偏振传感系统,用于结构监测;Lecot 等[14]所报道的实验系统中包含超过 100 个多路复用的温度传感器,用于核电站交流发电机定子发热量的监测;Rao 等[15]所建立的通用系统是基于空间多路复用,最大可以连接 32 个传感器;Sorin 等[16]提出了一种新型的基于迈克耳孙干涉仪和自相关器的干涉多路复用传感阵列方案;由 Inaudi 等[17]建立了一种并行多路复用的方案;此外,基于简单的光纤迈克耳孙干涉仪,分别使用光纤开关和 $1 \times N$ 星型耦合器的串行和并行多路复用技术分别报道于文献[18]和[19]。文献[20]又提出了一种光纤环型谐振腔的方案。环型谐振腔使用的目的是代替文献[18]中价格昂贵的光纤开关。它的优点是大大减小了多路复用传感阵列的复杂性和造价。

随着光纤白光干涉传感技术的不断发展,该技术日趋完善,同时也发展了越来越多的应用。Inaudi 等[21~23]发展了低相干大尺度光纤结构传感器,被称为 SOFO 的光纤白光干涉应变系统,在瑞士的结构健康监测、油气输送管道等工业建筑业中被广泛使用,获得了几个微应变的分辨率,其测量范围超过几千微应变。文献[24]~[26]报道了基于白光干涉技术的光纤引伸计用于监测混凝土构件内部的温度和测量一维、二维应变测量的研究结果。此外,采用光纤白光 F-P 腔技术发展起来的光纤传感器[27~31]也已经用于土木工程和各种恶劣工业环境检测中。可以预期,这种基于白光干涉技术的绝对应变传感器将在智能结构和材料中起到越来越重要的作用[32,33]。

7.2　光纤白光干涉传感测量的物理参量

所谓测量就是比较,通过直接比较的方法获得的物理参量就属于直接测量的量,而通过其他物理量间接获得的量则属于间接比较测量。用于光纤白光干涉测量最基本的物理参量有很多,分别是光程差测量、偏振态测量、光纤的正交偏振串扰测量、色散测量以及通过后向散射实现的折射率分布测量等。其中光程差是由真空中光的传输距离和介质折射率二者的乘积构成的,因此光程差的测量又可进一步分解为空间位移和折射率这两个可测物理量。温度的变化可以引起光纤材料热膨胀从而导致光纤的几何长度变化和折射率变化,进而引起光程差变化,因此利用光纤实现温度的测量属于间接测得的。类似的,压力的测量可以通过膜片转换成微小位移,应变的测量可通过分别测得光纤的长度和光纤长度的变化量,借助于两者的比值获得的。这样的物理参量的测量就属于间接比较测量。由于偏振态和色散的测量已在第 6 章中分别进行了阐述,而后向散射实现的低相干层析成像测量技术将在第 8 章中加以集中阐述。因此,本章将主要考虑可导致光程变化的物理量在测量领域的传感问题。可以用光纤白光干涉技术来直接进行比较测量的物理量是位移量变化和折射率变化,因而凡是能通过上述两个基本物理参量的某种转换方式(如压力转换为位移),或者是借助于某种转换装置而实现相关物理量测量的量(如电场或磁场转换成晶体的双折射从而导致不同偏振方向的光程的变化),都可以采用光纤白光干涉的方式获得测量结果。下面将分别加以叙述。

7.2.1　位移测量

位移量的绝对测量是光纤白光干涉测量中最基本的物理量测量,也是构成光纤白光干涉传感器的主要结构之一。可以采用迈克耳孙干涉仪或者 F-P 干涉仪的形式实现绝对位移的测量。图 7.1 给出采用迈克耳孙干涉仪实现绝对位移测量的方法[34]。

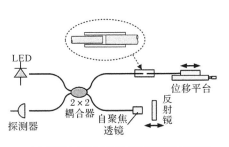
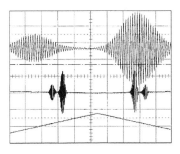

（a）光纤白光迈克耳孙干涉仪结构示意图　　　（b）往复扫描所获得的空域白光干涉信号

图 7.1　光纤白光迈克耳孙干涉仪绝对位移测量原理

该系统的光路结构主要由一个 2×2 单模光纤耦合器构成,如图 7.1(a)所示。系统中选用了宽谱的 LED 作为光源,经过耦合器后分别注入两个干涉臂,参考臂终端连接一个自聚焦型光纤准直透镜,准直光束直接被一个垂直于入射光束的平面反射镜反射后并回到光纤中。该反射镜被固定在一个电机驱动的位移台上并做往复扫描运动。耦合器的另一臂称为测量臂,被直接插入一段毛细管中,与单模光纤端正对着的是另一段光纤,该段光纤与一个微位移器相连,可以通过该位移器来改变两个光纤端面之间的间隙距离。当参考臂的空间光程扫描镜不断进行重复扫描时,由参考臂反射镜反射回来的光和从测量臂光纤的端面反射回来的光以及与其具有一个微小间隙的可移动光纤端面反射回来的光信号依次实现干涉。所形成的白光干涉信号如图 7.1(b)所示,可以看出,由于测量臂光纤端面反射回来的光信号较强,所以干涉信号幅值较大。而移动光纤端面的反射信号是测量光纤投射到移动光纤端面后反射并进入测量光纤臂的,在这个过程中,由测量光纤端出射的光束将发生扩散,所以仅有较少的部分光被传回到测量光纤中,因而其干涉信号的幅值也相应较小。因此,这种间隙测量方法的测量范围有限,仅数百微米范围内有效。事实上,可以通过在测量光纤端增加一段准直透镜光纤的方法来提高移动反射端反射信号,以达到扩大测量范围的目的。

这种测量之所以被称为绝对位移测量,是由于该测量是以测量光纤端面为基准参考点,所获得的测量值仅是两个光纤端面之间间隙的绝对长度。

这种采用石英毛细套管和两根内插光纤端面形成空气隙的结构被广泛用于构造各种光纤传感器,如果在两个光纤端面镀上高反射率介质膜,就可以形成一个光纤 F-P 腔,采用白光干涉仪对该 F-P 腔长进行绝对变化量的测量,就能实现各种有关的光纤传感测量。一种典型的应用是将石英毛细管的两端分别与插入的两光纤进行熔融焊接,从而构成一种光纤应变传感器[27],如图 7.2 所示。

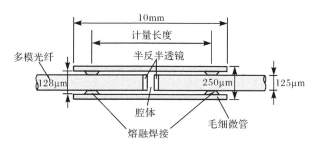

图 7.2　多模光纤外腔式 F-P 应变传感器结构

镀有半反射镜的两根光纤端面相对插入一个石英毛细套管中,然后分别在两端进行熔融焊接,形成长度为 10mm 的光纤应变传感器,如果采用空间干涉光程扫描的方法来解调该传感器光程的变化,则需要选用图 7.1 所示的迈克耳孙或马赫-曾德尔干涉仪来实现对传感器变化的测量。当选用谱相关仪来实现光纤传感器腔长变化的测量时,既可以用单模光纤,也可以采用多模光纤来完成光纤两端面之间的位移变化的测量[27],如图 7.3 所示,借助于一个菲佐干涉式谱相关仪实现了微小位移的测量。菲佐干涉仪作为一个光程相关器,该光程相关器中腔长的变化是沿着楔形位置有关的线性函数。如果 F-P 传感器的腔长为 d,则透过菲佐干涉仪的光强极大值所对应的楔形位置所对应的两个平面之间的间距将精确等于 d。如果作为传感器的 F-P 腔长因为机械形变而发生了改变,则透过菲佐干涉仪相关后所对应的相关函数将会发生相应的位移。该相关函数的强度分布将直接在线性 CCD 阵列上成像,因此可以根据对 CCD 阵列信号的读取来获得光纤传感器光学腔之间的位移信息。

系统中的宽带白光光源的光谱分布函数为 $X(\lambda)$,该宽带光源经过一个光纤环形器后被注入光纤 F-P 传感器的 F-P 腔中,假设 F-P 传感器的腔长为 d,于是其透射光谱为

$$T(\lambda,d) = \frac{1}{1 + F \sin^2\left(\frac{2\pi d}{\lambda}\right)} \tag{7.1}$$

式中:λ 为光的波长;F 为精细常数。

由光纤 F-P 传感器反射回来的光经三端口光纤环形器后经过一个柱状扩束

准直镜,然后被引入光学相关器中进行光学相关,该光学相关器由楔形光学器件构成的菲佐干涉仪组成,所形成的宽谱光信号干涉相关条纹被 CCD 光电探测器阵列所接收,对于给定的腔长 d,其形成的具有中心极大的干涉条纹包络由下面的相关函数给出

$$C(d) = \frac{1}{M}\sum_{m=0}^{M-1} X(\lambda_0 + m\Delta\lambda)\frac{1}{1 + F\sin^2\left(\dfrac{2\pi d}{\lambda_0 + m\Delta\lambda}\right)} \tag{7.2}$$

式中:$C(d)$ 为相关干涉主极大信号强度值;M 为 CCD 阵列单元数;m 为整数。

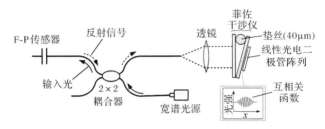

图 7.3　采用菲佐干涉式谱相关仪实现两光纤间位移测量的传感系统

　　事实上,借助于图 7.2 所示的外腔式 F-P 结构,可以通过对腔长的位移测量实现各种可转换成位移量的物理参量的测量。例如,采用一小段磁致伸缩非晶态金属丝($Fe_{77.5}B_{15}Si_{7.5}$)作为腔长变化的敏感单元,如图 7.4 所示,该磁致伸缩金属丝在外界磁场变化下将导致 F-P 空气腔长产生线性响应,可以实现分辨率为 50nT,测量范围为 50～40 000nT 的静磁场传感测量[35]。类似的,如果采用一段热膨胀系数较大的金属丝作为腔长敏感元,则可以构成微小型光纤温度传感器。

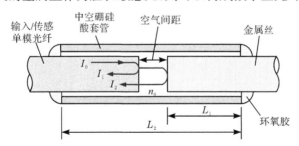

图 7.4　采用磁致伸缩金属丝作为 F-P 腔长敏感单元的磁场传感器

7.2.2　压力测量

　　压力测量通常是通过某种转换来实现的,如通过测量压力导致膜片的位移量来间接实现压力的测量。这类传感测量属于在光纤外部,借助于空间位移变化(膜片表面引起的空间光程变化)来实现压力测量的,而空间光程的变化则可通过

光纤白光干涉仪来精确测得。

　　压力传感部分常用弹性膜片或弹性波纹管来将压力转化成膜片中心的位移，如图 7.5 所示[36]。当外界环境压力发生变化时，膜片在压力作用下将会发生形变，膜片中心平整区的挠度对应测量光学干涉腔长的变化，可表示为[37]

$$\Delta L = \frac{3(1-\nu)a^4}{16Eh^3}\Delta P \tag{7.3}$$

式中：ν 和 E 分别为膜片材料的泊松比和杨氏模量；a 为膜片的半径；h 为膜片厚度；ΔP 为膜片感受的压力变化。

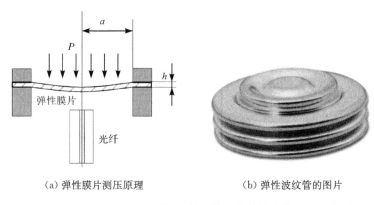

（a）弹性膜片测压原理　　　　　　　（b）弹性波纹管的图片

图 7.5　用于测量压力的弹性元件及其压力转换成位移的工作原理

　　由弹性元件构造光纤压力传感器时，通常弹性膜片或弹性波纹管的中心平整区构成光学干涉腔的发生位移的一个反射面，而光纤端则作为另一个固定不动的参考光学反射面。所形成的光学腔主要是菲佐干涉传感腔[38]或光纤 F-P 干涉传感腔[37,39,40]，如图 7.6 所示。

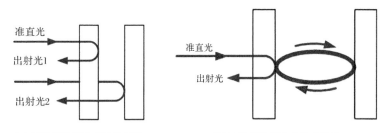

（a）菲佐干涉仪构成的光学腔　　　　　（b）F-P 干涉仪构成的光学腔

图 7.6　借助于膜片所构成的干涉光学腔在压力作用下的腔长变化实现压力传感与测量

　　文献[38]所采用的菲佐干涉型光学腔的结构如图 7.6(a)所示，其特点是由两个低反射率平行光学元件构成了对准直光束的反射，由于两个反射面的反射率都较低，因此其二次反射信号较弱，可以忽略不计。当外部光学元件作为压力感应膜片时,在压力作用下发生位移,该位移可以通过光纤白光干涉仪进行精确测量且正比于所承受的压力,通过标定后即可获得对应的压力测量。

采用 F-P 光学腔构成微型光纤压力传感器的应用很多[39],借助于三种不同的光纤进行的焊接、切割和氢氟酸蚀刻,王安波小组在光纤端制备了结构精巧的微型光纤 F-P 压力传感器[37,40]。由于发现氢氟酸对于锗掺杂光纤与纯石英材料的腐蚀速度具有较大的差别,前者约是后者的两倍。于是通过选用三种不同的光纤进行焊接和腐蚀,就在光纤端制备出了微型全光纤 F-P 压力传感器,如图 7.7 所示。采用白光干涉谱的精细分析解调,可以获得高精度压力测量结果。

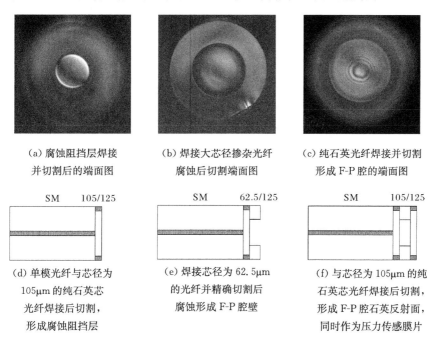

(a) 腐蚀阻挡层焊接　　　(b) 焊接大芯径掺杂光纤　　(c) 纯石英光纤焊接并切割
并切割后的端面图　　　　腐蚀后切割端面图　　　　形成 F-P 腔的端面图

(d) 单模光纤与芯径为　　(e) 焊接芯径为 62.5μm　　(f) 与芯径为 105μm 的纯
105μm 的纯石英芯　　　的光纤并精确切割后　　石英光纤焊接后切割,
光纤焊接后切割,　　　　腐蚀形成 F-P 腔壁　　形成 F-P 腔石英反射面,
形成腐蚀阻挡层　　　　　　　　　　　　　　同时作为压力传感膜片

图 7.7　光纤端面制备微型 F-P 干涉腔压力传感示意图

7.2.3 倾角测量

当将倾角转化为位移测量时,光纤白光干涉仪也可用于倾角传感测量[41],一个典型应用是双通道光纤倾斜计。倾斜计的传感结构是推挽式差分光纤干涉仪[42],该技术可用于监测桥梁、塔和高墙等建筑结构的倾斜情况。

双通道光纤倾斜计的工作原理如图 7.8 所示,传输光纤与推挽式光纤倾斜计相连。倾斜计的信号解调通过光源为 LED 的扫描马赫-曾德尔低相干光反射计(OLCR)来实现。设置推挽式光纤倾斜计的光程差,使其与 OLCR 的光程差近似相等。OLCR 的光程差可以通过扫描棱镜-GRIN 透镜系统进行调节。当调节扫

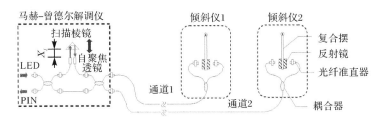

图 7.8　双通道光纤倾斜计的工作原理

描棱镜到达某一位置时,OLCR 和倾斜计的光程差相同,在探测端得到白光干涉条纹。该推挽式光纤倾斜计的光程示意图如图 7.9 所示。移动 OLCR 的扫描棱镜,使其满足传感器的光程匹配条件:

$$n(L_1 - L_2)_j + (X_1 - X_2)_j = n\Delta L_0 + 2X_j \tag{7.4}$$

式中:$n\Delta L_0$ 是 OLCR 不包括扫描棱镜-GRIN 透镜间距的光程差,如果将 OLCR 放置在隔热箱中,可以认为 $n\Delta L_0$ 为常数;$n(L_1 - L_2)_j$ 是倾斜计的固定光程差,将其设置为厘米量级,从而可以极大地抑制环境温度的影响;X_j 是扫描棱镜与 GRIN 透镜间的距离,如图 7.8 所示;$j = 1,2$,分别对应倾斜计 1 和倾斜计 2。当被测结构发生倾斜时,倾斜计的 $(X_1 - X_2)_j$ 会随之发生变化,进而需要改变 $2X_j$ 的值以满足式(7.4)的匹配条件。因此,扫描棱镜和 GRIN 透镜之间的距离改变量 $2\Delta X_j$ 与倾斜计的变化有关,相应的关系式为 $2\Delta X_j = \Delta(X_1 - X_2)$,如图 7.9 所示。

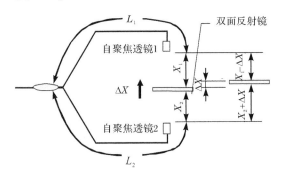

图 7.9　推挽式倾斜计的光路分析

这种推挽式倾斜计的设计是基于图 7.8 所示的单摆实现的。单摆的一端通过铰链固定在结构上,另一端可以随着被测结构的旋转而自由摆动。将两个光纤准直器固定在结构上,并且使 GRIN 透镜与反射镜垂直。两个反射镜的反射信号经过一个 1×2 光纤耦合器后回到马赫-曾德尔解调仪。当被测结构发生旋转时,单摆保持垂直,而两根光纤同时向左或向右移动,但它们之间的相对距离保持不变。因此这种推挽式结构可以将旋转角度转化为两个光纤臂之间光程差的相对变化量,而这个光程差可以通过马赫-曾德尔 OLCR 测量得到。

　　然而,上面这种基本的设计方案在实现过程中会遇到诸多困难。首先,铰链是一个关键的问题,因为它既要保证单摆能够完全自由的运动,还要使单摆不受摩擦效应的影响。常用的是叶片型铰链,这种铰链与壳体结构连接不紧密,受震动的影响很大。这种铰链还会降低单摆振荡的阻尼,因此不能在有振动存在的环境中工作。其次,由于两根光纤安装在单摆两侧,这不仅会增加系统设计的复杂性,而且由于温度的变化可能对两根光纤产生不同的影响,从而使系统对温度变化敏感。再次,反射镜的旋转会影响经反射镜后进入光纤的光耦合效率。最后,要想达到较好的旋转灵敏度,需要较长的单摆臂。

　　图 7.10 中的结构很好地解决了以上这些问题。这种设计用双臂结构代替单摆,与支撑重物一起构成平行四边形结构,并且在结构内部安装一个倒 T 形单摆。在支撑重物的内壁的两端分别粘贴一个反射镜,将两根光纤分别固定在倒 T 形单摆的两端,并且与反射镜垂直。这种结构可以避免反射镜的转动,并且可以在运动单元内部放置光学元件。

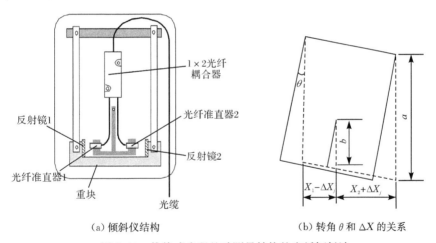

（a）倾斜仪结构　　　　　　　（b）转角 θ 和 ΔX 的关系

图 7.10　推挽式光程差动测量结构的光纤倾斜计

　　这是一种完全对称的结构,而且整个结构采用相同的材料,所以温度变化对两臂光程的影响是相同的,因此该传感系统具有良好的温度稳定性。倾斜角度 θ 和光程差 $2\Delta X_j$ 之间关系为

$$\tan\theta = \frac{\Delta X_j}{a-b} \tag{7.5}$$

　　如果角度 θ 较小,式(7.5)可以近似表示为

$$\theta \approx \frac{\Delta X_j}{a-b} \tag{7.6}$$

所以,通过测量位移的变化量 $2\Delta X_j$ 可以得到系统的旋转角度。

将倾斜计安装在一个可控的垂直旋转台上,该双光纤倾斜计的输出信号如图 7.11 所示。倾斜计的位移响应如图 7.12 所示。

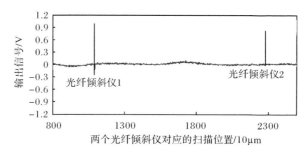

图 7.11　双光纤倾斜计的输出信号

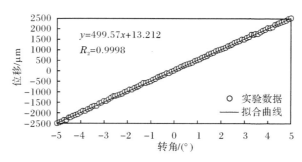

图 7.12　光纤倾斜计的测试结果

从图 7.12 中可以看出,在 ±5° 测量范围内,系统的分辨率为 0.2′,精确度为 1′,并且具有很好的线性响应。在整个 ±5° 的测量范围内,系统的最大误差为 0.17%,且响应度为 500μm/(°)。结果表明,测量结构没有滞后性,而且具有良好的重复性。

如果旋转倾斜计使支撑重物和单摆朝下,这样测量范围可以增加到 15°,但是分辨率会减小到 0.7′。对于光纤倾斜计,影响其温度灵敏度的主要因素来自平行单摆结构的热膨胀。由于平行单摆是对称结构,且传感器工作在推挽状态,因此传感器一臂的热膨胀会与另一臂的热膨胀平衡,只有当倾斜计不在结构中心时才会出现热膨胀效应。当倾斜度在任一方向达到最大时,这种热膨胀效应也达到最大。当温度变化达到 100℃ 时,倾斜计的绝对误差约为 8′,这一误差可以很容易被校正过来。

7.2.4　折射率测量

折射率测量对于各种光学材料的特性和应用十分重要。除了固体材料外,各种液体和气体的折射率也与材料的物性联系紧密。折射率除了与材料本身的成分有关外,还与材料所处的温度和波长有关[43]。采用白光干涉技术不仅可以实现各种材料的平均折射率测量,还可以实现绝对折射率的测量[44]。

图 7.13 给出一种基于光纤白光迈克耳孙干涉仪通过光程比较实现对透明固体或液体材料进行平均折射率测量的方法。来自宽谱光源的光被一个 3dB 耦合器分成两路:一路为光程固定的光纤参考臂,其光信号在光纤端被反射回来;另一路连接一个自聚焦透镜型光纤准直器,准直器正对着的是一个可移动的反射镜,该反射镜架设在精密步进电机驱动的位移台上。在光纤准直器和平面反射镜之间,将待测长方体光学材料置于该测量光路中,通过两次光程测量,就可以计算出光学材料的折射率了。

设长方体的厚度为 D,待测平均折射率为 $\bar{n}$,则对应的光程为 $\bar{n}D$,当参考臂和测量臂两个光程完全相等时,有

$$n_{fiber}l_R = n_{fiber}l_0 + \bar{n}D + X_1 \tag{7.7}$$

式中:n_{fiber} 为光纤的折射率;l_R 和 l_0 分别为干涉仪中参考臂和测量臂光纤的长度。此时可以看到白光干涉条纹,此时测量出的空间光程对应扫描镜的位置记为 X_1。将该待测材料取出,由于式(7.7)中 $\bar{n}D$ 项的缺失,需要调整扫描镜的位置直到再次出现白光干涉条纹,这时所对应的空间扫描镜的位置为 X_2,且有

$$n_{fiber}l_R = n_{fiber}l_0 + X_2 \tag{7.8}$$

于是通过式(7.7)和式(7.8),可以测得平均折射率为

$$\bar{n} = \frac{X_2 - X_1}{D} \tag{7.9}$$

这表明,通过精确测得待测材料的厚度和前后两次反射扫描镜的位置,就可通过式(7.9)将平均折射率计算出来,如图 7.13(a)所示。

类似的,对于透明液体折射率则可以通过将液体倒入一个长方形的透明玻璃皿中,然后采用相同的办法测得相应材料的折射率,如图 7.13(b)所示。

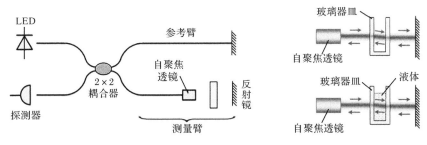

(a) 光纤白光迈克耳孙干涉仪测量系统   (b) 固体材料和液体材料测试装置

图 7.13 用于对透明固体或液体材料进行平均折射率测量的实验装置

我们知道,折射率对波长有一定的依赖关系[45],为了获得更为准确的绝对折射率,图 7.14 给出一种基于宽谱光源的光纤马赫-曾德尔干涉测量方法。

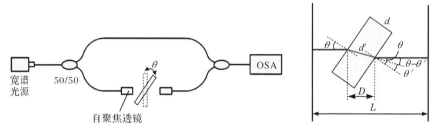

（a）光纤马赫-曾德尔干涉测量仪　　　　（b）用于样品计算的光程示意图

图 7.14　用于实现绝对折射率测量的实验装置

该测量系统由宽带光源和两个 3dB 光纤耦合器及一对自聚焦准直透镜组成，测量样品被置于光纤马赫-曾德尔干涉仪的测量臂，调整参考臂使得两臂大致相等。于是在干涉仪的出射端，借助于光谱分析仪，就给出被测试样品调制了的干涉光谱。为了使测量系统的对比度较高，实验系统中通过调节偏振控制器，可以使测量信号得到进一步改善。由于待测样品中的绝对折射率信息包含在干涉光谱中，因此，使样品分别处于 θ_1 和 θ_2 状态，则可以分别获得两个相位分布不同的干涉光谱，通过对光谱进行分析和解调，即可通过相移的计算来得到材料的绝对折射率值。假设两光波电场幅值比为 α 且其中一个光波电场的幅值为 E_0，其干涉光谱强度分布为

$$I(\lambda) = \left| E_A(\lambda) + E_B(\lambda) \right|^2$$
$$= \left| E_0^2(\lambda) \right| (1 + \alpha^2) + 2\alpha \left| E_0^2(\lambda) \right| \cos\phi(\lambda) \qquad (7.10)$$

式中：E_A 和 E_B 分别为穿过参考光路和待测样品光路的光波电场。

两光场的相位差为

$$\phi(\lambda, \theta) = \phi_f(\lambda) + \frac{2\pi}{\lambda}(\mathrm{OPL}_{R.A.}(\lambda) - \mathrm{OPL}_{S.A.}(\lambda, \theta)) \qquad (7.11)$$

式中：ϕ_f 为由两臂光纤部分光程差导致的相位差；$\mathrm{OPL}_{R.A.}$ 和 $\mathrm{OPL}_{S.A.}$ 则分别为两对自聚焦透镜对之间的光程。

待测样品臂的光程可以通过旋转待测样品的角度而改变，表示如下：

$$\mathrm{OPL}_{S.A.}(\lambda, \theta) = n_0(\lambda)L - n_0(\lambda)D(\lambda, \theta) + n(\lambda)d'(\lambda, \theta) \qquad (7.12)$$

式中：L 为测量臂两自聚焦透镜准直器之间的自由空间长度；$n(\lambda)$ 和 $n_0(\lambda)$ 分别为波长为 λ 时待测样品和空气中的折射率；θ 为待测样品的转角；d' 为待测样品转动后的实际光程；D 为光束在样品中实际光程相对应的自由空间距离。

参考图 7.14(b)，借助于 Snell 定律，有

$$\cos\theta' = \frac{\sqrt{n^2(\lambda) - n_0^2(\lambda)\sin^2\theta}}{n(\lambda)} \qquad (7.13)$$

由图 7.14(b)有

$$d' = \frac{n(\lambda)}{\sqrt{n^2(\lambda) - n_0^2(\lambda) \sin^2\theta}} d \tag{7.14}$$

而自由空间距离 D 对应的样品中光程为

$$D = d'\cos(\theta - \theta') = d\left(\cos\theta + \frac{n_0(\lambda) \sin^2\theta}{\sqrt{n^2(\lambda) - n_0^2(\lambda) \sin^2\theta}}\right) \tag{7.15}$$

将式(7.14)和式(7.15)代入式(7.12)中,有

$$\mathrm{OPL}_{\mathrm{S.A.}}(\lambda,\theta) = n_0(\lambda)L + d\left(-n_0(\lambda)\cos\theta + \sqrt{n^2(\lambda) - n_0^2(\lambda) \sin^2\theta}\right) \tag{7.16}$$

当待测样品旋转角度从 θ_1 转到 θ_2 时,光程将会发生变化,于是由依赖于相位变化的光程变化导致干涉条纹图将会发生移动。光程变化量由式(7.17)给出。

$$
\begin{aligned}
\Delta\mathrm{OPL}_{\mathrm{S.A.}}(\lambda,\theta) &= \mathrm{OPL}_{\mathrm{S.A.}}(\lambda,\theta_2) - \mathrm{OPL}_{\mathrm{S.A.}}(\lambda,\theta_1) \\
&= d\big((n_0(\lambda)\cos\theta_1 - n_0(\lambda)\cos\theta_2 \\
&\quad - \sqrt{n^2(\lambda) - n_0^2(\lambda) \sin^2\theta_1} + \sqrt{n^2(\lambda) - n_0^2(\lambda) \sin^2\theta_2}\big)
\end{aligned} \tag{7.17}
$$

令待测样品分别处于 θ_1 和 θ_2 时测量光的相位为 ϕ 和 Ψ,于是由式(7.17)所给出的光程差导致的相位差可表示为

$$\Psi(\lambda) - \phi(\lambda) = \frac{2\pi}{\lambda}\Delta\mathrm{OPL}_{\mathrm{S.A.}}(\lambda,\theta) \tag{7.18}$$

将式(7.17)代入式(7.18),待测折射率为

$$n(\lambda) = \sqrt{\left(\frac{n_0^2(\lambda) \sin^2\theta_1 - n_0^2(\lambda) \sin^2\theta_2 - A^2}{2A}\right)^2 + n_0^2(\lambda) \sin^2\theta_1} \tag{7.19}$$

其中

$$A = \frac{\lambda}{2\pi}(\Psi(\lambda) - \phi(\lambda)) - n_0(\lambda)\cos\theta_1 + n_0(\lambda)\cos\theta_2 \tag{7.20}$$

于是依据式(7.19)和式(7.20),待测样品的折射率可以通过以波长为函数的相位差的测量获得。对于处于不同角度的样品而言,可以分别得到类似于图 7.15 所示的不同的干涉光谱,通过两次光谱的比较和计算就可以获得不同波长所对应的相位差[46],通过式(7.20)和式(7.19)就能获得对应于各个波长的折射率。

7.2.5　应变测量

在本节中,我们首先假设感兴趣的被测量主要是应变。对于任何应变的测量,都无法避免温度变化带来的干扰,所以必须在实际的应用中,同时测量被监测结构的温度变化。该测量方法中,热膨胀、温度对光纤折射率的影响以及纯粹机械应变都将包含在被测量中。因而,温度补偿技术是必须考虑的一个重要因素。此外,本节主要考虑光纤轴向应变。

事实上,光纤本身所感知的应变与基体结构应变相关,但不完全一致。在本

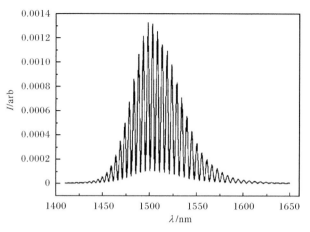

图 7.15　干涉仪输出的干涉光谱示意图

节中,我们将重点研究传输机制,即通过对沿光纤传播光波特性变化来对局域应变和温度进行求解。在对传感系统进行标定时,一个已知的温度和应变,被施加在基体结构上。这个应变场是通过某种边界层传输给光纤。光纤因此而产生的相关参数(例如光程差)的变化结果通过干涉解调仪(例如迈克耳孙或者马赫-曾德尔干涉仪)的机械位移而解调出来。通过标定实验得到的系统参数,可以在使一个未知应变施加于基体结构上时,使系统以一个对应的信号作为输出,其数值大小对应于测定的基体结构中的应变。

当仅在传感长度上施加轴向应变 ε_z 时,ΔL_0 可以表示为

$$\Delta L_0 = L_0 \varepsilon_z \tag{7.21}$$

折射率的变化可以表示为[47]

$$\Delta n = -\frac{1}{2} n^3 \big[(1-\nu) p_{12} - \nu p_{11} \big] \varepsilon_z \tag{7.22}$$

因此给出

$$
\begin{aligned}
\Delta S &= \left\{ n L_0 \varepsilon_z - \frac{1}{2} n^3 \big[(1-\nu) p_{12} - \nu p_{11} \big] L_0 \varepsilon_z \right\} \\
&= \left\{ n - \frac{1}{2} n^3 \big[(1-\nu) p_{12} - \nu p_{11} \big] \right\} L_0 \varepsilon_z \\
&= n_{\text{equivalent}} L_0 \varepsilon_z
\end{aligned}
\tag{7.23}
$$

式中:$n_{\text{equivalent}} = n \left\{ 1 - \frac{1}{2} n^2 \big[(1-\nu) p_{12} - \nu p_{11} \big] \right\}$,表示光纤的等效折射率。对于石英基材料,在波长 $\lambda = 1300\text{nm}$ 处,参数 $n = 1.46$,$\nu = 0.25$,以及 $p_{11} = 0.12$ 和 $p_{12} = 0.27$[43]。用这些数据可算得等效折射率 $n_{\text{equivalent}} = 1.19$。因此,作用在光纤上的应变可以由式(7.24)给出。

$$\varepsilon_z = \frac{\Delta S}{n_{\text{equivalent}} L_0} \tag{7.24}$$

用于实际测量中的光纤白光迈克耳孙干涉仪的组成如图 7.16 所示,在传感器的两个端面上,产生两个传感信号。第一个信号来自于传感器前端面的部分反射信号。这部分反射光通过长度为 L_0 的传感器,第二个信号在传感器的后端面反射。当参考臂的反射器扫描时,两臂光程发生匹配,白光干涉条纹出现。反射器前、后两次获得白光干涉中心条纹的位置的差值($X = X_2 - X_1$)与传感器的长度相对应:

$$X = X_2 - X_1 = nL_0 \tag{7.25}$$

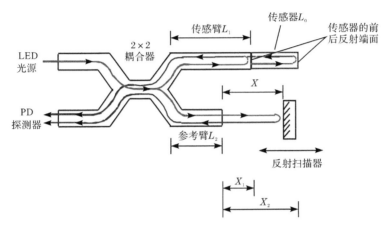

图 7.16　基于迈克耳孙白光干涉仪的光纤传感测量系统

当载荷作用于传感器时,白光干涉中心条纹的位置将发生移动。式(7.25)变为

$$X' = X'_2 - X'_1 = (nL_0)' \tag{7.26}$$

式中:"′"表示载荷施加后的值。

定义

$$\Delta S \equiv X' - X \tag{7.27}$$

利用式(7.25)和式(7.26),得到

$$\Delta S = (nL_0)' - (nL_0) = \Delta(nL_0) = n\Delta L_0 + L_0 \Delta n \tag{7.28}$$

式中: ΔL_0 和 Δn 分别表示由于施加被测量(如温度 T 或者应变 ε)后,光纤传感器长度和折射率的变化。

7.2.6　温度测量

当传感器环境温度从 T_0 变化到 T 时,式(7.28)中光纤传感器所对应的 ΔL_0 和 Δn 可改写为

$$\Delta L_0 = L_0(T_0)(T - T_0)\alpha_T \tag{7.29}$$

$$\Delta n = n(\lambda, T_0)(T - T_0)C_T \tag{7.30}$$

将 $n = n(\lambda, T_0)$，$L_0 = L_0(T_0)$ 以及式(7.29)和式(7.30)代入式(7.28)，得到

$$\Delta S = L_0(T_0)n(\lambda, T_0)(\alpha_T + C_T)(T - T_0) \tag{7.31}$$

或者

$$T - T_0 = \frac{\Delta S}{L(T_0)n(\lambda, T_0)(\alpha_T + C_T)} \tag{7.32}$$

重写式(7.32)，得到

$$\Delta S = S_T(T - T_0) \tag{7.33}$$

其中

$$S_T = \Im L_0(T_0) \tag{7.34}$$

式中：S_T 表示长度为 L_0 的白光干涉光纤传感器灵敏度；$\Im$ 为灵敏度系数。

对于标准单模通信光纤，参考文献[43]给出相关数值为，波长 $\lambda = 1310\text{nm}$ 处 $n = 1.4681$，$\alpha_T = 5.5 \times 10^{-7}/℃$，$C_T = 0.762 \times 10^{-5}/℃$；在 $\lambda = 1550\text{nm}$ 处 $n = 1.4675$，$\alpha_T = 5.5 \times 10^{-7}/℃$，$C_T = 0.811 \times 10^{-5}/℃$。根据这些数据，对于单位长度的光纤在 1310nm 和 1550nm 处，光纤温度传感器的灵敏度系数 $\Im$ 分别为 $11.99\mu\text{m}/(\text{m}\cdot℃)$ 和 $12.71\mu\text{m}/(\text{m}\cdot℃)$。

7.3　光纤白光干涉单点传感器

7.3.1　光纤白光干涉传感器的尺度特性

常见的光纤白光干涉传感器在尺度方面分为微尺度传感器和宏尺度传感器两种，微尺度光纤传感器的长度多在微米到毫米之间，用于探测传感器的变化范围为纳米到毫米的变化。而宏尺度光纤传感器的长度多在几厘米到数十米内，其用于探测传感器的变化范围则从微米到数百毫米。事实上，微尺度传感器和宏尺度传感器的尺度是依赖于实际的应用需求而选择的，这二者之间的关系不是一成不变的，可以通过不同的方式加以转换。

1. 微尺度光纤传感器

微尺度光纤白光干涉传感器的例子很多，如 F-P 微腔型光纤白光干涉压力传感器[37,40]、应变传感器[48]、温度传感器[49]、静磁场传感器[35]等。

其主要特征由图 7.17 给出，这种传感器的核心是由两段带有半反射端面的光纤构成一对平行的 F-P 微腔，同时每一段光纤的另一端都与外部套管固结，因而传感器的形变特性取决于外部套管材料的力学特性，传感器的有效敏感长度取决于这两个固结点之间的距离。由于两个反射端面之间的微腔长度的变化直接

反映了两个固结点之间距离的变化,因此,只要测得了微腔长度的变化,就等效于测得了两固结点之间的变化。因为通常两固结点之间的距离是已知的,于是采用这种结构就实现了应变的传感与测量。为了尽可能减少传送光信号的导入导出光纤对传感器的影响,通常与传感器连接的光纤是分离开的,如图 7.17 所示。

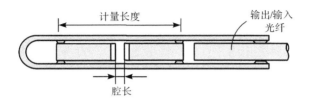

图 7.17 典型的光纤白光干涉微尺度传感器

采用菲佐干涉解调方法实现光纤白光干涉传感测量的原理可以借助于图 7.18来直观的加以描述。当埋入基体材料中的光纤应变传感器没有受到外界的作用力影响时,处于初始的无应变状态,这时传感器中的光学微腔长度为初始长度 δ_0,该腔长对应于楔形菲佐干涉仪光程等效长度的楔形区较厚的部分,两光程匹配部分发生白光干涉,而光程没有匹配的部分仅是两光强的简单叠加,白光干涉条纹信号的主极大对应于线性 CCD 阵列的位置 X_1,如图 7.18 所示。

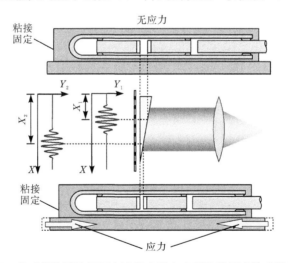

图 7.18 基于菲佐干涉解调方法的光纤白光干涉微尺度传感测量原理

当基体材料受外界压力作用时,传感器发生形变,从而导致光学微腔长度被压缩至 δ_1,对应于楔形菲佐干涉仪光程等效较薄的部分,此时光程匹配干涉后,白光干涉主极大信号对应于线性 CCD 阵列的位置 X_2,于是光学微腔长度变化就可以通过白光干涉主极大的位移来测得

$$\Delta\delta = \delta_0 - \delta_1 = \Gamma(X_2 - X_1) \tag{7.35}$$

进而可以测得光纤传感器所感受到的应变为

$$\varepsilon = \frac{\Delta\delta}{L_0} = \frac{\Gamma(X_2 - X_1)}{L_0} \tag{7.36}$$

式中：L_0 是光纤应变传感器的有效长度；Γ 为一个与光学楔有关的常数。

在上述传感器结构中，如果环境温度发生变化时，由于套管材料和长度都会受到温度的影响而变化从而导致光学微腔的腔长发生变化。为了消除环境温度对传感器的影响，可以通过选用具有不同热膨胀系数的一段金属细丝作为特殊的纤维，在其端面镀上反射膜，作为光学微腔的一个反射面，而另一个半反射面仍然由光纤端面构成，如图 7.19 所示，由于金属丝具有较大的热膨胀系数，因而可以平衡和补偿由于结构材料的热膨胀所带来的温度表观应变。为简便计，假设传感器所处的环境温度较低时，传感器内部的 F-P 微腔长度为 δ_0；当环境温度发生变化时，例如，升高了 ΔT 度，则由于基体材料将随着温度的升高而发生热膨胀，由此导致的形变为 $\alpha\Delta T$，从而使传感器也发生等量的形变。如果我们选择的金属丝材料也具有相同的形变系数 α，则该金属丝在环境温度升高 ΔT 时，由于热膨胀将会推动自由的金属丝反射端向前移动 $\alpha\Delta T$，从而就抵消了被基体拉伸了 $\alpha\Delta T$ 的腔长的变化，这就是其温度自动补偿的机理。

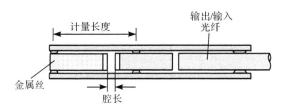

（a）具有温度补偿功能的传感器

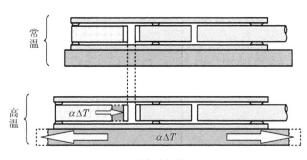

（b）温度自动补偿机理

图 7.19　采用金属纤维实现温度自动补偿功能的光纤微尺度传感器

这种光纤白光 F-P 干涉式传感器在实际应用中还需要考虑基体材料的固结和

埋入的工程技术问题。图 7.20 给出两种典型的工程应用示例。图 7.20(a)为将光纤传感器焊接在金属片上,这样,金属片就可以进一步焊接或粘贴到待测结构上。这种能够焊接在金属片上的传感器可以采用多种方式制备,例如,可以采用金属化光纤技术,将固定 F-P 腔的石英毛细管外表进行金属化,从而使该光纤传感器能够与金属片进行焊接。此外,也可以采用金属不锈钢毛细管作为固定 F-P 腔的外部封装套管来实现传感器与金属片之间的焊接。图 7.20(b)给出的光纤传感器的封装结构是将两段带有锚固金属构件的均匀不锈钢管作为 F-P 腔光纤白光干涉传感器的外部固结封装件,这种封装结构的传感器可用于埋入混凝土构件中,也可用于现场施工过程将传感器浇注到大型混凝土结构中,用于结构内部形变或应变的监测。

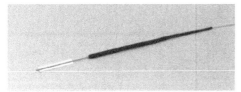

(a) 点焊型光纤白光 F-P 应变传感器　　　　　(b) 埋入式光纤白光 F-P 应变传感器

图 7.20　两种封装好的光纤白光干涉微尺度传感器及其外观照片

2. 宏尺度光纤传感器

传感器的长度较长时,例如在米量级范围(0.1～10m),由于匹配光程的直接扫描范围不可能很大,因此这类传感器尽管长度较长,但传感器的变化范围却有限,因此在干涉仪的另一臂需要有一个与传感器长度相差不多的配长光程来匹配,该匹配光纤应置于测量仪器中,处于恒定温度下使其长度保持不变(或环境温度可测,以便于匹配长度的实时校准)。于是扫描臂测量的仅对应于传感器的光程变化部分。

这样,传感器的长度可取几米到几十米。用于大尺度或大跨度结构物的形变测量和监测。图 7.21 给出一个大尺度光纤白光传感形变测量的例子。该传感系统本质上是一个改进的光纤迈克耳孙干涉仪,干涉仪的传感臂和参考臂分别与一个 2×2 光纤耦合器的两臂相连。传感臂由一根输入/输出光纤和两反射面之间的传感光纤段组成(见图 7.21);参考臂则由一个光纤耦合环、一个准直透镜和一个扫描反射镜组成。光纤耦合环可以产生多光程的参考信号,用来匹配传感臂中两个反射面所产生的信号[20],如图 7.22 所示。迈克耳孙干涉仪的宽谱光源为发光二极管(LED),干涉仪的传感信号经光电探测器(PD)放大后送给计算机,进行进一步的信号处理。调节扫描反射镜的位置,当参考信号的光程分别与传感臂两个反射镜反射信号的光程相匹配时,在探测端会接收到两个干涉信号(条纹)。这两个干涉信号所对应的扫描镜位置的差正好等于传感器的长度。因此,可以通过扫描镜的位置获得由应变引起的传感光纤的长度变化。

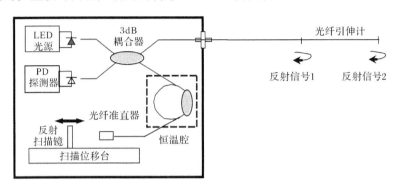

图 7.21　宏尺度光纤白光干涉传感器及其测量原理

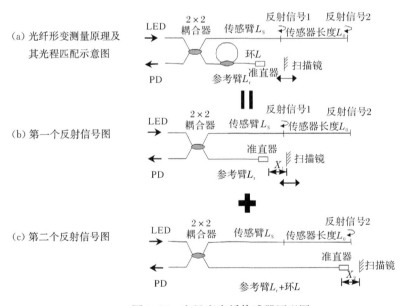

图 7.22　宏尺度光纤传感器原理图

该系统中光纤传感器的长度受到位移台的扫描距离限制,即 $L_0 < X_{max}/n$ (L_0 为传感器长度,X_{max} 为位移台的最大扫描距离)。由于反射信号在长距离的空间光路中传输会产生很大的损耗,因此要想让反射镜具有很长的扫描距离是不现实的,因此通过选择合适长度的光纤环,就可以使光纤传感器的长度达到几米、几十米甚至更长;与此同时,扫描镜的扫描距离可以缩短为几毫米。这种引入光

纤耦合环的结构不仅可以实现较长光纤传感器的光程匹配,而且还可以降低扫描系统的损耗。如果进一步将光纤环放在热隔离腔中,还可以减小环长 L 随环境温度变化所导致的测量误差。

利用光纤干涉系统可以实现对光纤传感器长度 L_0 的高精度绝对测量,因此可以用于检测由应变或温度引起的形变。由于应变或温度的测量灵敏度取决于传感光纤的长度,所以可以通过增加传感光纤的长度来提高测量的灵敏度。传感光纤越长,测量灵敏度和分辨率越高。但是系统的最高分辨率最终是受移动位移台的分辨率和中央干涉条纹的识别分辨率限制的。因此,在传感系统中采用了高分辨率的步进电机驱动位移台(每步间隔为 $0.5\,\mu m$),即分辨率为 $\pm 0.5\,\mu m$。另外,中央条纹的重复识别要小于 ± 1 个条纹,对于 $1.3\,\mu m$ 光源来说相当于 $0.7\,\mu m$[34]。

等效光程分解如图 7.22(a)所示。一束光沿传感臂 L_s 传输,到达两个反射面后发生反射,两路反射光的光程分别为 $2L_s n$ 与 $2L_s n + 2L_0 n$,其中 n 为光纤导模的有效折射率。参考臂中传输的光经过光纤耦合环和梯度折射率(GRIN)准直透镜后被安装在扫描位移台上的反射镜反射,反射光沿相同的光路传输并返回到光电探测端。设不包括光纤耦合器环的参考臂长度为 L_r,耦合器环的长度为 L,通过合理选择耦合环长 L,可以得到与传感信号的光程相匹配的多参考光束:

$$2L_r n + iLn + 2X \tag{7.37}$$

式中:$i = 0, 1, 2, \cdots$,是光在光纤环中传输的圈数;X 是 GRIN 透镜与反射镜之间的间距。如果选择合适的 L_r 和 L 使它们分别略小于 L_s 和 L_0,那么我们可以通过小范围调节反射镜的位置(即 X 值),使参考信号与传感信号的光程相匹配,便会在光电检测端得到白光干涉信号。由于传感信号包括两个反射信号,因此在系统的输出端会产生两个干涉条纹。其中第一个干涉条纹对应于传感臂第一个反射面反射的信号与参考臂中不经过光纤环的反射信号[见式(7.37)中 $i = 0$]的光程相匹配时的干涉。位于干涉条纹中心的中央条纹,振幅最大,对应传感信号和参考信号的光程精确匹配。设此时反射镜的位置为 $X = X_1$,那么有

$$2L_s n = 2L_r n + 2X_1 \tag{7.38}$$

类似的,第二个干涉条纹对应于传感臂第二个反射面反射的信号与参考臂中经过光纤环的反射信号[见式(7.37)中 $i = 1$]的光程相匹配时的干涉。设此时反射镜的位置调整为 $X = X_2$,则精确的光程匹配条件为

$$2L_s n + 2L_0 n = 2L_r n + 2Ln + 2X_2 \tag{7.39}$$

将式(7.38)与式(7.39)相减,得

$$nL_0 - nL = X_2 - X_1 = Y \tag{7.40}$$

式中:Y 为参考信号分别与传感臂两个反射信号的光程相匹配时,扫描反射镜的两个位置之间的距离。

可以看出,传感臂两路反射光经过相同的输入/输出光纤,即 Y 与输入/输出

光纤的长度无关,所以这种差动式测量方法可以消除环境变化对传输光纤的影响。这一点对于传感器的远程测量非常重要,在遥测传感系统中,可以选择任意长度的传输光纤而不会引起系统性能的下降。如果将光纤环进行隔离保护使其不受应变和温度的影响,那么光纤环的光程 L 可以看成常数,因此通过测量 X 的值就可以获得任何传感光纤的光程(nL_0)的变化。如果传感光纤的长度 L_0 近似与耦合环长 L 相等,那么两个白光干涉条纹之间的距离 $|X_2-X_1|$ 会很小。因此,短距离扫描位移台便可满足传感系统的要求,从而可以降低系统的传输损耗。另外,与传统的长扫描距离白光干涉系统相比,短距离扫描还可以提高系统的测量速度。只要保证参考臂中的光纤环长与传感光纤的长度近似相等,那么传感系统中的传感光纤可以任意长而不需要增加扫描范围。

3. 微尺度传感器与宏尺度传感器之间的转换

微尺度传感器与宏尺度传感器之间可以通过某种光学装置实现转换,可移动的光学楔就是一个很好的实例。图 7.23 给出两种典型的经过一个楔形光学菲佐干涉器件,实现光程与位移之间的几何放大与转换的例子。通过几何位移,可将微小的光程变化转化为较大尺度的位移变化,从而实现宏尺度的位移测量[50]。该装置由一个楔形光器件作为产生菲佐干涉仪的光楔被固定在可滑动的拉杆上,光学楔正对着光纤准直器,当与顶簧相连接的滑杆发生位移时,光学楔所产生的光程变化正比于滑杆的位移。由于光学楔的角度很小,这样较小的光程变化就可以对应于较大的滑杆的机械位移,因此通过这种机械放大,就实现了采用微尺度技术获得宏尺度位移传感的转换,如图 7.23(a)所示[50]。这种转换方式也可以通过一个 45°角的反射镜从与光纤垂直的方式转换成与光纤平行的方式,如图 7.23(b)所示。在该结构中,光纤及其光纤准直器被固定在外套管上,光纤准直器前放置一个 45°角的光束反射器。滑杆与弹簧相连,光学楔被固定在滑杆上,与滑杆一起移动。当滑杆移动时,带动光学楔前后移动,从而调节光程发生变化,通过光程的变化就能线性反映滑杆位移的大小。

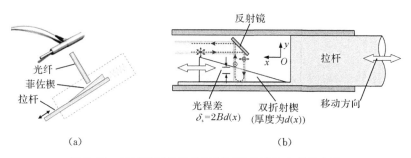

(a)　　　　　　　　　　　　　(b)

图 7.23　通过光程的转换实现间接位移放大变换方法

7.3.2　典型的单点传感器及其解调方法

本节针对微尺度和宏尺度这两种典型的光纤白光干涉形传感器及其解调系统,分别给出具有实用价值的微尺度单点白光干涉传感器及其解调系统和具有数米长的单点光纤白光干涉形变测量应用系统的工程应用示例。

1. 单点微尺度传感器及其解调系统示例

在工程实用的微尺度光纤白光干涉传感器如图 7.24 所示,分别为压力传感器和温度传感器。图 7.24(a)给出的是一个在光纤端焊接一个石英材料制作的杯形基座,杯形底部镀上半透半反介质膜,杯形口处固结一个弹性膜片反射体。这样通过杯底反射膜和杯口的弹性膜片反射就构成了一个菲佐干涉式的压力传感器。如果将杯口的弹性膜片材料换成石墨烯材料,就能实现超微压力超高灵敏度光纤压力传感器[51]。图 7.24(b)给出一个基于白光干涉原理的温度传感器。该传感部分的敏感材料选用了一种对温度具有较强依赖的双折射晶体,在晶体材料与光纤端之间加装一个线性起偏器,晶体另一端则镀上介质反射膜。来自光纤的具有各向偏振的光经过线性起偏器后将被分解为正交两束光,经过双折射晶体后被端部反射镜反射,由于这两束正交偏振光两次经过双折射晶体,于是反射回来的两正交偏振光就会产生一个光程差:

$$\delta_s = 2B(T)d_x$$

式中: d_x 为双折射晶体的厚度; $B(T)$ 为与温度相关的晶体双折射系数。

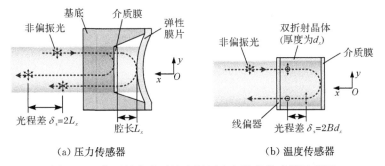

（a）压力传感器　　　　　　　　　（b）温度传感器

图 7.24　典型的白光干涉光纤压力和温度传感器示意图

通过对这个与温度直接相关的光程差的测量,就间接地测得了温度。

对于上述典型光纤传感器而言,图 7.25 给出一种改进型菲佐干涉解调系统[52]。与图 7.3 给出的谱相关仪相比较,该系统分别增加了线性起偏器和检偏器,同时用具有双折射的楔形光学晶体替换了普通的空气光学楔或玻璃光学楔。由宽谱光源发出的光经过一个耦合器后首先抵达光纤传感器,传感器可以是

图 7.24所示的任意一种,也可以是任何一种实现传感测量的光纤干涉仪。假设被
传感器反射回来的两束光的损耗是相等的,由于这两束光是由同一光源经过某种
分路后得到的,因此具有高度的空间相关,于是这两束光包含了与光程差相关的
待测物理量,经过光纤耦合器后被传回到解调系统中,根据谱干涉定律,其功率谱
密度在频谱上被调制,可表示为

$$I_s(\nu) = A_s I_{in}(\nu)\big[1 + \cos(2\pi\nu\tau_s(M) + \theta_s)\big]$$
$$= A_s I_{in}(\nu)\Big[1 + \cos\Big(2\pi\nu\frac{\delta_s(M)}{c} + \theta_s\Big)\Big] \tag{7.41}$$

式中:ν 为光的频率;τ_s 和 δ_s($\delta_s = c\tau_s$)分别为传感器引起的两光束相对时间延迟
和光程差,其作为待测物理量 M 的幅度函数随待测物理量的变化而变化;c 为真
空中的光速;$I_{in}(\nu)$ 为光源被传感器调制前的输入光功率谱密度;A_s 和 θ_s 分别为
依赖于传感器类型和传感器具体参数的常数。

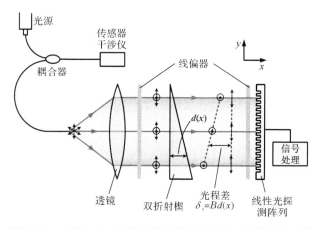

图 7.25　一种基于双折射晶体楔的光纤菲佐干涉仪解调系统

　　解调系统是一个双光路干涉型传感器配置的静态偏振干涉仪,该干涉仪包括
一个由双折射晶体制成的光学楔,为了使系统性能稳定可靠,晶体的选择需要具
有较低的色散性和低的温度依赖性。在晶体前设置了线性起偏器,将来自光纤传
感器的非偏振光信号[见式(7.41)]起偏,在双折射晶体的输入面,该线性偏振光
被分解成正交两个偏振分量,即一个分量的偏振方向与双折射晶体楔的快轴相
同,与起正交的另一个偏振分量则与双折射晶体的慢轴相平行,这两个偏振分量
通过双折射晶体后将会产生一个相位差。在双折射晶体楔后面设置了一个光学
线性检偏器,其偏振主轴与光学线性偏振器的光学主轴相互正交。于是在检偏器
的输出端,将双折射晶体输出的两正交线性偏振分量光信号进行重新组合,并使
二者发生干涉,干涉光最后到达线性 CCD 阵列探测器表面,信号处理单元从线性
阵列 CCD 中读取所测得的强度分布信号,从中获取干涉图样并确定该干涉图的

包络或干涉条纹的峰值位置,进而转换成传感器的光程差,最后相应地转换为测量值。

　　图 7.26 给出该信号解调仪各个光学元器件的相对空间位置和几何关系以及线性偏振器的主光轴取向。经由传感器含有待测物理量的光信号通过光纤传送到解调光学系统中,由于光纤端输出的光场强度分布近似为高斯分布的一圆锥形发散光束,为了有效地利用光信号功率,通常选用一个柱面透镜来使光纤输出的光锥被近似地压缩成一条椭圆形光带并被投射到 CCD 阵列探测器上。各个光学器件的坐标如图 7.26 所示。线性光学起偏器的光学主轴与 x 轴夹角 $P=45°$,为了使线性光学检偏器的光学主轴与起偏器的光学主轴正交,可以取检偏器的光学主轴与 x 轴的夹角 $A=P\pm90°$。假设双折射光学晶体楔的直角入射表面平行于x-y 平面,其棱边平行于图中的 y 轴,楔的厚度 $d(x)$ 随着在 x 轴上的位置呈线性函数的变化,如图 7.26 所示

$$d(x) = x\tan W + d_0 \tag{7.42}$$

式中:W 为光学楔的角度;d_0 为楔在 $x=0$ 的位置上的厚度。

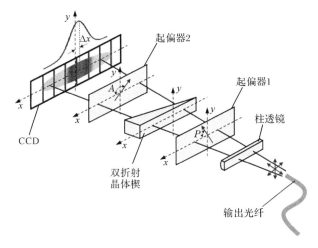

图 7.26　基于双折射晶体楔的光纤菲佐干涉仪的谱相关解调工作原理

　　光学楔是由具有双折射的晶体构成,不失一般性,可选其折射率为 n_e 和 n_o 的单轴晶体作为其光学主轴并分别于 x 和 y 轴重合,既 $n_x=n_e$ 以及 $n_y=n_o$,于是晶体的双折射为 $B=(n_e-n_o)=(n_x-n_y)$。

　　来自干涉仪的光为非偏振光,经过线性起偏器后,成为与 x 轴成角度 $P=45°$的线偏振光,该线偏振光进入双折射晶体后被分解成 x 和 y 正交偏振分量,由于折射率 n_e 和 n_o 的不同,二者便以不同的速率传输,于是在光学楔的出射面上,两个正交分量之间的光程差 δ_τ 以及相应的时间延迟 τ_τ 由式(7.43)给出。

$$\delta_r = c\tau_r = Bd(x) = (n_e - n_o)(x\tan W + d_0) \tag{7.43}$$

于是在线性 CCD 阵列探测器上，x 轴不同位置对应的是具有不同光程差的干涉信号，而当传感器中与待测物理量相关的光程差 $\delta_s = \delta_r$ 时，对应于传感器中的光程差完全被解调仪的光程差补偿，对应于相关谱的干涉极大。正是通过这个匹配关系，就能测得传感器中需要测量的待测物理参量。

2. 单点宏尺度传感器及其解调系统示例

在大型建筑结构的建造与施工过程中，以及建造完成后该建筑物的使用生命周期内，连续地对应变、形变、位移和温度等物理量进行监测一直是光纤智能结构中最感兴趣的重要参数，光纤白光干涉技术为这些参量的监测提供了一种有效的测量方法。光纤白光干涉传感器不仅能实现单点微结构的测量，也适合大尺度或大跨度建筑结构部件的形变监测。瑞士的 Inaudi 等发展了具有温度补偿功能的宏尺度光纤白光干涉形变测试技术[21~23]，在瑞士建筑结构工程中得到了广泛的应用[53]。

对于混凝土结构部件而言，应变对应于构件内部材料的挤压或拉伸状态，它能够反映出结构在外部载荷作用下测量构件的形变情况。由于所有的应变传感器实际上都是几何形变传感器，因此应变通常是通过对固定长度及其变化量的测量而间接获得的，即

$$\Delta L = \varepsilon L \tag{7.44}$$

本节所讨论的具有温度自动补偿功能的宏尺度光纤白光干涉传感器是由长度近似相等的两段标准单模光纤组成，这两根光纤中的一根光纤作为形变传感器，被埋置于混凝土构件中用于形变的测试，而另一根光纤作为温度补偿的参考光纤，紧靠测量光纤被松弛地置于一根管子中，处于自由状态中，其光程变化对应于环境温度变化而导致的热膨胀所引起的几何长度和折射率的变化。这两根长度近似相等的光纤一端镀有光学反射镜，另一端与一个 2×2 光纤耦合器的两臂相互连接，如图 7.27 所示，构成了一个宏尺度光纤传感器对，理论上其几何长度可以任意长，实际上在几十厘米到几十米之间可以任选。

由于系统所测得的是该传感光纤长度内总的变化量，因此这种光纤传感器对结构而言有两种安装方式：一种是光纤端两点局部固定；另一种是整根光纤的埋入或表贴。第一种情况下，由于无论测得的是伸长还是缩短的量，都必须使测量光纤在安装时进行预张紧，才能在测量光纤即便是处于缩短过程时（构件被压缩状态）始终处于张紧的状态中。第二种情况下，整根传感测量光纤无论是埋入还是表贴，其传感测量结果都与光纤涂敷层材料、表贴黏合剂种类有关，这些材料特性直接影响传感器的灵敏度。其测量结果往往很难通过数学模型与计算的方法确定，因而需要进行实验标定。如果形变分量与测量光纤垂直，则这两种测量方法测得的结果会有较大的差别。实验结果表明，多数情况下两点局部固定法较全

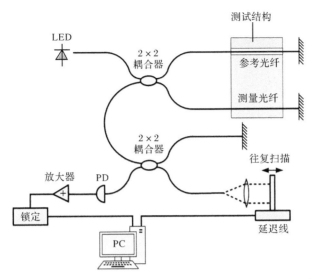

图 7.27 具有温度自动补偿功能的双迈克耳孙光纤白光干涉形变传感系统

光纤敏感长度表贴或埋入更有优势。

当建筑构件承载时,将会发生形变。因而作为形变监测的光纤传感器将会随之发生形变。于是可通过测量作为传感器的两根光纤之间绝对光程差的变化的方式来获得光纤的形变信息,从而间接获得建筑构件本身的形变信息。为此构建了如图 7.27 所示的测量系统来完成上述形变量的测量。该系统由一个双迈克耳孙光纤白光干涉仪组成,系统采用的光源为宽带 LED 白光光源,其中心波长为 1.3μm,其相干长度为 30μm,输出光功率为 200μW。该光源被注入第一个迈克耳孙干涉仪中,称其为测量干涉仪,是由测量光纤和参考补偿光纤及与其相连接的单模光纤耦合器组成的,耦合器分光比为 50∶50,将来自同一光源的光分成两束光,这两束光分别经过两光纤端的反射镜反射后再次通过该 3dB 耦合器进行合束,然后导入被称为解调仪的第二个迈克耳孙干涉仪。解调仪的一臂是一个长度固定且具有反射端的光纤,另一臂在光纤出射端与一个光纤准直器相连,正对光纤准直器,有一个置于扫描位移台上的光程前后可调的扫描反射镜,移动该扫描反射镜,就可以调整干涉仪两臂之间的光程差。假设由测量干涉仪两光纤所产生的光程差记为 ΔL_1,则解调仪可以产生任意已知的光程差 ΔL_2,于是由解调仪输出的光信号为

$$I = I_1 + I_2 + 2\sqrt{I_1 I_2}\,\Gamma(\Delta\phi)\cos\Delta\phi \tag{7.45}$$

其中

$$\Delta\phi = \frac{2\pi\Delta L n_{\text{equivalent}}}{\lambda_0}$$

$$n_{\text{equivalent}} = n\left\{1 - \frac{1}{2}n^2\left[(1-\nu)p_{12} - \nu p_{11}\right]\right\}$$

$$\Delta L = |\Delta L_1 - \Delta L_2| \tag{7.46}$$

式中:$n_{\text{equivalent}}$ 为等效折射率;λ_0 为宽谱光源的中心波长;$\Gamma(\Delta\phi)$ 为与宽谱光源光谱分布相关的自相关函数;而 ΔL 为两干涉仪之间的光程差。

当解调仪两臂光程差与安装于构件中的两个测量光纤所产生的光程差绝对相等时,对应于 $\Delta L = 0$,就会产生干涉条纹,这时就有 $\Delta L_1 = \Delta L_2$ 或 $\Delta L_1 = -\Delta L_2$,对应于解调仪信号输出的两个对称的边峰信号给出的扫描反射镜的两个一维扫描坐标位置,如图 7.28 所示。对于解调仪而言,当其自身两个干涉臂的光程处于绝对相等时,即 $\Delta L_2 = 0$,也会产生一个干涉条纹,对应于图 7.28 的中心对称干涉峰,通常被用来作为扫描反射镜的中心参考坐标位置。以此为绝对参考点,不断扫描测量边峰与中心峰之间距离的变化情况,就获得了待测建筑构件形变的实时变化信息。考虑到所测得的 ΔL_1 代表的是光纤光程差的变化(几何长度乘以等效折射率),因此构件的真实几何形变量为

$$\Delta L_s = \frac{\Delta L_1}{n_{\text{equivalent}}} \tag{7.47}$$

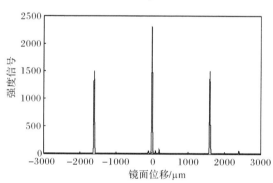

图 7.28　作为扫描镜位置函数的典型白光干涉条纹包络峰

中心条纹代表两光纤的光程差完全被干涉仪两臂之间光程差补偿时扫描镜的位置,边峰与中心条纹之间的距离代表的是两光纤之间的绝对光程差。中心条纹是固定的,通常用作参考信号。这种绝对光程测量结果与信号强度无关,光强的变化仅改变干涉纹包络峰值的高矮,不影响干涉峰值的位置。

7.4　光纤白光干涉分布式传感技术

理想的光纤分布式传感器应该能够实现沿着同一根光纤的任何一点都能获得所期望测量的待测量,但实际上我们离这个理想目标还有很大的距离。在分布

式传感器概念的基础上,人们首先是利用白光干涉的特点,构造了低相干准分布式光纤白光干涉测量系统,除了发展了空间分布式光纤白光干涉传感系统外[12,15],也发展了沿着同一根光纤的各种分段式应变光纤传感器[16~18],称其为准分布式光纤白光干涉型传感器。本节围绕在同一根光纤上实现多点测量这种分布式传感方式,首先介绍几种典型的准分布光纤白光干涉传感技术,然后分别介绍几种可实现逐点连续测量的技术方案。

7.4.1　准分布应变传感器

白光干涉光纤传感器可以有效避免很多长相干长度的信号所遇到的限制和问题。白光干涉光纤传感器的一个主要优点是可以测量绝对长度和时间延迟。另外,由于传感信号的相干长度短,可以消除系统杂散光的时变干扰。白光干涉仪的另一个优点是不需要相对复杂的时分复用或频分复用技术便可以将多个传感器相干复用在一个信号中。基于迈克耳孙干涉仪结构,Sorin 等[16]在 1995 年提出了一种新型的光纤迈克耳孙干涉传感器阵列,能够测量沿传感光纤分布的反射端面之间的绝对光程。这种方法与已有的相干复用结构不同,它只需要一个参考干涉仪,而且输入和输出信号在同一根光纤中传输。

该多路复用传感器阵列的结构分布如图 7.29 所示。为了验证传导光纤在系统中的不敏感性和这种方法的遥测能力,在 3dB 耦合器和光纤传感器阵列之间插入一段长度为 L(数十公里)的传导光纤。宽谱光源发出的光经过传输光纤后进入传感器阵列。图 7.29 中,由于传感光纤的连接端面构成的反射面的反射率很小(1% 或更小),因此可以避免输入信号衰减过快。相邻两个反射面之间的光纤传感器长度 X_{ij} 可以任意长,只要满足各传感光纤之间的长度差小于解调仪中自相关器的扫描距离的条件,就能够在有效的扫描范围内获得信号,且自相关器的扫描位移的改变量近似等于由单个传感光纤引起的光程改变量。在 Sorin 等[16]的实验中,光纤传感器长度约为 1m 长的光纤跳线,系统中总共串接了 6 根光纤跳线作为 6 个各自独立的光纤应变传感器,选择 X_{ref} 的长度使 X_{ref} 与 X_{ij} 之间的差在自相关器扫描范围内(40cm)。调节自相关器扫描反射镜的位置,当自相关器两臂的光程差与传感器阵列中相邻两个反射端面之间的距离相等时,就会在输出端得到干涉信号。而不相邻的反射端面对应的干涉信号不在该扫描区内,因此检测不到。

干涉信号的宽度近似等于光源的相干长度,其典型值为几十微米。干涉信号的位置可以通过直接测量每个传感光纤的绝对光程得到,干涉信号的强度与相邻反射端面的反射率的乘积有关。因为扫描距离远大于干涉信号的宽度,所以不同干涉信号相互重叠的概率很小。即使发生干涉信号的重叠,由于各个干涉信号的振幅通常不同,也可以通过振幅来区别相互重叠的信号。

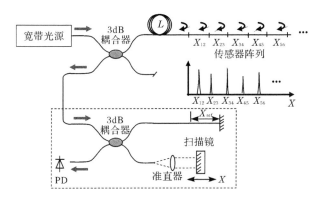

图 7.29　传感器阵列中每段光纤长度变化的远距离测量系统示意图[16]

图 7.30 给出一种基于改进型迈克耳孙解调仪及其所构造的双阵列光纤白光干涉应变分布传感系统,该系统的光路中采用了对称式互易结构,因此从整个系统的光路构造上看,是完全对称的。

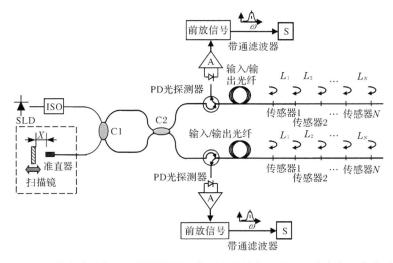

图 7.30　具有光路对称式互易结构的迈克耳孙光纤白光干涉准分布应变传感系统

该系统与前面所述准分布式光纤应变阵列传感系统的不同之处在于系统共用一套宽谱光源和迈克耳孙解调仪,而对应于两路平行的串行多路准分布式光纤应变阵列传感器而言,每一路都有各自独立的信号接收与转换放大处理系统。因此,等效于两套各自独立的准分布式光纤应变传感阵列复用了一套光源和解调仪,这就有效地降低了系统的造价。此外,由于完全的对称性和互易性,就为系统的模块化制造提供了设计上的理论依据。

系统中采用了宽谱 SLD 光源,工作波长为 $1.3\mu m$,该光源经过一个光隔离器

(ISO)后,到达 3dB 耦合器 C_1 被分成两路:第一路进入光程扫描相关器,其功能是产生可调整的光程差,由光纤准直器和运动扫描反射镜组成,实现对每个光纤传感器干涉条纹包络峰值的扫描与定位;第二路通过 3dB 耦合器 C_2 后直接注入两个并行光纤传感器阵列中。第一路光经过反射镜反射回来,也通过 3dB 耦合器 C_2 后直接注入两个并行光纤传感器阵列中,由于这两路光信号的途径不同,因此存在一个可调控的光程差 $nL_0 + \Delta X$,其中 L_0 为两者的固定光程差,其长度近似等于每个光纤传感器的长度,而 ΔX 则为光程差可调控的范围,取决于扫描镜的空间运动范围。

光纤传感器阵列是由一系列长度约为 L_0 的单模光纤串接而成,因为每一段光纤长度都彼此不同,因而每个光纤传感器的分辨是以长度为特征进行编码的。每段光纤是通过对接的方式互相连接,因此在连接的交界面会有大约 1% 的反射信号产生。该反射信号通过三端口光纤环行器后被光电探测单元所接收。由图 7.30 可知,对应于任意一段光纤 $L_i(i=1,2,\cdots,N)$ 都有前、后两个反射面,都会产生两个光反射信号,其光程差为 nL_i。于是当调整扫描光程 ΔX 使其满足光程匹配条件 $nL_i = nL_0 + \Delta X_{i,i+1}$ 时,由光纤传感器前后交界面所产生的光信号恰好与解调仪所产生的光信号发生干涉,产生白光干涉纹峰值,而该传感器所对应干涉峰值位置为 $\Delta X_{i,i+1}$,于是通过对该峰值位置的移动进行不断地跟踪测量就能测得作用在该传感器上平均应变的变化情况。该传感系统中,因为每一个传感器的长度都不相同,于是,我们可以类似的测得每一个传感器各自的应变,从而实现了准分布式应变测量。此外,考虑到该系统中的两个准分布式光纤传感器阵列各自都有一个独立的光电探测信号处理系统,因而尽管各自串行阵列中每个传感器的长度必须满足各部相同的条件,但是这两个阵列之间传感器的长度则可以相同,因为这两者是分别独立的。

事实上,采用两臂非平衡马赫-曾德尔干涉仪也可以构建准分布光纤应变传感系统。图 7.31 给出的就是基于马赫-曾德尔解调仪构造的单阵列分布式传感系统。该系统采用了宽谱 ASE 作为光源,两臂非平衡马赫-曾德尔干涉仪是由两个 1×2 光纤耦合器相互连接而成,与传统的马赫-曾德尔干涉仪不同的是,其中的一臂串接一个三端口光纤环行器的端口 1 和端口 3,而该环行器的端口 2 则与一个光纤准直器相连,正对该光纤准直器,是一个可以移动的扫描反射镜,以此来调节这个马赫-曾德尔干涉仪的臂长差。因此,这个臂长差可调的光纤马赫-曾德尔干涉仪就可以用来解调准分布光纤应变传感器阵列。由于马赫-曾德尔干涉仪属于透射型干涉仪,因此与反射式干涉仪相比,其优点在于光源处可以节省一个光隔离器,同时由于不存在一半光功率的损失,因而其光源的功率的应用效率也得到较大的提高。该系统除了解调仪的结构不同之外,光纤传感器阵列及其连接方式和传感解调方式与上述迈克耳孙光纤白光干涉准分布应变传感系统的情况相同,此处不再赘述。

由图 7.31,并且比照图 7.30,我们不难看出,类似的,同样也可以在非平衡臂马赫-曾德尔解调仪的基础上,构造出对称的双阵列分布式传感系统,如图 7.32 所示。与对称式互易结构的迈克耳孙光纤白光干涉准分布应变传感系统相比,这个系统的优点不仅是节省一个光隔离器,而且是对于来自光源的光功率几乎全部都被系统充分利用。

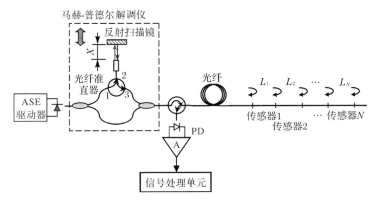

图 7.31　基于马赫-曾德尔解调仪构造的单阵列式分布传感系统

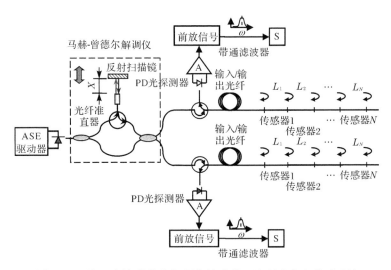

图 7.32　基于马赫-曾德尔解调仪构造的双阵列式分布传感系统

上述这些准分布光纤传感原理已经被应用到实际的测量系统中,并得到广泛的应用[54]。图 7.33 就是在这些研究结果的基础上研制的准分布式光纤应变测量系统的照片。

图 7.33　用于工程测量的多通道分布式光纤白光干涉传感系统

7.4.2　白光干涉分布式扰动定位传感系统

分布式测量通常是对于大尺度结构或长距离监测的场合。例如,对通信光缆、高压电网、输油管道、输气管道等基础设施进行安全监测就是其重要的应用领域。光纤作为分布式传感器是最好的候选技术。1977 年,Barnoski 等[55]发明了光学时域反射技术(OTDR),借助于对光纤中后向散射光的检测实现了光纤损耗的分布测量。当将窄脉冲光注入待测光纤时,该系统可通过测量后向散射光强随时间的变化来检查光纤中的连续性并测出其衰减,从而确定待测光纤的长度及其沿线损耗分布情况。由于 OTDR 测试方法具有非破坏性、只需一端接入以及直观快速的优点,使其成为光纤光缆生产、施工、维护中不可缺少的仪器。然而,OTDR 技术由于测量的仅是后向散射强度信号,因而只对端面、断点或者较大的固定弯曲损耗比较灵敏,对光纤随时间变化的微小扰动,例如微小的振动、声扰动等信号却不太灵敏。为此,人们发展了各种光纤干涉测量方法以进一步提高探测灵敏度。这种分布式的传感通常是采用对具有延时光路干涉仪的时变信号相位差分析的方法来实现的,因此可以获得对扰动的定位传感与测量。

1. 基于 Sagnac 干涉仪的分布式扰动定位传感系统

1992 年,Kurmer 等[56]指出光纤 Sagnac 干涉仪可以作为位置传感器确定一个连续的白噪声扰动源的位置。Dakin 等[57]采用嵌套的双 Sagnac 光纤干涉系统和波长复用技术实现了多个单频干扰源位置的实时确定。所有这些工作的理论基础在于当一个呈现白噪声特性的干扰信号作用在光纤的某一位置时,Sagnac 干涉仪系统的频率响应会呈现一系列有固定周期的极值点。这些极值点对应的频率是由干扰源在光纤上的位置决定的。Hoffman 等[58]进一步指出,这种分布式光纤扰动传感系统不仅可以确定具有白噪声特性的干扰信号,而且对于一个作用时间很短的非连续脉冲信号,也可以实现有效定位。

图 7.34 给出一个典型的用于实现扰动定位的光纤 Sagnac 干涉仪传感系统。对于 Sagnac 干涉系统,由于来自顺时针(CW)和逆时针(CCW)两路光的光程完全相等,因此该系统既可以采用激光光源,也可使用宽谱光源。为了抑制来自光路系统中的分布式后向散射光的干涉噪声,通常采用 SLD 或 ASE 宽谱光源作为该传感系统的光源。系统借助于一个 3dB 光纤耦合器,通过与光源、探测器进行连接而构成如图 7.34 所示的 Sagnac 干涉传感系统。

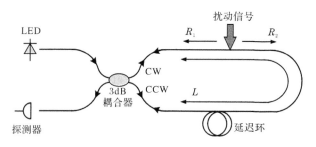

图 7.34　光纤白光干涉 Sagnac 扰动定位传感系统

假设 Sagnac 干涉系统中光纤环长为 L,扰动作用点距顺时针光路(CW)分支点长度为 R_1,距离逆时针光路(CCW)分支点长度 $R_2 = L - R_1$。因为系统中使用了 3dB 耦合器,因此对于顺时针和逆时针两路光信号强度相等,$P_{CW} = P_{CCW} = P_0/2$,式中 P_0 为注入耦合器中光源的光强。于是系统输出光信号为

$$P_{out} = \frac{P_0}{2}(1 - \cos\phi) \tag{7.48}$$

其中

$$\phi = \phi_{CW} - \phi_{CCW}$$

扰动可归结为对一段光纤的作用,会导致光程(相位)发生变化。假设扰动作用区远小于整个干涉仪的光纤长度,于是相移可以表示为

$$\phi = \Delta\phi + \varphi(t - \tau_1) - \varphi(t - \tau_2) \tag{7.49}$$

式中:φ 是由扰动源导致的与时间相关的相移;τ_1 和 τ_2 分别代表两光束沿着 R_1 和 R_2 光纤路径传输的时间(这里 $R_2 + R_1 = L$);$\Delta\phi$ 是系统本身引入的非互易相移常数。将式(7.49)代入式(7.48),有

$$P_{out} = \frac{P_0}{2}\{1 - \cos[\Delta\phi + \varphi(t - \tau_1) - \varphi(t - \tau_2)]\} \tag{7.50}$$

假设作用在光纤上的扰动信号可表示为正弦谐振波的形式

$$\psi(t) = \phi_0 \sin(\omega_s t) \tag{7.51}$$

式中:ϕ_0 是扰动导致的相位变化的幅值,假设 ϕ_0 很小且 $\Delta\phi = \pi/2$,于是

$$P_{out} = \frac{P_0}{2}\{1 + \sin[\phi_0 \sin(\omega_s t - \omega_s \tau_1) - \phi_0 \sin(\omega_s t - \omega_s \tau_2)]\} \tag{7.52}$$

式(7.52)交流项可近似写为

$$P_{\text{out}}^{\text{ac}} \approx P_0 \phi_0 \cos\left(\omega_s t - \frac{\omega_s \tau}{2}\right) \sin\frac{\omega_s \Delta\tau}{2} \tag{7.53}$$

其中

$$\tau = \tau_1 + \tau_2, \qquad \Delta\tau = \tau_2 - \tau_1 = \frac{n(R_2 - R_1)}{c}$$

式中: c 为真空中的光速。

由式(7.53)中可以看出,该余弦交流输出函数具有一个周期性振荡的振幅调制项

$$P_{\text{ws}} = P_0 \varphi_0 \sin\left(\frac{\omega_s \Delta\tau}{2}\right) \tag{7.54}$$

调制后的信号包络如图7.35所示,当式(7.54)满足

$$\frac{\omega_s \Delta\tau}{2} = N\pi, \quad N = 0, 1, 2, \cdots \tag{7.55}$$

时在某些频率点上存在频率缺失,如图7.35所示。图7.35中,扰动源具有白噪声功率谱,扰动作用点分别为 $R = 0$(实线)和 $R = 1000\text{m}$(虚线),光纤折射率取 $n = 1.5$。

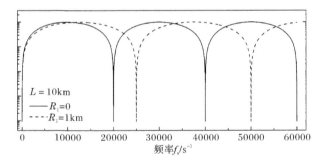

图7.35　对式(7.54)进行对数运算并作傅里叶变换后的频谱图

由图7.35可以获得频率缺陷点的缺失频率为

$$f_{\text{s,null}} = \frac{\omega_{\text{s,null}}}{2\pi} = \frac{Nc}{n(L - 2R_1)} \tag{7.56}$$

由此可以求得扰动点的位置为

$$R_1 = \frac{L - \dfrac{Nc}{nf_{\text{s,null}}}}{2} \tag{7.57}$$

式中: n 为光纤的有效折射率。

假如上述扰动源不是单一频率源,而是包含较宽的傅里叶谱时,由式(7.54)可知,干涉仪输出类似于一个滤波器。如果相位变化是理想的白噪声,响应信号

的快速傅里叶变换将是严格的正弦函数且依赖于扰动位置的频率凹陷由
式(7.56)给出,通过式(7.57)就可以计算出扰动点的位置。然而,如果扰动信号
的频率成分有限时,相变就不具有理想的白噪声的响应特性,因此,这种探测会受
到被称为截止频率的限制。这是因为凹陷频率点在频谱中的位置与探测距离 R_1
以及传感环总长度 L 相关,因此需要通过选择 Sagnac 干涉仪的总长度以便能在
相变频谱中至少找到第一个凹陷频率点。尽管通过对所有振幅进行拟合的办法
来获得峰谷值,但是获得更充分的凹陷频率点的特性将有助于使定位更为精准。

　　为了确定所需要光纤长度的约束条件,需要定义探测区的长度,此区域称为
R_{test},其测量的范围是从 3dB 耦合器的一端到探测区的另一端。由于总长度为 L,
所以余下的称其为延迟线 L_{delay},$L = R_{test} + L_{delay}$,这里延迟线是指从总长扣除探测
区的那部分光纤。由于探测区光纤和延迟线是同一个光纤传感环的两个部分,因
此,对于延迟线部分需要与探测区进行有效隔离,以免受到干扰。

　　延迟线长度的下限由式(7.58)给出。

$$L_{delay} \geqslant \frac{Nc}{nf_{co}} + 2R_{test} \tag{7.58}$$

式中:f_{co} 为光纤扰动源的截止频率。

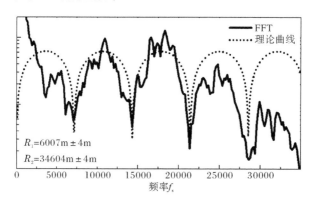

图 7.36　对于干涉仪实时信号进行快速傅里叶变换后得到的凹陷频谱

　　图 7.36 给出短时声扰动频谱凹陷图及其扰动定位结果,实线对应于短时声
扰动信号,虚线为理想白噪声谱情况下的理论曲线,扰动点位置确定为 $R_1 =$
6007m。实验结果表明,即便扰动源是不连续的短时间的声破裂或振动冲击,也同
样可以获得实时定位[58]。此外,对于多点同时扰动情况,文献[57]、[59]给出了有
关的详细讨论。

2. 与延迟线分离的共光路迈克耳孙干涉仪及其扰动定位传感机理

由于环形 Sagnac 干涉仪的结构在有些场合下使用不便,为此,我们在本节中给出一种将延迟线与传感区进行分离,同时将迈克耳孙干涉仪的两臂放置于同一根光纤中的共光路型迈克耳孙干涉仪,实现了扰动的定位传感。

系统结构由图 7.37 所示,系统采用了非平衡型马赫-曾德尔干涉仪作为延迟光路和共光路型迈克耳孙干涉仪作为传感光路,将两者进行串接,构成了延迟线与传感区分离的白光干涉光纤扰动传感定位系统。该系统不需要构成环路,因此对于现存的任何具有单根光纤的场合都能进行单端连接而自动构成传感系统。例如:对于现在已经铺(架)设好的带有光纤的输送电缆、伴有光缆的油、汽输送管线等的分布在线安全监测十分方便,具有较大的吸引力。

测试系统如图 7.37 中的框图所示,来自宽带白光光源 SLD 的光经由光纤环行器后注入起延迟线作用的非平衡马赫-曾德尔干涉仪中,延迟线的长度就是其两臂光程差 L_D,马赫-曾德尔干涉仪将来自光源的光分成两路,经过光程差 L_D 的延迟后,分别进入感测区光纤长度为 L_T 的共光路迈克耳孙干涉仪中,这两路光又被光纤端先后反射回来再分别进入马赫-曾德尔干涉仪,形成干涉信号后被两光电探测器接收。

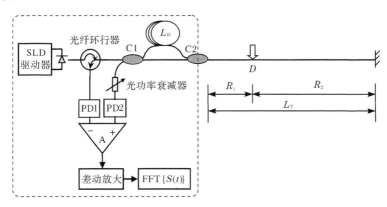

图 7.37 与延迟线分离的共光路迈克耳孙干涉仪及其扰动定位传感系统

对于宽谱光源而言,先后被两个 3dB 耦合器 C1 和 C2 所分成的四路光信号的路径分别为:(a)没有经过延迟臂的直接进入传感光纤并按原路返回的光信号;(b)经过延迟臂进入传感光纤,且返回时再次经过延迟臂的光信号;(c)没有经过延迟臂进入传感光纤,返回时经过延迟臂的光信号;(d)经过延迟臂进入传感光纤,返回时不经过延迟臂的光信号。

信号(a)和(b)这两组信号由于光程差远大于光源的相干长度,不发生干涉,仅作为直流光强度包含在整个信号中。而信号(c)和(d)尽管所经历的路径不同，但是由于光程相等，因此发生干涉，除了存在直流光强项之外，两信号还存在交流干涉项，于是光电探测器 PD_1 和 PD_2 所接受到的光信号分别为

$$P_1 = \frac{\eta_1 R P_0}{8}(2 + \cos\phi) \tag{7.59}$$

$$P_2 = \frac{\eta_2 R P_0}{8}(2 - \cos\phi) \tag{7.60}$$

式中：P_0 为注入系统光路中的光源光功率；R 为光纤端反射镜的反射率；η_1 为经过两次光纤环行器的综合衰减系数；η_2 为经过一次光纤环行器和经过可调控光功率衰减器的综合衰减系数，调节光学衰减器使得 $\eta_2 = \eta_1 = \eta$，并用式(7.59)减去式(7.60)，于是图 7.37 中系统的差动输出信号中仅有交流项被保留下来。

$$\Delta P_{ac} = \frac{\eta R P_0}{4}\cos\phi \tag{7.61}$$

其中

$$\phi = \Delta\phi + \phi^{(d)} - \phi^{(c)} \tag{7.62}$$

式中：ϕ 为光信号(c)和(d)之间的相位差；$\Delta\phi$ 代表系统中由各中非互易性导致的初始相位差，而光信号(c)和(d)所对应的光程路径如图 7.38 所示。

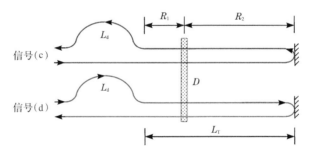

图 7.38　共光路迈克耳孙干涉扰动定位传感系统的光路分析图

在光纤传感探测区域中，假设扰动点为 D，该点距离光纤耦合器输出端为 R_1，距离反射端为 R_2，且 $R_1 + R_2 = L_T$。与前节类似，假设作用在光纤上的相位扰动信号可表示为正弦谐振波的形式 $\psi(t) = \psi_0 \sin(\omega_s t)$，且扰动导致的相位变化的幅值 ψ_0 很小。该扰动信号作用在 D 上，所以信号(c)和信号(d)都分别被作用两次，只是信号(d)上受到作用在时间上比信号(c)延迟了时间 $\tau = nL_D/c$。假设在时刻 t 外界扰动第一次作用在信号(c)上，引起的相移 $\psi_1^{(c)}(t) = \psi_0 \sin(\omega_s t)$；于是该光波被光纤端反射后二次经过 D 点时，在 $t + t_2$ 时刻再次受到作用，进一步导致相移 $\psi_2^{(c)}(t) = \psi_0 \sin[\omega_s(t + t_2)]$，于是光波信号(c)经过两次扰动引起的总相移为

$$\phi_{(c)} = \psi_1^{(c)}(t) + \psi_2^{(c)}(t) = \psi_0 \{\sin(\omega_s t) + \sin[\omega_s(t + t_2)]\} \tag{7.63}$$

其中

$$t_2 = \frac{2nR_2}{c}$$

类似的，光波信号(d)前后两次受到扰动作用所导致的总相移为

$$\phi_{(d)} = \psi_1^{(d)}(t) + \psi_2^{(d)}(t)$$
$$= \psi_0 \{\sin[\omega_s(t+\tau)] + \sin[\omega_s(t+t_2+\tau)]\} \tag{7.64}$$

将式(7.63)和式(7.64)分别代入式(7.62)，经过三角函数运算后有

$$\phi = \Delta\phi + \phi_{(d)} - \phi_{(c)} = \Delta\phi + 4\psi_0 \sin\frac{\omega_s\tau}{2}\cos\frac{\omega_s t_2}{2}\cos\left[\omega_s\left(t+\frac{t_2+\tau}{2}\right)\right] \tag{7.65}$$

于是将式(7.65)代入式(7.61)，并作泰勒展开，考虑到得 ψ_0 是一个小量，于是近似有

$$\Delta P^{ac}(t) = \frac{\eta\Re P_0}{4}\cos\Delta\phi - \eta\Re P_0\psi_0 \sin\Delta\phi\sin\frac{\omega_s\tau}{2}\cos\frac{\omega_s t_2}{2}\cos\left[\omega_s\left(t+\frac{t_2+\tau}{2}\right)\right] \tag{7.66}$$

为了改善信号的对比度，可以通过对光路进行调节，例如，在系统中插入一个偏振控制器并进行调节，使 $\Delta\phi = \pi/2$，则式(7.66)简化为

$$\Delta P^{ac}(t) = -\eta\Re P_0\psi_0 \sin\frac{\omega_s\tau}{2}\cos\frac{\omega_s t_2}{2}\cos\left[\omega_s\left(t+\frac{t_2+\tau}{2}\right)\right] \tag{7.67}$$

对式(7.67)的信号特征进行分析可知，该信号受到 $\sin\frac{\omega_s\tau}{2}\cos\frac{\omega_s t_2}{2}$ 的调制，当满足条件

$$\sin\frac{\omega_s\tau}{2}\cos\frac{\omega_s t_2}{2} = 0 \tag{7.68}$$

时，信号频谱上满足对应于扰动源的频率 ω_s 附近出现频率凹陷，由此可以得到扰动源的位置信息。条件(7.68)可以进一步分解为如下两个判据。

凹陷频率点判据一：

$$\cos\frac{\omega_s t_2}{2} = 0$$

即

$$\frac{\omega_s t_2}{2} = N\pi - \frac{\pi}{2}, \quad N = 0,1,2,\cdots$$

由此可得

$$f_{s,\text{null}} = \frac{\omega_{s,\text{null}}}{2\pi} = \frac{(2N-1)c}{4nR_2} = \frac{(2N-1)c}{4n(L_t - R_1)} \tag{7.69}$$

凹陷频率点判据二：

$$\sin\frac{\omega_s\tau}{2} = 0$$

即

$$\frac{\omega_s\tau}{2} = N\pi, \quad N = 0,1,2,\cdots$$

由此可得

$$f_{\tau,\text{null}} = \frac{\omega_{\text{s,null}}}{2\pi} = \frac{Nc}{nL_{\text{D}}} \tag{7.70}$$

于是通过对时变信号作快速傅里叶变换,在谱域中求得凹陷频率,代入式(7.69),就可以确定扰动源的位置为

$$R_1 = L_{\text{T}} - \frac{(2N-1)c}{4nf_{\text{s,null}}} \tag{7.71}$$

事实上,这种共光路迈克耳孙干涉仪扰动传感定位系统与 Sagnac 干涉仪系统的主要区别在于:①系统除了存在扰动源导致的特征凹陷频率点外,还存在依赖于光纤延迟线长度 L_{D} 和扰动源频率的另一组特有的凹陷频率点,由式(7.70)给出。为了有效区分这两者,避免彼此混淆,应当适当选择光纤延迟线的长度 L_{D}。②光纤延迟线的长度 L_{D} 的选择不受条件(7.58)的限制,使得 L_{D} 的选择不需要很长。这就为进一步减小来自长距离延迟光纤的衰减损耗、扩大共光路迈克耳孙干涉仪的测量范围提供了一条有效技术途径。

7.4.3　运动扫描式白光干涉仪及其分布式振动传感系统

如果我们将光纤看成是一条均匀的散射介质材料,光波在这一材料中进行传播时将会产生分布式后向散射和分布式的吸收,其中以瑞利散射为主,假如光源发射一个持续时间为 τ 的短脉冲,则该脉冲在光纤中传播的长度 $L = c\tau/n$,式中 n 为光纤的折射率。其后向散射光将沿着这一段光程发生逐点散射,于是我们可以将这一段光纤看成是一个分布式反射镜,本节将讨论如何将一束光分成两路并通过干涉的办法,实现对分布式反射镜内部或者是分布式反射镜之间的,来自外界扰动或振动所导致的变化进行测量的技术。我们称这种技术为运动扫描干涉测量技术。

本节首先在分布式反射与分布式干涉的概念基础上,将进一步构造两种运动扫描式干涉仪,借助于在系统中所构建的两个分布式反射镜以光速在光纤中运动,通过 OTDR 的差动式探测方法,将瑞利散射信号中的直流项消除,获得分布式运动扫描干涉测量结果,以此来实现沿光纤进行分布式扰动或振动的测量。

1. 分布式反射与分布式干涉的概念

由于两种材料在界面交界处发生折射率的突变,因而会产生一个反射信号。图 7.39 给出一个入射光在多层光学介质材料中的界面中发生逐层分布式反射的情况。事实上,当光波在具有不均匀的光学介质中传输时,由于介质中材料的非均匀性会导致折射率分布的随机起伏,因而在任意点都会引起光波在传输过程中发生随机的各向散射,称为瑞利散射。在光纤波导中,瑞利散射是由纤芯材料的微小颗粒

等结构不均匀性引起的。不均匀结构的尺度远小于入射光波长(一般小于 $\lambda/10$)。折射率的起伏是由冷却过程中晶格产生密度和组成结构的变化引起的。组成结构的变化可通过改进光纤制造工艺消除,而光纤拉制过程中冷却造成的密度不均匀是不可避免的,它们被"冻结"在光纤中[60]。由于所有的后向散射光都能被光纤传回来,因此我们可以把光纤中的后向散射光看成是反射光,把沿着一段光纤中所发生的后向散射看成为分布式反射。这样,我们就可以把一段光纤看成是一段分布式光学反射镜,只不过是这种分布式反射镜的分布式反射率较低而已。

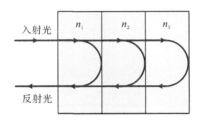

图 7.39 入射光在多层光学介质材料中的界面中发生逐层分布式反射的示意图

按照这种观点,我们采用两段单模光纤,为了讨论方便,将光纤芯区放大并看成分布式反射介质材料,搭建一个具有两个分布式反射臂的迈克耳孙干涉仪,如图 7.40 所示。为了能够实现逐点的分布式扫描测量,选用宽谱白光光源(SLD 或ASE),由于其相干长度较短(一般仅有数十微米),因而仅当两臂光程差在光源相干长度范围内的光才能发生干涉,而其他在相干长度范围外的光彼此之间不发生干涉。

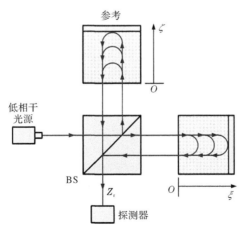

图 7.40 具有两个分布式反射臂的迈克耳孙干涉仪

假设对于某一波长 λ(对应于波数 $k = \dfrac{2\pi}{\lambda} = \dfrac{\omega}{c}$)注入光纤芯区介质中光波的

功率为 $P(0)$，光波脉冲宽度为 W，光在芯区介质中向前传输时会发生功率损耗，当传输到 z 时，就有

$$P(z) = P(0)\exp(-\alpha(k)z) \tag{7.72}$$

式中：$\alpha(k)$ 为光纤中光波传输损耗系数。

在 z 处，光波在传输一小段距离 dz 时所产生的散射功率为

$$dP_s(z, z+dz) = P(z)\alpha_s(z)dz \tag{7.73}$$

式中：$\alpha_s(z)$ 为瑞利散射损耗系数，与光纤芯区材料均匀程度和冷却过程中"冻结"在光纤芯区的晶格结构的密度相关，可等效为光纤的分布式反射系数。

定义 $B(z)$ 为光波在 z 点处的后向散射因子，这样由于散射而返回到输入端的光功率为

$$dP_{bs}(z, z+dz) = P(0)\alpha_s(z)B(z)\exp(-2\alpha(k)z)dz \tag{7.74}$$

考虑到光波脉冲传输到 z 后的散射光返回到输入端历时 $t = 2z/v_g$，于是在 t 时刻输入端接收到 z 处的单位长度光纤的散射光强为

$$I_{bs}(z, t) = \frac{dP_{bs}}{dt} = \frac{v_g}{2}P(0)\alpha_s(z)B(z)\exp(-2\alpha(k)z) \tag{7.75}$$

由式（7.75）可以看到，光纤中来自 z 点附近一小段光纤的瑞利后向散射光强与输入初始光功率成正比，与瑞利散射系数 $\alpha_s(z)$ 和后向散射因子 $B(z)$ 成正比，与传输距离 z 成指数下降关系。对于材料均匀的光纤而言瑞利散射系数 $\alpha_s(z)$ 和后向散射因子 $B(z)$ 都近似为一个常数[60]，为简便起见，将这些参数都归结到一个等效的分布式反射系数 $\eta(z)$。于是式（7.75）可进一步简化为

$$I_{bs}(z, t) = P(0)\eta^2(z) \tag{7.76}$$

其中

$$\eta(z) = \left(\frac{c}{2n}\alpha_s(z)B(z)\right)^{1/2}\exp(-\alpha(k)z) \approx \eta_0\exp(-\alpha(k)z)$$

于是对于宽谱光源，发射出宽度为 τ 的光脉冲，该光脉冲在光纤中传输时，相当于在 z 点附近，光纤中长度 $d = \frac{c\tau}{n}$ 的一段光纤被光波电场照明，而其他部分则处于未被照明状态。从输入端传输到 z 点，并在 z 点附近被分布式反射（后向散射）回到出发点（或探测器）的光波可写成

$$E(z, t) = \int_{-\infty}^{\infty} G(k)\int_{z}^{z+d}\eta_0\exp(-\alpha(k)\xi)\exp[ik(z+\xi) - i\omega t]d\xi dk \tag{7.77}$$

式中：$G(k)$ 为光源的光谱分布函数；k 为波数；ω 为圆频率，且 $2\pi\omega = kc$，c 为真空中的光速。

式（7.77）对 k 和 d 的积分包括该段光纤中所有频率光反射信号的总和。于是图 7.40 所示的分布式干涉仪中探测器所接收到的光信号为

$$I(z, t) = \langle |E_1(z, t) + E_2(z, t)|^2 \rangle$$

$$= \langle |E_1(z,t)|^2 \rangle + \langle |E_2(z,t)|^2 \rangle + 2\text{Re}[\Gamma(z,t)] \quad (7.78)$$

其中

$$\Gamma(z,t) = \langle E_1(z,t) \cdot E_2^*(z,t) \rangle$$
$$= \langle |E_1(z,t)| \cdot |E_2^*(z,t)| \cos(\phi_R + \varphi(t)) \rangle \quad (7.79)$$

为来自两个分布式反射臂光波电场的互相关函数,式中 ϕ_R 为两相干光的相位差,$\varphi(t)$ 为因外界扰动引起的相位差。由于这两个光波来自同一个宽谱光源,所以根据白光干涉条件,在两分布式反射臂中各自以光速在光纤中传输的两段被光脉冲照明的一小段光纤分别反射回光电探测器,并在光电探测器的表面发生干涉,这两段分布反射光信号只有那些逐点光程差在光源相干长度之内的光才会发生干涉,而在光程差之外的信号彼此不发生干涉,仅发生强度信号叠加。此外,由于散射光信号的随机性,即便是落在相干长度范围内的干涉信号,其各自的相位差 ϕ_R 也是随机分布在 $-\pi \sim +\pi$。此外,瑞利散射光信号本身就非常弱,干涉信号更弱。要对信号进行累积才能得到一定的信号强度,式(7.79)中尖括号表示的就是对信号的时间平均。因此,要实现分布散射式干涉测量需要解决以下几个问题:①构造窄脉冲运动扫描双光束干涉系统,以实现分布式干涉测量;②消除较强的非相干散射直流信号本底,以提高测量灵敏度并扩大动态信号测量范围;③解决干涉项的随机相位特征信号的处理问题;④解决扰动信号的提取问题。

2. 运动扫描式菲佐白光干涉仪

光时域反射计(OTDR)技术除了在光通信系统测量中得到广泛应用之外,在光纤传感领域也进行了多方面的应用与尝试,包括沿着光纤做各种外场分布式测量,如温度测量、应变测量、磁场测量和电场测量等,因为这些都可能影响到传输光的功率、光谱、偏振态等一种或多种特性的改变[61,62]。虽然干涉式光纤传感器可以获得极高的灵敏度,但是光时域反射的干涉测量却面临上述诸多困难,这些困难成为该技术发展与应用的障碍。为此,Juskaitis 等[63,64]开展了单模光纤中瑞利散射干涉测量及其传感应用的研究,采用光源调制技术分析研究了分布式扰动的感测特性,Jackson 小组的 Rathod 等[65]研究了光纤中瑞利散射光干涉方法用于分布式温度传感的可能性。Rogers 小组的 Shatalin 等[66]研究了 OTDR 干涉技术对于扰动的分布传感测量。

本节讨论了一种基于光时域反射原理的分布式菲佐干涉仪[67]。它采用白光光源,在同一根光纤中通过一个非平衡马赫-曾德尔干涉仪对单个光脉冲进行光程分离产生前后两个脉冲的分光方法,形成两路光的后向瑞利散射信号,经由同一个非平衡马赫-曾德尔干涉仪对两脉冲光的光程进行补偿,就构成了可进行分布测量的运动扫描菲佐干涉仪。同时借助于 2×2 光纤耦合器两个探测端口干涉信号反相的特点,进行两信号的差动探测与放大,这一方面自动地消除了不发生干涉的强度后向散射信号;另一方面,也消除了相干信号中的后向散射强度信号本底。此外还使干涉信号实现了倍增。由于光干涉法具有灵敏度高、动态范围大、响应速度快、传输距离远等优点,因此这种新型光时域散射菲佐干涉仪有望实现长距离分布式微小扰动的检测与定位。

　　该系统如图 7.41 所示由宽谱光源、三端口光纤环形器、2×2 光纤耦合器组成的非平衡马赫-曾德尔干涉仪、传感光纤、光电探测器以及差动信号放大处理电路组成。由宽谱光源发出的光脉冲,经由三端口光纤环形器后,抵达由两个 2×2 光纤耦合器组成的光程差为 $n\Delta L$ 的非平衡马赫-曾德尔干涉仪,该脉冲光被均匀分成前后两个脉冲,并形成光程差 $n\Delta L$。这两个沿着光纤向前传输的光脉冲沿途发生瑞利散射,产生的两个后向瑞利散射光将沿着同一根光纤传回,反射回来的前后两个散射光信号经由非平衡马赫-曾德尔干涉仪后,光程得到补偿。由于两脉冲入射光振幅相当,频率都与入射光相同,瑞利散射光产生机理相同,在满足相位匹配的条件下将会产生干涉,相干信号分别被两路光电探测器所接收。由于两探测器所接收到的两路相干信号是由 2×2 光纤耦合器的两个端口输出的,所以其相位恰好相反,经过差动信号放大处理电路后,与干涉测量无关的后向散射信号和相干信号中的直流部分就自动地被抵消了,而测量相干信号却得到差动增强。此外,由于两个干涉信号处于同一根共光路的光纤中,这就构成了分布式的后向散射菲佐干涉仪。

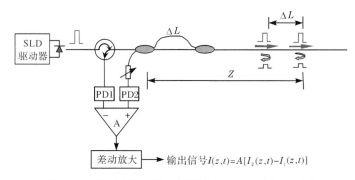

图 7.41　基于光学时域反射原理的分布式菲佐干涉仪

　　该运动扫描菲佐干涉仪的分布式干涉光程匹配光路如图 7.42 所示。来自宽谱光源的脉冲信号经过一个非平衡马赫-曾德尔干涉仪后被分成前后两个光脉冲,我们将每个脉冲内所形成的分布式后向散射光纤段等效为一个分布式反射镜,这两个分布式反射镜的间距为 ΔL,由于后向反射信号非常弱(通常低于入射信号 $4 \sim 5$ 个数量级),两分布反射信号再次通过同一个非平衡马赫-曾德尔干涉仪后,其中的一部分光的光程差被完全补偿而进行干涉,恰好构成了一个菲佐干涉仪并且以光速沿着光纤运动。

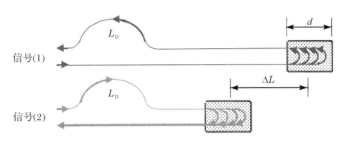

图 7.42　运动扫描菲佐干涉仪的分布式干涉光程匹配光路

当我们从时间的角度来分析问题时,相当于对于脉冲宽度为 τ 的光波照亮了长度 $d=c\tau/n$ 的一段光纤,该分布式运动反射镜被马赫-曾德尔延迟线分成前后两个光脉冲,没有被延迟的光脉冲在 t 时刻到达光纤的 z 处,而被延迟的光脉冲则在 $t+\Delta t$ 时刻到达同一地点 z 处,假设延迟线长度为 ΔL,则延迟时间为 $\Delta t=n\Delta L/c$,这两个分布式反射信号反映的是同一段光纤在时间差为 Δt 前后的变化情况。当这两个具有时延差 $\Delta t=n\Delta L/c$ 的光信号在反射回程上被同样的时延差所补偿时就会发生干涉,该干涉来自于同一段光纤的分布式瑞利散射,这样这两个被时间延迟,再经过延时补偿的光信号同时到达接收端并被探测器所接收。当光纤的某个局部被外场作用所扰动,该扰动就会使前后两个后向反射信号的相位差发生改变,由于这个菲佐干涉仪可以沿着光纤以光速运动,不断重复扫描,因而,沿着光纤任意点的扰动就能被探测出来。事实上,按时序分析,光脉冲被非平衡马赫-曾德尔延迟器分成前后两个脉冲,这两个光脉冲的后向散射信号会被同一个延迟器进一步分解成四个光脉冲,其中仅有两个光脉冲满足光程完全补偿(或时延差得到补偿)的光信号发生干涉,而其他两组信号由于不满足相干条件(间距远大于光源的相干长度),其信号仅是强度的累加,如图 7.43 所示。

由光源所发出的光脉冲沿着光纤传输时,光脉冲的相位变化仅与环境温度或光纤本身的双折射等固有的光纤特性有关,通常环境温度的变化是缓慢的。因此当光纤某点受到扰动,例如:振动时,这一段受到扰动的光纤的折射率就会发生变化,从而导致传输光脉冲及其后向瑞利散射都会产生一个附加的相位变化 $\varphi(t)$。

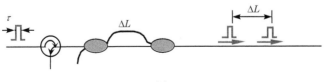

(a)

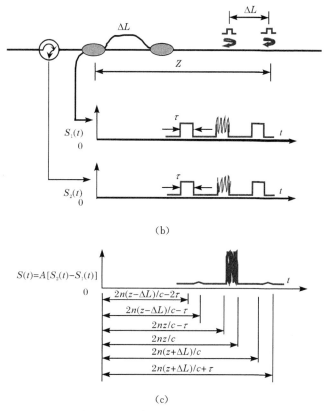

图 7.43　运动扫描菲佐干涉仪的分布式干涉时序相干信号示意图

　　为了简化起见,对于分布式瑞利后向散射光信号,考虑到实际上光电探测器需要一段时间的累积之后才能给出一定的光电流输出。于是不失一般性,我们采用时间平均值的方法来给出近似的描写,即 t 时刻脉宽为 τ 的光脉冲的分布式反射光信号记为 $\langle |E(z,t)| \rangle$,于是被分成前后两个光脉冲分布式反射回来的这两个光信号:一个是先经过光程差 $\Delta t = n\Delta L/c$ 的延时,后到达 z 处的光信号;另一个是先到达 z 处,分布式散射返回的光再经过光程差 $\Delta t = n\Delta L/c$ 的延时信号。这两个信号同时到达光电探测器,并进行干涉,于是在光电探测器 PD_1 和 PD_2 得到的光信号分别为

$$
\begin{aligned}
I_1(z,t) &= \langle |E_1(2z,t+\Delta t)+E_2(2z+\Delta L,t)|^2 \rangle \\
&= \langle |E_1(2z,t+\Delta t)|^2 \rangle + \langle |E_2(2z+\Delta L,t)|^2 \rangle \\
&\quad -2\langle |E_1||E_2| \rangle \cos\varphi
\end{aligned}
\tag{7.80}
$$

$$
\begin{aligned}
I_2(z,t) &= \langle |E_1(2z,t+\Delta t)+E_2(2z+\Delta L,t)|^2 \rangle \\
&= \langle |E_1(2z,t+\Delta t)|^2 \rangle + \langle |E_2(2z+\Delta L,t)|^2 \rangle \\
&\quad +2\langle |E_1||E_2| \rangle \cos\varphi
\end{aligned}
\tag{7.81}
$$

式中：φ 为两光波信号之间的随机相位差。

对式(7.81)和式(7.80)进行差动放大，有

$$I(z,t) = I_2(z,t) - I_1(z,t) = 4\langle |E_1||E_2|\rangle\cos\varphi \tag{7.82}$$

当光波信号通过 z 时受到外界扰动，导致两光波信号发生相位变化 $\mathrm{d}\varphi$，为此将会引起强度信号发生 $\mathrm{d}I(z,t)$ 改变，这等效于对式(7.82)进行微分，得

$$\mathrm{d}I(z,t) = -4\langle |E_1||E_2|\rangle\sin\varphi\mathrm{d}\varphi \tag{7.83}$$

对式(7.82)进行多次求平均，由于散射信号是随机的，因此 φ 在 $+\pi$ 与 $-\pi$ 之间是一个随机角度。于是有

$$\langle\mathrm{d}I(z,t)\rangle = -\langle 4|E_1||E_2|\sin\varphi\mathrm{d}\varphi\rangle = 0 \tag{7.84}$$

对微分信号式(7.83)实施先平方后平均的运算，于是有

$$\langle[\mathrm{d}I(z,t)]^2\rangle = \langle 16|E_1|^2|E_2|^2\sin^2\varphi\mathrm{d}\varphi^2\rangle \tag{7.85}$$

式(7.85)有非零值。

考虑到光波电场矢量 E_1、E_2，相位差 φ 以及扰动相位变化 $\mathrm{d}\varphi$ 是彼此独立的四个不相关的物理量，因此当 $\langle|E_1|^2\rangle = \langle|E_2|^2\rangle = \langle|E_1||E_2|\rangle = \langle|E|^2\rangle$ 以及 $\langle\cos2\varphi\rangle = 0$ 时，$\mathrm{d}I(z,t)$ 存在极大值 $\mathrm{d}I_{\max}(z,t)$。由式(7.85)有

$$\langle[\mathrm{d}I_{\max}(z,t)]^2\rangle^{1/2} = \sqrt{8}\langle|E|^2\rangle|\mathrm{d}\varphi| \tag{7.86}$$

用未扰动前所测得的信号(7.82)的均方根值作归一化处理，有

$$\frac{\langle[\mathrm{d}I_{\max}(z,t)]^2\rangle^{1/2}}{\langle I_{\max}^2\rangle^{1/2}} = \frac{\sqrt{8}\langle|E|^2\rangle|\mathrm{d}\varphi|}{8\langle|E|^2\rangle} = \frac{|\mathrm{d}\varphi|}{\sqrt{8}} \tag{7.87}$$

式(7.87)表明，该测量值仅与扰动所导致的相位变化成正比，而与其他参数无关。这说明，对扰动的差动信号进行微分后，实施求取均方根极大值以及求取未扰动信号的均方根极大值，通过两者的比值即可确定扰动的大小；通过该信号的时域位置相对应的特性确定扰动点的位置。

该系统既可采用标准的单模通信光纤，也可以采用各种保偏光纤。当传感系统选用保偏光纤时，有助于提高系统的干涉性能。该系统的两路接收光信号的传输光纤长度应相等以确保两路后向散射光被同时接收。为了使两路光信号的强度均衡以获得较大的动态范围和较高的探测灵敏度，其中一路光信号需要增加一个光衰减器对后向散射光信号强度进行调节。为了提高系统的信噪比，该系统还可采用对光源或光电信号调制器进行编码调制的方法来达成这一目的。此外，系统中还可以增加一个调制信号发生器对宽谱光源 SLD 进行直接调制。也可以采用更高功率的 ASE 宽谱光源，同时增加一个光电信号调制器，调制信号发生器对光电信号调制器进行光信号的调制，来提高系统的信噪比。

这种基于光时域反射(OTDR)原理的分布式菲佐干涉仪具有以下几个显著的特点：①光时域反射特性——可实现分布测量；②干涉特性——具有较高的灵敏度，可实现微小扰动测量；③差动式信号探测特性——抵消了平均强度信号的同

时,使干涉信号倍增。

3. 运动扫描式迈克耳孙白光干涉仪

利用传输光纤中后向瑞利散射光携带有光纤位置、外界振动等信息的特点,采用双芯光纤差动式信号探测方法,可以构造出分布式迈克耳孙干涉型光时域反射仪,这为分布式干涉传感与测量提供了可能。

本节讨论一种基于双芯光纤的新型分布式迈克耳孙干涉仪[68]。它采用同一根光纤中的两个彼此独立的光纤芯,形成两路光的后向瑞利散射信号,构成可进行分布式测量的迈克耳孙干涉仪。同时借助于 2×2 光纤耦合器两个探测端口干涉信号反相的特点,进行两信号的差动探测与放大,这一方面消除了较大的后向散射强度信号本底;另一方面,也使干涉信号实现了倍增。由于光干涉法具有灵敏度高、动态范围大等优点,因此这种新型双芯光纤构成的干涉仪有望实现长距离分布式微小扰动的检测与定位。

系统结构如图 7.44 所示,由光源、三端口光纤环形器、2×2 光纤耦合器、双芯光纤、光电探测器以及差动信号放大处理电路组成。光源发出的光脉冲,经由三端口光纤环形器后,抵达 2×2 光纤耦合器,该脉冲光被 2×2 光纤耦合器(3dB)均匀分成两路,传送到双芯光纤中,由于沿着双芯光纤向前传输的两路光信号会发生瑞利散射,这两路后向瑞利散射光将沿着双芯光纤传回耦合器,由于两路入射光振幅相当,频率都与入射光相同,瑞利散射光产生机理相同,在满足相位匹配的条件下将会产生干涉,相干信号分别被两路光电探测器所接收。由于两探测器所接收到的两路相干信号是由 2×2 光纤耦合器的两个端口输出的,所以其相位恰好相反,经过差动信号放大处理电路后,与干涉测量无关的平均强度信号被抵消了,与此同时,所测量的相干信号却得到差动增强。

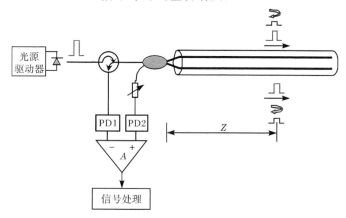

图 7.44　基于双芯光纤的运动扫描式迈克耳孙白光干涉仪

该系统所使用的双芯光纤可以是对称式双芯光纤和中空保偏式双芯光纤中的任一种,如图 7.45 所示。此外,由于所选用的双芯光纤能够实现两路光程大致相等,因此该系统采用宽谱白光光源,可以有效提高定位精度。为了确保两路后向散射光的同时探测,该系统的两路接收光信号的传输光纤长度应相等。另外,要使两路光信号的强度均衡以获得较大的动态范围和较高的探测灵敏度。因此,其中直接抵达第二路光电探测器 PD_2 的光信号需要加一个光衰减器进行预调节。

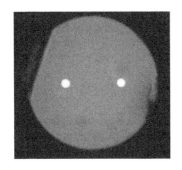
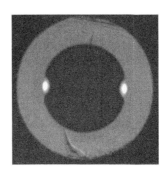

(a) 对称双芯光纤　　　　　　　　　(b) 中空双芯光纤

图 7.45　两种典型的双芯光纤横截面图

基于双芯光纤的新型分布式迈克耳孙干涉仪的工作原理如图 7.44 所示,从光源发出的脉冲光,经分光比为 1:1 的 2×2 光纤耦合器后被分为功率相当的两束相干光,它们被分别接入双芯光纤中的两个各自独立的单模纤芯中。假设双芯光纤中的两个纤芯各项参数近似相同,则两路光信号在双芯光纤中传输时,脉冲宽度为 τ 的光波传输到距注入端距为 z 处并在该点附近被照亮的光纤段的分布式后向散射光信号之间发生干涉,于是到达光探测器 PD_1 和 PD_2 的光信号的差动结果与式(7.82)相同,只是式(7.82)中 φ 为两纤芯光波信号之间的随机相位差。

$$I(z,t) = I_2(z,t) - I_1(z,t) = 4\langle |E_1||E_2|\rangle\cos\varphi \tag{7.88}$$

当外界扰动 $\Theta = \rho\sin(\Omega t)$ 作用在 z 点时,一方面导致该点处的折射率发生变化,从而导致散射强度变化,产生一个阶跃;另一方面导致一个固定的相位差的变化,相当于对后向散射信号强度产生一个调制。随着光信号的传输,脉冲宽度为 τ 的光使得被照亮的光纤段 d 通过作用点,得到的响应信号如图 7.46 所示。

由于对于双芯光纤的相位改变不同,所以因外界扰动导致的两个纤芯之间的相位差为

$$\Delta\varphi(t) = \phi_2(t) - \phi_1(t) = \frac{2\pi}{\lambda}(L\Delta n + n\Delta L) \tag{7.89}$$

对于双芯光纤而言,由于两个光纤波导芯子偏离中心轴间距为 D,如图 7.47 所示。因而,微小扰动导致光纤发生微弯形变,从而使两个光纤芯的几何尺寸一

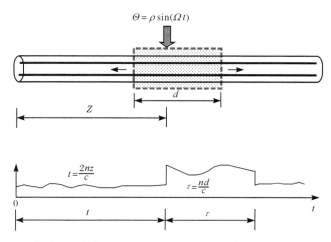

图 7.46　扰动在 z 点作用在双芯光纤上对于应的信号响应情况示意图

个伸长,另一个缩短,由光程所导致的相位差得到几何机械放大。与普通的单模光纤相比较,双芯光纤对于微小振动的局域扰动的探测灵敏度得到极大增强。显然,这种相位差的几何机械放大具有取向性,当扰动的运动方向与两个纤芯平面垂直时,探测灵敏度处于较低的状态。

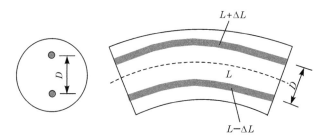

图 7.47　双芯光纤对于微小振动的局域扰动灵敏度增强机理示意图

7.5　光纤白光干涉传感多路复用与网络技术

在某些实际的光纤传感器应用领域中,如桥梁、隧道、水库大坝等大型土木建筑结构中对传感器的需求数以千计,因而针对这种应用场合,将网络技术与光纤传感器的多路复用技术相结合,发展了规模化应用传感器的光纤传感网络技术。本节将围绕光纤白光干涉技术,在白光干涉光纤传感器多路复用技术的基础上,与网络技术相结合,重点讨论光纤白光应变传感器的组网技术的相关问题。

7.5.1　白光干涉光纤传感器的多路复用技术

光纤白光干涉仪的优点之一就是可以很容易地实现多路复用。多个传感器在各自的相干长度内，只存在单一的光干涉信号，因而无需更复杂的时间或者频率复用技术对信号进行处理。20 世纪最后十年的研究工作，主要集中在发展多路复用传感器结构，以增加应用领域对传感器数量与容量的需求。这些典型的白光干涉多路复用方案使用了分立的参考干涉仪，并进行时间延时，以匹配遥测传感干涉仪。传感干涉仪是完全无源的，而且用于解调的复用干涉信号对光纤连接导线中的任何相位或长度改变不敏感。

近年来，白光干涉传感技术得到了蓬勃的发展，其中的一个热点就是发展了多种基于多路复用技术的光纤传感器和测试系统，用于应变、温度、压力等物理量的测量。多路复用技术的发展背景主要是由于在实际测量与测试应用中，单个物理量以及单一位置点的传感，已经远不能满足人们对事物整体或者系统状态感知的要求，这往往需要对多个或者多点物理量的分布进行在线或者实时的量测。例如对大型结构(水电站、大坝、桥梁等)的无损检测与监测以确定其安全的过程中，需要将光纤传感器植入关键部位，并构筑成监测网络，对其内部的应力、应变以及温度等信息进行提取。因此，传感器数量通常为几十个或者上百个，如果测试系统仅以单点传感器进行连接，无疑其测试造价将大大提高，同时降低了系统可靠性。采用多路复用技术，利用同一个解调系统对多个传感器的测量信息进行问询，这不仅极大简化了系统复杂程度，而且使测量精度和可靠性也得到了保证。同时，由于多路复用技术，降低了单点传感器的造价，从而使测试费用大为降低，提高了性价比，使光纤传感器与传统传感器相比更具优势。

因此，多路复用技术被众多的科研人员所关注，现已发展的多路复用技术主要有时分复用技术(TDM)、频分复用技术(FDM 或 FMCW)、波分复用技术(WDM)、码分复用技术(CDM)和空分复用技术(SDM)。其中，已用于白光干涉传感系统中的有 SDM、TDM 以及 FDM。

1. 空分复用技术

白光干涉光纤传感器可以有效避免很多长相干长度的信号所遇到的限制和问题。空分复用白光干涉光纤传感器的一个主要优点是可以测量绝对长度和时间延迟。另外，由于传感信号的相干长度短，可以消除系统杂散光的时变干扰。空分复用白光干涉技术的另一个优点是不需要相对复杂的时分复用或频分复用技术便可以将多个传感信号相干复用在一个信号中。空分复用技术是通过使用扫描干涉仪(如迈克耳孙干涉仪)实现信号光与参考光的光程相匹配来实现的。如果两路信号光的光程相匹配，在干涉仪的输出信号中会观察到白光干涉条纹。可实现高精度的绝对测量,能够测量的参量包括位置、位移、应变和温度等[16~26,69~75]。图7.48给出一个采用菲佐干涉仪的结构对空间光程进行扫描问询,将多个传感器复用在一根光纤上,从而实现各应变或形变参数准分布测量的例子。

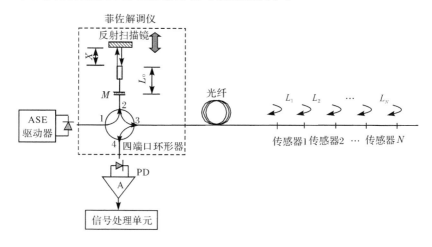

图7.48　基于菲佐干涉仪对空间光程进行扫描问询的准分布光纤应变传感系统

系统由光源、用作空分复用扫描的菲佐解调仪、光纤传感器阵列和光电信号接收放大与处理单元构成。系统的核心元件是一个四端口光纤环形器。来自宽谱光源ASE的光首先进入光纤环形器的端口1,经由出口2,到达光程可调的菲佐干涉仪。该干涉仪在结构上由下述器件组成:一个透射系数较高、反射系数较低的半透半反镜M连接一个光纤准直器,与光纤准直器正对着的是一个光程可调的扫描反射镜,从而构成了空间光程相关器。

该传感系统的传感器是由若干个段光纤首尾串接形成的一个阵列,构成 N 个传感器。每段传感光纤的长度分别为 L_1、L_2、$\cdots$、L_N,与菲佐干涉仪中的光纤 L_0 的长度接近,每段光纤的长度都不同,且满足如下关系:

$$nL_0 + X_j = nL_j, \quad j = 1, 2, \cdots, N \tag{7.90}$$

式中: n 为光纤芯的折射率,且有 $L_i \neq L_j$,因而有 $X_i \neq X_j$,也就是说每一个传感器都对应于各自独立的空间位置,当在传感光纤上施加一个分布式应力,各传感器的长度分别从 L_1 变为 $L_1 + \Delta L_1$、L_2 变为 $L_2 + \Delta L_2$、$\cdots$、L_N 变为 $L_N + \Delta L_N$,那么可以得到该分布式应变为 $\varepsilon_1 = \dfrac{\Delta L_1}{L_1}$、$\varepsilon_2 = \dfrac{\Delta L_2}{L_2}$、$\cdots$、$\varepsilon_N = \dfrac{\Delta L_N}{L_N}$。

通过对光程变化的反复扫描,对于任意第 i 个传感器时,可以通过测量获得传感器长度 L_i 的变化量 $\Delta L_i = \dfrac{\Delta X_i}{n_{\text{eff}}}$ 除以已知长度量 L_i 来测得每一段光纤上的平均应变。

2. 时分复用技术

白光干涉传感原理除了其独特的空分复用技术外,也可采用其他多路复用技术构成分布式系统。Santos 等[76]报道了一种基于时分复用技术的多路传感复用结构,如图 7.49 所示。所谓时分复用技术(TDM)是利用在同一光纤总线上的传感单元的光程差对光波的延迟效应来寻址的复用技术。

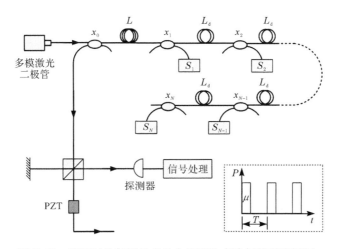

图 7.49　基于时分复用技术的白光干涉多路复用系统框图

图 7.49 中,时分复用原理是:当多模激光二极管以一脉宽小于光纤总线上相邻传感器间传输时间的光脉冲自光纤总线的输入端注入时,由于在总线上各传感单元距光脉冲发射端的距离不同,在光纤总线的终端将会接收到一系列的脉冲,其中每一个光脉冲所包含的信息对应光纤总线上的一个传感单元,光脉冲的时延大小反映该传感单元的地址分布。如果能够在光脉冲宽度的时间内完成对白光传感单元的连续光程扫描,即可得到传感器的传感信息。

这是一个反射式传感器的串联阵列,以时延技术作为编址方式的多路复用拓扑结构,通过一个 2×2 光纤耦合器将解调仪与一系列传感器阵列进行级联。每个传感通道的延迟光纤长度为 L_d,而引导光纤的长度为 L。为保证每个传感器在时间上彼此可区分,需满足如下条件:

$$\begin{cases} \dfrac{2nL_d}{c} \geqslant \mu \\ T \geqslant \dfrac{2(N-1)nL_d}{c} + \mu \end{cases} \tag{7.91}$$

式中:N 为传感器的个数;n 为光纤芯的折射率;c 为真空中的光速;μ 为光脉冲宽度;T 为光脉冲的重复周期。

如果每个注入脉冲的峰值功率为 P_{peak}，则注入光纤中的平均功率为

$$P_{\text{in}} = \frac{P_{\text{peak}}}{N} \tag{7.92}$$

由于每个传感器都是按照所分配到时间进行数据采集的，要完成对所有传感器完整信号的恢复，必须满足 Nyquist 采样定理的要求

$$T \leqslant \frac{1}{2f_{\text{max}}} \tag{7.93}$$

这里假设传感器的响应频率范围不超过 f_{max}。

系统的实验装置如图 7.50 所示。复用传感单元为两臂光程差分别为 13mm 和 15.1mm 的迈克耳孙干涉仪，解调仪采用空间迈克耳孙干涉仪形式。光源采用中心波长为 0.784μm 的多模激光二极管，调制方波的频率为 115kHz；光纤延迟线长度为 440m，损耗 3dB/km，得到的相位灵敏度在 3kHz 和 1Hz 频率下，分别为 20 μrad/Hz$^{1/2}$ 和 0.3mrad/Hz$^{1/2}$，其交扰的水平为 −65dBV。

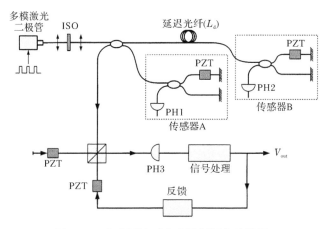

图 7.50　白光干涉时分多路复用实验装置

3. 频分复用技术

对于 F-P 干涉仪而言，如果采用宽谱光作为光源，可以改善其测试精度、扩大测量范围，并且可应用于绝对物理量的测量。Liu 等[77] 报道了一种基于频分复用 (FDM) 技术低精细度光纤 F-P 干涉传感系统，用于应变和位移的测量。其工作原理图如图 7.51 所示。

具有一对低反射率腔镜的 F-P 干涉仪对单色光源的响应类似于一个双臂干涉仪，可以用一个周期性的函数来描写

$$I = E_1^2 + E_2^2 + 2\exp\left(-\frac{2d}{l_c(\nu)}\right)E_1 E_2 \cos\left(\frac{4\pi d}{c}\nu\right) \tag{7.94}$$

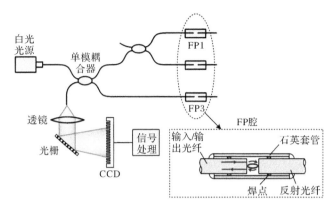

图 7.51　基于频分复用的白光光纤 F-P 干涉测量系统

式中：E_1 和 E_2 分别为两光纤反射端的光波电场幅度；d 为 F-P 传感器空气腔的腔长；c 为真空中的光速；ν 为光学频率；l_c 为光源的相干长度。

当光学频率的扫描范围为 $\nu_1 - \nu_2$ 时，对于固定的 F-P 传感器腔长，干涉条纹为一个对应光学频率的正弦干涉信号，该干涉条纹信号的频率 f 为

$$f = \frac{2d}{c} \tag{7.95}$$

于是，腔长可以借助于光频扫描的办法，通过对干涉信号频率的测量来获得。当有 M 个低精细度 F-P 传感器的光学信号强度叠加在光电探测器上时，光频为 ν 的信号总强度为

$$I(\nu) = \sum_{i=1}^{M} \left[E_{1,i}^2(\nu) + E_{2,i}^2(\nu) + 2\exp\left(-\frac{2d_i}{l_c(\nu)}\right) E_{1,i}(\nu) E_{2,i}(\nu) \cos\left(\frac{4\pi d_i}{c}\nu\right) \right] \tag{7.96}$$

当每个 F-P 传感器的腔长彼此都不相同时，每一个腔长的绝对长度值可以通过所对应的干涉条纹信号的频率的测量来获得，可由式（7.97）给出。

$$d_i = \frac{c}{2}f_i = \frac{cf_{i,\mathrm{FFT}}}{2(\nu_2 - \nu_1)} = \frac{\lambda_1\lambda_2}{2(\lambda_1 - \lambda_2)}f_{i,\mathrm{FFT}} \tag{7.97}$$

式中：$f_{i,\mathrm{FFT}}$ 为对频率的快速傅里叶变换；λ_1 和 λ_2 分别为扫描光谱范围内的两个不同的波长。

由式（7.97）可知，每个传感器位移的测量与信号系统的数据采集速度无关。

实验中，利用 CCD 单色仪直接测量多个腔长各异的 F-P 干涉仪输出的光谱叠加结果，并对测试数据进行波长域对频率域的变换；利用抽样函数进行等频率间隔的数据采样，抽取 2048 个点，并做快速傅里叶变换；将干涉条纹的峰值频率代入光频率-强度输出函数即可得到各 F-P 干涉仪的腔长，实现了多个 F-P 干涉仪在频率域的复用，其精度达到了 0.01μm，测试范围接近 1mm。

7.5.2　发展光纤传感网络技术的理由

在一个白光干涉光纤传感器网络里,包含有两个或更多的传感器,它们按一定的拓扑结构(线性阵列、环形、星形、梯形)离散地组合在一起,并通过同一个解调单元来工作和控制。本节主要讨论以多路复用为基础的光纤白光干涉传感网络系统及其相关问题。光纤传感网络包含以下四个功能:①以适当的光源功率给传感网提供能量;②对已经编码的各个传感器的光信号进行探测,这些被测量光信号是由透射或反射式的光纤回路传输到探测器的;③通过选择不同的信号特征的方法对每个传感器进行编码与编址以便于对被测量相关的信息加以识别;④按照被测量对传感器获得的测量信号的标定进行转换,以此来测量出各个传感器所给出的待测参量。

网络中各个传感器之间的拓扑结构形式取决于监测结构要求或感测对象的需求,并通过光纤熔接、连接器、耦合器和其他的元器件实现它们之间的连接。在白光干涉光纤传感网络中,有关被测量的编码信息是通过对接入网络中每个传感器的原初长度进行排序并事先存储在信号解调单元中,其优点在于该编码信息除了与传感器长度相关外,与系统的连接损耗等各种有源与无源器件无关。发展光纤白光干涉多路复用传感技术的主要动因在于每个单位传感器的成本下降,因为很多个传感器单元共用一个发射和接收系统。而基于多路复用方法的光纤传感网络技术的发展,则不仅在于其能够降低单位传感器的成本,而且为每个传感器提供了多种传感查询的路径,这就增强了链接在传感网上每个传感器的抗损坏能力,提高了系统的可靠性。

图 7.52 给出光纤传感网络能够抵御传感器链路被损坏而导致传感器失效的解释。图 7.52(a)和(b)为基于单端口问询线性传感器阵列,而图 7.52(c)为双端口问询的环形传感器阵列。当传感器系统链路中某点出现损毁而中断时,对于前两种情况,无论损毁点在哪里,都会使部分甚至全部传感器失效。而对于图 7.52(c)的环形网络拓扑结构的光纤传感系统,由于信号问询可以从两个端口任意一个端口进行问询,因此即便网络链路中某处有一个断点时,整个传感器系统仍然能够正常工作,这就使得传感器系统的可靠性得到极大的提高。

(a) 单端线性传感器阵列,损毁点靠近问询系统

(b) 单端线性传感器阵列,损毁点远离问询系统

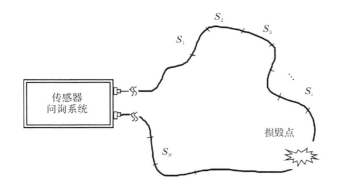

(c) 双端问询环形光纤传感器网络系统,损毁点在传感器链路中的某点

图 7.52　具有抗损毁能力的光纤传感网络

7.5.3　白光干涉传感网络拓扑结构与关键问题

1. 网络拓扑结构

光纤白光干涉传感网络与其他光纤传感网络一样,都是基于光纤能同时起到信号感知与信号传输的作用,对于大量的传感器复用的需求而言,光纤的这种双重作用必须通过适当的网络结构来实现。光纤传感网络与通信不同,通常是围绕某一独特的传感解调问询系统构造一个无源的光纤传感局域网络。几种典型的光纤传感网络的基本结构如图 7.53~图 7.55 所示。图 7.53(a)是通过光纤连接器将每一段传感光纤(传感器)连接在一起而构成了最基本的线性阵列传感网络。而图 7.53(b)~(d)中则是通过光纤 1×N 光纤分路器(耦合器)来实现传感网络链接的。采用 1×2 耦合器作为主要连接器件,图 7.53(b)构成了总线式光纤传感网络拓扑结构。图 7.53(c)和(d)则采用 1×N 星形耦合器分别构造了单一的星形光纤传感网络和复合星形光纤传感网络拓扑结构。

(a) 线性阵列光纤传感网络拓扑结构

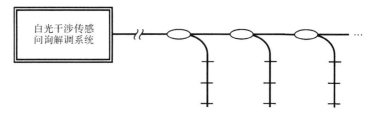

（b）基于线性阵列的总线式光纤传感网络拓扑结构

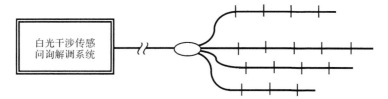

（c）基于线性阵列的星形光纤传感网络拓扑结构

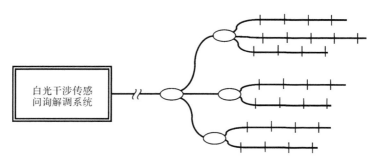

（d）基于线性阵列的复合星形光纤传感网络拓扑结构

图 7.53　基于线性阵列演化的光纤传感网络拓扑结构

　　上述这些基本的光纤传感网络都是基于反射式的光纤传感信号来进行网络构造的，恰好满足了光纤白光干涉传感系统对反射干涉信号的需求。事实上，对于白光干涉光纤传感系统而言，也可以构造双端口问询系统。图 7.54 给出了基于环形拓扑结构的双端问询的光纤传感网络结构。其中图 7.54（a）为最简单的单环形拓扑结构，图 7.54（b）和（c）则是在单环基础上通过光纤耦合器演化而成的两种典型的双环形光纤传感网络拓扑结构。

　　如果对上述线性阵列、星形网络和环形网络进行拓扑组合，还可以演化出多种复合的光纤传感网络结构。图 7.55（a）给出由星形、线性阵列和环形网络组合而成的混合双端传感网络拓扑结构，而图 7.55（b）则给出基于线性阵列、环形网络混合的梯形光纤传感网络拓扑结构。

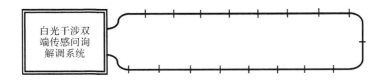

（a）最基本的单环形光纤传感网络拓扑结构

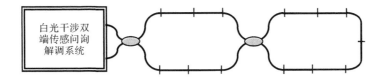

（b）基于环形光纤传感网络的 Sagnac 环＋Sagnac 环串接式双环形拓扑结构

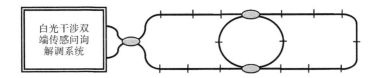

（c）基于环形光纤传感网络的 Sagnac 环＋谐振环并接式双环形拓扑结构

图 7.54　基于环形传感阵列演化的光纤传感网络拓扑结构

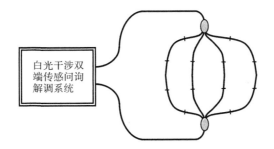

（a）基于星形、线性阵列与环形混合的光纤传感网络拓扑结构

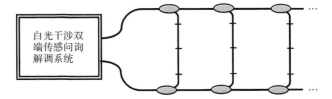

（b）基于线性阵列、环形混合的梯形光纤传感网络拓扑结构

图 7.55　基于线性与环形混合拓扑结构演化的光纤传感网络结构

事实上,在构造适当的光纤传感网络的过程中,不仅要考虑其拓扑结构,还要根据实际的情况,考虑各种其他的因素。例如:所设计的复用方案,所需要的传感器数量,所选用光源功率的大小,元器件的寿命与可靠性,系统的费用和造价等。显然,这些因素大多数是彼此相互制约的,需要在网络结构的选择上加以注意。

2. 网络节点连接器件

构造光纤传感网络最重要的网络节点光纤连接器件很多,在光纤白光干涉传感网络系统中主要包括耦合器、光纤开关以及光纤环形器。这些器件在光纤传感网络构造过程中,起到光路链接、光功率的能量分配与能流方向控制、光信号的分路与合路,以及不同网络之间的信号选择、交叉互连与切换等作用。

1×2 光纤分路器和 2×2 光纤耦合器是光纤传感网中应用最多的网络节点连接器件。$1\times N$ 光纤耦合器则是构造星形光纤传感网络中不可缺少的重要器件。在光纤传感网络构造过程中,采用光纤耦合器能够实现的主要功能为:①光源能流分配与方向控制;②节点信号的分路与合路;③分支光路的交叉与互连。

开关的概念主要是使信道之间的信号实现切换、转向或分路等操作。无论是光通信网络还是光纤传感网络,光开关都具有十分重要的作用。但是,光纤开关在光纤传感网络中的作用与在光纤通信网络作用不同。在光纤通信网络中,开关的作用是可以使通信之间的连接线路数得到极大地减少。而在光纤传感网络中,光纤传感器的多个网络则通过光开关的使用,共用一套光源系统或信号解调系统。白光干涉光纤传感网络系统中,光开关主要作用有二:①用来实现多个无源光纤传感器互连所构成的局域网络之间的互连;②共用解调系统对多个光纤白光干涉传感器网络系统进行选择性巡回解调问询。

光纤环形器是一种控制光束传播方向的无源连接器件,它的功能是使光信号仅沿着前进的方向传输而阻止反向传输。常见的光纤环形器有三端口和四端口光纤环形器。由于光纤环形器只能单方向传输,因此这种光信号传输方向控制器在光纤传感网络系统中的主要作用为:①可用于作为光源与传感器网络系统的连接器件,能同时起到光隔离器的作用;②用于光传感器之间单向信号循序传递的连接器件;③用于光探测器之间的单向互连器件。

3. 传感器最大数量预估

为了实现光纤传感器网中尽可能多地容纳传感器的个数,需要考虑的主要问题之一是功耗。这需要考虑以下三个主要因素:①网络中无源器件的损耗。在光纤传感器网络中,注入光纤总线中的光功率通过几个连接器、Y 型或 X 型光纤耦合器、光开关、光环行器件等分配到整个网络的各个通道中,系统中的每一个元件,都吸收或者散射掉一定的光功率;光纤的损耗一般很小,但是对于需要传输很远的距离时,光纤连接线本身也需要当成一个光功率消耗元件加以考虑。②传感器本身的功率要求。一方面,光纤传感器本身通常也是一个功率消耗元件;另一方面,要在一定的动态测量范围内获得高质量信号,对光功率要有一定的要求,这通常与传感器的具体形式及其测量的动态范围有关。③光电探测器的最低信号探测能力。光电探测器对于来自传感器的最低信号光功率有一个最低限度的要求,通常要求传感信号要大于该最低信号门限才能保证信号的分辨率。

仅以线性阵列这种最简单的光纤白光干涉传感网为例,来给出传感器功耗对最大光纤传感器数量的估算。图 7.56 给出一种基于可调 F-P 扫描腔的白光干涉多路复用线性传感器阵列的结构示意图。其中在 F-P 腔中插入一个由扫描棱镜和两个 GRIN 透镜组成的可调谐光纤延迟线,用于与不同传感光纤的长度匹配。我们用一个 LED/PD 双向器件作为光源和信号探测器,这样可以极大地简化干涉仪的光学结构。该双向器件的 LED 光源发出的宽谱光经过可调 F-P 扫描腔耦合入光纤传感器阵列。传感器阵列由 N 段传感光纤(N 个传感器)首尾相连组成,且相邻两段的光纤的连接面形成一个部分反射镜。反射信号沿相同的光路返回到双向器件的 PIN 探测器端。

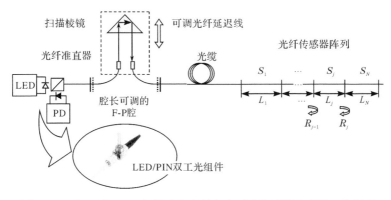

图 7.56　基于可调 F-P 扫描腔的光纤白光干涉传感器阵列的工作原理

在传感阵列中,各传感器之间的反射面的反射率很小(1%或更小),从而可以避免输入光信号衰减过快。令相邻两个反射面之间的光纤传感器的长度 $L_j(j=1,2,\cdots,N)$ 近似等于但略长于谐振腔中的固定部分长度 L_0 的一半。同时,保证每个传感器的长度相互之间略有不同,以此来区分每一个传感器。可调 F-P 扫描腔总光程为 nL_0+X ,其中 n 为纤芯折射率, X 为光纤延迟线的可调距离。当调节光纤延迟线到达某一位置时,F-P 扫描腔的总光程与某一个传感器的光程相匹配,会在输出端产生一个白光干涉条纹。该干涉条纹来自于传感器前后两个端面的反射信号,对应唯一的传感器。

以第 j 个传感器为例,它的光路匹配示意图如图 7.57 所示。图 7.57 中最上方的光路作为传感光路,表示光源发出的光直接通过 F-P 扫描腔和传感器 j 后,被传感器 j 的右端面反射后沿原路直接到达光电探测器。图 7.57 中光纤下面的两个光路作为参考光路,第一个表示光源发出的光在 F-P 扫描腔中传输一周后到达传感器 j 的左端面,被左端面反射后直接通过扫描腔到达探测端;第二个光路表示光源发出的光直接通过 F-P 扫描腔达传感器 j 的左端面,被左端面反射的光在 F-P 扫描腔中传输一周后到达探测端。当满足下列条件时,传感光路与参考光路的光程相匹配。

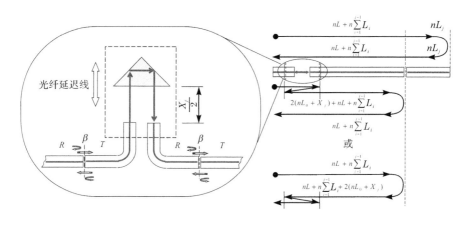

(a) 可调谐光纤 F-P 谐振腔的放大示意图　　　　(b) 传感器 j 的等效光路

图 7.57　可调光纤 F-P 腔及传感器 j 的等效光路

$$2nL + 2n\sum_{i=1}^{j-1}L_i + 2nL_j = 2nL + 2n\sum_{i=1}^{j-1}L_i + 2(nL_0 + X_j), \quad j = 1,2,\cdots,N$$

$$(7.98)$$

式中: $X = X_j$ 表示扫描棱镜与 GRIN 透镜之间的距离[见图 7.57(a)]; nL_0 为 F-P 光学腔中不包括可调长度 X 的腔长。

从式(7.98)中可以看出,由于输入信号和反射信号要经过长度为 $2nL + 2n\sum_{i=1}^{j-1}l_i$ 的共同光路,所以这种结构可以实现对大多数温度效应的自动补偿。如果将可调 F-P 腔放到隔温箱中,那么可以测量传感器光程的任何波动。

传感器 j 所受的应变或环境温度的变化会引起光程 nl_j 的改变,因此需要改变可调距离 X_j 以满足式(7.98)的光程匹配条件。可调距离的变化量 ΔX_j 与传感器长度的改变量之间的关系为

$$\Delta X_j = \Delta(nL_j), \quad j = 1,2,\cdots,N \tag{7.99}$$

对于传感器阵列,当有分布的应力加载到传感器上时,假设各个传感器的长度分别从 L_1 变为 $L_1 + \Delta L_1$、L_2 变为 $L_2 + \Delta L_2$、$\cdots$、L_N 变为 $L_N + \Delta L_N$。利用光

纤延迟线控制系统精确调节 F-P 扫描腔的腔长以跟踪传感器长度的变化。由于每个传感器对应唯一的棱镜位置,所以可以得到分布式应变为

$$\varepsilon_1 = \frac{\Delta L_1}{L_1}, \quad \varepsilon_2 = \frac{\Delta L_2}{L_2}, \quad \cdots, \quad \varepsilon_N = \frac{\Delta L_N}{L_N} \tag{7.100}$$

为了避免 F-P 扫描腔中多次反射引起的测量误差,各光纤传感器的长度需要满足

$$\begin{cases} L_i \neq L_j, \\ n\,|L_i - L_j|_{\max} < D, \qquad\qquad i,j = 1,2,\cdots,N \\ n\,|L_i - L_j|_{\min} > \varepsilon_{\max}(k)L_k, \end{cases} \tag{7.101}$$

式中:n 为纤芯的等效折射率;D 为步进电机的最大扫描距离;$\varepsilon_{\max}(k)$ 为所有的传感器中所受应变的最大值。

为了估算这种基于腔长可调 F-P 光程扫描型光纤传感系统的传感器的最大复用能力,假设注入光纤的光功率为 P_0,且光电探测器的最小检测功率为 $P_{\min}$。那么,通过式(7.102)可以估算出该传感系统最多能够复用的传感器数量

$$P_D(j) \geqslant P_{\min}, \quad j = 1,2,\cdots,N \tag{7.102}$$

对于多路复用传感器阵列中任意的光纤传感器 j,光电探测器输出的信号强度的振幅与传感器 j 两个端面的反射信号的相干项成比例,表示为

$$P_D(j) = 4P_0 T^4 \beta^4 \eta^2(X_j) R\sqrt{R_j R_{j+1}}\, T_j \beta_j \left[\prod_{i=1}^{j-1} (T_i \beta_i) \right]^2 \tag{7.103}$$

式中:β 为光纤与可调 F-P 扫描腔之间的连接插入损耗;T 和 R 分别表示 F-P 腔连接端面的透射系数和反射系数;β_j 表示传感器 j 连接端面的插入损耗;T_j 和 R_j 分别表示第 j 个反射端面的透射系数和反射系数(由于 β_j 的存在,透射系数 T_j 小于 $1 - R_j$);$\eta(X_j)$ 是与光纤可调延迟线有关的插入损耗,是 X_j 的函数。

我们取典型的参数 $R = 0.3$、$T = 0.6$、$\beta = \beta_j = 0.9$($j = 1,2,\cdots,N+1$)、$R_j = 1\%$、$T_j = 0.89$ 进行理论仿真。设可调光纤延迟线的平均损耗为 1.5dB,即 $\eta(X_j) \approx 0.7$。通常,光纤传感系统中光电探测器的典型探测能力约为 1nW。考虑到系统的噪声本底和其他杂散信号的影响,我们设探测器的可检测的最小光功率 $P_{\min} = 5$nW。根据式(7.102),基于以上数据,当光源输出功率 $P_0 = 50\mu$W 时,最大可复用传感器数 $N_{\max} = 4$;若 $P_0 = 400\mu$W,则可复用传感器数增加到 $N_{\max} = 8$[78]。

对于空分复用型光纤白光干涉传感系统而言,所构成的网络中能接入多少光纤传感器的总量预估还与光程匹配与空间光程动态扫描范围有紧密的关系。最大传感器数还受到扫描反射镜的扫描距离限制。在整个测量范围内,如果线性传感器阵列中的光纤传感器长度满足 $L_1 < L_2 < \cdots < L_N$,则最大可复用传感器数由 $X_{v,\max} / \max\limits_{i=1,2,\cdots,N-1} \{L_{i+1} - L_i\}$ 决定,其中 $X_{v,\max}$ 为扫描镜的最大扫描距离,

$\max\limits_{i=1,2,\cdots,N-1}\{L_{i+1}-L_i\}$ 是相邻传感器的最大长度差。若取 $X_{v,\max}=100\mathrm{mm}$、 $\max\limits_{i=1,2,\cdots,N-1}\{L_{i+1}-L_i\}=5\mathrm{mm}$，则通过计算可以得到最大可复用传感器数为 20。

此外，还要考虑网络中传感器的复用方案和拓扑结构，对系统的各项噪声进行估计，对主要噪声要进行抑制，才能进一步提高网络中传感器数目的极限值 $N_{\max}$。

7.5.4　白光干涉传感网络应用方案举例

任何一个光纤传感器网络的构造都是与具体的系统解调和传感器复用方法紧密相关的。在上述一般性光纤传感网讨论的基础上，本节给出若干个光纤白光干涉传感网的具体应用方案，并进行一些相关的讨论。

1. 线性阵列传感网络

采用光纤白光干涉的方式构建线性阵列传感器网络是光纤传感网中最简单最常用的一种网络形式，也是最实用的一种传感器多路复用形式，是白光干涉光纤传感网的基础。其他种类的网络拓扑结构都是借助于线性阵列的方式构建的。事实上，已经有许多这样的例子，几种典型的白光干涉解调仪都能用于构建这种传感网络[16~18,20,70,73~76,79]。下面给出一个基于改进的迈克耳孙干涉仪构造的光纤白光干涉线性阵列传感网络的例子来进一步加以说明。

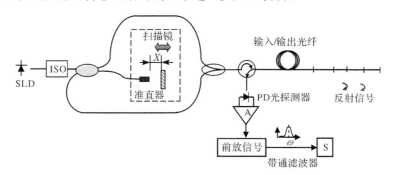

图 7.58　基于改进的迈克耳孙干涉仪构造的线性阵列传感网络

图 7.58 中，来自宽谱光源 SLD 中的光经过一个光隔离器(ISO)后，被一个 3dB 光纤耦合器分成两路，即一路直接注入线性光纤传感网，另一路到达光纤准直器，经过一个可移动的反射镜的反射，再次回注到光纤传感网络中。可移动的反射镜作为空间光程扫描相关器，可以实现对不同长度的光纤进行编址扫描问询。每段光纤之间是采用直接对接的活动连接方式互连的，这种直接对接的串接方式所产生的连接损耗是这种线性光纤传感阵列的主要功率消耗源。事实上，可以通过改善连接端面，例如使两个连接端面都是圆弧形，可以减少光功率的损耗，但同时因为光纤传感器的信号是由两光纤的连接交界面提供的，又需要保持一定的强

度才能不被淹没在噪声中。这就限制了能够串接传感器的数量。一般而言,采用这种线性分布的网络形式,光纤传感器可以连接十几个。传感器的反射信号经过三端口光纤环行器被光电探测器所接收,通过对空间光程扫描镜位置的跟踪测量,就可以实现每个传感参量的测量。除了应变、温度可以通过对已知光纤长度的感知光纤伸长或缩短的直接测量来获得外,如果要实现其他参量的测量就需要将要测量的参变量通过某种方式转变成该感知光纤的光程变化,如通过将光纤缠绕在弹性柱体上间接实现压力的测量等。

2. 星形光纤传感网络技术

星形光纤传感网络是通过一个 $1 \times N$ 星形光纤耦合器来实现的,它实现了线性光纤传感网的并行[19],可构成一个光纤传感器矩阵[71]。

图 7.59 给出一种采用腔长可调的环形腔 F-P 干涉仪作为每一个光纤传感器长度扫描的空间光程相关器,来实现对光纤长度变化的问询与解调。作为传感器的每段光纤的长度可选择为略短于环形 F-P 腔长的一半。这样,就能满足被环形腔长延迟的光信号通过光纤传感器两个端面的前一个端面的反射得到光程的补偿,与后一个端面的光信号同时到达探测器而发生干涉。这种星形光纤传感网络要求光源功率比较高,因为光功率要分配到每一个分支中,而且返回的光信号又要再次被 $1 \times N$ 星形光纤耦合器衰减。对于均分型 $1 \times N$ 星形光纤耦合器而言,每个光纤传感器的信号被衰减的因子为 $1/N^2$,因此,系统中采用了功率较大的ASE 光源。

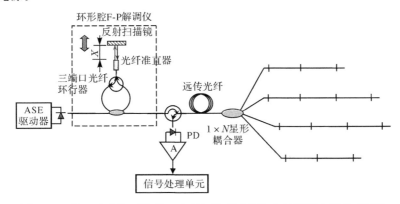

图 7.59　基于改进的环形 F-P 光程扫描干涉仪构造的星形光纤传感网络

3. 双端口问询环形传感网络

为了实现双端口问询,图 7.60 给出两种新型单环形网络式多路复用光纤应变传感系统。它的结构主要是由一个 2×2 单模光纤耦合器环接成 Sagnac 光纤环,环内分布若干个长度略有不同的传感器,以便区分定位。将大功率宽谱 ASE 光源接入 Sagnac 光纤环的一个端口作为光输入,而另一端口接收传感器的反射光信号,并在解调仪中实现光程的解调。这种环形光纤传感网可有多种解调方式,图 7.60 给出其中的两种主要的解调仪的结构,图 7.60(a)给出的是非对称的迈克耳孙干涉光程解调仪[80,81],而图 7.60(b)给出的是非平衡马赫-曾德尔干涉光程解调仪[82,83]。

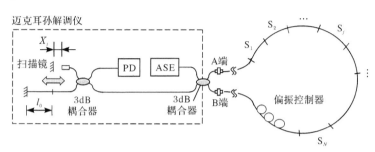

(a)基于迈克耳孙解调仪构造的环形传感网络

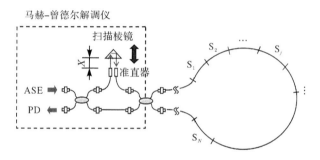

(b)基于马赫-曾德尔解调仪构造的环形传感网络

图 7.60　基于迈克耳孙和马赫-曾德尔解调仪构造的环形传感网络

实验中使用了 ASE 光源。将 10 段光纤互相连接并用作光纤传感器。每个传感器的长度选为 1m 左右。各个传感器的长度差约为 7mm,并通过对接式的连接器进行连接。图 7.61(a)和(b)分别给出环形网络处于闭环和某一端处于开环时 10 个传感器网络输出信号强度的分布。由实验结果可以看出,每个信号峰值高度反映的是该传感器两端反射相干信号的强度,近似与理论预测相符,但具有较大的起伏。这是因为实验中很难保证每段光纤的反射率与理论值完全相同。

由图 7.61 可知,图 7.61(a)和(b)所示的结果基本给出有关峰值位置的相同测量信息。此结果说明了即使环路断开,系统也能照常工作,但闭环信号强度要高于开环状态。光强为 0.47dBm 时,当环上一端断开时,传感器 S_1 的信号强度刚好足够用来定位峰值位置。

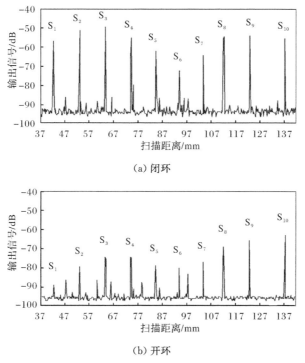

(a) 闭环

(b) 开环

图 7.61　输入光功率为 0.47dBm 时,10 个光纤传感器的环形网络的输出值

　　基于上述单环网络构建的结果,可以进一步构造由两个环形结构组合而成的白光干涉传感器的双环网络结构[84,85]。传感器双环拓扑完全是无源结构,并可通过每段传感光纤进行绝对长度测量,因此可用于应变和温度准分布测量。对于大尺度的智能结构,这项技术不但可扩展多路复用潜力,而且可为传感器提供抗损毁的冗余度。研究结果表明,耦合双环传感网络允许两个断点,因为当埋入的双环传感器在某处损坏时,传感系统依然可以工作。文献[85]中详细讨论并演示了9 个传感器双环传感网络的鲁棒性。传感系统的耦合双环拓扑网络结构方案不仅可扩展传感器的复用容量,而且可提供冗余度从而满足对传感系统的抗损毁性和可靠性的需求,避免在埋入传感器链路某处损坏时导致整个系统失效。

　　图 7.62 给出一种由两个环形拓扑结构互联构造的双环形传感网络。研究结果表明[85],环形网络式多路复用技术具有一些突出的优点:

　　(1) 比照串联、并联线性传感网络以及星形传感网络结构,环形结构增加了传感器的信号输出的幅度。尤其是相对于串联线阵式网络末端的传感器而言,效果尤其明显。

　　(2) 提高了结构的传感器容量能力,在相同输入光功率的前提下,连接传感器的数目更多,传感器扩容能力更强。

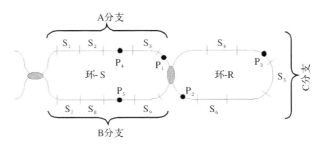

图 7.62　由两个环形拓扑结构互联构造的双环形传感网络

（3）增强了光纤传感器网络的抗损毁能力，当网络中个别传感器出现失效时，环形结构断裂为两个线性传感网络，由于采用了双端口问询技术，就避免了传感网络系统整体失效的问题。

4. 总线式白光干涉光纤传感网络技术

总线式白光干涉光纤传感网络的优点是通过一系列 1×2 光纤耦合器可以任意挂接多个线性光纤传感器网络，而各个线性网络分支彼此是独立的。

图 7.63 给出一个由菲佐扫描解调仪构造的总线式光纤白光干涉传感网络结构。该网络的拓扑结构中，1×2 光纤耦合器是系统中主要的分光器件，负责将光功率分配到每一个分支阵列中。为了使系统中每个传感器最终到达光电探测器的信号相对均衡，每个耦合器 C_i 的分光比都需要进行优化计算。

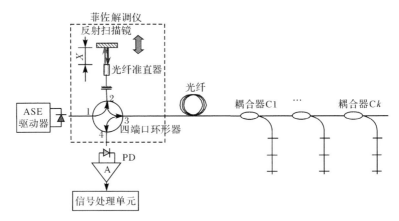

图 7.63　由菲佐扫描解调仪构造的总线式光纤白光干涉传感网络

假设耦合器 C_i 的分光比 C_i 为

$$C_i = \frac{\eta_i}{\zeta_i} = \frac{\eta_i}{1 - \eta_i} \tag{7.104}$$

为了使光电探测器所探测到的每个分支的传感器信号光功率大致相等,我们仅以每个分支的第一个传感器所反射回光电探测器,并被接收到的信号功率为参考进行计算。于是有

$$P_i = I_0 \xi R \prod_{j=1}^{N} \eta_j (1 - \eta_j) \tag{7.105}$$

式中:I_0 为来自光源的光功率;ξ 代表解调系统的各种光功率综合衰减系数;R 为传感器的反射系数;符号 $\prod$ 代表其所有因子从 1 到 N 的连乘。

通过式(7.104)和式(7.105),可以依据分支线性网络的分支数,对总线式光纤传感器网络中每个光纤耦合器的分光比参数进行优化,如图 7.64 所示。

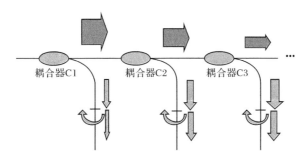

图 7.64　各个分支光功率分配示意图

5. 梯形传感器网络结构

梯形白光干涉应变传感器网络如图 7.65 所示。该网络拓扑结构可看成是环形网络与总线型网络的一种组合。因此这种网络结构兼具两种结构的优点:一方面,其总线结构使各个梯形分支具有独立性,不会因为某个梯形分支的损坏而影响整个系统的正常工作;另一方面,每一个梯形分支都与整个系统构成一个双端口问询的环形传感网络,即便是梯形分支某处出现断点,也可以通过两端获取每一个传感器的信息。

本节讨论了如何构造基于光纤白光干涉传感器网络的问题,并且以结构简单的光纤应变传感器为例(一段光纤的两个端面反射式白光干涉信号作为特征信号,该光纤光程变化转化为应变或温度变化探测的物理量),讨论了光纤白光干涉应变传感器网络的构建问题。光纤传感器网络之所以越来越具有吸引力,是源于对大量无源传感器的远距离操作和降低网络中单元传感器的价格这两个方面的原因。但是迄今为止,只有相当少的系统能够实现构建大规模传感器网络。对于光纤白光干涉传感器而言,绝大多数光纤传感网络系统都只包含少数几个传感器。

光纤传感网络系统的主要特征包括:网络结构,可复用传感器的数目,引导光

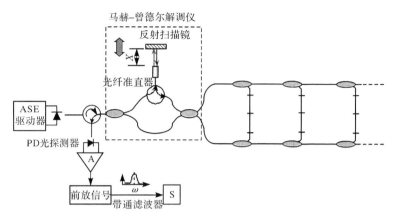

图 7.65　由马赫-曾德尔扫描解调仪构造的梯形光纤白光干涉传感网络

纤的长度及其不敏感程度,传感器灵敏度及动态范围,功耗预估(即光源功率、噪声源、损耗、探测器灵敏度),可靠性及价格。光纤具有能同时传感信号和传输信号(遥测)的能力将是未来光纤传感器发展的强大动力。可以预料,在将来相当长的一段时间内,光纤传感网络化将是光纤传感器的一个重要领域,并将在未来的工程系统中获得广泛的应用。

参 考 文 献

[1] Al-Chalabi S A, Chlshaw B, David D E N. Partially coherent sources in interferometric sensors // Proceedings of the 1st International Conference on Optical Fiber Sensors. London, 1983:132—135.

[2] Bosselmann T, Ulrich R. High-accuracy position-sensing with fiber-coupled white-light interferometers // Proceedings of the 2nd International Conference on Optical Fiber Sensors. Berlin:VBE. 1984:361—364.

[3] Boheim G. Fiber-linked interferometric pressure sensor. Review of Scientific Instruments, 1987,58:1655—1659.

[4] Velluet M T, Graindorge P, Arditty H J. Fiber optic pressure sensor using white-light interferometry // Proceedings of SPIE,1987,838:78—83.

[5] Trouchet D, Laloux B, Graindorge P. Prototype industrial multi-parameter FO sensor using white light interferometry // Proceedings of the 6th International Conference on Optical Fiber Sensors. Paris,1989:227—233.

[6] Boheim G. Fiber optic thermometer using semiconductor etalon sensor. Electronics Letters, 1986,22:238—239.

[7] Harl J C, Saaski, E W, Mitchell G L. Fiber optic temperature sensor using spectral

modulation. Proceedings of SPIE,1987,838:257—261.

[8] Kersey A D,Dandridge A. Dual-wavelength approach to interferometric sensing. Proceedings of SPIE,1987,798:176—181.

[9] Farahi F,Newson T P,Jones J D C,et al. Coherence multiplexing of remote fiber Fabry-Perot sensing system. Optics Communications,1988,65:319—321.

[10] Gusmeroli V, Vavassori P, Martinelli M. A coherence-multiplexed quasi-distributed polarimetric sensor suitable for structural monitoring//Proceedings of the 6th International Conference on Optical Fiber Sensors. Paris,1989:513—518.

[11] Kotrotsios G, Parriaux. White light interferometry for distributed sensing on dual mode fibers monitoring // Proceedings of the 6th International Conference on Optical Fiber Sensors. Paris,1989:568—574.

[12] Brooks J L,Wentworth R H,Youngquist R C,et al. Coherence multiplexing of fiber-optic interferometric sensors. Journal of Lightwave Technology,1985,LT-3:1062—1072.

[13] Gusmeroli V, Vavassori P, Martinelli M. A coherence-multiplexed quasi-distributed polarimetric sensor suitable for structure monitoring//Proceedings in Physics. Paris,1989, 44:513.

[14] Lecot C,Guerin J J,Lequime M. White light fiber optic sensor network for the thermal monitoring of the stator in a nuclear power plant alternator sensors//Proceedings of the 9th International Conference on Optical Fiber Sensors. Florence,Italy,1993:271—274.

[15] Rao Y J,Jackson D A. A prototype multiple xing system for use with a large number of fiber-optic-based extrinsic Fabry-Perot sensors exploiting low coherence interrogation. Proceedings of SPIE,1995,2507:90—98.

[16] Sorin W V,Baney D M. Multiplexed sensing using optical low-coherence reflectometry. IEEE Photonics Technology Letters,1995,7:917—919.

[17] Inaudi D,Vurpillot S,Loret S. In-line coherence multiplexing of displacement sensors,a fiber optic extensometer. Proceedings of SPIE,1996,2718:251—257.

[18] Yuan L B,Ansari F. White light interferometric fiber optic distribution strain sensing system. Sensors and Actuators:A. Physical,1997,63:117—181.

[19] Yuan L B,Zhou L M. 1×N star coupler as distributed fiber optic strain sensor using in white light interferometer. Applied Optics,1998,37:4168—4172.

[20] Yuan L B, Zhou L M, Jin W. Quasi-distributed strain sensing with white-light interferometry:A novel approach. Optics Letters,2000,25:1074—1076.

[21] Inaudi D,Elamari A,Pflug L,et al. Low-coherence deformation sensors for monitoring of civil-engineering structures. Sensors and Actuators A,1994,44:125—130.

[22] Inaudi D. Field testing and application of fiber optic displacement sensors in civilstructures. //The 12th International Conference on Optical Fiber Sensors. Williamsburg,OSA Technical Digest Series,1997,16:596—599.

[23] Inaudi D,Casanova N,Kronenberg P,et al. Embedded and surface mounted fiber optic sen-

sors for civil structural monitoring. Smart Structures and Materials Conference. San Diego, 1997,Proceedings of SPIE,3044:236—243.

[24] Yuan L B, Zhou L M, Wu J S. Fiber-optic Temperature sensor with duplex Michleson interferometric technique. Sensors and Actuators:A,Physical,2000,86:2—7.

[25] Yuan L B,Zhou L M,Jin W. Recent progress of white lightinterferometric fiber optic strain sensing techniques. Review of Scientific Instruments,2000,71:4648—4654.

[26] Yuan L B,Li Q B,Liang Y J,et al. Fiber optic 2-D strain sensor for concrete specimen. Sensors and Actuators A,2001,94:25—31.

[27] Belleville C,Duplain G. White-light interferometric multimode fiber-optic strain sensor. Optics Letters,1993,18(1):78—80.

[28] Duplain G,Belleville C,Bussiere S,et al. Absolute fiber-optic linear position and displacement sensor// The 12th International Conference on Optical Fiber Sensors. Williamsburg, OSA Technical Digest Series,1997,16:83—86.

[29] Choquet P,Leroux R,Juneau F. New Fabry-Perot fiber optic sensors for structural and geotechnical monitoring applications. Transportation Research Record Journal of the Transportation Research Board,1997,1596:39—44.

[30] Choquet P,Juneau F,Dadoun F. New generation of fiber-optic sensors for dam monitoring // Proceedings of the 1999 International Conference on Dam Safety and Monitoring. Yichang,China,1999:713—721.

[31] Choquet P,Quirion M,Juneau F. Advances in Fabry-Perot fiber optic sensors and instruments for geotechnical monitoring. Geotechnical News,2000,18(1):35—40.

[32] Udd E. Fiber Optic Smart Structures. New York:Wiley,1995.

[33] Yuan L B. White Light Interferometric Fiber Optic Sensors for Structural Monitoring. Saarbrucken:Labert Academic Publishing,2010.

[34] Li T C,Wang A B,Murphy K,et al. White-light scanning fiber Michelson interferometer for absolute position-distance measurement. Optics Letters,1995,20(7):785—787.

[35] Oh K D,Wang A B,Claus R O. Fiber-optic extrinsic Fabry-Perot dc magnetic field sensor. Optics Letters,2004,29(18):2115—2117.

[36] Giovanni M D. Flat and Corrugated Diaphragm Design Handbook. New York:Marcel Dekker Inc. ,1982.

[37] Zhu Y,Cooper K L,Pickrell G R,et al. High-temperature fiber-tip pressure sensor. Journal of Lightwave Technology,2006,24(2):861-869.

[38] Velluet M T,Graindorge P,Arditty H J. Fiber optic pressure sensor using white light interferometry. Proceedings of SPIE,1987,838:78—83.

[39] Totsu K,Haga Y,Esashi M. Ultra-miniature fiber-optic pressure sensor using white light interferometry. Journal of Micromechanical Microengineering,2005,15:71—75.

[40] Zhu Y, Wang A B. Miniature fiber-optic pressure sensor. IEEE Photonics Technology Letters,2005,17(2):447—449.

[41] Yuan L B. Push-pull fiber optic inclinometer based on a Mach-Zehnder optical low-coherence reflectometer. Review of Scientific Instruments,2004,75(6):2013—2015

[42] Yuan L B,Zhou L M,Jin W. Fiber optic differential interferometer. IEEE Transaction on Measurement and Instruments,2000,49(4):779—782.

[43] 苑立波. 温度和应变对光纤折射率的影响. 光学学报,1997,17(12):1713—1717.

[44] Kim S H,Lee S H,Lim J I,et al. Absolute refractive index measurement method over a broad wavelength region based on white-light interferometry. Applied Optics,2010,49(5): 910—914.

[45] Ghosh G,Endo M,Iwasaki T. Temperature-dependent sellmeier coefficients and chromatic dispersions for some optical fiber glasses. Journal of Lightwave Technology, 1994, 12: 1338—1342.

[46] Lee J Y, Kim D Y. Spectrum-sliced Fourier-domain lowcoherence interferometry for measuring the chromatic dispersion of an optical fiber. Applied Optics, 2007, 46: 7289—7296.

[47] Butter C D,Hocker G P. Fiber optic strain gauge. Applied Optics,1978,17:2867—2869.

[48] Lawrence C M,et al. Measurement of process-induced strains in composite materials using embedded fiber optic sensors. SPIE Proceedings on Smart Structures and Materials,1996, 2718:60—68.

[49] Lee C E,Taylor H F. Fibre-optic Fabry-Perot temperature sensor using a low-coherence light source. Journal of Lightwave Technology,1991,9:129-134.

[50] Pinet E. Fabry-P′erot fiber-optic sensors for physical parameters measurement in challenging conditions. Journal of Sensors, 2009, Article ID 720980, doi: 10. 1155/ 2009/720980

[51] Ma J,Jin W,Ho H L,et al. High-sensitivity fiber-tip pressure sensor with graphene diaphragm. Optics Letters,2012,37(13):2493—2495.

[52] Duplain G. Low-coherence interferometry optical sensor using a single wedge polarization readout interferometer:United States Patent. US 7259862B2. 2007.

[53] Inaudi D. SOFO sensors for static and dynamic measurements//The 1st FIG International Symposium on Engineering Surveys for Construction Works and Structural Engineering. Nottingham,UK,2004.

[54] 苑立波,杨军. 光纤白光干涉传感技术. 北京:北京航空航天大学出版社,2011.

[55] Barnoski M K,Rourke M D,Jensen S M,et al. Optical time domain reflectometer. Applied Optics,1977,16(9):2375—2379.

[56] Kurmer A J P,Kingsley S A,Laudo J S,et al. Distributed fiber optic acoustic sensor for leak detection. Proceedings of SPIE—The International Society for Optical Engineering,1992, 1586:117—128.

[57] Russell S J,Brady K R C,Dakin J P. Real-time location of multiple time-varying strain disturbances,acting over a 40km fiber section,using a novel dual-sagnac interferometer.

Journal of Lightwave Technology,2001,19(2):205—213.

[58] Hoffman P R,Kuzyk M G. Position determination of an acoustic burst along a Sagnac interferometer. Journal of Lightwave Technology,2004,22(2):494—498.

[59] Vakoc B J,Digonnet M J F,Kino G S. A novel fiber-optic sensor array based on the Sagnac interferometer. Journal of Lightwave Technology,1999,17:2316—2326.

[60] Hartog A,Gold M. On the theory of backscattering in single-mode optical fiber. Journal of Lightwave Technology,1984,LT-2:76.

[61] Healy P J. Review of long-wave singlemode optical-fibre reflectometry techniques. Journal of Lightwave Technology,1985,3:876—890.

[62] Rogers A J. Polarization-optical time domain reflectometry:A technique for the measurement of field distributions. Applied Optics,1981,20:1060—1071.

[63] Juskaitis R,Mamedov A M,Potapov V T,et al. A distributed interferometric fiber sensor system. Optics Letters,1992,17:1623—1625.

[64] Juskaitis R,Mamedov A M,Potapov V T,et al. Interferometry with Rayleigh backscattering in a single-mode fiber. Optics Letters,1994,19:225—227.

[65] Rathod R,Peschtedt R D,Jackson D A,et al. Distributed temperature-change sensor based on Rayleigh backscattering in an optical fiber. Optics Letters,1994,19:593—595.

[66] Shatalin S V,Treschikov V N,Rogers A J. Interferometric optical time-domain reflectometry for distributed optical-fiber sensing. Applied Optics,1998,37(24):5600—5604.

[67] 苑立波. 基于光时域反射原理的分布式光纤菲佐干涉仪:中国发明技术专利. ZL201310195672.8.2013.

[68] 苑立波. 基于双芯光纤灵敏度增强型光时域反射分布式迈克耳孙干涉仪:中国发明技术专利. ZL201310196056.4.2013.

[69] Yuan L B,Yang J. Multiplexed Mach-Zehnder and Fizeau tandem white light interferometric fiber-optic strain/temperature sensing system. Sensors and Actuators A. Physical,2003,105(1):40—46.

[70] Yuan L B. Modified Michelson fiber-optic interferometer:A remote low-coherence distributed strain sensor array. Review of Scientific Instrumentation,2003,74(1):270—272.

[71] Yuan L B. Multiplexed fiber optic sensor matrix demodulated by a white light interferometric Mach-Zehnder interrogator. Optics and Lasers Technology,2004,36(5):365—369.

[72] Yuan L B,Wen Q B,Liu C J,et al. Twist multiplexing strain sensing array based on a low-coherence fiber optic Mach-Zehnder interferometer. Sensors and Actuators A. Physical,2007,135:152—155.

[73] Yuan L B,Yang J. Fiber-optic low-coherence quasi-distributed strain sensing system with multi-configurations. Measurement Science and Technology,2007,18:2931—2937.

[74] Guan Z G,Zhou B,Liu G,et al. Quasi-distributed absorption sensing system based on a coherent multiplexing technique. IEEE Photonics Technology Letters, 2007, 19(10):792—794.

[75] Yuan L B, Dong Y T. Multiplexed fiber optic twin-sensors array based on combination of a Mach-Zehnder and a Michelson interferometer. Journal of Intelligent Materials System and Structures, 2009, 20(7): 809—813.

[76] Santos J L, Jackson D A. Coherence sensing of time-addressed optical-fiber sensors illuminated by a multimode laser diode. Applied Optics, 1991, 30(34): 5068—5076.

[77] Liu T, Fernando G F. A frequency division multiplexed low-finesse fiber optic Fabry-Perot sensor system for strain and displacement measurements. Review of Scientific Instruments, 2000, 71(3): 1275—1278.

[78] Yuan Y G, Wu B, Yang J, et al. Tunable optical-path correlator for distributed strain or temperature-sensing application. Optics Letters, 2010, 35(20): 3357—3359.

[79] Yuan L B, Yang J. A tunable Fabry-Perot resonator based fiber-optic white light interferometric sensor array. Optics Letters, 2008, 33(15): 1780—1782.

[80] Yuan L B, Zhou L M, Jin W, et al. Enhanced multiplexing capacity of low-coherence reflectometric sensors with a loop topology. IEEE Photonics Technology Letters, 2002, 14(8): 1157—1159.

[81] Yuan L B, Zhou L M, Jin W. Enhancement of multiplexing capability of low-coherence interferometric fiber sensor, array by use of a loop topology. IEEE Journal of Lightwave Technology, 2003, 21(5): 1313—1319.

[82] Yuan L B, Zhou L M, Jin W, et al. Low-coherence fiber-optic sensor ring network based on a Mach-Zehnder interrogator. Optics Letters, 2002, 27(11): 894—896.

[83] Yuan L B, Zhou L M, Jin W. Design of a fiber-optic quasi-distributed strain sensors ring network based on a white-light interferometric multiplexing technique. Applied Optics, 2002, 41(34): 7205—7211.

[84] Yuan L B, Yang J. Two-loop based low-coherence multiplexing fiber optic sensors network with Michelson optical path demodulator. Optics Letters, 2005, 30(5): 601—603.

[85] Yang J, Yuan L B, Jin W. Improving the reliability of multiplexed fiber optic low-coherence interferometric sensors by use of novel twin-loop network topologies. Review of Scientific Instruments, 2007, 78(5): 055106-055106-7.

第8章　白光相干层析成像技术

8.1　引　言

自 1980 年以来,人们已开发了三种基本的光层析成像方法:衍射层析成像、扩散光层析成像和光学相干层析(OCT)成像。其中光相干层析成像以其安全、廉价及能够提供治疗诊断的潜力,在医疗领域显得尤为重要。该技术的迅猛发展使其在各个领域得到了广泛应用,但医学应用仍占主导地位。光相干层析成像技术的独特优点包括:高深度分辨率和高横向分辨率;深度分辨率完全独立于横向分辨率,散射媒质中的高检测深度,非接触,无损伤,可产生各种与成像对比方法有关的功能。本章将介绍 OCT 的基本原理,并对其应用进行综述。

OCT 通过横向和深度扫描合成横断面层析图像。目前 OCT 在光成像领域主要有三个方面的应用:①肉眼可见或利用小倍数放大镜可见的宏观组织成像;②利用微观分辨率极限的高倍显微镜成像;③利用中低倍数放大镜的内窥成像。在 OCT 技术发展初期,反射测量技术和双光束技术均基于时域低相干干涉仪。后来,傅里叶频域技术的出现引领了成像技术的前沿。近年来,新发展起来的并行 OCT 系统不需要进行横向扫描,因此极大地增加了成像速度。这些系统均采用 CCD 或 CMOS 探头作为光探测器。已经可以得到视频三维 OCT 图像。通过改进干涉显微技术,可以得到高达亚微米的高分辨率光相干显微镜。

眼部结构的透明性使得眼科仍是 OCT 应用的主要领域。第一部商用设备也是为眼科诊断而开发的。而利用近红外光的优势,为强散射组织内的 OCT 成像开辟了广阔的应用前景。高分辨、高穿透深度及功能性成像的潜力保证了 OCT 光学活检的质量,从而使 OCT 的光学活检可实现对组织和细胞的功能与形态的原位评价。OCT 可解释生物组织的形态,而包括早期癌症在内的很多疾病需要的分辨率都很高。新型宽谱光源如光子晶体光纤和超荧光光纤光源,以及新的对比技术,都赋予了 OCT 成像无可比拟的灵敏度和分辨率,以此来获取样品的新特性。

层析成像技术可得到三维物体的切片图像。光层析成像技术可提供无损伤诊断图像,因此在生物医学领域尤为重要。此技术主要应用衍射原理,而不是傅里叶切片定理,所以与 X 射线及核磁共振技术有本质区别。光层析成像主要分为两大类:散射光层析(diffuse optical tomography,DOT)和光衍射层析(optical diffraction tomography, ODT)。光相干层析成像是基于光衍射技术。该技术的大量应用主要集中在生物医学领域。

散射光层析技术利用衍射的传输光子。空间或时间调制的光信号入射到组织中并产生多重散射。利用背向投影法、扰动法及非线性优化方法从透射光中得到层析图像[1,2]。光衍射层析技术基于单程衍射，利用傅里叶衍射投影原理得到层析图像[3]。最近的研究表明，标准衍射层析方法也可基于衍射光子密度波进行成像[4]。

OCT 利用弹道光子和近弹道光子。横向相邻区域深度扫描（类似于较为熟悉的超声成像技术的 A 扫描）用于获取样品的二维反射图。最初，OCT 技术是基于在时域内进行的低时间相干干涉仪扫描完成的。在 ICO-15 SAT 国际会议上 Fercher[5] 报道了利用双光束低相干干涉仪（LCI）技术得到有机体内的在体视网膜色素上皮层的横截面层析图像的技术。翌年，Hitzenberger[6] 发表了该成果。Huang 等[7] 开发了基于光纤迈克耳孙低相干干涉仪的 OCT 技术。Fercher 等[8] 和 Swanson 等[9] 在 1993 年首次报道了人类视网膜在体层析成像图。后来 Chinn 等[10] 利用波长可调干涉仪合成了 OCT 图像，Häusler 等[11] 用光谱干涉仪得到了 OCT 图像。有关 LCI 和 OCT 的早期工作的综述可参见 Masters[12] 发表的主要文章。

8.1.1　OCT 的基本结构

标准的 OCT 系统示意图如图 8.1 所示。低相干光源作为标准迈克耳孙干涉仪的光源。需要注意的是，OCT 包括两个基本的扫描过程。OCT 深度扫描是通过参考镜完成的，而横向 OCT 扫描可通过移动样品或扫描照射样品的探测光束来实现。通过一系列的相邻低相干干涉仪深度扫描，OCT 可合成得到横截面图像。与测量相对距离的传统干涉仪相比，低相干干涉仪测得的是绝对距离。当参考光束和样品光束的光程同时落在"相干区域"的范围内，其尺寸即为所谓的光源往返相干长度 l_c。

$$l_c = \frac{2\ln2}{\pi}\frac{\overline{\lambda}^2}{\Delta\lambda} \tag{8.1}$$

式中：$\overline{\lambda}$ 为光源的平均波长；$\Delta\lambda$ 为光谱宽度［假设光源光谱为高斯光谱，见式（2.2）］。

因此，OCT 具有一些重要特性：第一，深度分辨率与横向分辨率分离。即使大数值孔径的光束不能到达的地方，如眼底，也可得到高深度分辨率。然而，如果可使用大数值孔径光束，也可得到较高的横向分辨率，这种技术被称为光相干显微镜术（optical coherence microscopy, OCM）。第二，可得到组织学中 $1\mu m$ 范围的深度分辨率。第三，干涉仪技术可提供较大的动态范围和高灵敏度（$>100dB$）。

即使在散射环境中,也能进行弱散射组织成像,使原位活检得以实现。最后,值得提醒的是在医学术语中,LCI 和 OCT 均为可得到活体检测数据的无损检测技术。

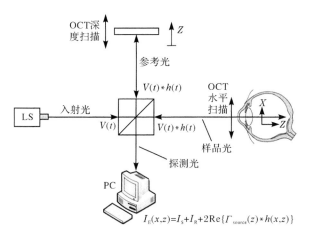

图 8.1　基于低时间相干迈克耳孙干涉仪的标准 OCT 系统示意图

干涉仪输出光强 I_E 取决于样品响应函数 $h(x,z)$ 与光源相干函数
$\Gamma_{source}(z)$ 的卷积；LS. 低相干光源；PC. 个人电脑

目前,OCT 普遍利用光源的时间相干特性。然而,也有人尝试了空间相干 OCT。Rosen 等[13]对相应的空间相干 OCT 进行了研究。为将空间相干的纵向分量作为相干门用于深度测距,照射于物体的光束的空间光谱将因空间掩蔽而改变。在首次演示中,菲涅尔波带片结构被用来移动相干门。此技术的一个优势就是它不依赖于光源光谱。不足之处在于和传统的成像技术一样,深度分辨率取决于数值孔径。另外,目前 OCT 普遍利用线性光学。然而,双光子干涉法在高灵敏度方面显示了特有的潜力,其深度分辨率可望提高 2 倍,同时还可消除色散影响。

双光子干涉法利用了非经典纠缠和相关双光子光源。所谓的"量子 OCT"将在何种程度上取代现有的线性干涉技术将在很大程度上取决于该技术中用到的自发参量下转换光源的可行性(Abouraddy 等[14])。

8.1.2　OCT 的信号处理方法

本章将光波视为标量且为恒定的,各态历经的随机解析信号,可用 Mandel 等[15]提出的方法进行处理。我们还将忽略场的量子化和极化偏振,可用下面电场 $E(t)$ 的傅里叶变换表达式来表示:

$$\hat{E}(\nu) = \int_{-\infty}^{\infty} E(t)\exp(2\pi i\nu t)dt = \mathscr{F}\{E(t)\} \tag{8.2}$$

相应的解析信号为

$$V(t) = 2\int_0^\infty \hat{E}(v)\exp(-2\pi i v t)\mathrm{d}v = A(t)\exp(i\phi(t) - 2\pi i\bar{v}t) \tag{8.3}$$

式中：$A(t)\exp(i\phi(t))$ 为 $V(t)$ 的复包络；$A(t) = |V(t)|$ 为实包络；$\bar{v}$ 为能谱 $V(t)$ 的平均频率。

另外，将瞬时强度定义为

$$I(t) = V^*(t)V(t) \tag{8.4}$$

将光波的干涉现象进一步描述为二阶相关现象。V_s（采样波）和 V_r（参考波）的互相关函数为二阶互相关函数。

$$\Gamma_{sr}(\tau) = \langle V_s^*(t)V_r(t+\tau)\rangle \tag{8.5}$$

式中：$\langle \cdot \rangle$ 表示样本系综的平均值。

因为我们只关心不变的各态历经波，所有样本系综均值均与初始时刻无关，也可用时间平均值代替。平均强度 $\tau = 0$ 时刻的自相关函数 $\mathrm{ACF}_V(\tau)$ 为

$$\bar{I} = \langle I(t)\rangle = \langle V^*(t)V(t+\tau)\rangle\big|_{\tau=0} = \mathrm{ACF}_V(\tau) = \Gamma(\tau)\big|_{\tau=0} \tag{8.6}$$

由干涉定律可知，引入一段时间延迟 $\Delta\tau$ 后，来自采样光束与参考光束在干涉仪输出端进行干涉

$$V_e(t;\Delta t) = V_s(t) + V_r(t+\Delta t) \tag{8.7}$$

干涉仪输出端的平均光强为

$$\begin{aligned}\bar{I}_e(\Delta t) &= \langle I_e(t;\Delta t)\rangle = \Gamma_{ee}(0;\Delta t) = \langle V_e^*(t;\Delta t)V_e(t;\Delta t)\rangle \\ &= \langle I_s(t)\rangle + \langle I_r(t)\rangle + G_{sr}(\Delta t)\end{aligned} \tag{8.8}$$

干涉图 $G_{sr}(\Delta t)$ 为两干涉光束解析信号的互相关函数实部的两倍，即

$$\begin{aligned}G_{sr}(\Delta t) &= 2\mathrm{Re}\{\langle V_s^*(t)V_r(t+\Delta t)\rangle\} = 2\mathrm{Re}\{\Gamma_{sr}(\Delta t)\} \\ &= 2\sqrt{\langle I_s(t)\rangle\langle I_r(t)\rangle}\,|\gamma_{sr}(\Delta t)|\cos[\alpha_{sr} - \delta_{sr}(\Delta t)]\end{aligned} \tag{8.9}$$

式中：$\gamma_{sr}(\Delta t)$ 为两列波相干的复相干度；$|\gamma_{sr}(\Delta t)|$ 为相干度；$\delta_{sr}(\Delta t) = 2\pi\bar{v}\Delta t$，为相位延迟；$\Delta t = (\Delta z/c)$，为时延，$\Delta z$ 为两光束的光程差，c 为光速；α_{sr} 为一恒定相位。

因为 $\Gamma(\tau)$ 为解析函数，故可由实部 $G(\tau) = 2\mathrm{Re}\{\langle V^*(t)V(t+\tau)\rangle\}$ 经解析开拓得到

$$\Gamma(\tau) = \frac{1}{2}G(\tau) + \frac{i}{2}\mathrm{HT}\{G(\tau)\} \tag{8.10}$$

式中：HT 表示希尔伯特变换；$G(\tau)$ 可由 LCI 信号得到。

LCI 和 OCT 均基于低相干干涉仪干涉条纹 G_{sr} 的光电信号 $U_G(t)$（光电外差干涉仪 ac 信号经带通滤波器得到）。光电二极管的噪声近于散粒噪声极限，因此通常在 OCT 系统中用作探测器。与电压测量相比，电流测量具有较好的线性、偏置和带宽，因此光电二极管所测的是电流信号。产生的光电流与入射光功率成正比，经阻抗放大电路转换成电压。

$$U_G(t) \propto i_G(t) = \frac{q_e \eta}{h\bar{\nu}} \int_{Ar(r)} G_{sr}(r,t) \mathrm{d}^2 r \tag{8.11}$$

式中：$i_G(t)$ 为光电流；q_e 为电荷；η 为探测器的量子效率；h 为普朗克常量；$\bar{\nu}$ 为平均光频率；$Ar(r)$ 为探测敏感面积。

通常，LCI 信号的包络是通过对光电交流（ac）信号进行低通滤波而产生的。光电交流（ac）信号的振幅和相位（或相应的正交分量）通过锁相放大器决定。

若干涉仪输出端光探测器表面与干涉光束的波面共面，有

$$G_{sr}(r,t) = G_{sr}(t) \propto i_G(t) \tag{8.12}$$

并且可由式（8.13）得到相干函数 $\Gamma_{sr}(t) = A_{\Gamma}(t)\exp(\mathrm{i}\phi_{\Gamma}(t))$ 的实包络

$$A_{\Gamma}(t) = \frac{1}{2}\sqrt{(G_{sr}(t))^2 + (\mathrm{HT}\{G_{sr}(t)\})^2} \tag{8.13}$$

相位可由

$$\Phi_{\Gamma}(t) = \arctan \frac{\mathrm{HT}\{G_{sr}(t)\}}{G_{sr}(t)} \tag{8.14}$$

得到。

最后，借助于 Wiener-Khintchine 定理得到相应的光谱关系。首先，对光波的自相关函数进行傅里叶变换可得其功率谱

$$S(\nu) = \mathscr{F}\{\Gamma(\tau)\} \tag{8.15}$$

而两列波（V_s 和 V_r）的互相关谱密度函数为其互相关函数的傅里叶变换：

$$W_{sr}(\nu) = \mathscr{F}\{\Gamma_{sr}(\tau)\} \tag{8.16}$$

干涉时延为 Δt 的光谱相干定律为

$$S(\nu;\Delta t) = S_s(\nu) + S_r(\nu) + 2\mathrm{Re}\{W_{sr}(\nu)\}\cos(2\pi\nu\Delta t) \tag{8.17}$$

8.2　OCT 信号特性

8.2.1　单散射和光层析成像

很久以来，未散射的光子如 X 射线和 γ 射线均被用来获得层析成像直线投影。Radon[16] 提出通过直线投影中重建函数的数学问题。其解决方法就是傅里叶切片定理，该定理表明被测物的一些三维傅里叶数据可由其投影的二维傅里叶变换得到。因其与傅里叶衍射定理相似[17]，我们将仔细研究该定理：由被测物的傅里叶变换函数 $F(x,y,z)$

$$
\begin{aligned}
\hat{F}(u,v,w) &= \mathscr{F}\{F(x,y,z)\} \\
&= \iiint F(x,y,z)\exp[2\pi\mathrm{i}(ux + vy + wz)]\mathrm{d}x\mathrm{d}y\mathrm{d}z
\end{aligned}
\tag{8.18}
$$

很容易得出,投影 $P(x,y) = \int F(x,y,z)\mathrm{d}z$ 具有二维傅里叶变换

$$\mathscr{F}_{x,y}\{P(x,y)\} = \iint\left(\int F(x,y,z)\mathrm{d}z\right)\exp[2\pi\mathrm{i}(ux+vy)]\mathrm{d}x\mathrm{d}y = \hat{F}(u,v,0)$$

$$(8.19)$$

因此,被测物的三维傅里叶数据切片可由其二维投影的傅里叶变换得到。在计算层析成像技术中,不同方向上的一系列投影可用于获得深度分辨率。为校正投影过程引入的傅里叶数据密度的径向依存性,可采用滤波步骤(Kak 等[18])来实现。

光层析成像技术,特别是光相干层析成像(OCT)在某些方面与更为熟悉的计算层析成像技术概念有所不同:①衍射光层析成像技术利用高衍射和散射光线;对于部分光子,只能假设其沿直线传播,重建算法必须注意衍射的影响。②光相干层析成像(OCT)图像是对直线传播的低相干探测光束实现的一系列相邻干涉深度扫描进行合成而得到的,这使横向分辨率得以与深度分辨率相分离。③光相干层析成像(OCT)利用后向散射,光线两次经过相同的被测区域。

图 8.2 描述了两种实现光相干层析成像的方法。旋转镜用于提供侧面光相干层析扫描。这里,为了完成共焦点方案(单模光纤的芯径约为 $5\mu\mathrm{m}$)在自由空间光学系统中的光探测器前采用了针孔光阑。因此,大大抑制了样品以外的光聚焦。

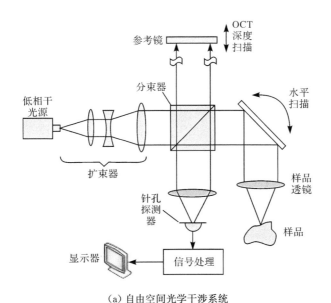

(a) 自由空间光学干涉系统

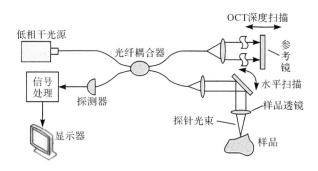

(b) 光纤干涉系统

图 8.2　实现光相干层析成像的自由空间光学和光纤干涉系统图

考虑一个呈高斯分布的探测光束的束腰照射到非均匀性较弱的样品上的情况。因此,在瑞利长度量级内的深度范围内,均可将入射波视为平面波

$$V^{(i)}(\boldsymbol{r},\boldsymbol{k}^{(i)},t)=A^{(i)}\exp(\mathrm{i}\boldsymbol{k}^{(i)}\cdot\boldsymbol{r}-\mathrm{i}\omega t) \tag{8.20}$$

式中:$\boldsymbol{k}^{(i)}$ 为入射波的波矢量,$|\boldsymbol{k}^{(i)}|=k^{(i)}=2\pi/\lambda$ 为波数。

将亥姆霍兹算符作用在自由空间格林函数 $G_{\mathrm{H}}(\boldsymbol{r},\boldsymbol{r}')=(\exp(\mathrm{i}k|\boldsymbol{r}-\boldsymbol{r}'|)/$ $|\boldsymbol{r}-\boldsymbol{r}'|)$ 上,由一阶波恩近似可以得到作为亥姆霍兹方程近似解的散射波为[3,17]

$$V_s(\boldsymbol{r},\boldsymbol{k}^{(s)},t)=V^{(i)}(\boldsymbol{r},\boldsymbol{k}^{(i)},t)+\frac{1}{4\pi}\int_{V(r')}V^{(i)}(\boldsymbol{r}',\boldsymbol{k}^{(i)},t)F_s(\boldsymbol{r}',\boldsymbol{k})G_{\mathrm{H}}(\boldsymbol{r},\boldsymbol{r}')\mathrm{d}^3r'$$

$$\tag{8.21}$$

式中:$\boldsymbol{k}^{(s)}$ 为散射波的波矢量,$|\boldsymbol{k}^{(s)}|=k$。

这一积分可延伸到被照射样品体积 $V(\boldsymbol{r}')$ 发出的子波。这些子波的相对幅度取决于样品的散射势

$$\boldsymbol{F}_s(\boldsymbol{r},\boldsymbol{k})=k^2(m^2(\boldsymbol{r},\boldsymbol{k})-1) \tag{8.22}$$

其中

$$m(\boldsymbol{r},\boldsymbol{k})=n(\boldsymbol{r},\boldsymbol{k})(1+\mathrm{i}k(\boldsymbol{r},\boldsymbol{k})) \tag{8.23}$$

式中:m 为样品结构的复数折射率分布;$n(\boldsymbol{r})$ 为相位折射率;$k(\boldsymbol{r})$ 为衰减指数。

在 LCI 和 OCT 中,在距离样品为 d 处,远大于样品体积的线性尺寸,对相干光照射的样品体积上发出的后向散射光进行检测。因此,d 处的散射波 $V_s(\boldsymbol{r},\boldsymbol{K},t)$ 可表示为[19]

$$V_s(\boldsymbol{r},\boldsymbol{K},t)=\frac{A^{(i)}}{4\pi d}\exp(\mathrm{i}\boldsymbol{k}^{(s)}\cdot\boldsymbol{r}-\mathrm{i}\omega t)\int_{Vol(r')}F_s(\boldsymbol{r}')\exp(-\mathrm{i}\boldsymbol{K}\cdot\boldsymbol{r}')\mathrm{d}^3r'$$

$$\tag{8.24}$$

其中,假定入射波振幅 $A^{(i)}$ 在相干探测范围内为一常数。

$$\boldsymbol{K}=\boldsymbol{k}^{(s)}-\boldsymbol{k}^{(i)} \tag{8.25}$$

为散射矢量(见图 8.3)。于是,散射样品波振幅的远场近似值 A_s 正比于样品散射势 F_s 的三维逆傅里叶变换:

$$A_s(\boldsymbol{r},\boldsymbol{k}^{(s)},t) = \frac{A^{(i)}}{4\pi d} \int_{Vol(r')} F_s(\boldsymbol{r}') \cdot \exp(-i\boldsymbol{K}\cdot\boldsymbol{r}') d^3 r' \propto \mathscr{F}^{-1}\{F_s(\boldsymbol{r}')\}$$

(8.26)

这一结果为衍射层析成像基本定理的简化形式(Born 等[3]):散射势可由散射场的傅里叶反变换得到。

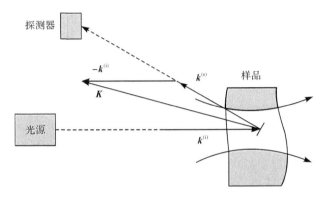

图 8.3　后向散射几何表示入射和散射波的矢量和散射矢量

由方程(8.25)和图 8.3 可以看出,由不同方向散射得到的散射势的所有傅里叶分量均用位于球面上的散射矢量 $\boldsymbol{k}$ 表示。如图 8.4 所示,检测到的在各个可能方向上的散射光使矢量 $\boldsymbol{k}$ 得以在 $\boldsymbol{K}$ 空间描述的中心位于$(-k_x,-k_y,-k_z)$埃瓦尔德球(Ewald sphere)上。

利用单个波长 λ_1 只能在每个散射方向上得到一个单一的傅里叶分量。例如,狭窄入射光束在(x,y)处的前向散射在光束前进方向(x,y)处得到的散射势投影为 $\hat{F}_s(x,y;w=0) = \int_{Vol(z)} F_s(x,y,z) dz$($F$ 如图 8.4 所示)。相反,在入射光束的反方向上的散射可以得到散射势的唯一高频分量(B_1 如图 8.4 所示)。然而,这种唯一的散射势傅里叶分量无解。

下面将集中讨论后向散射。如果改变探测器的位置,可探测到额外的傅里叶分量(DD 和 DD′如图 8.4 所示)。同样,若改变入射方向,可以得到傅里叶分量 ID 和 ID′。由图 8.4 可见,这种多样性为探测各种横向傅里叶分量提供了可能。利用另一个波长如 λ_2 可以得到另外的深度分量(如 B_2)。

入射和探测方向多样性技术用于 OCT 中减小散斑,而波长多样性用于 LCI。LCI 中沿与入射光束相反的方向散射的光用于再发生光的深度定位,则

$$K_j = -2k_j^{(i)}$$

(8.27)

接下来将主要围绕 LCI 进行深入讨论。这里,用狭窄光束对样品进行照射,

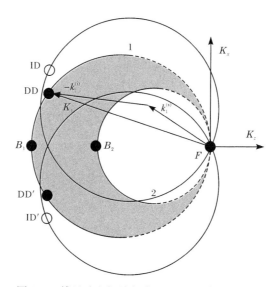

图 8.4　傅里叶空间波长为 λ_1 和 λ_2 的埃瓦尔德球

前向散射:虚线半圆;后向散射:实线半圆;F、$B_{1,2}$ 为由前向和后向散射得到的傅里叶数据;

DD、DD′ 分别为探测器在不同位置得到的傅里叶分量;ID、ID′ 分别为不同入射位置处得

到的傅里叶分量;两者的波场均为 λ_1

并从与入射光相反的方向对后向散射光进行探测。假设在样品被照射的体积内,散射势 F_s 独立于侧向坐标。那么,方程(8.24)中对 x' 和 y' 的积分可用一常数因子代替,z 处的后向散射波可表示为

$$V_s(z,K,t) = A_s(K)\exp(-\mathrm{i}kz - \mathrm{i}\omega t) \tag{8.28}$$

式中:$K=2k$。

若常数 d 固定,则与波长有关的复数场振幅 $A_s(K)$ 正比于散射势的一维(逆)傅里叶变换:

$$A_s(K) = a_s(K)\exp(\mathrm{i}\Phi_s(K)) \propto \mathscr{F}^{-1}\{F_s(z)\} \tag{8.29}$$

即

$$F_s(z) \propto \mathscr{F}\{a_s(K)\exp(\mathrm{i}\Phi_s(K))\} \tag{8.30}$$

这是傅里叶域 LCI 和 OCT 的物理基础。振幅 $a_s(K)$ 和相位 $\Phi_s(K)$ 表示由干涉技术探测得到的复数 LCI 信号。傅里叶域 OCT 技术直接建立在方程(8.30)表示的傅里叶关系基础之上,而时域技术是基于样品对光源相干函数的响应进行卷积运算。

图 8.4 也表明 LCI 和 OCT 为带通技术。二者检测的是散射势场的高频傅里叶分量,由傅里叶微分定理可知,该高频分量为散射势场微分的函数。在可以反映病理过程的组织光学中以上散射特性的分析起着越来越重要的作用。或者说 LCI 和 OCT 对散射视场的不连续性非常敏感(这种不连续性可由折射率和衰减

系数的不连续性引起）。

Pan 等[20]提出了另外一种了解 LCI 信号重要性的方法。他们建立了一个模型，该模型也可以解释 OCT 在混浊组织中探测到的信息。通过观察，对由散射样品反射回来的光场进行叠加，可探测到探测器处的辐照度。他们定义了光程分辨场密度，并指出 LCI 信号隐藏了光程分辨散射样品反射率 R 的平方的编码信息。

Schmitt 等[21,22]和 Wang[23]提出了一系列假定具体组织模型的方法。在其所提出的模型中，认为适当尺寸的微小粒子集合形成了形状不规则的碎片状导致折射率发生变化，并利用 Mie 理论计算参数如散射系数和各向异性系数 g（定义为散射角余弦的平均值）。

8.2.2　样品的多重散射

多重散射可用波恩高阶近似进行描述，例如二阶波恩近似涵盖了两次光散射。方程(8.4)右边的部分光将发生二次散射并产生如下效应[3]：

$$\int_{V(r')}\int_{V(r'')} V^{(i)}(\boldsymbol{r}',\boldsymbol{k}^{(i)},t)F_s(\boldsymbol{r}',k)G_H(\boldsymbol{r}'',\boldsymbol{r}')\mathrm{d}^3r'F_s(\boldsymbol{r}'',k)G_H(\boldsymbol{r},\boldsymbol{r}'')\mathrm{d}^3r'$$

$$(8.31)$$

然而，将这些六维积分进行逆变换是项棘手的工作。因此，似乎只有单次散射光有助于提取隐藏在散射势场中的结构信息。但是，样品的多重散射非常重要，因为它可以使我们得到一些参数，如吸收系数、散射系数、散射异向性和溶液中的粒子浓度。另外，多重散射光影响着 OCT 的探测深度和信噪比(SNR)。

方程(8.26)和方程(8.31)均建立在麦克斯韦方程组的基础上。基于麦克斯韦方程组，对于散射还有其他处理方法。例如，Brodsky 等[24]利用了亥姆霍兹方程矢量的光程积分法。Thurber 等[25]在实验中，将最大 LCI 信号作为粒子尺寸和浓度的函数的方法，得到了合理一致的结果。另外，Yura[26]利用扩展的惠更斯-菲涅尔公式对在扰动空气中传播的光束的多重散射特性进行了解析分析，并被 Schmitt 等[27]和 Thurane 等[28]应用到 OCT 研究中。这些研究表明，LCI 和 OCT 的探测深度不仅仅依赖于吸收和散射系数，还依赖于散射的各向异性和样品透镜的数值孔径，特别是透镜与相干区域间的样品分布。

多重散射还可以基于传输理论进行处理。在很多组织中，例如，在几毫米的穿透深度内，光漫射占主要部分。这样解析技术变得异常复杂。应用基于传输理论的试探法和基于漫射方程的光子密度波进行处理则非常有效[29]。这些技术在漫射光层析成像技术(DOT)中都非常重要。

8.2.3　探测深度

既然多重散射对待测物的傅里叶光谱没有任何贡献，它将形成背景扰动。从而降低图像对比度、分辨率以及穿透深度。因此，一个重要的问题就是要对单次和多重散射光进行平衡。为了估计多重散射光所占的比重，人们做了大量的研究工作。

如图 8.5 所示，探测光束聚焦于样品上，而相干匹配点落在或接近于样品透镜的焦点。光探测器探测到的单次散射光会受限于相干探测体积内的散射光子数。相干探测体积（用此术语以避免与相干体积混淆）等于相干区域深度与相应光束横截面的乘积（见图 8.5）。

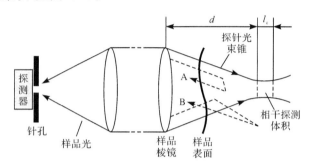

图 8.5　样品和探测光束的几何示意图

双次散射光子的估计对干涉图样没有任何贡献。轨迹 A 在相干区域之外；沿轨迹 B 移动的光子位于相干区域之内但会错过探测器前面的光纤或针孔。现在考虑双次散射光子的光程。双次散射光子的第一次散射当然一定是发生在照射光束的锥形区内。因为要满足相干条件，第二次散射一定发生在相干体积之内或非常靠近相干体积。因此，单次和双次散射光子的光程决定探测深度。

随着探测深度的增加，多重散射光子数和光探测器探测到的光子数也随之增加。这些光子都有自己的轨迹，即使是位于探测光束范围之外的光子也一样。散射次数的增加，会降低这些光子的时间和空间度。最后，在很大的探测深度中，非相干漫射光子占主导地位。

Bizheva 等[30]已利用低相干动态光散射对从单散射区域到漫散射的变迁进行了实验分析。基于该技术的实验研究表明，不管是低散射各向异性参数 g 或样品透镜的小数值孔径均在光程较长时发生由单散射光到漫射光的变迁[30,31]。因此，被检测到的光子在样品中平均自由长度要大于给定的平均散射自由长度 $1/\mu_s$，它取决于如下因素，如样品透镜的数值孔径和样品的散射各向异向性。Gandjbakhche 等[32]指出，在各向异性随机传输中，一个光子经历 N 次散射再返回到表面的概率为 $N(1-g)/(1+g)$。因此，随着散射各向异性参数 g 的增加，被检测到的经历了 N 次（N 很大）散射的光子的相对数目会减小。

既然散射 N 次的光的线宽为单次散射光线宽的 N 倍[31]，那么两倍线宽就

LCI 和 OCT 的探测深度而言应该是个比较合理的标准。即探测深度可定义为双次散射光子开始居于主导地位的深度。图 8.6 给出相应的平均自由游走数目关于 g 的方程。

由图 8.6 可知,LCI 和 OCT 的探测深度在几个自由随机游走的范围内。当应用具有不同的数值孔径的样品透镜时,也观察到了类似的依存性[30]。增加数值孔径可检测到发生更多散射的光子。然而,这种依赖性并不像对光各向异性的依赖性那样显著。例如,在各向异性系数较高的介质中,数值孔径并不能有效阻挡多次散射的光子。

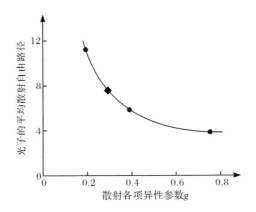

图 8.6　以聚苯乙烯微球水溶液后向散射的光线宽加倍时,检测到的光子的平均散射
自由路径$(1/\mu_s)$与散射各向异性参数 g 的函数

● . 粒子直径 0.22μm、0.3μm 和 0.5μm;平均自由路径～100μm;SLDλ＝850nm;NA＝0.32[30];

◆ . 粒子直径 0.258μm;平均自由路径 156μm;SLDλ＝845nm;NA 未知[31]

在 OCT 的很多应用中,穿透深度是个相当关键的参数,特别是在生物医学领域。既然限制 OCT 穿透深度的主要因素为散射,为与生物组织的折射率相匹配,人们做了很多尝试。例如,通过引入无水甘油,皮肤的透过率提高了 50%[33]。Tuchin 等[34]对通过折射率匹配提高血液穿透度进行了探讨。

由于在可见光谱中,生物组织的散射和吸收随波长的增加近乎单调递减,因此在 OCT 中比较倾向利用红光到近红外(NIR)的波段。在这些波段,生物组织的散射各向异性参数 $g\approx0.9$[22]。所以,前向散射占主导,可由图 8.6 大概估计出 OCT 的穿透深度在平均自由随机游走 $1/\mu_s$ 的 3～4 倍的量级。

然而,必须强调的是,LCI 的穿透度不仅只与厚度有关,还取决于探测透镜和探测平面间的散射介质的分布。对于给定深度的多重散射层,如果靠近样品透镜,探测深度则会大大降低,但如果靠近样品,探测深度则不会减小太多。这在大气光学中被称为"淋浴帘效果",现已被 Thrane 等[28]应用到了 OCT 中。

8.2.4　灵敏度

OCT 装置的主要参数为光功率、波长、穿透度、分辨率、灵敏度和图像速率。然而,这些参数并不是互相独立的,其中的一些参数取决于成像问题。例如,波长的选择在很大程度上取决于样品本身的特性。

OCT 系统的一个重要特征就是极弱的样品反射率 $R_{s,min}$,它所产生的信号功率等于系统噪声。灵敏度 S 可定义为由完全散射的反射镜($R=1$)所产生的信号功率与样品反射 $R_{s,min}$ 所产生的信号功率之比。

既然这些信号功率正比于相应的反射率,可得

$$S = \frac{1}{R_{s,min}} \bigg|_{SNR=1} \tag{8.32}$$

方程(8.1)中,相干项在探测器处产生的有效信号光电流为

$$i_g = \frac{\eta q_e}{h\bar{\nu}} \sqrt{2P_s P_r} \tag{8.33}$$

式中:P_s 和 P_r 分别为照射在样品和光探测器上的参考光束的功率。

标准 OCT 装置利用交流(ac)检测。在低频范围内,大多数放大器都存在闪烁噪声($1/f$ 噪声,典型值为 3dB/倍频程斜率)。因此,通常使用的频率高于 10kHz。主要的噪声源为散粒噪声$\langle \Delta i_{sh}^2 \rangle$、过剩强度噪声$\langle \Delta i_{ex}^2 \rangle$和接收机噪声$\langle \Delta i_{re}^2 \rangle$。接收机噪声可按厂家给出的数据计算,也可用热噪声进行建模。当光源为宽谱光源时,光电流噪声由两项组成:由光电流的方差引起的散粒噪声和由宽谱光源的自拍引起的过剩噪声[35]。合成的光电流噪声平方的均值为

$$\langle \Delta i_p^2 \rangle = \langle \Delta i_{sh}^2 \rangle + \langle \Delta i_{ex}^2 \rangle = 2q_e B\langle i \rangle + (1+V^2)\langle i \rangle^2 \frac{B}{\Delta\nu_{eff}} \tag{8.34}$$

式中:B 为电带宽;V 为光源的偏振度;$\langle i \rangle$ 为探测器的平均光电流;$\Delta\nu_{eff}$ 为光源的有效线宽[36]。对于高斯光谱,$\Delta\nu_{eff}$ 为

$$\Delta\nu_{eff} = 1.5\Delta\nu \tag{8.35}$$

即功率谱的半值宽度。SNR 为平均信号功率和噪声功率之比:

$$SNR = \frac{2\alpha^2 P_s P_r}{\langle i_{re}^2 \rangle + \langle i_{sh}^2 \rangle + \langle i_{ex}^2 \rangle} \tag{8.36}$$

其中,$\alpha = (q_e \eta / h\bar{\nu})$。在具有理想的对称分束器的迈克耳孙干涉仪中,有 $P_r = P_{source} R_r / 4$ 和 $P_s = P_{source} R_s / 4$,其中 P_{source} 为光源的输出功率,R_r 为参考镜的反射率,R_s 为样品的反射率。我们将接收机噪声模拟为电阻限制接收器的热噪声:$\langle \Delta i_{re}^2 \rangle = 4k_B TB/\rho_l$,其中 k_B 为波尔兹曼常量,T 为热力学温度,ρ_l 为负载电阻(将 ρ_l 用有效负载代替也可将放大器噪声包含在噪声电流内)。进一步假设,光电流的支流分量$\langle i \rangle$仅取决于参考光束,可以得到

$$S=\frac{\alpha^2}{8B}\frac{P_{source}^2 R_r}{\frac{\alpha}{4}P_{source}R_r\left(2q_e+\frac{\alpha}{4}P_{source}R_r\frac{1+V^2}{\Delta\nu_{eff}}\right)+\frac{4k_B T}{\rho_1}} \tag{8.37}$$

分母中的两附加项定义了两个限制区域,其中一个为接收机噪声占主导的区域,另一个为光源功率很高的区域。在中间区域,散粒噪声占主导,探测器的灵敏度为

$$S=\frac{\alpha}{4}\frac{P_{source}}{q_e}\frac{1}{B} \tag{8.38}$$

式(8.38)描述了一个经验法则,即灵敏度与噪声功率成正比,与电带宽成反比。

在散粒噪声主导的范围内,S 与光源功率呈线性关系;OCT 系统经常工作在这一区域,因为功率较低时,接收机噪声将限制灵敏度,功率过高时,因过剩噪声的存在,得不到附加灵敏度。因此,可将此区域视为优化区域。在散粒噪声限制区域,已有报道得到 $S=10^{11}$ 和更高的灵敏度。图 8.7 描述了 OCT 系统的灵敏度与不同波长谱宽的参考反射的依赖关系,当 OCT 系统的参数取光源功率 $P_{source}=$ 1.5mW,平均光波长 $\lambda=830nm$,探测器量子效率 $\eta=0.8$;光源偏振度 $\Pi=1$,接收机噪声电流 $=0.5pA/Hz^{1/2}$,电带宽 $B=100kHz$,并且当光源高斯光谱谱宽分别取 $\Delta\lambda_{FWHM}=0.25nm$、2.5nm、25nm 和 250nm 时,给出了图 8.7 中由单一噪声源(散粒噪声 S_{sh}、过剩噪声 S_{ex} 和接收机噪声 S_{re})决定的系统灵敏度。在 Rollins 等[37]的文献中可找到基于散射组织 OCT 参数的类似图形。Podoleanu[38]分析了 OCT 中的非平衡和平衡操作,他指出平衡 OCT 结构,深度扫描中震动引起的衰减和可避免光源的后向反射即使考虑到信噪比也很有优势,特别是对于快速 OCT 系统,该优势更加明显。

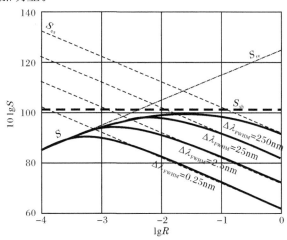

图 8.7　OCT 系统的灵敏度与不同波长谱宽的参考反射的依赖关系

8.2.5　散斑

1. 散斑特性

散斑是由具有随机相位的光波之间的干涉而产生的。在相干成像中,散斑除了作为噪声外,还是对一系列测量技术非常有用的现象[39]。为了解散斑在医学中的作用可参考 Briers[40] 的文章。在 LCI 和 OCT 中,样品光束中会出现"主观"散斑[41]。在相干体积内的后向散射处样品波为很多子波的和。样品中散射处的随机深度分布及样品不断变化的折射率,使子波具有随机相位。

若各个散射部分的振幅和相位随机独立,分布相同,在 $(-\pi,\pi)$ 内呈均匀分布,且具有较高的偏振性,则散斑的一阶随机特性可以很容易说明。对一个完全散射的散斑[42],样品波的合成矢量为圆形复数高斯随机变量。样品强度的相应随机特征为负指数函数,其概率密度函数为[43,44]

$$p_{I_s}(I_s) = \frac{1}{\langle I_s \rangle} \exp\left(-\frac{1}{\langle I_s \rangle}\right), \quad I_s \geqslant 0 \tag{8.39}$$

这里定义矩为

$$\langle I^n \rangle = n! \langle I \rangle^n \tag{8.40}$$

散斑图样的对比度定义为

$$C = \frac{\sigma_{I_s}}{\langle I_s \rangle} \tag{8.41}$$

完整的偏振散斑的高散斑对比度 $C=1$, σ_{I_s} 为 I_s 的标准偏差。

散斑的二阶统计特性与其时间和空间结构有关。用于描述这种特性的标准方法为相关函数。例如,在 LCI 信号中,散斑的深度扩展特性可估计为其强度波动的相干长度。假设随机独立的后向散射子波,根据下面的公式,由振幅相关函数 $G(\tau)$ 可以得到强度相干为[45]

$$\langle I(t)I(t+\tau) \rangle = \langle I(t) \rangle^2 (1 + |G(\tau)|^2) \tag{8.42}$$

既然由样品散射回来的光谱与探测光束的光谱几乎相同,那么强度波动的相关长度可由相应的相干长度 l_c 估计得出。实际上,OCT 中的真实情况要更复杂得多:第一,由于参考光束的缘故,在 LCI 和 OCT 中很难得到完全散射的散斑;第二,在镜面反射界面处产生的后向散射光并不产生散斑;第三,由于吸收的影响,后向散射光谱是被修正了的光谱。

2. 干涉图样散斑

LCI 系统中,探测器处的光场为后向散射样品子波与参考波(强度为 I_r)的叠加。理想情况下,LCI 和 OCT 并不采用探测器处的总体光强 $I = I_s + I_r + G_{sr}$,而是采用干涉图样 G_{sr}。常数参考光束强度 I_R 和波动样品强度 I_s 可用外差或相关检

测技术消除。借助于外差检测技术，如使用载波频率 $f_c = 2V_{mirror}/\bar{\lambda}$（$\bar{\lambda}$ 为平均波长，V_{mirror} 为参考镜的速度）调制得到干涉图样强度 G_{sr}，由散斑引起的平均频率 $f_{speckle} = 2V_{mirror}/l_c$。因此，如果 $l_c \gg \bar{\lambda}$，如标准 OCT 的情形，外差检测技术可有效抑制由样品强度 I_s 的波动引起的散斑波动，但并不能消除干涉图样中的散斑波动。然而，在具有高分辨率的 OCT 中，$l_c \sim \bar{\lambda}$ 时，为消除由样品强度 I_s 引起的散斑噪声，必须使用电路的带通滤波器进行仔细滤波。任何情况下，都会有干涉图样的散斑噪声。假设完全散射的样品光束散斑（偏振光）深度扫描信号的统计特性取决于样品，则 OCT 深度扫描信号仅包含干涉图样。因此其统计特性即为干涉图样的统计特性。干涉图样为样品解析信号与参考光束的互相关函数实部的两倍 [见方程(8.9)]，$G_{sr}(\Delta t) = 2\text{Re}\{\Gamma_{sr}(\Delta t)\} = 2A_s R[\,|\gamma_{sr}(\Delta t)|\cos(\alpha_{sr} - \delta_{sr}(\Delta t))]$，其中 R 为参考光束的振幅；相对于参考光束而言，样品光束的振幅 A_s 及相位 α_{sr} 是随机的。所以，G_{sr} 为高斯函数。然而，标准 OCT 技术，利用干涉图样实包络的最大值 A_r[见方程(8.13)]作为 OCT 成像的图像函数 G。因此，G 呈瑞利分布[46]：

$$p_G(G) = \frac{2G}{\langle G^2 \rangle} \exp(-G^2/\langle G^2 \rangle), \quad G \geqslant 0 \tag{8.43}$$

平均值和二阶矩为

$$\begin{cases} \langle G \rangle = 2\langle A_s \rangle R\,|\gamma_{sr}(0)| \\ \langle G^2 \rangle = \dfrac{4}{\pi}\langle G \rangle^2 \end{cases} \tag{8.44}$$

因此，完全散射的样品光束散斑的 OCT 信号的对比度 $C_G = \sqrt{\langle G^2 \rangle - \langle G \rangle^2}/G = \sqrt{(4/\pi) - 1} = 0.52$。这些波动是由相干探测体积内的散射分布引起的。相应样品信号的强度在相干长度的量级发生波动，深度分辨率会下降。这里，OCT 中散斑信号的对比度只有标准相干成像散斑对比度的一半[41]。另外，大多数 OCT 成像都表示的是 G 的对数。因此，与相干成像相比，对 OCT 中散斑信号的影响并不是很明显。

3. OCT 中散斑的抑制

将 M 个非相干完全散射散斑图样相加，得到的合成散斑图样的概率密度呈伽马分布，散斑的对比度 $C = M^{-1/2}$[43,44]。因此，信噪比 SNR 中相应的增益为 $M^{1/2}$。但是必须满足三个条件：①必须是基于强度的累加；②单个散斑图样必须是不相关的；③需要成像的物体的结构必须相同。

Goodman[47] 已经讨论了获取非相干光散斑的技术，如时间、空间、频率或偏振态分集技术。更进一步则是深度扫描信号处理[48]和成像后处理[49]。

Schmitt[49] 阐述了空间分集技术。在这项技术中，由布满 LCI 样品透镜数值孔径的散斑产生的很多单样本信号合成的复合信号。应该指出的是，这种情形下的这些信号间是不相关的,并且横向分辨率已经降低到样品透镜的衍射极限之下。事实上,这种情况下,可用来自附加探测器的信号减小深度扫描信号中的散斑噪声。不过,因为横向分辨率也依赖于横向采样率,所以情况变得非常复杂。无论如何,利用这种技术,在分辨率没有显著损失的情况下得到的信噪比增益已接近于理论上可以得到的系数(采用 4 个探测器时,该系数是 2)。

Bashkansky 等[50]阐述了一种减小散斑的实用技术,该技术可应用于采用照射方向分集的正面 OCT 成像中。Xiang 等[51]提出了利用具有非线性阈值的子波滤波器来减小散斑。Rogowska 等[52]描述了另外一种滤波技术。他们利用自适应散斑抑制滤波器减小背景噪声,从而提高图像特征。Schmitt 等[53]进一步讨论了减小散斑的实验方法。零调整过程[54]减小了高散射强度区的散斑,但也有可能钝化图像特征的尖锐边缘。Pircher 等[46]通过利用没有重叠光谱的两个光源的频率混合演示了对散斑的抑制效果。

8.2.6 分辨率

通常,利用调制传输函数来评价一个成像系统的空间分辨性能。调制传输函数为光传输函数的强度大小,是系统点扩散函数的逆傅里叶变换。成像系统的每个分量都有其自己的调制传递函数。然而,单单只有调制传输函数对于决定 OCT 系统的空间性能并不非常重要,这是因为电学系统带有噪声:

(1)噪声取决于一些参数如光源功率、干涉参数、电学参数和样品反射率。

(2)噪声倾向于淹没高频信号。

为了估计光源功率较低的 OCT 的性能,如信噪比与频率的关系曲线,可以更好的预测系统的性能。然而,本节我们只考虑 OCT 的点扩散函数及提高 OCT 成像的信号处理技术。

1. OCT 的点扩散函数和分辨率

OCT 的分辨率可分为:深度分辨率是由相干长度定义的[见式(8.1)],然而横向分辨率取决于聚焦的(高斯)探测光束的最小束腰半径。由 ABCD 定律可得[55]

$$w_f = \frac{w_p f}{\sqrt{z_1^2 + \pi^2 w_p^4 / \lambda^2}} \tag{8.45}$$

式中:w_f 为探测光束的最小束腰半径;w_p 为聚焦前探测光束的最小束腰半径;λ 为光的波长;f 为样品透镜的焦距;z_1 为样品透镜焦平面到未聚焦的探测光束的束腰的距离。

式(8.45)表明,有两种方法来减小探测光束的束腰直径:减小样品透镜的焦距或增加探测光束的束腰到样品透镜的距离 z_1。任何情况下,聚焦光束的光斑半径为

$$w(\Delta z) = w_{\mathrm{f}} \sqrt{1 + \left(\frac{\overline{\lambda}\Delta z}{\pi w_{\mathrm{f}}^2}\right)} \tag{8.46}$$

式中：Δz 为到聚焦光束最小束腰的距离。

Schmitt[56] 给出了 OCT 点扩散函数的恰当定义。他将点扩散函数定义为点散射源通过样品透镜的聚焦空间进行扫描得到的 OCT 信号的函数依赖关系。该函数为平均周期 $\lambda/2$ 的振幅调制余弦信号。若光程匹配点位于聚焦的高斯探测光束的束腰处，且可忽略多次散射，则点扩散函数的包络为

$$\Pi(\Delta r, \Delta z) = \exp\left[-\left(\frac{\Delta z}{l_{\mathrm{c}}}\right)^2 4\ln 2\right] \exp\left[-\left(\frac{\Delta r}{w(\Delta z)}\right)^2\right] \tag{8.47}$$

式中：Δz 为散射源到光束束腰处的轴向距离；Δr 为径向距离。（注意通常高斯光束的最小束腰不需要和样品透镜的焦点重合。）

除了包含一个常数因子外，散射势 $F_{\mathrm{s}}(z)$ 和散射波的复振幅 $A_{\mathrm{s}}(K)$ 是在 K 空间的傅里叶变换对［见方程(8.12)］，因此由傅里叶不确定关系可以得到深度分辨率。对于高斯振幅光谱，$(K) \propto \mathrm{e}^{-4\ln 2(K/\Delta K_{\mathrm{FWHM}})^2}$，$K$ 空间中半谱宽 ΔK_{FWHM} 和 z 空间的振幅的半谱宽之积 $\Delta K_{\mathrm{FWHM}}\Delta z_{\mathrm{FWHM}} = 8\ln 2$，或表示为

$$\Delta z_{\mathrm{FWHM}} = \frac{8\ln 2}{\Delta K_{\mathrm{FWHM}}} \tag{8.48}$$

也可以很容易地扩展成波长依赖的振幅光谱，因此可以得到 OCT 的深度分辨率为

$$\Delta z_{\mathrm{FWHM}} = \frac{2\ln 2}{\pi} \frac{\overline{\lambda}^2}{\Delta \lambda_{\mathrm{FWHM}}} \tag{8.49}$$

式中：$\overline{\lambda}$ 为平均波长。

上面的不确定关系与振幅有关，并且可直接应用到傅里叶域 OCT。这里，时域 OCT 信号也正比于样品光束的振幅［见方程(8.9)］。时域 OCT 中，深度分辨率等于相干长度的一半，也可以得到类似的关系。

不充分的横向采样率和探测光束直径的尺寸限制了 OCT 的横向分辨率。与深度分辨率类似，将横向分辨率定义为探测光束振幅在聚焦探测光束束腰处分布的半谱宽 Δd_{FWHM}：

$$\Delta d_{\mathrm{FWHM}} = 2\sqrt{\ln 2}\, w_0 = 2\sqrt{\ln 2}\, \frac{\overline{\lambda}}{\pi \theta_{\mathrm{s}}} \tag{8.50}$$

式中：θ_{s} 为高斯光束的扩散角。

高分辨率 OCT 中的一个特定问题就是横向分辨率对深度的依赖性。将高斯光束的共焦点参数加倍可用于定义焦点深度 DOF：

$$\mathrm{DOF} = 2\frac{\overline{\lambda}}{\pi \overline{\theta}^2} \tag{8.51}$$

例如,平均波长 $\bar{\lambda}=830\text{nm}$ 时的横向分辨率 $\delta r=20\mu\text{m}$,可以得到焦点深度 DOF= 3mm,然而横向分辨率 $\delta r=2\mu\text{m}$ 时焦点深度 DOF 减小为 $30\mu\text{m}$。由于小的束腰半径与大数值孔径相关,从而得到较小的共焦点光束参数,反之亦然。因此必须在预期的横向分辨率和可以得到的焦点深度间作个折中。解决这个矛盾的方法是采用动态聚焦追踪系统。Schmitt[49] 已经提出一个这样的系统并在实验工作中得到了广泛应用。Lexer 等[57] 报道了能进行高速扫描的系统。Drexler 等[58] 采用另外一种图像融合技术,该技术中,记录下具有不同焦点深度的独立图像并将相应的层析成像图融合在一起,类似于用于超声成像的 C 模式扫描。

2. 去卷积

深度分辨率不高主要是因为深度点扩散函数包络的宽度有限。因为复杂的深度点扩散函数为光源光谱 $S_{\text{source}}(\nu)$ 的逆傅里叶变换,所以后者应该为狭窄平滑函数。光谱结构的任何纹波都会导致伪成像结构。由于 OCT 信号为样品函数和光源相干函数的卷积,因此去卷积似乎成了一种很自然的补偿由深度点扩散函数造成的信号失真的方法。在傅里叶空间,只需对传输函数进行如下计算即可实现去卷积:

$$H(\nu) = \frac{W_{\text{sr}}(\nu)}{S_{\text{source}}(\nu) + \varepsilon} \tag{8.52}$$

式中:$W_{\text{sr}}(\nu)$ 为样品和参考光束的交叉谱密度。$S_{\text{source}}(\nu)$ 必须已知且一定不能为 0。因此大多数去卷积技术都要在方程(8.52)的分母上加一个非零项 ε。然而必须注意的是,去卷积很容易被结构噪声破坏。很多研究,如 Kulkarni 等[59]、Bashkansky 等[60] 和 Wang[61] 都报道了 2~3 倍的深度分辨率改善,但仍存在一些噪声问题。

3. 色散补偿

色散也会破坏深度分辨率。通常,色散材料被用在干涉仪的参考臂以平衡样品臂的色散。这种技术的不足之处就是为改变色散平衡条件需要移动机械部件,因此速度会很慢。一个光程为 z 的色散介质,将依赖频率的相位加在样品波上[62]:

$$\Phi_{\text{disp}}(\omega) = k(\bar{\omega})z + k^{(1)}(\bar{\omega})(\omega-\bar{\omega})z + k^{(2)}(\bar{\omega})\frac{(\omega-\bar{\omega})^2}{2}z + \cdots \tag{8.53}$$

式中:$k^{(j)}(\bar{\omega}) = (\mathrm{d}^j k/\mathrm{d}\omega^j)_{\omega=\bar{\omega}}$,为第 j 阶色散。

根据傅里叶相移定理可知,傅里叶空间中,一函数乘上一相位因子等效于在时域对该函数进行线性平移:

$$\Gamma(\tau+\Delta t) = \mathscr{F}^{-1}\{S(\omega)\exp(-lv\Delta t)\} \tag{8.54}$$

只有傅里叶空间中附加的相位正比于频率,即 $\Phi(\omega) = \omega\Delta t$ 时,才可以对相干函数进行无需修正的平移。因此,只有零阶色散产生的相干函数的平移才无需修正。一阶色散使相干长度变为

$$l_{c,\text{disp}} = \frac{l_c}{n_g} \tag{8.55}$$

因为群折射率 n_g 总大于 1,所以一阶色散可改善深度分辨率。二阶及更高阶的色散会使傅里叶光谱变形,从而增加相干长度,降低 OCT 的深度分辨率[63,64]。

Fercher 等[65]提出了一种数值后验色散补偿技术。利用数字相关技术对色散引起的分辨率损失进行补偿。相干项在数值上与深度可变势函数相关。相关技术的优点就是这种技术对相应函数中的零值不敏感,实验信号与数学上定义的函数之间的相关可减小噪声。

De Boer 等[66]已经在傅里叶域对正交相位相移进行了数值修正。通过在干涉信号的傅里叶域引入正交相位相移消除了相关函数中群速度色散引起的展宽现象。Brinkmeyer 等[67]在测试集成光波导时,利用了类似的方法。

4. 受限衍射光束

如上所述,聚焦追踪可用于维持深度扫描方向上理想的横向分辨率。另外一种技术就是已被用于天体光学聚焦[68]的自适应光学技术。Lu 等[69]利用 Durnin 无衍射辐射模式增加光场深度,减小 OCT 信号的边带。利用贝塞尔(Bessel)光束代替高斯光束已在增加聚焦深度和保持合理的横向分辨率中显示出了巨大潜力。为减小边带,在样品照射系统中,可用不同的掩膜板记录三次受限后向散射衍射贝塞尔光信号。实验结果表明,横向分辨率约为 4.4λ($\Delta\lambda \approx 70\text{nm}$),在整个 4.5mm 的场深度中,边带低于 -60dB。Ding 等[70]利用锥透镜对探测光束进行聚焦得到了类似的结果(在 6mm 的聚焦深度上得到的横向分辨率为 $10\mu\text{m}$)。

8.3 OCT 光源

本节将就 OCT 光源的一些重要参数进行讨论。正如方程(8.37)所示,光源的功率是一个重要的方面。然而较高的功率会增加附加噪声而得不到任何灵敏度的提高。另外很多样品,如眼科学中并不能承受高探测光束功率。合理地选择波长可减小散射,增加探测深度。另外,光谱形状决定深度点扩散函数的结构。因此,仔细选取光源是非常重要的。

8.3.1 相干特性

时间相干度决定了深度分辨率,然而空间相干度在 LCI 和 OCT 的横向分辨

率和深度分辨率中都起着重要作用。自 LCI 和 OCT 的发展以来，主导技术都基于单横模光源。若在标准 LCI 和 OCT 中采用空间相干性较差的多模光源，会使干涉对比度下降，从而影响信号质量。因此，人们开发了很多测量光源相干性的技术[71]。

仅在过去几年，就已开发了采用横向多模辐射的 OCT 技术，这种光源的潜在优势已经得到了认可。例如，并行 OCT 中减小的空间相干性可降低 OCT 各通道间的串扰从而减小散斑[72]。干涉显微技术使 LCI 和 OCT 中可采用热辐射光源[73~75]。Linnik 干涉显微镜中，干涉仪输出端的观测面与所研究的样品平面呈共轭关系。该平面上的每个点在干涉仪前面的空间处都有成像，因此该平面也可称为光源（实际上可以是光源表面也可以是被照射系统的任何一个平面）。光源同时经参考光束和样品光束在观测面的光探测器上成像。若两个图像为共轭空间——即使光源是通常意义上的"非相干"光源的情况下，也能保证相干性。

激光光束的特性取决于某些参数，如激光物质的荧光波长，增益带宽和谐振腔的特性（相干性）以及激光腔内的模容量，激光活性原子的粒子数密度和泵浦功率（光束功率）。因此，可以得到很多参数组合从而使其满足医学应用的要求[76]。不过，由于 LCI 和 OCT 对激光器的相干性的特殊要求，因此可用的激光器相当有限。表 8.1 为用于 OCT 系统的低相干光源特性一览表[49,58,60,74,77~83]。

表 8.1　用于 OCT 系统的低相干光源特性一览表[49,58,60,74,77~83]

光源	$\bar{\lambda}$	$\Delta\lambda$/nm	l_c/μm	相干功率
SLD[77]	675nm	10	20	40mW
	820nm	20	15	50mW
	820nm	50	6	6mW
	930nm	70	6	30mW
	1310nm	35	21	10mW
	1550nm	70	15	5mW
Kerr 透镜				
钛宝石激光器[58]	0.81 μm	260	1.5	400mW
铬镁橄榄石激光器[78]	1280nm	120	6	100mW
LED[49]	1240nm	40	17	0.1mW
	1300nm	—	—	—
ASE 光纤光源[79]	1300nm	40	19	60mW
	1500nm	80	13	40mW
超荧光				
Yb 掺杂光纤[60]	1064nm	30	17	40mW

续表

光源	$\bar{\lambda}$	$\Delta\lambda$/nm	l_c/μm	相干功率
Er 掺杂光纤[78]	1550nm	80~100	16	100mW
Tm 掺杂光纤[80]	1800nm	80	18	7mW
光子晶体光纤[81]	1.3 μm	370	2.5	6mW
光子晶体光纤[82]	725nm	370	0.75	—
高温钨[74]	880nm	320	1.1	0.2 μW
卤素[83]	—	—	—	—

目前 OCT 中使用最普遍的光源为超辐射发光二极管(SLD)。SLD 与边缘发射激光二极管(EELD)的工作原理相似,结构也非常相似。但 SLD 没有光反馈或谐振腔。当边缘发射激光二极管的自发辐射因较高的注入电流而产生增益时,即可发生超辐射发光。高增益使输出光功率呈超线性增长,而谱宽逐渐变窄。超辐射发光二极管发出的光经自发辐射放大,因此时间相干性很低。因为超辐射发光二极管是在波导结构中实现的,因此其空间相干度通常比较高,发光波长取决于半导体二极管中的材料及分层。在某种程度上,热辐射光源发出的辐射特性也与发光物质的光谱特性有关,但光谱强度及时间相干特性主要由普朗克定律决定。理想的热辐射光源发出的辐射为黑体辐射,其光谱分布由腔辐射普朗克定律决定。黑体辐射的相干时间可通过[74]:$\tau_c = h/(2\pi k_B T)$进行估计。其中 h 为普朗克常量,k_B 为波尔兹曼常量,T 为辐射源的温度。分布温度 $T = 3240$K 的卤钨灯,其相应的相干长度 $\tau_c = 0.69$μm。热辐射光源这种极短的相干长度对 OCT 非常有吸引力。为使 OCT 的参考光束与探测光束间形成干涉,空间相干性非常重要。已有报道表明,相干发射光的能量为 $0.307 L\bar{\lambda}^2$,其中 L 为辐射源的辐射亮度。例如,若用于干涉仪的卤钨灯 $\lambda_{max} = 894$μm 时,最大相干辐射能量约为 0.22μW[74]。表 8.1 列举了近年来用于 LCI 和 OCT 的光源。

8.3.2　波长

OCT 的穿透深度取决于光源波长和光功率。我们来考虑生物医学材料吸收的波长依赖性。对软质生物组织施加波长在 600~1300nm 内的光辐射,吸收系数在 $\mu_a \sim 0.1 \sim 1$mm^{-1} 的量级,散射系数在 $\mu_s \sim 10 \sim 100$mm^{-1} 的量级[84]。对大多组织载体而言,吸收随波长的增加而减小。然而,生物组织并不是均匀物质,都是由称为细胞外基质的晶格内的细胞组成的。

这种细胞外基质是由组织蛋白组如胶原蛋白和弹性蛋白组成的,有些部分充满了含水凝胶体。因此,散射与吸收之比 μ_s/μ_a 在 100~1000。但散射随波长的增加几乎呈单调递减关系。另外,红光和近红外光与生物组织间存在高前向散射作用,可由各向异性参数 $g=0.8\sim0.95$ 表征。黑色素吸收也随波长的增加而减小。因此,即使可见光谱的红色末端的水吸收有所增加(见图 8.8[85,86]),仍为光辐射提供了光谱窗口。所谓的"治疗窗"的范围为 $600\sim1300$nm[87]。

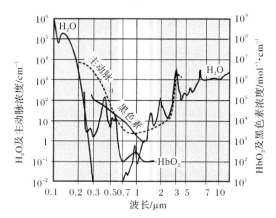

图 8.8　一些组织分子和动脉组织的吸收谱(死后尸体)OCT 中使用了比较亮的波长[85,86]

用于 LCI 的第一个光源为多模激光二极管[88]。后来,采用了 SLD[7]。现在,SLD 仍为主要光源,其波长范围为 $675\sim1600$nm,输出功率高达 50mW,谱宽可达 70nm。基于串联结构而特别开发的宽谱超辐射发光二极管在平均波长 $\bar{\lambda}=820$nm 处的线宽 $\Delta\lambda$ 可达 98nm[89]。

为满足光纤 LCI 应用的要求,人们已开发了具有高空间相干性和低时间相干性的 LED 光源。Clivaz 等[90]采用了平均波长 $\bar{\lambda}=1300$nm,谱宽 $\Delta\lambda=60$nm 的边缘发射发光二极管(EELED)。Derickson 等[91]报道了工作在 $1300\sim1500$nm 的低内反射率的 LED。但不幸的是,这些光源只能提供几微瓦的功率。

可用于高分辨率,大动态范围的 OCT 的一种最有前景的光源为克尔透镜锁模固体钛宝石(Ti:sapphire)激光器。已在平均波长 $\bar{\lambda}=800$nm,可调范围为 $0.7\sim1.1\mu$m 上成功实现了锁模[92]。采用低色散物质,可以得到较大的带宽和双啁啾色散平衡镜的光滑色散特性。该技术已使平均波长 $\bar{\lambda}=800$nm,功率为 200mW 的激光器的带宽提高到 400nm[93]。这种激光器已用在一些先进的 OCT 技术中,如分光 OCT[94]和超高分辨率 OCT 中[58,95]。

和用在光网络中进行光信号放大的原理一样,ASE 光源也是基于对稀土掺杂光纤进行光泵谱得到的高功率低时间相干光源。然而,ASE 光源利用了光纤中产生的 ASE 效应(通常在光纤通信领域将其视为噪声)。ASE 光源也可用在 OCT 中用作低时间相干光源。稀土掺杂的氟化物、亚碲酸盐和硅光纤可在 $1.3\sim1.6\mu$m 内产生宽谱光源。Tm 掺杂的氟化物光纤可在 $1440\sim1550$nm 内得到

50mW 或更高的功率。Bashkansky 等[60]开发的 Yb 掺杂超荧光高功率 ASE 光源可输出波长 1.064μm，谱宽 30nm，光束功率可达几十毫瓦。Bouma 等[80]（见表 8.1）已将 Er 掺杂光纤和 Tm 掺杂光纤用在 OCT 中。

另外一种很具有发展前景的低时间相干但高空间相干的光源为光子晶体光纤(PCFs)。光子晶体光纤是由纯硅芯组成的，其周围环绕着贯穿于整个光纤长度的微型空气孔阵列。硅和空气之间的折射率差将光线集中在很小的区域，从而大大提高了非线性效应。光谱展宽和超连续随输入峰值光功率的增加而增加。但已有实验表明为在光子晶体光纤中产生足够的超连续谱并不需要超快飞秒脉冲[96]。

光子晶体光纤的大波导结构使其具有很高的群速度色散，因此光子晶体光纤表现出了不寻常的色散特性。除了由周期分布的空气孔产生的带隙导光的光纤以外，锥形光纤[97]也能产生高空间相干的超连续光谱。Hartl 等[81]利用倍频的掺钕钒酸钇激光器作为泵浦源得到的克尔透镜锁模钛宝石激光器可输出 100fs 的脉冲，经此脉冲输入到 1m 长的光子晶体光纤中，可以得到 6mW 的输出功率。用中心波长为 1.3μm，谱宽为 370nm 的光源对生物组织进行扫描演示了超高分辨率 OCT，得到了约为 2μm 的深度分辨率。

最近，Apolonski 等[98]在基于光子晶体光纤装置的修正实验中对不同的预啁啾与功率、不同的光纤长度与纤芯尺寸及对偏振效应的依赖性等进行了研究。由结构小巧的商用钛宝石激光器输出的飞秒(15fs)脉冲泵浦基于光子晶体光纤的优化光源，可在 550～950nm 的光谱范围内得到亚微米级的轴向分辨率。图 8.10(c)描绘了发射谱(左)和相应的干涉信号(右)。得到光谱具有最小的光谱调制，中心波长为 725nm，全值半谱宽度为 325nm，输出功率为 27mW。出现在 ±1～3μm 的延迟范围内得到的旁瓣小于信号峰值的 5%，利用此光源可以得到组织较为精细的分辨率。

新型光源如 ASE 和光子晶体光纤是否适用于 OCT，特别是是否可以用于活体诊断，还需要做更加深入的研究。目前，这些光源对于研究超高分辨率和功能性 OCT 中的新波段尤具吸引力。

8.3.3 光谱结构

1. 谱宽

改变光谱可影响相干函数的三个重要参数：谱宽、形状和位置。OCT 的深度分辨率[见式(8.1)]和光谱分辨率是由光源的谱宽 $\Delta\lambda$ 定义的。

为便于比较，图 8.9 给出利用超辐射发光二极管和最先进的克尔透镜的锁模钛宝石（Ti：sapphire）激光为光源的 OCT 的深度分辨率对比图[99]。注意

图 8.9(b)中视网膜的清晰边缘,是分析很多视网膜疾病的必要前提。

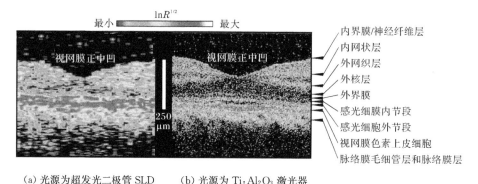

(a) 光源为超发光二极管 SLD　　　(b) 光源为 Ti:Al₂O₃ 激光器

图 8.9　视网膜层中央凹处沿乳头黄斑轴 3mm 的活体拓扑图[99]

　　锁模使得克尔透镜钛宝石激光器的谱宽很宽。另外,基于钛宝石的荧光也可以得到相应的谱宽[100,101]。利用氩离子激光器泵浦罗丹明中 $1\mu m$ 直径的点荧光源[102],可以得到高功率的荧光光源(9mW),相干长度 $l_c=5.8\mu m$。

　　另一个解决宽谱问题的方法是将具有相邻波段的几个光源组合,将其合成一个光源。合成光源的复合自相关函数的宽度要比单个光源自相关函数的宽度窄。Schmitt[49]、Baumgartner 等[103]、Zhang 等[104~106]和 Tripathi 等[107]已报道了 OCT 领域中的相关工作。

2. 光谱调制

　　标准 OCT 成像,两次利用光源相干函数 $\Gamma_{source}(\tau)$ 的实部作为点扩散函数。因此,该函数一定具有很窄的半宽,并且没有峰值旁瓣。$\Gamma_{source}(\tau)$ 为光源功率谱的逆傅里叶变换,因此具有比较光滑的形状。图 8.10 为短弧氙灯、超辐射发光二极管与光子晶体光纤光源的光谱与相应的深度点扩散函数的比较图。短弧氙灯光谱中较宽的底部使点扩散函数非常狭窄,但光谱中的不规则部分使相干函数的底部产生浮动。因为浮动部分不能通过外差带通滤波器滤除,因此将减小图像的对比度[74]。大多数超辐射发光二极管,因其发射光谱非常平滑,因此,几乎可以得到非常理想的平滑深度点扩散函数。但是,商用超辐射发光二极管的谱宽非常有限。光子晶体光纤可提供更大的功率和谱宽,但受限于光谱调制。相干函数的宽度是由傅里叶变换对不确定关系决定的,这个不确定关系表述为高斯函数的傅里叶变换对的协方差的积最小。因此,在大多数情况下,高斯功率谱成了频谱定形的目标。相干函数定形利用了三种最可能的形式:深度扫描的数字修正谱[107]、时域谱定形[108]和频域谱定形[109,110],见文献[111]、[122]。这些技术可用于从非高斯光源中获取高斯光谱,因此可简化新型低成本宽谱光源的发展。

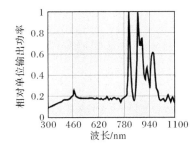 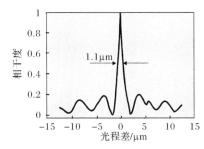

（a）短弧氙灯（OSRAM XBO 75）

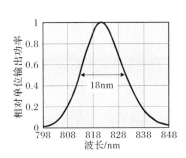 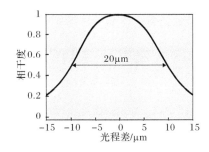

（b）超发光二极管

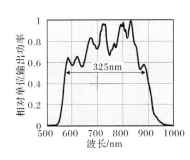 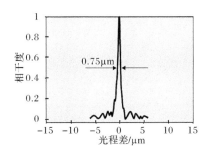

（c）光子晶体光纤光源

图 8.10　光输出光谱（左）和 OCT 深度扩散函数（右）

3. 光谱相位

相干函数的位置取决于傅里叶平移定理,即时间函数的平移等效于(依赖于波长的)傅里叶分量的相移。He 等[113]已经进行了相应的实验描述,他们在样品深度方向扫描相干函数,在空气中测得的深度分辨率为 $475\,\mu m$,检测范围为 $12.2mm$。Teramura 等[112]描述了一种类似的技术,他们描述了相干函数的线性平移,对多层实验对象的特定平面进行了无机械扫描的成像检测。这些技术有望取代光延迟线。

8.4 低相干干涉仪和 OCT

8.4.1 时域 OCT

标准 OCT 中需要完成两种扫描:横向 OCT 扫描对应横向相邻样品位置, OCT 深度扫描则对应时域 LCI 检测样品中反射光部分的位置。时域中有两种基本的低相干干涉技术,两者均利用双光束干涉:①在反射干涉技术中,样品位于干涉仪内,且只受样品光束照射(见图 8.11);②在空间双光束技术中,样品位于干涉仪之外,同时受两干涉光束的照射(见图 8.12)。

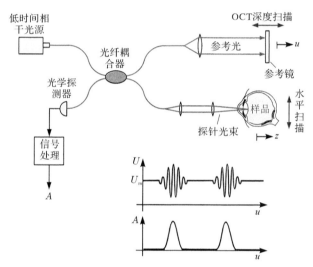

图 8.11　光纤时域反射 LCI 技术

$U-U_{\mathrm{m}}=U_{\mathrm{g}}(\tau)=$LCI 信号;$A$ 为实包络

图中只给出在两个部位产生的信号(角膜前表面和眼底玻璃膜)

1. 反射仪 OCT

这是一种传统的 OCT 技术[7]。该技术基于反射计 LCI 原理[114]。大多数情况下,干涉仪 LCI 是通过迈克耳孙干涉仪实现的,其中样品放在干涉仪的一个臂上,反射镜沿光束光轴方向平移。

干涉仪输出端的平均光强 $\overline{I}_{\mathrm{e}}(t)=\langle I_{\mathrm{s}}(t)\rangle+2\mathrm{Re}\{\Gamma_{\mathrm{sr}}(\tau)\}$,干涉图样 $2\mathrm{Re}\{\Gamma_{\mathrm{sr}}(\tau)\}$ $=G_{\mathrm{sr}}(\tau)=2\sqrt{\langle I_{\mathrm{s}}(t)\rangle\langle I_{\mathrm{r}}(t)\rangle}|\gamma_{\mathrm{sr}}(\tau)|\cos(\alpha_{\mathrm{sr}}-\delta_{\mathrm{sr}}(\tau))$[见方程(8.8)和(8.9)]。

没有任何样品时,干涉仪输出端的干涉图样中除包含一个与光分束器和反射

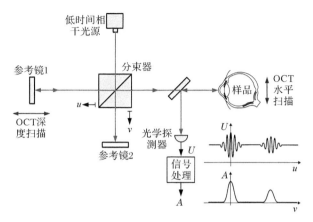

图 8.12　自由空间双光束 LCI 技术

角膜前表面为交界面的主体 $U-U_m=U_g(\tau)=\text{LCI}$；$A$ 为实包络；

图中只给出在角膜前表面和眼底玻璃膜处产生的信号

镜反射率有关的常数外，等于光源相干函数 $\Gamma_{\text{source}}(\tau)$ 实部的两倍，即

$$G_{\text{sr}}(\tau)=2\text{Re}\{\Gamma_{\text{sr}}(\tau)\}=2\text{Re}\{\Gamma_{\text{source}}(\tau)\}=G_{\text{source}}(\tau) \tag{8.56}$$

样品产生的光束可表示为（该过程可将干涉仪视为一个线性恒定平移系统）

$$V_{\text{s}}(t)=\int_{-\infty}^{\infty}V(t')h(t-t')\mathrm{d}t'=V(t)*h(t) \tag{8.57}$$

式中："$*$"表示卷积；$V(t)$ 为探测光束；$h(t)$ 为样品响应函数。

样品响应函数的傅里叶变换

$$H(\nu)=\mathscr{F}\{h(t)\} \tag{8.58}$$

为样品的传递函数。显而易见，$h(t)$ 为本地反射率幅度（相对于 z 而言）。样品位于探测臂的干涉图样为光源相干函数 $\Gamma_{\text{source}}(\tau)$ 与样品响应函数或后向散射分布 $h(\tau)$ 卷积实部的两倍[115]，即

$$G_{\text{sr}}(\tau)=2\text{Re}\{\Gamma_{\text{sr}}(\tau)\}=2\text{Re}\{\Gamma_{\text{source}}(\tau)*h(\tau)\} \tag{8.59}$$

$2\Gamma_{\text{source}}(\tau)$ 可看成复数冲激响应的函数，$G_{\text{source}}(\tau)$ 在 LCI 和 OCT 中起着深度点扩散函数的作用。菲涅耳反射与样品模型相联系，如反射率幅度 $\sqrt{R(\tau)}$ 和后向散射分布 $h(\tau)$ 相联系[20]。

从物理角度出发，LCI 和 OCT 检测的是样品散射势的高频分量。探测光束中含有样品时，对应于方程(8.59)的干涉光谱（频域）为

$$W_{\text{sr}}(\nu)=S_{\text{source}}(v)H(\nu) \tag{8.60}$$

而

$$\begin{cases} W_{\text{sr}}(\nu)=\mathscr{F}\{\Gamma_{\text{sr}}(\tau)\} \\ S_{\text{source}}(\nu)=\mathscr{F}\{\Gamma_{\text{source}}(\tau)\} \end{cases} \tag{8.61}$$

式中:$W_{sr}(\nu)$为样品与参考光束的互谱密度;S_{source}为光源的功率谱或谱密度;$H(\nu)$是样品的传递函数。

用于 LCI 和 OCT 的很多光源的功率谱可近似为高斯光谱:

$$S_{source}(\nu) \propto \exp\left[-4\ln2\frac{(\nu-\bar\nu)^2}{\Delta\nu^2}\right] \tag{8.62}$$

其产生的深度点扩散函数为

$$Re\{\Gamma_{source}(z)\} \propto \exp\left[-4\ln2\left(\frac{z}{l_{FWHM}}\right)^2\right]\cos\left(\frac{2\pi}{\lambda}z\right)$$
$$= \exp\left(\frac{-\pi\Delta\nu z}{2c\sqrt{\ln2}}\right)^2\cos\left(2\pi\bar\nu\frac{z}{c}\right) \tag{8.63}$$

l_{FWHM} 和 $\Delta\nu$ 均为半谱宽。因后向散射光两次经过样品

$$l_c = \frac{l_{FWHM}}{2} = \frac{2\ln2}{\pi}\frac{\bar\lambda^2}{\Delta\lambda} \tag{8.64}$$

用作相干长度[见方程(8.1)]和深度分辨率的度量。

时域 OCT 对于光谱 OCT 和多普勒 OCT(DOCT)等各种技术的进一步发展具有很大的改进空间。必须进行深度扫描和点状运行是时域 OCT 的两大缺点。傅里叶域(谱域)OCT 技术可避免第一个缺点,并行 OCT 可克服第二个缺点。

2. 双光束 OCT

双光束 OCT 基于双光束 LCI[86]。样品被源于双光束干涉仪的两束光同时照射(见图 8.12)。当干涉仪的光程差与样品内两个部分的反射光的光程差相同时,可观察到干涉现象。因此,一方面,在体样品的固有移动并不会降低深度测量;另一方面,深度扫描信号为自相关信号,若样品空间(样品本身或放在样品前的透明片)的某一接触面占主导时,产生的图像并不模糊。

起初利用法布里-珀罗结构双光束 OCT 来获取眼底的层析图像[8],后来利用迈克耳孙结构诊断,以得到各种病例,如青光眼、糖尿病性视网膜病变以及老年黄斑病变的层析图像[116]。

3. 正面 OCT

Izatt 等[117]已将该技术引入显微镜中,从而得到样品的横截面。通过样品本身或探测光束可实现快速侧向扫描,但需要利用参考镜来调整这些扫描的深度。图 8.13 给出利用光纤技术实现的 OCT 装置的光学示意图。因没有由深度扫描产生的外差频率,需要在参考臂或样品臂中引入相位调制。Izatt 等[117]指出相干区域可大大提高显微镜的检测深度。特别是在焦平面上,主要由其他平面散射的光产生的信号占主导时,可提高共聚焦显微镜的性能。

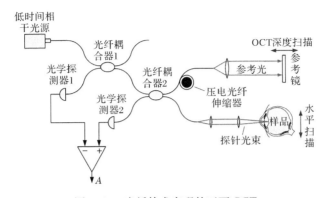

图 8.13　光纤技术实现的正面 OCT

采用了强度补偿的平衡双路检测(检测器 1 和 2)[117,118]光纤耦合器 1 的一端输出的光被
导入由光纤耦合器 2 构成的光纤迈克耳孙干涉仪

后来,Podoleanu 等[118]利用正面技术产生被测物如人体视网膜的 OCT 图像。
该技术的进一步扩展可使人们获得很多横向 OCT 图像,因此可构建组织的三维
分布图。用软件可构建横向位置上的纵向图像[38]。随着此技术的进一步发展,也
演示了组织片段的面积和体积测量[119]。

4. 外差检测和延迟线

因与光检测相关的噪声表现出了明显的频率依赖性或与信号的带宽成正比,
所以频率滤波可在保持有用信息的同时将噪声滤掉。

外差检测中,样品波与源于同一光源的参考波在干涉仪分束器处结合,二者
存在一偏置频率。两束波相干叠加,将信号频率转化为差频或外差频率。可利用
适当的电路对外差信号进行检测分析。

大多数 LCI 和 OCT 都利用延迟线来使相干区域沿样品深度方向平移。通
常,参考镜以速度 V_{Mirror} 移动,同时产生相应的多普勒频移。大多数情况下,多普
勒频移可为电子外差检测技术提供足够的频率偏移。正面 OCT 为例外情况,该
技术中利用压电光纤伸缩器,声光调制器或相位调制技术可获得适当的外差频
率。下面我们将详细研究多普勒技术。假定时间 t 与参考镜的位置 z 之间的关系
为 $z(t)=V_{mirror}t$,并假定 z_0 处的样品反射面对应于狄拉克($\delta(z)$)函数。则参考镜
在空气中移动时,产生的时间延迟为

$$\tau(t)=2\,\frac{z_0-V_{mirror}t}{c} \tag{8.65}$$

相应的多普勒频移为

$$\Delta f=\frac{2}{\lambda}V_{mirror} \tag{8.66}$$

该频率即外差频率。

LCI 和 OCT 均基于光波的群干涉。其传播速度——群速度 v_g 为

$$v_g = \frac{c}{n_g} \tag{8.67}$$

群折射率 n_g 为

$$n_g = n - \lambda(\mathrm{d}n/\mathrm{d}\lambda) \tag{8.68}$$

式中:模折射率为 n。因此,反射镜移动距离 Δz 与相干度 γ_{sr} 的移动量 d 有如下关系:

$$d = \frac{\Delta z}{n_g} \tag{8.69}$$

大多数延迟线均是基于改变干涉仪中样品臂或参考臂的几何长度(光程)实现的。例如,安装在步进电机扫描台上的参考镜[7],可通过扬声器[120]、转轴驱动装置[121],或安装于一震荡臂上[122]实现光程扫描的。高速延迟线也可通过旋转正方体[123,124]、旋转镜[125]以及循环或振荡型脊角棱镜实现[9]。这种延迟线的主要缺点是,物体需要在高加速度下运动,从而导致机械振动,使信噪比劣化。因此,为避免物体运动,人们做了很多尝试。其中一例就是利用压电驱动的光纤拉伸器[126]。而这些器件缺乏温度稳定性,又会受更多的问题困扰,如光纤色散。另一个非移动延迟线是基于声光布拉格单元器件开发的[127]。

由方程(8.54)可知,相干区域的平移也可通过光束单频分量的相位调制实现。在飞秒脉冲整形领域,已开发了基于修正频谱分量的相应技术[109]。Kwong等[128]阐述了利用衍射光栅产生的光束偏移实现的延迟线。Tearney 等[129]将延迟线引入 OCT 中。Rollins 等[130]的实验演示了 OCT 成像系统中延迟线的高速性能,可以达到视频速率。Zeylikovich 等[131]描述了一种相关技术,该技术基于衍射光栅进行深度和横向方向扫描从而可以产生二维层析图像。

8.4.2　傅里叶域 OCT

傅里叶域 OCT 以方程(8.26)为基础。在标准 OCT 中,需要进行两个方向的扫描,而傅里叶域 OCT 技术只需进行横向 OCT 扫描。深度扫描信息可由后向散射光谱的逆傅里叶变换得到。后向散射场的 $A_s(K)$ 既可通过光谱干涉技术得到,也可通过波长调谐技术获取。

1. 光谱干涉傅里叶域 OCT

该技术基于方程(8.29):

$$F_s(z) \propto \mathscr{F}\{A_s(K)\} \tag{8.70}$$

其中后向散射样品光的光谱振幅 $A_s(K)$ 可通过光谱分析仪获知。因干涉和互谱

强度互为傅里叶变换[3]，所以由干涉仪输出端的光谱干涉图样强度的逆傅里叶变换可产生与低相干干涉仪样品相同的样品信号[132]。图 8.14 为相应的干涉仪的光学示意图。

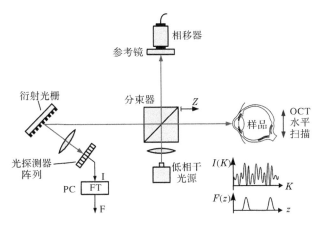

图 8.14　光谱干涉仪

FT.进行傅里叶变换的信号处理器；I.光谱强度；F.散射势

与时域技术相比，只保留了横向 OCT 扫描过程。可抛开耗时的机械 OCT 深度扫描。用光谱测量取而代之，此测量包含两种技术：相关技术和相移技术。两种技术均利用在干涉仪输出端进行光谱测量得到的光谱解析干涉图样。如图 8.14所示，样品位于迈克耳孙干涉仪的样品臂，干涉仪输出端的光谱强度为

$$I_{sr}(K)=I_s(K)+I_r(K)+2\sqrt{I_s(K)I_r(K)}\mathrm{Re}\{\mu(K)\exp(\mathrm{i}\phi_s(K)-\mathrm{i}\phi_r(K))\}$$
$$(8.71)$$

式中：$I_s(K)=|A_s(K)|^2$，为样品光束的光谱强度（功率谱），$A_s(K)=a_s(K)\cdot\exp(\mathrm{i}\phi_s(K))$ 为复数振幅；$I_r(K)$ 为参考光束的功率谱；$\mu(K)$ 为光谱的相干度（若使用的光源为空间单模光源，相干度＝1）；$\phi_s(K)$ 为样品反射光的光谱相位；$\phi_r(K)$ 为参考光束的光谱相位。

时域[见方程(8.64)]和傅里叶频域[见方程(8.49)]的深度分辨率取决于光源的谱宽 Δλ。然而时域和频域技术的深度视场大相径庭。时域技术中参考光束的扫描范围（和系统灵敏度）限制了深度视场，而制约频域深度视场的参量为光谱仪器的分辨率。假设，如 $z=0$ 处的参考镜，z_s 处的物体呈 δ 状。$\mu(K)=1$，方程(8.71)所示的干涉图样为 $2\sqrt{I_s(K)I_r(K)}\cos(Kz_s)$，其中 K 空间干涉光谱的频率为

$$\omega_K=z_s \qquad (8.72)$$

由采样定理[133]可知：

$$N = \frac{\Delta K}{\pi} z_s \qquad (8.73)$$

等距采样点需要指定干涉图样或样品（相应的深度分辨率为 ΔK）的位置 z_s。因此，单个探测器的数目限制了深度视场，然而，探测器阵列的光谱宽度 ΔK 制约了深度分辨率。

但散射势 $F_s(z)$ 的傅里叶分量 $A_s(K)$ 并不能由这种直接的方式获得。相关技术为干涉仪输出端[134]光谱强度的傅里叶变换。$I(K)$ 等于样品臂与参考臂的散射势之和的逆傅里叶变换强度的平方：$I(K) = |V(S)(K)|^2 \propto |\mathscr{F}^{-1}\{F(z)\}|^2$，因此

$$\mathscr{F}\{I(K)\} \propto \langle F^k(z) \cdot F(Z+z) \rangle = \mathrm{ACF}_f(Z) \qquad (8.74)$$

z_r 处参考镜的反射率（强度 R）为狄拉克函数（δ），完整的后向散射势为

$$F(z) = F_s(z) + \sqrt{R}\delta(z - z_r)$$

将自相关函数展开可得

$$\mathrm{ACF}_f(Z) = \mathrm{ACF}_{F_s}(Z) + \sqrt{R}F_s^k(z_R - Z) + \sqrt{R}F_s(z_r + Z) + R\delta(Z) \qquad (8.75)$$

等号右边第一项产生样品结构中心在 $Z=0$ 处的自相关函数，第二项为样品结构中心在 $Z=z_r$ 处的复数共轭项，第三项（包括常数项 $\sqrt{R}$ 在内）为中心位于 $Z=-z_r$ 处的样品结构，最后一项为重建的样品空间原点处的附加峰值。为避免重建项的重叠，要求参考镜与样品另一个反射面的距离必须大于样品深度的两倍。目前讨论的技术，也称为"光谱雷达"，已在用于瞳孔间距测量的空间光学 LCI[19] 和光纤 OCT 中实现[11]，可用于人类皮肤和多层印刷电路板结构的层析成像板的测量[135]。Zuluaga 等[136]利用成像光谱仪获取空间解析光谱提出了一种并行傅里叶频域 OCT 技术。该技术即使是在横向 OCT 扫描时，也无需使用移动部件。可实时获取下表层结构的二维图像。Yasuno 等[137]开发了一种类似的并行傅里叶频域 OCT 技术，他们没有利用数字傅里叶变换，而是采用由 BBO 光调制器实现的光谱模拟光傅里叶变换以获取空间深度结构。一维聚焦在样品上的探测光束的使用，使得近似实时的 OCT 成像得以实现。

光谱技术的主要优点是，无需进行 OCT 深度扫描，因此采集数据的速度很快。其不足之处是需要昂贵的探测器阵列（照相机）且动态范围较小。相关技术特有的缺点是，物体空间中物体结构的自相关宽度等于物体结构本身宽度的两倍。因此，在物体空间内，为表示物体结构不可能获得与物体深度相等的范围，并且相当大部分信号处理系统的带宽被浪费掉了。

相位平移 LCI 技术避免了后者的缺点。此技术利用复数光谱解析的幅度 $A_s(K)$。因为参考强度已知，所以可以很容易从方程（8.71）光谱干涉项的强度获知实数幅度。方程（8.71）干涉项的光谱相位 $\Phi(K)$ 可通过对干涉余弦函数进行拟合得到[138]。若参考相位等间距分布，干涉项的强度 $M(K)$ 和相位 $\Phi(K)$ 为

$$\begin{cases} M(K) = \sqrt{V^2(K) + W^2(K)} \\ \Phi(K) = \arctan \dfrac{W(K)}{V(K)} \end{cases} \tag{8.76}$$

其中

$$\begin{cases} V(K) = \displaystyle\sum_{n=1}^{N} I^{[n]} \cos\phi_n \\ W(K) = \displaystyle\sum_{n=1}^{N} I^{[n]} \sin\phi \end{cases} \tag{8.77}$$

$$I^{[n]} = I_{sr}\left[\phi_0(K) + (n-1)\,\frac{\pi}{2} \right] \tag{8.78}$$

为参考相位设定为 $n=0,1,\cdots,\Phi_0(K)=\Phi_s(K)-\Phi_r$ 时记录得到的对应于波长$\lambda=4\pi/K$ 的光谱强度。

因为干涉项中包含三个未知函数,所以至少需要三个不同的参考相位。为使相位标定误差最小,Fercher 等[139]采用了 Schwider 等[140]介绍的五帧方法,利用下面的公式计算干涉项的相位

$$\Phi(K) = \arctan \frac{-I^{[1]} + 4I^{[2]} - 4I^{[4]} + I^{[5]}}{I^{[1]} + I^{[2]} - 6I^{[3]} + 2I^{[4]} + I^{[5]}} \tag{8.79}$$

那么方程(8.30)可以得到深度扫描 OCT 信号或沿探测光束方向的样品散射势。

此技术已被用于皮肤科 OCT 成像[139,141]和眼科成像[142,143]。此技术的优点是可以利用探测器阵列检测到整个物体深度。但它的缺点是需要记录五个(至少三个)光谱。近来,Leitgeb 等[144]提出了另一种技术以去除样品结构的扰动自相关。由方程(8.74)可知,探测器阵列记录的干涉光谱为

$$\begin{aligned} I(K) &= \mathscr{F}^{-1}\{\mathrm{ACF_f}(Z)\} = |\hat{F}(K)|^2 \\ &= |\hat{F}_s(K)|^2 + R + 2\sqrt{R}\,|\hat{F}_s(K)|\cos(Kz_r) \end{aligned} \tag{8.80}$$

通过对直流项 R 的强度平方和样品光谱$|\hat{F}_s(K)|^2$进行傅里叶变换,可以得到样品的自相关函数。通过记录相对相位的两个光谱,并用第二个光谱减去第一个,光谱干涉图样中的这两项均可去除。Schlueter[145]利用类似的技术去除了干涉图像中的直流项。因此,通过利用整个样品空间,可使扰动自相关项消失。

2. 波长可调傅里叶频域 OCT

波长可调干涉仪(WTI)也是以方程(8.29)为基础的。光谱干涉仪以并行模式利用光谱检测阵列同时记录干涉仪输出端的光谱解析强度 $I_{sr}(K)$,而波长可调干涉仪顺序记录 $I_{sr}(K)$[19]。干涉仪输出端只有一个光探测器,当调节光源的波长时,记录光谱。WTI 历史悠久,早在 1960 年 Hymans 等[146]描述了一种利用锯齿

形频率扫描的雷达系统。后来 Macdonald[147] 利用射频信号调制的激光光束和频率可调氦氖激光器实现了光纤频率反射计。目前,最有前景的可调光源为半导体激光器和固体激光器。为实现波长调谐,要么重新调整谐振腔模式的增益余量,要么平移谐振腔模式的频率。

有关人员已开发了很多技术如分布式布拉格反射激光器[148]、多分布反馈激光器、多谐振腔激光器、带有旋转光栅反射器的外腔激光器和滤波技术[149]。

目前 LCI 和 OCT 中已有两项波长调谐干涉技术被采用。第一项在 OCT 中被利用的技术是基于一种频率扫描(或称啁啾)光波的两个延迟光波干涉时产生的拍频。实际上,令常数啁啾频率 $\beta = \mathrm{d}\omega / \mathrm{d}t$,则瞬时光频率 $\omega(t) = \omega_0 + \beta t$,样品和参考光束的相位延迟为

$$\delta_{\mathrm{sr}}(\Delta z) = \frac{\Delta z}{c} \frac{\mathrm{d}\omega}{\mathrm{d}t} t \tag{8.81}$$

因此,干涉图样与深度相关的啁啾频率 $(\Delta z/c)\beta$ 作用形成拍,Δz 为基于干涉镜位置的物体深度。由拍信号的傅里叶变换可以得到样品深度结构:拍信号的强度定义为反射率的幅值,而拍频定义为样品内反射光的深度位置。Chinn 等[10] 利用一在 840nm 处具有峰值增益的光栅调谐外腔超发光 LED 得到了玻璃盖波片样品的波长可调干涉仪 OCT 图像。他们没有利用旋转光栅,而是采用了一个装在检流计上的中间反射镜。输出光功率为 35mW 时得到的扫描频率为 10Hz。类似的("啁啾 OCT"),Haberland 等[150] 采用了三段激光二极管。通过调制注入电流,在中心波长为 852nm,平均光功率为 6mW 时得到了调谐范围为 0.8nm 的无跳模激光输出。调谐速度为 160nm/s。Golubovic 等[151] 利用连续铬掺杂的镁橄榄石激光器得到的调谐范围为 $1200 \sim 1275$nm,扫描时间小于 500μs。可进行扫描率为 2kHz 轴向分辨率为 15μm 的深度扫描。

第二种 WTI 技术[57] 是基于记录波长依赖干涉仪输出端信号 $I_{\mathrm{sr}}(K)$ 并按照 8.4.2 节描述的相关技术设计的。这里也用一个外腔可调激光二极管作为光源。中心波长为 780nm,可在谱宽 $\Delta\lambda = 9$nm 的范围内无跳模运行。利用最大调节速率为 0.33nm/s 的低速驱动器进行扫描,得到的调节模式的粗调范围宽达 35nm,并应用于模型眼间距的测量。利用最大调节速率为 36nm/s 的压电换能器得到的细调模式的带宽为 $\Delta\lambda = 0.18$nm。已用后一种技术进行了在体瞳孔间距测量,但测量精度比较低。

8.4.3　并行 OCT

标准时域 OCT 和正面 OCT 均为单点检测技术。这些技术已被用于产生高达视频速率的二维 OCT 图像。Rollins 等[130] 以高达 32 帧/s、125 次深度扫描的图像采集速率,记录了爪蟾胚胎的心脏跳动。Podoleanu[38] 以 2 帧/s 的速率采集

到了 112 个人视神经头的正面 OCT 图像,并将其加载一个三维数据库,该数据库可用于从不同角度观察组织的体积,并以不同的方位显示切片。

但是,视频速率的单点检测结构的灵敏度和空间带宽积(每个维度上的像素)都很有限。并行 OCT 利用线性或二维探测器阵列,单个探测器的个数分别为 N 和 N^2。因随机变量的方差与均值的平方根相等,光探测器信号的信噪比大致与光电子个数平方根的倒数成正比——至少在散粒噪声极限之内是这样的。所以假定 CCD 阵列与 PIN 二极管具有相同的量子效率,并且没有光功率的限制时,线性和二维探测器阵列的 SNR 分别比单个探测器信号的 SNR 高 $\sqrt{N}$ 和 N 倍。

因标准 CCD 传感器要进行时间积分,因此其缺点为不可以采用任何交流技术,混频以及锁模检测。因没有交流模式,为各种 $1/f$ 噪声源敞开了方便之门,窄带外差解调技术的缺乏使得带宽依赖噪声如散粒噪声和过剩噪声乘虚而入。为解决这个问题,有关人员已提出了两种方案:Beaurepaire 等[72]采用同步照明而不是通常的同步检测以获取在 CCD 阵列探测器上每个像素的锁定检测;Bourquin 等[152]开发了一种由光探测器和模拟信号处理电路构成的具有"智能像素"的新型 CMOS 探测器阵列。在 CMOS 探测器阵列中,各个探测器进行并行外差检测,因此与 CCD 阵列相比,大大提高了动态范围。一维阵列可对多普勒频率为 10kHz 到 1MHz 的光信号以 66dB 的灵敏度、57dB 的动态范围和高达 3MHz 的像素读取速率进行检测。对测试样品以横向 64 像素和深度 256 像素进行测量,深度分辨率为 16.8 μm($\bar{\lambda} = 850$nm,$\Delta\lambda = 20$nm,$P_{source} = 690\,\mu$W),帧率为 25s^{-1}。Bourquin 等[153]提出了一种相应的二维"智能像素"检测器阵列,使得记录数据集为 58×58 像素、33 切片,采集速率为 6Hz 的测量成为可能,如图 8.15 所示,图中各个探测器并列实行外差检测[153]。Laubscher 等[154]利用二维智能图像探测器阵列以 2.5×10^{6}s^{-1} 的体积像素率得到了基于散射样品的 OCT 图片,并且获取了视频率三维 OCT 图片,灵敏度为 76dB(样品光束的功率为 100mW)。

Beaurepaire 等[72]开发的同步照明技术利用了两次调制:首先,在参考光束和样品光束间引入一个正弦相移,以提供一交流信号。当然,只调制了干涉图样而不是非相干背景。其次,同步频闪照明用于相移期间对干涉信号进行采样[155]。每个像素的时间积分信号将主要以同步检测干涉信号为主。因此,可以得到带通特性。Schmitt[156]对 Linnik 干涉显微镜作了相应的修正,使得在深度和横向方向的潜在分辨率分别为 1μm 和 0.5μm,图片的采集速率为 1 图片/s 时,灵敏度为～80dB。利用中心波长为 840nm,相干长度为 20μm,输出功率为 40mW 的红外 LED,得到洋葱上皮细胞的高分辨率 OCT 图像。

为提高深度分辨率,De Martino 等[75]利用了热光源。利用快速 CCD 照相机,以 50Hz 的采集速率得到了由 Linnik 干涉仪中的低功率灯泡产生完全场干涉图片。Vabre 等[83]利用 Linnik 显微镜内 100mW 的卤素钨灯得到了 1.2μm 的深度

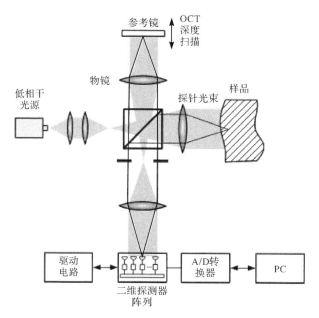

图 8.15　带有二维 58×58 像素 CMOS 探测器阵列的并行 OCT 装置

分辨率。水浸泡用于补偿色散,相应的数值孔径(NA)为 0.3 的浸没物镜得到的横向分辨率约为 1.3μm。从 300 张层析图片中合成出了爪蟾蝌蚪眼睛的三维 OCT 图片,这些层析图像是从以卤钨灯为光源的 Linnik 型干涉显微镜中得到的[83],如图 8.16 所示。

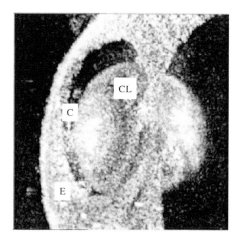

图 8.16　由 300 张层析图像得到的爪蟾蝌蚪眼部重建三维图像[83]

C. 眼角膜;CL. 晶状体;E. 眼外缘

8.5　功能性 OCT

在分子水平,蛋白质的酶催化作用决定了其形状;在有机体水平,动物的特定生态决定了其相应的形态变化。几乎自然界中所有的个体都表现出了与其目的和功能密切相关的形式。实际上,即使是最普通的形态也与相应个体的功能有密切关系。在形态特征与功能特征间存在平滑的过渡。本节中,我们将那些与样品的标量散射和反射特性的几何(或结构)分布相关的特征定义为形态特征,而将那些依赖于附加功能的特性称为功能特性。

从医学观点看,对功能参数的兴趣源于:通常机体在出现功能性紊乱之前都会有形态性变化。因此功能性参数对于疾病的早期诊断非常有用。这些变化包括血流量的变化,组织内含水量的变化及氧分压的变化及组织学变化等。最先进的功能性 OCT 技术为多普勒技术。光谱 OCT 技术正在向诊断应用阶段迈进,而弹性图像法仍处于新兴阶段[156]。本节将对 OCT 中发展起来的一些更加重要的功能性技术进行论述。

8.5.1　偏振敏感 OCT

Wolman[157]在其综述中指出利用可穿透人体组织的偏振光可实现对组织中各向异性结构进行选择性成像,以及检测形态学和功能性变化。Bickel 等[158]指出了这样一个事实:从散射光的偏振效应中也能得到有关生物材料的有用信息。光在生物组织中传播时,偏振消光比会发生变化,基于这个机制,Demos 等[159]演示了一种用于生物医学系统的光成像技术。在一项相关研究中,Schmitt 等[156]表明,正交偏振后向散射是由非球形粒子的单次散射和大直径粒子或粒子束的多次散射引起的。偏振态的不同并不能作为衡量粒子偏离球形的尺度[160],但可估计组织的双折射。因此,入射光的偏振态可区分不同类型的组织。

组织中的双折射源于两种机制:①由分子的各向异性特性引起的固有双折射;②由规则的线性结构的各向异性引起的形致双折射。在由羟磷灰石晶体构成的牙齿珐琅质中可发现固有双折射。在很多生物组织中,如由细胞外基质构成的胶原蛋白纤维中可发现由线性和圆形各向异性蛋白质引起的形致双折射。基于视盘周围视网膜的双折射引起的延迟[161,162],由平行束状排列的神经纤维引起的形致双折射可应用于神经纤维分析仪和共焦扫描激光眼睛的检测中,其中检验计中包括一集成的偏振计,这些偏振计用于检测视网膜神经纤维层的稀释度以诊断青光眼。

双折射样品后向散射的正交线性偏振模式间存在相位延迟,Hee 等[163]报道了第一个可表征这种相位延迟的偏振敏感 LCI 技术。后来,De Boer 等[164,165]将偏振敏感的 OCT 用于热损伤组织的成像,Everett 等[166]和 Schoenenberger 等[167]利用偏振敏感 OCT 测量了双折射并绘制了猪心肌层的双折射分布图。Hitzenberger[168]利用偏振敏感的 OCT 得到了描述鸡心肌层快轴排布和相位延迟的 OCT 图像。

双折射和散射都可改变在浑浊介质中传播的光的偏振态,且生物组织并不能被视为具有固定快轴的线性双折射。因此,要完整描述光和样品的偏振特性应利用斯托克斯参数和 Mueller 矩阵。Mueller 矩阵 $\boldsymbol{M}$ 与斯托克斯矢量为 $\boldsymbol{P}$ 的入射光的后向散射光 P' 的斯托克斯矢量呈线性关系[169]:

$$\boldsymbol{P}' = \boldsymbol{MP} \qquad (8.82)$$

Yao 等[170](见图 8.17)报道了可产生完整 4×4 Mueller 矩阵的 PS-OCT(偏振敏感 OCT)。通过旋转干涉仪中光源臂前的 1/2 波片和 1/4 波片可以得到四种不同的斯托克斯偏振态,从而照射样品。在参考臂上对应于不同波片的位置,可以得到四种对应于入射偏振态的斯托克斯偏振态。根据参考光的强度和 OCT 信号,得到了所有 16 个 Mueller 矩阵元素的 PS-OCT 的图像。Yasuno 等[171]利用光谱干涉 OCT 报道了人类皮肤的 Mueller 矩阵图像。

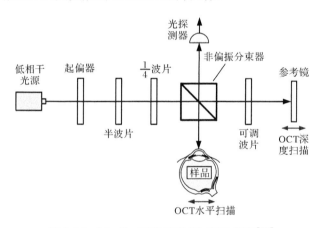

图 8.17　Mueller 矩阵元素 PS-OCT 器件[170]

De Boer 等[172]采用了深度解析斯托克斯参数技术,实验表明纤维组织的偏振态改变可归于双折射。在某些情况下,当圆偏振光照射到样品时,可确定其光轴方向。有关多次散射和散斑对精确度和计算的斯托克斯参数的影响可参见文献[173]。Baumgartner 等[174]和 Fried 等[175]进行了有关将 PS-OCT 应用于龋齿诊断的研究。Ducros 等[176]将斯托克斯参数用于双折射成像和测量恒河猴视网膜的视网膜 NFL 双折射。

因单模光纤中正交偏振态易于退化,因此利用光纤技术实现 PS-OCT 几乎不太可能。另外,即使是保偏光纤也不能保持光波分量的相对相位。因此光纤不能直接用于确定样品光束斯托克斯参数。Saxer 等[177] 报道了一个基于光纤的高速 PS-OCT 系统,该系统可用于人类皮肤斯托克斯参数的在体测量中。通过调制入射光束的四个不同的偏振态使得系统对单模光纤中退化的正交偏振态间的差分位相延迟并不敏感。因此得到了八个独立的图像(两个独立的斯托克斯矢量),从中可以进一步获知偏振特性,如滞后角和光轴方向。Roth 等[178] 利用三种不同的偏振态顺次照射样品,测量得到了具体相同偏振态的后向散射光分量。

但 OCT 检测的为后向散射光的相干部分。因此,Jones 矩阵也可用于 OCT[179]。大量的研究工作均基于琼斯形式。Hee 等[163] 报道了第一个基于琼斯形式的 PS-LCI 系统。该系测得的滞后角并不依赖于样品的光轴,因此很多研究都采用了该系统。如图 8.18 所示,该系统的基本结构为一低相干迈克耳孙干涉仪。附加了双通道 PS 检测单元和偏振分量。照射样品的光源为圆偏振光。

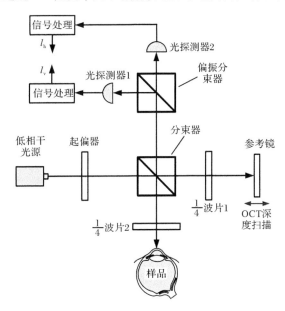

图 8.18　Hee 等[163] 报道的 PS-LCI 器件的光学示意图

由探测器处竖直(记为 v)和水平(记为 h)偏振通道的干涉项的包络强度 $|I_{\mathrm{v}}(z,\Delta z)|$ 和 $|I_{\mathrm{h}}(z,\Delta z)|$ 可知,样品反射率 $R(z)$ 和滞后角 $\delta_{\mathrm{s}}(z)$ 分别为

$$R(z)\propto |I_{\mathrm{h}}(z,0)|^2+|I_{\mathrm{v}}(z,0)|^2 \tag{8.83}$$

式中:I_{h}、I_{v} 分别为检测信号的水平和竖直偏振通道。

$$\delta_{\mathrm{s}}(z)=\arctan\left(\frac{|I_{\mathrm{v}}(z,0)|}{|I_{\mathrm{h}}(z,0)|}\right) \tag{8.84}$$

包络 $|I_{\mathrm{v}}(z,\Delta z)|$ 和 $|I_{\mathrm{h}}(z,\Delta z)|$ 可以通过对检测信号 $I_{\mathrm{v}}(z,\Delta z)$ 和 $I_{\mathrm{h}}(z,\Delta z)$ 进行调制得到,在载波频率 $2k(\mathrm{d}(\Delta z)/\mathrm{d}t)$,或对整个干涉信号的敏感相位进行连续解析

（因这些信号中不包括负频率分量），由希尔伯特变换可得

$$|I_{h,v}(z,\Delta z)| = \sqrt{(I_{h,v}(z,\Delta z))^2 + (HT\{I_{h,v}(z,\Delta z)\})^2} \tag{8.85}$$

有关光轴方向的信息全被编码于两信号的相位差 $\Delta\Phi = \Phi_v - \Phi_h$ 内[164,167,168]：

$$\theta_s = \frac{\pi - \Delta\Phi}{2} \tag{8.86}$$

快轴与 x 方向的夹角 θ_s 可由 Φ_h 和 Φ_v 得到，其中

$$\Phi_{h,v} = \arctan\left(\frac{HT\{I_{h,v}(z,\Delta z)\}}{I_{h,v}(z,\Delta z)}\right) \tag{8.87}$$

在计算中应该注意分层样品产生深度累积的滞后角和光轴定位。

图 8.19 给出形成人类眼角膜双折射的滞后角图像[180]。眼角膜为层状结构，大约 90% 的眼角膜厚度是由层状胶原蛋白原纤维成叠的结晶层构成的基质组成的。这是一种高度的各向异性结构。大约有 200 个结晶层，从角膜缘延伸到角膜缘，相互间以各种角度排列，在前基质中该角小于 90°，但在后基质中近似垂直。中间部分呈现等方性。双折射是朝神经末梢方向观测得到的。

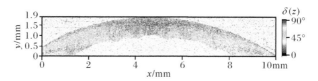

图 8.19　从上方二维空间照射（活体）人的眼角膜时得到的滞后角 $\delta(z)$[180]

8.5.2　多普勒 OCT

多普勒效应是以奥地利物理学家克里斯琴·约翰·多普勒（Christian Johann Doppler）的名字命名的，他解释并用数学语言描述了由于与地球的相对运动，星光的波长发生漂移的现象[181]。之后，多普勒超声波技术在医学领域取得了进一步的发展[182]。自从 1972 年，Riva 等[183] 发明了激光多普勒技术，并成功应用于眼科领域。LCI 和 OCT 使光多普勒技术得以广泛应用，主要是因为其局部定位特性。

除其固有的不同本质外，医学超声和光学技术不同的穿透深度决定了二者的区别。例如，根据超声仪器设计者的经验法则[184]，可预测软组织在 10MHz 频率处的强度衰减系数 $\mu_{us} \approx 10$dB/cm（典型的诊断超声成像器件使用的频率在 1MHz 和 15MHz 之间，这一频率范围内 μ_{us} 与频率成正比关系）。相反，当取软组织的光散射系数的典型值 $\mu_s = 10$mm^{-1}[22] 并考虑软组织高散射各向异性时，可得到近红外线（NIR）的有效强度衰减系数约为 108dB/cm。

光多普勒技术基于干涉现象，即被移动粒子散射的光线与参考光束相干涉。得到的干涉图样出现在多普勒角频率处。

$$\omega_D = \boldsymbol{K} \cdot \boldsymbol{v}_s \tag{8.88}$$

式中：$\boldsymbol{K}$ 为散射矢量；v_s 为运动粒子的速度矢量。

相应测量技术的频率分辨率 $\Delta\omega$ 受限于众所周知的傅里叶不确定关系[133]：

$$\Delta t \Delta \omega \geqslant 1/2 \tag{8.89}$$

式中：Δt 为测量时间，在多普勒技术的发展和应用中起着重要作用。

Yeh 等[185] 报道了第一个激光多普勒技术，他们借助于混合光谱学方法，以直接模拟电信号在非线性电路中的混合。然而在零差检测中，达到探测器的散射光的单频分量光差分频率处出现拍频，外差检测中，样品光与参考光在探测器处混合。两列波的拍频构成了本章阐述的多普勒技术的基础。光电流为

$$i_{sr}(t) = \frac{q_e \eta}{h \bar{\nu}} G_{sr}(t) \tag{8.90}$$

通常，i_{sr} 具有随机特性。功率谱为光电流自相关函数 $\mathrm{ACF}_i(\tau)$ 的傅里叶变换：

$$S_i(\nu) = \mathscr{F}\{\mathrm{ACF}_i(\tau)\} \tag{8.91}$$

其中

$$\mathrm{ACF}_i(\tau) = \langle i_{sr}(t) i_{sr}(t+\tau) \rangle \tag{8.92}$$

若参考光强远远大于平均样品光束光强，光电流的功率谱为

$$S_i(\nu) = q_e i_r + 2\pi i_r^2 \delta(\nu) + 2i_r \langle i_{sr} \rangle \mathscr{F}\{\mathrm{Re}(\gamma_{sr}(\tau)\exp(2\pi i \nu_r \tau))\} \tag{8.93}$$

其中，第一项为散粒噪声，第二项为直流项，第三项为外差拍频谱。因此，光电流拍频谱等于漂移到中心频率 $\nu - \nu_r$ 的样品光束的光谱 ν_r[186]。

利用来自单分散聚苯乙烯悬浮液层流的散射光，与具有一定频移的参考光重合，得到的最小可探测速度为 $40\mu m/s$。通过与沿液体流动方向平行的方向进行照射，并从侧面检测散射光可以得到局部定位。在 5 个径向位置测量了频移，并确认了层流的速度分布呈抛物线形。后来，人们将低相干干涉仪引入光相关光谱学。Bizheva 等[30] 利用相干区域分析了从单次散射光到光衍射的过渡及其对系统参数的依赖关系，而 Johnson 等[187] 利用低相干外差干涉仪抑制多次散射光并将光相关光谱学的应用扩展到多次散射的情形。

Riva 等[183,188] 利用激光多普勒技术进行人眼眼底处的血液流速测量并开发了可进行绝对流速测量的双向技术。在这些技术中，光探测器的输出经放大器后输入到实时光谱分析仪中，光谱分析仪提供了多普勒频移谱的平方根。最近 Logean等[189] 报道了对这一技术的低相干改进。利用变化的相干长度，并将血管壁作为参考镜，可对不同视网膜血管深度处的血红细胞的速度进行选择性测量。

1. 条纹数据的傅里叶变换

Gusmeroli 等[190] 首次报道了将相干测量区域应用到激光多普勒测速仪中。

通过对多普勒条纹数据进行傅里叶变换测量了管道水流中粒子流速的分布曲线。在 LCI 系统中采用超发光二极管作为低时间相干光源。Wang 等[191]利用光谱分析仪测得的强度干涉条纹功率谱,首次对 LCI 实验中的结构数据和速度数据同时进行了演示。基于管道中不同位置处的多普勒频移光谱的质心测量了悬浮于流体中的微滴流速分布图。测得的浑浊柱状胶原蛋白的流速分布图的不确定度为 7%。

时间相关干涉图样数据的傅里叶变换似乎是进行多普勒光相干层析(DOCT)的最直接的方法。相应的互相干函数定义了条纹数据。多普勒频移样品光束的解析信号为

$$V_s(t) = A(t)\exp[\mathrm{i}\phi(t) - \mathrm{i}(\omega_0 - \omega_D)t] \tag{8.94}$$

可得

$$\Gamma_{sr}(\tau) = \Gamma_{source}(\tau)\exp(-\mathrm{i}\omega_D\tau) \tag{8.95}$$

式中:ω_D 为多普勒频率;$\tau = 2v_s t/c + \tau_0$,用于设定时间漂移 $\tau_0 = 0$,v_s 为平行于散射矢量的样品流速分量($v_s/c) \ll 1$。因此,互谱密度或干涉图样的功率谱为

$$W(\omega) = S_{source}(\omega) * \delta(\omega - \omega_D) \tag{8.96}$$

式中:* 表示卷积。

若给定 ω_D 大于光源功率谱 $S_{source}(\omega)$ 的宽度,或在高斯光谱的情况下,$\omega_D > 8\ln2/t_c$,其中 t_c 为相干时间,则可很容易估计出多普勒频率。

1997 年有人提出了对干涉条纹数据进行傅里叶变换的两种基本可能性:

(1) Chen 等[192]通过在竖直方向增加样品的位移进行顺次测向扫描得到多普勒 OCT 图像。通过对干涉条纹强度进行快速傅里叶变换,并计算像素功率谱载波与质心频率之差可以得到每个像素处的多普勒频移;计算载波功率谱的强度可以得到结构信息。速度分辨率取决于每像素的时间变化[见方程(8.89)]。

(2) 基于短时快速傅里叶变换,Izatt 等[193]利用相干解调的干涉深度扫描信号推导出结构和深度定位多普勒信号。借助于傅里叶不确定关系,可将速度估计的深度分辨率与短时快速傅里叶变换窗长联系起来。因此,速度分辨率与深度分辨率是相互联系的。图 8.20 给出利用所谓的"彩色多普勒光层析成像技术"(colour DOCT)得到的结果[194],其中检测到的速度通过彩色编码隐含了流体的强度和方向。这种图像可用于眼病发病机理的研究。与血管造影法相比,多普勒光学层析成像法则是一种完全无损伤的诊断手段。

随后的几年里,这些技术得到了进一步发展。如 Ren 等[195]指出在一定条件下,基于探测光束外缘的两束光产生的多普勒频移可得到流体的速度,但不能得到流动方向的准确值,这种技术可将 OCT 的模糊探测范围延伸 10~20 倍。Van Leeuwen 等[196]报道了一种新技术,将多普勒光学层析成像扩展到更高速度的生理学上,如发生在流过动脉粥样硬化病变的血流中。

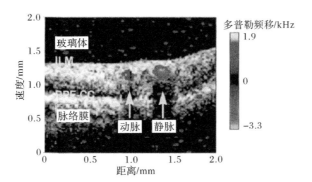

图 8.20　人类视神经乳头上方的视网膜在体多普勒光学层析成像图片[194]

2. 顺序扫描过程

条纹技术的最大障碍就是有限的速度灵敏度。克服这一限制的技术就是利用顺序扫描而得到的相位相关的多普勒光学层析成像。这一技术也将速度分辨率与空间分辨率分离。Zhao 等[197] 和 Yazdanfar 等[198] 开发了相应的技术。根据样品处顺序深度扫描间或顺序帧扫描间的样品光束的相位变化,可以得到多普勒频移:

$$\omega_{\mathrm{D}} \simeq \frac{\Delta\phi}{T} \qquad (8.97)$$

式中:$\Delta\phi$ 为测得的相位变化;T 为连续深度扫描或同一位置处帧之间的时间间隔。基于复相干函数可以得到顺序深度扫描(j)和($j+1$)之间的相位差 $\Delta\phi$:

$$\Delta\phi = \arg(\Gamma_j(\tau)) - \arg(\Gamma_{j+1}(\tau)) \qquad (8.98)$$

因为可将同一位置处的顺序深度扫描进行比较,可去掉相互间的散斑调制,并降低速度图像的散斑噪声。

顺序扫描信号处理可利用对光探测器电流进行在线相位敏感解调[193]得到的互相干函数或像 Zhao 等[197]报道的,根据方程(8.10)对光探测器 LCI 信号进行解析延拓得到的复相干函数。近来,已有有关利用光学手段实现希尔伯特变换的报道,可以得到人类皮肤活体血流实时图像[199]。

相干处理是另外一种提高流速灵敏度的技术[198],该技术对顺序深度扫描 m 和 $m+1$ 的信号进行相关积分:

$$F = \langle \tilde{i}_m^*(t)\tilde{i}_{m+1}(t+T) \rangle \qquad (8.99)$$

式中:$\tilde{i}_m(t)$ 为对探测器电流进行相位敏感解调得到的复信号。

根据互相关函数的相位变化可得多普勒频移:

$$f_{\mathrm{D}} = \frac{1}{2\pi \langle \tilde{i}_m^*(t)\tilde{i}_{m+1}(t+T) \rangle_{\tau=0}} \frac{\mathrm{d}}{\mathrm{d}\tau}[\langle \tilde{i}_m^*(t)\tilde{i}_{m+1}(t+T) \rangle]_{\tau=0} \qquad (8.100)$$

相位敏感顺序扫描处理技术得到的灵敏度在 $10\mu m/s$ 的范围内。

3. 傅里叶频域 DOCT

傅里叶频域 DOCT 中,利用探测阵列上的分光计将由整个样品深度散射回来的光束连同干涉仪的参考光束进行分离,取代了借助于延迟线的深度扫描。深度信息遍布整个分光计信号。因此,可由相应的局部散射势的相位变化 $\Delta\Phi_f(z_0,t)$ 得到 z_0 处的局部多普勒频移:

$$\omega_D(z_0,t)=\frac{\Delta\Phi_f(z,t)}{\Delta t}\bigg|_{z_0} \tag{8.101}$$

根据方程(8.71),由干涉仪输出端光谱强度 $I_{sr}(K)$ 可以得到散射势的相位:

$$\Phi_f(z,t)=\arctan\frac{\mathrm{Im}\{\mathrm{FT}[I_{sr}(K,t)-I_s(K,t)-I_r(K,t)]\}}{\mathrm{Re}\{\mathrm{FT}[I_{sr}(K,t)-I_s(K,t)-I_r(K,t)]\}} \tag{8.102}$$

由顺序深度扫描之间的相位差可以得到与深度有关的多普勒频率:

$$f_D(z,t)=\frac{1}{2\pi}\frac{\Phi_{f,m+1}(z,t)-\Phi_{f,m}(z,t)}{T} \tag{8.103}$$

式中:m 为深度扫描次数;T 为连续深度扫描间的时间间隔。因此,可由记录的两个散射光谱得到多普勒频移的深度分布。

傅里叶频域 DOCT 的一个重要优点就是高相位稳定性和傅里叶频域装置的高速性。Leitgeb 等[144]指出无需进行装置参数调整,可对 $\sim10\mu m/s$ 到 $2mm/s$ 的纵向流速分量进行 10^4 次/s 扫描测量。

4. 硬件分辨率

带宽是 DOCT 中一个关键问题。为优化 LCI 和 OCT 中的信噪比,根据外差调制,检测电路的优化带宽约为光电流信号频率的两倍[200]。但是,DOCT 中必须选择比较大的检测带宽以与信噪比降低后相应的流速范围相匹配。为解决这一问题,Zvyagin 等[201]提出了一种基于修正的相位锁模环的带通滤波器以实现频率跟踪。数据处理速度是 DOCT 中另一个重要的问题。Zhao 等[199]采用偏振光学的方法实现的光的希尔伯特变换取代了较为耗时的数字希尔伯特变换。另一种方法是采用硬件实现的互相关,使得每幅图片中 480 次深度扫描的帧速率达到 $8s^{-1}$,每次深度扫描的样本数为 $800^{[202]}$。

8.5.3　依赖波长的 OCT

在各种各样的科技领域,依赖波长的图像是基本的信息源。定量组织光谱学是生物医学中的一种诊断手段,具有很大的潜力,部分已应用到脑氧监测中。存在的一个问题就是比尔定律(Beer's law)要求光具有穿透性。特别是,光在组织中的穿透性比较差,在大多数情况下,必须利用后向散射结构。这种结构使人们很难获知光子的穿透度,不可能进行定量测量;而且任何生物组织都不均匀。因此,任何基于平均值的假设都是站不住脚的。LCI 和 OCT 提供了解决方案。即使组织具有高散射性,这些技术也能提供穿透深度。

理论上,光学组织光谱学可用于鉴定吸收物质如充氧或除氧血红蛋白,细胞色度、脱氢酶、脂类、黑色素和其他组织载色体,使得功能性研究得以实现。组织氧化是血红蛋白和新陈代谢的直接指示器[203],如与眼病密切相关的糖尿病引起的视网膜病和青光眼。

光反射计是一种以光折射率为基础,分析各种溶液的技术。利用光反射计,可判断水果、草和蔬菜在各个生长阶段溶解固体的成分,盐度反射计用于检测水质参数以及测量过程流体的折射率。反射计也是一种成型的检测血清和血蛋白浓度的临床方法。近年来,有关人员开发了一种基于细胞外液与细胞成分的折射率失配的无损伤型血糖检测技术[204]。

因此,LCI 和 OCT 也可使定量组织光谱学和反射计得以实现。任何低相干干涉仪内的样品都会在样品光束上产生一个依赖于频率的相位 $\Phi_{\mathrm{disp}}(\nu)$;其幅值取决于频率依存的反射率 $R(\nu)$ 的平方根。所以,样品和参考光束的互谱密度将为 $W_{\mathrm{SR}}(\nu)=S_{\mathrm{source}}(\nu)H(\nu)$[见方程(8.60)],其中 $S_{\mathrm{source}}(\nu)$ 为光源的光谱密度,$H(\nu)$ 为样品的传输函数。

更为熟悉的傅里叶变换光谱仪技术,已被应用于组织诊断中[205]。然而,需要注意的是,傅里叶变换光谱学中,样品位于干涉仪外,干涉仪的两束光均穿过样品,得到两束光的自相关函数,而不包含任何相位信息。因此,通过将样品置于干涉仪的一个臂,可以得到入射光和透射光的互相关函数,以及完整的样品传输函数 $H(\nu)$[115]。

在后向散射结构中,样品传输函数 $H(\nu)$ 的幅度和相位变化与深度有关:

$$H(\nu,z)=\sqrt{R(\nu,z)}\exp(\mathrm{i}\Phi_{\mathrm{disp}}(\nu,z)) \tag{8.104}$$

幅度谱为[22]

$$R(\nu,z)=\frac{\sigma_{\mathrm{b}}(\nu,z)}{z^2}\exp\left(-2\int_0^z\mu_{\mathrm{a}}(\nu,z')\mathrm{d}z'\right) \tag{8.105}$$

式中:$\sigma_{\mathrm{b}}(\nu,z)$ 为样品后向散射光谱的横截面积;$\mu_{\mathrm{a}}(\nu,z)$ 为样品表面和样品深度 z 间的衰减系数。

相位谱为

$$\Phi_{\mathrm{disp}}(\nu,z)=2\frac{\omega}{c}\int_0^z(n(\nu,z')-1)\mathrm{d}z'=2\int_0^z(k(\nu)-\bar{k})\mathrm{d}z' \tag{8.106}$$

式中:$n(\nu,z)$ 为样品的折射率;$\bar{k}=(2\pi/\bar{\lambda})$。

由干涉图样的傅里叶变换,可复原样品幅度谱 $R(\nu,z)$ 和相位谱 $\Phi_{\mathrm{disp}}(\nu,z)$ 的响应函数[115,206]。

光谱样品反射率的测量和成像是分光 OCT 技术的研究对象,而相位谱 $\Phi_{disp}(\nu,z)$ 的测量和成像则是光谱反射计 OCT 技术的研究对象。大多数组织的吸收系数(在可见光谱的红光端的量级为 0.04mm^{-1})和散射系数(10mm^{-1} 的量级)都表现出很强的波长和组织依赖性,而折射率在宏观尺度上基本不变,大多数组织的折射率的变化范围为 $1.33\sim1.4$,脂肪为 1.55。

1. 分光 OCT

分光 OCT(SOCT)是以解析深度扫描干涉信号 $\Gamma_{sr}(\tau)$ 或样品与参考波的互功率谱 $W_{sr}(\nu)$ 的傅里叶变换为基础的。而互功率谱与被样品后向散射的功率谱并不相等。例如,$W_{sr}(\nu)\leqslant\sqrt{S_s(\nu)S_r(\nu)}$,其中 $S_s(\nu)$ 和 $S_r(\nu)$ 分别为参考光和样品光的光谱强度。并且,干涉仪输出端光的光谱强度不是两干涉光束的光谱强度的简单叠加,而是依赖于被样品后向散射的光分量互谱相干度以及相对于反射镜处被反射的光的谱相干度[15]。

在一项基础研究中,Kulkarni 等[207]采用了样品的传输函数

$$H(\nu)=\frac{W_{sr}(\nu)}{S_{source}(\nu)} \tag{8.107}$$

以计算样品的菲涅尔反射面处的光谱特性。他们观察到,对于莫尔散射,$|H(\nu)|^2$ 的均值与后向散射光谱有关。

Morgner 等[94]报道了第一个宽带时域分光 OCT 技术。他们利用性能最好的飞秒 Ti:Al$_2$O$_3$ 激光器在 $650\sim1000\text{nm}$ 的带宽内获取组织的光谱信息。因狭窄的深度窗可提供很好的光谱分辨率,但深度分辨率较差,所以样品的光谱特性可由干涉图样的 Morlet 小波变换及 WT 得到。

$$W_{sr}(\Omega,\tau)=WT\{G_{sr}(t+\tau)\}=\left|\int G_{sr}(t+\tau)\exp\left[-\left(\frac{t}{t_0}\right)^2\right]\exp(i\Omega t)dt\right|^2 \tag{8.108}$$

这种变换减小了窗口影响,在每个成像点得到了完整的光谱。为用假彩色显示这个四维信息(横向,深度坐标 x 和 τ,后向散射强度以及光谱数据)提供了可能,光谱质心已被绘制于色调之中,而保持照射常数,可以将后向散射强度绘制于纯色度中。

我们看到的被光照射的物体结构的带通成分已被衰减,组织内依赖于波长的吸收和散射均为引起这种衰减的因素。因此深层结构的吸收和散射与组织的特性互为卷积。在具有较强选择吸收的样品中,可产生另外一个问题,即样品光束会发生光谱失真。样品光谱是由干涉图样的傅里叶变换决定的,因此傅里叶不确定度将光谱分辨率 $\Delta\nu$ 和深度分辨率 Δz 联系起来:$\Delta z\Delta\nu\geqslant(c/4\pi)$。例如,若要分

辨样品的化学成分,需要的光谱分辨率为 $\Delta\nu/N$,其中 $\Delta\nu$ 为光源的谱宽,相应的深度分辨率 Δz 被相同的系数 N 降低为 $N\Delta z$。

2. 傅里叶频域 SOCT

Leitgeb 等[208]报道了将傅里叶频域 OCT 光谱测量应用于 SOCT 的研究。傅里叶频域 OCT 中,干涉仪输出端的光经分光计色散,用阵列探测器检测其光谱分布。探测器信号表示与波长相关的散射场 $A_s(K)$,经傅里叶变换可以得到待测物的结构[见方程(8.70)]。光谱傅里叶 OCT 中,中心波数为 K_n,宽度为 ΔK 的频率窗($\Delta K;K_n$)在数学上沿光谱 $A_s(K)$ 平移。每个频率窗内的光谱数据经傅里叶变换,可得

$$\mathscr{F}\{A_s(K) \cdot w(K_n;\Delta K)\} = F_o(K_n;z) * \hat{w}(\Delta K;z)\exp(iK_nz) \quad (8.109)$$

因此,经窗口傅里叶变换得到待测物的结构。$\hat{w}(\Delta K;z)$ 为傅里叶变换窗函数。每个窗的中心波数为 K_n;宽度 ΔK 决定光谱分辨率。因此可由单频分量逐步构建傅里叶域 SOCT 图像。每个分量可通过(假)彩色编码,因而可以得到光谱假彩色图像。深度分辨率 $\Delta z = 8\ln2/\Delta K$。Leitgeb 等[208]报道了实验得到的玻璃滤波片 SOCT 图像。

3. 微分吸收 OCT

Schmitt 等[209]提出了一种用于产生吸收物质局部浓度 OCT 图像。一对发光二极管用作 OCT 干涉仪的照明光源,理想情况下,一个二极管照射在感兴趣的化学成分的振动带,另一个二极管发的光则在此范围之外。工作原理和差分吸收雷达技术相似[210]:样品层内的差分衰减的积分可由两光束(波长分别为 λ_1 和 λ_2)光强 I_1 与 I_2 之比的对数得到,I_1 与 I_2 分别为在样品层顶部(z_0)和底部(z)处测得的光强。

$$2\int_{z_0}^{z} (\mu_{a2}(z') - \mu_{a1}(z'))\mathrm{d}z' = \ln\left(\frac{I_1(z)}{I_1(z_0)}\frac{I_2(z_0)}{I_2(z)}\right) \quad (8.110)$$

因为干涉仪被两个相互不相干的宽带光源照射,所以干涉仪的总功率谱为两功率谱之和。

根据方程(8.60),可得干涉图样的功率谱为光源功率谱与样品传输函数 $H(\nu)$ 的乘积,即

$$S_s(\nu) = (S_{source1}(\nu) + S_{source2}(\nu))H(\nu) \quad (8.111)$$

因此,功率谱可用于估计与深度有关的强度。两个波长可产生不同的载频的事实,更简化了与深度有关的强度估计。Schmitt 等[22]报道了有关在体实验。可测量的水的最薄层约为 $50\mu m$ 厚。这项技术可用于任何具有足够吸收系数差的物质的差分吸收 OCT 成像。

4. 相干光谱层析成像

Watanabe 等[211]报道了两种光谱 OCT 技术：一种是基于带有带通滤波的并行 OCT；另一种是基于光谱干涉 OCT，此技术中需要对样品进行移动。并行 OCT 光谱技术利用了所谓的"光谱层析成像"，采用的装置与图 8.14 中描述的装置相似，CCD 照相机作为探测器，在深度方向上移动样品。用一系列 $n=1,2,\cdots,N$ 传递函数为 $w_n(\nu)$ 的带通滤波器对深度扫描干涉图样进行滤波可以得到光谱层析像，可表示为

$$\Gamma_n(z) = \Gamma_{sr}(z) \otimes \hat{w}_n(z) \tag{8.112}$$

式中：$\hat{w}(z)$ 为滤波器的响应函数。利用一系列不同中心波长的滤波器可提取出样品的光谱特性。这种技术被用来确定一个多层模型的折射率和吸收系数及对由夹在两个无色硅层间的红色玻璃纸制成的多层样品的测量。

基于光谱干涉 OCT 的技术称为色散相干光谱层析成像术。采用了改进的对应于 Zuluaga 等[136]的光谱干涉 OCT 装置，Watanabe 等[211]使用一棱镜分光仪，经一个圆柱透镜线聚焦照射样品，并使样品沿深度方向移动（见图 8.21）。在光谱干涉仪或光谱雷达技术中无须移动样品即可获取深度信息，而色散相干光谱层析技术中，样品需要进行平移。这样可获知与深度有关的光谱干涉图样，从而提取出深度和光谱信息。例如，利用一系列特别设计的光谱滤波器可对光谱解析干涉图样进行积分从而得到合成的完整的干涉图样，沿光轴方向移动样品可在 CCD 照相机处提供深度分辨的二维光谱干涉图样。

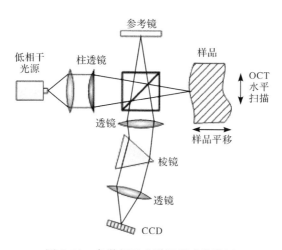

图 8.21　色散相干光谱层析成像装置

5. 折射 OCT

正如前面提到的,干涉折射仪是一种标准的实验室分析技术,色散数据对环境科学和诊断医学非常重要。定量色散数据对于预测屈光手术和组织诊断中光在眼部媒质中的传播起着举足轻重的作用。折射率的变化引起样品光束中的相位变化。Hitzenberger 等[212] 以及 Sticker 等[213] 已提出一种称为微分相位对比 OCT(DP-OCT)的技术。这一技术是 Nomarski 微分干涉对比纤维技术向定量三维成像的扩展。

DP-OCT 用两个横向平移的探测光束同时对样品进行检测。其光学系统框图如图 8.22 所示。光源发出的光经一偏振片得到 45°方向偏振的线偏振光,一非偏振光分束器将其分为参考光和探测光。探测光束经沃拉斯顿棱镜(Wollaston-prism)再次被分开并由样品透镜进行准直。被分开的两束正交偏振光的间距为 Δx 照射到样品上。沃拉斯顿棱镜将后向散射的光束结合并被探测臂上的偏振分束器分开。在光探测器上可得到两个干涉图样 $G_1(z)$ 和 $G_2(z)$。通过希尔伯特变换,可从相应的复数干涉图样 $\Gamma_{1,2}(z) = \frac{1}{2}G_{1,2}(z) + (i/2)\mathrm{HT}\{G_{1,2}(z)\}$ 得到两干涉图样的相位。因此,得到三幅图片:两个强度图片(即 $|\Gamma_1(z)|$ 和 $|\Gamma_2(z)|$)和一副相位差图片($\arg(\Gamma_2(z) - \Gamma_1(z))$)。大量实验证明,可在透明介质和散射层得到对应于纳米范围光程差的相位差[213]。

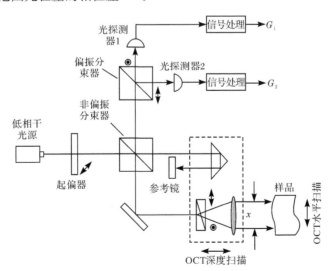

图 8.22 微分相位对比 OCT 装置图

G_1、G_2.输出的干涉图样

因 DP-OCT 可检测光束分离方向上的相位对比,因此它可检测由折射率横向变化/界面处反射时相位的变化引起的相位梯度。Sticker 等[214]提出了另一个可替换的技术。

　　该技术中两探测光束共轴但具有不同的聚焦直径。测量狭窄的中央探测光束和其近邻之间发生的相位差时,与方向无关。图 8.23 为一实例[214]。图 8.23(a)为人血管内皮细胞的传统 Zernike 相位对比显微镜图片。可以看到核仁、核和细胞器。基于强度的 OCT 图像,图 8.23(b)明确区分出正在向玻璃表面生长的细胞区和没有任何细胞但出现不可分辨的单细胞或内部结构的区域。相比,PC-OCT图像,图 8.23(c)清晰地描绘了细胞边界和内部细胞结构。这些 OCT 图片是采用超辐射发光二极管($\bar{\lambda}=820$nm,$\Delta\lambda=22$nm;探测光束的 FEHM 聚焦直径分别为 2.6μm 和 7.2μm,100×100 深度扫描,侧向间距为 3μm)。与共焦显微镜相比,OCT 技术的主要优点就是散射介质内具有较大的穿透深度。

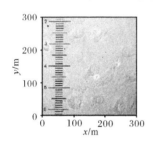 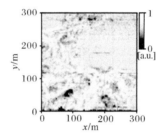 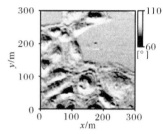

（a）Zernike 相位对比纤维照片　　（b）基于强度的正向 OCT 图像　　（c）基于相位差的正向 OCT 图像

图 8.23　内皮细胞的单细胞层[214]

8.6　OCT 应用

　　最初 OCT 应用于眼科成像[8,9]。OCT 技术的迅速发展使其在很多领域获得广泛应用。医学应用仍占主导[215~218]。包括密切相关的表面层析成像技术在内,目前只有很少数的非医学 OCT 应用。与其他可用的光学技术相比,OCT 具有的优势包括:

　　（1）深度分辨率与样品光束的数值孔径无关。

　　（2）相干区域技术可改善散射介质中的探测深度。

　　与其他非光学方式相比,OCT 的优点是:

　　（1）高深度和横向分辨率。

　　（2）非接触,非损伤操作。

　　（3）依赖于成像对比度的功能。相关的对比技术是基于多普勒频移,偏振和与波长相关的后向散射。

与其他医学成像方式相比,OCT 的缺点就是其在散射介质中的有限穿透深度。本节将只论述一些非常重要的 OCT 应用的状况,可在 Bouma 等[218] 的报告中找到更为详细的论述。

8.6.1　眼科中的 OCT

眼科仍是生物医学 OCT 的主导领域。最主要的原因就是眼介质的高透射率。另一个原因就是 OCT 的干涉灵敏度和精度,眼部很多结构其光学性质接近,非常适合 OCT 的测量。其他原因就是深度分辨率独立于样品光束的数值孔径,可在眼底处记录得到高灵敏度的多层结构[219]。因此,OCT 已经成了检查眼底部的一种例行工具。

尽管 OCT 有助于角膜病症细节的成像和测量,以及测量房角和虹膜的机构变化,但人们很少关注眼睛前部[220]。近年来,Bagayev 等[221] 报道了利用 OCT 对角膜激光烧灼进行监测。

尽管近年来对 OCT 的研究很具前景和临床价值,但标准临床眼科 OCT 技术的轴向分辨率以及性能仍有待改善。很多与疾病相关的早期病理学变化仍低于标准 OCT 的极限分辨率。视网膜内的机构如视神经细胞层,感光层和色素上皮与眼病的早期阶段相关,但仍不能用标准 OCT 进行检查诊断。因此,很多研究小组正致力于潜在 OCT 新型光源的研究开发,以提高 OCT 的分辨率。

近来,有关人员演示了实验室原型飞秒钛宝石激光器作为光源获得了超高分辨率 OCT 成像。在非透明和透明组织中已得到了 $1\sim3\,\mu m$ 的轴向分辨率,这使得活体视网膜内的亚细胞成像成为可能[58,107]。基于性能最好的激光技术,Drexler 等最近刚刚开发了一个相应的结构紧凑、性能可靠、用户友好的第三代超高分辨率眼科 OCT 系统[222]。

图 8.24 为一患有老年黄斑病变以及潜伏性经典新血管化,右眼患有严重的视网膜色素上皮浆液性脱离的 63 岁妇女的眼部超高分辨率 OCT 图像。图 8.24(a)～(c)为中心窝视觉区域水平截面超高分辨率 OCT 图片。图 8.24(d)为相应的扫描位置上的红外线照片,图 8.24(e)、(f)分别为早期和晚期荧光血管造影照片,图 8.24(g)为 ICG 的眼底照片。超高分辨率 OCT 图片显示了外观正常的 NFL,神经节细胞层(GCL),外丛状层,以及所有三个部分的内在核层(见图 8.9)。外部制限膜(ELM)清晰可见并已分离,表明了良好的内部感光条件。然而在小孔部分,光感受器外部显著脱节,颞区与眼底血管造影(FA)以及视网膜色素上皮脱离,吲哚菁绿(ICG)眼底照片外观图 8.24(e)～(g)相重合。视网膜厚度和正常中心凹坑外观的缺失清晰可见。

如图 8.24 所示,超高分辨率眼科 OCT 使视网膜内的所有主要层前所未有的可视化,并使其具有评价与视网膜病理相关的视网膜形态学变化的能力,特别是

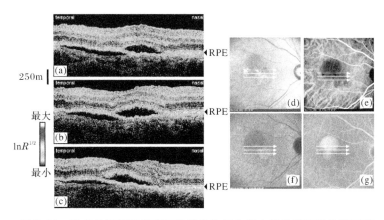

图 8.24　患有老年黄斑病变以及潜伏性经典新血管化及严重的视网膜
色素上皮浆液性脱离患者的眼部图片

在复杂的光感受器内外部分,外部制限膜(EML)和色素上皮(RPF)的形态变化清晰可见。因此,它很有可能成为一个重要而强大的辅助标准眼科诊断方法,并有助于更好地了解眼病的发病机理。

8.6.2　OCT 活检和功能 OCT

切除活检会引起癌细胞扩散,会导致感染和出血等危险情况的发生。光学活检在原处实现对组织和细胞功能以及形态的检测。OCT 提供高分辨,高穿透深度,以及功能成像的潜能,这些都是光学活检的必要前提。标准 OCT 可解释有关的组织形态[223]。很多疾病包括癌症,在早期需要更高的分辨率进行准确诊断[224]。所以超高精度 OCT 是迈向光学活检的重要一步[215]。下面将列举一些超高分辨率 OCT 和功能 OCT 的实例。

1. 肠胃科和皮肤科中的高分辨率 OCT

胃肠道(GI)成像是第一个需要提高 OCT 分辨率的例子。Izatt 等[225]首次进行了有关胃肠道 OCT 研究,他指出 OCT 和 OCM 可以划定块状 GI 组织样品的内部如组织学组织结构。Sergeev 等[226]演示了(内窥镜)OCT($\bar{\lambda}=830\text{nm}$, $l_c=10\mu\text{m}$, $P_{source}=1.5\text{mW}$)是一种最有前景的肿瘤前期诊断技术。类似的,Tearney 等[227]表明内窥 OCT($\bar{\lambda}=1300\text{nm}$, $l_c=15\mu\text{m}$, $P_{probe}=150\mu\text{W}$)提供了只能用传统的切除活检才能获取的有关组织微结构的信息。例如,Rollins 等[228]指出内窥镜 OCT 成像($\bar{\lambda}=1310\text{nm}$, $l_c=11\mu\text{m}$, $P_{source}=22\text{mW}$)清楚地描述了胃肠道器官的黏膜和黏膜下层的子结构,以及如腺体、血管、坑、绒毛和隐窝结构的组织结构。

Sivak 等[229]将直径为 2.4mm 的原型径向扫描 OCT 探头($\bar{\lambda}=1300\text{nm}$, $l_c=$

11μm)插入内窥镜,对十二指肠、胃、食道等 72 个胃肠道部分进行成像。在食道内得到了优质的高分辨率图片;在胃部得到的图片质量比较差。Bouma 等[230]将直径为 2.0mm 的 OCT 导管($\bar{\lambda}=1300\mathrm{nm}$, $l_c=10\mu\mathrm{m}$, $P_{\mathrm{probe}}=5\mathrm{mW}$)插入内窥镜的端口,对包括他本人在内的 32 位食道患者进行了内窥 OCT 成像,得到了层次清晰的食道层。Barrett 的食道与正常食道黏膜不同,而食道腺癌与正常食道及 Barrett 的食道也有所区别。

标准 OCT 提供了几微米的分辨率。它不能分辨出亚细胞结构,但可以提供组织的构架。可对组织病变进行实时无任何副作用的检测评价。图 8.25 给出由横结肠管状腺瘤得到的内窥 OCT 图片[231]。组织显示了对应于扩大的腺瘤腺体的层状结构和一些黑暗圆形区域。

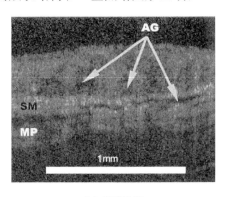 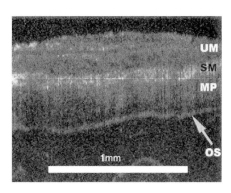

(a) 管状腺瘤　　　　　　　　　　　(b) 正常横结肠组织

图 8.25　内窥镜 OCT 图像[231]

AG. 腺癌腺体;MP. 肌层;SM. 下层;UM. 上层

图 8.25[231]表明基于组织结构特性,利用 OCT 进行癌症诊断已迈出了重要一步。和前面提到的一些研究一样,可分辨组织结构特性的标准 OCT 可用作肿瘤筛查参数。

在一项相关研究中,Pan 等[232]报道了第一个有关在标准大鼠膀胱模型中肿瘤形成的 OCT 研究,采用的是双波长光纤 OCT 系统($\bar{\lambda}=830\sim1320\mathrm{nm}$)。研究结果表明,猪膀胱的微观形貌如尿路上皮,黏膜下层和肌肉均可由 OCT 进行辨别,并与相应的组织学评价相关。OCT 检测到了水肿、炎性浸润、黏膜下血脉壅塞以及尿路上皮异常增长。因此,组织特性可用作肿瘤筛查参数以确定癌前病变组织状态。而肿瘤变化的标准诊断指标,以主要发生在亚细胞层面的加速增长率、大量增加、局部感染、分化缺乏、退行发育,以及转移为特征。因此,为正确识别并最后定级肿瘤的形成,绝对需要对亚细胞结构进行评价。

采用宽带光子晶体光纤光源实现了提高 OCT 分辨率使其接近亚细胞水平的

第一步。图 8.26 演示了采用亚飞秒(15fs)钛宝石的光子晶体光纤光源($\bar{\lambda}=$ 725nm, $\Delta\lambda=325$nm, $P_{source}=25$mW)得到的近病理泵浦亚细胞分辨率[82]。已对大肠癌细胞 HT-29 进行了 OCT 成像。为了得到不同层次的信息,图 8.26 中给出每间隔 2μm 的六层横断面图,见图(a)～(f),每一图片都是以 0.5μm 的轴向分辨率和为 2μm 的横向分辨率获取,覆盖面积为 50μm×50μm,由 500×500 像素组成;而图(g)～(i)分别对应于与典型 HT-29 细胞 OCT 成像方向平行和垂直的组织学部分[82]。

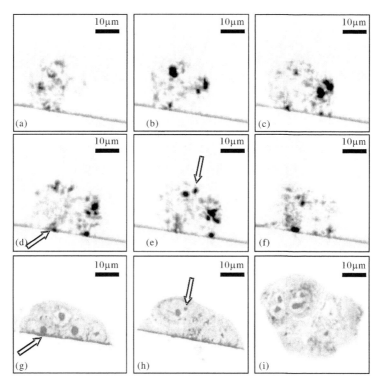

图 8.26　亚微米分辨率的人类大肠癌腺癌细胞 HT-29 的 OCT 图像

　　将相同腺癌 HT-29 细胞的组织学 H&E 染色截面与 OCT 得到的结果进行比较,可以看出对应于核仁或其他细胞的亚细胞结构的相关性。
　　第二个说明 OCT 应用中高分辨率是个重要问题的例子是皮肤科[233]。皮肤是一种高度复杂的组织,具有很多不均匀性。OCT 的穿透深度覆盖角质层,主要包括角质细胞的活表皮,主要由胶原蛋白网络、弹性纤维和成纤维细胞组成的真皮。大多数皮肤病仅仅通过肉眼或皮肤镜即可诊断,而对于癌症的诊断,常规切除活检仍是黄金标准。临床研究发现,标准 OCT 对一些炎症和大疱性皮肤病非常有用[234]。还发现,固体皮肤肿瘤,呈现均匀的 OCT 信号分布,而囊性组织可由无信号区进行识别。但是基于这种结构特征的癌症诊断并不可靠,这是因为大多数重要的肿瘤变化诊断指标均发生在亚细胞这个层面。因此,在皮肤科,高分辨率 OCT 也是正确诊断和定级肿瘤的先决条件。

2. 动脉成像中的内窥镜 OCT

OCT 中的深度分辨率源于相干区域,因此与探测光束的宽度无关。因此, OCT 注定成为高分辨率器官内腔成像的内窥镜。内镜及基于导管的成像方式使医学上的低入侵治疗技术成为可能,因此得到迅速发展。Tearney 等[126,235]介绍了第一个内窥镜 OCT 系统,用于内部器官系统的光学活检成像。在多个器官系统黏膜的首次 OCT 内窥镜研究表明,内窥镜 OCT 对于肿瘤的早期诊断及精确指导切除活检具有很大潜力[226]。

内窥镜 OCT 构成了迈克耳孙 OCT 干涉仪的一个臂。因此基于光纤的内窥镜可得到超窄内窥镜系统如直径为 1mm 的设计[236]。因此,血管成像已成为可能。初步研究表明,OCT 能检测内膜血管壁内的内壁间脂质集合[215,237]。与高频超声(30MHz)相比,OCT($\bar{\lambda}=1300$nm)产生的是超结构信息[238]。在一项实验研究中,有关人员采用基于直径约为 1mm 的导管的 OCT 系统,得到了新西兰白鼠腹动脉图像。观察到了媒质与周围支持外膜组织间的高对比度,从而使精细结构的细节清楚可见[216]。Bouma 等[218]已对人类的冠状动脉内窥镜 OCT 成像进行了研究。

对比患病尸体血管的($\bar{\lambda}=1300,\Delta\lambda=72$nm,$P_{source}=5$mW)OCT 成像与组织学成像,可以看出内膜,媒质和外膜之间存在清晰的差别。纤维斑块在血管壁出现同质性、高散射区域,而钙化组织与周围组织的交界处出现高散射特性为钙化的一个标志。利用盐水有间断的冲刷导管,已对 40 例患者进行了在体血管内 OCT 成像。不同类型的斑块,包括许多需要局部治疗的易损斑块均可鉴别。因此,OCT 对增进人们对冠状动脉硬化的理解和对急性心肌梗死的治疗具有很大的潜力。

3. 牙科 PS-OCT

应用与偏振有关的后向散射,OCT 在牙科领域起着越来越重要的作用[239]。人类的牙齿是由牙釉质、牙本质和牙髓组成。牙齿的大部分是半透明的牙本质,上面带有由牙髓腔指向周边的微米级牙本质小管。牙冠附近,牙的外表面被一层薄而透明的牙釉质层覆盖,这些牙釉质由垂直于表面的微晶组成。有关光在牙组织中传播的 PS-OCT 研究表明,牙釉质具有很强的双折射使得各向异性光穿过牙本质小管。$\bar{\lambda}=850$nm 在牙本质和牙釉质的群折射率分别为 1.50 ± 0.02 和 1.62 ± 0.02[61]。

　　Colston 等[239]报道了一例基于光纤的牙科 OCT 系统,该系统的中心波长为 $\bar{\lambda}=1300\text{nm}(\Delta\lambda=47\text{nm})$,光束功率 $P_{\text{source}}=15\text{mW}$。穿透深度由硬组织的 3mm 到软组织的 1.5mm。为扫描口腔,有关人员开发了光学牙机头。样品透镜为一梯度折射率透镜,数值孔径 NA=0.46。样品光束的聚焦直径为 $20\mu\text{m}$,测得的信噪比(SNR)为 110dB。在 OCT 图像中可以看到一些牙龈组织的部件如上皮的沟壑和结缔组织层。被识别的硬组织结构为牙釉质、牙本质和其界面,如图 8.27 所示[239]。后来,Amaechi 等[240]将 LCI 信号使用的区域作为组织反射率的度量,表明这一区域与矿物质流失的量有关,并随脱钙时间的增加而增加。因此,OCT 可用于定量监测龋齿病变中的矿物质变化。

　　早期的研究中,发现牙釉质的 OCT 成像中,双折射可引起一些假象[239]。通过测量返回光的偏振态可消除假象的影响。而 PS-OCT 检测到的双折射,是一种非常有效的对比方法,以表明牙釉质和牙本质的前龋坏或龋坏病变[61]。PS-OCT 可提供与牙齿材料的矿化状态和/或散射特性相关的信息[174]。

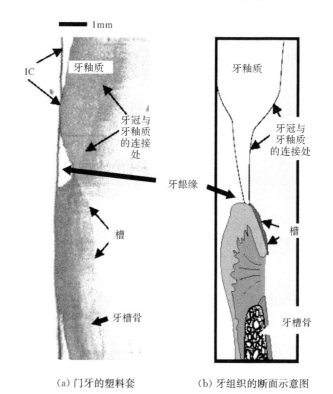

(a) 门牙的塑料套　　　　　　(b) 牙组织的断面示意图

图 8.27　牙组织的 OCT 图

4. 肠胃病学中的光谱 OCT

光谱 OCT(SOCT)将组织光谱学与高分辨率层析成像相结合。此技术基于宽谱光源,通过对解析深度扫描干涉信号 $\Gamma_{SR}(\tau)$ 进行傅里叶变换可得到相应的光谱信息。Morgner 等[94]提出了基本原理。Li 等[241]在一项有关提高 Barrett 食管分化的可行性研究中,报道了第一个临床应用中的方法,得到了高分辨率内镜 OCT 和组织学图像之间很好的相关性。基于上皮结构,内窥 OCT 可实时区分正常的和 Barrett 上皮。

很容易分辨出扰乱相对统一的层鳞状上皮的地穴状和腺状结构的能力,表明 OCT 可用于筛选应用。在这项研究中,在离体标本中进行了内窥 OCT 成像。Barrett 食管中的地穴结构和腺状结构的不规则上皮形态,表明提高了的长波长散射。当然这只是一个初步结果。光谱特征能将 OCT 定级发育不良程度提高到何种程度仍有待证明。

5. 止血治疗中的 DOCT

与超声技术相比,除了高深度和速度分辨率外,DOCT 的一个优势就是可进行无接触操作。这种特性使得 DOCT 可用于皮下血管的血流,而无须通过传感器对血管施加压力。当然,和 OCT 一样,DOCT 因散射组织中较浅深度局限了其实用性。因此,除眼科外,DOCT 的重要的医学应用还包括皮肤科,其中 DOCT 已被用来分析激光凝固葡萄酒色斑斑皮下真皮血管结构[242]、在体光治疗监测[243]和记录发育生物学中心脏血流动力学[244]。

近年的研究中,彩色 DOCT 用来观察和测量皮下血管的血流量以研究止血干预[245]。对大鼠皮肤模型(背侧皮瓣)进行了在体测量。OCT 系统采用超辐射发光二极管($\bar{\lambda}=1.27\,\mu m$, $\Delta\lambda=37\,nm$, $P_{source}=1.2\,mW$),线性扫描参考臂用于产生外差频率。用恒定外差频率解调检测信号以得到组织的反射率。样品光束的多普勒频移为深度的函数,对其平均值进行测量可以得到组织内的流速估计值。肾上腺素注射后,血流量明显减少,局部止血干预如采用热探头和激光凝固的热接触凝血后,血流量已检测不到。已证明对肾上腺素的反应是暂时的,热探头止血的限量应用并没有观察到明显的表皮损伤。

8.6.3　非医学 OCT

低相干干涉仪已应用于光产品技术和其他技术领域。例如,LCI 或"白光干涉"[246]已在工业领域应用了很多年,如位置传感器[247],可用于薄膜厚度测量[248],以及可转化为位移的其他测量[249]。因此,LCI 已成为多层光碟中实现高密度数据存储的关键技术[250]。

　　Dunkers 等[251]对 OCT 在以估计高散射聚合物基复合材料的孔隙率,纤维结构以及结构完整性的无损伤评价中的应用进行了分析。利用一个 25fs 的宽谱锁模 Cr 固态镁橄榄石激光器($\bar{\lambda}=1.3\,\mu m$,$P_{source}=3\sim4mW$)成功地对玻璃纤维增强聚合物复合材料进行了成像。由复合样品得到的图像的横向和深度分辨率分别为 20μm 和 10μm。成功地对纤维加强复合材料的纤维结构及空洞进行了解析。纤维透镜效应,后向散射光的干涉和表面反射被认为是主要的噪声源。与超声图像相比,OCT 的分辨率更高并可进行非接触操作。Bashkansky 等[252]描述了有关的 OCT 应用。这些作者检测到了氮化硅球表面的赫兹裂纹程度,并与基于主应力和最大应变能释放的裂纹传播理论的预测值进行了比较。

　　涂料和油漆的无损伤评价是另一种很有前景的非医疗 OCT 应用。Xu 等[253]采用了空间光学 OCT 系统($SLD:\bar{\lambda}=850nm$,$\Delta\lambda=20nm$,$P_{source}=8mW$),该系统光探测器前的针孔和聚焦透镜使得共焦效果大大提高。业已实现了经 80μm 厚的高散射聚合物双元素涂料层(等效于 10 个平均自由光程厚度)的成像。

参 考 文 献

[1] Grangeat P. La tomographie:Fondements mathématiques,imagerie microscopique et imagerie industrielle. Paris:Hermes Science Publications,2002:163—218.

[2] Arridge S R,Schweiger M. Image reconstruction in optical tomography. Philosophical Transactions of the Royal Society of London. Series B:Biological Sciences,1997,352(1354):717—726.

[3] Born M,Wolf E. Principles of Optics. Cambridge:Cambridge University Press,1999.

[4] Li X,Durduran T,Yodh A,et al. Diffraction tomography for biochemical imaging with diffuse-photon density waves. Optics Letters,1997,22(8):573—575.

[5] Fercher A. Ophthalmic interferometry Optics in Medicine, Biology and Environmental Research. Amsterdam:Elsevier,1990.

[6] Hitzenberger C K. Optical measurement of the axial eye length by laser Doppler interferometry. Investigative Ophthalmology & Visual Science,1991,32(3):616—624.

[7] Huang D,Swanson E A,Lin C P,et al. Optical coherence tomography. Science, 1991, 254(5035):1178—1181.

[8] Fercher A,Hitzenberger C,Drexler W,et al. *In vivo* optical coherence tomography. American Journal of Ophthalmology,1993,116(1):113—114.

[9] Swanson E A,Izatt J,Hee M R,et al. *In vivo* retinal imaging by optical coherence tomography. Optics Letters,1993,18(21):1864—1866.

[10] Chinn S,Swanson E,Fujimoto J. Optical coherence tomography using a frequency-tunable optical source. Optics Letters,1997,22(5):340—342.

[11] Häusler G,Lindner M W. "Coherence Radar" and "Spectral Radar"—New tools for derma-

tological diagnosis. Journal of Biomedical Optics,1998,3(1):21—31.

[12] Masters B. Optical low-coherence reflectometry and tomography//SPIE Milestone Series, 2001,MS165.

[13] Rosen J,Takeda M. Longitudinal spatial coherence applied for surface profilometry. Applied Optics,2000,39(23):4107—4111.

[14] Abouraddy A F,Nasr M B,Saleh B E A,et al. Quantum-optical coherence tomography with dispersion cancellation. Physical Review A,2002,65(5):053817.

[15] Mandel L,Wolf E. Optical Coherence and Quantum Optics. Cambridge:Cambridge University Press,1995.

[16] Radon J. Über die Bestimmung von Funktionen durch ihre Integralwerte längs gewisser Mannigfaltigkeiten. Ber. Verh. Saechs. Akad. Wiss. Leipzig, Mathematisch-Physische Klasse,1917,69:262—277.

[17] Wolf E. Three-dimensional structure determination of semi-transparent objects from holographic data. Optics Communications,1969,1(4):153—156.

[18] Kak A,Slaney M. Principles of computerized tomographic imaging. New York:IEEE Press, 1988.

[19] Fercher A F, Hitzenberger C K, Kamp G, et al. Measurement of intraocular distances by backscattering spectral interferometry. Optics Communications,1995,117(1):43—48.

[20] Pan Y,Birngruber R,Rosperich J,et al. Low-coherence optical tomography in turbid tissue: Theoretical analysis. Applied Optics,1995,34(28):6564—6574.

[21] Schmitt J,Kumar G. Turbulent nature of refractive-index variations in biological tissue. Optics Letters,1996,21(16):1310—1312.

[22] Schmitt J M,Kumar G. Optical scattering properties of soft tissue:A discrete particle model. Applied Optics,1998,37(13):2788—2797.

[23] Wang R K. Modelling optical properties of soft tissue by fractal distribution of scatterers. Journal of Modern Optics,2000,47(1):103—120.

[24] Brodsky A,Thurber S,Burgess L. Low-coherence interferometry in random media. I. Theory. Journal of Optical Society of America A,2000,17(11):2024—2033.

[25] Thurber S,Burgess L,Brodsky A,et al. Low-coherence interferometry in random media. II. Experiment. Journal of Optical Society of America A,2000,17(11):2034—2039.

[26] Yura H. Signal-to-noise ratio of heterodyne lidar systems in the presence of atmospheric turbulence. Journal of Modern Optics,1979,26(5):627—644.

[27] Schmitt J,Knüttel A. Model of optical coherence tomography of heterogeneous tissue. Journal of Optical Society of America A,1997,14(6):1231—1242.

[28] Thrane L,Yura H T,Andersen P E. Analysis of optical coherence tomography systems based on the extended Huygens-Fresnel principle. Journal of Optical Society of America A, 2000,17(3):484—490.

[29] O'leary M, Boas D, Chance B, et al. Refraction of diffuse photon density waves. Physical

review letters,1992,69(18):2658—2661.

[30] Bizheva K K,Siegel A M,Boas D A. Path-length-resolved dynamic light scattering in highly scattering random media: The transition to diffusing wave spectroscopy. Physical Review E, 1998,58(6):7664.

[31] Wax A,Yang C,Dasari R R,et al. Path-length-resolved dynamic light scattering: Modeling the transition from single to diffusive scattering. Applied Optics, 2001, 40(24): 4222—4227.

[32] Gandjbakhche A,Bonner R,Nossal R. Scaling relationships for anisotropic random walks. Journal of Statistical Physics,1992,69(1):35—53.

[33] Vargas G,Chan E K,Barton J K,et al. Use of an agent to reduce scattering in skin. Lasers in Surgery and Medicine,1999,24(2):133—141.

[34] Tuchin V V,Xu X,Wang R K. Dynamic optical coherence tomography in studies of optical clearing,sedimentation,and aggregation of immersed blood. Applied Optics,2002,41(1): 258—271.

[35] Hodara H. Statistics of thermal and laser radiation. Proceedings of the IEEE,1965,53(7): 696—704.

[36] Morkel P,Laming R,Payne D. Noise characteristics of high-power doped-fibre superluminescent sources. Electronics Letters,1990,26(2):96—98.

[37] Rollins A M,Izatt J A. Optimal interferometer designs for optical coherence tomography. Optics Letters,1999,24(21):1484—1486.

[38] Podoleanu A G. Unbalanced versus balanced operation in an optical coherence tomography system. Applied Optics,2000,39(1):173—182.

[39] Sirohi R S. Speckle Methods in Experimental Mechanics. Speckle Metrology. New York: Marcel Dekker Inc. ,1993.

[40] Briers J D. Laser Doppler,speckle and related techniques for blood perfusion mapping and imaging. Physiological Measurement,2001,22 R35.

[41] Gabor D. Laser speckle and its elimination. IBM Journal of Research and Development, 1970,14(5):509—514.

[42] George N,Christensen C,Bennett J,et al. Speckle noise in displays. Journal of Optical Society of America,1976,66(11):1282—1290.

[43] Goodman J W. Some effects of target-induced scintillation on optical radar performance. Proceedings of the IEEE,1965,53(11):1688—1700.

[44] Goodman J W. Some fundamental properties of speckle. Journal of Optical Society of America,1976,66(11):1145—1150.

[45] Loudon R. Theory of noise accumulation in linear optical-amplifier chains. Quantum Electronics,IEEE Journal of,1985,21(7):766—773.

[46] Pircher M,Götzinger E,Leitgeb R,et al. Measurement and imaging of water concentration in human cornea with differential absorption optical coherence tomography. Optics Express,

2003,11(18):2190—2197.

[47] Goodman J. Laser speckle and related phenomena 9//Dainty J C ed. Topics in Applied Physics. Berlin,Heidelberg,New York,Tokyo:Springer-Verlag,1984:9—75.

[48] Forsberg F,Healey A,Leeman S,et al. Phase-processing as a tool for speckle reduction in pulse-echo images//Butterworth-Heinemann Conference. Le Touquet in France, 1991: 629—632.

[49] Schmitt J. Array detection for speckle reduction in optical coherence microscopy. Physics in Medicine and Biology,1997,42(7):1427.

[50] Bashkansky M,Reintjes J. Statistics and reduction of speckle in optical coherence tomography. Optics Letters,2000,25(8):545—547.

[51] Xiang S,Zhou L,Schmitt J M. Speckle noise reduction for optical coherence tomography. Proceeding of International Society for Optics and Photonics,1998:79—88.

[52] Rogowska J,Brezinski M E. Evaluation of the adaptive speckle suppression filter for coronary optical coherence tomography imaging. Medical Imaging,IEEE Transactions on,2000, 19(12):1261—1266.

[53] Schmitt J M,Xiang S,Yung K M. Speckle in optical coherence tomography. Journal of Biomedical Optics,1999,4(1):95—105.

[54] Yung K M,Lee S L,Schmitt J M. Phase-domain processing of optical coherence tomography images. Journal of Biomedical Optics,1999,4(1):125—136.

[55] Gerrard A,Burch J. Introduction to Matrix Methods in Optics. London:Wiley,1975.

[56] Schmitt J M. Restoration of optical coherence images of living tissue using the CLEAN algorithm. Journal of Biomedical Optics,1998,3(1):66—75.

[57] Lexer F,Hitzenberger C,Fercher A, et al. Wavelength-tuning interferometry of intraocular distances. Applied Optics,1997,36(25):6548—6553.

[58] Drexler W,Morgner U,Kärtner F, et al. In vivo ultrahigh-resolution optical coherence tomography. Optics Letters,1999,24(17):1221—1223.

[59] Kulkarni M,Thomas C,Izatt J. Image enhancement in optical coherence tomography using deconvolution. Electronics Letters,1997,33(16):1365—1367.

[60] Bashkansky M,Duncan M,Goldberg L,et al. Characteristics of a Yb-doped superfluorescent fiber source for use in optical coherence tomography. Optics Express, 1998, 3(8): 305—310.

[61] Wang R K. Resolution improved optical coherence-gated tomography for imaging through biological tissues. Journal of Modern Optics,1999,46(13):1905—1912.

[62] Van Engen A G,Diddams S A,Clement T S. Dispersion measurements of water with white-light interferometry. Applied Optics,1998,37(24):5679—5686.

[63] Hitzenberger C,Baumgartner A,Fercher A. Dispersion induced multiple signal peak splitting in partial coherence interferometry. Optics Communications,1998,154(4):179—185.

[64] Hitzenberger C K,Baumgartner A,Drexler W,et al. Dispersion effects in partial coherence

interferometry: Implications for intraocular ranging. Journal of Biomedical Optics, 1999, 4(1):144—151.

[65] Fercher A, Hitzenberger C, Sticker M, et al. Numerical dispersion compensation for partial coherence interferometry and optical coherence tomography. Optics Express, 2001, 9(12): 610—615.

[66] De Boer J F, Saxer C E, Nelson J S. Stable carrier generation and phase-resolved digital data processing in optical coherence tomography. Applied Optics, 2001, 40(31):5787—5790.

[67] Brinkmeyer E, Ulrich R. High-resolution OCDR in dispersive waveguides. Electronics Letters, 1990, 26(6):413—414.

[68] Arutyunov V A, Slobodyan S M. Investigation of a ccd wave front sensor of an adaptive optics radiation focusing system. Instrum. Exp. Tech. (Engl. Transl.), United States, 1985, 28(1 PT 2).

[69] Lu J, Cheng J, Cameron B. Low-sidelobe limited diffraction optical coherence tomography// International Symposium on Biomedical Optics. International Society for Optics and Photonics, 2002:300—311.

[70] Ding Z, Ren H, Zhao Y, et al. High-resolution optical coherence tomography over a large depth range with an axicon lens. Optics Letters, 2002, 27(4):243—245.

[71] Hitzenberger C, Danner M, Drexler W, et al. Measurement of the spatial coherence of super-luminescent diodes. Journal of Modern Optics, 1999, 46(12):1763—1774.

[72] Beaurepaire E, Boccara A, Lebec M, et al. Full-field optical coherence microscopy. Optics Letters, 1998, 23(4):244—246.

[73] Dubois A, Boccara A, Lebec M. Real-time reflectivity and topography imagery of depth-resolved microscopic surfaces. Optics Letters, 1999, 24(5):309—311.

[74] Fercher A, Hitzenberger C, Sticker M, et al. A thermal light source technique for optical coherence tomography. Optics Communications, 2000, 185(1-3):57—64.

[75] De Martino A, Carrara D, Drevillon B, et al. Full-field OCT with thermal light. Proceedings of the IEEE, 2001:38—42.

[76] Vij D, Mahesh K. Medical Applications of Lasers. Berlin: Springer, 2002.

[77] Superlum Diodes Ltd. www. superlumdiodes. com. 2002.

[78] Bouma B, Tearney G, Bilinsky I, et al. Self-phase-modulated Kerr-lens mode-locked Cr:Forsterite laser source for optical coherence tomography. Optics Letters, 1996, 21(22): 1839—1841.

[79] NTT El Corp. http://www. ntt-electronics. com/en/products/photonics. 2016.

[80] Bouma B E, Nelson L E, Tearney G J, et al. Optical coherence tomographic imaging of human tissue at 1. 55 μm and 1. 81 μm using Er-and Tm-Doped Fiber Sources. Journal of Biomedical Optics, 1998, 3(1):76—79.

[81] Hartl I, Li X, Chudoba C, et al. Ultrahigh-resolution optical coherence tomography using continuum generation in an air-silica microstructure optical fiber. Optics Letters, 2001,

26(9):608—610.

[82] Povazay B,Bizheva K,Unterhuber A,et al. Submicrometer axial resolution optical coherence tomography. Optics Letters,2002,27(20):1800—1802.

[83] Vabre L, Dubois A, Boccara A. Thermal-light full-field optical coherence tomography. Optics Letters,2002,27(7):530—532.

[84] Wilson B C,Jacques S L. Optical reflectance and transmittance of tissues:Principles and applications. IEEE Journal of Quantum Electronics,1990,26(12):2186—2199.

[85] Boulnois J L. Photophysical processes in recent medical laser developments:A review. Lasers in Medical Science,1986,1(1):47—66.

[86] Berlien H P,Mueller G. Angewandte Lasermedizin. Landsberg:ECO-MED-Verlag,1989.

[87] Parrish J A. Phototherapy and photochemotherapy of skin diseases. Journal of Investigative Dermatology,1981,77(1):167—171.

[88] Fercher A,Roth E. Ophthalmic laser interferometry. SPIE Milestone Series,2001,165:242—245.

[89] Semenov A,Batovrin V,Garmash I,et al. (GaAl) As SQW superluminescent diodes with extremely low coherence length. Electronics Letters,1995,31(4):314—315.

[90] Clivaz X, Marquis-Weible F, Salathe R, et al. High-resolution reflectometry in biological tissues. Optics Letters,1992,17(1):4—6.

[91] Derickson D, Beck P, Bagwell T, et al. High-power, low-internal-reflection, edge emitting light-emitting diodes. Hewlett Packarl Journal,1995,46:43—43.

[92] Fujimoto J,Bouma B,Tearney G,et al. New technology for high-speed and high-resolution optical coherence tomography. Annals of the New York Academy of Sciences, 1998, 838(1):95—107.

[93] Morgner U,Kärtner F,Cho S,et al. Sub-two-cycle pulses from a Kerr-lens mode-locked Ti: Sapphire laser. Optics Letters,1999,24(6):411—413.

[94] Morgner U,Drexler W,Kärtner F,et al. Spectroscopic optical coherence tomography. Optics Letters,2000,25(2):111—113.

[95] Drexler W, Morgner U, Ghanta R K, et al. Ultrahigh-resolution ophthalmic optical coherence tomography. Nature Medicine,2001,7(4):502—506.

[96] Coen S,Chau A H L,Leonhardt R,et al. White-light supercontinuum generation with 60ps pump pulses in a photonic crystal fiber. Optics Letters,2001,26(17):1356—1358.

[97] Ortigosa-Blanch A, Knight J, Wadsworth W, et al. Highly birefringent photonic crystal fibers. Optics Letters,2000,25(18):1325—1327.

[98] Apolonski A,Povazay B,Unterhuber A,et al. Spectral shaping of supercontinuum in a cobweb photonic-crystal fiber with sub-20-fs pulses. Journal of Optical Society of America B, 2002,19(9),2165—2170.

[99] Drexler W, Morgner U, Ghanta R K, et al. The Shape of Glaucoma. The Hague:Kugler Publications,2000:75—104.

[100] Clivaz X, Marquis-Weible F, Salathe R P. 1. 5 μm resolution optical low-coherence reflecto-metry in biological tissues. Microscopy, Holography, and Interferometry in Biomedicine, 1994,2083:338—346.

[101] Kowalevicz A M, Ko T, Hartl I, et al. Ultrahigh resolution optical coherence tomography using a superluminescent light source. Optics Express, 2002, 10(7):349—353.

[102] Liu H H, Cheng P H, Wang J. Spatially coherent white-light interferometer based on a point fluorescent source. Optics Letters, 1993, 18(9):678—680.

[103] Baumgartner A, Hitzenberger C K, Sattmann H, et al. Signal and resolution enhancements in dual beam optical coherence tomography of the human eye. Journal of Biomedical Optics, 1998, 3(1):45—54.

[104] Zhang Y, Sato M, Tanno N. Numerical investigations of optimal synthesis of several low coherence sources for resolution improvement. Optics Communications, 2001, 192(3—6): 183—192.

[105] Zhang Y, Sato M, Tanno N. Resolution improvement in optical coherence tomography based on destructive interference. Optics Communications, 2001, 187(1-3):65—70.

[106] Zhang Y, Sato M, Tanno N. Resolution improvement in optical coherence tomography by optimal synthesis of light-emitting diodes. Optics Letters, 2001, 26(4):205—207.

[107] Tripathi R, Nassif N, Nelson J S, et al. Spectral shaping for non-Gaussian source spectra in optical coherence tomography. Optics Letters, 2002, 27(6):406—408.

[108] Chou P, Haus H, Brennan I J. Reconfigurable time-domain spectral shaping of an optical pulse stretched by a fiber Bragg grating. Optics Letters, 2000, 25(8):524—526.

[109] Weiner A M, Heritage J P, Kirschner E. High-resolution femtosecond pulse shaping. Jour-nal of Optical Society of America B, 1988, 5(8):1563—1572.

[110] Weiner A M, Leaird D E, Patel J S, et al. Programmable femtosecond pulse shaping by use of a multielement liquid-crystal phase modulator. Optics Letters, 1990, 15(6):326—328.

[111] Hillegas C, Tull J, Goswami D, et al. Femtosecond laser pulse shaping by use of microse-cond radio-frequency pulses. Optics Letters, 1994, 19(10):737—739.

[112] Teramura Y, Suzuki K, Suzuki M, et al. Low-coherence interferometry with synthesis of coherence function. Applied Optics, 1999, 38(28):5974—5980.

[113] He Z, Hotate K. Synthesized optical coherence tomography for imaging of scattering objects by use of a stepwise frequency-modulated tunable laser diode. Optics Letters, 1999, 24(21):1502—1504.

[114] Danielson B L, Whittenberg C. Guided-wave reflectometry with micrometer resolution. Applied Optics, 1987, 26(14):2836—2842.

[115] Fuji T, Miyata M, Kawato S, et al. Linear propagation of light investigated with a white-light Michelson interferometer. Journal of Optical Society of America B, 1997, 14(5): 1074—1078.

[116] Drexler W, Findl O, Menapace R, et al. Dual beam optical coherence tomography: Signal

identification for ophthalmologic diagnosis. Journal of Biomedical Optics, 1998, 3 (1):
55—65.

[117] Izatt J A, Hee M R, Owen G M, et al. Optical coherence microscopy in scattering media.
Optics Letters, 1994, 19(8):590—592.

[118] Podoleanu A G, Dobre G M, Jackson D A. En-face coherence imaging using galvanometer
scanner modulation. Optics Letters, 1998, 23(3):147—149.

[119] Rogers J, Podoleanu A, Dobre G, et al. Topography and volume measurements of the optic
nerve usingen-face optical coherence tomography. Optics Express, 2001, 9(10):533-545.

[120] Sala K, Kenney-Wallace G, Hall G. CW autocorrelation measurements of picosecond laser
pulses. IEEE Journal of Quantum Electronics, 1980, 16(9):990—996.

[121] Edelstein D, Romney R, Scheuermann M. Rapid programmable 300ps optical delay scanner
and signal-averaging system for ultrafast measurements. Review of Scientific Instruments,
1991, 62(3):579—583.

[122] Harde H, Burggraf H. Rapid scanning autocorrelator for measurements of picosecond laser
pulses. Optics Communications, 1981, 38(3):211—215.

[123] Ballif J, Gianotti R, Chavanne P, et al. Rapid and scalable scans at 21m/s in optical low-
coherence reflectometry. Optics Letters, 1997, 22(11):757—759.

[124] Szydlo J, Delachenal N, Gianotti R, et al. Air-turbine driven optical low-coherence reflecto-
metry at 28. 6kHz scan repetition rate. Optics Communications, 1998, 154(1-3):1—4.

[125] Campbell D, Krug P, Falconer I, et al. Rapid scan phase modulator for interferometric
applications. Applied Optics, 1981, 20(2):335—342.

[126] Tearney G, Bouma B, Boppart S, et al. Rapid acquisition of in vivo biological images by use
of optical coherence tomography. Optics Letters, 1996, 21(17):1408—1410.

[127] Riza N A, Yaqoob Z. High-speed fiber optic probe for dynamic blood analysis measure-
ments. Optical Techniques and Instrumentation for the Measurement of Blood Composi-
tion, Structure, and Dynamics, 2000, 4163:18—23.

[128] Kwong K, Yankelevich D, Chu K, et al. 400Hz mechanical scanning optical delay line.
Optics Letters, 1993, 18(7):558—560.

[129] Tearney G, Bouma B, Fujimoto J. High-speed phase-and group-delay scanning with a grat-
ing-based phase control delay line. Optics Letters, 1997, 22(23):1811—1813.

[130] Rollins A, Yazdanfar S, Kulkarni M, et al. In vivo video rate optical coherence tomo-
graphy. Optics Express, 1998, 3(6):219—229.

[131] Zeylikovich I, Gilerson A, Alfano R. Nonmechanical grating-generated scanning coherence
microscopy. Optics Letters, 1998, 23(23):1797—1799.

[132] Fercher A F, Hitzenberger C K, Drexler W, et al. In vivo optical coherence tomography in
ophthalmology. Medical Optical Tomography: Functional Imaging and Monitoring, 1993,
116:113—114.

[133] Bracewell R N, The Fourier Transform & Its Applications. Singapore: McGraw-Hill,

2000.

[134] Fercher A, Hitzenberger C, Juchem M. Measurement of intraocular optical distances using partially coherent laser light. Journal of Modern Optics, 1991, 38(7): 1327—1333.

[135] Lindner M, Andretzki P, Kiesewetter F, et al. Handbook of Optical Coherence Tomography ed GJ Tearney and BE Bouma. New York: Marcel Dekker, 2002.

[136] Zuluaga A F, Richards-Kortum R. Spatially resolved spectral interferometry for determination of subsurface structure. Optics Letters, 1999, 24(8): 519—521.

[137] Yasuno Y, Sutoh Y, Nakama M, et al. Spectral interferometric optical coherence tomography with nonlinear β-barium borate time gating. Optics Letters, 2002, 27(6): 403—405.

[138] Schwider J. IV Advanced evaluation techniques in interferometry. Progress in Optics, 1990, 28: 271—359.

[139] Fercher A F, Leitgeb R, Hitzenberger C K, et al. Complex Spectral Interferometry OCT. Proceeding of SPIE, 1999, 3564: 173—178.

[140] Schwider J, Burow R, Elssner K E, et al. Digital wave-front measuring interferometry: Some systematic error sources. Applied Optics, 1983, 22(21): 3421—3432.

[141] Hitzenberger C K, Fercher A F. Handbook of Optical Coherence Tomography. New York: Informa Health Care, 2002: 359—383.

[142] Wojtkowski M, Leitgeb R, Kowalczyk A, et al. *In vivo* human retinal imaging by Fourier domain optical coherence tomography. Journal of Biomedical Optics, 2002, 7(3): 457—463.

[143] Wojtkowski M, Kowalczyk A, Leitgeb R, et al. Full range complex spectral optical coherence tomography technique in eye imaging. Optics Letters, 2002, 27(16): 1415—1417.

[144] Leitgeb R, Schmetterer L F, Wojtkowski M, et al. Flow velocity measurements by frequency domain short coherence interferometry. Proceedings of SPIE, 2002, 4619: 16—21.

[145] Schlueter M. Analysis of holographic interferograms with a TV picture system. Optics & Laser Technology, 1980, 12(2): 93—95.

[146] Hymans A, Lait J. Analysis of a frequency-modulated continuous-wave ranging system. Proceedings of the IEE-Part B: Electronic and Communication Engineering, 1960, 107(34): 365—372.

[147] Macdonald R. Frequency domain optical reflectometer. Applied Optics, 1981, 20(10): 1840—1844.

[148] Takada K, Yamada H. Narrow-band light source with acoustooptic tunable filter for optical low-coherence reflectometry. Photonics Technology Letters, IEEE, 1996, 8(5): 658—660.

[149] Koch T L, Koren U. Semiconductor lasers for coherent optical fiber communications. Journal of Lightwave Technology, 1990, 8(3): 274—293.

[150] Haberland U, Blazek V, Schmitt H J. Chirp optical coherence tomography of layered scattering media. Journal of Biomedical Optics, 1998, 3(3): 259—266.

[151] Golubovic B, Bouma B, Tearney G, et al. Optical frequency-domain reflectometry using rapid wavelength tuning of a Cr^{4+} : Forsterite laser. Optics Letters, 1997, 22 (22): 1704—1706.

[152] Bourquin S, Monterosso V, Seitz P, et al. Video-rate optical low-coherence reflectometry based on a linear smart detector array. Optics Letters, 2000, 25(2): 102—104.

[153] Bourquin S, Seitz P, Salathé R. Two-dimensional smart detector array for interferometric applications. Electronics Letters, 2001, 37(15): 975—976.

[154] Laubscher M, Ducros M, Karamata B, et al. Video-rate three-dimensional optical coherence tomography. Optics Express, 2002, 10(9): 429—435.

[155] Dubois A, Vabre L, Boccara A C, et al. High-resolution full-field optical coherence tomography with a Linnik microscope. Applied Optics, 2002, 41(4): 805—812.

[156] Schmitt J M. OCT elastography: Imaging microscopic deformation and strain of tissue. Optics Express, 1998, 3(6): 199—211.

[157] Wolman M. Polarized light microscopy as a tool of diagnostic pathology. Journal of Histochemistry & Cytochemistry, 1975, 23(1): 21.

[158] Bickel W S, Davidson J, Huffman D, et al. Application of polarization effects in light scattering: A new biophysical tool. Proceedings of the National Academy of Sciences, 1976, 73(2): 486.

[159] Demos S, Papadopoulos A, Savage H, et al. Polarization filter for biomedical tissue optical imaging. Photochemistry and Photobiology, 1997, 66(6): 821—825.

[160] Mishchenko M, Hovenier J. Depolarization of light backscattered by randomly oriented nonspherical particles. Optics Letters, 1995, 20(12): 1356—1358.

[161] Dreher A W, Reiter K, Weinreb R N. Spatially resolved birefringence of the retinal nerve fiber layer assessed with a retinal laser ellipsometer. Applied Optics, 1992, 31(19): 3730—3735.

[162] Zangwill L M, Bowd C, Berry C C, et al. Discriminating between normal and glaucomatous eyes using the Heidelberg retina tomograph, GDx nerve fiber analyzer, and optical coherence tomograph. Archives of Ophthalmology, 2001, 119(7): 985.

[163] Hee M R, Huang D, Swanson E A, et al. Polarization-sensitive low-coherence reflectometer for birefringence characterization and ranging. Journal of Optical Society of America B, 1992, 9(6): 903—908.

[164] De Boer J F, Milner T E, Van Gemert M J C, et al. Two-dimensional birefringence imaging in biological tissue by polarization-sensitive optical coherence tomography. Optics Letters, 1997, 22(12): 934—936.

[165] De Boer J F, Srinivas S M, Malekafzali A, et al. Imaging thermally damaged tissue by polarization sensitive optical coherence tomography. Optics. Express, 1998, 3(6): 212—218.

[166] Everett M, Schoenenberger K, Colston Jr B, et al. Birefringence characterization of biologi-

cal tissue by use of optical coherence tomography. Optics Letters,1998,23(3):228—230.

[167] Schoenenberger K,Colston B W,Maitland D J,et al. Mapping of birefringence and thermal damage in tissue by use of polarization-sensitive optical coherence tomography. Applied Optics,1998,37(25):6026—6036.

[168] Hitzenberger C,Götzinger E,Sticker M,et al. Measurement and imaging of birefringence and optic axis orientation by phase resolved polarization sensitive optical coherence tomography. Optics Express,2001,9(13):780—790.

[169] Huard S. Polarization of Light. Paris:Wiley,1996.

[170] Yao G,Wang L. Two-dimensional depth-resolved Mueller matrix characterization of biological tissue by optical coherence tomography. Optics Letters,1999,24(8):537—539.

[171] Yasuno Y,Makita S,Sutoh Y,et al. Birefringence imaging of human skin by polarization-sensitive spectral interferometric optical coherence tomography. Optics Letters, 2002, 27(20):1803—1805.

[172] De Boer J F,Milner T E,Nelson J S. Determination of the depth-resolved Stokes parameters of light backscattered from turbid media by use of polarization-sensitive optical coherence tomography. Optics Letters,1999,24(5):300—302.

[173] De Boer J F,Milner T E. Review of polarization sensitive optical coherence tomography and Stokes vector determination. Journal of Biomedical Optics,2002,7(3):359—371.

[174] Baumgartner A, Dichtl S, Hitzenberger C, et al. Polarization-sensitive optical coherence tomography of dental structures. Caries Research,2000,34(1):59—69.

[175] Fried D,Xie J,Shafi S,et al. Imaging caries lesions and lesion progression with polarization sensitive optical coherence tomography. Journal of Biomedical Optics, 2002, 7(4):618—627.

[176] Ducros M G,Marsack J D,Rylander Iii H G,et al. Primate retina imaging with polarization-sensitive optical coherence tomography. Journal of Optical Society of America A, 2001,18(12):2945—2956.

[177] Saxer C E,De Boer J F,Park B H,et al. High-speed fiber based polarization-sensitive optical coherence tomography of *in vivo* human skin. Optics Letters, 2000, 25(18):1355—1357.

[178] Roth J E,Kozak J A,Yazdanfar S,et al. Simplified method for polarization-sensitive optical coherence tomography. Optics Letters,2001,26(14):1069—1071.

[179] Jiao S, Wang L V. Two-dimensional depth-resolved Mueller matrix of biological tissue measured with double-beam polarization-sensitive optical coherence tomography. Optics Letters,2002,27(2):101—103.

[180] Kaufmann H,Barron B,Mcdonald M. The Cornea. Boston:Butterworth-Heineman,1998.

[181] Doppler C,Über das farbige Licht der Doppelsterne und einiger anderer Gestirne des Himmels. Abhandl Köhigl Böhm Gesellsch Wiss 1842;2:465-482.

[182] Duck F A,Baker A C,Starritt H C. Ultrasound in Medicine. Bristol:Institute of Physics

Publishing, 1998.

[183] Riva C, Ross B, Benedek G B. Laser Doppler measurements of blood flow in capillary tubes and retinal arteries. Investigative Ophthalmology & Visual Science, 1972, 11(11): 936—944.

[184] Webb S. The Physics of Medical Imaging. Bristol and Philadelphia: Adam Hilger, 1988.

[185] Yeh Y, Cummins H Z. Localized fluid flow measurements with an He-Ne laser spectrometer. Applied Physics Letters, 1964, 4(10): 176—178.

[186] Cummins H, Swinney H. Ⅲ light beating spectroscopy. Progress in Optics, 1970, 8: 133—200.

[187] Johnson J H, Siefken S L, Schmidt A, et al. Low-coherence heterodyne photon correlation spectroscopy. Applied Optics, 1998, 37(10): 1913—1916.

[188] Riva C E, Grunwald J E, Sinclair S H, et al. Fundus camera based retinal LDV. Applied Optics, 1981, 20(1): 117—120.

[189] Logean E, Schmetterer L F, Riva C E. Optical Doppler velocimetry at various retinal vessel depths by variation of the source coherence length. Applied Optics, 2000, 39(16): 2858—2862.

[190] Gusmeroli V, Martinelli M. Distributed laser Doppler velocimeter. Optics Letters, 1991, 16(17): 1358—1360.

[191] Wang X, Milner T, Nelson J. Characterization of fluid flow velocity by optical Doppler tomography. Optics Letters, 1995, 20(11): 1337—1339.

[192] Chen Z, Milner T E, Dave D, et al. Optical Doppler tomographic imaging of fluid flow velocity in highly scattering media. Optics Letters, 1997, 22(1): 64—66.

[193] Izatt J A, Kulkarni M D, Yazdanfar S, et al. *In vivo* bidirectional color Doppler flow imaging of picoliter blood volumes using optical coherence tomography. Optics Letters, 1997, 22(18): 1439—1441.

[194] Yazdanfar S, Rollins A M, Izatt J A. Imaging and velocimetry of the human retinal circulation with color Doppler optical coherence tomography. Optics Letters, 2000, 25(19): 1448—1450.

[195] Ren H, Brecke K M, Ding Z, et al. Imaging and quantifying transverse flow velocity with the Doppler bandwidth in a phase-resolved functional optical coherence tomography. Optics Letters, 2002, 27(6): 409—411.

[196] Van Leeuwen T G, Kulkarni M D, Yazdanfar S, et al. High-flow-velocity and shear-rate imaging by use of color Doppler optical coherence tomography. Optics Letters, 1999, 24(22): 1584—1586.

[197] Zhao Y, Chen Z, Saxer C, et al. Phase-resolved optical coherence tomography and optical Doppler tomography for imaging blood flow in human skin with fast scanning speed and high velocity sensitivity. Optics Letters, 2000, 25(2): 114—116.

[198] Yazdanfar S, Rollins A M, Izatt J A. Ultrahigh velocity resolution imaging of the microcir-

culation *in vivo* using color Doppler optical coherence tomography. Proceeding of SPIE, 2001,4251:156—164.

[199] Zhao Y,Chen Z,Ding Z,et al. Real-time phase-resolved functional optical coherence tomography by use of optical Hilbert transformation. Optics Letters,2002,27(2):98—100.

[200] Swanson E A,Huang D,Hee M R,et al. High-speed optical coherence domain reflectometry. Optics Letters,1992,17(2):151—153.

[201] Zvyagin A V,Fitzgerald J B,Silva K,et al. Real-time detection technique for Doppler optical coherence tomography. Optics Letters,2000,25(22):1645—1647.

[202] Westphal V, Yazdanfar S, Rollins A M, et al. Real-time, high velocity-resolution color Doppler optical coherence tomography. Optics Letters,2002,27(1):34—36.

[203] Jobsis F F. Noninvasive,infrared monitoring of cerebral and myocardial oxygen sufficiency and circulatory parameters. Science,1977,198(4323):1264—1267.

[204] Esenaliev R O,Larin K V,Larina I V,et al. Noninvasive monitoring of glucose concentration with optical coherence tomography. Optics Letters,2001,26(13):992—994.

[205] Ozaki Y,Kaneuchi F. Nondestructive analysis of biological materials by ATR/FT-IR spectroscopy. Part II:Potential of the ATR method in clinical studies of the internal organs. Applied Spectroscopy,1989,43(4):723—725.

[206] Hellmuth T, Welle M. Simultaneous measurement of dispersion, spectrum, and distance with a fourier transform spectrometer. Journal of Biomedical Optics,1998,3(1):7—11.

[207] Kulkarni M D, Izatt J A. Spectroscopic optical coherence tomography//Conference on Lasers and Electro-Optics. OSA Technical Digest Series (Optical Society of America). Washington D. C. ,1996,9:59—60.

[208] Leitgeb R, Wojtkowski M, Kowalczyk A, et al. Spectral measurement of absorption by spectroscopic frequency-domain optical coherence tomography. Optics Letters, 2000, 25(11):820—822.

[209] Schmitt J,Xiang S,Yung K. Differential absorption imaging with optical coherence tomography. Journal of Optical Society of America A,1998,15(9):2288—2296.

[210] Sasano Y. Simultaneous determination of aerosol and gas distribution by DIAL measurements. Applied Optics,1988,27(13):2640—2641.

[211] Watanabe W, Itoh K. Coherence spectrotomography:optical spectroscopic tomography with low-coherence interferometry. Optical Review,2000,7(5):406—414.

[212] Hitzenberger C K, Fercher A F. Differential phase contrast in optical coherence tomography. Optics Letters,1999,24(9):622—624.

[213] Sticker M,Hitzenberger C K,Leitgeb R,et al. Quantitative differential phase measurement and imaging in transparent and turbid media by optical coherence tomography. Optics Letters,2001,26(8):518—520.

[214] Sticker M,Pircher M,Götzinger E,et al. En face imaging of single cell layers by differential phase-contrast optical coherence microscopy. Optics Letters,2002,27(13):1126—1128.

[215] Fujimoto J G,Brezinski M E,Tearney G J,et al. Optical biopsy and imaging using optical coherence tomography. Nature Medicine,1995,1(9):970—972.

[216] Fujimoto J,Boppart S,Tearney G,et al. High resolution *in vivo* intra-arterial imaging with optical coherence tomography. Heart,1999,82(2):128—133.

[217] Fujimoto J G,Boppart S,Pitris C,et al. Optical coherence tomography: A new technology for biomedical imaging. Japanese Journal of Laser Surgery and Medicine, 1999, 20(2): 141—168.

[218] Bouma B E,Tearney G J. Handbook of Optical Coherence Tomography. New York:Marcel Dekker,2002.

[219] Puliafito C A, Hee M E, Schuman J, et al. Optical Coherence Tomography of Ocular Disease. Thorofare:Slack Inc. ,1995.

[220] Hoerauf H,Birngruber R. Handbook of Optical Coherence Tomography. New York:Marcel Dekker,2002.

[221] Bagayev S N,Gelikonov V M,Gelikonov G V,et al. Optical coherence tomography for in situ monitoring of laser corneal ablation. Journal of Biomedical Optics,2002,7(4):633—642.

[222] Drexler W,Ko T,Sattmann H,et al. Clinical feasibility of ultrahigh resolution ophthalmic optical coherence tomography. Investigative Ophtalmology and Visual Science, 2002, 43(12):264.

[223] Fujimoto J G,Pitris C,Boppart S A,et al. Optical coherence tomography: An emerging technology for biomedical imaging and optical biopsy. Neoplasia,2000,2(1—2):9.

[224] Bouma B E, Tearney G J. Clinical imaging with optical coherence tomography. Academic Radiology,2002,9(8):942—953.

[225] Izatt J A,Kulkarni M D,Wang H W,et al. Optical coherence tomography and microscopy in gastrointestinal tissues. IEEE Journal of Selected Topics in Quantum Electronics,1996, 2(4):1017—1028.

[226] Sergeev A,Gelikonov V,Gelikonov G,et al. *In vivo* endoscopic OCT imaging of precancer and cancer states of human mucosa. Optics Express,1997,1(13):432—440.

[227] Tearney G,Brezinski M,Southern J,et al. Optical biopsy in human gastrointestinal tissue using optical coherence tomography. The American Journal of Gastroenterology, 1997, 92(10):1800.

[228] Rollins A M, Ung-Arunyawee R, Chak A, et al. Real-time in vivo imaging of human gastrointestinal ultrastructure by use of endoscopic optical coherence tomography with a novel efficient interferometer design. Optics Letters,1999,24(19):1358—1360.

[229] Sivak M V,Kobayashi K,Izatt J A,et al. High-resolution endoscopic imaging of the GI tract using optical coherence tomography. Gastrointestinal Endoscopy,2000,51(4):474—479.

[230] Bouma B E, Tearney G J, Compton C C, et al. High-resolution imaging of the human

esophagus and stomach *in vivo* using optical coherence tomography. Gastrointestinal Endoscopy,2000,51(4):467—474.

[231] Jäckle S,Gladkova N,Feldchtein F,et al. *In vivo* endoscopic optical coherence tomography of the human gastrointestinal tract-toward optical biopsy. Endoscopy,2000,32(10):743—749.

[232] Pan Y,Lavelle J P,Bastacky S I,et al. Detection of tumorigenesis in rat bladders with optical coherence tomography. Medical Physics,2001,28(12):2432—2440.

[233] Gladkova N,Petrova G,Nikulin N,et al. *In vivo* optical coherence tomography imaging of human skin:Norm and pathology. Skin Research and Technology,2000,6(1):6—16.

[234] Welzel J. Optical coherence tomography in dermatology:A review. Skin Research and Technology,2001,7(1):1—9.

[235] Tearney G J,Brezinski M E,Bouma B E,et al. *In vivo* endoscopic optical biopsy with optical coherence tomography. Science,1997,276(5321):2037—2039.

[236] Tearney G,Boppart S,Bouma B,et al. Scanning single-mode fiber optic catheter-endoscope for optical coherence tomography. Optics Letters,1996,21(7):543—545.

[237] Brezinski M E,Tearney G J,Bouma B E,et al. Optical coherence tomography for optical biopsy:Properties and demonstration of vascular pathology. Circulation,1996,93(6):1206—1213.

[238] Brezinski M,Tearney G,Weissman N,et al. Assessing atherosclerotic plaque morphology:Comparison of optical coherence tomography and high frequency intravascular ultrasound. Heart,1997,77(5):397—403.

[239] Colston B,Sathyam U,Dasilva L,et al. Dental OCT. Optics Express,1998,3(6):230—238.

[240] Amaechi B,Higham S,Podoleanu A,et al. Use of optical coherence tomography for assessment of dental caries:Quantitative procedure. Journal of Oral Rehabilitation,2001,28(12):1092—1093.

[241] Li X,Boppart S,Van Dam J,et al. Optical coherence tomography:Advanced technology for the endoscopic imaging of Barrett's esophagus. Endoscopy,2000,32(12):921—930.

[242] Barton J K,Rollins A,Yazdanfar S,et al. Photothermal coagulation of blood vessels:A comparison of high-speed optical coherence tomography and numerical modelling. Physics in Medicine and Biology,2001,46(6):1665.

[243] Milner T E,Yazdanfar S,Rollins A M,et al. Handbook of Optical Coherence Tomography. New York:Marcel Dekker,2002.

[244] Boppart S A,Tearney G J,Bouma B E,et al. Noninvasive assessment of the developing Xenopus cardiovascular system using optical coherence tomography. Proceedings of the National Academy of Sciences,1997,94(9):4256—4261.

[245] Wong R C K,Yazdanfar S,Izatt J A,et al. Visualization of subsurface blood vessels by color Doppler optical coherence tomography in rats:Before and after hemostatic therapy.

Gastrointestinal Endoscopy,2002,55(1):88—95.

[246] Hariharan P. Optical Interferometry. New York:Academic,1985.

[247] Li T,Wang A,Murphy K,et al. White-light scanning fiber Michelson interferometer for absolute position-distance measurement. Optics Letters,1995,20(7):785—787.

[248] Flournoy P,Mcclure R,Wyntjes G. White-light interferometric thickness gauge. Applied Optics,1972,11(9):1907—1915.

[249] Rao Y,Ning Y,Jackson D A. Synthesized source for white-light sensing systems. Optics Letters,1993,18(6):462—464.

[250] Chinn S R,Swanson E A. Handbook of Optical Coherence Tomography. New York:Marcel Dekker,2002.

[251] Dunkers J P,Parnas R S,G Zimba C,et al. Optical coherence tomography of glass reinforced polymer composites. Composites Part A:Applied Science and Manufacturing,1999,30(2):139—145.

[252] Bashkansky M,Lewis Iii D,Pujari V,et al. Subsurface detection and characterization of Hertzian cracks in Si_3N_4 balls using optical coherence tomography. NDT & E International,2001,34(8):547—555.

[253] Xu F,Pudavar H E,Prasad P N,et al. Confocal enhanced optical coherence tomography for nondestructive evaluation of paints and coatings. Optics Letters,1999,24(24):1808—1810.